洪水设计值计算原理与应用

宋松柏　晁智龙　康　艳　宋小燕　著

科学出版社

北　京

内 容 简 介

本书是继《单变量水文序列频率计算原理与应用》之后，力求反映国内外关于一般洪水序列频率分布参数估计新型计算理论和特殊洪水序列频率计算的前沿研究进展的一部图书. 全书主要内容包括：洪水频率计算研究面临的挑战、特殊洪水序列频率计算原理、四参数指数 Gamma 分布计算原理、Johnson 变换系统分布与多项式正态变换计算原理、智能优化算法估算洪水分布参数计算原理、GG 和 GB2 分布在洪水频率计算中的应用、基于 Copula 函数的多变量洪水联合概率分布计算原理.

本书可作为学习水文统计学原理的参考书，也可供水文学及水资源、农业水土工程、水利水电工程和涉水专业的高年级本科生、研究生，以及相关领域教学、科研与技术人员使用.

图书在版编目(CIP)数据

洪水设计值计算原理与应用/宋松柏等著. —北京：科学出版社, 2022.3
ISBN 978-7-03-071512-8

I. ①洪… Ⅱ. ①宋… Ⅲ. ①洪水计算 Ⅳ. ①P333.2

中国版本图书馆 CIP 数据核字 (2022) 第 027452 号

责任编辑：李 欣 李 萍／责任校对：杨聪敏
责任印制：吴兆东／封面设计：无极书装

科学出版社 出版
北京东黄城根北街 16 号
邮政编码：100717
http://www.sciencep.com
北京建宏印刷有限公司 印刷
科学出版社发行 各地新华书店经销
*
2022 年 3 月第 一 版 开本: 720×1000 1/16
2022 年 3 月第一次印刷 印张: 20 1/4
字数: 403 000
定价：188.00 元
(如有印装质量问题，我社负责调换)

前　言

洪水频率分析是综合运用水文学和水文统计学原理, 依据洪水资料分析洪水的统计规律, 定量描述设计洪水值与发生重现期 (或频率) 之间的关系, 也是各类水利和土木工程规划、设计确定工程规模和管理策略的重要依据. 自 Fuller 于 1914 年点绘洪水经验频率、推求设计洪水以来, 洪水频率计算经历了百年的研究和实践. 目前, 洪水频率计算在计算方法和内容上, 已经形成了一套较为完整的理论体系.

20 世纪以来, 气候变化和高强的人类活动显著地影响了洪水的产生过程, 打破了传统洪水序列独立同分布的限制条件. 传统洪水序列频率计算方法除需要独立同分布条件外, 一般按照完全时间序列分析方法, 满足平稳过程各态历经性, 样本可以推求洪水总体分布统计特征和参数. 全球百年以上的水文站建站较少, 大多数测站建站较晚, 大多数洪水序列一般仅有几十年长度. 显然, 依据完全时间序列分析方法分析洪水频率具有较大的不确定性. 另外, 即使有百年以上长度的洪水资料, 如果其资料期间内流域气候和下垫面条件发生了显著变化, 这种洪水序列难以满足平稳性要求. 随着计算机技术和水文统计学的发展, 出现了许多新型概率分布参数估计方法, 这些方法具有严格的理论基础, 对于提高洪水序列频率分布参数估计精度尤为重要. 周镇纶先生、须恺先生和陈椿庭先生在 20 世纪 30 年代最早地开始了我国洪水和降水量的频率计算. 新中国成立后, 随着水利工程建设的发展, 我国水文学者在吸收国外水文统计理论的基础上, 广泛地开展工程水文分析计算问题研究和实践. 金光炎先生、刘光文先生、林平一先生和陈志恺先生等领衔的团队率先开展洪水频率计算. 据葛维亚文献 (http://blog.sciencenet.cn/blog-1352130-1245223.html), 1957 年, 原北京水利科学研究院水文研究所印发了《暴雨及洪水频率计算方法的研究》报告, 至今被公认为我国最早一部水文频率分析系统性文献. 20 世纪 50 年代和 60 年代初, 水利部北京水利科学研究院水文研究所、水利水电科学研究院水文研究所编写的《水文计算经验汇编》两集, 指导了全国的洪水频率计算 (葛维亚, http://blog.sciencenet.cn/blog-1352130-1245223.html). 1958 年, 刘光文先生、金光炎先生等与长江水利委员会技术人员合作, 研发和梳理了适合我国实际情况的水文频率统计方法, 提出了水文统计学科的体系框架, 目前, 我国高校和中等专业学校的水文统计教材仍然沿用他们的体系框架. 1964 年, 长江水利委员会水文局葛维亚先生编写了长江工程大学水文专业《水文统计概论》教材, 是我国高校最早的水文统计教材. 1971 年, 葛维亚先生利用手摇计算机计算了 Pearson P-III 频率曲线有关的查算表, 广泛地应用洪水频率计算. 1979 年, 水利部和电力工业部颁发了《水利水电工程设计洪水计算规范 (试行)》(SDJ22-79), 这个规范是我国设计洪水统一计算的标准, 指导全国设计洪水计算, 保证设计成果质量. 1980 年, 葛维亚先生主编出版了《水利工程实用水文水利计算》, 系统地介绍了中小型水利工程水文水利计算实用方法. 根据郭生练教授文献 (郭生练, 刘章君, 熊立华. 设计洪水计算方法研究进展与评价. 水利学报, 2016, 47(3): 302-314), 20 世纪 90 年代以来, 我国洪水频率计算的成就主要表现在: ① 1993 年, 在 SDJ22-79 规范的基础上, 增加了设计洪水地区组成、干旱、岩溶和冰川地区设计洪水计算, 水利部又颁发了《水利水电工程设计洪水计算规范》(SL44-93); ② 1995 年, 水利部长江水利委员会水文局、水利部南京水文水资源研究所共同出版《水利水电工程设计洪水计算手册》; ③ 2006 年, 水利部颁布了《水利水电工程设计洪水计算规范》(SL44-2006). 这个新规范增加了分期设计洪水、平原河网区设计洪水、滨海及河口地区设计潮位等计算内容. SL44-2006 标志着我国已经形成和拥有一套较为完整的设计洪水计算理论体系.

洪水频率计算设计的内容较多. 关于资料的选样、基本计算原理方法和有关进展, 读者可参见水利部长江水利委员会水文局、水利部南京水文水资源研究所主编的《水利水电工程设计洪水计算手册》、郭生练教授的专著《设计洪水研究进展与评价》和詹道江教授、徐向阳教授、陈元芳教授主编的《工程水文学》教材, 本书不再叙述这些内容. 人民网 (http://opinion.people.com.cn/n1/2020/0331/c1003-31654651.html) 指出, 实践证明, 无论是应对事关国家安全和发展、事关社会大局稳定的重大风险挑战, 还是在激烈的科技创新竞争中抢占制高点、掌握主动权, 始终离不开关键核心技术的强力支撑. 但是, "关键核心技术是要不来、买不来、讨不来的", 最终还是要靠自己. 2008 年 3 月—2009 年 3 月, 作者在美国 Texas A&M 大学访问合作研究期间, 同国际著名学者 Vijay P. Sigh 教授开展了统计水文学合作研究, 有机会阅读了一些国外文献, 有幸同一些国外著名的水文专家交流学习, 先后在国家自然科学基金 (52079110，51479171) 相关课题项目支持下, 吸收了大量国外同行的理论和方法, 开展了洪水频率计算原理和方法研究. 在研究过程期间, 作者深感必须首先搞清洪水频率计算方法的来龙去脉, 才能有望发展和创新环境变化和特殊洪水序列的计算方法. 因此, 作者们结合统计水文学和数学计算等原理, 花费了较大的时间和精力, 系统地推导了目前一般洪水序列和特殊序列频率的有关计算公式, 其中一些计算原理和方法尚未见中文文献报道, 更正了文献中的一些印刷或其他方面的错误, 提出和建立了一些计算模型, 并给出了相应的计算机实现方法, 力求使高年级学生和研究生掌握国外这些先进的原理和方法, 为他们从事洪水频率分析和其他统计特征值计算提供参考.

全书由宋松柏、晁智龙统稿. 第 1 章由宋松柏、晁智龙编写, 第 2 章由宋松柏、晁智龙、李丹丹、魏婷编写, 第 3 章由宋松柏、李航、康艳、宋小燕编写, 第 4 章由宋松柏、常浩浩、陈得方、康艳、宋小燕编写, 第 5 章由宋松柏、王博编写, 第 6 章由宋松柏、魏婷、晁智龙编写, 第 7 章由宋松柏、李娜编写. 文中引用了研究生李宏伟、袁超、李扬、成静清、谢萍萍、张雨、李雪月、于艺、曾智、王剑峰、肖可以、赵丽娜、刘丹丹、侯芸芸、刘斌、陈子全、马明卫、王红兰、郭成、原秀红、肖玲、王俊珍、殷建、牛林森、梁骏、史黎翔、马晓晓、王誉杰、杨惠、赵明哲、王炳轩、石继海、吴昊昊、蔺文惠、戈立婷、王慧敏、郭田丽等的计算实例. 在此向他们表示衷心的感谢!

感谢 Vijay P. Sigh 教授的悉心指导和鼓励, 也感谢西北农林科技大学水利与建筑工程学院、西安水文水资源勘测中心的大力支持. 书中参考了大量国内外学者的研究成果和文献, 大部分在文中和参考文献中列出, 在此一并致谢. 感谢科学出版社李欣编辑对本书的出版付出的辛勤劳动.

书中叙述了许多中文尚未报道的计算原理和方法, 其相关理论方法还在进一步研究和发展中. 由于作者水平有限, 书中计算公式较多, 推导过程复杂, 虽经多次核对和修改, 难免存在一定的不足之处, 敬请有关专家学者和读者批评指正, 以利本书今后进一步修改和完善.

作　者
西北农林科技大学水利与建筑工程学院
旱区农业水土工程教育部重点实验室
2021 年 1 月

[illegible]

[illegible]

[illegible]

[illegible]
[illegible]

目　录

第 1 章　洪水频率计算研究面临的挑战

概率统计法在水文学中的应用可以追溯到 1880—1890 年 (黄振平和陈元芳, 2017). 经过一百多年的研究和实践, 从单变量洪水频率计算到多变量洪水频率计算, 从平稳性洪水序列频率计算到非平稳性洪水序列频率计算, 概率统计法为涉水工程规划建设和管理提供了坚实的支撑. 洪水频率计算具有非常丰富的内容, 如抽样 (资料选样) 方法、频率分布函数、序列经验频率、频率分布参数估计、设计洪水过程线的计算、历史洪水确定、区域洪水频率、PMP/PMF、分期设计洪水、梯级水库设计洪水等, 对于这些方面的研究进展, 读者可参考文献 (水利部长江水利委员会水文局和水利部南京水文水资源研究所, 2001; 郭生练, 2005; 郭生练等, 2016) 等. 本章不再叙述. 本章根据现有的文献和作者多年的研究体会, 综述洪水频率计算研究面临的挑战.

1.1　洪水频率计算的研究历史

洪水频率计算通过综合运用水文学、水文统计学和其他数学原理, 利用计算区的洪水资料, 分析洪水事件的统计规律, 定量表征洪水变量设计值与设计标准 (频率或重现期) 之间的关系, 是各类涉水工程规划、设计确定工程规模和管理决策的主要依据 (水利部长江水利委员会水文局和水利部南京水文水资源研究所, 2001; 黄振平和陈元芳, 2017). Foster 认为水文频率计算始于 1880—1890 年 (金光炎, 2012), Herschel 和 Freeman 应用历时曲线 (现称为频率曲线) 第一次进行径流序列频率分析 (金光炎, 2012). 1896 年, Horton 根据 Rafter 的建议, 采用正态分布在对数格纸上进行径流序列适线研究. 1913 年, Fuller 采用半对数格纸进行重现期与径流序列设计值的适线研究, 一些学者认为这是首次进行综合性水文频率计算. 1921 年, Hazen 采用正态分布概率对数格纸进行适线 (金光炎, 2012). 1924 年, Foster 提出了 P-III 分布分析方法, 并计算出离均系数表格供计算者使用. 1935 年, 苏联克里茨基和门克尔提出组合概率近似分析法, 是最早的水文多元概率分布研究 (金光炎, 2012). 按照金光炎先生的文献 (金光炎, 2012), 1932 年, 周镇纶先生应用美国雨量站资料, 绘制了正态分布和 P-III 分布曲线, 发表了《全国雨量之常率线及常率积分线》研究论文 (周镇伦, 1932). 1933 年, 我国学者须恺绘制了宜昌、汉口、九江、芜湖和镇江 5 站的年最大月雨量、日雨量频率曲线, 并通过径流系数等参数转化为洪水值; 1933 年发表了《淮河洪水之频率》研究论文

(须恺,1933). 1947 年, 陈椿庭先生发表《中国五大河洪水量频率曲线之研究》论文, 系统地介绍了 Grassberger, Hazen 和 Foster 经验概率计算和概率格纸, 并进行了长江、黄河、永定河和淮河年最大洪水的频率计算 (陈椿庭, 1947). 1947 年, 他的这篇论文获国民政府教育部优秀论文奖 (陈椿庭, 2012). 此外, 陈椿庭先生著有《绘制洪水流量频率曲线的简便新法》《水文频率曲线点绘方法比较》等论文 (陈椿庭, 1993). 这些反映了我国早期的水文频率计算研究成果.

新中国成立后, 随着水利工程建设的发展, 我国水文学者在吸收国外水文统计理论的基础上, 广泛地开展工程水文分析计算问题研究和实践. 设计洪水标准和计算方法先后经历了从历史洪水资料加成法发展到频率分析计算和 PMP/PMF 的发展过程 (郭生练等, 2016). 根据葛维亚先生的文献 (http://blog.sciencenet.cn/blog-1352130-1245223.html), 1955—1956 年, 林平一先生和陈志恺先生结合我国的水文资料和实际情况, 比较和择优了当时的洪水频率计算方法 (葛维亚, http://blog.sciencenet.cn/blog-1352130-1245223.html). 1956 年 11 月, 全国水文计算学术讨论会集中讨论和总结了选样方法、经验频率公式、统计参数估计、频率曲线线型、抽样误差等洪水频率计算环节问题 (葛维亚, http://blog.sciencenet.cn/blog-1352130-1245223.html). 1957 年, 原北京水利科学研究院水文研究所印发了《暴雨及洪水频率计算方法的研究》报告, 至今被公认为我国最早的一部水文频率分析系统性文献. 1954 年, 针对淮河流域的特大洪水, 治淮委员会首次发现 1 日、3 日、7 日等的短历时暴雨序列偏态系数 C_s 和离差系数 C_v 具有 $C_s = 3.15C_v$ 的关系. 后来各地的计算结果表明, 暴雨系列的这一关系在我国具有普遍的意义 (葛维亚, http://blog.sciencenet.cn/blog-1352130-1245223.html). 20 世纪 50 年代和 60 年代初, 水利部北京水利科学研究院水文研究所编写的《水文计算经验汇编》和水利水电科学研究院水文研究所编写的《水文计算经验汇编 (第二集)》两集, 指导了全国的洪水频率计算 (葛维亚, http://blog.sciencenet.cn/blog-1352130-1245223.html). 例如, 加入历史洪水下 P-III 型频率曲线适线法参数估计、经验频率计算、洪水频率计算的合理性分析等. 全国各地的实践表明, 这些方法和意见符合我国洪水序列实际情况, 并写入《水利水电工程设计洪水计算规范》. 1958 年, 刘光文先生、金光炎先生等与长江水利委员会技术人员合作, 研发和梳理了适合我国实际情况的水文频率统计方法, 提出了水文统计学科的体系框架, 目前, 我国高校和中等专业学校的水文统计教材仍然沿用他们的体系框架 (葛维亚, http://blog.sciencenet.cn/blog-1352130-1245223.html). 1964 年, 长江水利委员会水文局葛维亚先生为长江工程大学水文专业编写了《水文统计概论》教材, 是我国高校最早的水文统计, 最早地叙述了应用二维变量概率分布和条件概率进行年径流和径流年内分配计算, 应用随机过程进行年径流、设计暴雨和设计洪水过程线的原理方法. 1971 年, 葛维亚先生认为 P-III Pearson 频率曲线属于不完全 Gamma 函数计算, 利用手摇计算机计算了有关的查算表, 广泛地应用于洪水频率计算. 王善序提出了特大洪水在系列中的经验概率计算方法, 提高了计算精度. 1979 年, 水利部和电力工业部颁发了《水利水电工程设计洪水计算规范 (试行)》(SDJ22-79), 这个规范是我国设计洪水统一计算的标准, 指导全国设计洪水计算, 保证设计成果质量 (郭生练等, 2016). 20 世纪 80 年代, 丁晶、宋德敦、马秀峰、刘光文、郭生练等学者先后提出了 P-III 分布参数估计的概率权重法、单权函数法、双权函数法和非参数估计法, 他们的研究成果至今被广泛地应用于洪水频率分布的参数估计或被许多计算手册、教科书引用. 根据郭生练教授的文献 (郭生练等, 2016), 20 世纪 90 年代以来, 我国洪水频率计算的成就主要表现在: ① 1993 年, 在 SDJ22-79 规范的基础上, 增加了设计洪水地区组成和干旱、岩溶和冰川地区设计洪水计算, 水利部又颁发了《水利水电工程设计洪水计算规范》(SL44-93); ② 1995 年, 水利部长江水利委员会水文局、水利部南京水文水资源研究所共同出版《水利水电工程设计洪水计算手册》; ③ 2006 年, 水利部颁布了《水利水电工程设计洪水计算规范》(SL44-2006). 这个新规范增加了分期设计洪水、平原河网区设计洪水、滨海及河口地区设计潮位等计算内容. SL44-2006 标志着我国已经形成和拥有一套较为完整的设计洪水计算理论体系.

目前, 主要代表性的研究成果和理论体系总结有文献: (水利部长江水利委员会水文局和水利部南京水文水资源研究所, 2001; Singh, 1998; Rao and Hamed, 2000; Haan, 2002; Meylan et al., 2011; Naghettini, 2017; Maity, 2018; 金光炎, 1958, 1959, 1980, 1993, 2002, 2003, 2010, 2012; 丛树铮, 1980, 2010; 长江流域规划办公室水文处, 1980; 王俊德, 1992; 陈元芳, 2000; 孙济良等, 2001; 郭生练, 2005; 张济世等, 2006; 秦毅和张德生，2006; 谢平等, 2009, 2012; 程根伟和黄振平, 2010; 宋松柏等, 2012, 2018; 陈璐, 2013; 胡义明和梁忠民, 2017; 王凯等, 2017; 张强等, 2018; 叶长青, 2017; 熊立华等, 2018; Chen and Guo, 2019; Zhang and Singh, 2019). 其中, 金光炎先生的专著《水文统计的原理与方法》推动了我国水文统计理论的普及和应用, 黄振平教授和陈元芳教授主编的《水文统计学》至今仍是我国水文与水资源工程专业的通用教材，郭生练教授的专著《设计洪水研究进展与评价》推动了我国洪水计算理论的发展. 从 1880—1890 年 Herschel 和 Freeman 的径流序列频率分析算起, 洪水频率计算距今已有 140 多年的研究和实践历史. 目前, 洪水频率计算方法是水文学最为活跃的研究领域之一, 受到国内外水文计算者的高度重视, 经过几代水文科学工作者的不懈努力, 从单变量洪水频率计算到多变量洪水频率计算, 从平稳性洪水序列频率计算到非平稳性洪水序列频率计算, 他们的研究成果为涉水工程规划建设和管理提供了坚实的支撑.

1.2　单变量洪水频率计算

单变量洪水频率计算具有 140 多年的研究和实践历史, 形成了比较完整的理论方法体系. Singh 和 Strupczewski 认为水文频率分析方法大致可以分为 4 类 (Singh, 2002)：① 经验法; ② 现象法; ③ 动力法; ④ 随机模型结合蒙特卡罗模拟法. 经验法是上述 4 类方法中应用较广泛的方法, 采用经验法进行单站频率分析是工程规划设计使用最多的方法. 水文频率分析推求设计值主要有参数统计和非参数统计两种途径. 参数统计方法是国内外研究和应用较多的方法, 需事先假定水文序列的分布模型, 利用参数估计方法估算样本参数, 根据样本统计特征值与分布参数的关系, 求出分布参数. 这种方法涉及 6 个步骤 (Meylan et al., 2011; Singh and Strupczweski, 2002)：① 水文样本数据选择和数据检验; ② 选择经验公式 (绘点位置公式) 计算样本经验概率; ③ 选择概率分布函数, 采用合适的参数估算技术拟合水文样本; ④ 水文分布模型检验; ⑤ 给定设计频率, 进行水文设计值计算; ⑥ 水文设计值不确定性分析.

1.2.1　洪水序列频率计算的前提条件

水文样本数据一般根据实际需要选取, 并形成某类特征值数据序列, 如一定时空尺度的极值、月值、枯水值和年值数据等. 上述序列选样不同, 其频率和重现期计算有所差异. 一般来说, 选取洪水数据序列必须满足下述计算前提条件 (Meylan et al., 2011)：① 数据正确地揭示水文变化规律; ② 形成数据序列的物理机制没有发生变化 (一致性, consistent), 满足平稳性 (stationary) 和同质性 (homogeneous); ③ 数据序列满足随机简单样本特性. 随机性 (random) 是指样本数据服从同一概率分布, 而简单样本则指一个样本数据不影响后续值的发生, 即数据间满足独立性; ④ 数据序列应具有足够的长度. 数据检验分为参数检验 (parametric test) 和非参数检验 (nonparametric test) 两大类, 包括：样本特征参数与分布参数的一致性检验 (conformity test); 两个样本分布的同一性检验 (homogeneous test); 样本服从某一概率分布的检验 (goodness-of-fit test); 样本数据间的相依性检验 (autocorrelation test). 洪水分布模型拟合检验方法有图形法、Chi-square(卡方) 检验法、Kolmogorov-Smirnov 检验法、GPD 检验法、Anderson-Darling 检验法、矩图法 (diagrams of moments) 、线性矩图法 (diagrams of L-moments) 以及分布函数模型选优比较法 (AIC 和 BIC 法).

1.2.2　洪水序列频率分布函数与参数计算方法

Rao 和 Hamed 在他们的 *Flood Frequency Analysis* 专著中, 系统地总结了目前常用的洪水序列频率分布函数与参数计算方法, 给出了大量详细的应用实例,是一本非常实用的洪水频率计算学习教科书.

常用的单变量洪水频率线型有 20 多种, 主要分为以下四大类: ① Γ 分布类, 包括指数分布、两参数 Γ 分布、P-III 分布 (三参数 Γ 分布)、对数 P-III 分布和四参数指数 Γ 分布、克里茨基-门克尔分布等; ② 极值分布类, 包括极值 I 型、II 型、III 型分布以及广义极值分布; ③ 正态分布类, 包括正态、两参数对数正态和三参数对数正态分布; ④ Wakeby 分布类. Wakeby 分布类主要包括五参数 Wakeby 分布、四参数 Wakeby 分布和广义 Pareto 分布. 除上述分布外, 还有一些常用的偏态非对称分布 (skew-asymmetric distributions) 模型. 这些模型的主要特点是引入了一个新的参数 λ 控制分布模型中的偏态 (skew) 和峰度 (kurtosis) 系数, 包含不完全 Beta 函数、第一类完全椭圆函数积分、第二类完全椭圆函数积分、广义超几何函数、普西函数、$\delta(\cdot)$ 函数、Riemann zeta 函数、补余误差函数、不完全 Γ 函数、第二类修正 Bessel 函数积分等特殊函数, 概率密度函数形式复杂, 相应的概率分布函数计算及其困难. 偏态非对称分布主要有偏正态分布、混合偏正态分布、偏态 t 分布、混合偏态 t 分布、偏态拉普拉斯分布、偏态 Logistic 分布、偏态均匀分布、偏态指数幂分布、偏态 Bessel 函数分布、偏态 Pearson II 分布、偏态 Pearson VII 分布、偏态广义 t 分布等. 四参数指数 Γ 分布是中国水利水电科学研究院孙济良先生根据 Γ 分布经过指数变换推得的分布, 当其参数取某些特定值时, 四参数指数 Γ 分布可转化为两参数 Γ 分布、P-III 分布、克里茨基-门克尔分布、极值 III 型分布、卡方分布、指数分布、正态分布、对数正态和极值 I 型分布. 因而也称为水文频率通用模型 (孙济良等, 2001). 对于删失或截取水文序列样本, 通常也采用删失分布或截取分布, 它们是完全不同于上述的概率分布.

洪水频率分布参数计算涉及高等数学、概率论与数理统计、水文学、数值计算、优化计算等学科的交叉和渗透. 单变量洪水频率分布参数估计方法主要有: ① 矩法; ② 极大似然法; ③ 概率权重和线性矩法; ④ 最小二乘法; ⑤ 最大熵原理; ⑥ 混合矩法; ⑦ 广义矩法; ⑧ 不完整均值法; ⑨ 单位脉冲响应函数法; ⑩ 部分概率权重矩法和高阶概率权重矩法. 其中, 矩法、极大似然法和概率权重法是最广泛的参数估计方法. 由于 P-III 分布的分位数不能表示为相应概率分布值的显函数, 概率权重法求解参数困难. 20 世纪 80 年代, 四川大学丁晶教授和南京水利科学研究院宋德敦研究员通过积分变换, 率先提出了 P-III 分布参数估计的概率权重法计算公式, 他们的研究成果至今被各国广泛地应用于水文频率分布的参数估计, 并写入计算手册. 美国地质勘探局也使用指数洪水分析 (index flood method) 和回归分析 (regression analysis) 进行区域频率分析. 除经验法外, 现象法、动力法和随机模型结合蒙特卡罗模拟法目前还处于学术研究层面, 工程实际应用较少. 非参数统计方法主要指在所处理对象总体分布族的数学形式未知情况下, 对其进行统计研究的方法. 而非参数估计就是在没有参数形式的密度函数可以表达时, 直接使用独立同分布的观测值, 对总体的密度函数进行估计的方法, 主要包括概率密度核估计和非参数回归估计模型.

1.2.3　单变量频率计算面临的挑战

洪水频率计算虽然经历了 140 多年的研究和实践, 由于洪水序列组成和特性具有高度的复杂性, 其理论体系与方法仍然需要不断地完善和发展, 面临着许多挑战.

1. 洪水频率分布函数选择

目前, 人们还无法从水文机理上证明洪水事件的概率 (频率) 分布函数. 实际中, 计算者选用现有的随机变量分布函数, 根据收集的洪水数据进行审查, 通过选用合理的参数估计方法进行分布函数参数计算, 经分布函数拟合度检验后, 依据洪水数据经验频率与选用分布函数理论频率之间的拟合效果, 评估洪水序列频率分布函数的拟合效果. 实际上, 这种处理是一种近似洪水频率分布函数的选择方法, 缺乏相应的理论支撑. 另外, 现有分布函数随机变量的取值范围一般为 $(-\infty,\infty)$, (a,∞) 或 $(-\infty,a)$, a 为某一常数, 而实际洪水取值可在某个可能最小与最大之间, 不可能取无穷大值, 这种取值范围不符合洪水值的实际取值范围, 其计算的结果必然出现偏差. 因此, 现有随机单变量概率分布实际上是对洪水变量分布的逼近, 频率拟合在 25%~75%的频率段一般能够取得较好的拟合效果, 而频率曲线的上尾或下尾部 (频率曲线的两端外延部分) 拟合出现较大的偏差, 无法得到满意的拟合效果. 另外, 在分析计算中, 计算者往往需要在频率曲线的两端外延部分进行设计值推求.

2. 洪水样本数据

现有水文频率的计算方法必须满足概率论随机试验要求, 依据随机事件原理计算水文事件概率, 即要求水文序列满足独立、同分布 (一致性或平稳性) 要求. 实际中, 洪水序列不同程度地难以完全满足随机试验条件要求. ① 径流可能是由多个气候机制形成的. 对于季节性径流选样 (如分期洪水选样), 其值可能是暴雨、融雪、冰川融化、飓风、台风等形成的径流. 对于年值径流选样来说, 同样是暴雨、融雪、冰川融化、飓风、台风等参与洪水的形成过程. 显然, 按照随机试验条件, 假定流域下垫面不变、流域气候变化稳定和不受人类活动影响的情况下, 上述的序列也不满足平稳性, 它们可能服从混合分布. ② 观测较早或历史推算洪水难以获取洪水值发生期内流域下垫面和气候变化情况. 洪水频率计算中, 通常实测洪水序列与历史特大洪水共同组成非连序系列. 在洪涝灾害的记载中, 清代以前和清代初期的史籍中记载非常简单, 洪水记录难以使用. 因而, 实际计算主要根据清代中后期的记载资料, 选用距今 200 多年的洪水作为特大洪水. 这些洪水形成的下垫面条件和气候条件与实测期的下垫面条件和气候条件有很大的差异. 因此, 这种非连序系列也难以满足平稳性要求. ③ 在气候变化和高强度的人类活动影响的流域, 气候变化导致洪水频发或减少, 人类活动改变流域下垫面条件, 使得计算期间洪水的产生和汇流不一致. ④ 即使在气候变化和人类活动影响不显著的流域, 流域的植被覆盖也是发生变化的, 如流域小树成长为大树, 植被覆盖增大, 截留量和蒸发量也在发生变化. 这种产汇流驱动机制同样导致洪水序列的非一致性.

因此, 实际中水文序列呈现出非平稳性特性, 洪水序列越长, 数据的非一致性可能表现越突出, 不能满足现有水文频率计算的前提和条件.

3. 洪水分布函数参数计算

按照随机过程原理, 水文频率计算假定水文序列具有平稳各态历经性. 即一个平稳序列的各种时间平均值依概率 1 收敛于相应的集合平均 (大量样本函数在特定时刻取值为通过统计方法计算平均值所得的数字特征值). 平稳各态历经性说明了随机序列发生的各个样本函数都同样地经历了随机序列的各种可能状态, 任一样本函数的统计特性都可充分代表整个随机序列的统计特性, 也可以用这个样本函数的时间平均来代替整个随机序列的集合平均值 (王文圣, 2016; 卜雄洙, 2018). 显然, 当样本函数序列长度无限大时, 样本函数的时间平均等于随机序列的集合平均值, 可满足水文频率分布函数的参数估计要求. 但是, 洪水序列是一个有限长度的序列, 特别是发展中国家, 水文站建站较晚, 其观测资料长度较短, 无法满足这种计算条件. 因此, 采用任何参数估计方法, 有限洪水序列估计洪水频率分布函数参数都不可避免地带来计算偏差.

4. 洪水样本的经验频率

经验频率, 也称绘点位置 (plotting positions) 或秩次概率 (rank-order probability), 是根据样本按递减 (或递增) 顺序排列, 采用一定的计算方法估计样本每项值的频率的, 这个估计频率值称为经验频率. 目前, 经验频率公式种类很多, 代表性的计算公式有 California 公式、Hazen 公式、Weibull 公式、Leivikov 公式、Blom 公式、Tukey 公式、Gringorten 公式、Cunnane-Hosking 公式. 我国《水利水电工程设计洪水计算规范》推荐采用 P-III 型曲线和图解适线法推求设计频率对应的设计洪水值. 在选定线型和适线准则的前提下, 经验频率是评价参数估计优劣的依据. 经验频率与理论频率偏差越小, 则分布参数估计越好. 因此, 采用适线法确定水文频率分布参数或以经验频率作为参数方法评价依据, 经验频率计算尤为重要, 其计算精度主要取决经验频率. 严格来说, 经验频率依赖于洪水序列的频率分布函数. 由于洪水序列真正的频率分布函数无法确定, 在实际洪水分析中, 广泛采用数学期望公式, 是一种近似的做法.

1.3 多变量洪水频率计算

洪水事件一般具有一定相依性的多种特征属性. 选择一种特征属性变量, 应用单变量频率分析难以为水利工程规划、设计和管理提供全面的水文设计值信息.

传统多变量联合分布要求其变量边际分布必须为同一类型的分布, 而实际水文现象具有高度的非线性和复杂性, 同一水文事件的多种特征属性变量不可能服从同一类型的分布. 因而, 传统多变量联合分布的这种不足限制了其应用 (郭生练等, 2008; 宋松柏等, 2012; 宋松柏, 2019; 陈璐, 2013). 1959 年, 随着 Copula 函数理论的发展, 基于 Copula 函数的多变量分析受到重视. 20 世纪 90 年代以后, Copula 函数开始引入洪水 (郭生练等, 2008; 宋松柏等, 2012, 2018; 宋松柏, 2019; 陈璐, 2013; 熊立华等, 2005, 2015; 冯平和李新, 2013; 梁忠民等, 2012; 董前进和陈森林, 2014; 陈华等, 2014; 尹耀锋等, 2014; 李建昌和李继清, 2018)、暴雨 (郭生练等, 2008; 宋松柏等, 2012; 宋松柏, 2019; 陈璐, 2013)、干旱 (Ayantobo et al., 2017, 2018; Xu et al., 2015; 孙可可等, 2014; 许月萍等, 2010; 于忱等, 2018; 黄生志等, 2015; 周玉良等, 2011; 张宇亮等, 2017; 周念清等, 2019; 程亮等, 2013; 张迎等, 2018; 龙贻东和梁川, 2018; 陆桂华等, 2010)、径流预测 (陈晶, 2015)、径流模拟 (Hao and Singh, 2013)、枯水概率 (熊立华等, 2018)、水文预报不确定性 (林凯荣等, 2009; Wang et al., 2012)、水文丰枯遭遇特征 (吴海鸥等, 2019; 刘招等, 2013)、水量水质联合分布 (张翔等, 2011)、水资源供需风险损失 (钱龙霞等, 2016)、水沙关系演变 (郭爱军等, 2015)、外调水供水补偿特性 (张倩等, 2019)、缺水风险 (涂新军等, 2016)、用水效率评价 (李浩鑫等, 2015)、设计潮位分析 (刘学等, 2014; 武传号等, 2015; 刘曾美等, 2013) 和大坝洪水漫顶风险率 (刘章君等, 2019) 等水文事件的联合概率分析计算. 从研究文献来看, 目前在水文学中应用的 Copula 函数主要有：对称 Archimedean Copula, 非对称 Archimedean Copula, Plackette Copula, Metaelliptical Copula 和混合 Copula 等. Copula 函数参数估计方法有精确极大似然法、边际函数推断法和半参数法. 其中, 边际函数推断法, 也称两阶段法 (two stage method) 是水文学中目前广泛采用的 Copula 函数参数估计方法. 按照边际函数推断法, 基于 Copula 函数的水文多变量联合概率计算步骤主要有：① 单变量的边际分布参数估计和拟合度检验; ② 计算单变量的概率分布值; ③ 变量间的相依性度量指标计算; ④ 选择 Copula 函数; ⑤ Copula 函数参数估计和拟合度检验; ⑥ 多变量联合概率、条件概率以及相应重现期计算. 武汉大学郭生练教授和熊立华教授在国内率先开展了基于 Copula 函数的水文分析计算. 2017 年 8 月, 国际统计水文学委员会副主席、河海大学陈元芳教授主持了河海大学举办的 "Copula 在水文与环境科学中的应用" 国际课程班的开幕式, 培训期间, 国际水文科学协会统计水文委员会主席 Salvatore Grimaldi 教授来华授课. 所有这些工作推动了 Copula 在水文科学领域的应用. 目前, 国内代表性的专著有《Copulas 函数及其在水文中的应用》, 《Copula 函数理论在多变量水文分析计算中的应用研究》, *Copulas and Its Application in Hydrology and Water Resources*, *Copulas and Their Applications in Water Resources Engineering*, 《非一致性水文概率分布估计理论和方法》等.

基于 Copula 函数的多变量洪水频率距今约有 20 多年的研究和实践历史,是水文学活跃的研究领域之一,国内外水文科学工作者经过不懈的努力,丰富了 Copula 函数的理论体系,拓宽了 Copula 函数的应用领域. 基于 Copula 函数的多变量洪水频率计算也是一个崭新的研究领域,涉及高等数学、概率论与数理统计、水文学、数值计算、优化计算等学科的交叉和渗透,面临一系列亟待解决的科学问题. 本节不再重复归纳总结多变量洪水频率计算研究进展,而是重点探讨 Copula 函数进行洪水多变量联合概率计算的几个问题,以期促进基于 Copula 函数的多变量洪水频率计算理论的进一步发展.

1.3.1 Copula 函数的主要类型

Copula 函数分类很多. 按照参数的多少,可以分为单参数 Copula 函数和多参数 Copula 函数. 按照变量间相依性特性,可以分为对称 Copula 函数和非对称 Copula 函数. 本节主要介绍洪水分析中应用的几种 Copula 函数.

1.3.1.1 对称 Archimedean Copula 函数

对称 Archimedean Copula (symmetric Archimedean Copula) 函数也称为可交换 Copula 函数. 对称 Archimedean Copula 函数主要有 20 种. 这类函数的特点是 Copula 函数仅含有一个参数,函数构造简单,相对而言求解容易 (宋松柏等, 2012). 其中, Gumbel-Hougaard Copula、Cook-Johnson (Clayton) Copula、Frank Archimedean Copula 和 Ali-Mikhail-Haq Copula 是水文多变量频率计算应用最多的函数. 常见 4 种对称 Archimedean Copula 函数的生成函数 $\varphi(t)$、参数 θ 取值范围和 Copula 分布函数 (CDF) 表达式见表 1-3-1 所示.

因为对称 Archimedean Copula 函数含有一个参数,仅用一个生成函数描述正的相依性,要求变量为对称相依. 在实际中,这种假定通常是不合理的. 如洪水事件可用洪量、洪水历时和洪峰流量来描述,显然,它们任意两两变量间相依性是不对等的. 表 1-3-1 中 2 维对称 Archimedean Copula 函数参数与 Kendall τ 间存在一定的函数关系,可先计算出样本 Kendall τ,再推算 Copula 函数参数. 但是, 3 维以上的对称 Archimedean Copula 函数需要利用极大似然法,通过迭代法计算,获得 Copula 函数参数.

1.3.1.2 非对称 Archimedean Copula 函数

非对称 Archimedean Copula 函数通过若干个生成函数描述变量间的相依性,克服了对称 Archimedean Copula 函数的缺陷,是水文多变量分析计算较为合理的选择函数,这些函数参数计算需要利用极大似然法获得 Copula 函数参数. 目前,水文分析中最为常用的非对称 Archimedean Copula 函数有: 嵌套 Archimedean

构造 (Nested Archimedean 构造, NAC)、层次 Archimedean Copula (Hierarchical Archimedean Copula) 和配对 Copula (Pair-Copula 构造 PCC) 等 [2].

表 1-3-1　常见的 4 种对称 Archimedean Copula 函数形式

Copula	$\varphi(t)$	θ	$C(u_1,u_2,\cdots,u_d)$
Gumbel-Hougaard	$(-\ln t)^{\theta}$	$\theta \geqslant 1$	$\exp\left\{-\left[\sum_{j=1}^{d}(-\ln u_j)^{-\theta}\right]^{\frac{1}{\theta}}\right\}$
Clayton	$\frac{1}{\theta}(t^{-\theta}-1)$	$\theta > 0$	$\left[\left(\sum_{j=1}^{d}u_j^{-\theta}\right)-d+1\right]^{-\frac{1}{\theta}}$
Frank	$-\ln\frac{e^{-\theta t}-1}{e^{-\theta}-1}$	$\mathbf{R}\backslash\{0\}$	$-\frac{1}{\theta}\ln\left[1+\frac{\prod_{j=1}^{d}e^{-\theta u_j}-1}{(e^{-\theta}-1)^{d-1}}\right]$
Ali-Mikhail-Haq	$\ln\frac{1-\theta(1-t)}{t}$	$\theta\in(0,1)$	$\frac{(1-\theta)\prod_{j=1}^{d}u_j}{\prod_{j=1}^{d}[1-\theta(1-u_j)]-\theta\prod_{j=1}^{d}u_j}$

1. 嵌套 Archimedean 构造函数

这类函数主要有 M3 函数、M4 函数、M5 函数、M6 函数和 M12 函数, 见式 (1-3-1)—(1-3-4).

(1) M3 函数

$$C(u_1,u_2,u_3;\theta_1,\theta_2)$$
$$=-\frac{1}{\theta_1}\ln\left\{1-\frac{\left(1-e^{-\theta_1 u_3}\right)\left[1-\left(1-\frac{\left(1-e^{-\theta_2 u_1}\right)\left(1-e^{-\theta_2 u_2}\right)}{1-e^{-\theta_2}}\right)\right]^{\frac{\theta_1}{\theta_2}}}{1-e^{-\theta_1}}\right\} \tag{1-3-1}$$

式中, $\theta_2 \geqslant \theta_1 \in [0,\infty)$.

(2) M4 函数

$$C(u_1,u_2,u_3;\theta_1,\theta_2)=\left[\left(u_1^{-\theta_2}+u_2^{-\theta_2}-1\right)^{\frac{\theta_1}{\theta_2}}+u_3^{-\theta_1}-1\right]^{\frac{1}{\theta_1}} \tag{1-3-2}$$

式中, $\theta_2 \geqslant \theta_1 \in [0,\infty)$.

(3) M5 函数

$$C\left(u_1,u_2,u_3;\theta_1,\theta_2\right)$$

$$=1-\left\{\left[(1-u_1)^{\theta_2}\left(1-(1-u_2)^{\theta_2}\right)+(1-u_2)^{\theta_2}\right]^{\frac{\theta_1}{\theta_2}}\left[1-(1-u_3)^{\theta_1}\right]+(1-u_3)^{\theta_1}\right\}^{-\frac{1}{\theta_1}} \tag{1-3-3}$$

式中, $\theta_2 \geqslant \theta_1 \in [1,\infty)$.

(4) M6 函数

$$C\left(u_1,u_2,u_3;\theta_1,\theta_2\right)=e^{-\left\{\left[(-\ln u_1)^{\theta_2}+(-\ln u_2)^{\theta_2}\right]^{\frac{\theta_1}{\theta_2}}+(-\ln u_3)^{\theta_1}\right\}^{\frac{1}{\theta_1}}} \tag{1-3-4}$$

式中, $\theta_2 \geqslant \theta_1 \in [1,\infty)$.

(5) M12 函数

$$C\left(u_1,u_2,u_3;\theta_1,\theta_2\right)=\frac{1}{1+\left\{\left[\left(\frac{1}{u_1}-1\right)^{\theta_2}+\left(\frac{1}{u_2}-1\right)^{\theta_2}\right]^{\frac{\theta_1}{\theta_2}}+\left(\frac{1}{u_3}-1\right)^{\theta_1}\right\}^{-\frac{1}{\theta_1}}} \tag{1-3-5}$$

式中, $\theta_2 \geqslant \theta_1 \in [1,\infty)$.

2. 层次 Archimedean Copula 函数

层次 Archimedean Copula 函数又称为广义嵌套 Archimedean 构造函数, 其一般形式主要基于嵌套多元 Archimedean Copula 函数的框架. 每一级 Archimedean Copula 函数由前一级聚集构成, 最后, 顶层级以层次 Archimedean Copula 函数结束, 形成 d 维标准均匀随机变量 $(U_1,U_2,\cdots,U_d)$ 的联合分布, 联合分布值可在点 $\boldsymbol{u}=(u_1,u_2,\cdots,u_d)\in[0,1]^d$ 估算.

3. Pair-Copula 函数

Pair-Copula 函数是把多元密度函数分解为 $\dfrac{d(d-1)}{2}$ 个二维 Copula 密度函数, 其中, 前 $(d-1)$ 个为无条件 Copula 函数, 其余为条件 Copula 函数, 主要有 D-vines 和 Canonical vines 两类结构.

$$\text{D-vines:}\ f_{12\cdots n}=\prod_{k=1}^{n} f_k\left(x_k\right)\prod_{j=1}^{n-1}\prod_{i=1}^{n-j} c_{i,i+j|i+1,\cdots,i+j-1}$$
$$\times\left\{F\left(x_i|x_{i+1},\cdots,x_{i+j-1}\right),\left(x_{i+j}|x_{i+1},\cdots,x_{i+j-1}\right)\right\} \tag{1-3-6}$$

$$\text{Canonical vines:}\ f_{12\cdots n}=\prod_{k=1}^{n} f_k\prod_{j=1}^{n-1}\prod_{i=1}^{n-j} c_{j,j+i|1,\cdots,j-1}$$

$$\times \left\{ F\left(x_j | x_1, \cdots, x_{j-1}\right), \left(x_{j+i} | x_1, \cdots, x_{j-1}\right) \right\} \tag{1-3-7}$$

式中, $\prod_{j=1}^{n-1}$ 表示树 (trees); $\prod_{i=1}^{n-j}$ 表示边 (edges). 同前所述, $c_{14|23}$ 表示 $c_{14|23}\left[F\left(x_1|x_2,x_3\right), F\left(x_4|x_2,x_3\right)\right]$.

1.3.1.3　三维 Plackett Copula

设三变量 (u,v,w), 其两两交叉比率分别为二维 Copula 分布 C_{UV}, C_{VW} 和 C_{UW}, 则三维 Plackett Copula 参数 Ψ_{UVW} 定义为

$$\Psi_{UVW} = \frac{P_{000}P_{011}P_{101}P_{110}}{P_{111}P_{100}P_{010}P_{001}} \tag{1-3-8}$$

式中,

$$\begin{cases} P_{000} = C_{UVW}(u,v,w) \\ P_{100} = C_{VW}(v,w) - C_{UVW}(u,v,w) \\ P_{010} = C_{UW}(u,w) - C_{UVW}(u,v,w) \\ P_{001} = C_{UV}(u,v) - C_{UVW}(u,v,w) \\ P_{110} = w - C_{UW}(u,w) - C_{VW}(v,w) + C_{UVW}(u,v,w) \\ P_{101} = v - C_{UV}(u,v) - C_{VW}(v,w) + C_{UVW}(u,v,w) \\ P_{011} = u - C_{UV}(u,v) - C_{UW}(u,w) + C_{UVW}(u,v,w) \\ P_{111} = 1-u-v-w+C_{UV}(u,v)+C_{VW}(v,w)+C_{UW}(u,w)-C_{UVW}(u,v,w) \end{cases} \tag{1-3-9}$$

式中, 在给定 Ψ_{UVW} 下, Ψ_{UV}, Ψ_{VW} 和 Ψ_{UW} 分别为二维 Plackett Copula C_{UV}, C_{VW} 和 C_{UW} 的参数. 记 $z = C_{UVW}$, 则三维 Plackett Copula 分布 $C_{UVW}\left(u,v,w\right)$ 为

$$\Psi_{UVW}\left(a_1 - z\right)\left(a_2 - z\right)\left(a_3 - z\right)\left(a_4 - z\right) - z\left(z - b_1\right)\left(z - b_2\right)\left(z - b_3\right) = 0 \tag{1-3-10}$$

式中,

$$\begin{cases} a_1 = C_{VW}(v,w) \\ a_2 = C_{UW}(u,w) \\ a_3 = C_{UV}(u,v) \\ a_4 = 1 - u - v - w + C_{UV}(u,v) + C_{VW}(v,w) + C_{UW}(u,w) \\ b_1 = C_{UW}(u,w) + C_{VW}(v,w) - w \\ b_2 = C_{UV}(u,v) + C_{VW}(v,w) - v \\ b_3 = C_{UW}(u,w) + C_{UV}(u,v) - u \end{cases} \tag{1-3-11}$$

给定 $\Psi_{UV}, \Psi_{VW}, \Psi_{UW}$ 和 Ψ_{UVW}, 三维 Plackett Copula 分布 $C_{UVW}(u, v, w)$ 可用式 (1-3-9) 和 (1-3-10) 进行计算, 但是, 三维 Plackett Copula 分布密度 $c_{UVW} = \dfrac{\partial^3 C_{UVW}}{\partial u \partial v \partial w}$ 计算较为复杂, 其参数可采用极大似然法进行计算. 我们不难看出, 三维 Plackett Copula 分布有 3 个参数, 属于非对称 Copula 函数.

1.3.1.4 Metaelliptical Copula

参数为 $\boldsymbol{\mu}(p \times 1)$ 和 $\boldsymbol{\Sigma}(p \times p)$ 的 d 维随机变量 $\boldsymbol{z}$ 具有 elliptical 分布 (elliptical distribution, ECD), 可定义为

$$\boldsymbol{z} \overset{\text{def}}{=} \boldsymbol{\mu} + r\boldsymbol{A}\boldsymbol{u} \tag{1-3-12}$$

式中, $r \geqslant 0$ 为随机变量; $\boldsymbol{u}$ 是 $\mathbf{R}^d$ 上的均匀分布变量, 且独立于 r; $\boldsymbol{A}$ 为 $d \times d$ 常数矩阵, 且满足 $\boldsymbol{A}\boldsymbol{A}^{\mathrm{T}} = \boldsymbol{\Sigma}$; 符号 "$\overset{\text{def}}{=}$" 含义是式 (1-3-12) 两边具有相同的分布. 当 r 有密度函数时, $\boldsymbol{z}$ 的密度函数可以表示为

$$f(z_1, z_2, \cdots, z_d; \boldsymbol{\Sigma}) = |\boldsymbol{\Sigma}|^{-\frac{1}{2}} g\left[(\boldsymbol{z} - \boldsymbol{\mu})^{\mathrm{T}} \boldsymbol{\Sigma}^{-1} (\boldsymbol{z} - \boldsymbol{\mu})\right] \tag{1-3-13}$$

式中, $g(\cdot)$ 为一个尺度函数 (scale function). 常见的 d 维对称 elliptical 类分布见表 1-3-2.

表 1-3-2 常见的 d 维对称 elliptical 类分布

分布	$f(\boldsymbol{z}, \boldsymbol{\mu}, \boldsymbol{\Sigma})$	$g(\boldsymbol{u})$	参数取值
Kotz 类	$\dfrac{s\Gamma\left(\dfrac{p}{2}\right)}{\pi^{\frac{n-1}{2}}\Gamma\left(\dfrac{2N+p-2}{2s}\right)} r^{\frac{2N+p-2}{2s}}$ $|\boldsymbol{\Sigma}|^{-\frac{1}{2}}\left[(\boldsymbol{z}-\boldsymbol{\mu})^{\mathrm{T}}\boldsymbol{\Sigma}^{-1}(\boldsymbol{z}-\boldsymbol{\mu})\right]^{N-1}$ $\exp -r\left[(\boldsymbol{z}-\boldsymbol{\mu})^{\mathrm{T}}\boldsymbol{\Sigma}^{-1}(\boldsymbol{z}-\boldsymbol{\mu})\right]^{s}$	$\dfrac{s\Gamma\left(\dfrac{p}{2}\right)}{\pi^{\frac{n-1}{2}}\Gamma\left(\dfrac{2N+p-2}{2s}\right)}$ $r^{\frac{2N+p-2}{2s}} u^{N-1}\exp(-ru^{s})$	$r, s > 0$ $2N + p > 2$
Pearson II 类	$\dfrac{\Gamma\left(\dfrac{p}{2}+m+1\right)}{\Gamma(m+1)\pi^{\frac{p}{2}}}|\boldsymbol{\Sigma}|^{-\frac{1}{2}}$ $\left[1-(\boldsymbol{z}-\boldsymbol{\mu})^{\mathrm{T}}\boldsymbol{\Sigma}^{-1}(\boldsymbol{z}-\boldsymbol{\mu})\right]^{m}$	$\dfrac{\Gamma\left(\dfrac{p}{2}+m+1\right)}{\pi^{\frac{p}{2}}\Gamma(m+1)}(1-u)^{m}$	$m > -1$
Pearson VII 类	$\dfrac{\Gamma(m)}{\Gamma\left(m-\dfrac{p}{2}\right)\pi^{\frac{p}{2}}}|\boldsymbol{\Sigma}|^{-\dfrac{1}{2}}$ $\left[1+(\boldsymbol{z}-\boldsymbol{\mu})^{\mathrm{T}}\boldsymbol{\Sigma}^{-1}(\boldsymbol{z}-\boldsymbol{\mu})\right]^{-m}$	$\dfrac{\Gamma(m)}{\Gamma\left(m-\dfrac{p}{2}\right)\pi^{\frac{p}{2}}}\left(1+\dfrac{u}{m}\right)^{-N}$	$N > 1$ $m > 0$

从表 1-3-2 可以看出, elliptical 类分布函数非常复杂, 也属于非对称 Copula 函数, 只能采用极大似然进行求解参数.

1.3.2 Copula 函数在洪水多变量分析中面临的几个问题

根据文献报道和应用实践, Copula 函数仍然处在不断发展和完善的阶段, 基于 Copula 函数的洪水多变量分析计算主要面临着许多问题.

1.3.2.1 变量边际分布值计算

按照两阶段法估计参数, Copula 函数计算首先需要进行边际变量的分布函数值计算. 由于水文事件的概率 (频率) 分布函数未知, 气候变化和高强度人类活动影响使水文数据难以满足独立和同分布条件, 以及水文序列长度有限等影响, 边际变量的分布参数值计算受到许多挑战. 因此, 边际变量函数值计算是影响 Copula 函数选择和参数计算关键的步骤.

1.3.2.2 Copula 函数参数计算

选择 Pearson 古典相关系数 r_n、Spearman 秩相关系数 ρ_n、Kendall-τ 系数、Chi-图和 K-图方法进行变量间的相依性度量. 如果相依性存在, 则可计算 Copula 函数参数, 否则, 按变量独立进行多变量联合概率计算. 除表 1-3-1 常见的对称 Archimedean Copula 函数外, Copula 函数参数需要应用极大似然法进行估计. 一般来说, 对称 Archimedean Copula、非对称 Archimedean Copula 和 Plackett Copula 分布函数已知, 但是, 其密度函数推求过程比较复杂. 因此, 正确的样本对数极大似然函数参数的偏导数方程组是保证极大似然法求解正确的关键. Elliptical Copula 函数的密度函数见表 1-3-2, 以下列出代表性 Copula 函数的密度函数表达式 (宋松柏等, 2012).

1. 常见的对称三维 Copula 密度函数

(1) Gumbel-Hougaard Copula

$$
\begin{aligned}
c\left(u_1, u_2, u_3\right) = & \frac{\left(-\ln u_1 \ln u_2 \ln u_3\right)^{\theta-1}}{u_1 u_2 u_3} \exp\left(-w^{\frac{1}{\theta}}\right) \\
& \times\left[w^{\frac{3}{\theta}-3}+(3\theta-3) w^{\frac{2}{\theta}-3}+(\theta-1)(2\theta-1) w^{\frac{1}{\theta}-3}\right]
\end{aligned} \tag{1-3-14}
$$

式中, $w=\left(-\ln u_1\right)^{-\theta}+\left(-\ln u_2\right)^{-\theta}+\left(-\ln u_3\right)^{-\theta}$.

(2) Clayton (Cook-Johnson) Copula

$$
c\left(u_1, u_2, u_3\right)=u_1^{-(\theta+1)} u_2^{-(\theta+1)} u_3^{-(\theta+1)}(1+\theta)(1+2\theta)\left(u_1^{-\theta}+u_2^{-\theta}+u_3^{-\theta}-2\right)^{-\left(\frac{1}{\theta}+3\right)} \tag{1-3-15}
$$

(3) Frank Copula

$c\left(u_1, u_2, u_3\right)$

$$
=\frac{\theta^{2}e^{-\theta u_{1}}e^{-\theta u_{2}}e^{-\theta u_{3}}\left(e^{-\theta}-1\right)^{2}\left[\left(e^{-\theta}-1\right)^{2}-\left(e^{-\theta u_{1}}-1\right)\left(e^{-\theta u_{2}}-1\right)\left(e^{-\theta u_{3}}-1\right)\right]}{\left[\left(e^{-\theta}-1\right)^{2}+\left(e^{-\theta u_{1}}-1\right)\left(e^{-\theta u_{2}}-1\right)\left(e^{-\theta u_{3}}-1\right)\right]^{3}}
\tag{1-3-16}
$$

2. 常见的非对称 Archimedean Copula 密度函数

(1) M3 Copula

$$
\begin{aligned}
&c\left(u_{1},u_{2},u_{3}\right)\\
&=\theta_{1}\left(1-e^{-\theta_{1}}\right)^{-1}\left(1-e^{-\theta_{2}}\right)^{-1}e^{-\theta_{2}u_{1}}e^{-\theta_{2}u_{2}}e^{-\theta_{1}u_{3}}\frac{1}{G^{2}}\\
&\quad\times\left\{\theta_{2}w^{\frac{\theta_{1}}{\theta_{2}}-1}\left[G+\left(1-e^{-\theta_{1}}\right)^{-1}\left(1-e^{-\theta_{1}u_{3}}\right)\left(1-w^{\frac{\theta_{1}}{\theta_{2}}}\right)\right]\right.\\
&\quad+\left(\theta_{2}-\theta_{1}\right)\left(1-e^{-\theta_{2}}\right)^{-1}\left(1-e^{-\theta_{2}u_{1}}\right)\left(1-e^{-\theta_{2}u_{2}}\right)w^{\frac{\theta_{1}}{\theta_{2}}-2}\\
&\quad\times\left[G+\left(1-e^{-\theta_{2}}\right)^{-1}\left(1-e^{-\theta_{1}u_{3}}\right)\left(1-w^{\frac{\theta_{1}}{\theta_{2}}}\right)\right]\\
&\quad+2\theta_{1}\left(1-e^{-\theta_{1}}\right)^{-1}\left(1-e^{-\theta_{2}}\right)^{-1}\left(1-e^{-\theta_{2}u_{1}}\right)\left(1-e^{-\theta_{2}u_{2}}\right)\\
&\quad\left.\times\left(1-e^{-\theta_{1}u_{3}}\right)w^{2\frac{\theta_{1}}{\theta_{2}}-2}\left[\frac{G+\left(1-e^{-\theta_{1}}\right)^{-1}\left(1-e^{-\theta_{1}u_{3}}\right)\left(1-w^{\frac{\theta_{1}}{\theta_{2}}}\right)}{G}\right]\right\}
\end{aligned}
\tag{1-3-17}
$$

式中, $w=\left(1-e^{-\theta_{2}}\right)^{-1}\left(1-e^{-\theta_{2}u_{1}}\right)\left(1-e^{-\theta_{2}u_{2}}\right)$; $G=1-e^{-\theta_{1}}$.

(2) M4 Copula

$$
\begin{aligned}
c\left(u_{1},u_{2},u_{3}\right)=&\left(1+\theta_{1}\right)u_{1}^{-\theta_{2}-1}u_{2}^{-\theta_{2}-1}u_{3}^{-\theta_{1}-1}\left(u_{1}^{-\theta_{2}}+u_{2}^{-\theta_{2}}-1\right)^{\frac{\theta_{1}}{\theta_{2}}-2}\\
&\times\left[\left(u_{1}^{-\theta_{2}}+u_{2}^{-\theta_{2}}-1\right)^{\frac{\theta_{1}}{\theta_{2}}}+u_{3}^{-\theta_{1}}-1\right]^{\frac{1}{\theta_{1}}-2}\left\{-\left(\theta_{1}-\theta_{2}\right)+\left(1+2\theta_{1}\right)\right.\\
&\left.\times\left(u_{1}^{-\theta_{2}}+u_{2}^{-\theta_{2}}-1\right)^{\frac{\theta_{1}}{\theta_{2}}}\left[\left(u_{1}^{-\theta_{2}}+u_{2}^{-\theta_{2}}-1\right)^{\frac{\theta_{1}}{\theta_{2}}}+u_{3}^{-\theta_{1}}-1\right]^{-1}\right\}
\end{aligned}
\tag{1-3-18}
$$

(3) M5 Copula

$$
\begin{aligned}
c\left(u_{1},u_{2},u_{3}\right)=&G_{1}\left(G_{2}+G_{3}\right)\left\{-\theta_{1}\left(1-u_{3}\right)^{\theta_{1}-1}w^{\frac{1}{\theta_{1}}-1}\right.\\
&\left.+\left[-1+\left(1-u_{3}\right)^{\theta_{1}}\right]\left(\frac{1}{\theta_{1}}-1\right)w^{\frac{1}{\theta_{1}}-2}\frac{\partial w}{\partial u_{3}}\right\}
\end{aligned}
$$

$$+G_4G_5\left\{2\left[-1+(1-u_3)^{\theta_1}\right]\left[-\theta_1(1-u_3)^{\theta_1-1}\right]w^{\frac{1}{\theta_1}-2}\right.$$
$$\left.+\left[-1+(1-u_3)^{\theta_1}\right]^2\left(\frac{1}{\theta_1}-2\right)w^{\frac{1}{\theta_1}-3}\frac{\partial w}{\partial u_3}\right\} \tag{1-3-19}$$

式中,

$$w=\left[(1-u_1)^{\theta_2}+(1-u_2)^{\theta_2}-(1-u_1)^{\theta_2}(1-u_2)^{\theta_2}\right]^{\frac{\theta_1}{\theta_2}}\left[-1+(1-u_3)^{\theta_1}\right]+(1-u_3)^{\theta_1}$$
$$G_1=(1-u_1)^{\theta_2-1}(1-u_2)^{\theta_2-1}\left[(1-u_1)^{\theta_2}+(1-u_2)^{\theta_2}-(1-u_1)^{\theta_2}(1-u_2)^{\theta_2}\right]^{\frac{\theta_1}{\theta_2}-2}$$
$$G_2=(\theta_1-1)\left[1-(1-u_1)^{\theta_2}-(1-u_2)^{\theta_2}+(1-u_1)^{\theta_2}(1-u_2)^{\theta_2}\right]$$
$$G_3=\theta_2+1-(1-u_1)^{\theta_2}-(1-u_2)^{\theta_2}+(1-u_1)^{\theta_2}(1-u_2)^{\theta_2}$$
$$G_4=(\theta_1-1)(1-u_1)^{\theta_2-1}(1-u_2)^{\theta_2-1}\left[-1+(1-u_1)^{\theta_2}\right]\left[-1+(1-u_2)^{\theta_2}\right]$$
$$G_5=\left[(1-u_1)^{\theta_2}+(1-u_2)^{\theta_2}-(1-u_1)^{\theta_2}(1-u_2)^{\theta_2}\right]^{2\frac{\theta_1}{\theta_2}-2}$$
$$\frac{\partial w}{\partial u_3}=\theta_1(1-u_3)^{\theta_1-1}\left\{\left[(1-u_1)^{\theta_2}+(1-u_2)^{\theta_2}-(1-u_1)^{\theta_2}(1-u_2)^{\theta_2}\right]^{\frac{\theta_1}{\theta_2}-1}-1\right\}$$

(4) M6 Copula

$$c(u_1,u_2,u_3)=\frac{1}{u_1u_2u_3}(-\ln u_1)^{\theta_2-1}(-\ln u_2)^{\theta_2-1}(-\ln u_3)^{\theta_2-1}G^{\frac{\theta_1}{\theta_2}-2}$$
$$\times\left\{(\theta_2-\theta_1)w^{\frac{1}{\theta_1}-2}e^{-w^{\frac{1}{\theta_1}}}\left(\theta_1-1+w^{\frac{1}{\theta_1}}\right)\right.$$
$$+(\theta_1-1)G^{\frac{\theta_1}{\theta_2}}w^{\frac{1}{\theta_1}-3}e^{-w^{\frac{1}{\theta_1}}}\left(2\theta_1-1+w^{\frac{1}{\theta_1}}\right)$$
$$\left.+G^{\frac{\theta_1}{\theta_2}}w^{\frac{2}{\theta_1}-3}e^{-w^{\frac{1}{\theta_1}}}\left(2\theta_1-2+w^{\frac{1}{\theta_1}}\right)\right\} \tag{1-3-20}$$

式中, $w=(-\ln u_3)^{\theta_1}+\left[(-\ln u_1)^{\theta_2}+(-\ln u_2)^{\theta_2}\right]^{\frac{\theta_1}{\theta_2}}$; $G=(-\ln u_1)^{\theta_2}+(-\ln u_2)^{\theta_2}$.

(5) M12 Copula

$$c(u_1,u_2,u_3)$$
$$=\frac{\left(\frac{1}{u_1}-1\right)^{\theta_2-1}\left(\frac{1}{u_2}-1\right)^{\theta_2-1}\left(\frac{1}{u_3}-1\right)^{\theta_2-1}}{u_1^2u_2^2u_3^2}\left[\left(\frac{1}{u_1}-1\right)^{\theta_2}+\left(\frac{1}{u_2}-1\right)^{\theta_2}\right]^{\frac{\theta_1}{\theta_2}-2}$$
$$\times\left\{(\theta_2-\theta_1)\frac{(\theta_1-1)\left(1+w^{\frac{1}{\theta_1}}\right)^2w^{\frac{1}{\theta_1}-2}+2\left(1+w^{\frac{1}{\theta_1}}\right)w^{\frac{2}{\theta_1}-2}}{\left(1+w^{\frac{1}{\theta_1}}\right)^4}\right.$$

$$
\begin{aligned}
&+(\theta_1-1)\left[\left(\frac{1}{u_1}-1\right)^{\theta_2}+\left(\frac{1}{u_2}-1\right)^{\theta_2}\right]^{\frac{\theta_1}{\theta_2}}\\
&\times\frac{(2\theta_1-1)\left(1+w^{\frac{1}{\theta_1}}\right)^2 w^{\frac{1}{\theta_1}-3}+2\left(1+w^{\frac{1}{\theta_1}}\right)w^{\frac{2}{\theta_1}-3}}{\left(1+w^{\frac{1}{\theta_1}}\right)^4}\\
&+2\left[\left(\frac{1}{u_1}-1\right)^{\theta_2}+\left(\frac{1}{u_2}-1\right)^{\theta_2}\right]^{\frac{\theta_1}{\theta_2}}\\
&\times\frac{(2\theta_1-2)\left(1+w^{\frac{1}{\theta_1}}\right)^3 w^{\frac{2}{\theta_1}-3}+3\left(1+w^{\frac{1}{\theta_1}}\right)^2 w^{\frac{3}{\theta_1}-3}}{\left(1+w^{\frac{1}{\theta_1}}\right)^6}
\end{aligned}
\tag{1-3-21}
$$

3. Plackett Copula 密度函数

对于二维 Plackett Copula 函数, 其密度函数为

$$
c_{UV}=\frac{\partial^2 C_{UV}}{\partial u\partial v}=\frac{\Psi_{UV}\left[1+(\Psi_{UV}-1)(u+v-2uv)\right]}{\left\{\left[1+(\Psi_{UV}-1)(u+v)\right]^2-4uv\Psi_{UV}(\Psi_{UV}-1)\right\}^{3/2}}
\tag{1-3-22}
$$

式中, Ψ_{UV} 为二维 Plackett Copula 参数.

对于三维 Plackett Copula 函数, 其密度函数推导极其复杂, 函数表达式较长, 本节不再列出, 具体表达式见文献 (宋松柏等, 2012).

1.3.2.3 Copula 函数值计算

Copula 函数参数求解后, 对称 Archimedean Copula，Plackett Copula 和完全嵌套的非对称 Archimedean Copula 的分布函数具有显函数的表达式, 可直接进行 Copula 函数值计算. 但是, 非对称 Archimedean Copula 函数中的三维 Pair Copula 函数以及 Metaelliptical Copula 函数需要数值积分才能获得 Copula 分布函数值.

1. 三维 Pair Copula 函数值计算

三维 Pair Copula 函数构造灵活, 但是, 其分布函数值计算困难, 可采用数值积分计算获得.

$$
\begin{aligned}
F(x_1,x_2,x_3)&=\int_{-\infty}^{x_1}\int_{-\infty}^{x_2}\int_{-\infty}^{x_3} f(s,t,w)\,dsdtdw\\
&=\int_{-\infty}^{x_1}\int_{-\infty}^{x_2}\int_{-\infty}^{x_3} c_{12}\left[F_1(s),F_2(t)\right]c_{23}\\
&\quad\times\left[F_2(t),F_3(w)\right]c_{13|2}\left[F(s|t),F(w|t)\right]dF_1(s)\,dF_2(t)\,dF_3(w)
\end{aligned}
$$

$$= \int_{-\infty}^{x_1}\int_{-\infty}^{x_2}\int_{-\infty}^{x_3} \frac{\partial^2 C_{13|2}\left[F(s|t), F(w|t)\right]}{\partial F(s|t)\,\partial F(w|t)} \frac{\partial F(s|t)}{\partial F_1(s)} \frac{\partial F(w|t)}{\partial F_3(w)} \times dF_1(s)\,dF_2(t)\,dF_3(w)$$

通过积分变量代换, 有

$$\begin{aligned} F(x_1,x_2,x_3) &= \int_{-\infty}^{x_1}\int_{-\infty}^{x_2}\int_{-\infty}^{x_3} f(s,t,w)dsdtdw \\ &= \int_0^{u_1}\int_0^{u_2}\int_0^{u_3} \frac{\partial^2 C_{13|2}\left[\dfrac{\partial C_{12}(v_1,v_2)}{\partial v_2}, \dfrac{\partial C_{23}(v_2,v_3)}{\partial v_2}\right]}{\partial v_1 \partial v_3} dv_1 dv_2 dv_3 \\ &= \int_0^{u_2} C_{13|2}\left[\frac{\partial c_{12}(u_1,v_2)}{\partial v_2}, \frac{\partial c_{23}(v_2,u_3)}{\partial v_2}\right] dv_2 \end{aligned} \tag{1-3-23}$$

显然式 (1-3-23) 为一个二维条件 Copula 分布的一维积分, 应用高斯数值积分求解出 3 维概率分布.

2. Metaelliptical Copula 函数值计算

这类 Copula 函数的密度函数含有特殊类函数, 无法表示为显函数形式, 只能通过数值积分进行求解计算. Kotz 和 Nadarajah (2001), Nadarajah 和 Kotz (2007) 推导了二维对称 Kotz type 分布密度和分布的超几何级数, 二维 Pearson type II、VII 类不完全 Beta 函数的边际分布表达式, 详细计算步骤见文献 (宋松柏等, 2012).

1.3.2.4　Copula 函数的选择

Copula 函数实际上是把几个相依边际变量的分布函数值 [0, 1] 通过某一函数连接起来的函数, 本身不具有严格的水文物理基础, 也就是说 Copula 函数同样与单变量分布函数一样, 它们都不能从物理意义上解释几个相依边际变量的联合发生概率. 因此, Copula 函数只能根据计算概率与实测数据变量的联合经验概率拟合效果进行定性评估, 在此基础上, 应用分布拟合度法进行假设检验. 联合经验频率与相依边际变量的联合分布有关, 实际中, 联合经验概率采用 Gringorten 公式, 显然, 这是一种联合经验频率的近似计算.

Copula 拟合度检验通用的方法为 CPI Rosenblatt 转换法. 设边际分布 $F_{X_1}(x_1)$, $F_{X_2}(x_2), \cdots, F_{X_d}(x_d)$ 有联合分布 Copula 函数 $C\left[F_{X_1}(x_1), F_{X_2}(x_2), \cdots, F_{X_d}(x_d)\right] = F(x_1, x_2, \cdots, x_d)$. 按照 Copula 函数模拟, $\Phi^{-1}(Z_i)$, $i = 1, 2, \cdots, d$ 服从标准正态分布 $N(0,1)$, Φ 为标准正态分布; $\Phi^{-1}(Z_i)$ 为标准正态分布 $N(0,1)$ 的逆函数, 则 $S = \sum_{i=1}^{d}\left[\Phi^{-1}(Z_i)\right]^2$ 服从自由度为 d 的 χ_2^2 分布. CPI Rosenblatt 转换检验法的步骤为: ① 提出原假设 H_0: $(X_1, X_2, \cdots, X_d)$ 具有 $C\left[F_{X_1}(x_1),\right.$

$F_{X_2}(x_2), \cdots, F_{X_d}(x_d)] = C(u_1, u_2, \cdots, u_d)$; ② 选择统计量, 如 Kolmogorov 检验、Cramér von Mises 检验和 Anderson-Darling (AD) 检验; ③ 根据显著水平 α, 确定相应的临界值; ④ 根据样本, 计算统计量的观测值; ⑤ 比较统计量的观测值与临界值, 对原假设 H_0 进行判断.

在单变量分布拟合度检验中, 当实测数据长度较大时, 样本统计量分布显著水平 α 相应的临界值需要提取模拟序列第 $(1-\alpha)\%$ 的分位数来确定. 同样, Copula 拟合度检验没有给出显著水平 α 相应的临界值表, 也需要进行模拟试验进行确定.

1.4　洪水频率计算未来研究的几个问题

根据现有洪水频率计算面临的挑战, 本节建议深入开展以下研究工作, 以期为我国水文频率计算提供参考和支撑.

1.4.1　单变量洪水频率计算

(1) 删失或截取分布.

按照时间序列分析观点, 现有水文序列频率计算一般要求水文序列为完整序列 (complete series). 实际中, 由于仪器分辨率、观测或选样要求, 洪水序列会出现由超过某一门限值 (certain threshold) 或低于某一门限值的数据组成. 这种序列是完整序列的一个子集, 称为部分序列 (partial series), 超出了时间序列分析领域. 而现有的洪水频率分布是假定序列为完整序列, 部分序列采用完整序列的频率计算方法, 显然是合理的. 另外, 洪水序列分布为有界取值概率分布函数, 应用 $(-\infty, \infty)$ 或 (a, ∞), $(-\infty, a)$ 取值的频率分布进行拟合, 实际上是一种近似计算. 统计学中删失或截取分布随机变量取值范围恰好具备部分序列的取值区间. 因此, 删失或截取分布可能是提供上述部分序列频率的计算途径. 目前, 删失或截取分布应用于工业质量、产品寿命和金融等领域, 取得了许多成功案例. 因此, 有必要进一步研究删失或截取分布在水文中的应用.

(2) 提高频率分布参数估计精度.

如上所述, 洪水频率分布参数估计方法很多. 从洪水频率计算研究结果来看, 最大熵原理取得了较好的拟合效果. 其原因是, 许多分布函数经过复杂的数学推得, 最终频率分布参数计算归结为频率分布参数函数的数学期望方程或方程组, 属于函数的一阶矩或二阶矩计算, 避免了高阶函数矩计算. 因此, 低阶矩约束条件下的最大熵原理推求洪水频率分布参数估计有待深入研究. 另外, 如果计算站资料长度较短, 可选用计算站临近或相似流域具有长系列的测站资料, 通过序列的相依性分析, 进行 Copula 联合分布计算, 进而推求计算站的设计频率和设计值. 这也是提高洪水频率分布参数估计精度的一个途径, 有待于深入研究.

(3) 实用的非平稳水文序列频率计算方法.

由于气候变化和高强度的人类活动的影响, 改变了流域的降雨特性、产汇流和河道水流的天然时空分配规律, 因此长序列的统计特性发生了变化. 另外, 径流可能是由多个气候机制形成的. 因而, 这些不可避免地造成计算期内资料序列的非平稳性. 目前, 非平稳水文序列频率计算方法主要有水文极值系列重构、混合分布函数、水文物理机制洪水频率和时变参数概率分布等. 这些计算方法仍旧处在研究层面, 各种方法的计算结果差异较大, 一般计算过程较为复杂, 且重点关注了非平稳水文序列的理论频率计算, 相应的经验频率和评估依据缺乏充分的理论依据支撑. 因此, 亟待深入研究实用的非平稳水文序列频率计算方法, 以满足实际水文计算的需要.

(4) 洪水设计值置信区间估计.

假定水文序列数据满足计算要求的前提下, 水文样本长度、分布函数和参数估计方法等均会对水文设计值产生不确定性. 分布函数给定下, 参数估计方法不同, 其水文设计值置信区间估计方法不同. 目前, 矩法和极大似然估计参数的洪水设计值置信区间一般有相应的计算公式. 但是其他估计方法和许多新型参数估计方法的洪水设计值置信区间估计研究较少. 另外, 依据经验概率和理论概率的 P-P 图、实测数据和计算数据的 Q-Q 图或其他误差评定基本上属于拟合度的定性评价, 拟合度必须通过分布函数的拟合度检验进行分析. 因此, 有必要开展量化洪水设计值置信区间估计的不确定性研究.

1.4.2 多变量洪水频率计算

(1) 多变量联合概率分布.

对称 Archimedean Copula 也称为可交换 Archimedean Copula(exchangeable Archimedean Copula, EAC). 其最大的特点是有一个参数, 计算简单, 应用较多. 实际中, 水文变量间可能是正、负相依性或独立的, 它们也可能是相依性不对称的样本序列组合. 对于二维变量, 其联合分布可用对称 Archimedean Copula 描述, 但是, 由于对称 Archimedean Copula 要求变量为对称相依, 仅用一个生成函数描述正的相依性. 因而, 三维以上对称的 Archimedean Copula 不是描述高维变量联合概率分布最好的 Copula 函数选择. 因此, 嵌套 Archimedean 构造、层次 Archimedean Copula 和配对 Copula 等非对称 Archimedean Copula 的构建方法和应用, 以及非平稳下的多变量联合概率分布计算有待于进一步深入研究.

(2) 非平稳下的多变量联合概率分布与设计值计算.

基于 Copula 函数的水文多变量联合概率计算仍然是假定边际变量满足独立、同分布条件. 如果边际变量不满足平稳性, 现有 Copula 函数的计算方法体系不能用于计算非平稳变量的联合概率与设计值. 虽然, 一些研究者提出了时变 Copula

函数的计算方法, 但是, 其模型求解难度增加. 因此, 这些方法仍需在实用化方面进一步研究. 另外, 单变量情况下, 设计标准 (设计重现期) 的设计值可以清晰地进行确定和被广泛地应用于工程实践, 但是, 多变量设计值则无法明确确定. Salvadori 等提出了基于联合概率值定义危险区域的 Kendall 重现期计算方法, 他们认为该法比传统的重现期计算更为合理. 其基本原理是将事件发生区域划分为超临界区域、临界面和亚临界区域 3 类. 事件发生在超临界区域上的平均时间间隔长度为多变量事件重现期. 这种计算非常复杂, 目前仍然停留在研究层面, 需在实用化方面进一步研究.

(3) 提高 Copula 函数的参数估计精度.

如上所述, Copula 函数的参数估计方法大多采用极大似然法求解. 按照极大似然法原理, 一般需要求解样本似然函数对 Copula 函数参数偏导数的非线性方程组. 如果 Copula 函数参数较少, 不含有特殊函数时, 非线性方程组求解相对容易. 当 Copula 函数参数较多, 非线性方程组含有特殊函数和边际变量非显式分布函数时, 求解非常复杂. 另外, 非线性方程组的初值选择有时影响非线性方程组的求解. 因此, 在非线性方程组求解困难的情况下, 以样本似然函数为最大目标函数, 考虑 Copula 函数参数取值范围, 采用遗传算法、粒子群算法、蚂蚁群算法、混合蛙跳算法、头脑风暴算法、蜻蜓算法和水循环算法等智能优化求解可能不失为一种求解的途径.

(4) 随机变量和差积商分布值计算.

流域设计断面各部分洪水的地区组成可以归结为水文变量和、差、积、商的分布计算. 传统多变量分析方法理论上可以通过数学变换和高维数值积分来获得, 但是, 其求解非常复杂, 难以保证积分值的可靠性. 因此, 应用 Copula 函数原理, 研究提高水文变量和、差、积、商的分布计算精度是目前急需解决的科学问题.

参 考 文 献

阿列克谢耶夫. 1956. 苏联河流洪水径流的计算 [M]. 王凤岐, 译. 北京: 水利出版社.

卜雄洙, 吴键, 牛杰. 2018. 现代信号分析与处理 [M]. 北京: 清华大学出版社.

长江流域规划办公室水文处. 1980. 水利工程实用水文水利计算 [M]. 北京: 水利出版社.

陈椿庭. 1947. 中国五大河洪水量频率曲线之研究 [J]. 水利, 14(6): 240-287.

陈椿庭. 1993. 水工水力学及水文论文集 [C]. 北京: 水利电力出版社.

陈椿庭. 2012. 七十五年水工科技忆述 [M]. 北京: 中国水利水电出版社.

陈华, 栗飞, 王金星, 等. 2014. 湘江流域设计洪水地区组成方法研究 [J]. 水文, 34(2): 55-59.

陈晶, 王文圣. 2015. Copula 预测方法及其在年径流预测中的应用 [J]. 水力发电学报, 34(4): 16-21.

陈璐. 2013. Copula 函数理论在多变量水文分析计算中的应用研究 [M]. 武汉: 武汉大学出版社.

陈元芳. 2000. 统计试验方法及应用 [M]. 哈尔滨: 黑龙江人民出版社.
程根伟, 黄振平. 2010. 水文风险分析的理论与方法 [M]. 北京: 科学出版社.
程亮, 金菊良, 郦建强, 等. 2013. 干旱频率分析研究进展 [J]. 水科学进展, 24(2): 296-302.
丛树铮. 1980. 水文学的概率统计基础 [M]. 北京: 水利出版社.
丛树铮. 2010. 水科学技术中的概率统计方法 [M]. 北京: 科学出版社.
董前进, 陈森林. 2014. 统计相关条件下降水及洪水预报误差相关分析 [J]. 水文, 34(2): 14-18.
冯平, 李新. 2013. 基于 Copula 函数的非一致性洪水峰量联合分析 [J]. 水利学报, 44(10): 1137-1147.
葛维亚. 2020. 我国水文概率统计研究应用 [OL]. http://blog.sciencenet.cn/blog-1352130-1245223.html.
郭爱军, 黄强, 畅建霞, 等. 2015. 基于 Copula 函数的泾河流域水沙关系演变特征分析 [J]. 自然资源学报, 30(4): 673-683.
郭生练, 刘章君, 熊立华. 2016. 设计洪水计算方法研究进展与评价 [J]. 水利学报, 47(3): 302-314.
郭生练, 闫宝伟, 肖义, 等. 2008. Copula 函数在多变量水文分析计算中的应用及研究进展 [J]. 水文, 28(3): 1-7.
郭生练. 2005. 设计洪水研究进展与评价 [M]. 北京: 中国水利水电出版社.
胡义明, 梁忠民. 2017. 变化环境下的水文频率分析方法及应用 [M]. 北京: 河海大学出版社.
华东水利学院. 1981. 水文学的概率统计基础 [M]. 北京: 水利出版社.
黄生志, 黄强, 王义民, 等. 2015. 基于 SPI 的渭河流域干旱特征演变研究 [J]. 自然灾害学报, 24(1): 15-22.
黄振平, 陈元芳. 2017. 水文统计学 [M]. 2 版. 北京: 中国水利水电出版社.
金光炎. 1958. 实用水文统计法 [M]. 北京: 水利电力出版社.
金光炎. 1959. 水文统计的原理与方法 [M]. 北京: 水利电力出版社.
金光炎. 1980. 水文统计计算 [M]. 北京: 水利电力出版社.
金光炎. 1993. 水文水资源随机分析 [M]. 北京: 中国科学技术出版社.
金光炎. 2002. 工程数据统计分析 [M]. 南京: 东南大学出版社.
金光炎. 2003. 水文水资源分析研究 [M]. 南京: 东南大学出版社.
金光炎. 2010. 水文水资源计算务实 [M]. 南京: 东南大学出版社.
金光炎. 2012. 水文统计理论与实践 [M]. 南京: 东南大学出版社.
李浩鑫, 邵东国, 尹希, 等. 2015. 基于主成分分析和 Copula 函数的灌溉用水效率评价方法 [J]. 农业工程学报, 31(11): 96-102.
李建昌, 李继清. 2018. 应用超阈值抽样及 Copula 函数推求水库设计洪水 [J]. 水文, 38(2): 1-7.
梁忠民, 胡义明, 王军. 2011. 非一致性水文频率分析的研究进展 [J]. 水科学进展, 22(6): 864-871.
梁忠民, 郭彦, 胡义明, 等. 2012. 基于 Copula 函数的三峡水库预泄对鄱阳湖防洪影响分析 [J]. 水科学进展, 23(4): 485-492.

林凯荣, 陈晓宏, 江涛. 2009. 基于 Copula-Glue 的水文模型参数的不确定性 [J]. 中山大学学报 (自然科学版), 48(3): 109-115.

刘光文. 1986. 水文频率计算评议 [J]. 水文, (3): 10-18.

刘学, 诸裕良, 孙波, 等. 2014. 基于 Copula 函数推求设计潮位过程线 [J]. 水利学报, 45(2): 243-247.

刘曾美, 覃光华, 陈子燊, 等. 2013. 感潮河段水位与上游洪水和河口潮位的关联性研究 [J]. 水利学报, 44(11): 1278-1284.

刘章君, 许新发, 成静清, 等. 2019. 基于 Copula 函数的大坝洪水漫顶风险率计算 [J]. 水力发电学报, 38(3): 75-82.

刘招, 田智, 乔长录, 等. 2013. 基于 Copula 函数的关中河流水文丰枯遭遇特征分析 [J]. 干旱地区农业研究, 31(4): 245-248.

龙贻东, 梁川. 2018. 基于 Copula 函数的二维联合分布干旱重现期研究 [J]. 灌溉排水学报, 37(S1): 104-110.

陆桂华, 闫桂霞, 吴志勇, 等. 2010. 基于 Copula 函数的区域干旱分析方法 [J]. 水科学进展, 21(2): 188-193.

钱龙霞, 张韧, 王红瑞, 等. 2016. 基于 Copula 函数的水资源供需风险损失模型及其应用 [J]. 系统工程理论与实践, 36(2): 517-527.

秦毅, 张德生. 2006. 水文水资源应用数理统计 [M]. 西安: 陕西科学技术出版社.

水利部北京水利科学研究院水文研究所. 1957. 洪水调查和计算 [M]. 北京: 水利出版社.

水利部北京水利科学研究院水文研究所. 1958. 水文计算经验汇编 [C]. 北京: 水利出版社.

水利部长江水利委员会水文局, 水利部南京水文水资源研究所. 1995. 水利水电工程设计洪水计算手册 [M]. 北京: 水利电力出版社.

水利部长江水利委员会水文局, 水利部南京水文水资源研究所. 2001. 水利水电工程设计洪水计算手册 [M]. 北京: 中国水利水电出版社.

水利水电科学研究院水文研究所. 1964. 水文计算经验汇编 (第二集) [C]. 北京: 中国工业出版社.

水利水电科学研究院水文研究所. 1966. 水文频率计算常用图表 [M]. 北京: 中国工业出版社.

宋松柏. 2019. Copula 函数在水文多变量分析计算中的问题 [J]. 人民黄河, 41(10): 40-47，57.

宋松柏, 蔡焕杰, 金菊良, 等. 2012. Copulas 函数及其在水文中的应用 [M]. 北京: 科学出版社.

宋松柏, 康艳, 宋小燕, 等. 2018. 单变量水文序列频率计算原理与应用 [M]. 北京: 科学出版社.

孙济良, 秦大庸, 孙翰光. 2001. 水文气象统计通用模型 [M]. 北京: 中国水利水电出版社.

孙可可, 陈进, 金菊良, 等. 2014. 实际抗旱能力下的南方农业旱灾损失风险曲线计算方法 [J]. 水利学报, 45(7): 809-814.

涂新军, 陈晓宏, 刁振举, 等. 2016. 珠江三角洲 Copula 径流模型及西水东调缺水风险分析 [J]. 农业工程学报, 32(18): 162-168.

王栋, 吴吉春, 等. 2012. 信息熵理论在水系统中的研究与应用 [M]. 北京: 中国水利水电出版社.

王俊德. 1992. 水文统计 [M]. 北京: 中国水利水电出版社.

王凯, 梁忠民, 胡友兵. 2017. 淮河复合河道洪水概率预报方法与应用 [M]. 北京: 中国水利水电出版社.

王文圣, 金菊良, 丁晶. 2016. 随机水文学 [M]. 3 版. 北京: 中国水利水电出版社.

吴海鸥, 涂新军, 杜奕良, 等. 2019. 基于 Copula 函数的鄱阳湖水系径流丰枯遭遇多维分析 [J]. 湖泊科学, 31(3): 801-813.

武传号, 黄国如, 吴思远. 2014. 基于 Copula 函数的广州市短历时暴雨与潮位组合风险分析 [J]. 水力发电学报, 33(2): 33-40.

谢平, 陈广才, 雷红富, 等. 2009. 变化环境下地表水资源评价方法 [M]. 北京: 科学出版社.

谢平, 许斌, 章树安, 等. 2012. 变化环境下区域水资源变异问题研究 [M]. 北京: 科学出版社.

熊立华, 郭生练, 江聪. 2018. 非一致性水文概率分布估计理论和方法 [M]. 北京: 科学出版社.

熊立华, 郭生练, 肖义, 等. 2005. Copula 联结函数在多变量水文频率分析中的应用 [J]. 武汉大学学报 (工学版), 38(6): 16-19.

熊立华, 江聪, 杜涛, 等. 2015. 变化环境下非一致性水文频率分析研究综述 [J]. 水资源研究, 4(4): 310-319.

须恺. 1933. 淮河洪水之频率 [J]. 水利, 5(2): 39-46.

许月萍, 张庆庆, 楼章华, 等. 2010. 基于 Copula 方法的干旱历时和烈度的联合概率分析 [J]. 天津大学学报, 43(10): 928-932.

叶长青. 2017. 华南沿海湿润区非平稳性洪水序列频率计算研究 [M]. 北京: 中国水利水电出版社.

尹耀锋, 邹朝望, 黎南关. 2014. 时变 Copula 模型及其在峰量分析中的应用 [J]. 人民长江, 45(16): 98-101，108.

于忱, 陈隽, 王红瑞, 等. 2018. 多变量 Copula 函数在干旱风险分析中的应用进展 [J]. 南水北调与水利科技, 16(1): 14-21.

张济世, 刘立昱, 程中山, 等. 2006. 统计水文学 [M]. 郑州: 黄河水利出版社.

张倩, 吴泽宁, 吕翠美, 等. 2019. 基于 Copula 函数的郑州市外调水供水补偿特性 [J]. 人民黄河, 41(4): 37-41.

张强, 顾西辉, 孙鹏, 等. 2018. 华南区域非平稳径流过程及水生态效应 [M]. 北京: 科学出版社.

张翔, 冉啟香, 夏军, 等. 2011. 基于 Copula 函数的水量水质联合分布函数 [J]. 水利学报, 42(4): 483-489.

张迎, 黄生志, 黄强, 等. 2018. 基于 Copula 函数的新型综合干旱指数构建与应用 [J]. 水利学报, 49(6): 703-714.

张宇亮, 蒋尚明, 金菊良, 等. 2017. 基于区域农业用水量的干旱重现期计算方法 [J]. 水科学进展, 28(5): 691-701.

中华人民共和国水利部. 2006. 水利水电工程设计洪水计算规范 [S]. SL44-2006. 北京: 中国水利水电出版社.

中华人民共和国水利部, 中华人民共和国电力工业部. 1980. 水利水电工程设计洪水计算规范 (试行), [S]. SDJ22-79. 北京: 水利电力出版社.

中华人民共和国水利部、能源部. 1993. 水利水电工程设计洪水计算规范 [S]. SL44-93. 北京: 水利电力出版社.

周念清, 李天水, 刘铁刚. 2019. 基于游程理论和 Copula 函数研究岷江流域干旱特征 [J]. 南水北调与水利科技, 17(1): 1-7.

周玉良, 袁潇晨, 金菊良, 等. 2011. 基于 Copula 的区域水文干旱频率分析 [J]. 地理科学, 31(11): 1383-1388.

周镇伦. 1932. 全年雨量之常率线及常率积分线 [J]. 水利, 5(5): 15-63.

Ayantobo O O, Li Y, Song S B, et al. 2017. Spatial comparability of drought characteristics and related return periods in mainland China over 1961-2013 [J]. Journal of Hydrology, (550): 549-567.

Ayantobo O O, Li Y, Song S B, et al. 2018. Probabilistic modelling of drought events in China via 2-dimensional joint copula [J]. Journal of Hydrology, (559): 373-391.

Chen L, Guo S L. 2019. Copulas and Its Application in Hydrology and Water Resources [M]. Singapore: Springer Nature Singapore Pte Ltd.

Haan C T. 2002. Statistical Methods in Hydrology [M]. 2nd ed, New York: Iowa State Press.

Hao Z, Singh V P. 2013. Modeling multisite streamflow dependence with maximum entropy copula[J]. Water Resources Research, 49(10): 7139-7143.

Kotz S, Nadarajah S. 2001. Some extremal type elliptical distributions[J]. Statistics & Probability Letters, 54(2): 171-182.

Maity R. 2018. Statistical Methods in Hydrology and Hydroclimatology [M]. New York: Springer.

Meylan P, Favre A C, Musy A. 2011. Predictive Hydrology: A Frequency Analysis Approach[M]. Jersey, British Isles: Science Publishers.

Naghettini M. 2017. Fundamentals of Statistical Hydrology [M]. Gewerbestrasse, Switzerland: Springer International Publishing.

Nadarajah S, Kotz S. 2007. Skew models I[J]. Acta Applicandae Mathematicae, 98(1): 1-28.

Rao A R, Hamed K H. 2000. Flood Frequency Analysis [M]. Washington: CRC Press LLC.

Salvadori G, Michele C D. 2007. On the use of copula in hydrology: Theory and practice [J]. Journal of Hydrologic Engineering, 12(4): 369-380.

Salvadori G, Michele C D. 2010. Multivariate multiparameter extreme value models and return periods: A copula approach [J]. Water Resources Research, 46(10): W10501.

Salvadori G, Michele C D, Durante F. 2011. On the return period and design in a multivariate framework [J]. Hydrology and Earth System Sciences, 15(11): 3293-3305.

Salvadori G. 2004. Bivariate return periods via 2-copulas [J]. Statistical Methodology, 1(1): 129-144.

Singh V P. 1998. Entropy-Based Parameter Estimation in Hydrology[M]. Dordrecht: Kluwer Academic Publishers.

Singh V P. Strupczweski W G. 2002. On the status of flood frequency analysis[J]. Hydrological Processes, 16: 3737-3740.

Wang Y K, Ma H Q, Sheng D, et al. 2012. Assessing the interactions between Chlorophyll a and environmental variables using Copula method[J]. Journal of Hydrologic Engineering, 17(4): 495-506.

Xu K, Yang D W, Xu X Y, et al. 2015. Copula based drought frequency analysis considering the spatio-temporal variability in Southwest China[J]. Journal of Hydrology, 527: 630-640.

Zhang Q, Li J F, Singh V P, et al. 2013. Copula-based spatio-temporal patterns of precipitation extremes in China[J]. International Journal of Climatology, 33(5): 1140-1152.

Zhang L, Singh V P. 2019. Copulas and Their Applications in Water Resources Engineering [M]. New York: Cambridge University Press.

第 2 章 特殊洪水序列频率计算原理

连续样本是一般洪水频率计算的依据. 加入历史特大洪水后, 历史特大洪水与实测洪水组成了非连序样本. 另外, 一些级别的洪水具有不同的重现期, 由于考证期文献有限, 这些级别的历史特大洪水无法排位, 它们与实测洪水之间, 或不同级别的洪水间出现洪水数据删失, 无法采用连序样本进行频率计算. 连序样本频率计算参见文献 (黄振平和陈元芳, 2011). 对于两个重现期的历史特大洪水, 南京水利科学研究院王善序 (1990) 应用次序统计量理论, 率先推导了双 (多) 样本模型. 读者可参见文献 (王善序, 1979, 1990) 进行学习. 双 (多) 样本模型的特点是理论基础严密, 但是, 推导过程极其复杂. 这种序列分布参数估计可参见文献 (黄华平和梁忠民, 2016). 另外, 非平稳洪水序列频率计算不同于平稳洪水序列频率计算方法, 含零值洪水序列频率计算也不同于一般洪水序列的频率计算. 本章应用全概率理论, 推导特殊洪水序列的频率计算公式.

2.1 条件概率与全概率公式

2.1.1 条件概率公式

设事件 A, B 发生的概率分别为 $P(A)$ 和 $P(B)$, 同时发生的概率为 $P(AB)$. 已知事件 B 已经发生, 则事件 A 发生的概率就是条件概率 (黄振平和陈元芳, 2011), 记为 $P(A|B)$, 即

$$P(A|B) = \frac{P(AB)}{P(B)} \tag{2-1-1}$$

同样, 已知事件 A 已经发生, 则事件 B 发生的概率就是条件概率, 记为 $P(B|A)$, 即

$$P(B|A) = \frac{P(AB)}{P(A)} \tag{2-1-2}$$

式 (2-1-1) 和 (2-1-2) 用概率乘法定理表示, 有事件 A, B 同时发生的概率为

$$P(AB) = P(B)P(A|B), \quad P(AB) = P(A)P(B|A) \tag{2-1-3}$$

当事件 A, B 相互独立时, 有

$$P(A|B) = P(A), \quad P(B|A) = P(B) \tag{2-1-4}$$

2.1.2　全概率公式

全概率公式告诉我们：在一个随机试验中，事件 B 的发生受许多因素影响，每个因素 $(A_i, i=1,2,\cdots,n)$ 均对事件 B 产生影响和做出一定的"贡献". 因此，n 个因素共同作用导致事件 B 发生. 这就是全概率公式，事件 B 发生的概率为 (黄振平和陈元芳, 2011)

$$P(B)=\sum_{i=1}^{n}P(A_i)P(B|A_i) \tag{2-1-5}$$

2.1.3　应用举例

某城市的供水系统由两个供水互补水库组成 (标注为水库 1 和水库 2) (Naghettini, 2017). 水库 1 蓄水量 150 万 m^3, 正常运行的概率为 0.7. 水库 2 蓄水量 187.5 万 m^3, 正常运行的概率为 0.3. 该城市的日用水量为随机变量, 等于和大于 150 万 m^3 的日用水量发生概率为 0.3; 等于和大于 187.5 万 m^3 的日用水量发生概率为 0.1. 已知水库 1 和水库 2 中, 当 1 个水库正常运行时, 另一个水库不能正常运行. 回答下列问题: ① 任一天供水系统失败的概率; ② 假定该城市日用水量在连续供水期内为独立, 任一周内供水系统失败的概率.

解　(1) 设未能满足城市日用水量的事件为 A, B 和 B^c 分别表示水库 1 正常运行、水库 2 正常运行. 因为已知条件为当 1 个水库工作时, 另一个水库不能工作, 即两个水库不能同时工作. 不能满足城市日用水量事件为 A 可以由水库 1 正常运行、水库 2 正常运行造成. 城市日用水量大于 150 万 m^3, 即水库 1 正常运行造成供水失败, 城市日用水量大于 187.5 万 m^3, 即水库 2 正常运行造成供水失败. 因此, 有 $P(A)=P(A|B)P(B)+P(A|B^c)P(B^c)=0.3\times0.7+0.1\times0.3=0.24$.

(2) 设该城市日用水量在连续供水期内独立, 任一周内供水系统失败的事件为 C. 城市日用水量在连续供水期内为独立, 任一周内供水系统失败等价于 7 日内至少发生一次供水系统失败, 它是一周内没有一天供水系统失败发生的互补. 则有 $P(C)=1-(1-0.24)^7=0.8535$.

2.2　考虑历史特大洪水的序列经验频率公式

实测洪水加入历史特大洪水组成非连序样本. 这种洪水序列不同于一般连序洪水序列, 其经验概率计算不能采用连序洪水序列经验概率公式. 1990 年, 南京水利科学研究院王善序研究员应用次序统计量理论, 率先推导了双 (多) 样本模型. 双 (多) 样本模型的特点是理论基础严密, 但是, 推导过程极其复杂. 本节应用全概率理论, 试图推导一个多洪水历史洪水考证期下, 实测洪水与历史特大洪水组成不连序样本的经验概率计算公式.

2.2.1 连序样本的经验概率

对于连序样本, 样本的经验概率计算公式很多, 我国通常使用期望计算公式, 见式 (2-2-1).

$$P_i = \frac{i}{n+1} \tag{2-2-1}$$

式中, n 为样本长度; i 为样本由大到小 (或由小到大) 的排序号, 对于洪水样本, 一般采用 i 为样本由大到小的排序号; P_i 则是排序号为 i 的样本点对应的超越经验概率 (样本由大到小排序) 或不超越经验概率 (样本由小到大排序).

2.2.2 非连序样本的经验概率

为了叙述方便, 本节采用以下符号约定. 设有 m 个历史洪水考证期 N_k, $k=1,2,\cdots,m$, 且 $N_m > N_{m-1} > \cdots > N_2 > N_1$, 对应期内分别有 a_k 个历史特大洪水 (含实测特大洪水). 考证期 N_k 内, 对应的 a_k 个历史特大洪水有确定的排位, 但是, 无法知道他们在其他考证期内的排位. 另外, 已知测站具有 n 个实测洪水 (除去实测特大洪水). 按照上述约定, 我们不妨设有图 2-2-1 的洪水序列排位. 考证期 N_k 内历史特大洪水均大于 $x_{0,k}$, $k=1,2,\cdots,m$.

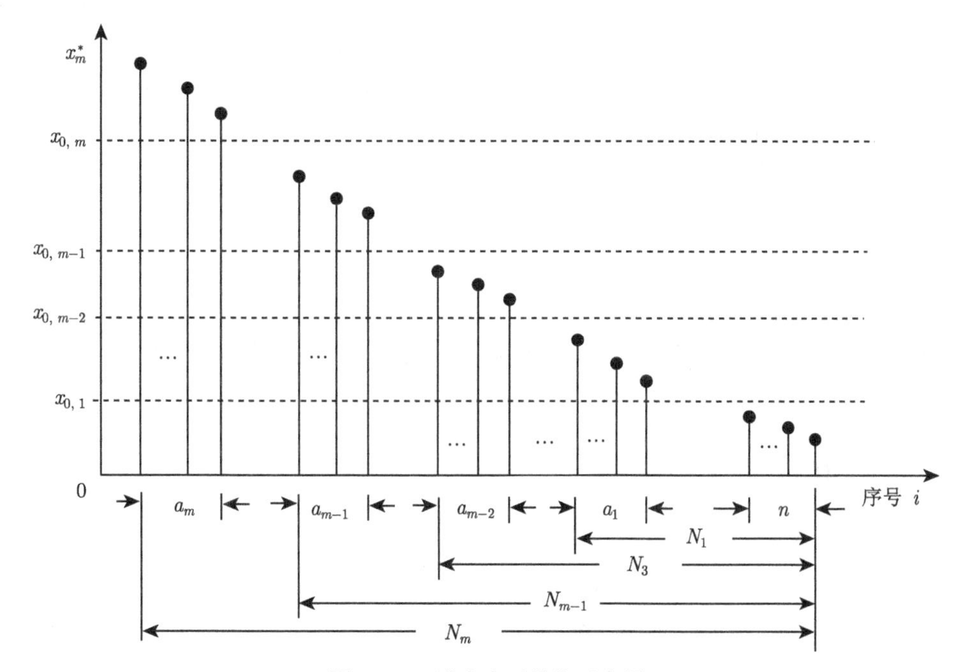

图 2-2-1 洪水序列排位示意图

2.2.2.1 考证期 N_m 内洪水经验频率

考证期 N_m 内, a_m 个历史特大洪水在 N_m 年有确定的排位, 其经验概率为

$$P_{m,i} = \frac{i}{N_m + 1} \tag{2-2-2}$$

式中, $i = 1, 2, \cdots, a_m$.

同样, 以考证期 N_m 为基本单位, 有 a_m 个历史特大洪水超过 $x_{0,m}$, 因此, 最后一项洪水的频率为 $P(X \geqslant x_{0,m}) = \dfrac{a_m}{N_m + 1}$, $P(X < x_{0,m}) = 1 - \dfrac{a_m}{N_m + 1}$. 记

$$P_{m,a} = P(X \geqslant x_{0,m}) = \frac{a_m}{N_m + 1} \tag{2-2-3}$$

2.2.2.2 考证期 N_{m-1} 内洪水经验频率

考证期 N_{m-1} 内 a_{m-1} 个历史特大洪水在 N_{m-1} 年有确定的排位, 但无法确定它们在其他考证期内的排位. 根据全概率公式, 有

$$P_{m-1,i} = P(X \geqslant x_{0,m}) P(X \geqslant x_i | X \geqslant x_{0,m}) + P(X < x_{0,m}) P(X \geqslant x_i | X < x_{0,m}) \tag{2-2-4}$$

x_i 为考证期 N_{m-1} 内的历史特大洪水, 考证期 N_m 内 a_m 个历史特大洪水超过 $x_{0,m}$, 均大于考证期 N_{m-1} 内的历史特大洪水, 则有 $P(X \geqslant x_i | X \geqslant x_{0,m}) = 1$. $P(X \geqslant x_i | X < x_{0,m})$ 为考证期 N_{m-1} 内历史特大洪水的超越概率, 有

$$P(X \geqslant x_i | X < x_{0,m}) = \frac{i}{N_{m-1} + 1}, \quad i = 1, 2, \cdots, a_{m-1}$$

则

$$P_{m-1,i} = \frac{a_m}{N_m + 1} + \left(1 - \frac{a_m}{N_m + 1}\right) \frac{i}{N_{m-1} + 1} = P_{m,a} + (1 - P_{m,a}) \frac{i}{N_{m-1} + 1} \tag{2-2-5}$$

式中, $i = 1, 2, \cdots, a_{m-1}$.

同样, 有

$$\begin{aligned} P(X \geqslant x_{0,m-1}) &= P\left(X \geqslant x_{a_{m-1}}\right) \\ &= P(X \geqslant x_{0,m}) P(X \geqslant x_{0,m-1} | X \geqslant x_{0,m}) \\ &\quad + P(X < x_{0,m}) P(X \geqslant x_{0,m-1} | X < x_{0,m}) \\ &= \frac{a_m}{N_m + 1} + \left(1 - \frac{a_m}{N_m + 1}\right) \frac{a_{m-1}}{N_{m-1} + 1} \\ &= P_{m,a} + (1 - P_{m,a}) \frac{a_{m-1}}{N_{m-1} + 1} = P_{m-1,a} \end{aligned} \tag{2-2-6}$$

2.2.2.3 考证期 N_{m-2} 内洪水经验频率

考证期 N_{m-2} 内 a_{m-2} 个历史特大洪水在 N_{m-2} 年有确定的排位, 但无法确定它们在其他考证期内的排位. 根据全概率公式, 有

$$\begin{aligned}P_{m-2,i} &= P(X \geqslant x_{0,m-1})\, P(X \geqslant x_i | X \geqslant x_{0,m-1}) \\ &\quad + P(X < x_{0,m-1})\, P(X \geqslant x_i | X < x_{0,m-1})\end{aligned} \tag{2-2-7}$$

x_i 为考证期 N_{m-2} 内的历史特大洪水, $X \geqslant x_{0,m-1}$ 内 a_m, a_{m-1} 个历史特大洪水超过 $x_{0,m-1}$, 均大于考证期 N_{m-2} 内的历史特大洪水, 则有 $P(X \geqslant x_i | X \geqslant x_{0,m-1}) = 1$. $P(X \geqslant x_i | X < x_{0,m-1})$ 为考证期 N_{m-2} 内历史特大洪水的超越概率, 有

$$P(X \geqslant x_i | X < x_{0,m-1}) = \frac{i}{N_{m-2}+1}, \quad i = 1, 2, \cdots, a_{m-2}.$$

则

$$\begin{aligned}P_{m-2,i} &= \frac{a_m}{N_m+1} + \left(1 - \frac{a_m}{N_m+1}\right)\frac{a_{m-1}}{N_{m-1}+1} \\ &\quad + \left\{1 - \left[\frac{a_m}{N_m+1} + \left(1 - \frac{a_m}{N_m+1}\right)\right]\frac{a_{m-1}}{N_{m-1}+1}\right\}\frac{i}{N_{m-2}+1} \\ &= P_{m-1,a} + (1 - P_{m-1,a})\frac{i}{N_{m-2}+1}\end{aligned} \tag{2-2-8}$$

式中, $i = 1, 2, \cdots, a_{m-2}$.

同样, 有

$$\begin{aligned}P(X \geqslant x_{0,m-2}) &= P\left(X \geqslant x_{a_{m-2}}\right) \\ &= P(X \geqslant x_{0,m-1})\, P(X \geqslant x_{0,m-2} | X \geqslant x_{0,m-1}) \\ &\quad + P(X < x_{0,m-1})\, P(X \geqslant x_{0,m-2} | X < x_{0,m-1}) \\ &= \frac{a_m}{N_m+1} + \left(1 - \frac{a_m}{N_m+1}\right)\frac{a_{m-1}}{N_{m-1}+1} \\ &\quad + \left\{1 - \left[\frac{a_m}{N_m+1} + \left(1 - \frac{a_m}{N_m+1}\right)\right]\frac{a_{m-1}}{N_{m-1}+1}\right\}\frac{a_{m-2}}{N_{m-2}+1} \\ &= P_{m-1,a} + (1 - P_{m-1,a})\frac{a_{m-2}}{N_{m-2}+1} = P_{m-2,a}\end{aligned} \tag{2-2-9}$$

2.2.2.4 考证期 N_1 内洪水经验频率

考证期 N_1 内 a_1 个历史特大洪水在 N_1 年有确定的排位, 但无法确定它们在其他考证期内的排位. 根据全概率公式, 有

$$P_{1,i} = P(X \geqslant x_{0,1})\, P(X \geqslant x_i | X \geqslant x_{0,1}) + P(X < x_{0,1})\, P(X \geqslant x_i | X < x_{0,1}) \tag{2-2-10}$$

x_i 为考证期 N_1 内的历史特大洪水, $X \geqslant x_{0,1}$ 内 $a_m, a_{m-1}, \cdots, a_2$ 个历史特大洪水超过 $x_{0,1}$, 均大于考证期 N_1 内的历史特大洪水, 则有 $P(X \geqslant x_i | X \geqslant x_{0,1}) = 1$. $P(X \geqslant x_i | X < x_{0,1})$ 为考证期 N_1 内历史特大洪水的超越概率, 有

$$P(X \geqslant x_i | X < x_{0,1}) = \frac{i}{N_1 + 1}, \quad i = 1, 2, \cdots, a_1$$

则

$$P_{1,i} = P_{2,a} + (1 - P_{2,a}) \frac{i}{N_1 + 1} \tag{2-2-11}$$

同样, 有

$$\begin{aligned} P(X \geqslant x_{0,1}) &= P(X \geqslant x_{0,2}) P(X \geqslant x_{0,1} | X \geqslant x_{0,2}) \\ &\quad + P(X < x_{0,2}) P(X \geqslant x_{0,1} | X < x_{0,2}) \\ &= P_{2,a} + (1 - P_{2,a}) \frac{a_1}{N_1 + 1} \end{aligned} \tag{2-2-12}$$

从以上推导不难看出, 考证期 N_k 内洪水经验频率为

$$P_{k,i} = P_{k+1,a} + (1 - P_{k+1,a}) \frac{i}{N_k + 1}, \quad k = 1, 2, \cdots, m \tag{2-2-13}$$

式中, $k = 1, 2, \cdots, m$.

2.2.2.5 实测洪水系列经验频率

实测洪水无法确定它们在其他考证期内的排位. 根据全概率公式, 有

$$\begin{aligned} P_i = P(X \geqslant x_i) &= P(X \geqslant x_{0,1}) P(X \geqslant x_i | X \geqslant x_{0,1}) \\ &\quad + P(X < x_{0,1}) P(X \geqslant x_i | X < x_{0,1}) \end{aligned} \tag{2-2-14}$$

x_i 为实测期洪水, $X \geqslant x_{0,1}$ 内 $a_m, a_{m-1}, \cdots, a_2, a_1$ 个历史特大洪水超过 $x_{0,1}$, 均大于实测期内的洪水, 则有 $(X \geqslant x_i | X \geqslant x_{0,1}) = 1$. $P(X \geqslant x_i | X < x_{0,1})$ 为考证实测期内洪水的超越概率, 有

$$P(X \geqslant x_i | X < x_{0,1}) = \frac{i}{n + 1}, \quad i = 1, 2, \cdots, n$$

则

$$P_i = P_{1,a} + (1 - P_{1,a}) \frac{i}{n + 1} \tag{2-2-15}$$

式中, $i = 1, 2, \cdots, n$.

式 (1-2-15) 中, 当 $m = 0$ 时, $P_{1,a} = 0$, 即为连序系列经验频率计算公式 $P_i = \dfrac{i}{n + 1}$.

2.2.2.6 应用实例

本节采用王善序 1958—1974 年的年最大洪峰流量资料 (王善序, 1979), 说明本节多个调查考证期的非连序洪水系列概率权重矩计算模型的应用.

例 2-2-1 某站共有 17 年的年最大洪峰流量观测资料. 通过历史洪水调查与考证, 在近 200 年中, 1954 年的年最大洪峰流量 ($Q_A = 12600\text{m}^3/\text{s}$) 为最大的历史洪峰流量, 1949 年的年最大洪峰流量 ($Q_A = 11500\text{m}^3/\text{s}$) 为第二大历史洪峰流量. 1956 年的年最大洪峰流量 ($Q_A = 10500\text{m}^3/\text{s}$) 为 50 年以来的年最大洪峰流量, 但其值无法在 200 年调查考证期中进行排位. 根据文中变量符号约定, $m = 2$, $N_1 = 50$, $a_1 = 1$; $N_2 = 200$, $a_2 = 2$; $n = 17$. 历史与实测洪水见表 2-2-1 所示.

表 2-2-1 洪水序列经验概率计算

系列类别	序号	$Q_A/(\text{m}^3/\text{s})$	发生年份	王善序公式/%	本节公式/%
历史特大洪水 $N_2 = 200$, $a_2 = 2$	1	12600	1954	0.4975	0.4975
	2	11500	1949	0.9950	0.9950
历史特大洪水 $N_1 = 50$, $a_1 = 1$	1	10500	1956	2.9363	2.9363
实测洪水 $n = 17$	1	8670	1962	8.3287	8.3287
	2	7340	1969	13.7212	13.7212
	3	6830	1963	19.1136	19.1136
	4	6430	1970	24.5060	24.5060
	5	6120	1958	29.8984	29.8984
	6	5920	1971	35.2909	35.2909
	7	5610	1959	40.6833	40.6833
	8	5300	1961	46.0757	46.0757
	9	5100	1972	51.4681	51.4681
	10	4900	1960	56.8606	56.8606
	11	4690	1964	62.2530	62.2530
	12	4540	1968	67.6454	67.6454
	13	4390	1965	73.0379	73.0379
	14	4230	1966	78.4303	78.4303
	15	3930	1967	83.8227	83.8227
	16	3720	1973	89.2151	89.2151
	17	3570	1974	94.6076	94.6076

当 $m = 2$ 时, 考证期 N_2 内洪水经验频率为

$$P_{2,i} = \frac{i}{N_2 + 1}; \quad P_{2,a} = \frac{a_2}{N_2 + 1} \tag{2-2-16}$$

式中, $i = 1, 2, \cdots, a_2$.

考证期 N_1 内洪水经验频率

$$P_{1,i} = P_{2,a} + (1 - P_{2,a})\frac{i}{N_1 + 1} = \frac{a_2}{N_2 + 1} + \left(1 - \frac{a_2}{N_2 + 1}\right)\frac{i}{N_1 + 1} \tag{2-2-17}$$

式中, $i=1,2,\cdots,a_1$.

$$P_{1,a}=P_{2,a}+(1-P_{2,a})\frac{a_1}{N_1+1}=\frac{a_2}{N_2+1}+\left(1-\frac{a_2}{N_2+1}\right)\frac{a_1}{N_2+1}$$
$$=\frac{a_2}{N_2+1}+\frac{N_2-a_2+1}{N_2+1}\frac{a_1}{N_1+1} \tag{2-2-18}$$

实测洪水的经验频率为

$$P_i=P_{1,a}+(1-P_{1,a})\frac{i}{n+1}$$
$$=\frac{a_2}{N_2+1}+\frac{N_2-a_2+1}{N_2+1}\frac{a_1}{N_1+1}+\left(1-\frac{a_2}{N_2+1}-\frac{N_2-a_2+1}{N_2+1}\frac{a_1}{N_1+1}\right)\frac{i}{n+1} \tag{2-2-19}$$

式 (2-2-16)—(2-2-19) 与文献 (王善序, 1979) 计算公式相同, 研究洪水经验概率计算结果见表 2-2-1, 两种方法计算结果一致, 说明文中非连序洪水系列经验概率计算公式是正确的. 文献 (王善序, 1979) 假定最大调查考证期有 a 个 ($a>1$) 特大洪水, 而其他 b 个 ($b>1$) 调查考证期仅含有一个特大洪水. 本节公式拓宽了 b 个调查考证期可含有多个历史特大洪水, 符合实际计算历史特大洪水情况. 另外, 文中公式采用全概率公式推导, 简化了非连序洪水序列经验概率计算公式的复杂推导过程.

2.3 不同产流机制形成的洪水序列经验频率计算

世界各地自然地理环境差异明显, 径流形成特点各异. 洪水序列可以由不同产流机制形成, 如暴雨、飓风、融雪或它们的组合. 这种洪水序列不是同分布序列, 而是一个混合分布序列 (宋松柏等, 2018), 不能沿用 2.2 节的计算方法, 必须采用混合分布序列计算其经验频率.

2.3.1 混合分布序列经验频率计算

本节假定流域由降雨和融雪两种产流机制形成年最大洪峰流量, 说明两种不同产流机制形成的洪水序列经验频率计算. 设 C 表示测站年最大洪峰流量 Q_C 事件, 根据本节假定, 降雨和融雪均可以形成年最大洪峰流量. 记 A 表示降雨形成的年最大洪峰流量 Q_A 事件; B 表示融雪形成的年最大洪峰流量 Q_B 事件. Q_C 与 Q_A, Q_B 的关系为 $Q_C=\max\{Q_A,Q_B\}$.

根据概率加法定理, 事件 C 等价于 A,B 至少有一个事件发生, $P(C)=P(A)+P(B)-P(AB)$. 即

$$P(Q_C\geqslant q_C)=P(Q_A\geqslant q_C)+P(Q_B\geqslant q_C)-P(Q_A\geqslant q_C,Q_B\geqslant q_C) \tag{2-3-1}$$

反过来, 在 A, B 事件独立发生下, 年最大洪峰流量 C 的不超越事件概率为

$$\begin{aligned}
P(Q_C < q_C) &= 1 - P(Q_C \geqslant q_C) \\
&= 1 - P(Q_A \geqslant q_C) - P(Q_B \geqslant q_C) + P(Q_A \geqslant q_C)P(Q_B \geqslant q_C) \\
&= 1 - [1 - P(Q_A < q_C)] - [1 - P(Q_B < q_C)] \\
&\quad + [1 - P(Q_A < q_C)][1 - P(Q_B < q_C)] \\
&= 1 - 1 + P(Q_A < q_C) - 1 + P(Q_B < q_C) + 1 \\
&\quad - P(Q_B < q_C) - P(Q_A < q_C) + P(Q_A < q_C)P(Q_B < q_C) \\
&= P(Q_A < q_C)P(Q_B < q_C)
\end{aligned} \tag{2-3-2}$$

假定测站年最大洪峰流量的样本长度为 n, 由降雨形成测站年最大洪峰流量的数目为 n_A, 由融雪形成测站年最大洪峰流量的数目为 n_B; 测站年最大洪峰流量 Q_C 事件序列中, 按由大到小排序第 i 年流量为 $q_{C,i}$ (第 i 年由降雨或融雪形成年最大洪峰流量的最大值); 降雨年最大洪峰流量 Q_A 事件序列中, 降雨形成测站年最大洪峰流量值 Q_C 大于 $q_{C,i}$ 的数目为 i_A; 融雪年最大洪峰流量 Q_B 事件序列中, 融雪形成测站年最大洪峰流量值 Q_C 大于 $q_{C,i}$ 的数目为 i_B. 则

$$\hat{P}(A) = \frac{n_A}{n}, \quad \hat{P}(B) = \frac{n_B}{n},$$

$$\hat{P}(Q_A \geqslant q_{C,i} \mid A) = \frac{i_A}{n_A}, \quad \hat{P}(Q_B \geqslant q_{C,i} \mid B) = \frac{i_B}{n_B}.$$

按照期望计算公式, 对于同一年来说, 当降雨和融雪年最大洪峰流量 Q_A 事件序列第 i 年值均等于 $q_{C,i}$ 时, 即 $q_{A,i} = q_{B,i} = q_{C,i}$, 式 (2-3-1) 的测站年最大洪峰流量大于 $q_{C,i}$ 的超越经验频率可以表示为

$$\hat{P}(Q_C \geqslant q_{C,i}) = \frac{i_A}{n+1} + \frac{i_B}{n+1} - \frac{i_A}{n+1}\frac{i_B}{n+1} \tag{2-3-3}$$

式 (2-3-3) 表明, 当 $q_{A,i} = q_{B,i} = q_{C,i}$ 时, $\{Q_A \geqslant q_{C,i}\}$, $\{Q_B \geqslant q_{C,i}\}$ 事件发生数已经分别在 i_A 和 i_B 中统计.

对于同一年来说, 如果降雨年最大洪峰流量 Q_A 事件序列第 i 年值等于 $q_{C,i}$, 或融雪年最大洪峰流量 Q_A 事件序列第 i 年值等于 $q_{C,i}$, 二者只发生其中之一. 即 $q_{A,i} = q_{C,i}$ 或 $q_{B,i} = q_{C,i}$, 没有同时发生 $\{Q_A \geqslant q_{C,i}, Q_B \geqslant q_{C,i}\}$ 事件, 式 (2-3-1) 的测站年最大洪峰流量大于 $q_{C,i}$ 的超越经验频率可以表示为

$$\hat{P}(Q_C \geqslant q_{C,i}) = \frac{i_A}{n+1} + \frac{i_B}{n+1} = \frac{i}{n+1} \tag{2-3-4}$$

式中, i 为测站年最大洪峰流量序列大于 $q_{C,i}$ 的数目. 测站年最大洪峰流量序列没有相等值发生, i 为测站年最大洪峰流量序列由大到小排序的排序号.

式 (2-3-3) 的测站年最大洪峰流量的不超越经验频率可以表示为

$$\hat{P}\left(Q_C < q_{C,i}\right) = 1 - \frac{i_A}{n+1} - \frac{i_B}{n+1} = 1 - \frac{i}{n+1} \tag{2-3-5}$$

因为测站年最大洪峰流量可以由降雨和融雪形成, 降雨和融雪均对测站年最大洪峰流量有"贡献". 所以, 式 (2-3-1) 也可以按照全概率公式进行测站年最大洪峰流量大于 q 的超越经验频率计算. 设测站年最大洪峰流量由降雨形成的概率为 $P(A)$, 由融雪形成的概率为 $P(B)$. 在降雨形成年最大洪峰流量下, 年最大洪峰流量大于 q 的概率为 $P(Q_A \geqslant q|A)$. 在融雪形成年最大洪峰流量下, 年最大洪峰流量大于 q 的概率为 $P(Q_B \geqslant q|B)$. 则测站年最大洪峰流量大于 q 的概率为

$$P\left(Q_C \geqslant q\right) = P\left(A\right) P\left(Q_C \geqslant q|A\right) + P\left(B\right) P\left(Q_C \geqslant q|B\right) \tag{2-3-6}$$

$$\hat{P}\left(Q_C \geqslant q\right) = \frac{n_A}{n}\frac{i_A}{n_A} + \frac{n_B}{n}\frac{i_B}{n_B} = \frac{i_A}{n} + \frac{i_B}{n} = \frac{i}{n} \tag{2-3-7}$$

式 (2-3-6) 表明, 尽管由降雨和融雪形成测站年最大洪峰流量, 但是, 全概率法计算测站年最大洪峰流量的样本长度的经验概率等于其序列由大到小排序号除以样本长度. 实际中, 一般采用期望公式, 有

$$\hat{P}\left(Q_C \geqslant q\right) = \frac{i}{n+1} \tag{2-3-8}$$

显然混合分布式 (2-3-4) 和全概率法式 (2-3-8) 的经验概率计算公式相同. 对于混合分布序列概率计算, 可以用独立同分布下的序列经验概率公式进行计算, 但是, 二者的数学基础是不相同的.

2.3.2　应用实例

例 2-3-1　美国 Carson 河 10311000 测站由降雨和融雪两种产流机制形成洪水, 按年最大法选样, 1939—1975 年测站年最大洪峰流量 Q_C 见表 2-3-1 第 (2) 和 (6) 栏所示 (Bulletin 17B of the Hydrology Subcommittee, 1982). 根据径流和天气记录, 该站按降雨 Q_A 和融雪 Q_B 产流机制选样, 两种产流机制下, 各自形成的年最大洪峰流量见第 (3), (7), (4), (8) 栏. 第 (2) 栏 = max{第 (3) 栏, 第 (4) 栏}, 第 (6) 栏 = max{第 (7) 栏, 第 (8) 栏}. 计算该站的洪峰序列经验频率.

表 2-3-2 给出了基于混合分布的 10311000 测站年最大洪峰流量经验频率计算结果. 其中, 第 (2) 栏为测站年最大洪峰流量 Q_C 由大到小排序. 为了便于计算 i_A 和 i_B, Q_A 和 Q_B 排序见第 (3)—(4) 栏, 黑体加重字体数字表示 Q_A 和 Q_B 序列中形成的 Q_C. i_A 和 i_B 的统计值见第 (5)—(6) 栏, 其概率值和 $\dfrac{i_A}{n+1}\dfrac{i_B}{n+1}$ 分别见第 (7)—(9) 栏. 第 (10) 栏为混合分布法的 Q_C 序列经验频率计算结果.

表 2-3-1　美国 Carson 河 10311000 测站年最大洪峰流量

年份	Q_C/(ft^{3①}/s)	Q_A/(ft^3/s)	Q_B/(ft^3/s)	年份	Q_C/(ft^3/s)	Q_A/(ft^3/s)	/Q_B (ft^3/s)
(1)	(2)	(3)	(4)	(5)	(6)	(7)	(8)
1939	541.00	541.00	355.00	1958	3100.00	2120.00	3100.00
1940	2300.00	1770.00	2300.00	1959	1690.00	1690.00	698.00
1941	2434.00	1015.00	2434.00	1960	1100.00	1100.00	895.00
1942	5300.00	5300.00	2536.00	1961	808.00	808.00	620.00
1943	8500.00	8500.00	2340.00	1962	1950.00	1950.00	1900.00
1944	1530.00	995.00	1530.00	1963	21900.00	21900.00	2417.00
1945	3860.00	3860.00	1420.00	1964	1160.00	1160.00	800.00
1946	1930.00	1257.00	1930.00	1965	8740.00	8740.00	2460.00
1947	1950.00	1950.00	1680.00	1966	1280.00	920.00	1280.00
1948	1870.00	755.00	1870.00	1967	4430.00	4430.00	4290.00
1949	2420.00	2420.00	1680.00	1968	1390.00	936.00	1390.00
1950	2160.00	1760.00	2160.00	1969	4190.00	3560.00	4190.00
1951	15500.00	15500.00	1750.00	1970	3480.00	3480.00	2010.00
1952	3750.00	3750.00	2980.00	1971	2260.00	2260.00	837.00
1953	1900.00	1900.00	972.00	1972	1330.00	975.00	1330.00
1954	1970.00	1970.00	1640.00	1973	3330.00	2946.00	3330.00
1955	1410.00	1410.00	1360.00	1974	3180.00	3180.00	2759.00
1956	30000.00	30000.00	3220.00	1975	3480.00	2590.00	3480.00
1957	1900.00	1860.00	1900.00				

表 2-3-2　基于混合分布的 10311000 测站年最大洪峰流量经验频率

年份	Q_C 排序	Q_A 排序	Q_B 排序	i_A	i_B	$\frac{i_A}{n+1}$	$\frac{i_B}{n+1}$	$\frac{i_A}{n+1}\frac{i_B}{n+1}$	经验频率
(1)	(2)	(3)	(4)	(5)	(6)	(7)	(8)	(9)	(10)
1956	30000	**30000**	4290	1	0	0.0263	0.0000	0.0000	0.0263
1963	21900	**21900**	**4190**	2	0	0.0526	0.0000	0.0000	0.0526
1951	15500	**15500**	**3480**	3	0	0.0789	0.0000	0.0000	0.0789
1965	8740	**8740**	**3330**	4	0	0.1053	0.0000	0.0000	0.1053
1943	8500	**8500**	3220	5	0	0.1316	0.0000	0.0000	0.1316
1942	5300	**5300**	**3100**	6	0	0.1579	0.0000	0.0000	0.1579
1967	4430	**4430**	2980	7	0	0.1842	0.0000	0.0000	0.1842
1969	4190	**3860**	2759	7	1	0.1842	0.0263	0.0000	0.2105
1945	3860	**3750**	2536	8	1	0.2105	0.0263	0.0000	0.2368
1952	3750	3560	2460	9	1	0.2369	0.0263	0.0000	0.2632
1970	3480	**3480**	**2434**	10	2	0.2632	0.0526	0.0000	0.3158
1975	3480	**3180**	2417	10	2	0.2632	0.0526	0.0000	0.3158
1973	3330	2946	2340	10	3	0.2632	0.0789	0.0000	0.3421
1974	3180	2590	**2300**	14	0	0.3684	0.0000	0.0000	0.3684
1958	3100	**2420**	**2160**	11	4	0.2895	0.1053	0.0000	0.3947
1941	2434	**2260**	2010	11	5	0.2895	0.1316	0.0000	0.4211
1949	2420	2120	**1930**	12	5	0.3158	0.1316	0.0000	0.4474
1940	2300	**1970**	**1900**	12	6	0.3158	0.1579	0.0000	0.4737
1971	2260	**1950**	1900	13	6	0.3421	0.1579	0.0000	0.5000

① 1ft^3 ≈ 0.0283m^3.

续表

年份	Q_C 排序	Q_A 排序	Q_B 排序	i_A	i_B	$\frac{i_A}{n+1}$	$\frac{i_B}{n+1}$	$\frac{i_A}{n+1}\frac{i_B}{n+1}$	经验频率
1950	2160	**1950**	**1870**	13	7	0.3421	0.1842	0.0000	0.5263
1954	1970	**1900**	1750	14	7	0.3684	0.1842	0.0000	0.5526
1947	1950	1860	1680	16	7	0.4211	0.1842	0.0000	0.6053
1962	1950	1770	1680	16	7	0.4211	0.1842	0.0000	0.6053
1946	1930	1760	1640	16	8	0.4211	0.2105	0.0000	0.6316
1953	1900	**1690**	**1530**	17	9	0.4474	0.2368	0.0000	0.6842
1957	1900	**1410**	1420	17	9	0.4474	0.2368	0.0000	0.6842
1948	1870	1257	**1390**	17	10	0.4474	0.2632	0.0000	0.7105
1959	1690	**1160**	1360	18	10	0.4737	0.2632	0.0000	0.7368
1944	1530	**1100**	**1330**	18	11	0.4737	0.2895	0.0000	0.7632
1955	1410	1015	**1280**	19	11	0.5000	0.2895	0.0000	0.7895
1968	1390	995	972	19	12	0.5000	0.3158	0.0000	0.8158
1972	1330	975	895	19	13	0.5000	0.3421	0.0000	0.8421
1966	1280	936	837	19	14	0.5000	0.3684	0.0000	0.8684
1964	1160	920	800	20	14	0.5263	0.3684	0.0000	0.8947
1960	1100	**808**	698	21	14	0.5526	0.3684	0.0000	0.9211
1961	808	755	620	22	14	0.5789	0.3684	0.0000	0.9474
1939	541	**541**	355	23	14	0.6053	0.3684	0.0000	0.9737

按照全概率法, 计算结果见表 2-3-3. 首先进行 Q_C 排序, 见第 (2), (8) 栏, 当年的 Q_A 和 Q_B 值见第 (3), (4), (9), (10) 栏. 测站年最大洪峰流量序列大于 $q_{C,i}$ 的数目 i 统计结果见第 (5), (11) 栏. 第 (12) 栏为全概率法 Q_C 经验频率计算值.

表 2-3-3　基于全概率法的 10311000 测站年最大洪峰流量经验频率

年份	Q_C 排序	Q_A	Q_B	i	经验频率	年份	Q_C 排序	Q_A	Q_B	i	经验频率
(1)	(2)	(3)	(4)	(5)	(6)	(7)	(8)	(9)	(10)	(11)	(12)
1956	30000	30000	3220	1	0.0263	1950	2160	1760	2160	20	0.5263
1963	21900	21900	2417	2	0.0526	1954	1970	1970	1640	21	0.5526
1951	15500	15500	1750	3	0.0789	1947	1950	1950	1680	23	0.6053
1965	8740	8740	2460	4	0.1053	1962	1950	1950	1900	23	0.6053
1943	8500	8500	2340	5	0.1316	1946	1930	1257	1930	24	0.6316
1942	5300	5300	2536	6	0.1579	1953	1900	1900	972	26	0.6842
1967	4430	4430	4290	7	0.1842	1957	1900	1860	1900	26	0.6842
1969	4190	3560	4190	8	0.2105	1948	1870	755	1870	27	0.7105
1945	3860	3860	1420	9	0.2368	1959	1690	1690	698	28	0.7368
1952	3750	3750	2980	10	0.2632	1944	1530	995	1530	29	0.7632
1970	3480	3480	2010	12	0.3158	1955	1410	1410	1360	30	0.7895
1975	3480	2590	3480	12	0.3158	1968	1390	936	1390	31	0.8158
1973	3330	2946	3330	13	0.3421	1972	1330	975	1330	32	0.8421
1974	3180	3180	2759	14	0.3684	1966	1280	920	1280	33	0.8684
1958	3100	2120	3100	15	0.3947	1964	1160	1160	800	34	0.8947
1941	2434	1015	2434	16	0.4211	1960	1100	1100	895	35	0.9211
1949	2420	2420	1680	17	0.4474	1961	808	808	620	36	0.9474
1940	2300	1770	2300	18	0.4737	1939	541	541	355	37	0.9737
1971	2260	2260	837	19	0.5000						

2.4 下垫面或气候分段平稳下洪水序列频率计算

洪水序列不仅反映了流域一定时期内气候和下垫面等综合作用和影响程度,也反映了洪水序列值的变化. 一般地, 对于大中型流域来说, 气候和下垫面对洪水序列的作用和影响是长期持续的. 这种洪水序列虽然在其发生期内不再具有平稳性, 但是, 洪水会出现分段弱平稳, 具有显著的变异点. 在上述假定下, 非平稳洪水序列可按分段平稳下洪水序列频率计算法进行计算.

假定一个容量为 N 的洪水序列, 根据变异点理论和成因分析法, 在时间上可以划分为 s 个时间段 (子序列), 设时间段内子序列的长度分别为 $n_1, n_2, \cdots, n_s$, 且互不重叠 (图 2-4-1). 一个具有变异的非一致分布洪水序列 X 的样本为 (宋松柏等, 2018):

$$
\begin{aligned}
X &= \{X_1, X_2, \cdots, X_s\} \\
&= \{X_{11}, X_{12}, \cdots, X_{1n_1}; X_{21}, X_{22}, \cdots, X_{2n_2}; \cdots; X_{s1}, X_{s2}, \cdots, X_{sn_s}\} \quad (2\text{-}4\text{-}1)
\end{aligned}
$$

非平稳分布洪水序列频率计算的基本假定为

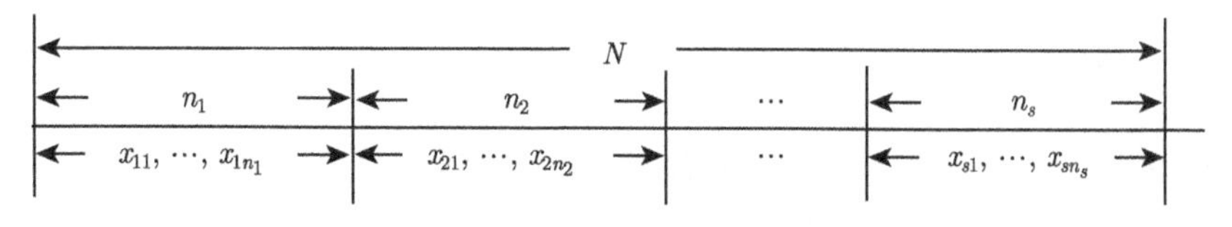

图 2-4-1 水文序列样本空间

(1) 每个子序列 X_i 中的洪水值是由同一物理条件形成的, 服从同一分布 $P_i(x)$. 但是, 不同子序列具有不同的分布, 即 $P_i(x) \neq P_j(x)$, $i \neq j$, $i, j = 1, 2, \cdots, s$.

(2) 不同子序列 X_i 相互独立, 即

$$
P(X_1 \geqslant x_1, X_2 \geqslant x_2, \cdots, X_s \geqslant x_s) = P(X_1 \geqslant x_1) P(X_2 \geqslant x_2) \cdots P(X_s \geqslant x_s) \quad (2\text{-}4\text{-}2)
$$

(3) 洪水变量 X 可能以不同的概率发生在不同的时间段内. 如第 i 个洪水值 $X(i)$ 可能发生在 X_1 序列, 也可能发生在 X_2 序列, 而 X_1 和 X_2 序列属于不同的分布.

定义 $\{A_i\}$ 为洪水变量 X 发生在第 i 个序列段内, $i = 1, 2, \cdots, s$, 有

$$
0 \leqslant P(A_i) \leqslant 1, \quad i = 1, 2, \cdots, s; \quad \sum_{i=1}^{s} P(A_i) = 1 \quad (2\text{-}4\text{-}3)
$$

(4) $\{A_i\}$ 为互不相容事件, $i=1,2,\cdots,s$. 设 Ω 为洪水变量 X 发生的样本空间, 则有

$$A_i \cap A_j = \varnothing, \quad i \neq j, \quad i,j = 1,2,\cdots,s; \quad \sum_{i=1}^{s} A_i = \Omega \tag{2-4-4}$$

根据上述假定和全概率公式, 非一致分布洪水序列的频率分布 $F(x)$ 为

$$F(x) = P(X \geqslant x) = \sum_{i=1}^{s} P(A_i) P(X \geqslant x|A_i) = \sum_{i=1}^{s} P(A_i) P(x|A_i) \tag{2-4-5}$$

式中, $P(A_i) = \dfrac{n_i}{N}$, $i=1,2,\cdots,s$.

对于经验分布, 设 m_i 为第 i 个序列 X_i 中大于等于 x 出现的项数, $P(x|A_i) = \dfrac{m_i}{n_i}$, 则有

$$\hat{F}(x) = \sum_{i=1}^{s} \frac{n_i}{N} \frac{m_i}{n_i} = \sum_{i=1}^{s} \frac{m_i}{N} \tag{2-4-6}$$

采用期望公式, 则非一致分布洪水序列的经验频率计算公式为

$$\hat{F}(x) = \sum_{i=1}^{s} \frac{m_i}{N+1} \tag{2-4-7}$$

式 (2-4-7) 计算与非一致性年径流频率计算类似, 读者可参阅文献 (宋松柏等, 2018). 本节不再进行举例说明.

2.5 含零值洪水序列频率计算

干旱区往往出现枯水期月径流量为零. 因而, 常规洪水频率计算方法无法进行这类序列的频率计算. 关于含零值洪水序列频率的计算方法主要有增加小水文事件、忽略零值、全概率公式、次序统计量构造等, 这些方法计算原理见文献 (宋松柏等, 2018). 本节叙述基于运动扩散模型 (KD 模型) 的含零值洪水序列频率计算. 这是一种新型的含零值序列频率计算方法. 目前, 我国对该理论方法尚未进行应用研究. 脉冲响应最早用在信号系统和电路理论中, 一般情况下, 我们将在系统中输入单位冲激函数时的输出或是响应称为冲击响应或是脉冲响应. 1947 年, Einstein 将脉冲响应函数应用于推移质输沙研究. 1978 年, Eagleson 将运动扩散脉冲响应函数应用于降水频率分析计算并取得较好结果. 1989 年, Strupczewski 和 Napiorkowski 等人将线性动力扩散单位脉冲响应与马斯京根模型进行比较, 发现二者具有较大相似性, 在一定条件下二者等价. 2003 年, Strupczewski 基于上述

研究, 将运动扩散模型单位脉冲响应用到含零值水文频率计算中 (李丹丹, 2018). 利用脉冲响应函数进行含零值洪水序列频率计算的步骤与利用次序统计量进行含零值水文序列频率计算步骤相似, 仅是在零值概率求算方面有不同. 利用脉冲响应函数求算时, 零值概率根据泊松分布进行求算. 本节仅介绍 KD 模型, 具体应用实例见文献 (李丹丹, 2018).

2.5.1 KD 模型

2.5.1.1 KD 模型定义

通常根据波长和水深的关系将不稳定波划分为浅水波和深水波两种. 如果不稳定波的波长长度明显大于水深, 我们称之为浅水波, 若其波长长度明显小于水深则称之为深水波 (李丽, 2007). 一般情况下, 人工渠道及天然河流中的不稳定波都是浅水波, 而在水深较深的海洋中出现的不稳定波多为深水波.

水流的不稳定波根据水位或流量随时间变化情况可分为两大类. 一类是流量或水位随时间缓慢变化的缓变不稳定流, 如人工渠道、天然河流以及暴雨径流; 另一类是流量或水位随时间剧烈变化的急变不稳定流, 如溃坝波等; 缓变不稳定流的流线曲率较小, 流线基本呈平行状态, 而且在缓变不稳定流中静水压力的分布与动水压力分布基本相同, 因此可知, 河道洪水波属于缓变不稳定浅水波. 1871 年, 法国科学家圣维南提出了用于描述缓变不稳定浅水波的圣维南方程组, 如式 (2-5-1).

$$
\left\{
\begin{aligned}
&\frac{\partial Q}{\partial x}+\frac{\partial A}{\partial t}=0\\
&v\frac{\partial v}{\partial x}+\frac{\partial v}{\partial t}+g\frac{\partial y}{\partial x}=g\left(i_0-\frac{v^2}{C^2R}\right)
\end{aligned}
\right.
\tag{2-5-1}
$$

式中, Q 为流量; A 为过水断面面积; x 为距水道某固定断面沿流程的距离; t 为时间; v 为断面平均流速; C 为谢才系数; R 为水力半径; y 为水深.

水流在运动过程中主要受重力影响, 如只考虑底坡与摩阻力对圣维南方程的影响而忽略惯性及压力对其影响, 可以得到运动波方程; 若只忽略惯性对方程的影响, 可以得到扩散波方程. 这些根据一些流动情况而简化的方程更加便于实际应用 (李丽, 2007). 所谓简化就是将圣维南方程组线性化, 即基于一定的假定, 将原来的非线性偏微分方程化为线性偏微分方程. 线性化方法很多, 但常用的是微幅波法. 微幅波法的基本思想为: 如果波流量的水力要素, 如流量、波高、断面平均流速等, 远比初始状态水力要素值小得多, 也就是说, 波流量的水力要素值都是些微小量, 则按照近似计算原理, 它们的乘积、平方以上的幂将更小, 因此可以忽略不计.

对于无旁侧入流情况, 宽浅矩形河槽的圣维南方程组为

$$\begin{cases} \dfrac{\partial q}{\partial x}+\dfrac{\partial y}{\partial t}=0 \\ g\dfrac{\partial q}{\partial x}+\dfrac{\partial v}{\partial t}+v\dfrac{\partial v}{\partial x}=g\left(i_0-\dfrac{g^3}{C^2y^3}\right) \end{cases} \tag{2-5-2}$$

式中, q 为单宽流量, $q=\dfrac{Q}{B}$; B 为河宽, 其余符号意义同前.

上式中包含非线性项 $v\dfrac{\partial v}{\partial x}$ 和 $\dfrac{g^3}{C^2y^3}$, 利用微幅波理论进行线性化转化. 设 $q=q_0+q'$, $y=y_0+\xi$, 其中 q_0 和 y_0 分别为初始流量和初始水深, q' 和 ξ 为波流量的流量和水深.

根据微幅波理论, 式 (2-5-2) 变为

$$\begin{cases} \dfrac{\partial q'}{\partial x}+\dfrac{\partial \xi}{\partial t}=0 \\ \left(gy_0-v_0^2\right)\dfrac{\partial \xi}{\partial x}+v_0\dfrac{\partial q'}{\partial x}-v_0\dfrac{\partial \xi}{\partial t}+\dfrac{\partial q'}{\partial t}-\dfrac{3gv_0^2}{C^2y_0}\xi+\dfrac{2gv_0}{C^2y_0}q'=0 \end{cases} \tag{2-5-3}$$

式 (2-5-3) 中已不再包含任何非线性项, 为求得线性动力波方程, 对式中 t 进行求导得到

$$\left(gy_0-v_0^2\right)\frac{\partial^2 \xi}{\partial x\partial t}+v_0\frac{\partial^2 q'}{\partial x\partial t}-v_0\frac{\partial^2 \xi}{\partial t^2}+\frac{\partial^2 q'}{\partial t^2}-\frac{3gv_0^2}{C^2y_0}\frac{\partial \xi}{\partial t}+\frac{2gv_0}{C^2y_0}\frac{\partial q'}{\partial t}=0 \tag{2-5-4}$$

整理后可得

$$\left(gy_0-v_0^2\right)\frac{\partial^2 q'}{\partial x^2}-2v_0\frac{\partial^2 q'}{\partial x\partial t}-\frac{\partial^2 q'}{\partial t^2}-3gi_0\frac{\partial q'}{\partial x}+\frac{2gi_0}{v_0}\frac{\partial q'}{\partial t}=0 \tag{2-5-5}$$

式 (2-5-5) 即为宽浅矩形河槽的线性化动力波方程式. 若河槽为其他几何形状, 则可导出同样形式的线性洪水波方程. 不同之处仅是各阶导数前面的系数不同, 因此完全线性化圣维南方程可表示为

$$a\frac{\partial^2 q}{\partial x^2}+b\frac{\partial^2 q}{\partial x\partial t}+c\frac{\partial^2 q}{\partial t^2}=d\frac{\partial Q}{\partial x}+e\frac{\partial q}{\partial t} \tag{2-5-6}$$

式中, a,b,c,d,e 是在参考稳态条件下作为渠道和流动特性的函数的参数. 其余参数意义同前.

在线性动力波方程中, 如果将所有二阶导数忽略, 得到表示运动波的线性运动波方程 (Lighthill and Witham, 1955), 表达形式见式 (2-5-7); 若将线性圣维南方程的一阶导数忽略, 得到线性惯性波方程, 表达形式见式 (2-5-8); 如果忽略含有

时间 t 的偏导数, 得到线性扩散波方程, 表达式为 (2-5-9). 基于线性运动波近似表达第二和第三个二阶项得到对流扩散方程, 即线性对流扩散模型 (CD). 如果扩散项是用动力学中的另外两个表达, 则得到类似抛物线形的急流 (SF) 方程. 如果将所有二阶项表示为交叉导数的形式, 则可以得到表示运动波扩散的方程, 称为线性运动扩散 (KD) 模型.

$$d\frac{\partial Q}{\partial x}+e\frac{\partial q}{\partial t}=0 \tag{2-5-7}$$

$$a\frac{\partial^2 q}{\partial x^2}+b\frac{\partial^2 q}{\partial x\partial t}+c\frac{\partial^2 q}{\partial t^2}=0 \tag{2-5-8}$$

$$a\frac{\partial^2 q}{\partial x^2}=d\frac{\partial Q}{\partial x}+e\frac{\partial q}{\partial t} \tag{2-5-9}$$

线性运动波和线性惯性波在运动过程中洪峰流量既不衰减也不增强, 线性扩散波的洪峰流量总是衰减的. 线性动力波的洪峰流量在运动中是否衰减取决于弗劳德数 F_r, 对主要波来说, $F_r<2$ 时衰减, $F_r=2$ 时既不衰减也不增强, $F_r>2$ 时洪峰反而增强, 对于次要波来说, 不论 F_r 为何值, 动力波的洪峰流量总是衰减的. 线性 KD 模型呈抛物线形式, 仅适用于弗劳德数较小和缓慢上升波的完全线性圣维南方程的解法 (Strupczewski and Napiorkowski, 1989).

2.5.1.2 脉冲响应函数

脉冲响应最早用在信号系统和电路理论中, 一般情况下, 我们将在系统中输入单位冲激函数时的输出或响应称为冲击响应或脉冲响应. 对于连续的时间系统而言, 脉冲响应只受系统本身特性影响, 而不受其他因素如系统的激励源等影响. 脉冲响应函数通常用 $h(t)$ 来表示, $h(t)$ 是关于时间的函数. 以脉冲函数作为无随机噪声确定性线性系统输入, 得到的输出即为脉冲响应函数 $h(t)$. 如果输入信号为任意 $u(t)$, 则输出可表示为输入与脉冲函数的卷积. 也就是说, 如果系统是物理可实现的, 没有输入则输出为零. 就离散系统来说, 此时的脉冲响应函数与连续时间系统的脉冲响应函数存在较大差异, 因其函数是无穷全序列, 所以此时的输出是全序列 $h(t)$ 与输入序列 $u(t)$ 的卷积和.

对于洪水调度, 可以根据上游河段流量特性预测下游河段的洪水特性, 在水文文献中可以找到两种较简单的线性河道下游响应形式: 线性 CD 模型和线性 SF 模型. 这些模型满足线性渠道相应限流条件, 即在弗劳德数等于零的地方模型值等于 1 (Strupczewski et al., 2003).

运动扩散模型和急流模型对应完全不同的流动条件, 但是它们的脉冲响应在结构上是相似的 (Strupczewski et al., 1989; Strupczewski and Napiorkowski,

1990a, 1990b). 两个模型的脉冲响应都可表示为

$$h(x,t) = P_0(\lambda)\delta(t-\Delta) + \sum P_i(\lambda) h_i\left(\frac{t-\Delta}{\alpha}\right)\cdot 1(t-\Delta) \tag{2-5-10}$$

式中, $P_i(\lambda)$ 服从泊松分布, 即

$$P_i(\lambda) = \frac{\lambda^i}{i!}\exp(-\lambda) \tag{2-5-11}$$

$h_i\left(\frac{t}{\alpha}\right)$ 服从 Gamma 分布, 即

$$h_i\left(\frac{t}{\alpha}\right) = \frac{1}{\alpha(i-1)!}\left(\frac{t}{\alpha}\right)^{i-1}\exp\left(-\frac{t}{\alpha}\right) \tag{2-5-12}$$

式中, 参数 α, λ, Δ 是包括纵向变量 x 和水流条件河槽形态的函数, 对于 KD 模型与 SF 模型，它们是不同的, 另外, KD 模型的脉冲响应函数没有时间延迟 Δ; $1(t)$ 为单位阶跃函数, $1(t) = \begin{cases} 1, & t > 0, \\ 0, & t \leqslant 0. \end{cases}$

Strupczewski 和 Napiorkowski 等指出, 对于有限河段而言, 基于物理参数的马斯京根模型等价于 KD 模型, 等式 (2-5-10) 可以表示为概念元素的网络级联, 即线性水库和水文中常用的线性河道. Einstein 指出式 (2-5-10) 可作为推移质输沙的确定性随机模型. Eagleson 提出, 在假设暴雨发生次数遵循泊松分布、暴雨深度服从指数分布的条件下, 式 (2-5-10) 可以作为总降水量频率计算的分布函数. 因此, Strupczewski 和 Napiorkowski (Strupczewski et al., 2003) 认为式 (2-5-10) 可以作为含零值水文序列频率计算的概率分布模型.

2.5.2 KD 模型概率密度函数推导

由于我们主要对包含零值且以零值为下限的样本频率计算进行研究, 因此 KD 模型比 SF 模型更充分, 而 SF 模型可以用延迟值来模拟一个不完整的样本删失. 因此, 等式 (2-5-10) 中的延迟 (Δ) 等于零, 并将 t 重命名为 x, 则得到双参数概率分布函数

$$f(x) = P(z=0)\delta(x) + \sum_{i=1}^{\infty} P(z=i) h_i\left(\frac{x}{\alpha}\right)\cdot 1(x) \tag{2-5-13}$$

式中, z 是泊松分布随机变量, 即

$$P(z=i) = P_i(\lambda) = \frac{\lambda^i}{i!}\exp(-\lambda) \tag{2-5-14}$$

x 为 Gamma 分布随机变量, 即

$$h_i\left(\frac{x}{\alpha}\right)=\frac{1}{\alpha\,(i-1)!}\left(\frac{x}{\alpha}\right)^{i-1}\exp\left(-\frac{x}{\alpha}\right) \tag{2-5-15}$$

可以看出, 等式 (2-5-13) 和等式 (2-5-2) 不相同, 其第二项不能表示为非零值概率的乘积, 考虑到参数简化的原理, $\beta\in g$ 可以比 $\beta\notin g$ 更好地服务于上分位数的估计目的. 在等式 (2-5-2) 中, 其重点在于估计不发生事件的可能性.

等式 (2-5-13) 中, 第一项可表示为

$$P\,(z=0)=P_0\,(\lambda)=\exp\,(-\lambda)=\beta \tag{2-5-16}$$

第二项可表示为

$$f_c\,(x)=\sum_{i=1}^{\infty}P\,(z=i)\,h_i\left(\frac{x}{\alpha}\right) \tag{2-5-17}$$

根据第一类一阶修正 Bessel 函数

$$I_n\,(x)=\sum_{i=1}^{\infty}\frac{1}{(i-1)!\,(n+i-1)!}\left(\frac{x}{2}\right)^{2(i-1)+n} \tag{2-5-18}$$

可得

$$f_c\,(x)=\sum_{i=1}^{\infty}P\,(z=i)\,h_i\left(\frac{x}{\alpha}\right)=\exp\left(-\lambda-\frac{x}{\alpha}\right)\cdot\sqrt{\frac{\lambda}{\alpha x}}\cdot I_1\left(2\sqrt{\frac{\lambda x}{\alpha}}\right)\cdot 1\,(x) \tag{2-5-19}$$

将式 (2-5-17), (2-5-19) 代入式 (2-5-13) 可得

$$f\,(x)=P_0\,(\lambda)\,\delta\,(x)+\exp\left(-\lambda-\frac{x}{\alpha}\right)\cdot\sqrt{\frac{\lambda}{\alpha x}}\cdot I_1\left(2\sqrt{\frac{\lambda x}{\alpha}}\right)\cdot 1\,(x) \tag{2-5-20}$$

公式 (2-5-20) 即为运动扩散模型的概率密度函数, 简称 KD-PDF.

2.5.3 KD 模型概率密度函数特性分析

2.5.3.1 众数

众数是反映随机变量取值集中位置的数字特征, 通常情况下众数反映了一组数据的一般水平, 众数不同于均值, 每组数据只有一个, 众数可以有多个. 相对于其他数字特征来说, 众数的计算更加简单, 而且众数受极端数据影响较小. 用众数表征数据可靠性较差. 对离散型随机变量, 众数是使概率 $P\,(X=x_i)$ 为最大的 x_i 值, 对连续型随机变量, 众数是使密度函数 $f\,(x)$ 为最大的 x 值, 因此可由方程

$\dfrac{df(x)}{dx}=0$ 解出众数值.

根据众数定义, 令 $y=\dfrac{x}{\alpha}$, 求解 $\dfrac{\partial f_c(x)}{\partial x}=0$ 或 $\dfrac{\partial f_c(y)}{\partial y}=0$ 可得

$$\frac{I_0\left(2\sqrt{\lambda y}\right)}{I_1\left(2\sqrt{\lambda y}\right)}=\sqrt{\frac{y}{\lambda}}+\sqrt{\frac{1}{\lambda y}} \tag{2-5-21}$$

式中, 当 $\lambda\geqslant 2$ 时, $I_0(\cdot)$ 为第一类零阶修正 Bessel 函数, 其余参数意义同前.

绘制参数 λ 与众数值 (y_{mod}) 的关系图, 分析二者关系, 根据 λ 与 KD 模型概率密度函数的关系, 分析众数值对于 KD 模型概率密度函数的影响.

从图 2-5-1 可以看出, 众数与参数 λ 之间呈线性关系, 众数值随参数值增大而增大, 同时也可以得出, 当 $\lambda<2$ 时, $f_c(y)$ 以及 $f_c(x)$ 可以取得最大值.

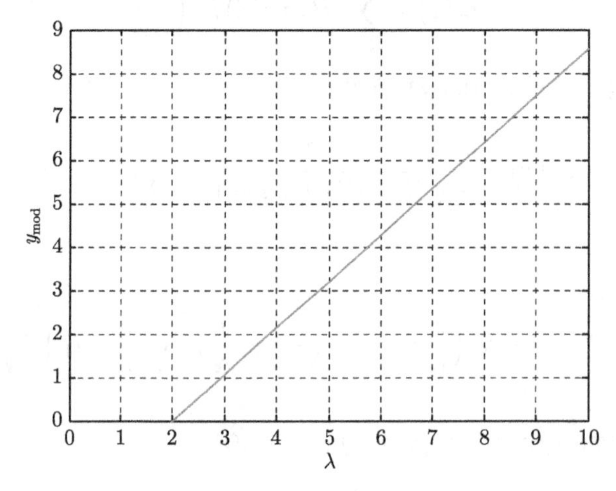

图 2-5-1 参数 λ 与 y_{mod} $(y_{\text{mod}}=x_{\text{mod}}/\alpha)$ 的关系

2.5.3.2 累积量与矩

根据 Strupczewski 和 Napiorkowski 的文献 (Strupczewski et al., 2003), KD 模型的 R 阶累积量可以表示为

$$k_r=R!\alpha^R\lambda \tag{2-5-22}$$

根据 Kendall 和 Stuart 研究的累积量与矩的关系, 可以得到前四阶矩, 分别为

$$\mu_1'=\alpha\lambda \tag{2-5-23}$$

$$\mu_2=2\alpha^2\lambda \tag{2-5-24}$$

$$\mu_3 = 6\alpha^3\lambda = \frac{3\mu_2^2}{2\mu_1'} \tag{2-5-25}$$

$$\mu_4 = k_4 + 3k_2^2 = 12\alpha^4\lambda(2+\lambda) = 3C_v^4\left(\mu_1'\right)^4\left(C_v^2+1\right) \tag{2-5-26}$$

2.5.3.3 因次系数

1. 变差系数

方差可以很好地刻画随机变量取值对其数学期望的偏离程度, 但要比较两个随机变量的离散程度时, 由于本身量级不同, 只用方差或均方差是不够的, 因此, 为消除均值大小的影响, 引入了变差系数指标, 我国常称为离势系数, 常用来描述各种水文现象变量的离散程度.

根据累积量与矩的关系, KD 模型概率密度函数的变差系数为

$$C_v = \frac{\sqrt{\mu_2}}{\mu_1'} = \sqrt{\frac{2}{\lambda}} \tag{2-5-27}$$

将式 (2-5-27) 代入式 (2-5-20) 可得

$$f(x) = e^{-\frac{2}{C_v^2}}\delta(x) + \exp\left(-\frac{2}{C_v^2} - \frac{x}{\alpha}\right)\cdot\sqrt{\frac{2}{C_v^2\alpha x}}\cdot I_1\left(2\sqrt{\frac{2x}{C_v^2\alpha}}\right)\cdot 1(x) \tag{2-5-28}$$

通过式 (2-5-28) 绘制 C_v 值与 KD-PDF 的关系图, 见图 2-5-2.

从图 2-5-2 可以看出, 当参数 α 值一定时, 改变 C_v 值, 概率密度函数随之发生变化, 随着 C_v 值增大, 概率密度函数的最大值逐渐减小, 二者呈反向变化, 但概率密度函数最大值对应的变量 x 取值逐渐增大, 即 x 越小, 对应的概率密度函数值越大, 这与众数关系图反映的结果具有一致性.

2. 偏态系数

偏态系数描述随机统计量概率分布的不对称程度, 用 C_s 表示. 通常情况下, $|C_s|$ 越小, 分布越接近对称, $|C_s|$ 越大, 分布越不对称; 当 $C_s = 0$ 时, 分布完全对称. 且当 $C_s < 0$ 时, 分布为左偏或负偏, 当 $C_s > 0$ 时, 分布为右偏或正偏.

根据累积量与矩的关系, KD 模型概率密度函数的偏态系数为

$$C_s = \frac{\mu_3}{(\mu_2)^{3/2}} = \frac{3}{\sqrt{2\lambda}} = \frac{3}{2}C_v \tag{2-5-29}$$

将式 (2-5-29) 代入式 (2-5-20) 可得

$$f(x) = e^{-\frac{9}{2C_s^2}}\delta(x) + \exp\left(-\frac{9}{2C_s^2} - \frac{x}{\alpha}\right)\cdot\sqrt{\frac{9}{2C_s^2\alpha x}}\cdot I_1\left(2\sqrt{\frac{9x}{2C_s^2\alpha}}\right)\cdot 1(x) \tag{2-5-30}$$

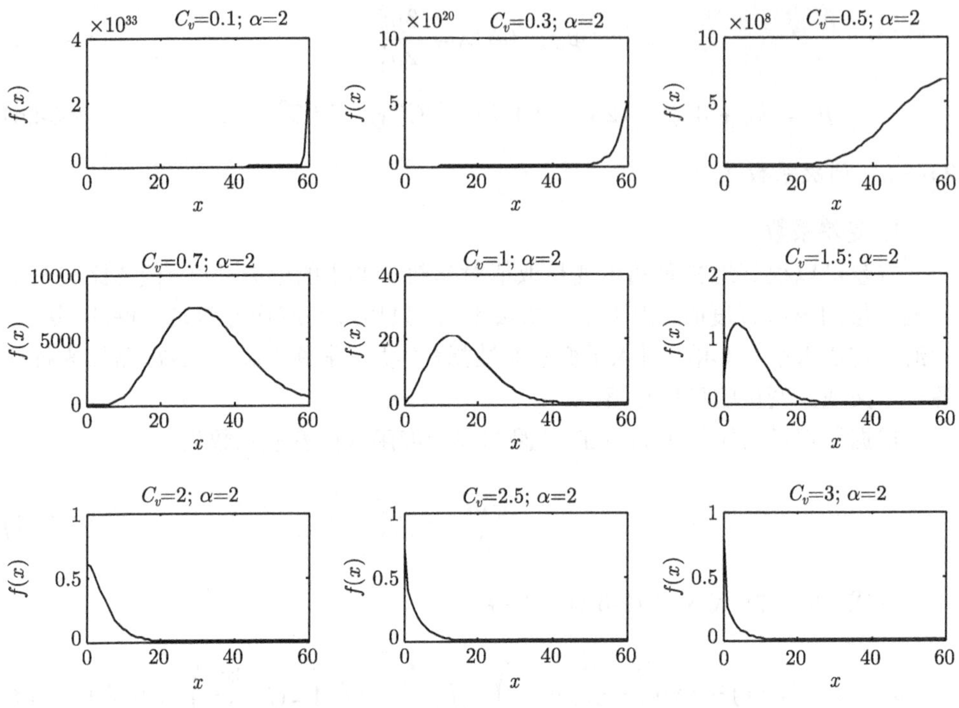

图 2-5-2　C_v 值变化对概率密度函数 $f(x)$ 的影响

通过式 (2-5-30) 分析 C_s 值对于 KD-PDF 的影响. 根据公式 (2-5-29) 可知, 偏态系数和变差系数之间存在线性关系, 因此偏态系数变化对 KD 模型概率密度函数影响与变差系数对 KD 模型影响有一定关系.

从图 2-5-3 中可以看出, 当 $\alpha = 2$ 时, 改变偏态系数值, 概率密度函数随之发生变化. 随着偏态系数值的增大, 概率密度函数的最大值不断增加, 且密度函数最大值对应的变量逐渐增大.

3. 峰度系数

峰度系数一般用于描述分布密度曲线峰型宽窄特征, 通常用 C_E 表示. 根据累积量与矩的关系, KD 模型概率密度函数的峰度系数为

$$C_E = \frac{\mu_4}{(\mu_2)^2} = 3\left(C_v^2 + 1\right) \tag{2-5-31}$$

2.5.3.4　概率密度函数的形状

对于 $C_v \to 0$, 分布倾向于对称, 如对数正态 (LN)、对流扩散和 Gamma 分布. 通过改变 λ 值和 α 值, 确定 λ 和 α 对于 KD 模型概率密度函数的影响.

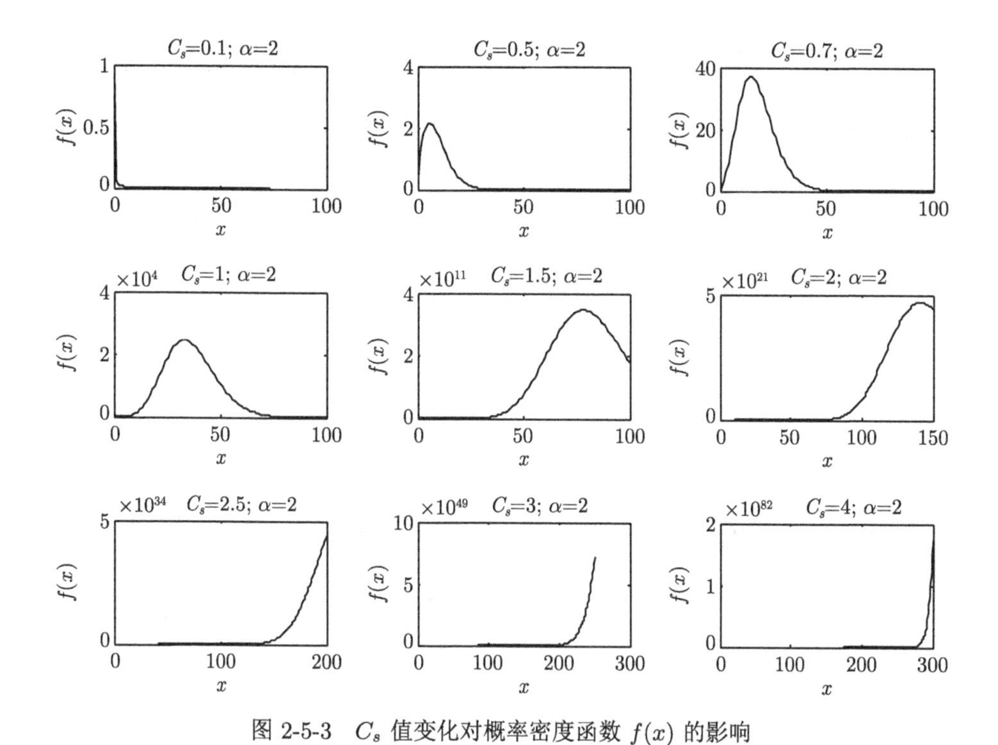

图 2-5-3 C_s 值变化对概率密度函数 $f(x)$ 的影响

从图 2-5-4 可以看出, 在 α 一定的情况下, 随着 λ 的增大, 概率密度函数图最大值不断减小, 且最大值所对应的变量 x 值不断右移. λ 对概率密度函数图的形状及尺度都产生影响.

从图 2-5-5 中可以看出当 λ 一定时, 改变 α, 随着 α 的增大, 概率密度函数图发生较大变化, 一方面概率密度函数最大值减小, 最大值所对应的变量值 x 增大;

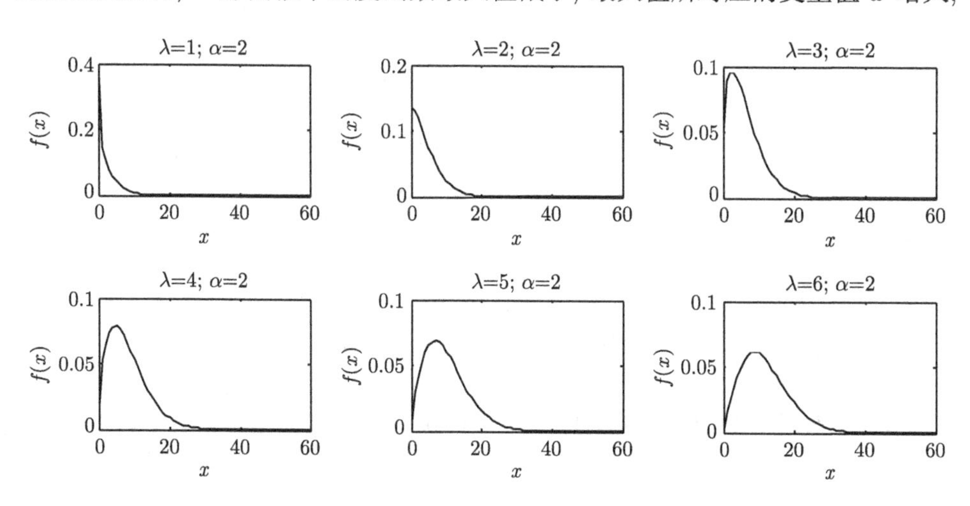

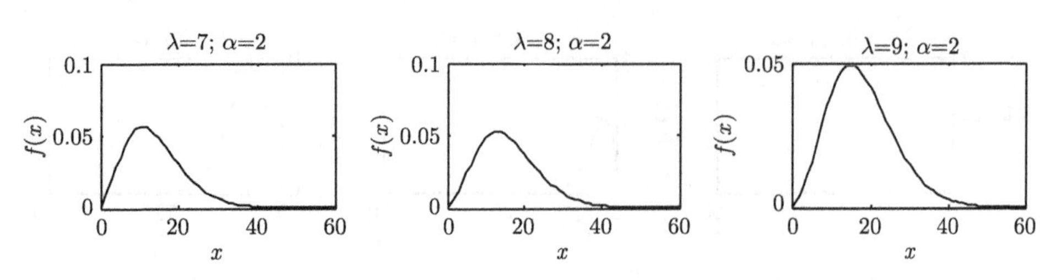

图 2-5-4 λ 值变化对概率密度函数 $f(x)$ 的影响

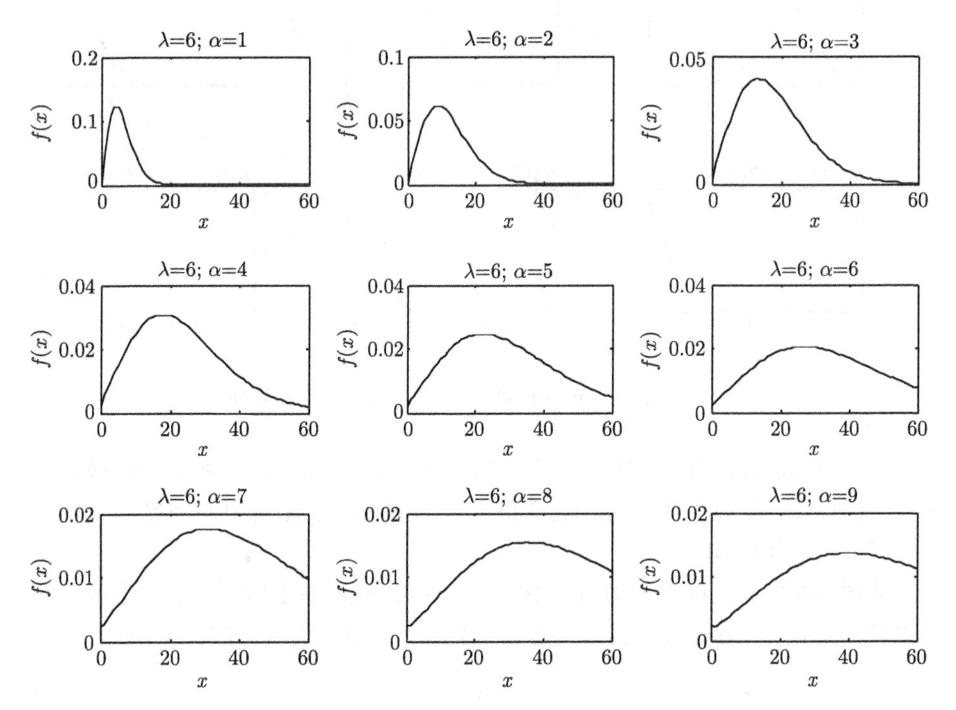

图 2-5-5 α 值变化对概率密度函数 $f(x)$ 的影响

另一方面随着 α 的增大, 概率密度函数图形状发生较大变化, 右侧曲线逐渐平滑. 通过分析可知, 参数 λ 共同影响 KD 模型概率密度函数图的形状以及最大值和最大值对应的变量值.

2.5.3.5 超越概率

对于给定的 x_p, 其超越概率根据公式 (2-5-32) 计算.

$$P=[1-P(X=0)]\,F_c(x|X>0)=\int_{x_p}^{\infty}\exp\left(-\lambda-\frac{t}{\alpha}\right)\cdot\sqrt{\frac{\lambda}{\alpha t}}\cdot I_1\left(2\sqrt{\frac{\lambda t}{\alpha}}\right)dt \tag{2-5-32}$$

令 $y = \dfrac{t}{\alpha}$, 可得

$$
\begin{aligned}
P &= \int_{t_p}^{\infty} \exp(-\lambda - y) \cdot \sqrt{\frac{\lambda}{\alpha\alpha y}} \cdot I_1\left(2\sqrt{\frac{\lambda\alpha y}{\alpha}}\right) d\alpha y \\
&= \int_{t_p}^{\infty} \exp(-\lambda - y) \cdot \sqrt{\frac{\lambda}{y}} \cdot I_1\left(2\sqrt{\lambda y}\right) dy
\end{aligned} \tag{2-5-33}
$$

令 $t = y - t_p$ 可得

$$
P = \int_{0}^{\infty} \exp(-\lambda - t_p - t) \cdot \sqrt{\frac{\lambda}{t_p + t}} \cdot I_1\left(2\sqrt{\lambda(t_p + t)}\right) dt \tag{2-5-34}
$$

根据 $t_p = \dfrac{x_p}{\alpha}$, 采用 Laguerre-Gauss 数值积分, 通过 MATLAB 编程获得相应超越概率. 不同频率 P 和 λ 值对应的 t_p 值见表 2-5-1.

对于给定超越概率 P, 若 $P < 1 - e^{-\lambda}$, 其设计分位数 x_p 可采用数值求解非线性方程获得 t_p, 再利用 $x_p = \alpha t_p$ 求得 x_p.

表 2-5-1 不同频率 P 和 λ 值下的 t_p

λ	$P/\%$										
	40	50	30	20	10	5	2	1	0.5	0.2	0.1
0.5	0	0	0.3506	0.8706	1.749	2.6164	3.7491	4.5971	5.4387	6.5425	7.3717
1.0	0.3967	0.7643	1.2265	1.8601	2.9063	3.918	5.2169	6.1771	7.1219	8.3513	9.2688
1.5	0.9506	1.3932	1.9389	2.6724	3.8596	4.9885	6.4196	7.4679	8.4933	9.8203	10.8063
2.0	1.4694	1.9805	2.6	3.4206	4.7284	5.9569	7.4998	8.6226	9.716	11.1253	12.169
2.5	1.9779	2.5505	3.236	4.1335	5.5478	6.864	8.5053	9.6935	10.8468	12.3286	13.423
3.0	2.4827	3.1111	3.8561	4.8232	6.3336	7.7289	9.459	10.7064	11.9137	13.4609	14.6012
3.5	2.9857	3.6654	4.4651	5.4959	7.0945	8.5625	10.3742	11.6759	12.9328	14.5401	15.7225
4.0	3.4878	4.2151	5.0656	6.1556	7.8362	9.3716	11.2592	12.6114	13.9145	15.5777	16.7992
4.5	3.9894	4.7613	5.6593	6.8049	8.5623	10.1611	12.1198	13.5193	14.8658	16.5814	17.8397
5.0	4.4906	5.3045	6.2475	7.4456	9.2756	10.9342	12.9601	14.4044	15.7917	17.557	18.8501
5.5	4.9915	5.8455	6.8311	8.079	9.9779	11.6933	13.7832	15.27	16.6963	18.5086	19.8348
6.0	5.4923	6.3843	7.4106	8.7061	10.6708	12.4405	14.5914	16.1188	17.5823	19.4396	20.7973
6.5	5.993	6.9215	7.9868	9.3278	11.3556	13.1773	15.3866	16.953	18.4521	20.3526	21.7405
7.0	6.4935	7.4571	8.5599	9.9447	12.0331	13.9048	16.1704	17.7742	19.3075	21.2495	22.6666
7.5	6.994	7.9914	9.1303	10.5573	12.7042	14.6242	16.9439	18.5839	20.1502	22.1322	23.5773
8.0	7.4944	8.5244	9.6982	11.1661	13.3695	15.3361	17.7083	19.3831	20.9814	23.0021	24.4744
8.5	7.9948	9.0564	10.264	11.7714	14.0296	16.0413	18.4643	20.173	21.8022	23.8604	25.3589
9.0	8.4951	9.5874	10.8278	12.3735	14.6849	16.7404	19.2127	20.9542	22.6135	24.7081	26.2321
9.5	8.9953	10.1175	11.3898	12.9728	15.3358	17.4339	19.9541	21.7276	23.4161	25.5461	27.0949
10.0	9.4956	10.6468	11.9502	13.5694	15.9827	18.1223	20.6892	22.4938	24.2107	26.3752	27.9482

2.5.4 KD 模型参数估计

2.5.4.1 KD 模型参数矩法估计

根据累积量与矩的关系, 将公式 (2-5-23) 与公式 (2-5-24) 两边相除, 得

$$\frac{\mu_1'}{\mu_2}=\frac{1}{2\alpha} \tag{2-5-35}$$

整理可得

$$\alpha=\frac{\mu_1'}{2}\frac{\mu_2}{(\mu_1')^2}=\frac{\mu_1'}{2}C_v^2 \tag{2-5-36}$$

又因 $\mu_1'=\alpha\lambda$, 所以有

$$\lambda=\frac{\mu_1'}{\alpha}=\mu_1'\frac{2}{\mu_1'C_v^2}=\frac{2}{C_v^2} \tag{2-5-37}$$

所以, 矩法 (MOM) 估计参数为

$$\begin{cases}\alpha=\dfrac{\mu_1'}{2}C_v^2\\[2ex] \lambda=\dfrac{2}{C_v^2}\end{cases} \tag{2-5-38}$$

式 (2-5-38) 中的数值可用样本值代替, 即

$$\hat{\mu}_1'=\bar{x}=\frac{1}{n}\sum_{i=1}^{n}x_i \tag{2-5-39}$$

$$\hat{\mu}_2=\sigma^2=\frac{1}{n}\sum_{i=1}^{n}(x_i-\bar{x})^2 \tag{2-5-40}$$

$$\hat{C}_v=\frac{\sigma}{\bar{x}} \tag{2-5-41}$$

2.5.4.2 KD 模型参数极大似然法估计

假设一项实验多个结果出现的概率不同, 在进行一次实验之前, 我们可以预测最可能出现的结果是发生概率最大的那个; 反而言之, 如在一次试验中, 某个结果出现了, 我们也可以认为该结果是在众多可能结果中发生概率最大的, 这种思想就是极大似然原理. 极大似然法 (MLM) 不仅具有较好的有效性, 而且具有良好的无偏性.

设序列包含 n_1 个零值、n_2 个非零值, 且有 $n=n_1+n_2$, 似然函数为

$$L=\left(e^{-\lambda}\right)^{n_1}\prod_{j=1}^{n_2}e^{-\lambda-\frac{x_j}{\alpha}}\cdot\sqrt{\frac{\lambda}{\alpha x_j}}\cdot I_1\left(2\sqrt{\frac{\lambda x_j}{\alpha}}\right) \tag{2-5-42}$$

对似然函数取对数, 得到对数似然函数 $\ln L$ 为

$$\ln L=-\lambda n-\frac{1}{\alpha}\sum_{j=1}^{n_2}x_j+\frac{n_2}{2}\ln\lambda-\frac{n_2}{2}\ln\alpha-\frac{1}{2}\sum_{j=1}^{n_2}\ln x_j+\sum_{j=1}^{n_2}\ln I_1\left(2\sqrt{\frac{\lambda x_j}{\alpha}}\right) \tag{2-5-43}$$

令 $z_j=2\sqrt{\dfrac{\lambda x_j}{\alpha}}$, 求得似然方程为

$$\begin{cases}\dfrac{\partial\ln L}{\partial\lambda}=-n+\dfrac{n_2}{2\lambda}+\dfrac{1}{2\lambda}\displaystyle\sum_{j=1}^{n_2}z_j\left.\dfrac{\partial\ln I_1(z)}{\partial z}\right|_{z=z_j}=0\\ \dfrac{\partial\ln L}{\partial\alpha}=\dfrac{1}{\alpha^2}\displaystyle\sum_{j=1}^{n_2}x_j-\dfrac{n_2}{2\alpha}-\dfrac{1}{2\alpha}\sum_{j=1}^{n_2}z_j\left.\dfrac{\partial\ln I_1(z)}{\partial z}\right|_{z=z_j}=0\end{cases} \tag{2-5-44}$$

令 $B=\sum_{j=1}^{n_2}B_j=\sum_{j=1}^{n_2}z_j\left.\dfrac{\partial\ln I_1(z)}{\partial z}\right|_{z=z_j}$, 可以得到式 (2-5-44) 的简化形式为

$$\begin{cases}-n+\dfrac{n_2}{2\lambda}+\dfrac{1}{2\lambda}B=0\\ \dfrac{1}{\alpha^2}\displaystyle\sum_{j=1}^{n_2}x_j-\dfrac{n_2}{2\alpha}-\dfrac{1}{2\alpha}B=0\end{cases} \tag{2-5-45}$$

整理可得

$$-2n\lambda+n_2+B=0 \tag{2-5-46}$$

$$\frac{2}{\alpha}\sum_{j=1}^{n_2}x_j-n_2-B=0 \tag{2-5-47}$$

将公式 (2-5-46) 与公式 (2-5-47) 相加, 得

$$\alpha\lambda=\bar{x}=\frac{1}{n}\sum_{j=1}^{n_2}x_j \tag{2-5-48}$$

根据第一类一阶修正 Bessel 函数性质 $\dfrac{\partial I_1(z)}{\partial z}=I_0(z)-\dfrac{I_1(z)}{z}$ 可知

$$B=\sum_{j=1}^{n_2}z_j\left.\frac{\partial\ln I_1(z)}{\partial z}\right|_{z=z_j}=\sum_{j=1}^{n_2}Z_j\frac{I_0(z_j)}{I_1(z_j)}-n_2 \tag{2-5-49}$$

将公式 (2-5-49) 代入公式 (2-5-46), 整理得

$$\sum_{j=1}^{n_2}z_j\frac{I_0(z_j)}{I_1(z_j)}-2n\lambda=0 \tag{2-5-50}$$

根据公式 (2-5-48) 可得

$$z_j = 2\sqrt{\frac{\lambda x_j}{\alpha}} = 2\sqrt{x_j\frac{\lambda}{\alpha}} = 2\lambda\sqrt{\frac{x_j}{\bar{x}}} \tag{2-5-51}$$

因此, 公式 (2-5-50) 为 λ 的函数, 求解非线性方程组, 即可获得参数 $\hat{\lambda}$, 代入式 (2-5-48) 可获得参数 $\hat{\alpha}$. 其初值可以根据零值概率推求.

2.5.4.3 KD 模型参数概率权重矩法估计

相比于普通矩法, 概率权重矩法 (简称 PWM 法) 在利用序列各项大小信息的同时, 更加注重序位信息的应用, 尤其是在计算过程中不需要进行高次方求算, 只需计算序列值的一次方即可. 估计出的分布参数, 其抽样误差明显小于一般矩法. 概率权重矩的计算结果一般情况下具有较强的稳定性 (金光炎, 2005).

概率权重矩的定义为

$$M_j = \int_0^1 x\left[F(x)\right]^j dF(x) = \int_0^1 xF^j dF, \quad j = 0, 1, 2, \cdots \tag{2-5-52}$$

式中, M_j 为总体概率权重矩, $F^j = \left[F(x)\right]^j$ 为概率权重.

根据概率权重矩的定义, KD 模型的零阶概率权重矩为

$$\begin{aligned} M_0 &= \int_0^1 xdF = \int_0^\infty xf(x)\,dx \\ &= \int_0^1 x\left\{e^{-\lambda}\delta(x) + \sum_{i=1}^{\infty}\frac{\lambda^i}{i!}e^{-\lambda}\frac{1}{\alpha\Gamma(i)}\left(\frac{x}{\alpha}\right)^{i-1}e^{-\frac{x}{\alpha}}\cdot 1(x)\right\}dx \\ &= \int_0^\infty xe^{-\lambda}\delta(x)\,dx + \int_0^\infty x\sum_{i=1}^{\infty}\frac{\lambda^i}{i!}e^{-\lambda}\frac{1}{\alpha\Gamma(i)}\left(\frac{x}{\alpha}\right)^{i-1}e^{-\frac{x}{\alpha}}\cdot 1(x)\,dx \\ &= 0 + \sum_{i=1}^{\infty}\frac{\lambda^i}{i!}e^{-\lambda}\frac{1}{\alpha\Gamma(i)}\int_0^\infty\left(\frac{x}{\alpha}\right)^{i-1}e^{-\frac{x}{\alpha}}dx \\ &= \sum_{i=1}^{\infty}\frac{\lambda^i}{i!}e^{-\lambda}\frac{1}{\Gamma(i)}\int_0^\infty\left(\frac{x}{\alpha}\right)^{i-1}e^{-\frac{x}{\alpha}}dx \end{aligned} \tag{2-5-53}$$

令 $y = \dfrac{x}{\alpha}$, $x = \alpha y$, $dx = \alpha dy$, 则

$$M_0 = \sum_{i=1}^{\infty}\frac{\lambda^i}{i!}e^{-\lambda}\frac{\alpha}{\Gamma(i)}\int_0^\infty y^{i-1}e^{-y}dx = \sum_{i=1}^{\infty}\frac{\lambda^i}{i!}e^{-\lambda}\frac{\alpha}{\Gamma(i)}i! = \sum_{i=1}^{\infty}\frac{\lambda^i e^{-\lambda}}{\Gamma(i)}\alpha \tag{2-5-54}$$

KD 模型一阶概率权重矩为

$$M_1 = \int_0^1 xF(x)\,dF(x) = \int_0^\infty x\left[\int_0^x f(t)\,dt\right]f(x)\,dx \tag{2-5-55}$$

式中,

$$\begin{aligned}\int_0^x f(t)\,dt &= \int_0^x \left[e^{-\lambda}\delta(t) + \sum_{i=1}^{\infty}\frac{\lambda^i}{i!}e^{-\lambda}\frac{1}{\alpha\Gamma(i)}\left(\frac{t}{\alpha}\right)^{i-1} e^{-\frac{t}{\alpha}}\cdot 1(t)\right]dt \\ &= \int_0^x e^{-\lambda}\delta(t)\,dt + \int_0^x \sum_{i=1}^{\infty}\frac{\lambda^i}{i!}e^{-\lambda}\frac{1}{\alpha\Gamma(i)}\left(\frac{t}{\alpha}\right)^{i-1} e^{-\frac{t}{\alpha}}\cdot 1(t)\,dt \\ &= e^{-\lambda} + \sum_{i=1}^{\infty}\frac{\lambda^i}{i!}e^{-\lambda}\frac{1}{\alpha\Gamma(i)}\int_0^x \left(\frac{t}{\alpha}\right)^{i-1} e^{-\frac{t}{\alpha}}dt\end{aligned}$$

令 $w=\dfrac{t}{\alpha}$, 当 $t=0$ 时, $w=0$, 当 $t=x$ 时, $w=\dfrac{x}{\alpha}$, $t=\alpha w$, $dt=\alpha dw$, 则

$$\int_0^x f(t)dt = e^{-\lambda} + \sum_{i=1}^{\infty}\frac{\lambda^i}{i!}e^{-\lambda}\frac{1}{\alpha\Gamma(i)}\int_0^{\frac{x}{\alpha}} w^{i-1}e^{-w}dw \tag{2-5-56}$$

将式 (2-5-56) 代入式 (2-5-55) 有

$$\begin{aligned}M_1 = &\int_0^{\infty} x\left[e^{-\lambda} + \sum_{i=1}^{\infty}\frac{\lambda^i}{i!}e^{-\lambda}\frac{1}{\alpha\Gamma(i)}\int_0^{\frac{x}{\alpha}} w^{i-1}e^{-w}dw\right] \\ &\times\left[e^{-\lambda}\delta(x) + \sum_{j=1}^{\infty}\frac{\lambda^j}{j!}e^{-\lambda}\frac{1}{\alpha\Gamma(j)}\left(\frac{x}{\alpha}\right)^{j-1} e^{-\frac{x}{\alpha}}\cdot 1(x)\right]dx\end{aligned} \tag{2-5-57}$$

令 $s=\dfrac{x}{\alpha}$, 当 $x=0$ 时, $s=0$, 当 $x\to\infty$ 时, $s\to\infty$, $x=\alpha s$, $dx=\alpha ds$, 则

$$\begin{aligned}M_1 = &\int_0^{\infty} \alpha s\left[e^{-\lambda} + \sum_{i=1}^{\infty}\frac{\lambda^i}{i!}e^{-\lambda}\frac{1}{\alpha\Gamma(i)}\int_0^{\frac{x}{\alpha}} w^{i-1}e^{-w}dw\right] \\ &\times\left[e^{-\lambda}\delta(\alpha s) + \sum_{j=1}^{\infty}\frac{\lambda^j}{j!}e^{-\lambda}\frac{1}{\alpha\Gamma(j)}s^{j-1}e^{-s}\cdot 1(\alpha s)\right]\alpha ds \\ = &\int_0^{\infty}\alpha^2 s e^{-\lambda}\sum_{j=1}^{\infty}\frac{\lambda^j}{j!}e^{-\lambda}\frac{1}{\alpha\Gamma(j)}s^{j-1}e^{-s}ds \\ &+\int_0^{\infty}\alpha^2 s\left[\sum_{i=1}^{\infty}\frac{\lambda^i}{i!}e^{-\lambda}\frac{1}{\alpha\Gamma(i)}\int_0^{s} w^{i-1}e^{-w}dw\right]\sum_{j=1}^{\infty}\frac{\lambda^j}{j!}e^{-\lambda}\frac{1}{\alpha\Gamma(j)}s^{j-1}e^{-s}ds\end{aligned} \tag{2-5-58}$$

令

$$w_1 = \int_0^{\infty}\alpha^2 s e^{-\lambda}\sum_{j=1}^{\infty}\frac{\lambda^j}{j!}e^{-\lambda}\frac{1}{\alpha\Gamma(j)}s^{j-1}e^{-s}ds$$

$$w_2 = \int_0^\infty \alpha^2 s \left[\sum_{i=1}^{\infty} \frac{\lambda^i}{i!} e^{-\lambda} \frac{1}{\alpha\Gamma(i)} \int_0^s w^{i-1} e^{-w} dw \right] \sum_{j=1}^{\infty} \frac{\lambda^j}{j!} e^{-\lambda} \frac{1}{\alpha\Gamma(j)} s^{j-1} e^{-s} ds$$

则 $M_1 = w_1 + w_2$, 经化简可得

$$w_1 = \sum_{j=1}^{\infty} \frac{\lambda^j}{j!} e^{-2\lambda} \frac{\alpha}{\Gamma(j)} \int_0^\infty s^j e^{-s} ds = \sum_{j=1}^{\infty} \frac{\lambda^j}{j!} e^{-2\lambda} \frac{\alpha}{\Gamma(j)} j! = \sum_{j=1}^{\infty} \frac{\lambda^j e^{-2\lambda}}{\Gamma(j)} \alpha \tag{2-5-59}$$

$$\begin{aligned} w_2 &= \int_0^\infty \alpha^2 \left\{ \sum_{i=1}^{\infty} \frac{\lambda^i}{i!} e^{-\lambda} \frac{1}{\Gamma(i)} s^i e^{-s} \sum_{m=0}^{\infty} \left[\frac{s^m}{i(i+1)(i+2)\cdots(i+m)} \right] \right\} \\ &\quad \times \sum_{j=1}^{\infty} \frac{\lambda^j}{j!} e^{-\lambda} \frac{1}{\alpha\Gamma(j)} s^j e^{-s} ds \\ &= \int_0^\infty \alpha^2 \left\{ \sum_{i=1}^{\infty} \sum_{m=0}^{\infty} \frac{\lambda^i}{i!} e^{-\lambda} \frac{1}{\Gamma(i)} \frac{1}{i(i+1)(i+2)\cdots(i+m)} s^{m+i} e^{-s} \right\} \\ &\quad \times \sum_{j=1}^{\infty} \frac{\lambda^j}{j!} e^{-\lambda} \frac{1}{\alpha\Gamma(j)} s^j e^{-s} ds \\ &= \int_0^\infty \alpha^2 \left\{ \sum_{i=1}^{\infty} \sum_{m=0}^{\infty} \sum_{j=1}^{\infty} \frac{\lambda^i}{i!} e^{-\lambda} \frac{1}{\Gamma(i)} \frac{1}{i(i+1)(i+2)\cdots(i+m)} \frac{\lambda^j}{j!} e^{-\lambda} \right. \\ &\quad \left. \times \frac{1}{\alpha\Gamma(j)} s^{m+i} e^{-s} s^j e^{-s} ds \right\} \\ &= \alpha \sum_{i=1}^{\infty} \sum_{m=0}^{\infty} \sum_{j=1}^{\infty} \frac{\lambda^i}{i!} e^{-\lambda} \frac{1}{\Gamma(i)} \frac{\Gamma(i)}{\Gamma(i+m+1)} \frac{\lambda^j}{j!} e^{-\lambda} \frac{1}{\Gamma(j)} \int_0^\infty s^{m+i+j} e^{-2s} ds \end{aligned} \tag{2-5-60}$$

令 $g = 2s$, 当 $s = 0$ 时, $g = 0$, 当 $s \to \infty$ 时, $g \to \infty$, $s = \frac{g}{2}$, $ds = \frac{1}{2} dg$, 则

$$\begin{aligned} w2 &= \alpha \sum_{i=1}^{\infty} \sum_{m=0}^{\infty} \sum_{j=1}^{\infty} \frac{\lambda^i}{i!} e^{-\lambda} \frac{1}{\Gamma(i)} \frac{\Gamma(i)}{\Gamma(i+m+1)} \frac{\lambda^j}{j!} e^{-\lambda} \frac{1}{\Gamma(j)} \int_0^\infty \left(\frac{g}{2}\right)^{m+i+j} e^{-g} \frac{1}{2} dg \\ &= \alpha \sum_{i=1}^{\infty} \sum_{m=0}^{\infty} \sum_{j=1}^{\infty} \frac{\lambda^i}{i!} e^{-\lambda} \frac{1}{\Gamma(i)} \frac{\Gamma(i)}{\Gamma(i+m+1)} \frac{\lambda^j}{j!} e^{-\lambda} \frac{1}{\Gamma(j)} \left(\frac{1}{2}\right)^{m+i+j+1} \\ &\quad \times \int_0^\infty g^{m+i+j} e^{-g} dg \\ &= \alpha \sum_{i=1}^{\infty} \sum_{m=0}^{\infty} \sum_{j=1}^{\infty} \frac{\lambda^{i+j}}{i!j!} e^{-2\lambda} \frac{\Gamma(m+i+j+1)}{\Gamma(i+m+1)} \frac{1}{\Gamma(j)} \left(\frac{1}{2}\right)^{m+i+j+1} \end{aligned} \tag{2-5-61}$$

因此, KD 模型概率权重矩为

$$\begin{cases} M_0 = \sum_{i=1}^{\infty} \frac{\lambda^i e^{-\lambda}}{\Gamma(i)} \alpha \\ M_1 = \alpha \sum_{j=1}^{\infty} \frac{\lambda^j e^{-2\lambda}}{\Gamma(j)} + \alpha \sum_{i=1}^{\infty} \sum_{m=0}^{\infty} \sum_{j=1}^{\infty} \frac{\lambda^{i+j}}{i!j!} e^{-2\lambda} \frac{\Gamma(m+i+j+1)}{\Gamma(i+m+1)} \frac{1}{\Gamma(j)} \left(\frac{1}{2}\right)^{m+i+j+1} \end{cases} \tag{2-5-62}$$

总体概率权重矩估计量以样本的概率权重矩代替. 因此 KD 模型参数与概率权重矩关系为

$$\widehat{M_0} = \frac{1}{n} \sum_{i=1}^{n} x_i^*; \quad \widehat{M_1} = \frac{1}{n} \sum_{i=1}^{n} \frac{i-1}{n-1} x_i^* \tag{2-5-63}$$

式中, x_i^* 为由小到大的排序相应于序号 i 的样本值, 其余参数意义同前.

2.5.5 参数估计精度分析

为了进一步了解 KD 模型不同参数估计的差异, 对基于 KD 模型的矩法与极大似然法分布参数估计进行精度分析. 根据相关系数以及渐近相对标准误差对分布参数估计精度进行衡量.

2.5.5.1 矩法进行分布参数估计精度分析

1. 均值和方差的相关系数

经推导, 方差-协方差矩阵为

$$[\operatorname{cov}(m, v)] = \begin{bmatrix} \frac{\mu_2}{n} & \frac{\mu_3}{n} \\ \frac{\mu_3}{n} & \frac{\mu_4 - \mu_2^2}{n} \end{bmatrix} = \begin{bmatrix} \frac{v}{n} & \frac{3v^2}{2mn} \\ \frac{3v^2}{2mn} & \frac{v^2}{n}\left(\frac{3v}{m^2} + 2\right) \end{bmatrix} \tag{2-5-64}$$

因此, 均值和方差的矩法估计量的相关系数为

$$r_{m,v}^{\mathrm{MOM}} = \frac{3C_v}{2\sqrt{3C_v^2 + 2}} \tag{2-5-65}$$

2. 渐近相对标准误差

$$y_p = \ln x_p = \ln v - \ln m + \ln t_p(\lambda) - \ln 2 \tag{2-5-66}$$

分位数的方差可以表示为

$$D^2(y_p) = D^2(m) \left(\frac{\partial y_p}{\partial m}\right)_m^2 + D^2(v) \left(\frac{\partial y_p}{\partial v}\right)_m^2$$

$$+2r_{m,v}D(m)D(v)\left(\frac{\partial y_p}{\partial m}\right)_m\left(\frac{\partial y_p}{\partial v}\right)_m \tag{2-5-67}$$

式中, 指数 m 表示在 $(m,v)=[E(\hat{m}),E(\hat{v})]$ 处评价偏导数; $\lambda=\dfrac{2m^2}{v}$; $\dfrac{\partial y_p}{\partial m}$ 和 $\dfrac{\partial y_p}{\partial v}$ 表达如下:

$$\frac{\partial y_p}{\partial m}=-\frac{1}{m}+G\frac{\partial\lambda}{\partial m}=-\frac{1}{m}+\frac{4m}{v}G \tag{2-5-68}$$

$$\frac{\partial y_p}{\partial v}=\frac{1}{v}+G\frac{\partial\lambda}{\partial v}=\frac{1}{v}-\frac{2m^2}{v^2}G \tag{2-5-69}$$

将等式 (2-5-68) 和 (2-5-69) 代入 (2-5-67) 可得

$$D^2(y_p)=\frac{1}{n}\xi^{\mathrm{MOM}}(\lambda,p) \tag{2-5-70}$$

式中, $\xi^{\mathrm{MOM}}(\lambda,p)=\dfrac{2}{\lambda}\left[(\lambda+1)(\lambda G-1)^2+\lambda G\right]$.

因此可得渐近相对标准误差为

$$\frac{D(x_p)}{x_p}=\frac{1}{\sqrt{n}}\sqrt{\xi^{\mathrm{MOM}}(\lambda,p)} \tag{2-5-71}$$

2.5.5.2 极大似然法进行分布参数估计精度分析

1. 参数 α 和 λ 的相关系数

为了获得分位数的渐近方差, KD 模型参数的渐近方差-协方差矩阵应当被推导为期望信息矩阵的逆 (Kendall and Stuart, 1973):

$$[\mathrm{cov}(\lambda,\alpha)]=\left[-E\left(\frac{\partial^2\ln L}{\partial\lambda\partial\alpha}\right)\right]^{-1} \tag{2-5-72}$$

式中, E 表示期望值.

在极大似然法 (MLM) 参数估计过程中, 已对 KD 模型的概率密度函数的似然函数进行了一阶偏导数的求解, 但是信息矩阵中的元素是似然函数关于分布参数二阶偏导的数学期望, 因此, 根据公式 (2-5-43) 对参数 α 和 λ 求二阶偏导.

$$\frac{\partial^2\ln L}{\partial\lambda^2}=\frac{n}{4\lambda^2}\left[\frac{1}{n}\sum_{j=1}^{n_2}z_j^2\frac{\partial^2\ln I_1(z_j)}{\partial z^2}-2\lambda-\frac{n_2}{n}\right] \tag{2-5-73}$$

$$\frac{\partial^2\ln L}{\partial\alpha^2}=\frac{n}{4\alpha^2}\left[\frac{1}{n}\sum_{j=1}^{n_2}z_j^2\frac{\partial^2\ln I_1(z_j)}{\partial z^2}-2\lambda-\frac{n_2}{n}\right] \tag{2-5-74}$$

$$\frac{\partial^2 \ln L}{\partial\lambda\partial\alpha} = -\frac{n}{4\lambda\alpha}\left[\frac{1}{n}\sum_{j=1}^{n_2} z_j^2 \frac{\partial^2 \ln I_1(z_j)}{\partial z^2} - 2\lambda - \frac{n_2}{n}\right] \tag{2-5-75}$$

令 $A = \frac{n_2}{n} - \frac{D}{n}$, $D = \sum_{j=1}^{n_2} D_j = \sum_{j=1}^{n_2} z_j^2 \left.\frac{\partial^2 \ln I_1(z_j)}{\partial z^2}\right|_{z=z_j}$, 可得

$$\frac{\partial^2 \ln L}{\partial\lambda^2} = -\frac{n}{4\lambda^2}(A+2\lambda) \tag{2-5-76}$$

$$\frac{\partial^2 \ln L}{\partial\alpha^2} = -\frac{n}{4\alpha^2}(A+2\lambda) \tag{2-5-77}$$

$$\frac{\partial^2 \ln L}{\partial\lambda\partial\alpha} = \frac{n}{4\lambda\alpha}(A-2\lambda) \tag{2-5-78}$$

所以, 方差-协方差矩阵可表示为

$$\left[-\frac{\partial^2 \ln L}{\partial\lambda\partial\alpha}\right] = \begin{bmatrix} \frac{n}{4\lambda^2}(A+2\lambda) & -\frac{n}{4\lambda\alpha}(A-2\lambda) \\ -\frac{n}{4\lambda\alpha}(A-2\lambda) & \frac{n}{4\alpha^2}(A+2\lambda) \end{bmatrix} \tag{2-5-79}$$

根据式 (2-5-78) 得其逆矩阵为

$$\left[-\frac{\partial^2 \ln L}{\partial\lambda\partial\alpha}\right]^{-1} = \begin{bmatrix} \frac{(A+2\lambda)\lambda}{2An} & \frac{(A-2\lambda)\alpha}{2An} \\ \frac{(A-2\lambda)\alpha}{2An} & \frac{(A+2\lambda)\alpha^2}{2A\lambda n} \end{bmatrix} \tag{2-5-80}$$

可得 KD 模型分布参数的渐近方差-协方差矩阵为

$$[\mathrm{cov}(\lambda,\alpha)] = E\begin{bmatrix} \frac{(A+2\lambda)\lambda}{2An} & \frac{(A-2\lambda)\alpha}{2An} \\ \frac{(A-2\lambda)\alpha}{2An} & \frac{(A+2\lambda)\alpha^2}{2A\lambda n} \end{bmatrix} \tag{2-5-81}$$

而且可以推得 α 和 λ 的似然估计相关渐近系数为

$$r_{\lambda,\alpha}^{\mathrm{MLM}} = \frac{A-2\lambda}{A+2\lambda} \tag{2-5-82}$$

2. 渐近相对标准误差

为了导出由方程 $x_p = \alpha t_p(\lambda)$ 定义的分位数的渐近误差, 通过对方程的对数变换可以得到

$$y_p = \ln x_p = \ln\alpha + \ln t_p(\lambda) \tag{2-5-83}$$

$$D^2(y_p) = D^2(\lambda)\left(\frac{\partial y_p}{\partial \lambda}\right)_m^2 + D^2(\alpha)\left(\frac{\partial y_p}{\partial \alpha}\right)_m^2 + 2r_{m,v}D(\lambda)D(\alpha)\left(\frac{\partial y_p}{\partial \lambda}\right)_m\left(\frac{\partial y_p}{\partial \alpha}\right)_m \tag{2-5-84}$$

式中, $D(\lambda)$ 和 $D(\alpha)$ 为协方差矩阵中的元素, $\frac{\partial y_p}{\partial \lambda}$ 和 $\frac{\partial y_p}{\partial \alpha}$ 表达如下：

$$\frac{\partial y_p}{\partial \lambda} = G = \frac{\partial \ln t_p(\lambda)}{\partial \lambda} = \frac{1}{\sqrt{t_p(\lambda)\lambda}}\frac{I_0\left(2\sqrt{t_p(\lambda)\lambda}\right)}{I_1\left(2\sqrt{t_p(\lambda)\lambda}\right)} \tag{2-5-85}$$

$$\frac{\partial y_p}{\partial \alpha} = \frac{1}{\alpha} \tag{2-5-86}$$

指数 m 表示 λ 和 α 的估计量应当用偏导数中的平均值替代. 将矩阵方程 (2-5-81), (2-8-85), (2-5-86) 的项代入方程 (2-5-84) 得

$$D^2(y_p) = \frac{1}{n}\xi^{\mathrm{MLM}}(\lambda, p) \tag{2-5-87}$$

式中, $\xi^{\mathrm{MLM}}(\lambda, p) = \frac{1}{2A}\left[\frac{A}{\lambda}(\lambda G+1)^2 + 2(\lambda G-1)^2\right]$.

因此, 分位数的相对误差 $\frac{D(x_p)}{x_p}$ 为

$$\frac{D(x_p)}{x_p} = \frac{1}{\sqrt{n}}\sqrt{\xi^{\mathrm{MLM}}(\lambda, p)} \tag{2-5-88}$$

2.5.5.3 精度分析结果

根据式 (2-8-71) 和式 (2-5-88), 利用 MATLAB 编程求算不同频率 P 和 λ 下的相对误差, 结果见表 2-5-2.

表 2-5-2　不同频率 P 和 λ 下的相对误差

P	方法	λ										
		1	1.5	2	3	4	5	6	7	8	9	10
0.5	MOM	4.673	1.929	1.363	0.968	0.795	0.692	0.621	0.568	0.527	0.494	0.466
	MLM	3.566	1.7	1.271	0.939	0.782	0.685	0.617	0.565	0.525	0.492	0.465
0.4	MOM	2.406	1.419	1.116	0.855	0.724	0.64	0.581	0.536	0.5	0.471	0.446
	MLM	2.116	1.362	1.097	0.851	0.723	0.64	0.581	0.536	0.5	0.471	0.446
0.3	MOM	1.642	1.188	0.997	0.801	0.692	0.62	0.567	0.526	0.493	0.466	0.443
	MLM	1.603	1.186	0.997	0.8	0.69	0.618	0.565	0.524	0.491	0.464	0.441
0.2	MOM	1.371	1.102	0.958	0.792	0.694	0.626	0.576	0.537	0.506	0.479	0.457
	MLM	1.367	1.087	0.94	0.774	0.679	0.615	0.567	0.529	0.499	0.473	0.451

续表

P	方法	λ										
		1	1.5	2	3	4	5	6	7	8	9	10
0.1	MOM	1.326	1.11	0.981	0.825	0.73	0.663	0.614	0.575	0.543	0.516	0.493
	MLM	1.247	1.033	0.912	0.772	0.69	0.633	0.59	0.555	0.527	0.502	0.481
0.05	MOM	1.363	1.151	1.022	0.866	0.771	0.704	0.645	0.614	0.581	0.554	0.53
	MLM	1.21	1.019	0.909	0.784	0.71	0.658	0.618	0.585	0.557	0.533	0.512
0.02	MOM	1.417	1.203	1.073	0.916	0.819	0.752	0.701	0.66	0.627	0.598	0.574
	MLM	1.193	1.017	0.916	0.803	0.737	0.69	0.652	0.621	0.594	0.571	0.55
0.01	MOM	1.452	1.236	1.106	0.948	0.851	0.783	0.731	0.69	0.656	0.628	0.603
	MLM	1.189	1.02	0.924	0.817	0.755	0.711	0.675	0.645	0.619	0.595	0.575
0.005	MOM	1.482	1.265	1.135	0.976	0.879	0.81	0.758	0.717	0.683	0.654	0.629
	MLM	1.188	1.023	0.931	0.83	0.772	0.73	0.696	0.666	0.641	0.618	0.598
0.002	MOM	1.515	1.297	1.167	1.008	0.911	0.842	0.789	0.748	0.713	0.684	0.659
	MLM	1.189	1.029	0.941	0.846	0.792	0.753	0.72	0.692	0.666	0.644	0.624
0.001	MOM	1.536	1.318	1.188	1.029	0.932	0.863	0.81	0.768	0.734	0.704	0.679
	MLM	1.19	1.033	0.948	0.857	0.805	0.768	0.736	0.708	0.684	0.662	0.642

由表 2-5-2 可以发现, 当频率 P 一定的情况下, 随着 λ 值的增大, 相对误差逐渐减小; 在相同条件下, 极大似然法参数估计相对误差小于矩法参数估计相对误差.

2.6 基于 CBCLA 法的洪水短序列分布参数估计

在进行洪水频率计算时, 还会遇到洪水数据长度较短这一问题. 由于数据较短, 洪水频率计算结果存在误差, 水文设计结果存在不确定性. 因此, 如何挖掘已有洪水数据中包含的信息, 以提高水文频率计算结果的精度和水文设计结果的可靠性, 成为水文研究的一项重要任务. 不同测站间通常含有许多时段交错数据, 而现有多变量频率计算仅采用同时期的观测数据, 非同时期的数据没被利用. 因此, 本节将 Copula 函数与似然函数相结合, 以构建多变量不等长数据的复合似然函数, 同时将交错数据的同期和非同期部分加以利用, 构建 Copula 复合似然函数 (Copula-based composite likelihood approach, CBCLA)(Sandoval and Raynal-Villaseñor, 2008; Chowdhary and Singh, 2009, 2010). 该方法不仅能够扩充单站的洪水信息, 还能提高单站洪水频率计算结果的精度. 具体应用实例计算见文献 (魏婷, 2019).

2.6.1 不等长度洪水变量的复合事件

基于多变量分析框架, 把长度不等且具有相依性的数据序列进行组合, 其中序列的同时期观测数据为同期事件, 非同时期观测数据为非同期事件, 由同期事件和非同期事件共同组成复合事件. 本节对二维复合事件进行研究, 图 2-6-1 为两个长度不等的序列 X 和 Y 组成的二维复合事件概化图 (sandoval and Raynal-Villaseñor,

2008; Chowdhary and Singh, 2009, 2010), 其中 X 为长序列, X 为短序列.

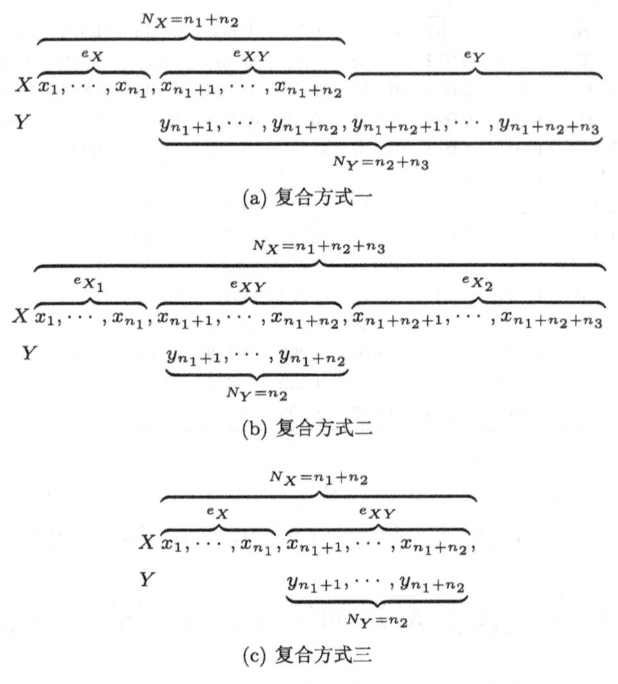

(a) 复合方式一

(b) 复合方式二

(c) 复合方式三

图 2-6-1 二维不等长度变量复合事件概化图

在图 2-6-1 中, N_X 和 N_Y 分别为 X 和 Y 的总长度; N_{XY} 为 X 和 Y 同期数据的长度; n_1 和 n_3 分别为 X 和 Y 的非同期数据长度; n_2 为 X 和 Y 同期数据长度; e_X, e_{X1}, e_{X2} 和 e_Y 为非同期事件; e_{XY} 为同期事件. 由同期事件和非同期事件构成复合事件 e_C.

2.6.2 基于 Copula 函数的二维复合似然函数

对图 2-6-1 中的复合事件建立复合似然函数. 其中, 同期事件用二维联合分布构建联合似然函数, 非同期事件则由边缘分布构建单变量似然函数, 两种似然函数共同组成复合似然函数, 其表达式为 (Anderson, 1957)

$$L_C(x, y; \boldsymbol{\Psi}) = \left[\prod_{i=1}^{n_1} f(s_i; \boldsymbol{\delta})\right]^{I_1} \left[\prod_{i=1}^{n_2} f(x_i, y_i; \boldsymbol{\Psi})\right]^{I_2} \left[\prod_{i=1}^{n_3} f(t_i; \boldsymbol{\eta})\right]^{I_3} \tag{2-6-1}$$

式中, $f(s; \boldsymbol{\delta})$ 和 $f(t; \boldsymbol{\eta})$ 分别为 X 和 Y 的边缘分布概率密度函数, 其表达式同 $f(x; \boldsymbol{\delta})$ 和 $f(y; \boldsymbol{\eta})$; s 和 t 分别用于定义在同期数据前后的变量, 取值为相应的 x, y; $f(x, y; \boldsymbol{\Psi})$ 为 X 和 Y 同期数据联合分布的概率密度函数; I_i $(i = 1, 2, 3)$ 为指

示变量, 当 $n_j > 0\ (j = 1, 2, 3)$ 时, $I_i = 1$, 当 $n_j = 0$ 时 $I_i = 0$; $\boldsymbol{\delta}, \boldsymbol{\eta}$ 分别为 X 和 Y 的边缘分布参数向量, $\boldsymbol{\delta} = [\delta_1, \delta_2, \cdots, \delta_{r_\delta}]$, $\boldsymbol{\eta} = [\eta_1, \eta_2, \cdots, \eta_{r_\eta}]$, $r_{\boldsymbol{\delta}}, r_{\boldsymbol{\eta}}$ 为参数个数; $\boldsymbol{\Psi}$ 为 X 和 Y 的同期数据联合分布参数向量, $\boldsymbol{\Psi} = [\boldsymbol{\delta}, \boldsymbol{\eta}, \theta] = [\Psi_1, \Psi_2, \cdots, \Psi_r]$.

对式 (2-6-1) 取对数, 得到复合似然函数的对数似然函数

$$\begin{aligned}\ln L_C(x, y; \boldsymbol{\Psi}) &= I_1 \sum_{i=1}^{n_1} \ln f(s_i; \boldsymbol{\delta}) + I_2 \sum_{i=1}^{n_2} \ln f(x_i, y_i; \boldsymbol{\Psi}) + I_3 \sum_{i=1}^{n_3} \ln f(t_i; \boldsymbol{\eta}) \\ &= I_1 \ln L_X(\boldsymbol{\delta}) + I_2 \ln L_{XY}(\boldsymbol{\Psi}) + I_3 \ln L_Y(\boldsymbol{\eta})\end{aligned} \tag{2-6-2}$$

式中, $\ln L_X(\boldsymbol{\delta})$ 和 $\ln L_Y(\boldsymbol{\eta})$ 分别为 X 和 Y 边缘分布概率密度函数的对数似然函数; $\ln L_{XY}(\boldsymbol{\Psi})$ 为 X 和 Y 同期数据二维联合分布概率密度函数的对数似然函数. 其他参数含义同上.

Raynal-Villaseñor 和 Salas (2008) 采用二维 GEV 分布进行不等长度洪水序列频率计算, 因此, 式 (2-6-2) 中的边缘分布概率密度函数 $f(s; \boldsymbol{\delta})$, $f(t; \boldsymbol{\eta})$ 和 $f(x, y)$ 分别为 GEV, GEV 和二维 GEV 分布的概率密度函数. 这种采用传统多维分布作为联合分布的方法, 要求边缘分布与联合分布必须为同一分布类型, 在实际应用中有一定的局限性. Copula 函数不受边缘分布类型的限制, 具有较强的灵活性. 由 Copula 函数构建同期数据联合分布时, 式 (2-6-2) 中的 $\ln L_{XY}(\boldsymbol{\Psi})$ 采用 $f(x, y; \boldsymbol{\Psi}) = f(x; \boldsymbol{\delta}) f(y; \boldsymbol{\eta}) c_\theta[F(x; \boldsymbol{\delta}), F(y; \boldsymbol{\eta})]$, 其中, $c_\theta[F(x; \boldsymbol{\delta}), F(y; \boldsymbol{\eta})]$ 为 X 和 Y 的同期数据 Copula 密度函数. 则式 (2-6-2) 可以进一步写为

$$\begin{aligned}\ln L_C(\boldsymbol{\Psi}) &= I_1 \ln L_X(\boldsymbol{\delta}) + I_2 \ln L_{XY}(\boldsymbol{\Psi}) + I_3 \ln L_Y(\boldsymbol{\eta}) \\ &= I_1 \ln L_X(\boldsymbol{\delta}) + I_2 [\ln L_X(\boldsymbol{\delta}) + \ln L_Y(\boldsymbol{\eta}) + \ln L_{c_\theta}(\boldsymbol{\Psi})] + I_3 \ln L_Y(\boldsymbol{\eta})\end{aligned} \tag{2-6-3}$$

式中参数含义同前.

将 Gumbel, Clayton 和 Frank Copula 的概率密度函数分别代入式 (2-6-3), 便可得到基于 3 种 Copula 函数的对数似然函数. 通过求解式 (2-6-4) 便可得到 CBCLA 法参数估计值.

$$\frac{\partial \ln L_C(\boldsymbol{\Psi})}{\partial \Psi_p} = 0, \quad p = 1, 2, \cdots, r \tag{2-6-4}$$

2.6.3 CBCLA 法估计参数的方差-协方差矩阵

似然函数的一个主要优势是可以估算参数估计的方差和协方差. Cramer-Rao 原理可以提供分布参数无偏估计的方差下界. 根据该原理得到参数估计的渐近方差-协方差矩阵 (variance-covariance matrix, VCM), 下文中简称为方差-协方差矩阵, 根据矩阵元素可以进一步计算设计值的置信区间. 参数估计的方差-协方差矩

阵可由 Fisher 信息矩阵 (Fisher information matrix) 的逆矩阵得到, Fisher 信息矩阵的元素等于对数似然函数关于分布参数的二阶偏导数的期望 (Hamed and Rao, 1999).

为书写方便, 下文中分别用 $f(x)$, $f(y)$ 和 $f(x,y)$ 表示 $f(x;\boldsymbol{\delta})$, $f(y;\boldsymbol{\eta})$ 和 $f(x,y;\boldsymbol{\Psi})$, 用 $F(x)$ 和 $F(y)$ 表示 $F(x;\boldsymbol{\delta})$ 和 $F(y;\boldsymbol{\eta})$.

2.6.3.1　单变量极大似然法估计参数的方差-协方差矩阵

以单变量 X 为例, 可得到参数的信息矩阵第 (p,q) 个元素为 (Chowdhary and Singh, 2010)

$$i_X^{p,q}=E\left[\frac{\partial\ln L_X(\boldsymbol{\delta})}{\partial\delta_p}\frac{\partial\ln L_X(\boldsymbol{\delta})}{\partial\delta_q}\right]=N_XE\left[\frac{\partial^2\ln f(x)}{\partial\delta_p\partial\delta_q}\right]\tag{2-6-5}$$

式中, $p,q=1,2,\cdots,r_{\delta}$. 其他参数含义同前.

信息矩阵 $\boldsymbol{I}_X$ 为

$$\boldsymbol{I}_X=\|i_X^{p,q}\|_{r_\delta\times r_\delta}=N_X\boldsymbol{A}_X\tag{2-6-6}$$

式中,

$$\boldsymbol{A}_X=\|i_X^{p,q}\|_{r_\delta\times r_\delta}$$
$$=\begin{bmatrix} E\left[-\dfrac{\partial^2\ln f(x)}{\partial\delta_1^2}\right] & E\left[-\dfrac{\partial^2\ln f(x)}{\partial\delta_1\partial\delta_2}\right] & \cdots & E\left[-\dfrac{\partial^2\ln f(x)}{\partial\delta_1\partial\delta_{r_\delta}}\right]\\ E\left[-\dfrac{\partial^2\ln f(x)}{\partial\delta_2\partial\delta_1}\right] & E\left[-\dfrac{\partial^2\ln f(x)}{\partial\delta_2^2}\right] & \cdots & E\left[-\dfrac{\partial^2\mathrm{lnf}(x)}{\partial\delta_2\partial\delta_{r_\delta}}\right]\\ \vdots & \vdots & & \vdots\\ E\left[-\dfrac{\partial^2\ln f(x)}{\partial\delta_{r_\delta}\partial\delta_1}\right] & E\left[-\dfrac{\partial^2\ln f(x)}{\partial\delta_{r_\delta}\partial\delta_2}\right] & \cdots & E\left[-\dfrac{\partial^2\ln f(x)}{\partial\delta_{r_\delta}^2}\right]\end{bmatrix}.$$

对式 (2-6-6) 取逆矩阵, 得到参数的方差-协方差矩阵为

$$\boldsymbol{VC}_X=\|vc_X^{p,q}\|_{r_\delta\times r_\delta}=(\boldsymbol{I}_X)^{-1}=\frac{1}{N_X}(\boldsymbol{A}_X)^{-1}\tag{2-6-7}$$

式中,

$$\|vc_X^{p,q}\|_{r_\delta\times r_\delta}=\begin{bmatrix}\mathrm{var}\left(\hat{\delta}_1\right) & \mathrm{cov}\left(\hat{\delta}_1,\hat{\delta}_2\right) & \cdots & \mathrm{cov}\left(\hat{\delta}_1,\hat{\delta}_{r_\delta}\right)\\ \mathrm{cov}\left(\hat{\delta}_2,\hat{\delta}_1\right) & \mathrm{var}\left(\hat{\delta}_2\right) & \cdots & \mathrm{cov}\left(\hat{\delta}_2,\hat{\delta}_{r_\delta}\right)\\ \vdots & \vdots & & \vdots\\ \mathrm{cov}\left(\hat{\delta}_{r_\delta},\hat{\delta}_1\right) & \mathrm{cov}\left(\hat{\delta}_{r_\delta},\hat{\delta}_2\right) & \cdots & \mathrm{var}\left(\hat{\delta}_{r_\delta}\right)\end{bmatrix}$$

其中, $\mathrm{var}(\cdot)$ 和 $\mathrm{cov}(\cdot)$ 为参数的方差和协方差.

根据上述方法, 推导 P-III 分布、GA2 分布、GEV 分布和 EVI 分布的 MLM 法参数估计结果的方差-协方差矩阵.

1. P-III 分布参数的方差-协方差矩阵

由 P-III 分布的概率密度函数, 得到分布参数的信息矩阵为

$$
\begin{aligned}
\boldsymbol{I}(\alpha,\beta,\gamma) &= \|i_X^{p,q}\|_{r_\delta\times r_\delta} \\
&= N_X\begin{bmatrix} E\left[-\dfrac{\partial^2\ln f(x)}{\partial\alpha^2}\right] & E\left[-\dfrac{\partial^2\ln f(x)}{\partial\alpha\partial\beta}\right] & E\left[-\dfrac{\partial^2\ln f(x)}{\partial\alpha\partial\gamma}\right] \\ & E\left[-\dfrac{\partial^2\ln f(x)}{\partial\beta^2}\right] & E\left[-\dfrac{\partial^2\ln f(x)}{\partial\beta\partial\gamma}\right] \\ & & E\left[-\dfrac{\partial^2\ln f(x)}{\partial\gamma^2}\right] \end{bmatrix} \\
&= N_X\begin{bmatrix} \dfrac{\beta}{\alpha^2} & \dfrac{1}{\alpha} & \dfrac{1}{\alpha^2} \\ & \Psi_1(\beta) & \dfrac{1}{\alpha(\beta-1)} \\ & & \dfrac{1}{\alpha^2(\beta-2)} \end{bmatrix}
\end{aligned} \tag{2-6-8}
$$

式中, $\Psi_1(\beta)$ 为 trigamma 函数.

对信息矩阵 $\boldsymbol{I}(\alpha,\beta,\gamma)$ 取逆矩阵, 得到参数的方差-协方差矩阵为

$$
\begin{aligned}
\boldsymbol{VC}(\alpha,\beta,\gamma) &= \begin{bmatrix} \mathrm{var}(\alpha) & \mathrm{cov}(\alpha,\beta) & \mathrm{cov}(\alpha,\gamma) \\ & \mathrm{var}(\beta) & \mathrm{cov}(\beta,\gamma) \\ & & \mathrm{var}(\gamma) \end{bmatrix} \\
&= \frac{1}{N_X G} \\
&\times\begin{bmatrix} \dfrac{1}{\alpha^2}\left[\dfrac{\Psi_1(\beta)}{\beta-2}-\dfrac{1}{(\beta-1)^2}\right] & -\dfrac{1}{\alpha^3}\left[\dfrac{1}{\beta-2}-\dfrac{1}{\beta-1}\right] & \dfrac{1}{\alpha^2}\left[\dfrac{1}{\beta-1}-\Psi_1(\beta)\right] \\ & \dfrac{2}{\alpha^2(\beta-2)} & -\dfrac{1}{\alpha^3}\left[\dfrac{\beta}{\beta-1}-1\right] \\ & & \dfrac{1}{\alpha^2}\left[\beta\Psi_1(\beta)-1\right] \end{bmatrix}
\end{aligned} \tag{2-6-9}
$$

式中, $G=\dfrac{1}{\alpha^4(\beta-2)}\left[2\Psi_1(\beta)-\dfrac{2\beta-3}{(\beta-1)^2}\right]$.

2. GA2 分布参数的方差-协方差矩阵

GA2 分布的概率密度函数分别用 α 和 β 表示. 经推导得到 GA2 分布参数的信息矩阵

$$\boldsymbol{I}(\alpha,\beta)=N_X\begin{bmatrix}E\left[-\dfrac{\partial^2\ln f(x)}{\partial\alpha^2}\right] & E\left[-\dfrac{\partial^2\ln f(x)}{\partial\alpha\partial\beta}\right]\\ & E\left[-\dfrac{\partial^2\ln f(x)}{\partial\beta^2}\right]\end{bmatrix}=N_X\begin{bmatrix}\dfrac{\beta}{\alpha^2} & \dfrac{1}{\alpha}\\ & \Psi_1(\beta)\end{bmatrix} \tag{2-6-10}$$

对信息矩阵 $\boldsymbol{I}(\alpha,\beta)$ 取逆矩阵, 得到参数的方差-协方差矩阵为

$$\boldsymbol{VC}(\alpha,\beta)=\begin{bmatrix}\operatorname{var}(\alpha) & \operatorname{cov}(\alpha,\beta)\\ & \operatorname{var}(\beta)\end{bmatrix}=\frac{G}{N_X}\begin{bmatrix}\alpha^2\Psi_1(\beta) & -\alpha\\ & \beta\end{bmatrix} \tag{2-6-11}$$

式中, $G=\dfrac{1}{\beta\Psi_1(\beta)-1}$.

3. GEV 分布参数的方差-协方差矩阵

GEV 分布的概率密度函数为 α,k 和 ξ, 对其取对数, 有

$$\ln f(x)=-\ln\alpha+\left(\frac{1}{k}-1\right)\ln\left[1-\frac{k}{\alpha}(x-\xi)\right]-\left[1-\frac{k}{\alpha}(x-\xi)\right]^{\frac{1}{k}},\quad k\neq 0 \tag{2-6-12}$$

由式 (2-6-12) 对分布参数 α,k 和 ξ 求二阶偏导数, 并进行化简整理, 有

$$\begin{aligned}&\boldsymbol{I}(\alpha,k,\xi)\\ &=N_X\begin{bmatrix}E\left[-\dfrac{\partial^2\ln f(x)}{\partial\alpha^2}\right] & E\left[-\dfrac{\partial^2\ln f(x)}{\partial\alpha\partial k}\right] & E\left[-\dfrac{\partial^2\ln f(x)}{\partial\alpha\partial\xi}\right]\\ & E\left[-\dfrac{\partial^2\ln f(x)}{\partial k^2}\right] & E\left[-\dfrac{\partial^2\ln f(x)}{\partial k\partial\xi}\right]\\ & & E\left[-\dfrac{\partial^2\ln f(x)}{\partial\xi^2}\right]\end{bmatrix}\\ &=N_X\begin{bmatrix}1-\Gamma(2-k)+p & \dfrac{1}{\alpha^2k}[p-\Gamma(2-k)] & \dfrac{1}{\alpha^2k}\left[1-e-\dfrac{1-\Gamma(2-k)}{k}-q-\dfrac{p}{k}\right]\\ & \dfrac{\pi^2}{6}+\left(1-e-\dfrac{1}{k}\right)^2+\dfrac{2q}{k}+\dfrac{p}{k^2} & \dfrac{1}{\alpha k}\left(q+\dfrac{p}{k}\right)\\ & & \dfrac{p}{\alpha^2}\end{bmatrix}\end{aligned} \tag{2-6-13}$$

式中, $p=(1-k)^2\Gamma(1-2k)$, $q=\Gamma(2-k)\left[\Psi(1-k)-\dfrac{1-k}{k}\right]$, $e\approx 0.5772157$ 为欧拉常数. 对信息矩阵求逆矩阵, 便可得到参数的方差-协方差矩阵.

4. EVI 分布参数的方差-协方差矩阵

EVI 分布的概率密度函数参数分别为 α 和 u. 经推导, 得到参数的信息矩阵

$$\boldsymbol{I}(u,\alpha)=N_X\begin{bmatrix} E\left[-\dfrac{\partial^2\ln f(x)}{\partial u^2}\right] & E\left[-\dfrac{\partial^2\ln f(x)}{\partial u\partial\alpha}\right] \\ & E\left[-\dfrac{\partial^2\ln f(x)}{\partial\alpha^2}\right] \end{bmatrix}=\frac{N_X}{\alpha^2}\begin{bmatrix} 1 & -0.4228 \\ & 1.8237 \end{bmatrix} \tag{2-6-14}$$

对信息矩阵求逆矩阵, 得到参数估计的方差-协方差矩阵为

$$\boldsymbol{VC}(\alpha,u)=\begin{bmatrix} \operatorname{var}(\alpha) & \operatorname{cov}(\alpha,u) \\ & \operatorname{var}(u) \end{bmatrix}=\frac{\alpha^2}{N_X}\begin{bmatrix} 0.8046 & 0.2287 \\ & 1.1128 \end{bmatrix} \tag{2-6-15}$$

2.6.3.2 二维极大似然法估计参数的方差-协方差矩阵

二维随机变量 (X,Y) 的联合分布参数的方差-协方差矩阵求解过程与单变量 MLM 法求解过程相同. 其概率密度函数为

$$f(x,y;\boldsymbol{\Psi})=f(x;\boldsymbol{\delta})f(y;\boldsymbol{\eta})c_\theta[F(x;\boldsymbol{\delta}),F(y;\boldsymbol{\eta})] \tag{2-6-16}$$

式中, 符号物理意义同前.

由式 (2-6-16) 得到联合分布的对数似然函数

$$\begin{aligned}\ln L_{XY}(\boldsymbol{\Psi})&=\sum_{i=1}^{n_{XY}}\ln f(x_i,y_i;\boldsymbol{\Psi})\\&=\sum_{i=1}^{n_{XY}}f(x_i;\boldsymbol{\delta})+\sum_{i=1}^{n_{XY}}f(y_i;\boldsymbol{\eta})+\sum_{i=1}^{n_{XY}}c_\theta[F(x_i;\boldsymbol{\delta}),F(y_i;\boldsymbol{\eta})]\\&=\ln L_X(\boldsymbol{\delta})+\ln L_Y(\boldsymbol{\eta})+\ln L_{c_\theta}(\boldsymbol{\Psi})\end{aligned} \tag{2-6-17}$$

式中, n_{XY} 为 X 和 Y 同期数据的长度; $\ln L_X$ 和 $\ln L_Y$ 分别为同期数据中 X 和 Y 边缘分布的对数似然函数; $\ln L_{c_\theta}$ 为 Copula 函数的对数似然函数. 其参数由 $\dfrac{\partial\ln L_C(\boldsymbol{\Psi})}{\partial\Psi_p}=0$, $p=1,2,\cdots,r$ 求解. Fisher 信息矩阵的第 (p,q) 个元素为 (Chowdhary and Singh, 2010)

$$i_{XY}^{p,q}=E\left[\frac{\partial\ln L_{XY}(\boldsymbol{\Psi})}{\partial\Psi_p}\frac{\partial\ln L_{XY}(\boldsymbol{\Psi})}{\partial\Psi_q}\right]$$

$$= n_{XY} E\left[\frac{\partial \ln f(x,y)}{\partial \Psi_p}\frac{\partial \ln L_{XY} f(x,y)}{\partial \Psi_q}\right] = n_{XY} E\left[\frac{\partial^2 \ln f(x,y)}{\partial \Psi_p \partial \Psi_q}\right] \tag{2-6-18}$$

式中, $p, q = 1, 2, \cdots, r$.

Fisher 信息矩阵为

$$\boldsymbol{I}_{XY} = \|i_X^{p,q}\|_{r\times r} = N_{XY}\boldsymbol{A}_{XY} \tag{2-6-19}$$

式中,

$$\boldsymbol{A}_{XY} = \|i_{XY}^{p,q}\|_{r\times r}$$
$$= \begin{bmatrix} E\left[-\dfrac{\partial^2 \ln f(x,y)}{\partial \Psi_1^2}\right] & E\left[-\dfrac{\partial^2 \ln f(x,y)}{\partial \Psi_1 \partial \Psi_2}\right] & \cdots & E\left[-\dfrac{\partial^2 \ln f(x,y)}{\partial \Psi_1 \partial \Psi_r}\right] \\ E\left[-\dfrac{\partial^2 \ln f(x,y)}{\partial \Psi_2 \partial \Psi_1}\right] & E\left[-\dfrac{\partial^2 \ln f(x,y)}{\partial \Psi_2^2}\right] & \cdots & E\left[-\dfrac{\partial^2 \ln f(x,y)}{\partial \Psi_2 \partial \Psi_r}\right] \\ \vdots & \vdots & & \vdots \\ E\left[-\dfrac{\partial^2 \ln f(x,y)}{\partial \Psi_r \partial \Psi_1}\right] & E\left[-\dfrac{\partial^2 \ln f(x,y)}{\partial \Psi_r \partial \Psi_2}\right] & \cdots & E\left[-\dfrac{\partial^2 \ln f(x,y)}{\partial \Psi_r^2}\right] \end{bmatrix}$$

对 $\boldsymbol{I}_{XY}$ 取逆矩阵, 得到二维联合分布参数的方差-协方差矩阵为

$$\boldsymbol{VC}_{XY} = \|vc_{XY}^{p,q}\|_{r\times r} = (\boldsymbol{I}_{XY})^{-1} = \frac{1}{n_{XY}}(\boldsymbol{A}_{XY})^{-1} \tag{2-6-20}$$

式中, $\|vc_{XY}^{p,q}\|_{r\times r} = \begin{bmatrix} \operatorname{var}\left(\widehat{\Psi}_1\right) & \operatorname{cov}\left(\widehat{\Psi}_1, \widehat{\Psi}_2\right) & \cdots & \operatorname{cov}\left(\hat{\Psi}_1, \hat{\Psi}_r\right) \\ \operatorname{cov}\left(\hat{\Psi}_2, \hat{\Psi}_1\right) & \operatorname{var}\left(\widehat{\Psi}_2\right) & \cdots & \operatorname{cov}\left(\hat{\delta}_2, \hat{\Psi}_r\right) \\ \vdots & \vdots & & \vdots \\ \operatorname{cov}\left(\hat{\Psi}_r, \hat{\Psi}_1\right) & \operatorname{cov}\left(\hat{\Psi}_r, \widehat{\Psi}_2\right) & \cdots & \operatorname{var}\left(\widehat{\Psi}_r\right) \end{bmatrix}$.

采用 Copula 函数构建二维联合概率分布, 则式 $\boldsymbol{A}_{XY}$ 中元素为

$$\begin{aligned} \frac{\partial \ln f(x,y)}{\partial \Psi_p} &= \frac{\partial}{\partial \Psi_p}\left[f(x), f(y), c_\theta\left[F(x), F(y)\right]\right] \\ &= \frac{\partial \ln f(x)}{\partial \Psi_p} + \frac{\partial \ln f(y)}{\partial \Psi_p} + \frac{\partial c_\theta\left[F(x), F(y)\right]}{\partial \Psi_p} \end{aligned} \tag{2-6-21}$$

式 (2-6-21) 右端前两项为边缘分布的对数似然函数对参数求偏导数, 由此可知, 当 $\Psi_p \in \{\boldsymbol{\eta}\}$ 时, $\dfrac{\partial \ln f(x)}{\partial \Psi_p} = 0$; 当 $\Psi_p \in \{\boldsymbol{\delta}\}$ 时, $\dfrac{\partial \ln f(y)}{\partial \Psi_p} = 0$.

将 GH, Clayton 和 Frank Copula 的密度函数代入式 (2-6-21), 再根据式 (2-6-18) 求解得到信息矩阵元素.

2.6.3.3 CBCLA 法估计参数的方差-协方差矩阵

以图 2-6-1(a) 中的复合方式为例, 式 (2-6-3) 中 $I_i=1$, $i=1,2,3$. 则

$$\ln L_C(\boldsymbol{\Psi})=\ln L_X(\boldsymbol{\delta})+\ln L_{XY}(\boldsymbol{\Psi})+\ln L_Y(\boldsymbol{\eta}) \tag{2-6-22}$$

式 (2-6-22) 为两个单变量分布的对数似然函数和一个二维联合分布的对数似然函数之和, 因此, 可以分别由三个对数似然函数求出参数估计的方差-协方差矩阵, 再求和得到复合似然函数参数估计的方差-协方差矩阵.

对于图 2-6-1(a) 中的二维不等长随机变量, 由式 (2-6-22) 得到参数估计的第 (p,q) 个信息矩阵元素为 (Chowdhary and Singh, 2010)

$$\begin{aligned}
i_C^{p,q}&=E\left[\frac{\partial\ln L_C(\boldsymbol{\Psi})}{\partial\Psi_p}\frac{\partial\ln L_C(\boldsymbol{\Psi})}{\partial\Psi_q}\right]\\
&=E\left\{\frac{\partial[\ln L_X(\boldsymbol{\delta})+\ln L_{XY}(\boldsymbol{\Psi})+\ln L_Y(\boldsymbol{\eta})]}{\partial\Psi_p}\frac{\partial[\ln L_X(\boldsymbol{\delta})+\ln L_{XY}(\boldsymbol{\Psi})+\ln L_Y(\boldsymbol{\eta})]}{\partial\Psi_q}\right\}\\
&=E\left[\sum_{i\in\{X,Y,XY\}}\left(\frac{\partial\ln L_i}{\partial\Psi_p}\frac{\partial\ln L_i}{\partial\Psi_q}\right)+\sum_{i,j\in\{X,Y,XY\};i\neq j}\left(\frac{\partial\ln L_i}{\partial\Psi_p}\frac{\partial\ln L_j}{\partial\Psi_q}\right)\right]\\
&=\sum_{i\in\{X,Y,XY\}}E\left(\frac{\partial\ln L_i}{\partial\Psi_p}\frac{\partial\ln L_i}{\partial\Psi_q}\right)+\sum_{i,j\in\{X,Y,XY\};i\neq j}E\left(\frac{\partial\ln L_i}{\partial\Psi_p}\frac{\partial\ln L_j}{\partial\Psi_q}\right)
\end{aligned} \tag{2-6-23}$$

式中, $p,q=1,2,\cdots,r$. 由图 2-6-1(a) 可知, 事件 e_X, e_Y 和 e_{XY} 相互独立, 式 (2-6-23) 末行第二个求和项中的期望值乘积为零, 因此, 有

$$\begin{aligned}
i_C^{p,q}=&\sum_{i\in\{X,Y,XY\}}E\left(\frac{\partial\ln L_i}{\partial\Psi_p}\frac{\partial\ln L_i}{\partial\Psi_q}\right)\\
=&E\left[\frac{\partial\ln L_X(\boldsymbol{\delta})}{\partial\Psi_p}\frac{\partial\ln L_X(\boldsymbol{\delta})}{\partial\Psi_q}\right]+E\left[\frac{\partial\ln L_Y(\boldsymbol{\eta})}{\partial\Psi_p}\frac{\partial\ln L_Y(\boldsymbol{\eta})}{\partial\Psi_q}\right]\\
&+E\left[\frac{\partial\ln L_{XY}(\boldsymbol{\Psi})}{\partial\Psi_p}\frac{\partial\ln L_{XY}(\boldsymbol{\Psi})}{\partial\Psi_q}\right]
\end{aligned} \tag{2-6-24}$$

式 (2-6-24) 右端为两个单变量和一个两变量的信息矩阵元素之和, 则

$$i_C^{p,q}=i_X^{p,q}+i_{XY}^{p,q}+i_Y^{p,q}=n_1a_X^{p,q}+n_2a_{XY}^{p,q}+n_3a_Y^{p,q} \tag{2-6-25}$$

式 (2-6-25) 中, $i_X^{p,q}$, $i_Y^{p,q}$ 和 $i_{XY}^{p,q}$ 可由上述方法进行计算, 其中 $n_{XY}=n_2$.

由图 2-6-1(a) 有 $n_1=N_X-n_2$; $n_3=N_Y-n_2$, 则

$$i_C^{p,q}=n_2\left(\frac{n_1}{n_2}a_X^{p,q}+\frac{n_3}{n_2}a_Y^{p,q}+a_{XY}^{p,q}\right)$$

$$= n_2\left[\left(\frac{N_X}{n_2}-1\right)a_X^{p,q}+\left(\frac{N_Y}{n_2}-1\right)a_Y^{p,q}+a_{XY}^{p,q}\right] \tag{2-6-26}$$

令 $m_X=\dfrac{N_X}{n_2}$, $m_Y=\dfrac{N_Y}{n_2}$, 则有

$$i_C^{p,q}=n_2\left[\left(m_X-1\right)a_X^{p,q}+\left(m_Y-1\right)a_Y^{p,q}+a_{XY}^{p,q}\right] \tag{2-6-27}$$

CBCLA 法参数估计的信息矩阵为

$$\boldsymbol{I}_C=\|i_C^{p,q}\|_{r\times r}=n_2\boldsymbol{A}_C \tag{2-6-28}$$

式中, $\boldsymbol{A}_C=\|a_C^{p,q}\|_{r\times r}=n_2\left[\left(m_X-1\right)\|a_X^{p,q}\|_{r\times r}+\left(m_Y-1\right)\|a_Y^{p,q}\|_{r\times r}+\|a_{XY}^{p,q}\|_{r\times r}\right]$, 则参数估计的方差-协方差矩阵为

$$\boldsymbol{VC}_C=\|vc_X^{p,q}\|_{r\times r}=\left(\boldsymbol{I}_C\right)^{-1}=\frac{1}{n_2}\left(\boldsymbol{A}_C\right)^{-1} \tag{2-6-29}$$

2.7 洪水事件重现期计算

重现期是水利水电工程、土木工程等规划设计、运行与管理广泛采用的设计标准, 主要根据工程的重要性和水文事件对工程破坏结果进行确定 (金光炎, 1964; 黄振平和陈元芳, 2011). 在工程设计中, 重现期有两种定义: ① 重现期 (return period) 是指超越概率事件首次发生的期望等待试验次数 (Stedinger et al., 1993; Chung and Salas, 2000), 如大于等于某一设计洪水值第一次发生的期望等待年数; ② 重现期 (interarrival time, recurrence interval) 表示连续两次超越概率事件发生之间的期望间隔试验次数 (间隔时间) (Chung and Salas, 2000; Kite, 1977; Loaiciga and Mariño, 1991). 目前, 国内外许多文献和教科书均有单变量独立同分布水文事件重现期的第二类定义和计算公式, 缺乏系统的理论推导介绍和总结. 本节在吸收国外学者研究成果的基础上, 试图应用水文统计学原理和概率论原理, 严格推导单变量独立同分布洪水事件的两种重现期定义计算公式, 以期为我国现行洪水频率计算提供严密的理论基础.

2.7.1 基于事件首次发生的期望等待试验次数确定重现期

假定水文随机变量 X 具有独立伯努利试验结果, 满足独立同分布条件. 设超越概率事件 $\{X\geqslant x\}$ 和不超越概率事件 $\{X<x\}$ 的概率分布分别为 $p=P(X\geqslant x)$, $q=P(X<x)=1-P(X\geqslant x)=1-p$, 以下与此假定及符号的物理意义相同. 按事件首次发生的期望等待试验次数计算, 其重现期为 $T(N)$.

2.7.1.1 超越概率事件 $\{X\geqslant x\}$ 重现期

设超越概率事件 $\{X\geqslant x\}$ 首次发生的等待试验次数为 N, 在 n 次试验中, 前 $n-1$ 次试验发生不超越概率事件为 $\{X<x\}$, 第 n 次试验发生超越概率事件为

$\{X \geqslant x\}$, 则超越概率事件 $\{X \geqslant x\}$ 首次发生的期望等待试验次数的概率为

$$\begin{aligned}P(N=n) &= P\left(X_1<x, X_2<x, \cdots, X_{n-1}<x, X_n \geqslant x\right) \\ &= P\left(X_1<x\right) P\left(X_2<x\right) \cdots P\left(X_{n-1}<x\right) P\left(X_n \geqslant x\right) \\ &= (1-p)^{n-1} p \end{aligned} \tag{2-7-1}$$

式 (2-7-1) 表明, 超越概率事件 $\{X \geqslant x\}$ 首次发生的期望等待试验次数服从几何分布. 因此, 超越概率事件 $\{X \geqslant x\}$ 首次发生的期望等待试验次数的数学期望值即为重现期 $T(N)$. 根据数学期望的定义和级数原理有

$$\begin{aligned}T(N) &= E(N) = \sum_{n=0}^{\infty}[nP(N=n)] \\ &= p \sum_{n=0}^{\infty}\left[n(1-p)^{n-1}\right] = -p \frac{d}{dp} \sum_{n=0}^{\infty}(1-p)^n \\ &= -p \frac{d}{dp}\left[\frac{1}{1-(1-p)}\right] = -p \frac{-1}{p^2} = \frac{1}{p} = \frac{1}{P(X \geqslant x)} \end{aligned} \tag{2-7-2}$$

式 (2-7-2) 表明, 超越概率事件 $\{X \geqslant x\}$ 的重现期等于其发生概率的倒数.

2.7.1.2 不超越概率事件 $\{X<x\}$ 重现期

与超越概率事件 $\{X \geqslant x\}$ 首次发生的期望等待试验次数重现期计算相同, 在 n 次试验中, 前 $n-1$ 次试验发生不超越概率事件为 $\{X \geqslant x\}$, 第 n 次试验发生超越概率事件为 $\{X<x\}$, 则超越概率事件 $\{X<x\}$ 首次发生的期望等待试验次数的概率为

$$\begin{aligned}P(N=n) &= P\left(X_1 \geqslant x, X_2 \geqslant x, \cdots, X_{n-1} \geqslant x, X_n<x\right) \\ &= P\left(X_1 \geqslant x\right) P\left(X_2 \geqslant x\right) \cdots P\left(X_{n-1} \geqslant x\right) P\left(X_n<x\right) \\ &= p^{n-1}(1-p) \end{aligned} \tag{2-7-3}$$

式 (2-7-3) 说明, 不超越概率事件 $\{X<x\}$ 首次发生的期望等待试验次数服从几何分布. 根据数学期望的定义和级数原理有

$$\begin{aligned}T(N) &= E(N) = \sum_{n=0}^{\infty}[nP(N=n)] = (1-p) \sum_{n=0}^{\infty}\left(np^{n-1}\right) = (1-p) \frac{d}{dp} \sum_{n=0}^{\infty} p^n \\ &= (1-p) \frac{d}{dp}\left(\frac{1}{1-p}\right) = (1-p) \frac{1}{(1-p)^2} \\ &= \frac{1}{1-p} = \frac{1}{q} = \frac{1}{P(X<x)} = \frac{1}{1-P(X \geqslant x)} \end{aligned} \tag{2-7-4}$$

式 (2-7-4) 表明, 不超越概率事件 $\{X<x\}$ 的重现期也等于其发生概率的倒数.

2.7.2 基于连续两次事件发生之间的期望间隔试验次数确定重现期

设连续两次超越概率事件 $\{X \geqslant x\}$ 发生的间隔试验次数为 M, 按事件连续两次发生的期望间隔试验次数计算, 其重现期为 $T(N)$.

2.7.2.1 超越概率事件 $\{X \geqslant x\}$ 重现期

设连续两次超越概率事件 $\{X \geqslant x\}$ 发生之间的间隔试验次数为 M, 在试验中, 首先发生超越概率事件 $\{X \geqslant x\}$, 紧接着连续发生 $m-1$ 次不超越概率事件 $\{X < x\}$, 之后, 再发生超越概率事件 $\{X \geqslant x\}$, 则连续两次超越概率事件 $\{X \geqslant x\}$ 期望间隔试验次数为 $\{X_i \geqslant x, X_{i+1} < x, X_{i+2} < x, \cdots, X_{i+m-1} < x, X_{i+m} \geqslant x\}$. 因为这种复合事件出现必须在 $\{X_i \geqslant x\}$ 发生条件下才能出现. 因此, 连续两次超越概率事件 $\{X \geqslant x\}$ 期望间隔试验次数的概率为

$$
\begin{aligned}
& P(M=m) \\
&= P\left(X_i \geqslant x, X_{i+1} < x, X_{i+2} < x, \cdots, X_{i+m-1} < x, X_{i+m} \geqslant x \mid X_i \geqslant x\right) \\
&= \frac{P\left(X_1 \geqslant x\right) P\left(X_{i+1} < x\right) P\left(X_{i+2} < x\right) \cdots P\left(X_{i+m-1} < x\right) P\left(X_{i+m} \geqslant x\right)}{P\left(X_i \geqslant x\right)} \\
&= \frac{p(1-p)^{m-1} p}{p} = (1-p)^{m-1} p
\end{aligned} \tag{2-7-5}
$$

与式 (2-7-2) 推导相同, 有重现期

$$
T(M) = E(M) = \frac{1}{p} \tag{2-7-6}
$$

式 (2-7-2)、(2-7-6) 表明, 独立同分布条件下, 超越概率事件 $\{X \geqslant x\}$ 两种定义的重现期计算公式相同.

2.7.2.2 不超越概率事件 $\{X < x\}$ 重现期

与超越概率事件 $\{X \geqslant x\}$ 推导相同, 在试验中, 首先发生不超越概率事件 $\{X < x\}$, 紧接着连续发生 $m-1$ 次超越概率事件 $\{X \geqslant x\}$, 之后, 再发生不超越概率事件 $\{X < x\}$, 则连续两次不超越概率事件 $\{X < x\}$ 期望间隔试验次数为 $\{X_i < x, X_{i+1} \geqslant x, X_{i+2} \geqslant x, \cdots, X_{i+m-1} \geqslant x, X_{i+m} < x\}$. 因为, 这种复合事件出现必须在 $\{X_i < x\}$ 发生条件下, 才能出现. 因此, 连续两次超越概率事件 $\{X < x\}$ 期望间隔试验次数的概率为

$$
\begin{aligned}
& P(M=m) \\
&= P\left(X_i < x, X_{i+1} \geqslant x, X_{i+2} \geqslant x, \cdots, X_{i+m-1} \geqslant x, X_{i+m} < x \mid X_i < x\right) \\
&= \frac{P\left(X_1 < x\right) P\left(X_{i+1} \geqslant x\right) P\left(X_{i+2} \geqslant x\right) \cdots P\left(X_{i+m-1} \geqslant x\right) P\left(X_{i+m} < x\right)}{P\left(x_i < x\right)}
\end{aligned}
$$

$$= \frac{(1-p)p^{m-1}(1-p)}{1-p} = (1-p)p^{m-1} \tag{2-7-7}$$

与式 (2-7-6) 推导相同, 有重现期

$$T(M) = E(M) = \frac{1}{1-p} = \frac{1}{q} \tag{2-7-8}$$

式 (2-7-4)、(2-7-8) 同样表明, 独立同分布条件下, 不超越概率事件 $\{X < x\}$ 两种定义的重现期计算公式相同.

2.7.3 重现期的其他方法

2.7.3.1 概率母函数法

概率母函数 (probability generating function) 定义为

$$G(\eta) = \sum_{k=0}^{\infty} P(X=k)\eta^k \tag{2-7-9}$$

概率母函数具有性质

$$G(\eta) = P(X=0); \quad G(1) = \sum_{r=0}^{\infty} P(X=r) = 1 \tag{2-7-10}$$

$$G'(1) = \sum_{r=0}^{\infty} rP(X=r) = E(X); \quad G''(1) + G'(1) - [G'(1)]^2 = D(X) \tag{2-7-11}$$

超越概率事件 $\{X \geqslant x\}$ 首次发生的等待试验次数概率母函数为

$$G(\eta) = \sum_{k=0}^{\infty} P(X=k)\eta^k = p\eta \sum_{k=0}^{\infty} [(1-p)\eta]^{k-1} = \frac{p\eta}{1-(1-p)\eta} \tag{2-7-12}$$

$$\begin{aligned} G'(\eta) = \frac{dG(\eta)}{d\eta} &= \frac{p[1-(1-p)\eta] + p\eta(1-p)}{[1-(1-p)\eta]^2} \\ &= \frac{p - p\eta + p^2\eta - p\eta - p^2\eta}{[1-(1-p)\eta]^2} = \frac{p}{[1-(1-p)\eta]^2} \end{aligned}$$

则有

$$E(N) = G'(1) = \frac{1}{p} \tag{2-7-13}$$

同理, 对于不超越概率事件 $\{X < x\}$, 有重现期

$$E(M) = G'(1) = \frac{1}{1-p} = \frac{1}{q} \tag{2-7-14}$$

式 (2-7-13)—(2-7-14) 与文献 (王正发, 2000) 结果相同. 同样方法可得基于连续两次事件发生之间的期望间隔试验次数的重现期.

2.7.3.2 期望值推理法

按照 Bayazit 等 (1981, 2001, 2005) 的观点, 对于容量为 N 的单变量事件, 其平均间隔长度 $E(l)=1$, 则单变量事件发生总次数的期望值 $E(C)$ 为

$$E(C)=\frac{N}{E(l)}=N \tag{2-7-15}$$

设超越概率事件 $\{X\geqslant x\}$ 发生次数的期望值为 $E(C_r)$, 根据概率原理有 $P(X\geqslant x)=\dfrac{E(C_r)}{N}=p$, 则

$$E(C_r)=pN \tag{2-7-16}$$

根据重现期的含义, 有

$$T(N)=\frac{N}{E(C_r)}=\frac{N}{pN}=\frac{1}{p} \tag{2-7-17}$$

同理, 不超越概率事件 $\{X<x\}$ 的重现期为

$$T(M)=\frac{N}{E(C_r)}=\frac{N}{(1-p)N}=\frac{1}{1-p}=\frac{1}{q} \tag{2-7-18}$$

假定序列不是年值选样, 样本的容量为 N, 共有 n 年, 则平均间隔长度 (每年选取 μ 个数据)$E(l)=\mu=\dfrac{N}{n}$, 单变量事件发生总次数的期望值 $E(C)$ 为

$$E(C)=\frac{N}{E(l)}=\frac{N}{\mu} \tag{2-7-19}$$

设超越概率事件 $\{X\geqslant x\}$ 发生次数的期望值为 $E(C_r)$, 根据概率原理有 $P(X\geqslant x)=\dfrac{E(C_r)}{E(C)}=p$, 则

$$E(C_r)=p\frac{N}{\mu} \tag{2-7-20}$$

根据重现期的含义, 有超越概率事件 $\{X\geqslant x\}$ 的重现期为

$$T(N)=\frac{N}{E(C_r)}=\frac{N}{p\dfrac{N}{\mu}}=\frac{\mu}{p} \tag{2-7-21}$$

同理, 每年选取 μ 个数据下, 不超越概率事件 $\{X<x\}$ 的重现期为

$$T(M)=\frac{N}{E(C_r)}=\frac{N}{(1-p)\dfrac{N}{\mu}}=\frac{\mu}{1-p}=\frac{\mu}{q} \tag{2-7-22}$$

式 (2-7-17), (2-7-18) 适用于一年一个值选样序列重现期计算, 式 (2-7-21), (2-7-22) 适用于年多值选样序列重现期计算.

参 考 文 献

黄华平, 梁忠民. 2016. 多调查期洪水频率计算及参数估计公式推导 [J]. 水文, 36(3): 1-5.

黄振平, 陈元芳. 2011. 水文统计学 [M]. 北京: 中国水利水电出版社.

金光炎. 1964. 水文统计原理与方法 [M]. 2 版. 北京: 中国工业出版社.

金光炎. 2005. 矩、概率权重矩与线性矩的关系分析 [J]. 水文, 25(5): 1-6.

李丹丹. 2018. 基于运动扩散模型的含零值水文序列频率计算方法研究 [D]. 杨凌: 西北农林科技大学.

李丽. 2007. 分布式水文模型的汇流演算研究 [D]. 南京: 河海大学.

马秀峰, 夏军. 2011. 游程概率统计原理及其应用 [M]. 北京: 科学出版社.

史黎翔, 宋松柏. 2016. 具有趋势变异的非一致水文序列重现期计算研究 [J]. 水力发电学报, 35(5): 40-46.

宋松柏, 蔡焕杰, 金菊良, 等. 2012. Copulas 函数及其在水文中的应用 [M]. 北京: 科学出版社.

宋松柏, 康艳, 宋小燕, 等. 2018. 单变量水文序列频率计算原理与应用 [M]. 北京: 科学出版社.

王善序. 1979. 具有历史洪水不连续系列经验频率的确定 [J]. 人民长江, (3): 39-50.

王善序. 1990. 论确定洪水经验频率的双 (多) 样本模型 [J]. 水文, (6): 1-8.

王正发. 2000. 水文事件的频率、重现期和风险率之间的关系 [J]. 西北水电, (1): 1-3，67.

魏婷. 2019. 单变量水文序列频率分布参数计算方法研究 [D]. 杨凌: 西北农林科技大学.

Anderson T W. 1957. Maximum likelihood estimates for a multivariate normal distribution when some observations are missing[J]. Journal of the American Statistical Association, 52(278): 200-203.

Bayazit M. 1981. Distribution of joint run-lengths of bivariate Markov processes[J]. Journal of Hydrology, 50: 35-43.

Bayazit M, Fernandez B, Salas J D. 2001. Return period and risk of hydrologic events. I: Mathematical formulation[J]. Journal of Hydrologic Engineering, 6(4): 358-361.

Bayazit M, Onoz B. 2005. Probabilities and return periods of multisite droughts[J]. Hydrological Sciences Journal/Journal des Sciences Hydrologiques, 50(4): 605-615.

Bulletin 17B of the Hydrology Subcommittee. 1982. Guidelines for determining flood flow frequency[R]. U.S. department of the Interior Geological Survey Office of Water Data Coordination, Reston, Virginia, 22092.

Cancelliere A, Salas J D. 2010. Drought probabilities and return period for annual streamflows series[J]. Journal of Hydrology, 391(1-2): 77-89.

Chow V T, Maidment D R, Mays L W. 1988. Applied Hydrology[M]. New York: McGraw-Hill Book Company.

Chowdhary H, Singh V P. 2009. Copula Approach for Reducing Uncertainty in Design Flood Estimates in Insufficient Data Situations[R]. World Environmental and Water Resources Congress, Great Rivers © 2009 ASCE, 53(3): 4758-4771.

Chowdhary H, Singh V P. 2010. Reducing uncertainty in estimates of frequency distribution parameters using composite likelihood approach and copula-based bivariate distributions[J]. Water Resources Research, 46(11): W11516.

Chung C H, Salas J D. 2000. Drought occurrence probabilities and risks of dependent hydrologic processes[J]. Journal of Hydrologic Engineering, 5(3): 259-268.

Feller W. 1968. An Introduction to Probability Theory and its Applications[M]. 3rd ed. New York: Wiley.

Fernandez B, Salas J D. 1999a. Return period and risk of hydrologic events. I: mathematical formulation[J]. Journal of Hydrologic engineering, 4(4): 297-307.

Fernandez B, Salas J D. 1999b. Return period and risk of hydrologic events. II: applications[J]. Journal of Hydrologic engineering, 4(4): 308-316.

Hamed K, Rao A R. 1999. Flood Frequency Analysis[M]. Bosa Roca: Taylor & Francis Inc.

Kendall M G, Stuart A. 1973. The Advanced Theory of Statistics, Volume 2: Inference and Relationship[M]. London: Charles Griffin.

Kite G W. 1977. Frequency and Risk Analyses in Hydrology[M]. Fort Collins, Colo: Water Resources Publications，LLC.

Lighthill M J, Witham G B. 1955. On kinematic waves I. Flood movement in long rivers[J]. Proceedings of the Royal Society of London Series A. Mathematical and Physical Sciences, 229(1178): 281-316.

Loaiciga H A, Mariño M A. 1991. Recurrence interval of geophysical events[J]. Journal of Water Resources Planning and Management, 117(3): 367-382.

Naghettini M. 2017. Fundamentals of Statistical Hydrology [M]. Cham: Springer.

Raynal-Villaseñor J A, Salas J D. 2008. Using bivariate distributions for flood frequency analysis based on incomplete data[C]. World Environmental and Water Resources Congress 2008，Ahupua'a, May 12, 2008-May 16, 2008, Honolulu, HI, United states . American Society of Civil Engineers: 1-9.

Salas J D, Obeysekera J. 2014. Revisiting the concepts of return period and risk for non-stationary hydrologic extreme events [J]. Journal of Hydrologic Engineering, 19(3): 554-568.

Sandoval C E, Raynal-Villaseñor J. 2008. Trivariate generalized extreme value distribution in flood frequency analysis [J]. Hydrological Sciences Journal, 53(3): 550-567.

Sen Z. 1976. Wet and dry periods of annual flow series[J]. Journal of the Hydraulics Division, 102(10): 1503-1514.

Shiau J T. 2003. Return period of bivariate distributed extreme hydrological events[J]. Stochastic Environmental Research and Risk Assessment, 17(1/2): 42-57.

Stedinger J R, Vogel R M, Foufoula-Georgiou E. 1993. Frequency Analysis of Extreme Events[M]. New York: McGraw-Hill.

Strupczewski W G, Napiorkowski J J. 1990a. Linear flood routing model for rapid flow[J]. Hydrological Sciences Journal, 35(1): 49-64.

Strupczewski W G, Napiorkowski J J. 1990b. What is the distributed delayed Muskingum model[J]. Hydrological Sciences Journal, 35(1): 65-78.

Strupczewski W G, Napiorkowski J J, Dooge J C I. 1989. The distributed Muskingum model[J]. Journal of Hydrology, 111(1-4): 235-257.

Strupczewski W G, Weglarczyk S, Singh V P. 2003. Impulse response of the kinematic diffusion model as a probability distribution of hydrologic samples with zero values[J]. Journal of Hydrology, 270(3-4): 328-351.

第 3 章　四参数指数 Gamma 分布计算原理

四参数指数 Gamma 分布是中国水利水电科学研究院孙济良先生和秦大庸先生提出的水文概率分布模型. 该模型涵盖常用的 10 种分布模型. 它们在全国 240 个水文站的洪水资料拟合研究表明, 四参数指数 Gamma 分布优于 P-III 分布, 表现出极强的水文极值序列拟合适应能力. 本章在引用孙济良先生和秦大庸先生文献 (孙济良和秦大庸, 1989; 孙济良等, 2001) 的基础上, 推导一些计算公式, 探讨四参数指数 Gamma 分布在洪水频率计算中的应用.

3.1　四参数指数 Gamma 分布

本节在引用孙济良先生和秦大庸先生文献 (孙济良和秦大庸, 1989; 孙济良等, 2001) 的基础上, 应用水文统计学原理和微积分原理, 详细推导四参数指数 Gamma 分布的统计特征.

3.1.1　概率密度和累计概率分布函数

四参数指数 Gamma 分布的概率密度函数为

$$f\left(x\right)=\frac{\beta^{\alpha}}{b\Gamma\left(\alpha\right)}\left(x-\delta\right)^{\frac{\alpha}{b}-1}e^{-\beta\left(x-\delta\right)^{\frac{1}{b}}} \tag{3-1-1}$$

式中, α, β, δ, b 分别为分布参数; $\Gamma\left(\alpha\right)=\int_{0}^{\infty}x^{\alpha-1}e^{-x}dx$ 为 α 的 Gamma 函数.

四参数指数 Gamma 分布模型涵盖了常用的 10 种分布模型, 与其他常用概率密度函数的关系见表 3-1-1 (孙济良和秦大庸, 1989; 孙济良等, 2001).

将式 (3-1-1) 进行积分, 可以得到四参数指数 Gamma 分布的超越概率分布函数

$$G\left(x\right)=P\left(X\geqslant x_{p}\right)=\int_{x_{p}}^{\infty}\frac{\beta^{\alpha}}{b\Gamma\left(\alpha\right)}\left(x-\delta\right)^{\frac{\alpha}{b}-1}e^{-\beta\left(x-\delta\right)^{\frac{1}{b}}}dx \tag{3-1-2}$$

式中, x_p 为给定频率 p 下的设计值.

表 3-1-1 四参数指数 Gamma 分布密度函数与其他常用概率密度函数的关系

四参数指数 Gamma 分布概率密度函数	转化条件	转化线型	转化后分布的概率密度函数
$\frac{\beta^{\alpha}}{b\Gamma(\alpha)}(x-\delta)^{\frac{\alpha}{b}-1}\times e^{-\beta(x-\delta)^{\frac{1}{b}}}$	$\delta=0, b=1$	Gamma 分布	$\frac{\beta^{\alpha}}{\Gamma(\alpha)}x^{\alpha-1}e^{-\beta x}$
	$b=1$	P-III 分布	$\frac{\beta^{\alpha}}{\Gamma(\alpha)}(x-\delta)^{\alpha-1}e^{-\beta(x-\delta)}$
	$b=1/m, \alpha=1, \beta=1/d$	Weibull 分布	$\frac{m}{d}(x-\delta)^{m-1}e^{-\frac{1}{d}(x-\delta)^{m}}$
	$\delta=0, \alpha=a/m$, b=$1/m, \beta=1/d$	三参数 Weibull 分布	$\frac{m}{d^{\frac{\alpha}{m}}\Gamma\left(\frac{\alpha}{m}\right)}x^{\alpha-1}e^{-\frac{x^{m}}{d}}$
	$\delta=0, \beta=\alpha/a^{1/b}$	K-M 分布	$\frac{\alpha^{\alpha}}{\alpha^{\frac{\alpha}{b}}b\Gamma(\alpha)}x^{\alpha-1}e^{-\alpha\left(\frac{x}{\alpha}\right)^{1/b}}$
	$b=1, \beta=1/2$, $\delta=0, \alpha=2/n$	χ^2 分布	$\frac{1}{2^{\frac{n}{2}}\Gamma\left(\frac{n}{2}\right)}x^{\frac{n}{2}-1}e^{-\frac{x}{2}}$
	$\delta=0, b=1$, $\beta=1, \alpha=k+1$	泊松分布	$\frac{x^{k}}{k!}e^{-x}$
	$\delta=a, b=\alpha=1/2, \beta=1/2\sigma^2$	正态分布	$\frac{1}{\sigma\sqrt{2\pi}}e^{-\frac{1}{2\sigma^2}(x-a)^2}$
	$\delta=0, b$ =$1/2$, $\alpha=3/2, \beta=1/a^2$	Maxwell 分布	$\frac{4}{\alpha^3\sqrt{\pi}}x^2e^{-\frac{x^2}{\alpha^2}}$
	$b=1, \alpha=1$, $\beta=1/\gamma$, 取一半	拉普拉斯分布	$\frac{1}{2\lambda}e^{-\frac{x-\delta}{\lambda}}$

对于累计概率分布函数 $F(x)$ (不超越概率分布函数), 有

$$F(x)=1-G(x)=P(X<x_p)=\int_{\delta}^{x_p}\frac{\beta^{\alpha}}{b\Gamma(\alpha)}(x-\delta)^{\frac{\alpha}{b}-1}e^{-\beta(x-\delta)^{\frac{1}{b}}}dx,$$

令 $t=\beta(x-\delta)^{\frac{1}{b}}$, 则 $x=\delta+\frac{1}{\beta^b}t^b$, $x-\delta=\frac{1}{\beta^b}t^b$, $dx=\frac{b}{\beta^b}t^{b-1}dt$, 当 $x=\delta$ 时, $t=0$, 当 $x=x_p$ 时, $t_p=(x_p-\delta)^{\frac{1}{b}}$, 有

$$F(x)=\int_0^{t_p}\frac{\beta^{\alpha}}{b\Gamma(\alpha)}\left(\frac{1}{\beta^b}t^b\right)^{\frac{\alpha}{b}-1}e^{-t}\frac{b}{\beta^b}t^{b-1}dt=\int_0^{t_p}\frac{1}{\Gamma(\alpha)}t^{\alpha-1}e^{-t}dt \tag{3-1-3}$$

3.1.2 累积量和矩

3.1.2.1 特征函数

四参数指数 Gamma 分布的特征函数

$$\varphi(t)=E\left(e^{itx}\right)=\int_{\delta}^{\infty}e^{itx}\frac{\beta^{\alpha}}{b\Gamma(\alpha)}(x-\delta)^{\frac{\alpha}{b}-1}e^{-\beta(x-\delta)^{\frac{1}{b}}}dx$$

因为 $e^{itx}=\sum_{r=0}^{\infty}\dfrac{(it)^r}{r!}x^r$, 则

$$\varphi(t)=\sum_{r=0}^{\infty}\int_{\delta}^{\infty}\frac{(it)^r}{r!}x^r\frac{\beta^\alpha}{b\Gamma(\alpha)}(x-\delta)^{\frac{\alpha}{b}-1}e^{-\beta(x-\delta)^{\frac{1}{b}}}dx$$

令 $y=\beta(x-\delta)^{\frac{1}{b}}$, $x=\delta+\dfrac{1}{\beta^b}y^b$, $x-\delta=\dfrac{1}{\beta^b}y^b$, $dx=\dfrac{b}{\beta^b}y^{b-1}dy$, 当 $x=\delta$ 时, $y=0$, 当 $x\to\infty$ 时, $y\to\infty$. 则

$$\varphi(t)=\sum_{r=0}^{\infty}\frac{1}{\Gamma(\alpha)}\int_{0}^{\infty}\frac{(it)^r}{r!}\left(\delta+\frac{1}{\beta^b}y^b\right)^r y^{\alpha-1}e^{-y}dy$$

由 $(a+x)^n=\sum_{k=0}^{n}\begin{pmatrix}n\\k\end{pmatrix}x^k a^{n-k}$, 得

$$\begin{aligned}\varphi(t)&=\sum_{r=0}^{\infty}\frac{1}{\Gamma(\alpha)}\frac{(it)^r}{r!}\int_{0}^{\infty}\sum_{j=0}^{r}\begin{pmatrix}r\\j\end{pmatrix}\left(\frac{1}{\beta^b}y^b\right)^j\delta^{r-j}y^{\alpha-1}e^{-y}dy\\&=\sum_{r=0}^{\infty}\frac{1}{\Gamma(\alpha)}\frac{(it)^r}{r!}\sum_{j=0}^{r}\begin{pmatrix}r\\j\end{pmatrix}\frac{1}{\beta^{bj}}\delta^{r-j}\int_{0}^{\infty}y^{bj+\alpha-1}e^{-y}dy\\&=\sum_{r=0}^{\infty}\frac{1}{\Gamma(\alpha)}\frac{(it)^r}{r!}\sum_{j=0}^{r}\begin{pmatrix}r\\j\end{pmatrix}\frac{1}{\beta^{bj}}\delta^{r-j}\Gamma(bj+\alpha)\end{aligned}$$

即

$$\varphi(t)=\sum_{r=0}^{\infty}\frac{(it)^r}{r!}\sum_{j=0}^{r}\begin{pmatrix}r\\j\end{pmatrix}\delta^{r-j}\frac{\beta^{-bj}\Gamma(bj+\alpha)}{\Gamma(\alpha)}\tag{3-1-4}$$

根据特征函数 $\varphi(t)$ 与原点矩 v_k 的关系, $v_k=\left.\dfrac{d^k\varphi(t)}{d(it)^k}\right|_{it=0}$, 有

$$\begin{aligned}v_1=\left.\frac{d\varphi(t)}{d(it)}\right|_{it=0}&=\left.\sum_{r=0}^{\infty}\frac{r(it)^{r-1}}{r!}\sum_{j=0}^{r}\begin{pmatrix}r\\j\end{pmatrix}\delta^{r-j}\frac{\beta^{-bj}\Gamma(bj+\alpha)}{\Gamma(\alpha)}\right|_{it=0}\\&=\sum_{r=0}^{\infty}\frac{r\cdot 0^{r-1}}{r!}\sum_{j=0}^{r}\begin{pmatrix}r\\j\end{pmatrix}\delta^{r-j}\frac{\beta^{-bj}\Gamma(bj+\alpha)}{\Gamma(\alpha)}\\&=\frac{1\cdot 0^{1-1}}{1!}\sum_{j=0}^{1}\begin{pmatrix}1\\j\end{pmatrix}\delta^{1-j}\frac{\beta^{-bj}\Gamma(bj+\alpha)}{\Gamma(\alpha)}\end{aligned}$$

$$=\sum_{j=0}^{1}\begin{pmatrix}1\\j\end{pmatrix}\delta^{1-j}\frac{\beta^{-bj}\Gamma(bj+\alpha)}{\Gamma(\alpha)}$$

$$=\begin{pmatrix}1\\0\end{pmatrix}\delta\frac{\Gamma(\alpha)}{\Gamma(\alpha)}+\begin{pmatrix}1\\1\end{pmatrix}\frac{\beta^{-b}\Gamma(b+\alpha)}{\Gamma(\alpha)}=\delta+\frac{\Gamma(b+\alpha)}{\beta^{b}\Gamma(\alpha)}$$

即

$$v_1=\delta+\frac{\Gamma(b+\alpha)}{\beta^{b}\Gamma(\alpha)} \tag{3-1-5}$$

$$v_2=\left.\frac{d^2\varphi(t)}{d(it)^2}\right|_{it=0}=\sum_{r=0}^{\infty}\frac{r(r-1)(it)^{r-2}}{r!}\sum_{j=0}^{r}\begin{pmatrix}r\\j\end{pmatrix}\delta^{r-j}\left.\frac{\beta^{-bj}\Gamma(bj+\alpha)}{\Gamma(\alpha)}\right|_{it=0}$$

$$=\sum_{r=0}^{\infty}\frac{r(r-1)\cdot 0^{r-2}}{r!}\sum_{j=0}^{r}\begin{pmatrix}r\\j\end{pmatrix}\delta^{r-j}\left.\frac{\beta^{-bj}\Gamma(bj+\alpha)}{\Gamma(\alpha)}\right|_{it=0}$$

$$=\frac{2(2-1)\cdot 0^{2-2}}{2!}\sum_{j=0}^{2}\begin{pmatrix}2\\j\end{pmatrix}\delta^{2-j}\frac{\beta^{-bj}\Gamma(bj+\alpha)}{\Gamma(\alpha)}$$

$$=\sum_{j=0}^{2}\begin{pmatrix}2\\j\end{pmatrix}\delta^{2-j}\frac{\beta^{-bj}\Gamma(bj+\alpha)}{\Gamma(\alpha)}$$

$$=\begin{pmatrix}2\\0\end{pmatrix}\delta^{2}\frac{\Gamma(\alpha)}{\Gamma(\alpha)}+\begin{pmatrix}2\\1\end{pmatrix}\delta\frac{\beta^{-b}\Gamma(b+\alpha)}{\Gamma(\alpha)}+\begin{pmatrix}2\\2\end{pmatrix}\frac{\beta^{-2b}\Gamma(2b+\alpha)}{\Gamma(\alpha)}$$

$$=\delta^2+2\delta\frac{\Gamma(b+\alpha)}{\beta^{b}\Gamma(\alpha)}+\frac{\Gamma(2b+\alpha)}{\beta^{2b}\Gamma(\alpha)}$$

即

$$v_2=\delta^2+2\delta\frac{\Gamma(\alpha+b)}{\beta^{b}\Gamma(\alpha)}+\frac{\Gamma(\alpha+2b)}{\beta^{2b}\Gamma(\alpha)} \tag{3-1-6}$$

$$v_3=\left.\frac{d^3\varphi(t)}{d(it)^3}\right|_{it=0}=\sum_{r=0}^{\infty}\frac{r(r-1)(r-2)(it)^{r-3}}{r!}\sum_{j=0}^{r}\begin{pmatrix}r\\j\end{pmatrix}\delta^{r-j}\left.\frac{\beta^{-bj}\Gamma(bj+\alpha)}{\Gamma(\alpha)}\right|_{it=0}$$

$$=\sum_{r=0}^{\infty}\frac{r(r-1)(r-2)\cdot 0^{r-3}}{r!}\sum_{j=0}^{r}\begin{pmatrix}r\\j\end{pmatrix}\delta^{r-j}\left.\frac{\beta^{-bj}\Gamma(bj+\alpha)}{\Gamma(\alpha)}\right|_{it=0}$$

$$=\frac{3(3-1)(3-2)\cdot 0^{4-3}}{3!}\sum_{j=0}^{3}\begin{pmatrix}3\\j\end{pmatrix}\delta^{3-j}\frac{\beta^{-bj}\Gamma(bj+\alpha)}{\Gamma(\alpha)}$$

$$
\begin{aligned}
&=\sum_{j=0}^{3}\left(\begin{array}{c}3\\j\end{array}\right)\delta^{3-j}\frac{\beta^{-bj}\Gamma(bj+\alpha)}{\Gamma(\alpha)}\\
&=\left(\begin{array}{c}3\\0\end{array}\right)\delta^{3}\frac{\Gamma(\alpha)}{\Gamma(\alpha)}+\left(\begin{array}{c}3\\1\end{array}\right)\delta^{2}\frac{\beta^{-b}\Gamma(b+\alpha)}{\Gamma(\alpha)}\\
&\quad+\left(\begin{array}{c}3\\2\end{array}\right)\delta\frac{\beta^{-2b}\Gamma(2b+\alpha)}{\Gamma(\alpha)}+\left(\begin{array}{c}3\\3\end{array}\right)\frac{\beta^{-3b}\Gamma(3b+\alpha)}{\Gamma(\alpha)}\\
&=\delta^{3}+3\delta^{2}\frac{\Gamma(\alpha+b)}{\beta^{b}\Gamma(\alpha)}+3\delta\frac{\Gamma(\alpha+2b)}{\beta^{2b}\Gamma(\alpha)}+\frac{\Gamma(\alpha+3b)}{\beta^{3b}\Gamma(\alpha)}
\end{aligned}
$$

即

$$
v_{3}=\delta^{3}+3\delta^{2}\frac{\Gamma(\alpha+b)}{\beta^{b}\Gamma(\alpha)}+3\delta\frac{\Gamma(\alpha+2b)}{\beta^{2b}\Gamma(\alpha)}+\frac{\Gamma(\alpha+3b)}{\beta^{3b}\Gamma(\alpha)} \tag{3-1-7}
$$

$$
\begin{aligned}
v_{4}&=\left.\frac{d^{4}\varphi(t)}{d(it)^{4}}\right|_{it=0}\\
&=\sum_{r=0}^{\infty}\frac{r(r-1)(r-2)(r-3)(it)^{r-4}}{r!}\sum_{j=0}^{r}\left(\begin{array}{c}r\\j\end{array}\right)\delta^{r-j}\left.\frac{\beta^{-bj}\Gamma(bj+\alpha)}{\Gamma(\alpha)}\right|_{it=0}\\
&=\sum_{r=0}^{\infty}\frac{r(r-1)(r-2)(r-3)\cdot 0^{r-4}}{r!}\sum_{j=0}^{r}\left(\begin{array}{c}r\\j\end{array}\right)\delta^{r-j}\left.\frac{\beta^{-bj}\Gamma(bj+\alpha)}{\Gamma(\alpha)}\right|_{it=0}\\
&=\frac{4(4-1)(4-2)(4-3)\cdot 0^{4-4}}{4!}\sum_{j=0}^{4}\left(\begin{array}{c}4\\j\end{array}\right)\delta^{4-j}\frac{\beta^{-bj}\Gamma(bj+\alpha)}{\Gamma(\alpha)}\\
&=\sum_{j=0}^{4}\left(\begin{array}{c}4\\j\end{array}\right)\delta^{4-j}\frac{\beta^{-bj}\Gamma(bj+\alpha)}{\Gamma(\alpha)}\\
&=\left(\begin{array}{c}4\\0\end{array}\right)\delta^{4}\frac{\Gamma(\alpha)}{\Gamma(\alpha)}+\left(\begin{array}{c}4\\1\end{array}\right)\delta^{3}\frac{\beta^{-b}\Gamma(b+\alpha)}{\Gamma(\alpha)}+\left(\begin{array}{c}4\\2\end{array}\right)\delta^{2}\frac{\beta^{-2b}\Gamma(2b+\alpha)}{\Gamma(\alpha)}\\
&\quad+\left(\begin{array}{c}4\\3\end{array}\right)\delta\frac{\beta^{-3b}\Gamma(3b+\alpha)}{\Gamma(\alpha)}+\left(\begin{array}{c}4\\4\end{array}\right)\frac{\beta^{-4b}\Gamma(4b+\alpha)}{\Gamma(\alpha)}\\
&=\delta^{4}+4\delta^{3}\frac{\Gamma(\alpha+b)}{\beta^{b}\Gamma(\alpha)}+6\delta^{2}\frac{\Gamma(\alpha+2b)}{\beta^{2b}\Gamma(\alpha)}+4\delta\frac{\Gamma(\alpha+3b)}{\beta^{3b}\Gamma(\alpha)}+\frac{\Gamma(\alpha+4b)}{\beta^{4b}\Gamma(\alpha)}
\end{aligned}
$$

即

$$
v_{4}=\delta^{4}+4\delta^{3}\frac{\Gamma(\alpha+b)}{\beta^{b}\Gamma(\alpha)}+6\delta^{2}\frac{\Gamma(\alpha+2b)}{\beta^{2b}\Gamma(\alpha)}+4\delta\frac{\Gamma(\alpha+3b)}{\beta^{3b}\Gamma(\alpha)}+\frac{\Gamma(\alpha+4b)}{\beta^{4b}\Gamma(\alpha)} \tag{3-1-8}
$$

3.1.2.2 累积量

根据累积量的定义, k 阶累积量可表示为

$$k_k = \left.\frac{d^k \ln\varphi(t)}{d(it)^k}\right|_{it=0} = \left.\frac{d^k \ln\left[\sum_{r=0}^{\infty}\frac{(it)^r}{r!}\sum_{j=0}^{r}\begin{pmatrix} r \\ j \end{pmatrix}\delta^{r-j}\frac{\beta^{-bj}\Gamma(bj+\alpha)}{\Gamma(\alpha)}\right]}{d(it)^k}\right|_{it=0} \tag{3-1-9}$$

式中, $\varphi(t)$ 为特征函数.

$$k_1 = \left.\frac{d\ln\left[\sum_{r=0}^{\infty}\frac{(it)^r}{r!}\sum_{j=0}^{r}\begin{pmatrix} r \\ j \end{pmatrix}\delta^{r-j}\frac{\beta^{-bj}\Gamma(bj+\alpha)}{\Gamma(\alpha)}\right]}{d(it)}\right|_{it=0}$$

$$= \left.\frac{\sum_{r=0}^{\infty}\frac{r(it)^{r-1}}{r!}\sum_{j=0}^{r}\begin{pmatrix} r \\ j \end{pmatrix}\delta^{r-j}\frac{\beta^{-bj}\Gamma(bj+\alpha)}{\Gamma(\alpha)}}{\sum_{r=0}^{\infty}\frac{(it)^r}{r!}\sum_{j=0}^{r}\begin{pmatrix} r \\ j \end{pmatrix}\delta^{r-j}\frac{\beta^{-bj}\Gamma(bj+\alpha)}{\Gamma(\alpha)}}\right|_{it=0}$$

$$= \frac{\sum_{r=0}^{\infty}\frac{r\cdot 0^{r-1}}{r!}\sum_{j=0}^{r}\begin{pmatrix} r \\ j \end{pmatrix}\delta^{r-j}\frac{\beta^{-bj}\Gamma(bj+\alpha)}{\Gamma(b)}}{\sum_{r=0}^{\infty}\frac{0^r}{r!}\sum_{j=0}^{r}\begin{pmatrix} r \\ j \end{pmatrix}\delta^{r-j}\frac{\beta^{-bj}\Gamma(bj+\alpha)}{\Gamma(\alpha)}}$$

$$= \frac{\frac{1\cdot 0^{1-1}}{1!}\sum_{j=0}^{1}\begin{pmatrix} 1 \\ j \end{pmatrix}\delta^{1-j}\frac{\beta^{-bj}\Gamma(bj+\alpha)}{\Gamma(\alpha)}}{\frac{0^0}{0!}\sum_{j=0}^{0}\begin{pmatrix} 0 \\ j \end{pmatrix}\delta^{0-j}\frac{\beta^{-bj}\Gamma(bj+\alpha)}{\Gamma(\alpha)}}$$

$$= \frac{\begin{pmatrix} 1 \\ 0 \end{pmatrix}\delta\frac{\Gamma(\alpha)}{\Gamma(\alpha)} + \begin{pmatrix} 1 \\ 1 \end{pmatrix}\frac{\beta^{-b}\Gamma(b+\alpha)}{\Gamma(\alpha)}}{\begin{pmatrix} 0 \\ 0 \end{pmatrix}\frac{\Gamma(\alpha)}{\Gamma(\alpha)}}$$

$$=\begin{pmatrix}1\\0\end{pmatrix}\delta\frac{\Gamma(\alpha)}{\Gamma(\alpha)}+\begin{pmatrix}1\\1\end{pmatrix}\frac{\beta^{-b}\Gamma(b+\alpha)}{\Gamma(\alpha)}=\delta+\frac{\Gamma(\alpha+b)}{\beta^{b}\Gamma(\alpha)}$$

即

$$k_1=\delta+\frac{\Gamma(\alpha+b)}{\beta^{b}\Gamma(\alpha)} \tag{3-1-10}$$

$$k_2=\frac{d}{d(it)}\left[\frac{\sum\limits_{r=0}^{\infty}\frac{r(it)^{r-1}}{r!}\sum\limits_{j=0}^{r}\begin{pmatrix}r\\j\end{pmatrix}\delta^{r-j}\frac{\beta^{-bj}\Gamma(bj+\alpha)}{\Gamma(\alpha)}}{\sum\limits_{r=0}^{\infty}\frac{(it)^{r}}{r!}\sum\limits_{j=0}^{r}\begin{pmatrix}r\\j\end{pmatrix}\delta^{r-j}\frac{\beta^{-bj}\Gamma(bj+\alpha)}{\Gamma(\alpha)}}\right]\Bigg|_{it=0}$$

$$=\left\{\frac{\left[\sum\limits_{r=0}^{\infty}\frac{r(r-1)(it)^{r-2}}{r!}\sum\limits_{j=0}^{r}\begin{pmatrix}r\\j\end{pmatrix}\delta^{r-j}\frac{\beta^{-bj}\Gamma(bj+\alpha)}{\Gamma(\alpha)}\right]}{\left[\sum\limits_{r=0}^{\infty}\frac{(it)^{r}}{r!}\sum\limits_{j=0}^{r}\begin{pmatrix}r\\j\end{pmatrix}\delta^{r-j}\frac{\beta^{-bj}\Gamma(bj+\alpha)}{\Gamma(\alpha)}\right]^{2}}\right.$$

$$\left.\times\left[\sum\limits_{r=0}^{\infty}\frac{(it)^{r}}{r!}\sum\limits_{j=0}^{r}\begin{pmatrix}r\\j\end{pmatrix}\delta^{r-j}\frac{\beta^{-bj}\Gamma(bj+\alpha)}{\Gamma(\alpha)}\right]\right\}\Bigg|_{it=0}$$

$$-\left\{\frac{\left[\sum\limits_{r=0}^{\infty}\frac{r(it)^{r-1}}{r!}\sum\limits_{j=0}^{r}\begin{pmatrix}r\\j\end{pmatrix}\delta^{r-j}\frac{\beta^{-bj}\Gamma(bj+\alpha)}{\Gamma(\alpha)}\right]}{\left[\sum\limits_{r=0}^{\infty}\frac{(it)^{r}}{r!}\sum\limits_{j=0}^{r}\begin{pmatrix}r\\j\end{pmatrix}\delta^{r-j}\frac{\beta^{-bj}\Gamma(bj+\alpha)}{\Gamma(\alpha)}\right]^{2}}\right.$$

$$\left.\times\left[\sum\limits_{r=0}^{\infty}\frac{r(it)^{r-1}}{r!}\sum\limits_{j=0}^{r}\begin{pmatrix}r\\j\end{pmatrix}\delta^{r-j}\frac{\beta^{-bj}\Gamma(bj+\alpha)}{\Gamma(\alpha)}\right]\right\}\Bigg|_{it=0}$$

$$=\left\{\frac{\left[\sum\limits_{r=0}^{\infty}\frac{r(r-1)\cdot 0^{r-2}}{r!}\sum\limits_{j=0}^{r}\begin{pmatrix}r\\j\end{pmatrix}\delta^{r-j}\frac{\beta^{-bj}\Gamma(bj+\alpha)}{\Gamma(\alpha)}\right]}{\left[\sum\limits_{r=0}^{\infty}\frac{0^{r}}{r!}\sum\limits_{j=0}^{r}\begin{pmatrix}r\\j\end{pmatrix}\delta^{r-j}\frac{\beta^{-bj}\Gamma(bj+\alpha)}{\Gamma(\alpha)}\right]^{2}}\right.$$

$$\left.\left.\times\left[\sum_{r=0}^{\infty}\frac{0^r}{r!}\sum_{j=0}^{r}\binom{r}{j}\delta^{r-j}\frac{\beta^{-bj}\Gamma(bj+\alpha)}{\Gamma(\alpha)}\right]\right\}\right|_{it=0}$$

$$-\left\{\frac{\left[\sum_{r=0}^{\infty}\frac{r\cdot 0^{r-1}}{r!}\sum_{j=0}^{r}\binom{r}{j}\delta^{r-j}\frac{\beta^{-bj}\Gamma(bj+\alpha)}{\Gamma(\alpha)}\right]}{\left[\sum_{r=0}^{\infty}\frac{0^r}{r!}\sum_{j=0}^{r}\binom{r}{j}\delta^{r-j}\frac{\beta^{-bj}\Gamma(bj+\alpha)}{\Gamma(\alpha)}\right]^2}\right.$$

$$\left.\left.\times\left[\sum_{r=0}^{\infty}\frac{r\cdot 0^{r-1}}{r!}\sum_{j=0}^{r}\binom{r}{j}\delta^{r-j}\frac{\beta^{-bj}\Gamma(bj+\alpha)}{\Gamma(\alpha)}\right]\right\}\right|_{it=0}$$

$$=\left\{\frac{\left[\frac{2(2-1)\cdot 0^{2-2}}{2!}\sum_{j=0}^{2}\binom{2}{j}\delta^{2-j}\frac{\beta^{-bj}\Gamma(bj+\alpha)}{\Gamma(\alpha)}\right]}{\left[\frac{0^0}{0!}\sum_{j=0}^{0}\binom{0}{j}\delta^{0-j}\frac{\beta^{-bj}\Gamma(bj+\alpha)}{\Gamma(\alpha)}\right]^2}\right.$$

$$\left.\left.\times\left[\frac{0^0}{0!}\sum_{j=0}^{0}\binom{0}{j}\delta^{0-j}\frac{\beta^{-bj}\Gamma(bj+\alpha)}{\Gamma(\alpha)}\right]\right\}\right|_{it=0}$$

$$-\left\{\frac{\left[\frac{1\cdot 0^{1-1}}{1!}\sum_{j=0}^{1}\binom{1}{j}\delta^{1-j}\frac{\beta^{-bj}\Gamma(bj+\alpha)}{\Gamma(\alpha)}\right]}{\left[\frac{0^0}{0!}\sum_{j=0}^{0}\binom{0}{j}\delta^{0-j}\frac{\beta^{-bj}\Gamma(bj+\alpha)}{\Gamma(\alpha)}\right]^2}\right.$$

$$\left.\left.\times\left[\frac{1\cdot 0^{1-1}}{1!}\sum_{j=0}^{1}\binom{1}{j}\delta^{1-j}\frac{\beta^{-bj}\Gamma(bj+\alpha)}{\Gamma(\alpha)}\right]\right\}\right|_{it=0}$$

$$
\begin{aligned}
&= \left[\sum_{j=0}^{2}\binom{2}{j}\delta^{2-j}\frac{\beta^{-bj}\Gamma(bj+\alpha)}{\Gamma(\alpha)}\right]\left[\sum_{j=0}^{0}\binom{0}{j}\delta^{0-j}\frac{\beta^{-bj}\Gamma(bj+\alpha)}{\Gamma(\alpha)}\right]\\
&\quad -\left[\sum_{j=0}^{1}\binom{1}{j}\delta^{1-j}\frac{\beta^{-bj}\Gamma(bj+\alpha)}{\Gamma(\alpha)}\right]\left[\sum_{j=0}^{1}\binom{1}{j}\delta^{1-j}\frac{\beta^{-bj}\Gamma(bj+\alpha)}{\Gamma(\alpha)}\right]\\
&= \left[\binom{2}{0}\delta^2\frac{\Gamma(\alpha)}{\Gamma(\alpha)}+\binom{2}{1}\delta\frac{\beta^{-b}\Gamma(b+\alpha)}{\Gamma(\alpha)}+\binom{2}{2}\frac{\beta^{-2b}\Gamma(2b+\alpha)}{\Gamma(\alpha)}\right]\\
&\quad \times\left[\binom{0}{0}\frac{\Gamma(\alpha)}{\Gamma(\alpha)}\right]-\left[\binom{1}{0}\delta\frac{\Gamma(\alpha)}{\Gamma(\alpha)}+\binom{1}{1}\frac{\beta^{-b}\Gamma(\alpha+b)}{\Gamma(\alpha)}\right]\\
&\quad \times\left[\binom{1}{0}\delta\frac{\Gamma(\alpha)}{\Gamma(\alpha)}+\binom{1}{1}\frac{\beta^{-b}\Gamma(\alpha+b)}{\Gamma(\alpha)}\right]\\
&= \left[\delta^2+2\delta\frac{\Gamma(\alpha+b)}{\beta^b\Gamma(\alpha)}+\frac{\Gamma(\alpha+2b)}{\beta^{2b}\Gamma(\alpha)}\right]-\left[\delta+\frac{\Gamma(\alpha+b)}{\beta^b\Gamma(\alpha)}\right]\left[\delta+\frac{\Gamma(\alpha+b)}{\beta^b\Gamma(\alpha)}\right]\\
&= \delta^2+2\delta\frac{\Gamma(\alpha+b)}{\beta^b\Gamma(\alpha)}+\frac{\Gamma(\alpha+2b)}{\beta^{2b}\Gamma(\alpha)}-\delta^2-2\delta\frac{\Gamma(\alpha+b)}{\beta^b\Gamma(\alpha)}-\frac{\Gamma^2(\alpha+b)}{\beta^{2b}\Gamma^2(\alpha)}\\
&= \frac{\Gamma(\alpha)\Gamma(\alpha+2b)-\Gamma^2(\alpha+b)}{\beta^{2b}\Gamma^2(\alpha)}
\end{aligned}
$$

即

$$
k_2=\frac{\Gamma(\alpha)\Gamma(\alpha+2b)-\Gamma^2(\alpha+b)}{\beta^{2b}\Gamma^2(\alpha)} \tag{3-1-11}
$$

按照上述方法, 可推得 k_3 和 k_4 的计算公式, 但是, 可利用累积量与中心矩的关系

$$
\begin{cases}
k_1=v_1=\mu_1', \\
k_2=\mu_2, \\
k_3=\mu_3, \\
k_4+3k_2^2=\mu_4,
\end{cases}
$$

其中, v_1 为一阶原点矩 μ_1', μ_2, μ_3, μ_4 分别为二、三和四阶中心矩.

3.1.2.3　原点矩

根据累积量和矩的关系, 四参数指数 Gamma 分布的前四阶矩 v_1, v_2, v_3, v_4 分别为

$$
v_1=E(X)=\delta+\frac{\Gamma(\alpha+b)}{\beta^b\Gamma(\alpha)} \tag{3-1-12}
$$

$$v_2 = \frac{\Gamma(\alpha+2b)}{\beta^{2b}\Gamma(\alpha)} + 2\delta\frac{\Gamma(\alpha+b)}{\beta^{b}\Gamma(\alpha)} + \delta^2 \tag{3-1-13}$$

$$v_3 = \frac{\Gamma(\alpha+3b)}{\beta^{3b}\Gamma(\alpha)} + 3\delta\frac{\Gamma(\alpha+2b)}{\beta^{2b}\Gamma(\alpha)} + 3\delta^2\frac{\Gamma(\alpha+b)}{\beta^{b}\Gamma(\alpha)} + \delta^3 \tag{3-1-14}$$

$$v_4 = \frac{\Gamma(\alpha+4b)}{\beta^{4b}\Gamma(\alpha)} + 4\delta\frac{\Gamma(\alpha+3b)}{\beta^{3b}\Gamma(\alpha)} + 6\delta^2\frac{\Gamma(\alpha+2b)}{\beta^{2b}\Gamma(\alpha)} + 4\delta^3\frac{\Gamma(\alpha+b)}{\beta^{b}\Gamma(\alpha)} + \delta^4 \tag{3-1-15}$$

按照原点矩的定义, 四参数指数 Gamma 分布常用的原点矩推导如下.

$\mu_1' = v_1 = E(X) = \int_\delta^\infty xf(x)\,dx = \int_\delta^\infty x\frac{\beta^\alpha}{b\Gamma(\alpha)}(x-\delta)^{\frac{\alpha}{b}-1}e^{-\beta(x-\delta)^{\frac{1}{b}}}dx$ 的推导:

令 $t=\beta(x-\delta)^{\frac{1}{b}}$, $x=\delta+\frac{1}{\beta^b}t^b$, $x-\delta=\frac{1}{\beta^b}t^b$, $dx=\frac{b}{\beta^b}t^{b-1}dt$, 当 $x=\delta$ 时, $t=0$, 当 $x\to\infty$ 时, $t\to\infty$. 则

$$\begin{aligned}
\mu_1' &= \int_0^\infty \left(\delta+\frac{1}{\beta^b}t^b\right)\frac{\beta^\alpha}{b\Gamma(\alpha)}\left(\frac{1}{\beta^b}t^b\right)^{\frac{\alpha}{b}-1}e^{-t}\frac{b}{\beta^b}t^{b-1}dt \\
&= \int_0^\infty \left(\delta+\frac{1}{\beta^b}t^b\right)\frac{1}{\Gamma(\alpha)}t^{\alpha-1}e^{-t}dt \\
&= \frac{\delta}{\Gamma(\alpha)}\int_0^\infty t^{\alpha-1}e^{-t}dt + \frac{1}{\beta^b\Gamma(\alpha)}\int_0^\infty t^{\alpha+b-1}e^{-t}dt \\
&= \frac{\delta}{\Gamma(\alpha)}\Gamma(\alpha) + \frac{1}{\beta^b\Gamma(\alpha)}\Gamma(\alpha+b) = \delta + \frac{\Gamma(\alpha+b)}{\beta^b\Gamma(\alpha)}
\end{aligned}$$

即

$$\mu_1' = E(X) = \frac{\Gamma(\alpha+b)}{\beta^b\Gamma(\alpha)} + \delta \tag{3-1-16}$$

$\mu_2' = v_2 = \int_\delta^\infty x^2f(x)\,dx = \int_\delta^\infty x^2\frac{\beta^\alpha}{b\Gamma(\alpha)}(x-\delta)^{\frac{\alpha}{b}-1}e^{-\beta(x-\delta)^{\frac{1}{b}}}dx$ 的推导:

令 $t=\beta(x-\delta)^{\frac{1}{b}}$, $x=\delta+\frac{1}{\beta^b}t^b$, $x-\delta=\frac{1}{\beta^b}t^b$, $dx=\frac{b}{\beta^b}t^{b-1}dt$, 当 $x=\delta$ 时, $t=0$, 当 $x\to\infty$ 时, $t\to\infty$. 则

$$\begin{aligned}
\mu_2' &= \int_0^\infty \left(\delta+\frac{1}{\beta^b}t^b\right)^2\frac{\beta^\alpha}{b\Gamma(\alpha)}\left(\frac{1}{\beta^b}t^b\right)^{\frac{\alpha}{b}-1}e^{-t}\frac{b}{\beta^b}t^{b-1}dt \\
&= \int_0^\infty \left(\delta+\frac{1}{\beta^b}t^b\right)^2\frac{1}{\Gamma(\alpha)}t^{\alpha-1}e^{-t}dt
\end{aligned}$$

$$
\begin{aligned}
&= \int_0^\infty \left(\delta^2 + \frac{2\delta}{\beta^b} t^b + \frac{1}{\beta^{2b}} t^{2b}\right) \frac{1}{\Gamma(\alpha)} t^{\alpha-1} e^{-t} dt \\
&= \frac{1}{\Gamma(\alpha)} \left[\delta^2 \int_0^\infty t^{\alpha-1} e^{-t} dt + \frac{2\delta}{\beta^b} \int_0^\infty t^{\alpha+b-1} e^{-t} dt + \frac{1}{\beta^{2b}} \int_0^\infty t^{\alpha+2b-1} e^{-t} dt\right] \\
&= \frac{1}{\Gamma(\alpha)} \left[\delta^2 \Gamma(\alpha) + \frac{2\delta}{\beta^b} \Gamma(\alpha+b) + \frac{1}{\beta^{2b}} \Gamma(\alpha+2b)\right] \\
&= \delta^2 + \frac{2\delta\Gamma(\alpha+b)}{\beta^b \Gamma(\alpha)} + \frac{\Gamma(\alpha+2b)}{\beta^{2b}\Gamma(\alpha)}
\end{aligned}
$$

即

$$
\mu_2' = \delta^2 + 2\delta \frac{\Gamma(\alpha+b)}{\beta^b \Gamma(\alpha)} + \frac{\Gamma(\alpha+2b)}{\beta^{2b}\Gamma(\alpha)} \tag{3-1-17}
$$

$\mu_3' = v_3 = \int_\delta^\infty x^3 f(x)\, dx = \int_\delta^\infty x^3 \frac{\beta^\alpha}{b\Gamma(\alpha)} (x-\delta)^{\frac{\alpha}{b}-1} e^{-\beta(x-\delta)^{\frac{1}{b}}} dx$ 的推导:

令 $t = \beta(x-\delta)^{\frac{1}{b}}$, $x = \delta + \frac{1}{\beta^b} t^b$, $x - \delta = \frac{1}{\beta^b} t^b$, $dx = \frac{b}{\beta^b} t^{b-1} dt$, 当 $x = \delta$ 时, $t = 0$, 当 $x \to \infty$ 时, $t \to \infty$. 则

$$
\begin{aligned}
\mu_3' &= \int_0^\infty \left(\delta + \frac{1}{\beta^b} t^b\right)^3 \frac{\beta^\alpha}{b\Gamma(\alpha)} \left(\frac{1}{\beta^b} t^b\right)^{\frac{\alpha}{b}-1} e^{-t} \frac{b}{\beta^b} t^{b-1} dt \\
&= \int_0^\infty \left(\delta + \frac{1}{\beta^b} t^b\right)^3 \frac{1}{\Gamma(\alpha)} t^{\alpha-1} e^{-t} dt \\
&= \int_0^\infty \left(\delta^3 + 3\frac{\delta^2}{\beta^b} t^b + 3\frac{\delta}{\beta^{2b}} t^{2b} + \frac{1}{\beta^{3b}} t^{3b}\right) \frac{1}{\Gamma(\alpha)} t^{\alpha-1} e^{-t} dt \\
&= \frac{1}{\Gamma(\alpha)} \left[\delta^3 \int_0^\infty t^{\alpha-1} e^{-t} dt + 3\frac{\delta^2}{\beta^b} \int_0^\infty t^{\alpha+b-1} e^{-t} dt\right. \\
&\quad \left. + 3\frac{\delta}{\beta^{2b}} \int_0^\infty t^{\alpha+2b-1} e^{-t} dt + \frac{1}{\beta^{3b}} \int_0^\infty t^{\alpha+3b-1} e^{-t} dt\right] \\
&= \frac{1}{\Gamma(\alpha)} \left[\delta^3 \Gamma(\alpha) + 3\frac{\delta^2}{\beta^b} \Gamma(\alpha+b) + 3\frac{\delta}{\beta^{2b}} \Gamma(\alpha+2b) + \frac{1}{\beta^{3b}} \Gamma(\alpha+3b)\right] \\
&= \delta^3 + 3\delta^2 \frac{\Gamma(\alpha+b)}{\beta^b \Gamma(\alpha)} + 3\delta \frac{\Gamma(\alpha+2b)}{\beta^{2b}\Gamma(\alpha)} + \frac{\Gamma(\alpha+3b)}{\beta^{3b}\Gamma(\alpha)}
\end{aligned}
$$

即

$$
\mu_3' = \delta^3 + 3\delta^2 \frac{\Gamma(\alpha+b)}{\beta^b \Gamma(\alpha)} + 3\delta \frac{\Gamma(\alpha+2b)}{\beta^{2b}\Gamma(\alpha)} + \frac{\Gamma(\alpha+3b)}{\beta^{3b}\Gamma(\alpha)} \tag{3-1-18}
$$

$\mu_4' = v_4 = \int_\delta^\infty x^4 f(x)\,dx = \int_\delta^\infty x^4 \frac{\beta^\alpha}{b\Gamma(\alpha)} (x-\delta)^{\frac{\alpha}{b}-1} e^{-\beta(x-\delta)^{\frac{1}{b}}} dx$ 的推导.

令 $t = \beta(x-\delta)^{\frac{1}{b}}$, $x = \delta + \frac{1}{\beta^b} t^b$, $x - \delta = \frac{1}{\beta^b} t^b$, $dx = \frac{b}{\beta^b} t^{b-1} dt$, 当 $x = \delta$ 时, $t = 0$, 当 $x \to \infty$ 时, $t \to \infty$. 则

$$\begin{aligned}
\mu_4' &= \int_0^\infty \left(\delta + \frac{1}{\beta^b} t^b\right)^4 \frac{\beta^\alpha}{b\Gamma(\alpha)} \left(\frac{1}{\beta^b} t^b\right)^{\frac{\alpha}{b}-1} e^{-t} \frac{b}{\beta^b} t^{b-1} dt \\
&= \int_0^\infty \left(\delta + \frac{1}{\beta^b} t^b\right)^4 \frac{1}{\Gamma(\alpha)} t^{\alpha-1} e^{-t} dt \\
&= \int_0^\infty \left(\delta^4 + \frac{4\delta^3}{\beta^b} t^b + \frac{6\delta^2}{\beta^{2b}} t^{2b} + \frac{4\delta}{\beta^{3b}} t^{3b} + \frac{1}{\beta^{4b}} t^{4b}\right) \frac{1}{\Gamma(\alpha)} t^{\alpha-1} e^{-t} dt \\
&= \frac{1}{\Gamma(\alpha)} \left[\delta^4 \int_0^\infty t^{\alpha-1} e^{-t} dt + \frac{4\delta^3}{\beta^b} \int_0^\infty t^{\alpha+b-1} e^{-t} dt + \frac{6\delta^2}{\beta^{2b}} \int_0^\infty t^{\alpha+2b-1} e^{-t} dt \right. \\
&\quad \left. + \frac{4\delta}{\beta^{3b}} \int_0^\infty t^{\alpha+3b-1} e^{-t} dt + \frac{1}{\beta^{4b}} \int_0^\infty t^{\alpha+4b-1} e^{-t} dt \right] \\
&= \frac{1}{\Gamma(\alpha)} \left[\delta^4 \Gamma(\alpha) + \frac{4\delta^3}{\beta^b} \Gamma(\alpha+b) + \frac{6\delta^2}{\beta^{2b}} \Gamma(\alpha+2b) \right. \\
&\quad \left. + \frac{4\delta}{\beta^{3b}} \Gamma(\alpha+3b) + \frac{1}{\beta^{4b}} \Gamma(\alpha+4b) \right] \\
&= \delta^4 + 4\delta^3 \frac{\Gamma(\alpha+b)}{\beta^b \Gamma(\alpha)} + 6\delta^2 \frac{\Gamma(\alpha+2b)}{\beta^{2b}\Gamma(\alpha)} + 4\delta \frac{\Gamma(\alpha+3b)}{\beta^{3b}\Gamma(\alpha)} + \frac{\Gamma(\alpha+4b)}{\beta^{4b}\Gamma(\alpha)}
\end{aligned}$$

即

$$\mu_4' = \delta^4 + 4\delta^3 \frac{\Gamma(\alpha+b)}{\beta^b \Gamma(\alpha)} + 6\delta^2 \frac{\Gamma(\alpha+2b)}{\beta^{2b}\Gamma(\alpha)} + 4\delta \frac{\Gamma(\alpha+3b)}{\beta^{3b}\Gamma(\alpha)} + \frac{\Gamma(\alpha+4b)}{\beta^{4b}\Gamma(\alpha)} \tag{3-1-19}$$

3.1.2.4 中心矩

$$\begin{aligned}
\mu_2 &= \mathrm{var}(X) = E[X - E(X)]^2 = E(X^2) - E^2(X) \\
&= \mu_2' - (\mu_1')^2 = \delta^2 + \frac{2\delta\Gamma(\alpha+b)}{\beta^b\Gamma(\alpha)} + \frac{\Gamma(\alpha+2b)}{\beta^{2b}\Gamma(\alpha)} - \left[\frac{\Gamma(\alpha+b)}{\beta^b\Gamma(\alpha)} + \delta\right]^2 \\
&= \delta^2 + \frac{2\delta\Gamma(\alpha+b)}{\beta^b\Gamma(\alpha)} + \frac{\Gamma(\alpha+2b)}{\beta^{2b}\Gamma(\alpha)} - \frac{\Gamma^2(\alpha+b)}{\beta^{2b}\Gamma^2(\alpha)} - \frac{2\delta\Gamma(\alpha+b)}{\beta^b\Gamma(\alpha)} - \delta^2 \\
&= \frac{\Gamma(\alpha+2b)}{\beta^{2b}\Gamma(\alpha)} - \frac{\Gamma^2(\alpha+b)}{\beta^{2b}\Gamma^2(\alpha)} = \frac{\Gamma(\alpha)\Gamma(\alpha+2b) - \Gamma^2(\alpha+b)}{\beta^{2b}\Gamma^2(\alpha)}
\end{aligned}$$

即

$$\mu_2 = \frac{\Gamma(\alpha)\Gamma(\alpha+2b) - \Gamma^2(\alpha+b)}{\beta^{2b}\Gamma^2(\alpha)} \tag{3-1-20}$$

$$\begin{aligned}
\mu_3 &= E[X-E(X)]^3 = E\left[X^3 - 3X^2E(X) + 3XE^2(X) - E^3(X)\right] \\
&= E\left(X^3\right) - 3E\left(X^2\right)E(X) + 3E^3(X) - E^3(X) \\
&= E\left(X^3\right) - 3E(X)E\left(X^2\right) + 2E^3(X) \\
&= \mu_3' - 3\mu_1'\mu_2' + 2\left(\mu_1'\right)^3
\end{aligned} \tag{3-1-21}$$

根据式 (3-1-21), 有

$$\begin{aligned}
\mu_3 &= \mu_3' - 3\mu_1'\mu_2' + 2\left(\mu_1'\right)^3 \\
&= \delta^3 + 3\frac{\delta^2\Gamma(\alpha+b)}{\beta^b\Gamma(\alpha)} + 3\frac{\delta\Gamma(\alpha+2b)}{\beta^{2b}\Gamma(\alpha)} + \frac{\Gamma(\alpha+3b)}{\beta^{3b}\Gamma(\alpha)} \\
&\quad - 3\left[\frac{\Gamma(\alpha+b)}{\beta^b\Gamma(\alpha)} + \delta\right]\left[\delta^2 + \frac{2\delta\Gamma(\alpha+b)}{\beta^b\Gamma(\alpha)} + \frac{\Gamma(\alpha+2b)}{\beta^{2b}\Gamma(\alpha)}\right] + 2\left[\frac{\Gamma(\alpha+b)}{\beta^b\Gamma(\alpha)} + \delta\right]^3 \\
&= \delta^3 + \frac{3\delta^2\Gamma(\alpha+b)}{\beta^b\Gamma(\alpha)} + \frac{3\delta\Gamma(\alpha+2b)}{\beta^{2b}\Gamma(\alpha)} + \frac{\Gamma(\alpha+3b)}{\beta^{3b}\Gamma(\alpha)} \\
&\quad - \frac{3\delta^2\Gamma(\alpha+b)}{\beta^b\Gamma(\alpha)} - \frac{6\delta\Gamma^2(\alpha+b)}{\beta^{2b}\Gamma^2(\alpha)} - \frac{3\Gamma(\alpha+b)\Gamma(\alpha+2b)}{\beta^{3b}\Gamma^2(\alpha)} \\
&\quad - 3\delta^3 - \frac{6\delta^2\Gamma(\alpha+b)}{\beta^b\Gamma(\alpha)} - \frac{3\delta\Gamma(\alpha+2b)}{\beta^{2b}\Gamma(\alpha)} \\
&\quad + \frac{2\Gamma^3(\alpha+b)}{\beta^{3b}\Gamma^3(\alpha)} + \frac{6\delta\Gamma^2(\alpha+b)}{\beta^{2b}\Gamma^2(\alpha)} + \frac{6\delta^2\Gamma(\alpha+b)}{\beta^b\Gamma(\alpha)} + 2\delta^3 \\
&= \left(\delta^3 + 2\delta^3 - 3\delta^3\right) + \left[\frac{3\delta^2\Gamma(\alpha+b)}{\beta^b\Gamma(\alpha)} - \frac{3\delta^2\Gamma(\alpha+b)}{\beta^b\Gamma(\alpha)}\right. \\
&\quad \left. + \frac{6\delta^2\Gamma(\alpha+b)}{\beta^b\Gamma(\alpha)} - \frac{6\delta^2\Gamma(\alpha+b)}{\beta^b\Gamma(\alpha)}\right] \\
&\quad + \left[\frac{3\delta\Gamma(\alpha+2b)}{\beta^{2b}\Gamma(\alpha)} - \frac{3\delta\Gamma(\alpha+2b)}{\beta^{2b}\Gamma(\alpha)}\right] + \left[\frac{6\delta\Gamma^2(\alpha+b)}{\beta^{2b}\Gamma^2(\alpha)} - \frac{6\delta\Gamma^2(\alpha+b)}{\beta^{2b}\Gamma^2(\alpha)}\right] \\
&\quad + \frac{\Gamma(\alpha+3b)}{\beta^{3b}\Gamma(\alpha)} + \frac{2\Gamma^3(\alpha+b)}{\beta^{3b}\Gamma^3(\alpha)} - \frac{3\Gamma(\alpha+b)\Gamma(\alpha+2b)}{\beta^{3b}\Gamma^2(\alpha)} \\
&= \frac{\Gamma(\alpha+3b)}{\beta^{3b}\Gamma(\alpha)} + \frac{2\Gamma^3(\alpha+b)}{\beta^{3b}\Gamma^3(\alpha)} - \frac{3\Gamma(\alpha+b)\Gamma(\alpha+2b)}{\beta^{3b}\Gamma^2(\alpha)}
\end{aligned}$$

$$= \frac{\Gamma^2(\alpha)\Gamma(\alpha+3b) - 3\Gamma(\alpha)\Gamma(\alpha+b)\Gamma(\alpha+2b) + 2\Gamma^3(\alpha+b)}{\beta^{3b}\Gamma^3(\alpha)}$$

即

$$\mu_3 = \frac{\Gamma^2(\alpha)\Gamma(\alpha+3b) - 3\Gamma(\alpha)\Gamma(\alpha+b)\Gamma(\alpha+2b) + 2\Gamma^3(\alpha+b)}{\beta^{3b}\Gamma^3(\alpha)} \tag{3-1-22}$$

因为

$$\begin{aligned}[X-E(X)]^4 &= \left[X^2 - 2XE(X) + E^2(X)\right]\left[X^2 - 2XE(X) + E^2(X)\right] \\ &= X^4 - 2X^3E(X) + X^2E^2(X) - 2X^3E(X) + 4X^2E^2(X) \\ &\quad - 2XE^3(X) + X^2E^2(X) - 2XE^3(X) + E^4(X) \\ &= X^4 - 4X^3E(X) + 6X^2E^2(X) - 4XE^3(X) + E^4(X)\end{aligned}$$

则

$$\begin{aligned}\mu_4 &= E[X-E(X)]^4 = E\left[X^4 - 4X^3E(X) + 6X^2E^2(X) - 4XE^3(X) + E^4(X)\right] \\ &= E\left(X^4\right) - 4E\left(X^3\right)E(X) + 6E\left(X^2\right)E^2(X) - 4E^4(X) + E^4(X) \\ &= E\left(X^4\right) - 4E(X)E\left(X^3\right) + 6E^2(X)E\left(X^2\right) - 3E^4(X) \\ &= \mu_4' - 4\mu_1'\mu_3' + 6\left(\mu_1'\right)^2\mu_2' - 3\left(\mu_1'\right)^4\end{aligned} \tag{3-1-23}$$

根据式 (3-1-23), 有

$$\begin{aligned}\mu_4 &= \mu_4' - 4\mu_1'\mu_3' + 6\left(\mu_1'\right)^2\mu_2' - 3\left(\mu_1'\right)^4 \\ &= \delta^4 + 4\delta^3\frac{\Gamma(\alpha+b)}{\beta^b\Gamma(\alpha)} + 6\delta^2\frac{\Gamma(\alpha+2b)}{\beta^{2b}\Gamma(\alpha)} + 4\delta\frac{\Gamma(\alpha+3b)}{\beta^{3b}\Gamma(\alpha)} + \frac{\Gamma(\alpha+4b)}{\beta^{4b}\Gamma(\alpha)} \\ &\quad - 4\left[\frac{\Gamma(\alpha+b)}{\beta^b\Gamma(\alpha)} + \delta\right]\left[\delta^3 + 3\delta^2\frac{\Gamma(\alpha+b)}{\beta^b\Gamma(\alpha)} + 3\delta\frac{\Gamma(\alpha+2b)}{\beta^{2b}\Gamma(\alpha)} + \frac{\Gamma(\alpha+3b)}{\beta^{3b}\Gamma(\alpha)}\right] \\ &\quad + 6\left[\frac{\Gamma(\alpha+b)}{\beta^b\Gamma(\alpha)} + \delta\right]^2\left[\delta^2 + \frac{2\delta\Gamma(\alpha+b)}{\beta^b\Gamma(\alpha)} + \frac{\Gamma(\alpha+2b)}{\beta^{2b}\Gamma(\alpha)}\right] - 3\left[\frac{\Gamma(\alpha+b)}{\beta^b\Gamma(\alpha)} + \delta\right]^4 \\ &= \delta^4 + 4\delta^3\frac{\Gamma(\alpha+b)}{\beta^b\Gamma(\alpha)} + 6\delta^2\frac{\Gamma(\alpha+2b)}{\beta^{2b}\Gamma(\alpha)} + 4\delta\frac{\Gamma(\alpha+3b)}{\beta^{3b}\Gamma(\alpha)} + \frac{\Gamma(\alpha+4b)}{\beta^{4b}\Gamma(\alpha)} \\ &\quad - 4\delta^3\frac{\Gamma(\alpha+b)}{\beta^b\Gamma(\alpha)} - 12\delta^2\frac{\Gamma^2(\alpha+b)}{\beta^{2b}\Gamma^2(\alpha)} - 12\delta\frac{\Gamma(\alpha+b)\Gamma(\alpha+2b)}{\beta^{3b}\Gamma^2(\alpha)} \\ &\quad - 4\frac{\Gamma(\alpha+b)\Gamma(\alpha+3b)}{\beta^{4b}\Gamma^2(\alpha)} - 4\delta^4 - 12\delta^3\frac{\Gamma(\alpha+b)}{\beta^b\Gamma(\alpha)} - 12\delta^2\frac{\Gamma(\alpha+2b)}{\beta^{2b}\Gamma(\alpha)} \\ &\quad - 4\delta\frac{\Gamma(\alpha+3b)}{\beta^{3b}\Gamma(\alpha)} + 6\delta^2\frac{\Gamma^2(\alpha+b)}{\beta^{2b}\Gamma^2(\alpha)} + 12\delta\frac{\Gamma^3(\alpha+b)}{\beta^{3b}\Gamma^3(\alpha)} + 6\frac{\Gamma^2(\alpha+b)\Gamma(\alpha+2b)}{\beta^{4b}\Gamma^3(\alpha)}\end{aligned}$$

$$
\begin{aligned}
&+12\delta^3\frac{\Gamma(\alpha+b)}{\beta^b\Gamma(\alpha)}+24\delta^2\frac{\Gamma^2(\alpha+b)}{\beta^{2b}\Gamma^2(\alpha)}+12\delta\frac{\Gamma(\alpha+b)\Gamma(\alpha+2b)}{\beta^{3b}\Gamma^2\Gamma(\alpha)}\\
&+6\delta^4+12\delta^3\frac{\Gamma(\alpha+b)}{\beta^b\Gamma(\alpha)}+6\delta^2\frac{\Gamma(\alpha+2b)}{\beta^{2b}\Gamma(\alpha)}-3\frac{\Gamma^4(\alpha+b)}{\beta^{4b}\Gamma^4(\alpha)}-6\delta\frac{\Gamma^3(\alpha+b)}{\beta^{3b}\Gamma^3(\alpha)}\\
&-3\delta^2\frac{\Gamma^2(\alpha+b)}{\beta^{2b}\Gamma^2(\alpha)}-6\delta\frac{\Gamma^3(\alpha+b)}{\beta^{3b}\Gamma^3(\alpha)}-12\delta^2\frac{\Gamma^2(\alpha+b)}{\beta^{2b}\Gamma^2(\alpha)}-6\delta^3\frac{\Gamma(\alpha+b)}{\beta^b\Gamma(\alpha)}\\
&-3\delta^2\frac{\Gamma^2(\alpha+b)}{\beta^{2b}\Gamma^2(\alpha)}-6\delta^3\frac{\Gamma(\alpha+b)}{\beta^b\Gamma(\alpha)}-3\delta^4=\left(\delta^4-4\delta^4+6\delta^4-3\delta^4\right)\\
&+\left[4\delta^3\frac{\Gamma(\alpha+b)}{\beta^b\Gamma(\alpha)}-4\delta^3\frac{\Gamma(\alpha+b)}{\beta^b\Gamma(\alpha)}-12\delta^3\frac{\Gamma(\alpha+b)}{\beta^b\Gamma(\alpha)}+12\delta^3\frac{\Gamma(\alpha+b)}{\beta^b\Gamma(\alpha)}\right.\\
&\left.+12\delta^3\frac{\Gamma(\alpha+b)}{\beta^b\Gamma(\alpha)}-6\delta^3\frac{\Gamma(\alpha+b)}{\beta^b\Gamma(\alpha)}-6\delta^3\frac{\Gamma(\alpha+b)}{\beta^b\Gamma(\alpha)}\right]\\
&+\left[6\delta^2\frac{\Gamma(\alpha+2b)}{\beta^{2b}\Gamma(\alpha)}+6\delta^2\frac{\Gamma(\alpha+2b)}{\beta^{2b}\Gamma(\alpha)}-12\delta^2\frac{\Gamma(\alpha+2b)}{\beta^{2b}\Gamma(\alpha)}\right]\\
&+\left[24\delta^2\frac{\Gamma^2(\alpha+b)}{\beta^{2b}\Gamma^2(\alpha)}-12\delta^2\frac{\Gamma^2(\alpha+b)}{\beta^{2b}\Gamma^2(\alpha)}-12\delta^2\frac{\Gamma^2(\alpha+b)}{\beta^{2b}\Gamma^2(\alpha)}\right.\\
&\left.+6\delta^2\frac{\Gamma^2(\alpha+b)}{\beta^{2b}\Gamma^2(\alpha)}-3\delta^2\frac{\Gamma^2(\alpha+b)}{\beta^{2b}\Gamma^2(\alpha)}-3\delta^2\frac{\Gamma^2(\alpha+b)}{\beta^{2b}\Gamma^2(\alpha)}\right]\\
&+\left[4\delta\frac{\Gamma(\alpha+3b)}{\beta^{3b}\Gamma(\alpha)}-4\delta\frac{\Gamma(\alpha+3b)}{\beta^{3b}\Gamma(\alpha)}\right]+\left[12\delta\frac{\Gamma(\alpha+b)\Gamma(\alpha+2b)}{\beta^{3b}\Gamma^2\Gamma(\alpha)}\right.\\
&\left.-12\delta\frac{\Gamma(\alpha+b)\Gamma(\alpha+2b)}{\beta^{3b}\Gamma^2(\alpha)}\right]+\left[12\delta\frac{\Gamma^3(\alpha+b)}{\beta^{3b}\Gamma^3(\alpha)}-6\delta\frac{\Gamma^3(\alpha+b)}{\beta^{3b}\Gamma^3(\alpha)}-6\delta\frac{\Gamma^3(\alpha+b)}{\beta^{3b}\Gamma^3(\alpha)}\right]\\
&+\frac{\Gamma(\alpha+4b)}{\beta^{4b}\Gamma(\alpha)}-4\frac{\Gamma(\alpha+b)\Gamma(\alpha+3b)}{\beta^{4b}\Gamma^2(\alpha)}+6\frac{\Gamma^2(\alpha+b)\Gamma(\alpha+2b)}{\beta^{4b}\Gamma^3(\alpha)}-3\frac{\Gamma^4(\alpha+b)}{\beta^{4b}\Gamma^4(\alpha)}\\
=&\frac{\Gamma(\alpha+4b)}{\beta^{4b}\Gamma(\alpha)}-4\frac{\Gamma(\alpha+b)\Gamma(\alpha+3b)}{\beta^{4b}\Gamma^2(\alpha)}+6\frac{\Gamma^2(\alpha+b)\Gamma(\alpha+2b)}{\beta^{4b}\Gamma^3(\alpha)}-3\frac{\Gamma^4(\alpha+b)}{\beta^{4b}\Gamma^4(\alpha)}\\
=&\frac{\begin{array}{c}\Gamma^3(\alpha)\Gamma(\alpha+4b)-4\Gamma^2(\alpha)\Gamma(\alpha+b)\Gamma(\alpha+3b)\\+6\Gamma(\alpha)\Gamma^2(\alpha+b)\Gamma(\alpha+2b)-3\Gamma^4(\alpha+b)\end{array}}{\beta^{4b}\Gamma^4(\alpha)}
\end{aligned}
$$

即

$$
\mu_4=\frac{\Gamma^3(\alpha)\Gamma(\alpha+4b)-4\Gamma^2(\alpha)\Gamma(\alpha+b)\Gamma(\alpha+3b)}{\beta^{4b}\Gamma^4(\alpha)}
$$

$$+\frac{6\Gamma(\alpha)\Gamma^2(\alpha+b)\Gamma(\alpha+2b)-3\Gamma^4(\alpha+b)}{\beta^{4b}\Gamma^4(\alpha)} \tag{3-1-24}$$

3.1.2.5 变差系数、偏态系数和峰度系数

$$C_v=\frac{(\mu_2)^{1/2}}{\mu_1'}=\frac{\left[\dfrac{\Gamma(\alpha)\Gamma(\alpha+2b)-\Gamma^2(\alpha+b)}{\beta^{2b}\Gamma^2(\alpha)}\right]^{1/2}}{\dfrac{\Gamma(\alpha+b)}{\beta^b\Gamma(\alpha)}+\delta}$$

$$=\frac{\sqrt{\Gamma(\alpha)\Gamma(\alpha+2b)-\Gamma^2(\alpha+b)}}{\Gamma(\alpha+b)+\delta\beta^b\Gamma(\alpha)} \tag{3-1-25}$$

$$C_s=\frac{\mu_3}{(\mu_2)^{3/2}}=\frac{\dfrac{\Gamma^2(\alpha)\Gamma(\alpha+3b)-3\Gamma(\alpha)\Gamma(\alpha+b)\Gamma(\alpha+2b)+2\Gamma^3(\alpha+b)}{\beta^{3b}\Gamma^3(\alpha)}}{\left[\dfrac{\Gamma(\alpha)\Gamma(\alpha+2b)-\Gamma^2(\alpha+b)}{\beta^{2b}\Gamma^2(\alpha)}\right]^{3/2}}$$

$$=\frac{\Gamma^2(\alpha)\Gamma(\alpha+3b)-3\Gamma(\alpha)\Gamma(\alpha+b)\Gamma(\alpha+2b)+2\Gamma^3(\alpha+b)}{[\Gamma(\alpha)\Gamma(\alpha+2b)-\Gamma^2(\alpha+b)]^{3/2}} \tag{3-1-26}$$

$$C_e=\frac{\mu_4}{(\mu_2)^2}-3$$

$$=\frac{\Gamma^3(\alpha)\Gamma(\alpha+4b)-4\Gamma^2(\alpha)\Gamma(\alpha+b)\Gamma(\alpha+3b)}{\beta^{4b}\Gamma^4(\alpha)\left[\dfrac{\Gamma(\alpha)\Gamma(\alpha+2b)-\Gamma^2(\alpha+b)}{\beta^{2b}\Gamma^2(\alpha)}\right]^2}$$

$$+\frac{6\Gamma(\alpha)\Gamma^2(\alpha+b)\Gamma(\alpha+2b)-3\Gamma^4(\alpha+b)}{\beta^{4b}\Gamma^4(\alpha)\left[\dfrac{\Gamma(\alpha)\Gamma(\alpha+2b)-\Gamma^2(\alpha+b)}{\beta^{2b}\Gamma^2(\alpha)}\right]^2}-3$$

$$=\frac{\Gamma^3(\alpha)\Gamma(\alpha+4b)-4\Gamma^2(\alpha)\Gamma(\alpha+b)\Gamma(\alpha+3b)}{[\Gamma(\alpha)\Gamma(\alpha+2b)-\Gamma^2(\alpha+b)]^2}$$

$$+\frac{6\Gamma(\alpha)\Gamma^2(\alpha+b)\Gamma(\alpha+2b)-3\Gamma^4(\alpha+b)}{[\Gamma(\alpha)\Gamma(\alpha+2b)-\Gamma^2(\alpha+b)]^2}-3$$

$$+\frac{\Gamma^3(\alpha)\Gamma(\alpha+4b)-4\Gamma^2(\alpha)\Gamma(\alpha+b)\Gamma(\alpha+3b)}{[\Gamma(\alpha)\Gamma(\alpha+2b)-\Gamma^2(\alpha+b)]^2}$$

$$+\frac{12\Gamma(\alpha)\Gamma^2(\alpha+b)\Gamma(\alpha+2b)}{[\Gamma(\alpha)\Gamma(\alpha+2b)-\Gamma^2(\alpha+b)]^2}$$

$$-\frac{3\Gamma^2(\alpha)\Gamma^2(\alpha+2b)-6\Gamma^4(\alpha+b)}{[\Gamma(\alpha)\Gamma(\alpha+2b)-\Gamma^2(\alpha+b)]^2} \tag{3-1-27}$$

3.2　四参数指数 Gamma 分布参数计算

本节在引用孙济良先生和秦大庸先生矩法估计参数的基础上 (孙济良和秦大庸, 1989, 2001), 应用水文统计学原理和微积分原理, 详细推导基于熵原理和概率权重数值求解四参数指数 Gamma 分布的参数.

3.2.1　矩法

与其他分布矩法估计参数方法相同, 用 3.1 节推得的矩公式, 分别用样本矩代替总体矩, 联立方程组求解即可获得四参数指数 Gamma 分布参数 α, β, δ 和 b. 即

$$\bar{X}=\frac{\Gamma(\alpha+b)}{\beta^{b}\Gamma(\alpha)}+\delta \tag{3-2-1}$$

$$S^{2}=\frac{\Gamma(\alpha)\Gamma(\alpha+2b)-\Gamma^{2}(\alpha+b)}{\beta^{2b}\Gamma^{2}(\alpha)} \tag{3-2-2}$$

$$\hat{C}_{s}=\frac{\Gamma^{2}(\alpha)\Gamma(\alpha+3b)-3\Gamma(\alpha)\Gamma(\alpha+b)\Gamma(\alpha+2b)+2\Gamma^{3}(\alpha+b)}{\left[\Gamma(\alpha)\Gamma(\alpha+2b)-\Gamma^{2}(\alpha+b)\right]^{3/2}} \tag{3-2-3}$$

$$\begin{aligned}\hat{C}_{e}=&\frac{\Gamma^{3}(\alpha)\Gamma(\alpha+4b)-4\Gamma^{2}(\alpha)\Gamma(\alpha+b)\Gamma(\alpha+3b)}{\left[\Gamma(\alpha)\Gamma(\alpha+2b)-\Gamma^{2}(\alpha+b)\right]^{2}}\\&+\frac{12\Gamma(\alpha)\Gamma^{2}(\alpha+b)\Gamma(\alpha+2b)-3\Gamma^{2}(\alpha)\Gamma^{2}(\alpha+2b)-6\Gamma^{4}(\alpha+b)}{\left[\Gamma(\alpha)\Gamma(\alpha+2b)-\Gamma^{2}(\alpha+b)\right]^{2}}\end{aligned} \tag{3-2-4}$$

式中, $\bar{X}$ 为样本均值; S^2 为样本方差; $\hat{C}_s$ 为样本偏态系数; $\hat{C}_e$ 为样本峰度系数.

3.2.2　极大似然法

由 $f(x)=\dfrac{\beta^{\alpha}}{b\Gamma(\alpha)}(x-\delta)^{\frac{\alpha}{b}-1}e^{-\beta(x-\delta)^{\frac{1}{b}}}$, 得

$$\ln f(x)=\alpha\ln\beta-\ln b-\ln\Gamma(\alpha)+\frac{\alpha}{b}\ln(x-\delta)-\ln(x-\delta)-\beta(x-\delta)^{\frac{1}{b}} \tag{3-2-5}$$

给定样本 $x_1,x_2,\cdots,x_n$, 其对数似然函数为

$$L=n\alpha\ln\beta-n\ln b-n\ln\Gamma(\alpha)+\frac{\alpha}{b}\sum_{i=1}^{n}\ln(x_i-\delta)-\sum_{i=1}^{n}\ln(x_i-\delta)-\beta\sum_{i=1}^{n}(x_i-\delta)^{\frac{1}{b}} \tag{3-2-6}$$

式 (3-2-6) 分别对参数 α, β, δ 和 b 求偏导数, 有

$$\begin{aligned}\frac{\partial L}{\partial \delta}=&\frac{\partial}{\partial \delta}\left[n\alpha\ln\beta-n\ln b-n\ln\Gamma(\alpha)+\frac{\alpha}{b}\sum_{i=1}^{n}\ln(x_i-\delta)\right.\\&\left.-\sum_{i=1}^{n}\ln(x_i-\delta)-\beta\sum_{i=1}^{n}(x_i-\delta)^{\frac{1}{b}}\right]\\=&-\frac{\alpha}{b}\sum_{i=1}^{n}\frac{1}{x_i-\delta}+\sum_{i=1}^{n}\frac{1}{x_i-\delta}+\frac{\beta}{b}\sum_{i=1}^{n}(x_i-\delta)^{\frac{1}{b}-1}\end{aligned}$$

$$\begin{aligned}\frac{\partial L}{\partial \alpha}=&\frac{\partial}{\partial \alpha}\left[n\alpha\ln\beta-n\ln b-n\ln\Gamma(\alpha)\right.\\&\left.+\frac{\alpha}{b}\sum_{i=1}^{n}\ln(x_i-\delta)-\sum_{i=1}^{n}\ln(x_i-\delta)-\beta\sum_{i=1}^{n}(x_i-\delta)^{\frac{1}{b}}\right]\\=&n\ln\beta-n\psi(\alpha)+\frac{1}{b}\sum_{i=1}^{n}\ln(x_i-\delta)\end{aligned}$$

其中, $\psi(\alpha)=\dfrac{d\ln\Gamma(\alpha)}{d\alpha}$ 为普西函数.

$$\begin{aligned}\frac{\partial L}{\partial \beta}=&\frac{\partial}{\partial \beta}\left[n\alpha\ln\beta-n\ln b-n\ln\Gamma(\alpha)+\frac{\alpha}{b}\sum_{i=1}^{n}\ln(x_i-\delta)\right.\\&\left.-\sum_{i=1}^{n}\ln(x_i-\delta)-\beta\sum_{i=1}^{n}(x_i-\delta)^{\frac{1}{b}}\right]=\frac{n\alpha}{\beta}-\sum_{i=1}^{n}(x_i-\delta)^{\frac{1}{b}}\end{aligned}$$

$$\begin{aligned}\frac{\partial L}{\partial b}=&\frac{\partial}{\partial b}\left[n\alpha\ln\beta-n\ln b-n\ln\Gamma(\alpha)+\frac{\alpha}{b}\sum_{i=1}^{n}\ln(x_i-\delta)\right.\\&\left.-\sum_{i=1}^{n}\ln(x_i-\delta)-\beta\sum_{i=1}^{n}(x_i-\delta)^{\frac{1}{b}}\right]\\=&-\frac{n}{b}-\frac{\alpha}{b^2}\sum_{i=1}^{n}\ln(x_i-\delta)+\frac{\beta}{b^2}\sum_{i=1}^{n}\left[(x_i-\delta)^{\frac{1}{b}}\ln(x_i-\delta)\right]\end{aligned}$$

令对数似然函数对参数 α, β, δ 和 b 的偏导数等于零, 有

$$-\frac{\alpha}{b}\sum_{i=1}^{n}\frac{1}{x_i-\delta}+\sum_{i=1}^{n}\frac{1}{x_i-\delta}+\frac{\beta}{b}\sum_{i=1}^{n}(x_i-\delta)^{\frac{1}{b}-1}=0 \tag{3-2-7}$$

$$n \ln \beta - n\psi(\alpha) + \frac{1}{b}\sum_{i=1}^{n} \ln(x_i - \delta) = 0 \tag{3-2-8}$$

$$\frac{n\alpha}{\beta} - \sum_{i=1}^{n} (x_i - \delta)^{\frac{1}{b}} = 0 \tag{3-2-9}$$

$$-\frac{n}{b} - \frac{\alpha}{b^2}\sum_{i=1}^{n} \ln(x_i - \delta) + \frac{\beta}{b^2}\sum_{i=1}^{n}\left[(x_i - \delta)^{\frac{1}{b}} \ln(x_i - \delta)\right] = 0 \tag{3-2-10}$$

由式 (3-2-9) 得

$$\alpha = \frac{\beta}{n}\sum_{i=1}^{n} (x_i - \delta)^{\frac{1}{b}} \tag{3-2-11}$$

由式 (3-2-10) 得

$$\alpha = \frac{\beta\sum\limits_{i=1}^{n}\left[(x_i - \delta)^{\frac{1}{b}} \ln(x_i - \delta)\right] - nb}{\sum\limits_{i=1}^{n} \ln(x_i - \delta)} \tag{3-2-12}$$

式 (3-2-11) 与式 (3-2-12) 相等, 有

$$\beta = \frac{nb}{\sum\limits_{i=1}^{n}\left[(x_i - \delta)^{\frac{1}{b}} \ln(x_i - \delta)\right] - \frac{1}{n}\sum\limits_{i=1}^{n} \ln(x_i - \delta)\sum\limits_{i=1}^{n}(x_i - \delta)^{\frac{1}{b}}} \tag{3-2-13}$$

把式 (3-2-13) 代入式 (3-2-12), 有

$$\alpha = \frac{nb}{\sum\limits_{i=1}^{n}\left[(x_i - \delta)^{\frac{1}{b}} \ln(x_i - \delta)\right] - \frac{1}{n}\sum\limits_{i=1}^{n} \ln(x_i - \delta)\sum\limits_{i=1}^{n}(x_i - \delta)^{\frac{1}{b}}} \times \frac{\sum\limits_{i=1}^{n}\left[(x_i - \delta)^{\frac{1}{b}} \ln(x_i - \delta)\right] - nb}{\sum\limits_{i=1}^{n} \ln(x_i - \delta)} \tag{3-2-14}$$

把式 (3-2-13), (3-2-14) 代入式 (3-2-7) 和 (3-2-8) 组成 δ 和 b 的非线性方程组, 求解可得 $\hat{\delta}$ 和 $\hat{b}$. 再把 $\hat{\delta}$ 和 $\hat{b}$ 代入式 (3-2-13), (3-2-14) 中, 即可获得参数 $\hat{\alpha}$, $\hat{\beta}$.

3.2.3 熵原理法

按照最大熵原理, 有熵函数

$$S = -\int_{\delta}^{\infty} \ln f(x) f(x) dx \tag{3-2-15}$$

式中, $f(x) = \dfrac{\beta^{\alpha}}{b\Gamma(\alpha)}(x-\delta)^{\frac{\alpha}{b}-1} e^{-\beta(x-\delta)^{\frac{1}{b}}}$; $\ln f(x) = \alpha\ln\beta - \ln b - \ln\Gamma(\alpha) + \dfrac{\alpha}{b}\ln(x-\delta) - \ln(x-\delta) - \beta(x-\delta)^{\frac{1}{b}}$.

要使式 (3-2-15) 熵值最大, 须满足下列约束条件.

$$\int_{\delta}^{\infty} f(x) dx = 1 \tag{3-2-16}$$

$$\int_{\delta}^{\infty} \ln(x-\delta) f(x) dx = E[\ln(X-\delta)] \tag{3-2-17}$$

$$\int_{\delta}^{\infty} \ln(x-\delta)^{\frac{1}{b}} f(x) dx = E\left[\ln(X-\delta)^{\frac{1}{b}}\right] \tag{3-2-18}$$

$$\int_{\delta}^{\infty} (x-\delta)^{\frac{1}{b}} f(x) dx = E\left[(X-\delta)^{\frac{1}{b}}\right] \tag{3-2-19}$$

引入拉格朗日乘子 λ_0, λ_1, λ_2 和 λ_3, 根据最大熵原理有

$$f(x) = \exp\left[-\lambda_0 - \lambda_1\ln(x-\delta) - \lambda_2\ln(x-\delta)^{\frac{1}{b}} - \lambda_3(x-\delta)^{\frac{1}{b}}\right] \tag{3-2-20}$$

把式 (3-2-20) 代入式 (3-2-16), 有

$$\int_{\delta}^{\infty} \exp\left[-\lambda_0 - \lambda_1\ln(x-\delta) - \lambda_2\ln(x-\delta)^{\frac{1}{b}} - \lambda_3(x-\delta)^{\frac{1}{b}}\right] dx = 1 \tag{3-2-21}$$

$$\begin{aligned}
\exp(\lambda_0) &= \int_{\delta}^{\infty} \exp\left[-\lambda_1\ln(x-\delta) - \lambda_2\ln(x-\delta)^{\frac{1}{b}} - \lambda_3(x-\delta)^{\frac{1}{b}}\right] dx \\
&= \int_{\delta}^{\infty} \exp[-\lambda_1\ln(x-\delta)] \exp\left[-\lambda_2\ln(x-\delta)^{\frac{1}{b}}\right] \exp\left[-\lambda_3(x-\delta)^{\frac{1}{b}}\right] dx \\
&= \int_{\delta}^{\infty} (x-\delta)^{-\lambda_1}(x-\delta)^{-\frac{\lambda_2}{b}} \exp\left[-\lambda_3(x-\delta)^{\frac{1}{b}}\right] dx \\
&= \int_{\delta}^{\infty} (x-\delta)^{-\left(\lambda_1+\frac{\lambda_2}{b}\right)} \exp\left[-\lambda_3(x-\delta)^{\frac{1}{b}}\right] dx
\end{aligned}$$

令 $y=\lambda_3(x-\delta)^{\frac{1}{b}}$, 当 $x=\delta$ 时, $y=0$, 当 $x\to\infty$ 时, $y\to\infty$, $x-\delta=\left(\frac{y}{\lambda_3}\right)^b$, $x=\delta+\left(\frac{y}{\lambda_3}\right)^b$, $dx=b\left(\frac{y}{\lambda_3}\right)^{b-1}\frac{1}{\lambda_3}dy$. 则

$$\begin{aligned}
\exp(\lambda_0)&=\int_\delta^\infty(x-\delta)^{-\left(\lambda_1+\frac{\lambda_2}{b}\right)}\exp\left[-\lambda_3(x-\delta)^{\frac{1}{b}}\right]dx\\
&=\int_0^\infty\left[\left(\frac{y}{\lambda_3}\right)^b\right]^{-\left(\lambda_1+\frac{\lambda_2}{b}\right)}e^{-y}b\left(\frac{y}{\lambda_3}\right)^{b-1}\frac{1}{\lambda_3}dy\\
&=\frac{b}{\lambda_3^{b-(b\lambda_1+\lambda_2)}}\int_0^\infty y^{b-(b\lambda_1+\lambda_2)-1}e^{-y}dy\\
&=\frac{b}{\lambda_3^{b-(b\lambda_1+\lambda_2)}}\Gamma\left[b-(b\lambda_1+\lambda_2)\right]
\end{aligned}\tag{3-2-22}$$

式 (3-2-22) 两边取对数有

$$\lambda_0=\ln b-[b-(b\lambda_1+\lambda_2)]\ln\lambda_3+\ln\Gamma[b-(b\lambda_1+\lambda_2)]\tag{3-2-23}$$

把式 (3-2-23) 代入式 (3-2-20), 有

$$\begin{aligned}
f(x)&=\exp\Big[-\ln b+[b-(b\lambda_1+\lambda_2)]\ln\lambda_3-\ln\Gamma[b-(b\lambda_1+\lambda_2)]\\
&\quad-\lambda_1\ln(x-\delta)-\lambda_2\ln(x-\delta)^{\frac{1}{b}}-\lambda_3(x-\delta)^{\frac{1}{b}}\Big]\\
&=\exp(-\ln b)\exp\{[b-(b\lambda_1+\lambda_2)]\ln\lambda_3\}\exp\{-\ln\Gamma[b-(b\lambda_1+\lambda_2)]\}\\
&\quad\times\exp[-\lambda_1\ln(x-\delta)]\exp\left[-\lambda_2\ln(x-\delta)^{\frac{1}{b}}\right]\exp\left[-\lambda_3(x-\delta)^{\frac{1}{b}}\right]\\
&=\exp\left(b^{-1}\right)\exp\left[\lambda_3^{b-(b\lambda_1+\lambda_2)}\right]\exp\left[\ln\frac{1}{\Gamma[b-(b\lambda_1+\lambda_2)]}\right]\\
&\quad\times\exp\left[\ln(x-\delta)^{-\lambda_1}\right]\exp\left[\ln(x-\delta)^{-\frac{\lambda_2}{b}}\right]\exp\left[-\lambda_3(x-\delta)^{\frac{1}{b}}\right]\\
&=\frac{1}{b}\lambda_3^{b-(b\lambda_1+\lambda_2)}\frac{1}{\Gamma[b-(b\lambda_1+\lambda_2)]}(x-\delta)^{-\lambda_1}(x-\delta)^{-\frac{\lambda_2}{b}}e^{-\lambda_3(x-\delta)^{\frac{1}{b}}}\\
&=\frac{\lambda_3^{b-(b\lambda_1+\lambda_2)}}{b\Gamma[b-(b\lambda_1+\lambda_2)]}(x-\delta)^{-\left(\lambda_1+\frac{\lambda_2}{b}\right)}e^{-\lambda_3(x-\delta)^{\frac{1}{b}}}
\end{aligned}\tag{3-2-24}$$

比较式 (3-2-24) 与 $f(x)=\frac{\beta^\alpha}{b\Gamma(\alpha)}(x-\delta)^{\frac{\alpha}{b}-1}e^{-\beta(x-\delta)^{\frac{1}{b}}}$, 有 $\lambda_3=\beta$, $-\left(\lambda_1+\frac{\lambda_2}{b}\right)$

$=\dfrac{\alpha}{b}-1$, 即

$$\lambda_3=\beta;\quad b\lambda_1+\lambda_2=b-\alpha \tag{3-2-25}$$

由 $\exp(\lambda_0)=\displaystyle\int_\delta^\infty \exp\left[-\lambda_1\ln(x-\delta)-\lambda_2\ln(x-\delta)^{\frac{1}{b}}-\lambda_3(x-\delta)^{\frac{1}{b}}\right]dx$, 得

$$\lambda_0=\ln\int_\delta^\infty \exp\left[-\lambda_1\ln(x-\delta)-\lambda_2\ln(x-\delta)^{\frac{1}{b}}-\lambda_3(x-\delta)^{\frac{1}{b}}\right]dx \tag{3-2-26}$$

式 (3-2-26) 两边对 λ_1 求偏导数, 有

$$\begin{aligned}\frac{\partial\lambda_0}{\partial\lambda_1}&=\frac{-\displaystyle\int_\delta^\infty \ln(x-\delta)\exp\left[-\lambda_1\ln(x-\delta)-\lambda_2\ln(x-\delta)^{\frac{1}{b}}-\lambda_3(x-\delta)^{\frac{1}{b}}\right]dx}{\displaystyle\int_\delta^\infty \exp\left[-\lambda_1\ln(x-\delta)-\lambda_2\ln(x-\delta)^{\frac{1}{b}}-\lambda_3(x-\delta)^{\frac{1}{b}}\right]dx}\\&=\frac{-\displaystyle\int_\delta^\infty \ln(x-\delta)f(x)\,dx}{\displaystyle\int_\delta^\infty f(x)\,dx}=-E\left[\ln(X-\delta)\right]\end{aligned} \tag{3-2-27}$$

式 (3-2-26) 两边对 λ_2 求偏导数, 有

$$\begin{aligned}\frac{\partial\lambda_0}{\partial\lambda_2}&=\frac{-\displaystyle\int_\delta^\infty \ln(x-\delta)^{\frac{1}{b}}\exp\left[-\lambda_1\ln(x-\delta)-\lambda_2\ln(x-\delta)^{\frac{1}{b}}-\lambda_3(x-\delta)^{\frac{1}{b}}\right]dx}{\displaystyle\int_\delta^\infty \exp\left[-\lambda_1\ln(x-\delta)-\lambda_2\ln(x-\delta)^{\frac{1}{b}}-\lambda_3(x-\delta)^{\frac{1}{b}}\right]dx}\\&=\frac{-\displaystyle\int_\delta^\infty \ln(x-\delta)^{\frac{1}{b}}f(x)\,dx}{\displaystyle\int_\delta^\infty f(x)\,dx}=-E\left[\ln(X-\delta)^{\frac{1}{b}}\right]\end{aligned} \tag{3-2-28}$$

式 (2-2-26) 两边对 λ_3 求偏导数, 有

$$\begin{aligned}\frac{\partial\lambda_0}{\partial\lambda_3}&=\frac{-\displaystyle\int_\delta^\infty (x-\delta)^{\frac{1}{b}}\exp\left[-\lambda_1\ln(x-\delta)-\lambda_2\ln(x-\delta)^{\frac{1}{b}}-\lambda_3(x-\delta)^{\frac{1}{b}}\right]dx}{\displaystyle\int_\delta^\infty \exp\left[-\lambda_1\ln(x-\delta)-\lambda_2\ln(x-\delta)^{\frac{1}{b}}-\lambda_3(x-\delta)^{\frac{1}{b}}\right]dx}\\&=\frac{-\displaystyle\int_\delta^\infty (x-\delta)^{\frac{1}{b}}f(x)\,dx}{\displaystyle\int_\delta^\infty f(x)\,dx}=-E\left[(X-\delta)^{\frac{1}{b}}\right]\end{aligned} \tag{3-2-29}$$

式 (3-2-23) 两边对 λ_1 求偏导数, 有

$$\begin{aligned}\frac{\partial\lambda_0}{\partial\lambda_1}&=\frac{\partial}{\partial\lambda_1}\left\{\ln b-\left[b-(b\lambda_1+\lambda_2)\right]\ln\lambda_3+\ln\Gamma\left[b-(b\lambda_1+\lambda_2)\right]\right\}\\&=b\ln\lambda_3+\frac{1}{\Gamma\left[b-(b\lambda_1+\lambda_2)\right]}\frac{d\Gamma\left[b-(b\lambda_1+\lambda_2)\right]}{d\lambda_1}\\&=b\ln\lambda_3-b\psi\left[b-(b\lambda_1+\lambda_2)\right]\end{aligned}\tag{3-2-30}$$

式 (3-2-23) 两边对 λ_2 求偏导数, 有

$$\begin{aligned}\frac{\partial\lambda_0}{\partial\lambda_2}&=\frac{\partial}{\partial\lambda_2}\left\{\ln b-\left[b-(b\lambda_1+\lambda_2)\right]\ln\lambda_3+\ln\Gamma\left[b-(b\lambda_1+\lambda_2)\right]\right\}\\&=\ln\lambda_3-\psi\left[b-(b\lambda_1+\lambda_2)\right]\end{aligned}\tag{3-2-31}$$

式 (3-2-23) 两边对 λ_3 求偏导数, 有

$$\begin{aligned}\frac{\partial\lambda_0}{\partial\lambda_3}&=\frac{\partial}{\partial\lambda_3}\left\{\ln b-\left[b-(b\lambda_1+\lambda_2)\right]\ln\lambda_3+\ln\Gamma\left[b-(b\lambda_1+\lambda_2)\right]\right\}\\&=-\frac{b-(b\lambda_1+\lambda_2)}{\lambda_3}\end{aligned}\tag{3-2-32}$$

由式 (3-2-27) = 式 (3-2-30), 式 (3-2-28) = 式 (3-2-31), 式 (3-2-29) = 式 (3-2-32), 有

$$\begin{aligned}-E\left[\ln(X-\delta)\right]&=b\ln\lambda_3-b\psi\left[b-(b\lambda_1+\lambda_2)\right]\\-E\left[\ln(X-\delta)^{\frac{1}{b}}\right]&=\ln\lambda_3-\psi\left[b-(b\lambda_1+\lambda_2)\right]\\-E\left[(X-\delta)^{\frac{1}{b}}\right]&=-\frac{b-(b\lambda_1+\lambda_2)}{\lambda_3}\end{aligned}$$

结合式 (3-2-25), $\lambda_3=\beta$, $b\lambda_1+\lambda_2=b-\alpha$, 有

$$-E\left[\ln(X-\delta)\right]=b\ln\beta-b\psi(\alpha)\tag{3-2-33}$$

$$-E\left[\ln(X-\delta)^{\frac{1}{b}}\right]=\ln\beta-\psi(\alpha)\tag{3-2-34}$$

$$-E\left[(X-\delta)^{\frac{1}{b}}\right]=-\frac{\alpha}{\beta}\tag{3-2-35}$$

由 $\dfrac{\partial\lambda_0}{\partial\lambda_3}=\dfrac{-\displaystyle\int_\delta^\infty (x-\delta)^{\frac{1}{b}}\exp\left[-\lambda_1\ln(x-\delta)-\lambda_2\ln(x-\delta)^{\frac{1}{b}}-\lambda_3(x-\delta)^{\frac{1}{b}}\right]dx}{\displaystyle\int_\delta^\infty \exp\left[-\lambda_1\ln(x-\delta)-\lambda_2\ln(x-\delta)^{\frac{1}{b}}-\lambda_3(x-\delta)^{\frac{1}{b}}\right]dx}$, 得

$$
\begin{aligned}
\frac{\partial^2\lambda_0}{\partial\lambda_3^2}=&\frac{\displaystyle\int_\delta^\infty \left[(x-\delta)^{\frac{1}{b}}\right]^2\exp\left[-\lambda_1\ln(x-\delta)-\lambda_2\ln(x-\delta)^{\frac{1}{b}}-\lambda_3(x-\delta)^{\frac{1}{b}}\right]dx}{\left\{\displaystyle\int_\delta^\infty \exp\left[-\lambda_1\ln(x-\delta)-\lambda_2\ln(x-\delta)^{\frac{1}{b}}-\lambda_3(x-\delta)^{\frac{1}{b}}\right]dx\right\}^2}\\
&\times\frac{\left\{\displaystyle\int_\delta^\infty \exp\left[-\lambda_1\ln(x-\delta)-\lambda_2\ln(x-\delta)^{\frac{1}{b}}-\lambda_3(x-\delta)^{\frac{1}{b}}\right]dx\right\}}{\left\{\displaystyle\int_\delta^\infty \exp\left[-\lambda_1\ln(x-\delta)-\lambda_2\ln(x-\delta)^{\frac{1}{b}}-\lambda_3(x-\delta)^{\frac{1}{b}}\right]dx\right\}^2}\\
&-\frac{\displaystyle\int_\delta^\infty (x-\delta)^{\frac{1}{b}}\exp\left[-\lambda_1\ln(x-\delta)-\lambda_2\ln(x-\delta)^{\frac{1}{b}}-\lambda_3(x-\delta)^{\frac{1}{b}}\right]dx}{\left\{\displaystyle\int_\delta^\infty \exp\left[-\lambda_1\ln(x-\delta)-\lambda_2\ln(x-\delta)^{\frac{1}{b}}-\lambda_3(x-\delta)^{\frac{1}{b}}\right]dx\right\}^2}\\
&\times\left\{\int_\delta^\infty (x-\delta)^{\frac{1}{b}}\exp\left[-\lambda_1\ln(x-\delta)-\lambda_2\ln(x-\delta)^{\frac{1}{b}}-\lambda_3(x-\delta)^{\frac{1}{b}}\right]dx\right\}\\
=&\frac{\left\{\displaystyle\int_\delta^\infty \left[(x-\delta)^{\frac{1}{b}}\right]^2 f(x)dx\right\}\cdot\left[\displaystyle\int_\delta^\infty f(x)dx\right]}{\left\{\displaystyle\int_\delta^\infty f(x)dx\right\}^2}\\
&-\frac{\left[\displaystyle\int_\delta^\infty (x-\delta)^{\frac{1}{b}}f(x)dx\right]\left[\displaystyle\int_\delta^\infty (x-\delta)^{\frac{1}{b}}f(x)dx\right]}{\left\{\displaystyle\int_\delta^\infty f(x)dx\right\}^2}\\
=&E\left[(X-\delta)^{\frac{1}{b}}\right]^2-\left\{E\left[(X-\delta)^{\frac{1}{b}}\right]\right\}^2
\end{aligned}
\tag{3-2-36}
$$

由 $\dfrac{\partial\lambda_0}{\partial\lambda_3}=-\dfrac{b-(b\lambda_1+\lambda_2)}{\lambda_3}$, 得

$$
\frac{\partial^2\lambda_0}{\partial\lambda_3^2}=\frac{b-(b\lambda_1+\lambda_2)}{\lambda_3^2} \tag{3-2-37}
$$

把式 (3-2-25) 代入式 (3-2-37), 有

$$\frac{\partial^2 \lambda_0}{\partial \lambda_3^2} = \frac{b-b+\alpha}{\beta^2} = \frac{\alpha}{\beta^2} \tag{3-2-38}$$

式 (3-2-36) = 式 (3-2-38), 即

$$E\left[(X-\delta)^{\frac{1}{b}}\right]^2 - \left\{E\left[(X-\delta)^{\frac{1}{b}}\right]\right\}^2 = \frac{\alpha}{\beta^2} \tag{3-2-39}$$

$$-E\left[\ln(X-\delta)\right] = b\ln\beta - b\psi(\alpha) \tag{3-2-40}$$

$$-E\left[\ln(X-\delta)^{\frac{1}{b}}\right] = \ln\beta - \psi(\alpha) \tag{3-2-41}$$

$$-E\left[(X-\delta)^{\frac{1}{b}}\right] = -\frac{\alpha}{\beta} \tag{3-2-42}$$

式 (3-2-39)—(3-2-42) 联立求解, 即可获得分布参数.

3.2.4　概率权重法

根据概率权重矩的定义, 四参数指数 Gamma 分布的前四阶矩 $M_{1,j,0}$, $j=0,1,2,3$, 计算公式为

$$\begin{aligned} M_{1,j,0} &= \int_0^1 x(F)F^j dF = \int_\delta^\infty x\left[\int_\delta^x f(t)\,dt\right]^j f(x)\,dx \\ &= \int_\delta^\infty x\left[\int_\delta^x \frac{\beta^\alpha}{b\Gamma(\alpha)}(t-\delta)^{\frac{\alpha}{b}-1}e^{-\beta(t-\delta)^{\frac{1}{b}}}dt\right]^j \frac{\beta^\alpha}{b\Gamma(\alpha)}(x-\delta)^{\frac{\alpha}{b}-1}e^{-\beta(x-\delta)^{\frac{1}{b}}}dx \end{aligned} \tag{3-2-43}$$

当 $j=0$ 时,

$$M_{1,0,0} = \int_\delta^\infty xf(x)\,dx = \int_\delta^\infty x\frac{\beta^\alpha}{b\Gamma(\alpha)}(x-\delta)^{\frac{\alpha}{b}-1}e^{-\beta(x-\delta)^{\frac{1}{b}}}dx$$

令 $t=\beta(x-\delta)^{\frac{1}{b}}$, $x=\delta+\frac{1}{\beta^b}t^b$, $x-\delta=\frac{1}{\beta^b}t^b$, $dx=\frac{b}{\beta^b}t^{b-1}dt$, 当 $x=\delta$ 时, $t=0$, 当 $x\to\infty$ 时, $t\to\infty$. 则

$$\begin{aligned} M_{1,0,0} &= \int_0^\infty \left(\delta+\frac{1}{\beta^b}t^b\right)\frac{\beta^\alpha}{b\Gamma(\alpha)}\left(\frac{1}{\beta^b}t^b\right)^{\frac{\alpha}{b}-1}e^{-t}\frac{b}{\beta^b}t^{b-1}dt \\ &= \int_0^\infty \left(\delta+\frac{1}{\beta^b}t^b\right)\frac{1}{\Gamma(\alpha)}t^{\alpha-1}e^{-t}dt \end{aligned}$$

$$= \frac{\delta}{\Gamma(\alpha)}\int_0^{\infty} t^{\alpha-1}e^{-t}dt + \frac{1}{\beta^b\Gamma(\alpha)}\int_0^{\infty} t^{\alpha+b-1}e^{-t}dt$$

$$= \frac{\delta}{\Gamma(\alpha)}\Gamma(\alpha) + \frac{1}{\beta^b\Gamma(\alpha)}\Gamma(\alpha+b) = \delta + \frac{\Gamma(\alpha+b)}{\beta^b\Gamma(\alpha)}$$

即

$$M_{1,0,0} = \frac{\Gamma(\alpha+b)}{\beta^b\Gamma(\alpha)} + \delta \tag{3-2-44}$$

当 $j=1$ 时,

$$M_{1,1,0} = \int_{\delta}^{\infty} x\left[\int_{\delta}^{x} \frac{\beta^{\alpha}}{b\Gamma(\alpha)}(t-\delta)^{\frac{\alpha}{b}-1}e^{-\beta(t-\delta)^{\frac{1}{b}}}dt\right]\frac{\beta^{\alpha}}{b\Gamma(\alpha)}(x-\delta)^{\frac{\alpha}{b}-1}e^{-\beta(x-\delta)^{\frac{1}{b}}}dx$$

令 $u=\beta(t-\delta)^{\frac{1}{b}}$, $t=\delta+\frac{1}{\beta^b}u^b$, $t-\delta=\frac{1}{\beta^b}u^b$, $dt=\frac{b}{\beta^b}u^{b-1}du$, 当 $t=\delta$ 时, $u=0$, 当 $t=x$ 时, $u=\beta(x-\delta)^{\frac{1}{b}}$, 则

$$M_{1,1,0} = \int_{\delta}^{\infty} x\left[\int_0^{\beta(x-\delta)^{\frac{1}{b}}} \frac{\beta^{\alpha}}{b\Gamma(\alpha)}\left(\frac{1}{\beta^b}u^b\right)^{\frac{\alpha}{b}-1}e^{-u}\frac{b}{\beta^b}u^{b-1}du\right]$$

$$\times\frac{\beta^{\alpha}}{b\Gamma(\alpha)}(x-\delta)^{\frac{\alpha}{b}-1}e^{-\beta(x-\delta)^{\frac{1}{b}}}dx$$

$$= \int_{\delta}^{\infty} x\left[\int_0^{\beta(x-\delta)^{\frac{1}{b}}} \frac{1}{\Gamma(\alpha)}u^{\alpha-1}e^{-u}du\right]\frac{\beta^{\alpha}}{b\Gamma(\alpha)}(x-\delta)^{\frac{\alpha}{b}-1}e^{-\beta(x-\delta)^{\frac{1}{b}}}dx$$

令 $v=\beta(x-\delta)^{\frac{1}{b}}$, $x=\delta+\frac{1}{\beta^b}v^b$, $x-\delta=\frac{1}{\beta^b}v^b$, $dx=\frac{b}{\beta^b}v^{b-1}dv$, 当 $x=\delta$ 时, $v=0$, 当 $x\to\infty$ 时, $v\to\infty$. 则

$$M_{1,1,0} = \int_0^{\infty}\left(\delta+\frac{1}{\beta^b}v^b\right)\left[\int_0^{v}\frac{1}{\Gamma(\alpha)}u^{\alpha-1}e^{-u}du\right]\frac{1}{\Gamma(\alpha)}v^{\alpha-1}e^{-v}dv$$

$$= \delta\int_0^{\infty}\left[\int_0^{v}\frac{1}{\Gamma(\alpha)}u^{\alpha-1}e^{-u}du\right]\frac{1}{\Gamma(\alpha)}v^{\alpha-1}e^{-v}dv$$

$$+ \frac{1}{\beta^b}\int_0^{\infty}\left[\int_0^{v}\frac{1}{\Gamma(\alpha)}u^{\alpha-1}e^{-u}du\right]\frac{1}{\Gamma(\alpha)}v^{\alpha+b-1}e^{-v}\mathrm{d}v$$

对于上式第一个积分$\int_0^{\infty}\left[\int_0^{v}\frac{1}{\Gamma(\alpha)}u^{\alpha-1}e^{-u}du\right]\frac{1}{\Gamma(\alpha)}v^{\alpha-1}e^{-v}dv$, 令 $G(v)=\int_0^{v}\frac{1}{\Gamma(\alpha)}u^{\alpha-1}e^{-u}du$, $dG(v)=\frac{1}{\Gamma(\alpha)}v^{\alpha-1}e^{-v}dv$. 当 $v=0$ 时, $G(v)=0$, 当

$v \to \infty$ 时, $G(v) \to 1$. 则

$$\int_0^{\infty}\left[\int_0^{v}\frac{1}{\Gamma(\alpha)}u^{\alpha-1}e^{-u}du\right]\frac{1}{\Gamma(\alpha)}v^{\alpha-1}e^{-v}dv=\int_0^1 GdG=\left.\frac{G^2}{2}\right|_0^1=\frac{1}{2}$$

对于上式第二个积分 $\frac{1}{\beta^b}\int_0^{\infty}\left[\int_0^{v}\frac{1}{\Gamma(\alpha)}u^{\alpha-1}e^{-u}du\right]\frac{1}{\Gamma(\alpha)}v^{\alpha+b-1}e^{-v}dv$, 有

$$\begin{aligned}&\frac{1}{\beta^b}\int_0^{\infty}\left[\int_0^{v}\frac{1}{\Gamma(\alpha)}u^{\alpha-1}e^{-u}du\right]\frac{1}{\Gamma(\alpha)}v^{\alpha+b-1}e^{-v}dv\\&=\frac{1}{\beta^b\Gamma(\alpha)}\int_0^{\infty}\left[\int_0^{v}\frac{1}{\Gamma(\alpha)}u^{\alpha-1}e^{-u}du\right]v^{\alpha+b-1}e^{-v}dv=\frac{1}{\beta^b}S_1(\alpha,b)\end{aligned}$$

其中 $S_1(\alpha,b)=\frac{1}{\Gamma(\alpha)}\int_0^{\infty}\left[\int_0^{v}\frac{1}{\Gamma(\alpha)}u^{\alpha-1}e^{-u}du\right]v^{\alpha+b-1}e^{-v}dv$, 即

$$M_{1,1,0}=\frac{\delta}{2}+\frac{1}{\beta^b}S_1(\alpha,b) \tag{3-2-45}$$

当 $j=2$ 时,

$$M_{1,2,0}=\int_{\delta}^{\infty}x\left[\int_{\delta}^{x}\frac{\beta^{\alpha}}{b\Gamma(\alpha)}(t-\delta)^{\frac{\alpha}{b}-1}e^{-\beta(t-\delta)^{\frac{1}{b}}}dt\right]^2\frac{\beta^{\alpha}}{b\Gamma(\alpha)}(x-\delta)^{\frac{\alpha}{b}-1}e^{-\beta(x-\delta)^{\frac{1}{b}}}dx$$

令 $u=\beta(t-\delta)^{\frac{1}{b}}$, $t=\delta+\frac{1}{\beta^b}u^b$, $t-\delta=\frac{1}{\beta^b}u^b$, $dt=\frac{b}{\beta^b}u^{b-1}du$, 当 $t=\delta$ 时, $u=0$, 当 $t=x$ 时, $u=\beta(x-\delta)^{\frac{1}{b}}$, 则

$$M_{1,2,0}=\int_{\delta}^{\infty}x\left[\int_0^{\beta(x-\delta)^{\frac{1}{b}}}\frac{1}{\Gamma(\alpha)}u^{\alpha-1}e^{-u}du\right]^2\frac{\beta^{\alpha}}{b\Gamma(\alpha)}(x-\delta)^{\frac{\alpha}{b}-1}e^{-\beta(x-\delta)^{\frac{1}{b}}}dx$$

令 $v=\beta(x-\delta)^{\frac{1}{b}}$, $x=\delta+\frac{1}{\beta^b}v^b$, $x-\delta=\frac{1}{\beta^b}v^b$, $dx=\frac{b}{\beta^b}v^{b-1}dv$, 当 $x=\delta$ 时, $v=0$, 当 $x\to\infty$ 时, $v\to\infty$. 则

$$\begin{aligned}M_{1,2,0}&=\int_0^{\infty}\left(\delta+\frac{1}{\beta^b}v^b\right)\left[\int_0^{v}\frac{1}{\Gamma(\alpha)}u^{\alpha-1}e^{-u}du\right]^2\frac{1}{\Gamma(\alpha)}e^{-v}v^{\alpha-1}dv\\&=\delta\int_0^{\infty}\left[\int_0^{v}\frac{1}{\Gamma(\alpha)}u^{\alpha-1}e^{-u}du\right]^2\frac{1}{\Gamma(\alpha)}e^{-v}v^{\alpha-1}dv\end{aligned}$$

$$+\frac{1}{\beta^b}\int_0^{\infty}\left[\int_0^v \frac{1}{\Gamma(\alpha)}u^{\alpha-1}e^{-u}du\right]^2\frac{1}{\Gamma(\alpha)}e^{-v}v^{\alpha+b-1}dv$$

对于上式第一个积分$\int_0^{\infty}\left[\int_0^v \frac{1}{\Gamma(\alpha)}u^{\alpha-1}e^{-u}du\right]^2\frac{1}{\Gamma(\alpha)}e^{-v}v^{\alpha-1}dv$, 令 $G(v)=\int_0^v \frac{1}{\Gamma(\alpha)}u^{\alpha-1}e^{-u}du$, $dG(v)=\frac{1}{\Gamma(\alpha)}v^{\alpha-1}e^{-v}dv$. 当 $v=0$ 时, $G(v)=0$, 当 $v\to\infty$ 时, $G(v)\to 1$. 则

$$\int_0^{\infty}\left[\int_0^v \frac{1}{\Gamma(\alpha)}u^{\alpha-1}e^{-u}du\right]^2\frac{1}{\Gamma(\alpha)}e^{-v}v^{\alpha-1}dv=\int_0^1 G^2dG=\left.\frac{G^3}{3}\right|_0^1=\frac{1}{3}$$

对于上式第二个积分 $\frac{1}{\beta^b}\int_0^{\infty}\left[\int_0^v \frac{1}{\Gamma(\alpha)}u^{\alpha-1}e^{-u}du\right]^2\frac{1}{\Gamma(\alpha)}e^{-v}v^{\alpha+b-1}dv$, 有

$$\begin{aligned}&\frac{1}{\beta^b}\int_0^{\infty}\left[\int_0^v \frac{1}{\Gamma(\alpha)}u^{\alpha-1}e^{-u}du\right]^2\frac{1}{\Gamma(\alpha)}e^{-v}v^{\alpha+b-1}dv\\&=\frac{1}{\beta^b}\frac{1}{\Gamma(\alpha)}\int_0^{\infty}\left[\int_0^v \frac{1}{\Gamma(\alpha)}u^{\alpha-1}e^{-u}du\right]^2v^{\alpha+b-1}e^{-v}dv=\frac{1}{\beta^b}S_2(\alpha,b)\end{aligned}$$

其中, $S_2(\alpha,b)=\frac{1}{\Gamma(\alpha)}\int_0^{\infty}\left[\int_0^v \frac{1}{\Gamma(\alpha)}u^{\alpha-1}e^{-u}du\right]^2v^{\alpha+b-1}e^{-v}dv$, 即

$$M_{1,2,0}=\frac{\delta}{3}+\frac{1}{\beta^b}S_2(\alpha,b) \tag{3-2-46}$$

当 $j=3$ 时,

$$M_{1,3,0}=\int_{\delta}^{\infty}x\left[\int_{\delta}^{x}\frac{\beta^\alpha}{b\Gamma(\alpha)}(t-\delta)^{\frac{\alpha}{b}-1}e^{-\beta(t-\delta)^{\frac{1}{b}}}dt\right]^3\frac{\beta^\alpha}{b\Gamma(\alpha)}(x-\delta)^{\frac{\alpha}{b}-1}e^{-\beta(x-\delta)^{\frac{1}{b}}}dx$$

令 $u=\beta(t-\delta)^{\frac{1}{b}}$, $t=\delta+\frac{1}{\beta^b}u^b$, $t-\delta=\frac{1}{\beta^b}u^b$, $dt=\frac{b}{\beta^b}u^{b-1}du$, 当 $t=\delta$ 时, $u=0$, 当 $t=x$ 时, $u=\beta(x-\delta)^{\frac{1}{b}}$, 则

$$M_{1,3,0}=\int_{\delta}^{\infty}x\left[\int_0^{\beta(x-\delta)^{\frac{1}{b}}}\frac{1}{\Gamma(\alpha)}u^{\alpha-1}e^{-u}du\right]^3\frac{\beta^\alpha}{b\Gamma(\alpha)}(x-\delta)^{\frac{\alpha}{b}-1}e^{-\beta(x-\delta)^{\frac{1}{b}}}dx$$

令 $v=\beta(x-\delta)^{\frac{1}{b}}$, $x=\delta+\frac{1}{\beta^b}v^b$, $x-\delta=\frac{1}{\beta^b}v^b$, $dx=\frac{b}{\beta^b}v^{b-1}dv$, 当 $x=\delta$ 时, $v=0$, 当 $x\to\infty$ 时, $v\to\infty$. 则

$$\begin{aligned}M_{1,3,0}&=\int_0^\infty\left(\delta+\frac{1}{\beta^b}v^b\right)\left[\int_0^v\frac{1}{\Gamma(\alpha)}u^{\alpha-1}e^{-u}du\right]^3\frac{1}{\Gamma(\alpha)}e^{-v}v^{\alpha-1}dv\\&=\delta\int_0^\infty\left[\int_0^v\frac{1}{\Gamma(\alpha)}u^{\alpha-1}e^{-u}du\right]^3\frac{1}{\Gamma(\alpha)}e^{-v}v^{\alpha-1}dv\\&\quad+\frac{1}{\beta^b}\int_0^\infty\left[\int_0^v\frac{1}{\Gamma(\alpha)}u^{\alpha-1}e^{-u}du\right]^3\frac{1}{\Gamma(\alpha)}e^{-v}v^{\alpha+b-1}dv\end{aligned}$$

对于上式第一个积分 $\int_0^\infty\left[\int_0^v\frac{1}{\Gamma(\alpha)}u^{\alpha-1}e^{-u}du\right]^3\frac{1}{\Gamma(\alpha)}e^{-v}v^{\alpha-1}dv$, 令 $G(v)=\int_0^v\frac{1}{\Gamma(\alpha)}u^{\alpha-1}e^{-u}du$, $dG(v)=\frac{1}{\Gamma(\alpha)}v^{\alpha-1}e^{-v}dv$. 当 $v=0$ 时, $G(v)=0$, 当 $v\to\infty$ 时, $G(v)\to1$. 则

$$\int_0^\infty\left[\int_0^v\frac{1}{\Gamma(\alpha)}u^{\alpha-1}e^{-u}du\right]^3\frac{1}{\Gamma(\alpha)}e^{-v}v^{\alpha-1}dv=\int_0^1G^3dG=\left.\frac{G^4}{4}\right|_0^1=\frac{1}{4}$$

对于上式第二个积分 $\frac{1}{\beta^b}\int_0^\infty\left[\int_0^v\frac{1}{\Gamma(\alpha)}u^{\alpha-1}e^{-u}du\right]^3\frac{1}{\Gamma(\alpha)}e^{-v}v^{\alpha+b-1}dv$, 有

$$\begin{aligned}&\frac{1}{\beta^b}\int_0^\infty\left[\int_0^v\frac{1}{\Gamma(\alpha)}u^{\alpha-1}e^{-u}du\right]^3\frac{1}{\Gamma(\alpha)}e^{-v}v^{\alpha+b-1}dv\\&=\frac{1}{\beta^b}\frac{1}{\Gamma(\alpha)}\int_0^\infty\left[\int_0^v\frac{1}{\Gamma(\alpha)}u^{\alpha-1}e^{-u}du\right]^3v^{\alpha+b-1}e^{-v}dv=\frac{1}{\beta^b}S_3(\alpha,b)\end{aligned}$$

其中, $S_3(\alpha,b)=\frac{1}{\Gamma(\alpha)}\int_0^\infty\left[\int_0^v\frac{1}{\Gamma(\alpha)}u^{\alpha-1}e^{-u}du\right]^3v^{\alpha+b-1}e^{-v}dv$, 即

$$M_{1,3,0}=\frac{\delta}{4}+\frac{1}{\beta^b}S_3(\alpha,b)\tag{3-2-47}$$

式 (3-2-46) 两边减去式 (3-2-44) 两边乘以 $\frac{1}{3}$, 式 (3-2-45) 两边减去式 (3-2-44) 两边乘以 $\frac{1}{2}$,

$$M_{1,2,0}-\frac{M_{1,0,0}}{3}=\frac{1}{\beta^b}\left[S_2(\alpha,b)-\frac{1}{3}\frac{\Gamma(\alpha+b)}{\Gamma(\alpha)}\right]\tag{3-2-48}$$

$$M_{1,1,0}-\frac{M_{1,0,0}}{2}=\frac{1}{\beta^{b}}\left[S_{1}(\alpha,b)-\frac{1}{2}\frac{\Gamma(\alpha+b)}{\Gamma(\alpha)}\right] \tag{3-2-49}$$

式 (3-2-48) 两边除以式 (3-2-49) 两边, 有

$$\frac{M_{1,2,0}-\dfrac{M_{1,0,0}}{3}}{M_{1,1,0}-\dfrac{M_{1,0,0}}{2}}=\frac{S_{2}(\alpha,b)-\dfrac{1}{3}\dfrac{\Gamma(\alpha+b)}{\Gamma(\alpha)}}{S_{1}(\alpha,b)-\dfrac{1}{2}\dfrac{\Gamma(\alpha+b)}{\Gamma(\alpha)}} \tag{3-2-50}$$

式 (3-2-47) 两边加上式 (3-2-44) 两边乘以 $\frac{1}{12}$, 减去式 (2-1-46) 两边

$$M_{1,3,0}-M_{1,2,0}+\frac{M_{1,0,0}}{12}=\frac{1}{\beta^{b}}\left[S_{3}(\alpha,b)-S_{2}(\alpha,b)+\frac{1}{12}\frac{\Gamma(\alpha+b)}{\Gamma(\alpha)}\right] \tag{3-2-51}$$

式 (3-2-51) 两边除以式 (3-2-49) 两边, 有

$$\frac{M_{1,3,0}-M_{1,2,0}+\dfrac{M_{1,0,0}}{12}}{M_{1,1,0}-\dfrac{M_{1,0,0}}{2}}=\frac{S_{3}(\alpha,b)-S_{2}(\alpha,b)+\dfrac{1}{12}}{S_{1}(\alpha,b)-\dfrac{1}{2}} \tag{3-2-52}$$

首先由样本计算出 $\hat{M}_{1,0,0}$, $\hat{M}_{1,1,0}$, $\hat{M}_{1,2,0}$, $\hat{M}_{1,3,0}$, 然后, 联立 (3-2-50) 和 (3-2-52) 获得参数 $\hat{\alpha}$ 和 $\hat{b}$. 在此基础上, $\hat{\alpha}$ 和 $\hat{b}$ 代入式 (3-2-44)—(3-2-47) 中任意两式, 联立求解获得参数 $\hat{\alpha}$ 和 $\hat{\beta}$.

不难看出, 概率权重法推求四参数指数 Gamma 分布参数的关键是计算 $S_1(\alpha,b)$, $S_2(\alpha,b)$ 和 $S_3(\alpha,b)$ 函数. 它的难度在于这些函数包含了不完全 Gamma 函数的积分. 以下根据广义超几何函数进行简化计算.

采用广义超几何函数, 不完全 Gamma 函数可以表示为

$$\gamma(v,z)=\int_{0}^{z}u^{v-1}e^{-u}du=v^{-1}z^{v}e^{-z}{}_{1}F_{1}(1;v+1;z) \tag{3-2-53}$$

式中: ${}_1F_1(1;v+1;z)$ 为广义超几何函数 ${}_pF_q(a_1,a_2,\cdots,a_p;b_1,b_2,\cdots,b_q;z)$ 的特殊形式, 称为合流超几何函数; 对于广义超几何函数, 当 $|z|<1$ 时, ${}_pF_q(a_1,a_2,\cdots,a_p;b_1,b_2,\cdots,b_q;z)=\sum_{n=0}^{\infty}\frac{(a_1)_n\cdots(a_p)_n}{(b_1)_n\cdots(b_q)_n}\frac{z^n}{n!}$. $(x)_n$ 为 Pochhammer 符号, $(x)_n=\frac{\Gamma(x+n)}{\Gamma(x)}$, 其中 $(1)_n=n!$.

由式 (3-2-53) 得

$$\gamma(\alpha,v)=\int_{0}^{v}u^{\alpha-1}e^{-u}du=\alpha^{-1}v^{\alpha}e^{-v}{}_{1}F_{1}(1;\alpha+1;v)$$

$$= \alpha^{-1}v^{\alpha}e^{-v}\sum_{n=0}^{\infty}\frac{(1)_n}{(\alpha+1)_n}\frac{v^n}{n!}$$

$$= \alpha^{-1}v^{\alpha}e^{-v}\sum_{n=0}^{\infty}\frac{n!}{(\alpha+1)_n}\frac{v^n}{n!}$$

$$= \alpha^{-1}v^{\alpha}e^{-v}\sum_{n=0}^{\infty}\frac{v^n}{(\alpha+1)_n} \tag{3-2-54}$$

3.2.4.1 $S_1(\alpha,b)$ 计算

将式 (3-2-54) 代入 $S_1(\alpha,b)=\frac{1}{\Gamma(\alpha)}\int_0^{\infty}\left[\int_0^{v}\frac{1}{\Gamma(\alpha)}u^{\alpha-1}e^{-u}du\right]v^{\alpha+b-1}e^{-v}dv$, 有

$$\begin{aligned}
S_1(\alpha,b) &= \frac{1}{\Gamma(\alpha)}\int_0^{\infty}\left[\int_0^{v}\frac{1}{\Gamma(\alpha)}u^{\alpha-1}e^{-u}du\right]v^{\alpha+b-1}e^{-v}dv \\
&= \frac{1}{\Gamma^2(\alpha)}\int_0^{\infty}\left[\int_0^{v}u^{\alpha-1}e^{-u}du\right]v^{\alpha+b-1}e^{-v}dv \\
&= \frac{1}{\Gamma^2(\alpha)}\int_0^{\infty}\left[\alpha^{-1}v^{\alpha}e^{-v}\sum_{n=0}^{\infty}\frac{v^n}{(\alpha+1)_n}\right]v^{\alpha+b-1}e^{-v}dv \\
&= \frac{1}{\alpha\Gamma^2(\alpha)}\int_0^{\infty}\left[\sum_{n=0}^{\infty}\frac{1}{(\alpha+1)_n}\right]v^{2\alpha+b+n-1}e^{-2v}dv \\
&= \frac{1}{\alpha\Gamma^2(\alpha)}\sum_{n=0}^{\infty}\left[\frac{1}{(\alpha+1)_n}\int_0^{\infty}v^{2\alpha+b+n-1}e^{-2v}dv\right]
\end{aligned}$$

令 $t=2v$, 当 $v=0$ 时, $t=0$, 当 $v\to\infty$ 时, $t\to\infty$, $v=\frac{t}{2}$, $dv=\frac{1}{2}dt$, 则

$$\begin{aligned}
S_1(\alpha,b) &= \frac{1}{\alpha\Gamma^2(\alpha)}\sum_{n=0}^{\infty}\left[\frac{1}{(\alpha+1)_n}\int_0^{\infty}\left(\frac{t}{2}\right)^{2\alpha+b+n-1}e^{-t}\frac{1}{2}dt\right] \\
&= \frac{1}{\alpha\Gamma^2(\alpha)}\sum_{n=0}^{\infty}\left[\frac{1}{(\alpha+1)_n}\frac{1}{2^{2\alpha+b+n}}\int_0^{\infty}t^{2\alpha+b+n-1}e^{-t}dt\right] \\
&= \frac{1}{\alpha\Gamma^2(\alpha)}\sum_{n=0}^{\infty}\left[\frac{\Gamma(2\alpha+b+n)}{(\alpha+1)_n}\frac{1}{2^{2\alpha+b+n}}\right]
\end{aligned}$$

根据 $(x)_n=\frac{\Gamma(x+n)}{\Gamma(x)}$, 有 $\Gamma(2\alpha+b+n)=\Gamma(2\alpha+b)(2\alpha+b)_n$, 则

$$\begin{aligned}S_1(\alpha,b)&=\frac{1}{\alpha\Gamma^2(\alpha)}\sum_{n=0}^{\infty}\left[\frac{\Gamma(2\alpha+b)(2\alpha+b)_n}{(\alpha+1)_n}\frac{1}{2^{2\alpha+b+n}}\right]\\&=\frac{\Gamma(2\alpha+b)}{2^{2\alpha+b}\alpha\Gamma^2(\alpha)}\sum_{n=0}^{\infty}\left[\frac{(2\alpha+b)_n n!}{(\alpha+1)_n}\frac{1}{2^n n!}\right]\\&=\frac{\Gamma(2\alpha+b)}{2^{2\alpha+b}\alpha\Gamma^2(\alpha)}\sum_{n=0}^{\infty}\left[\frac{(2\alpha+b)_n(1)_n}{(\alpha+1)_n}\frac{\left(\frac{1}{2}\right)^n}{n!}\right]\\&=\frac{\Gamma(2\alpha+b)}{2^{2\alpha+b}\alpha\Gamma^2(\alpha)}{}_2F_1\left(1,2\alpha+b;\alpha+1;\frac{1}{2}\right)\end{aligned}$$

则

$$M_{1,1,0}=\frac{\delta}{2}+\frac{1}{\beta^b}\frac{\Gamma(2\alpha+b)}{2^{2\alpha+b}\alpha\Gamma^2(\alpha)}{}_2F_1\left(1,2\alpha+b;\alpha+1;\frac{1}{2}\right)\tag{3-2-55}$$

式中, ${}_2F_1\left(1,2\alpha+b;\alpha+1;\frac{1}{2}\right)$ 为高斯超几何函数.

3.2.4.2 $S_2(\alpha,b)$ 计算

$$\begin{aligned}S_2(\alpha,b)&=\frac{1}{\Gamma(\alpha)}\int_0^{\infty}\left[\int_0^v\frac{1}{\Gamma(\alpha)}u^{\alpha-1}e^{-u}du\right]^2v^{\alpha+b-1}e^{-v}dv\\&=\frac{1}{\Gamma^3(\alpha)}\int_0^{\infty}\left[\int_0^v u^{\alpha-1}e^{-u}du\int_0^v u^{\alpha-1}e^{-u}du\right]v^{\alpha+b-1}e^{-v}dv\end{aligned}$$

将式 (3-1-54) 代入上式, 有

$$\begin{aligned}S_2(\alpha,b)&=\frac{1}{\Gamma^3(\alpha)}\int_0^{\infty}\left[\int_0^v u^{\alpha-1}e^{-u}du\alpha^{-1}v^{\alpha}e^{-v}\sum_{n=0}^{\infty}\frac{v^n}{(\alpha+1)_n}\right]v^{\alpha+b-1}e^{-v}dv\\&=\frac{1}{\alpha\Gamma^3(\alpha)}\sum_{n=0}^{\infty}\frac{1}{(\alpha+1)_n}\int_0^{\infty}v^{2\alpha+b+n-1}e^{-2v}\left(\int_0^v u^{\alpha-1}e^{-u}du\right)dv\\&=\frac{1}{\alpha\Gamma^3(\alpha)}\sum_{n=0}^{\infty}\frac{1}{(\alpha+1)_n}\int_0^{\infty}v^{2\alpha+b+n-1}e^{-2v}\left[\alpha^{-1}v^{\alpha}e^{-v}\sum_{i=0}^{\infty}\frac{v^i}{(\alpha+1)_i}\right]dv\\&=\frac{1}{\alpha^2\Gamma^3(\alpha)}\sum_{n=0}^{\infty}\frac{1}{(\alpha+1)_n}\sum_{i=0}^{\infty}\frac{1}{(\alpha+1)_i}\int_0^{\infty}v^{3\alpha+b+n+i-1}e^{-3v}dv\end{aligned}$$

令 $t=3v$, 当 $v=0$ 时, $t=0$, 当 $v\to\infty$ 时, $t\to\infty$, $v=\frac{t}{3}$, $dv=\frac{1}{3}dt$, 则

$$
\begin{aligned}
S_2(\alpha,b)&=\frac{1}{\alpha^2\Gamma^3(\alpha)}\sum_{n=0}^{\infty}\frac{1}{(\alpha+1)_n}\sum_{i=0}^{\infty}\frac{1}{(\alpha+1)_i}\int_0^{\infty}\left(\frac{t}{3}\right)^{3\alpha+b+n+i-1}e^{-t}\frac{1}{3}dt\\
&=\frac{1}{\alpha^2\Gamma^3(\alpha)}\sum_{n=0}^{\infty}\frac{1}{(\alpha+1)_n}\sum_{i=0}^{\infty}\frac{1}{(\alpha+1)_i}\frac{1}{3^{3\alpha+b+n+i}}\int_0^{\infty}t^{3\alpha+b+n+i-1}e^{-t}dt\\
&=\frac{1}{\alpha^2\Gamma^3(\alpha)}\sum_{n=0}^{\infty}\frac{1}{(\alpha+1)_n}\sum_{i=0}^{\infty}\frac{1}{(\alpha+1)_i}\frac{\Gamma(3\alpha+b+n+i)}{3^{3\alpha+b+n+i}}
\end{aligned}
$$

根据 $(x)_n=\frac{\Gamma(x+n)}{\Gamma(x)}$, 有

$$
\Gamma(3\alpha+b+n+i)=\Gamma(3\alpha+b+n)(3\alpha+b+n)_i
$$

则

$$
\begin{aligned}
S_2(\alpha,b)&=\frac{1}{\alpha^2\Gamma^3(\alpha)}\sum_{n=0}^{\infty}\frac{\Gamma(3\alpha+b+n)}{(\alpha+1)_n3^{3\alpha+b+n}}\sum_{i=0}^{\infty}\frac{(3\alpha+b+n)_i}{(\alpha+1)_i}\frac{i!}{3^ii!}\\
&=\frac{1}{\alpha^2\Gamma^3(\alpha)}\sum_{n=0}^{\infty}\frac{\Gamma(3\alpha+b+n)}{(\alpha+1)_n3^{3\alpha+b+n}}{}_2F_1\left(1,3\alpha+b+n;\alpha+1;\frac{1}{3}\right)
\end{aligned}
$$

根据 $(x)_n=\frac{\Gamma(x+n)}{\Gamma(x)}$, 有 $(\alpha+1)_n=\frac{\Gamma(\alpha+1+n)}{\Gamma(\alpha+1)}=\frac{\Gamma(\alpha+n+1)}{\Gamma(\alpha+1)}$, 则

$$
S_2(\alpha,b)=\frac{1}{\alpha^2\Gamma^3(\alpha)}\sum_{n=0}^{\infty}\frac{\Gamma(3\alpha+b+n)\Gamma(\alpha+1)}{\Gamma(\alpha+n+1)3^{3\alpha+b+n}}{}_2F_1\left(1,3\alpha+b+n;\alpha+1;\frac{1}{3}\right)
$$

由 $\Gamma(\alpha+1)=\alpha\Gamma(\alpha)$ 得

$$
\begin{aligned}
S_2(\alpha,b)&=\frac{1}{\alpha^2\Gamma^3(\alpha)}\sum_{n=0}^{\infty}\frac{\Gamma(3\alpha+b+n)\alpha\Gamma(\alpha)}{(\alpha+n)\Gamma(\alpha+n)3^{3\alpha+b+n}}{}_2F_1\left(1,3\alpha+b+n;\alpha+1;\frac{1}{3}\right)\\
&=\frac{1}{\alpha}\sum_{n=0}^{\infty}\frac{\Gamma(3\alpha+b+n)\,{}_2F_1\left(1,3\alpha+b+n;\alpha+1;\frac{1}{3}\right)}{3^{3\alpha+b+n}\Gamma^2(\alpha)(\alpha+n)\Gamma(\alpha+n)}
\end{aligned}
$$

根据 Beta 函数与 Gamma 函数的关系 $\mathrm{B}(a,b)=\frac{\Gamma(a)\Gamma(b)}{\Gamma(a+b)}$, 有 $\Gamma^2(\alpha)=\mathrm{B}(\alpha,\alpha)$

$\times\Gamma(2\alpha)$, 代入 $S_2(\alpha,b)$, 有

$$S_2(\alpha,b)=\frac{1}{\alpha}\sum_{n=0}^{\infty}\frac{\Gamma(3\alpha+b+n)\,{}_2F_1\left(1,3\alpha+b+n;\alpha+1;\dfrac{1}{3}\right)}{3^{3\alpha+b+n}\mathrm{B}(\alpha,\alpha)\Gamma(2\alpha)(\alpha+n)\Gamma(\alpha+n)}$$

$S_2(\alpha,b)$ 右端求和式分子分母同乘以 $\Gamma(b)$, 有

$$S_2(\alpha,b)=\frac{1}{\alpha}\sum_{n=0}^{\infty}\frac{\Gamma(3\alpha+b+n)\,{}_2F_1\left(1,3\alpha+b+n;\alpha+1;\dfrac{1}{3}\right)\Gamma(b)}{3^{3\alpha+b+n}\mathrm{B}(\alpha,\alpha)\Gamma(2\alpha)(\alpha+n)\Gamma(\alpha+n)\Gamma(b)}$$

根据 Beta 函数与 Gamma 函数的关系 $\mathrm{B}(2a,b)=\dfrac{\Gamma(2a)\Gamma(b)}{\Gamma(2a+b)}$, 有

$$\Gamma(2a)\Gamma(b)=\mathrm{B}(2\alpha,b)\Gamma(2\alpha+b)$$

代入 $S_2(\alpha,b)$, 有

$$S_2(\alpha,b)=\frac{1}{\alpha}\sum_{n=0}^{\infty}\frac{\Gamma(3\alpha+b+n)\,{}_2F_1\left(1,3\alpha+b+n;\alpha+1;\dfrac{1}{3}\right)\Gamma(b)}{3^{3\alpha+b+n}\mathrm{B}(\alpha,\alpha)\mathrm{B}(2\alpha,b)\Gamma(2\alpha+b)(\alpha+n)\Gamma(\alpha+n)}$$

同样 $\Gamma(2\alpha+b)\Gamma(\alpha+n)=\mathrm{B}(2\alpha+b,\alpha+n)\Gamma(3\alpha+b+n)$, 则

$$\begin{aligned}S_2(\alpha,b)&=\frac{1}{\alpha}\sum_{n=0}^{\infty}\frac{\Gamma(3\alpha+b+n)\,{}_2F_1\left(1,3\alpha+b+n;\alpha+1;\dfrac{1}{3}\right)\Gamma(b)}{3^{3\alpha+b+n}\mathrm{B}(\alpha,\alpha)\mathrm{B}(2\alpha,b)\mathrm{B}(2\alpha+b,\alpha+n)\Gamma(3\alpha+b+n)(\alpha+n)}\\&=\frac{1}{\alpha}\sum_{n=0}^{\infty}\frac{{}_2F_1\left(1,3\alpha+b+n;\alpha+1;\dfrac{1}{3}\right)\Gamma(b)}{3^{3\alpha+b+n}\mathrm{B}(\alpha,\alpha)\mathrm{B}(2\alpha,b)\mathrm{B}(2\alpha+b,\alpha+n)(\alpha+n)}\end{aligned}\tag{3-2-56}$$

将式 (3-2-56) 代入式 (3-2-46)

$$M_{1,2,0}=\frac{\delta}{3}+\frac{1}{\alpha\beta^b}\sum_{n=0}^{\infty}\frac{{}_2F_1\left(1,3\alpha+b+n;\alpha+1;\dfrac{1}{3}\right)\Gamma(b)}{3^{3\alpha+b+n}\mathrm{B}(\alpha,\alpha)\mathrm{B}(2\alpha,b)\mathrm{B}(2\alpha+b,\alpha+n)(\alpha+n)}\tag{3-2-57}$$

3.2.4.3 $S_3(\alpha,b)$ 计算

$$S_3(\alpha,b)=\frac{1}{\Gamma(\alpha)}\int_0^{\infty}\left[\int_0^{v}\frac{1}{\Gamma(\alpha)}u^{\alpha-1}e^{-u}du\right]^3 v^{\alpha+b-1}e^{-v}dv$$

$$= \frac{1}{\Gamma^4(\alpha)}\int_0^{\infty}\left[\int_0^v u^{\alpha-1}e^{-u}du\right]^2\left[\int_0^v u^{\alpha-1}e^{-u}du\right]v^{\alpha+b-1}e^{-v}dv$$

将式 (3-1-54) 代入上式, 有

$$\begin{aligned}
&S_3(\alpha,b)\\
&=\frac{1}{\Gamma^4(\alpha)}\int_0^{\infty}\left[\int_0^v u^{\alpha-1}e^{-u}du\right]^2\left[\alpha^{-1}v^{\alpha}e^{-v}\sum_{n=0}^{\infty}\frac{v^n}{(\alpha+1)_n}\right]v^{\alpha+b-1}e^{-v}dv\\
&=\frac{1}{\alpha\Gamma^4(\alpha)}\sum_{n=0}^{\infty}\frac{\displaystyle\int_0^{\infty}v^{2\alpha+b+n-1}e^{-2v}\left[\int_0^v u^{\alpha-1}e^{-u}du\right]\left[\int_0^v u^{\alpha-1}e^{-u}du\right]dv}{(\alpha+1)_n}\\
&=\frac{1}{\alpha\Gamma^4(\alpha)}\sum_{n=0}^{\infty}\frac{\displaystyle\int_0^{\infty}v^{2\alpha+b+n-1}e^{-2v}\left[\int_0^v u^{\alpha-1}e^{-u}du\right]\left[\alpha^{-1}v^{\alpha}e^{-v}\sum_{i=0}^{\infty}\frac{v^i}{(\alpha+1)_i}\right]dv}{(\alpha+1)_n}\\
&=\frac{1}{\alpha^2\Gamma^4(\alpha)}\sum_{n=0}^{\infty}\frac{\displaystyle\sum_{i=0}^{\infty}\frac{1}{(\alpha+1)_i}\int_0^{\infty}v^{3\alpha+b+n+i-1}e^{-3v}\left[\int_0^v u^{\alpha-1}e^{-u}du\right]dv}{(\alpha+1)_n}\\
&=\frac{1}{\alpha^2\Gamma^4(\alpha)}\sum_{n=0}^{\infty}\frac{\displaystyle\sum_{i=0}^{\infty}\frac{1}{(\alpha+1)_i}\int_0^{\infty}v^{3\alpha+b+n+i-1}e^{-3v}\left[\alpha^{-1}v^{\alpha}e^{-v}\sum_{j=0}^{\infty}\frac{v^j}{(\alpha+1)_j}\right]dv}{(\alpha+1)_n}\\
&=\frac{1}{\alpha^3\Gamma^4(\alpha)}\sum_{n=0}^{\infty}\frac{\displaystyle\sum_{i=0}^{\infty}\frac{1}{(\alpha+1)_i}\sum_{j=0}^{\infty}\frac{1}{(\alpha+1)_j}\int_0^{\infty}v^{4\alpha+b+n+i+j-1}e^{-4v}dv}{(\alpha+1)_n}
\end{aligned}$$

令 $t=4v$, 当 $v=0$ 时, $t=0$, 当 $v\to\infty$ 时, $t=\to\infty$, $v=\dfrac{t}{4}$, $dv=\dfrac{1}{4}dt$, 则

$$\begin{aligned}
&S_3(\alpha,b)\\
&=\frac{1}{\alpha^3\Gamma^4(\alpha)}\sum_{n=0}^{\infty}\frac{\displaystyle\sum_{i=0}^{\infty}\frac{1}{(\alpha+1)_i}\sum_{j=0}^{\infty}\frac{1}{(\alpha+1)_j}\int_0^{\infty}\left(\frac{t}{4}\right)^{4\alpha+b+n+i+j-1}e^{-4v}\frac{1}{4}dt}{(\alpha+1)_n}
\end{aligned}$$

$$= \frac{1}{\alpha^3\Gamma^4(\alpha)}\sum_{n=0}^{\infty}\frac{\sum_{i=0}^{\infty}\frac{1}{(\alpha+1)_i}\sum_{j=0}^{\infty}\frac{1}{(\alpha+1)_j}\frac{1}{4^{4\alpha+b+n+i+j}}\int_0^{\infty}t^{4\alpha+b+n+i+j-1}e^{-t}dt}{(\alpha+1)_n}$$

$$= \frac{1}{\alpha^3\Gamma^4(\alpha)}\sum_{n=0}^{\infty}\frac{\sum_{i=0}^{\infty}\frac{1}{(\alpha+1)_i}\sum_{j=0}^{\infty}\frac{1}{(\alpha+1)_j}\cdot\frac{\Gamma(4\alpha+b+n+i+j)}{4^{4\alpha+b+n+i+j}}}{(\alpha+1)_n}$$

根据 $(x)_n = \frac{\Gamma(x+n)}{\Gamma(x)}$, 有 $\Gamma(4\alpha+b+n+i+j) = \Gamma(4\alpha+b+n+i)(4\alpha+b+n+i)_j$, 则

$S_3(\alpha,b)$

$$= \frac{1}{\alpha^3\Gamma^4(\alpha)}\sum_{n=0}^{\infty}\frac{\sum_{i=0}^{\infty}\frac{1}{(\alpha+1)_i}\sum_{j=0}^{\infty}\frac{1}{(\alpha+1)_j}\frac{\Gamma(4\alpha+b+n+i)(4\alpha+b+n+i)_j}{4^{4\alpha+b+n+i+j}}}{(\alpha+1)_n}$$

$$= \frac{1}{\alpha^3\Gamma^4(\alpha)}\sum_{n=0}^{\infty}\frac{\sum_{i=0}^{\infty}\frac{\Gamma(4\alpha+b+n+i)}{(\alpha+1)_i 4^{4\alpha+b+n+i}}\sum_{j=0}^{\infty}\frac{1}{(\alpha+1)_j}\cdot\frac{(4\alpha+b+n+i)_j}{4^j}}{(\alpha+1)_n}$$

$$= \frac{1}{\alpha^3\Gamma^4(\alpha)}\sum_{n=0}^{\infty}\frac{1}{(\alpha+1)_n}\sum_{i=0}^{\infty}\frac{\Gamma(4\alpha+b+n+i)}{(\alpha+1)_i 4^{4\alpha+b+n+i}}\sum_{j=0}^{\infty}\frac{(4\alpha+b+n+i)_j}{(\alpha+1)_j}\cdot\frac{j!}{4^j j!}$$

$$= \frac{1}{\alpha^3\Gamma^4(\alpha)}\sum_{n=0}^{\infty}\frac{1}{(\alpha+1)_n}\sum_{i=0}^{\infty}\frac{\Gamma(4\alpha+b+n+i)\,{}_2F_1\left(1,4\alpha+b+n+i;\alpha+1;\frac{1}{4}\right)}{(\alpha+1)_i 4^{4\alpha+b+n+i}}$$

根据 $(x)_n = \frac{\Gamma(x+n)}{\Gamma(x)}$, $(\alpha+1)_i = \frac{\Gamma(\alpha+1+i)}{\Gamma(\alpha+1)} = \frac{\Gamma(\alpha+i+1)}{\Gamma(\alpha+1)}$, 有

$$S_3(\alpha,b) = \frac{1}{\alpha^3\Gamma^4(\alpha)}\sum_{n=0}^{\infty}\frac{1}{(\alpha+1)_n}$$

$$\times\sum_{i=0}^{\infty}\frac{\Gamma(4\alpha+b+n+i)\,{}_2F_1\left(1,4\alpha+b+n+i;\alpha+1;\frac{1}{4}\right)}{(\alpha+1)_i 4^{4\alpha+b+n+i}}$$

$$= \frac{1}{\alpha^3\Gamma^4(\alpha)}\sum_{n=0}^{\infty}\frac{1}{(\alpha+1)_n}$$

$$\times\sum_{i=0}^{\infty}\frac{\Gamma(4\alpha+b+n+i)\,{}_2F_1\left(1,4\alpha+b+n+i;\alpha+1;\dfrac{1}{4}\right)\Gamma(\alpha+1)}{\Gamma(\alpha+i+1)\,4^{4\alpha+b+n+i}}$$

根据 $(x)_n=\dfrac{\Gamma(x+n)}{\Gamma(x)}$, $(\alpha+1)_n=\dfrac{\Gamma(\alpha+1+n)}{\Gamma(\alpha+1)}=\dfrac{\Gamma(\alpha+n+1)}{\Gamma(\alpha+1)}$, 有

$$\begin{aligned}&S_3(\alpha,b)\\&=\frac{1}{\alpha^3\Gamma^4(\alpha)}\sum_{n=0}^{\infty}\sum_{i=0}^{\infty}\frac{\Gamma(4\alpha+b+n+i)\,{}_2F_1\left(1,4\alpha+b+n+i;\alpha+1;\dfrac{1}{4}\right)\Gamma^2(\alpha+1)}{\Gamma(\alpha+n+1)\Gamma(\alpha+i+1)\,4^{4\alpha+b+n+i}}\end{aligned}$$

根据 Gamma 函数的递归性 $\Gamma(\alpha+1)=\alpha\Gamma(\alpha)$, 化简上式, 得

$$S_3(\alpha,b)=\frac{1}{\alpha}\sum_{n=0}^{\infty}\sum_{i=0}^{\infty}\frac{\Gamma(4\alpha+b+n+i)\,{}_2F_1\left(1,4\alpha+b+n+i;\alpha+1;\dfrac{1}{4}\right)}{\Gamma(\alpha+n)\Gamma(\alpha+i)(\alpha+n)(\alpha+i)\,4^{4\alpha+b+n+i}\Gamma^2(\alpha)}\tag{3-2-58}$$

式 (3-2-58) 右端求和式分子分母同乘以 $\Gamma(b)$, 有

$$S_3(\alpha,b)=\frac{1}{\alpha}\sum_{n=0}^{\infty}\sum_{i=0}^{\infty}\frac{\Gamma(4\alpha+b+n+i)\,{}_2F_1\left(1,4\alpha+b+n+i;\alpha+1;\dfrac{1}{4}\right)\Gamma(b)}{\Gamma(\alpha+n)\Gamma(\alpha+i)(\alpha+n)(\alpha+i)\,4^{4\alpha+b+n+i}\Gamma^2(\alpha)\Gamma(b)}\tag{3-2-59}$$

同样, 为了防止 S 函数计算过程中数据溢出, 将式 (3-2-58) 中的 Gamma 函数进行组合, 并降阶化简为 Beta 函数的形式. 根据 Beta 函数与 Gamma 函数的关系 $\mathrm{B}(a,b)=\dfrac{\Gamma(a)\Gamma(b)}{\Gamma(a+b)}$, 有 $\Gamma^2(\alpha)=\mathrm{B}(\alpha,\alpha)\Gamma(2\alpha)$, 则

$$\begin{aligned}S_3(\alpha,b)=\frac{1}{\alpha}\sum_{n=0}^{\infty}\sum_{i=0}^{\infty}&\left[\frac{\Gamma(4\alpha+b+n+i)}{\Gamma(\alpha+n)\Gamma(\alpha+i)(\alpha+n)}\right.\\&\left.\times\frac{{}_2F_1\left(1,4\alpha+b+n+i;\alpha+1;\dfrac{1}{4}\right)\Gamma(b)}{\Gamma(\alpha+i)\,4^{4\alpha+b+n+i}\mathrm{B}(\alpha,\alpha)\Gamma(2\alpha)\Gamma(b)}\right]\end{aligned}$$

根据 Beta 函数与 Gamma 函数的关系 $\mathrm{B}(2a,b)=\dfrac{\Gamma(2a)\Gamma(b)}{\Gamma(2a+b)}$, 有 $\Gamma(2a)\Gamma(b)=$

$\mathrm{B}(2\alpha,b)\Gamma(2\alpha+b)$, 则

$$S_3(\alpha,b)=\frac{1}{\alpha}\sum_{n=0}^{\infty}\sum_{i=0}^{\infty}\left[\frac{\Gamma(4\alpha+b+n+i)}{\Gamma(\alpha+n)\Gamma(\alpha+i)(\alpha+n)}\right.$$

$$\left.\times\frac{{}_2F_1\left(1,4\alpha+b+n+i;\alpha+1;\frac{1}{4}\right)\Gamma(b)}{(\alpha+i)4^{4\alpha+b+n+i}\mathrm{B}(\alpha,\alpha)\mathrm{B}(2\alpha,b)\Gamma(2\alpha+b)}\right]$$

同样 $\Gamma(\alpha+n)\Gamma(\alpha+i)=\mathrm{B}(\alpha+n,\alpha+i)\Gamma(2\alpha+n+i)$, 则

$$S_3(\alpha,b)=\frac{1}{\alpha}\sum_{n=0}^{\infty}\sum_{i=0}^{\infty}\left[\frac{\Gamma(4\alpha+b+n+i)}{\mathrm{B}(\alpha+n,\alpha+i)\Gamma(2\alpha+n+i)}\right.$$

$$\left.\times\frac{{}_2F_1\left(1,4\alpha+b+n+i;\alpha+1;\frac{1}{4}\right)\Gamma(b)}{(\alpha+i)4^{4\alpha+b+n+i}\mathrm{B}(\alpha,\alpha)\mathrm{B}(2\alpha,b)\Gamma(2\alpha+b)}\right]$$

同样, $\Gamma(2\alpha+n+i)\Gamma(2\alpha+b)=\mathrm{B}(2\alpha+b,2\alpha+n+i)\Gamma(4\alpha+b+n+i)$, 代入 $S_3(\alpha,b)$, 有

$$S_3(\alpha,b)=\frac{1}{\alpha}\sum_{n=0}^{\infty}\sum_{i=0}^{\infty}\left[\frac{{}_2F_1\left(1,4\alpha+b+n+i;\alpha+1;\frac{1}{4}\right)\Gamma(b)}{\mathrm{B}(\alpha,\alpha)\mathrm{B}(\alpha+n,\alpha+i)\mathrm{B}(2\alpha,b)}\right.$$

$$\left.\times\frac{1}{\mathrm{B}(2\alpha+b,2\alpha+n+i)(\alpha+n)(\alpha+i)4^{4\alpha+b+n+i}}\right]\tag{3-2-60}$$

将式 (3-2-60) 代入式 (3-2-47) $M_{1,3,0}=\frac{\delta}{4}+\frac{1}{\beta^b}S_3(\alpha,b)$ 中, 有

$$M_{1,3,0}=\frac{\delta}{4}+\frac{1}{\alpha\beta^b}\sum_{n=0}^{\infty}\sum_{i=0}^{\infty}\left[\frac{{}_2F_1\left(1,4\alpha+b+n+i;\alpha+1;\frac{1}{4}\right)}{\mathrm{B}(\alpha,\alpha)\mathrm{B}(\alpha+n,\alpha+i)\mathrm{B}(2\alpha,b)}\right.$$

$$\left.\times\frac{\Gamma(b)}{\mathrm{B}(2\alpha+b,2\alpha+n+i)(\alpha+n)(\alpha+i)4^{4\alpha+b+n+i}}\right]\tag{3-2-61}$$

3.3　给定设计频率 p 下的设计值计算

给定设计频率 p (超越概率) 下, 设计值 x_p 可由式 (3-3-1) 计算.

$$x_p = \delta + \frac{1}{\beta^b} t_p^b = \bar{x}\left(1 + C_v \Phi_p\right) \tag{3-3-1}$$

式中, $\bar{x}$, C_v 分别为洪水样本的均值和变差系数; Φ_p 为 x_p 对应 p 的离均系数.

在给定总体的数学期望

$$\mu_1' = \frac{\Gamma\left(\alpha + b\right)}{\beta^b \Gamma\left(\alpha\right)} + \delta$$

和方差

$$\mu_2 = \frac{\Gamma\left(\alpha\right)\Gamma\left(\alpha + 2b\right) - \Gamma^2\left(\alpha + b\right)}{\beta^{2b}\Gamma^2\left(\alpha\right)}$$

下, 离均系数 Φ_p 计算式为

$$\begin{aligned}\Phi_p = \frac{x_p - \mu_1'}{\sqrt{\mu_2}} &= \frac{\delta + \dfrac{1}{\beta^b} t_p^b - \left[\dfrac{\Gamma(\alpha + b)}{\beta^b \Gamma(\alpha)} + \delta\right]}{\sqrt{\dfrac{\Gamma(\alpha)\Gamma(\alpha + 2b) - \Gamma^2(\alpha + b)}{\beta^{2b}\Gamma^2(\alpha)}}} \\ &= \frac{\dfrac{t_p^b \Gamma(\alpha) - \Gamma(\alpha + b)}{\beta^b \Gamma(\alpha)}}{\dfrac{1}{\beta^b \Gamma(\alpha)}\sqrt{\Gamma(\alpha)\Gamma(\alpha + 2b) - \Gamma^2(\alpha + b)}} = \frac{t_p^b \Gamma(\alpha) - \Gamma(\alpha + b)}{\sqrt{\Gamma(\alpha)\Gamma(\alpha + 2b) - \Gamma^2(\alpha + b)}}\end{aligned} \tag{3-3-2}$$

与其他分布函数相同, 我们可以给定设计频率 p 和偏态系数 C_s, 计算对应的 Φ_p. 但是, 由式 (3-3-2) 知, Φ_p 是 α, b, p 的函数. 可以给定 p, b 和 C_s, 由式 (3-3-3) 反推 α.

$$C_s = \frac{\Gamma^2\left(\alpha\right)\Gamma\left(\alpha + 3b\right) - 3\Gamma\left(\alpha\right)\Gamma\left(\alpha + b\right)\Gamma\left(\alpha + 2b\right) + 2\Gamma^3\left(\alpha + b\right)}{\left[\Gamma\left(\alpha\right)\Gamma\left(\alpha + 2b\right) - \Gamma^2\left(\alpha + b\right)\right]^{3/2}} \tag{3-3-3}$$

为了防止计算溢出, 式 (3-3-3) 的分子分母同除以 $\Gamma^3\left(\alpha\right)$ (孙济良和秦大庸, 1989, 2001), 有

$$C_s = \frac{\dfrac{\Gamma\left(\alpha + 3b\right)}{\Gamma\left(\alpha\right)} - 3\dfrac{\Gamma\left(\alpha + b\right)}{\Gamma\left(\alpha\right)}\dfrac{\Gamma\left(\alpha + 2b\right)}{\Gamma\left(\alpha\right)} + 2\dfrac{\Gamma\left(\alpha + b\right)}{\Gamma\left(\alpha\right)}\dfrac{\Gamma\left(\alpha + b\right)}{\Gamma\left(\alpha\right)}\dfrac{\Gamma\left(\alpha + b\right)}{\Gamma\left(\alpha\right)}}{\left[\dfrac{\Gamma\left(\alpha + 2b\right)}{\Gamma\left(\alpha\right)} - \dfrac{\Gamma\left(\alpha + b\right)}{\Gamma\left(\alpha\right)}\dfrac{\Gamma\left(\alpha + b\right)}{\Gamma\left(\alpha\right)}\right]^{3/2}} \tag{3-3-4}$$

式 (3-3-4) 右端每一项可采用先取对数, 后取指数计算. 如 $\text{cc1} = \ln[\Gamma(\alpha + 3b)] - \ln[\Gamma(\alpha)]$, $\text{cc1} = e^{\text{cc1}}$. 具体计算程序见程序 3-3-1. 表 3-3-1—表 3-3-40 列出了 $b = 0.25 : 0.25 : 10.0$, $C_s = 0.20 : 0.10 : 7.00$ 对应的 Φ_p 值. 如果已经获得参数 α, b, 则给定 p 的 Φ_p 值可由式 (3-3-2) 计算, 计算程序见程序 3-3-1.

```
% 程序 3-3-1 zeropljs202001.m
% 孙济良水文气象通用分布离均系数计算
clear;clc;
% 1.给定Cs,b下的离均系数计算
PP=[0.001 0.01 0.02 0.10 0.30 0.50 0.70 0.90 0.95 0.99 0.995 0.999];
nplot=length(PP);
mb=0.25;
fprintf(1,'                                          mb=%10.2f\n',mb);
fprintf(1,'=====================================================
====================================================================
======\n');
fprintf(1,'  Cs   malfa   0.001   0.01   0.02   0.10   0.30   0.50
      0.70   0.90   0.95   0.99   0.995   0.999\n');
fprintf(1,'=====================================================
====================================================================
======\n');

for cs=0.2:0.1:7.0
    % 由Cs,b计算a
    delta=0.0000001;aa=0.0001;bb=100000;% get c
    ya=myentropyfun202001(cs,mb,aa);
    yb=myentropyfun202001(cs,mb,bb);

    if ya*yb>0
       [ya   yb]
       break;
    end
    max1=1+round((log(bb-aa)-log(delta))/log(2));
    for kk=1:max1
        cc=(aa+bb)/2;
        yc=myentropyfun202001(cs,mb,cc);
        if yc==0
           aa=cc; bb=cc;
        elseif yb*yc>0
             bb=cc; yb=yc;
```

```
        else
            aa=cc; ya=yc;
        end
        if bb-aa<delta,break,end
        c2=(aa+bb)/2;err=abs(bb-aa);yc=myentropyfun202001(cs,mb,c2);
    end
    malfa=cc;
    %fprintf(1,'%10.2f %10.5f\n',malfa,yc);
    % 给定a,b下的离均系数计算
    % Frequency factors for the four parameters exponential gamma
        distribution

    fprintf(1,'%10.2f %10.4f',cs,malfa);
    for j=1:nplot
        mp=1-PP(j);tpp(j)=gaminv(mp,malfa,1);
        cc1=mb*log(tpp(j))+gammaln(malfa)-gammaln(malfa+mb);
        cc2=gammaln(malfa)+gammaln(malfa+2*mb)-2*gammaln(malfa+mb);
        qp(j)=(exp(cc1)-1)/sqrt(exp(cc2)-1);
        fprintf(1,'%10.4f',qp(j));
    end
    fprintf(1,'\n');
end
fprintf(1,'=====================================================
=============================================================
======\n');
return
% 2.给定a,b下的离均系数计算
% Frequency factors for the four parameters exponential gamma
    distribution
PP=[0.001 0.01 0.02 0.10 0.30 0.50 0.70 0.90 0.95 0.99 0.995 0.999];
nplot=length(PP);
mb=2.5;
fprintf(1,'


    mb=%10.2f\n',mb);
fprintf(1,'=====================================================
=============================================================
======\n');
fprintf(1,'    malfa    0.001    0.01    0.02    0.10    0.30    0.50
    0.70    0.90    0.95    0.99    0.995    0.999\n');
```

```
fprintf(1,'=======================================================
==================================================================
======\n');
for malfa=0.1:0.1:1.0
    fprintf(1,'%10.2f',malfa);
    for j=1:nplot
        mp=1-PP(j);tpp(j)=gaminv(mp,malfa,1);
        cc1=mb*log(tpp(j))+gammaln(malfa)-gammaln(malfa+mb);
        cc2=gammaln(malfa)+gammaln(malfa+2*mb)-2*gammaln(malfa+mb);
        qp(j)=(exp(cc1)-1)/sqrt(exp(cc2)-1);
        fprintf(1,'%10.4f',qp(j));
    end
    fprintf(1,'\n');
end
for malfa=2.0:2.0:10.0
    fprintf(1,'%10.2f',malfa);
    for j=1:nplot
        mp=1-PP(j);tpp(j)=gaminv(mp,malfa,1);
        cc1=mb*log(tpp(j))+gammaln(malfa)-gammaln(malfa+mb);
        cc2=gammaln(malfa)+gammaln(malfa+2*mb)-2*gammaln(malfa+mb);
        qp(j)=(exp(cc1)-1)/sqrt(exp(cc2)-1);
        fprintf(1,'%10.4f',qp(j));
    end
    fprintf(1,'\n');
end
for malfa=20:20:100.0
    fprintf(1,'%10.2f',malfa);
    for j=1:nplot
        mp=1-PP(j);tpp(j)=gaminv(mp,malfa,1);
        cc1=mb*log(tpp(j))+gammaln(malfa)-gammaln(malfa+mb);
        cc2=gammaln(malfa)+gammaln(malfa+2*mb)-2*gammaln(malfa+mb);
        qp(j)=(exp(cc1)-1)/sqrt(exp(cc2)-1);
        fprintf(1,'%10.4f',qp(j));
    end
    fprintf(1,'\n');
end
for malfa=200:200:1000.0
    fprintf(1,'%10.2f',malfa);
    for j=1:nplot
        mp=1-PP(j);tpp(j)=gaminv(mp,malfa,1);
```

```
        cc1=mb*log(tpp(j))+gammaln(malfa)-gammaln(malfa+mb);
        cc2=gammaln(malfa)+gammaln(malfa+2*mb)-2*gammaln(malfa+mb);
        qp(j)=(exp(cc1)-1)/sqrt(exp(cc2)-1);
        fprintf(1,'%10.4f',qp(j));
    end
    fprintf(1,'\n');
end
fprintf(1,'=============================================================
=============================================================
======\n');
return
function mlfuction=myentropyfun202001(cs,b,a)
cc1=gammaln(a+3*b)-gammaln(a);
cc1=exp(cc1);
cc2=log(3)+gammaln(a+b)-gammaln(a)+gammaln(a+2*b)-gammaln(a);
cc2=exp(cc2);
cc3=log(2)+gammaln(a+b)-gammaln(a)+gammaln(a+b)-gammaln(a)+gammaln(a
   +b)-gammaln(a);
cc3=exp(cc3);
cc4=gammaln(a+2*b)-gammaln(a);
cc4=exp(cc4);
cc5=gammaln(a+b)-gammaln(a)+gammaln(a+b)-gammaln(a);
cc5=exp(cc5);
ff=cs-(cc1-cc2+cc3)/(cc4-cc5)^(3/2);
mlfuction=-ff;
return
```

表 3-3-1　四参数指数 Gamma 分布离均系数 Φ_p ($b = 0.25$)

C_s	α	0.001	0.01	0.02	0.10	0.30	0.50	0.70	0.90	0.95	0.99	0.995	0.999
0.20	0.3825	2.8928	2.2902	2.0585	1.3458	0.5583	−0.0288	−0.6139	−1.3294	−1.5750	−1.8537	−1.9082	−1.9700
0.30	0.3161	2.9490	2.3385	2.1023	1.3699	0.5522	−0.0559	−0.6457	−1.3095	−1.5109	−1.7095	−1.7421	−1.7742
0.40	0.2673	3.0134	2.3918	2.1499	1.3941	0.5425	−0.0867	−0.6762	−1.2805	−1.4408	−1.5775	−1.5961	−1.6120
0.50	0.2295	3.0850	2.4495	2.2008	1.4179	0.5291	−0.1206	−0.7043	−1.2439	−1.3676	−1.4583	−1.4684	−1.4758
0.60	0.1994	3.1629	2.5111	2.2545	1.4411	0.5118	−0.1572	−0.7287	−1.2012	−1.2937	−1.3516	−1.3568	−1.3600
0.70	0.1749	3.2465	2.5759	2.3105	1.4633	0.4905	−0.1955	−0.7487	−1.1542	−1.2211	−1.2566	−1.2591	−1.2605
0.80	0.1545	3.3353	2.6438	2.3685	1.4841	0.4652	−0.2349	−0.7636	−1.1046	−1.1513	−1.1722	−1.1734	−1.1739
0.90	0.1374	3.4288	2.7141	2.4282	1.5032	0.4359	−0.2743	−0.7730	−1.0538	−1.0854	−1.0972	−1.0976	−1.0978
1.00	0.1228	3.5266	2.7867	2.4891	1.5202	0.4029	−0.3129	−0.7769	−1.0034	−1.0239	−1.0303	−1.0304	−1.0305
1.10	0.1104	3.6281	2.8612	2.5511	1.5349	0.3665	−0.3498	−0.7753	−0.9542	−0.9671	−0.9704	−0.9704	−0.9705
1.20	0.0996	3.7332	2.9372	2.6136	1.5469	0.3269	−0.3841	−0.7688	−0.9072	−0.9149	−0.9165	−0.9166	−0.9166
1.30	0.0903	3.8413	3.0144	2.6765	1.5560	0.2847	−0.4152	−0.7579	−0.8627	−0.8672	−0.8679	−0.8679	−0.8679
1.40	0.0821	3.9523	3.0926	2.7395	1.5620	0.2405	−0.4425	−0.7434	−0.8210	−0.8235	−0.8239	−0.8239	−0.8239
1.50	0.0749	4.0657	3.1715	2.8023	1.5647	0.1948	−0.4657	−0.7259	−0.7823	−0.7836	−0.7837	−0.7837	−0.7837
1.60	0.0686	4.1813	3.2509	2.8647	1.5639	0.1484	−0.4845	−0.7063	−0.7463	−0.7470	−0.7471	−0.7471	−0.7471
1.70	0.0630	4.2988	3.3305	2.9265	1.5596	0.1019	−0.4991	−0.6852	−0.7131	−0.7134	−0.7134	−0.7134	−0.7134

续表

C_s	α	0.001	0.01	0.02	0.10	0.30	0.50	0.70	0.90	0.95	0.99	0.995	0.999
1.80	0.0580	4.4180	3.4101	2.9875	1.5515	0.0559	−0.5094	−0.6634	−0.6823	−0.6825	−0.6825	−0.6825	−0.6825
1.90	0.0536	4.5387	3.4895	3.0474	1.5397	0.0110	−0.5157	−0.6412	−0.6539	−0.6540	−0.6540	−0.6540	−0.6540
2.00	0.0496	4.6606	3.5686	3.1062	1.5242	−0.0322	−0.5185	−0.6193	−0.6275	−0.6276	−0.6276	−0.6276	−0.6276
2.10	0.0460	4.7837	3.6473	3.1637	1.5050	−0.0731	−0.5180	−0.5978	−0.6031	−0.6031	−0.6031	−0.6031	−0.6031
2.20	0.0428	4.9076	3.7252	3.2196	1.4821	−0.1115	−0.5148	−0.5770	−0.5803	−0.5803	−0.5803	−0.5803	−0.5803
2.30	0.0399	5.0322	3.8024	3.2740	1.4557	−0.1469	−0.5092	−0.5571	−0.5591	−0.5592	−0.5592	−0.5592	−0.5592
2.40	0.0372	5.1575	3.8788	3.3267	1.4258	−0.1792	−0.5018	−0.5381	−0.5394	−0.5394	−0.5394	−0.5394	−0.5394
2.50	0.0348	5.2833	3.9541	3.3776	1.3926	−0.2082	−0.4929	−0.5201	−0.5209	−0.5209	−0.5209	−0.5209	−0.5209
2.60	0.0326	5.4094	4.0283	3.4266	1.3564	−0.2338	−0.4830	−0.5031	−0.5035	−0.5035	−0.5035	−0.5035	−0.5035
2.70	0.0306	5.5358	4.1013	3.4735	1.3173	−0.2562	−0.4724	−0.4870	−0.4872	−0.4872	−0.4872	−0.4872	−0.4872
2.80	0.0288	5.6623	4.1731	3.5185	1.2755	−0.2752	−0.4613	−0.4718	−0.4719	−0.4719	−0.4719	−0.4719	−0.4719
2.90	0.0271	5.7889	4.2436	3.5613	1.2313	−0.2912	−0.4500	−0.4574	−0.4575	−0.4575	−0.4575	−0.4575	−0.4575
3.00	0.0256	5.9156	4.3126	3.6019	1.1851	−0.3042	−0.4387	−0.4438	−0.4439	−0.4439	−0.4439	−0.4439	−0.4439
3.10	0.0242	6.0421	4.3802	3.6403	1.1369	−0.3145	−0.4274	−0.4310	−0.4310	−0.4310	−0.4310	−0.4310	−0.4310
3.20	0.0229	6.1685	4.4463	3.6764	1.0873	−0.3223	−0.4164	−0.4189	−0.4189	−0.4189	−0.4189	−0.4189	−0.4189
3.30	0.0217	6.2948	4.5108	3.7103	1.0364	−0.3278	−0.4057	−0.4073	−0.4074	−0.4074	−0.4074	−0.4074	−0.4074
3.40	0.0206	6.4207	4.5737	3.7417	0.9845	−0.3314	−0.3953	−0.3964	−0.3964	−0.3964	−0.3964	−0.3964	−0.3964
3.50	0.0195	6.5464	4.6350	3.7708	0.9320	−0.3332	−0.3853	−0.3860	−0.3861	−0.3861	−0.3861	−0.3861	−0.3861
3.60	0.0186	6.6718	4.6946	3.7975	0.8791	−0.3336	−0.3757	−0.3762	−0.3762	−0.3762	−0.3762	−0.3762	−0.3762
3.70	0.0177	6.7967	4.7525	3.8217	0.8261	−0.3327	−0.3665	−0.3668	−0.3668	−0.3668	−0.3668	−0.3668	−0.3668
3.80	0.0168	6.9213	4.8087	3.8436	0.7733	−0.3307	−0.3577	−0.3578	−0.3578	−0.3578	−0.3578	−0.3578	−0.3578
3.90	0.0161	7.0454	4.8631	3.8630	0.7209	−0.3279	−0.3492	−0.3493	−0.3493	−0.3493	−0.3493	−0.3493	−0.3493
4.00	0.0153	7.1690	4.9157	3.8799	0.6692	−0.3243	−0.3411	−0.3412	−0.3412	−0.3412	−0.3412	−0.3412	−0.3412
4.10	0.0147	7.2921	4.9665	3.8944	0.6183	−0.3203	−0.3333	−0.3334	−0.3334	−0.3334	−0.3334	−0.3334	−0.3334
4.20	0.0140	7.4147	5.0155	3.9064	0.5686	−0.3158	−0.3259	−0.3259	−0.3259	−0.3259	−0.3259	−0.3259	−0.3259
4.30	0.0134	7.5368	5.0627	3.9160	0.5201	−0.3110	−0.3188	−0.3188	−0.3188	−0.3188	−0.3188	−0.3188	−0.3188
4.40	0.0129	7.6582	5.1080	3.9231	0.4731	−0.3060	−0.3120	−0.3120	−0.3120	−0.3120	−0.3120	−0.3120	−0.3120
4.50	0.0123	7.7792	5.1515	3.9279	0.4276	−0.3009	−0.3054	−0.3054	−0.3054	−0.3054	−0.3054	−0.3054	−0.3054
4.60	0.0119	7.8994	5.1931	3.9302	0.3837	−0.2957	−0.2991	−0.2991	−0.2991	−0.2991	−0.2991	−0.2991	−0.2991
4.70	0.0114	8.0191	5.2328	3.9301	0.3417	−0.2905	−0.2931	−0.2931	−0.2931	−0.2931	−0.2931	−0.2931	−0.2931
4.80	0.0109	8.1381	5.2706	3.9276	0.3015	−0.2854	−0.2873	−0.2873	−0.2873	−0.2873	−0.2873	−0.2873	−0.2873
4.90	0.0105	8.2565	5.3065	3.9228	0.2633	−0.2803	−0.2817	−0.2817	−0.2817	−0.2817	−0.2817	−0.2817	−0.2817
5.00	0.0101	8.3743	5.3406	3.9156	0.2269	−0.2753	−0.2763	−0.2763	−0.2763	−0.2763	−0.2763	−0.2763	−0.2763
5.10	0.0098	8.4914	5.3727	3.9062	0.1926	−0.2704	−0.2711	−0.2711	−0.2711	−0.2711	−0.2711	−0.2711	−0.2711
5.20	0.0094	8.6078	5.4029	3.8945	0.1603	−0.2656	−0.2661	−0.2661	−0.2661	−0.2661	−0.2661	−0.2661	−0.2661
5.30	0.0091	8.7235	5.4313	3.8805	0.1299	−0.2609	−0.2613	−0.2613	−0.2613	−0.2613	−0.2613	−0.2613	−0.2613
5.40	0.0088	8.8386	5.4577	3.8644	0.1015	−0.2564	−0.2566	−0.2566	−0.2566	−0.2566	−0.2566	−0.2566	−0.2566
5.50	0.0085	8.9529	5.4822	3.8461	0.0750	−0.2520	−0.2522	−0.2522	−0.2522	−0.2522	−0.2522	−0.2522	−0.2522
5.60	0.0082	9.0666	5.5049	3.8257	0.0504	−0.2477	−0.2478	−0.2478	−0.2478	−0.2478	−0.2478	−0.2478	−0.2478
5.70	0.0079	9.1795	5.5256	3.8033	0.0276	−0.2435	−0.2436	−0.2436	−0.2436	−0.2436	−0.2436	−0.2436	−0.2436
5.80	0.0077	9.2917	5.5445	3.7788	0.0066	−0.2395	−0.2396	−0.2396	−0.2396	−0.2396	−0.2396	−0.2396	−0.2396
5.90	0.0074	9.4031	5.5615	3.7524	−0.0127	−0.2356	−0.2356	−0.2356	−0.2356	−0.2356	−0.2356	−0.2356	−0.2356
6.00	0.0072	9.5139	5.5766	3.7241	−0.0304	−0.2318	−0.2318	−0.2318	−0.2318	−0.2318	−0.2318	−0.2318	−0.2318
6.10	0.0069	9.6239	5.5898	3.6939	−0.0465	−0.2281	−0.2282	−0.2282	−0.2282	−0.2282	−0.2282	−0.2282	−0.2282
6.20	0.0067	9.7333	5.6012	3.6619	−0.0612	−0.2246	−0.2246	−0.2246	−0.2246	−0.2246	−0.2246	−0.2246	−0.2246
6.30	0.0065	9.8419	5.6107	3.6282	−0.0744	−0.2211	−0.2211	−0.2211	−0.2211	−0.2211	−0.2211	−0.2211	−0.2211
6.40	0.0063	9.9497	5.6184	3.5928	−0.0863	−0.2178	−0.2178	−0.2178	−0.2178	−0.2178	−0.2178	−0.2178	−0.2178
6.50	0.0061	10.0569	5.6243	3.5557	−0.0970	−0.2145	−0.2145	−0.2145	−0.2145	−0.2145	−0.2145	−0.2145	−0.2145
6.60	0.0060	10.1633	5.6283	3.5171	−0.1065	−0.2113	−0.2114	−0.2114	−0.2114	−0.2114	−0.2114	−0.2114	−0.2114
6.70	0.0058	10.2689	5.6306	3.4771	−0.1149	−0.2083	−0.2083	−0.2083	−0.2083	−0.2083	−0.2083	−0.2083	−0.2083
6.80	0.0056	10.3738	5.6310	3.4356	−0.1223	−0.2053	−0.2053	−0.2053	−0.2053	−0.2053	−0.2053	−0.2053	−0.2053
6.90	0.0055	10.4779	5.6297	3.3927	−0.1289	−0.2024	−0.2024	−0.2024	−0.2024	−0.2024	−0.2024	−0.2024	−0.2024
7.00	0.0053	10.5813	5.6267	3.3486	−0.1345	−0.1996	−0.1996	−0.1996	−0.1996	−0.1996	−0.1996	−0.1996	−0.1996

表 3-3-2 四参数指数 Gamma 分布离均系数 Φ_p ($b = 0.50$)

C_s	α	0.001	0.01	0.02	0.10	0.30	0.50	0.70	0.90	0.95	0.99	0.995	0.999
0.20	6.8312	3.3356	2.4608	2.1544	1.3051	0.5024	−0.0336	−0.5512	−1.2624	−1.5868	−2.1626	−2.3620	−2.7523
0.30	3.3132	3.4388	2.5217	2.2015	1.3181	0.4924	−0.0509	−0.5666	−1.2536	−1.5557	−2.0671	−2.2348	−2.5458
0.40	2.0465	3.5368	2.5812	2.2479	1.3315	0.4823	−0.0690	−0.5830	−1.2442	−1.5215	−1.9623	−2.0963	−2.3259
0.50	1.4331	3.6331	2.6404	2.2945	1.3451	0.4715	−0.0884	−0.6004	−1.2326	−1.4829	−1.8500	−1.9509	−2.1075
0.60	1.0804	3.7300	2.7005	2.3417	1.3584	0.4596	−0.1091	−0.6182	−1.2178	−1.4390	−1.7332	−1.8048	−1.9038
0.70	0.8541	3.8287	2.7616	2.3896	1.3714	0.4461	−0.1313	−0.6362	−1.1988	−1.3895	−1.6162	−1.6641	−1.7223
0.80	0.6974	3.9298	2.8240	2.4384	1.3838	0.4309	−0.1550	−0.6538	−1.1750	−1.3351	−1.5029	−1.5331	−1.5651
0.90	0.5832	4.0336	2.8877	2.4879	1.3952	0.4138	−0.1799	−0.6702	−1.1465	−1.2770	−1.3964	−1.4143	−1.4309
1.00	0.4964	4.1401	2.9525	2.5379	1.4055	0.3948	−0.2059	−0.6851	−1.1135	−1.2167	−1.2984	−1.3085	−1.3165
1.10	0.4285	4.2493	3.0183	2.5883	1.4144	0.3737	−0.2327	−0.6976	−1.0768	−1.1560	−1.2097	−1.2151	−1.2188
1.20	0.3741	4.3609	3.0849	2.6388	1.4219	0.3506	−0.2598	−0.7074	−1.0373	−1.0962	−1.1302	−1.1330	−1.1345
1.30	0.3297	4.4748	3.1520	2.6893	1.4276	0.3256	−0.2869	−0.7141	−0.9962	−1.0386	−1.0594	−1.0607	−1.0613
1.40	0.2929	4.5907	3.2195	2.7395	1.4315	0.2988	−0.3136	−0.7174	−0.9544	−0.9840	−0.9962	−0.9968	−0.9970
1.50	0.2620	4.7084	3.2872	2.7893	1.4335	0.2703	−0.3393	−0.7173	−0.9129	−0.9329	−0.9398	−0.9401	−0.9402
1.60	0.2357	4.8277	3.3548	2.8385	1.4334	0.2404	−0.3637	−0.7138	−0.8724	−0.8855	−0.8893	−0.8894	−0.8894
1.70	0.2132	4.9483	3.4223	2.8869	1.4313	0.2093	−0.3864	−0.7071	−0.8335	−0.8418	−0.8438	−0.8439	−0.8439
1.80	0.1938	5.0701	3.4893	2.9343	1.4270	0.1772	−0.4070	−0.6976	−0.7966	−0.8017	−0.8027	−0.8027	−0.8027
1.90	0.1769	5.1928	3.5559	2.9808	1.4205	0.1445	−0.4253	−0.6855	−0.7618	−0.7649	−0.7654	−0.7654	−0.7654
2.00	0.1621	5.3162	3.6218	3.0260	1.4118	0.1113	−0.4411	−0.6715	−0.7293	−0.7311	−0.7313	−0.7313	−0.7313
2.10	0.1490	5.4401	3.6869	3.0700	1.4010	0.0781	−0.4543	−0.6559	−0.6990	−0.7000	−0.7001	−0.7001	−0.7001
2.20	0.1375	5.5645	3.7511	3.1127	1.3880	0.0451	−0.4647	−0.6392	−0.6708	−0.6714	−0.6714	−0.6714	−0.6714
2.30	0.1272	5.6892	3.8144	3.1539	1.3729	0.0125	−0.4725	−0.6218	−0.6446	−0.6449	−0.6449	−0.6449	−0.6449
2.40	0.1180	5.8139	3.8766	3.1936	1.3558	−0.0193	−0.4778	−0.6040	−0.6203	−0.6204	−0.6204	−0.6204	−0.6204
2.50	0.1098	5.9387	3.9376	3.2318	1.3366	−0.0501	−0.4807	−0.5862	−0.5976	−0.5977	−0.5977	−0.5977	−0.5977
2.60	0.1023	6.0633	3.9974	3.2683	1.3154	−0.0796	−0.4813	−0.5686	−0.5764	−0.5765	−0.5765	−0.5765	−0.5765
2.70	0.0956	6.1878	4.0560	3.3033	1.2924	−0.1077	−0.4799	−0.5514	−0.5567	−0.5567	−0.5567	−0.5567	−0.5567
2.80	0.0895	6.3119	4.1133	3.3366	1.2676	−0.1341	−0.4768	−0.5347	−0.5383	−0.5383	−0.5383	−0.5383	−0.5383
2.90	0.0840	6.4357	4.1692	3.3682	1.2411	−0.1588	−0.4723	−0.5186	−0.5210	−0.5210	−0.5210	−0.5210	−0.5210
3.00	0.0790	6.5591	4.2237	3.3980	1.2131	−0.1816	−0.4664	−0.5032	−0.5047	−0.5047	−0.5047	−0.5047	−0.5047
3.10	0.0744	6.6819	4.2768	3.4262	1.1835	−0.2024	−0.4596	−0.4885	−0.4894	−0.4894	−0.4894	−0.4894	−0.4894
3.20	0.0701	6.8042	4.3285	3.4527	1.1525	−0.2212	−0.4520	−0.4744	−0.4750	−0.4750	−0.4750	−0.4750	−0.4750
3.30	0.0663	6.9259	4.3787	3.4774	1.1203	−0.2380	−0.4438	−0.4611	−0.4614	−0.4614	−0.4614	−0.4614	−0.4614
3.40	0.0627	7.0469	4.4275	3.5003	1.0870	−0.2528	−0.4352	−0.4484	−0.4486	−0.4486	−0.4486	−0.4486	−0.4486
3.50	0.0594	7.1672	4.4748	3.5216	1.0526	−0.2656	−0.4264	−0.4363	−0.4364	−0.4364	−0.4364	−0.4364	−0.4364
3.60	0.0564	7.2868	4.5205	3.5411	1.0173	−0.2766	−0.4174	−0.4248	−0.4249	−0.4249	−0.4249	−0.4249	−0.4249
3.70	0.0535	7.4057	4.5648	3.5589	0.9813	−0.2858	−0.4084	−0.4139	−0.4139	−0.4139	−0.4139	−0.4139	−0.4139
3.80	0.0509	7.5238	4.6076	3.5750	0.9445	−0.2934	−0.3995	−0.4035	−0.4035	−0.4035	−0.4035	−0.4035	−0.4035
3.90	0.0485	7.6410	4.6488	3.5894	0.9073	−0.2993	−0.3907	−0.3936	−0.3936	−0.3936	−0.3936	−0.3936	−0.3936
4.00	0.0462	7.7574	4.6886	3.6022	0.8696	−0.3038	−0.3821	−0.3842	−0.3842	−0.3842	−0.3842	−0.3842	−0.3842
4.10	0.0441	7.8730	4.7269	3.6133	0.8316	−0.3071	−0.3737	−0.3752	−0.3752	−0.3752	−0.3752	−0.3752	−0.3752
4.20	0.0421	7.9878	4.7637	3.6227	0.7935	−0.3091	−0.3655	−0.3666	−0.3666	−0.3666	−0.3666	−0.3666	−0.3666
4.30	0.0403	8.1016	4.7990	3.6305	0.7553	−0.3101	−0.3576	−0.3583	−0.3583	−0.3583	−0.3583	−0.3583	−0.3583
4.40	0.0386	8.2146	4.8328	3.6367	0.7172	−0.3102	−0.3500	−0.3505	−0.3505	−0.3505	−0.3505	−0.3505	−0.3505
4.50	0.0370	8.3267	4.8651	3.6413	0.6792	−0.3094	−0.3426	−0.3430	−0.3430	−0.3430	−0.3430	−0.3430	−0.3430
4.60	0.0354	8.4378	4.8960	3.6444	0.6416	−0.3080	−0.3355	−0.3357	−0.3357	−0.3357	−0.3357	−0.3357	−0.3357
4.70	0.0340	8.5481	4.9254	3.6459	0.6043	−0.3059	−0.3286	−0.3288	−0.3288	−0.3288	−0.3288	−0.3288	−0.3288
4.80	0.0327	8.6575	4.9534	3.6459	0.5674	−0.3034	−0.3221	−0.3222	−0.3222	−0.3222	−0.3222	−0.3222	−0.3222
4.90	0.0314	8.7659	4.9799	3.6444	0.5312	−0.3005	−0.3157	−0.3158	−0.3158	−0.3158	−0.3158	−0.3158	−0.3158
5.00	0.0302	8.8734	5.0050	3.6414	0.4956	−0.2972	−0.3096	−0.3096	−0.3096	−0.3096	−0.3096	−0.3096	−0.3096
5.10	0.0291	8.9800	5.0288	3.6370	0.4607	−0.2937	−0.3037	−0.3037	−0.3037	−0.3037	−0.3037	−0.3037	−0.3037
5.20	0.0280	9.0856	5.0511	3.6312	0.4266	−0.2899	−0.2980	−0.2980	−0.2980	−0.2980	−0.2980	−0.2980	−0.2980
5.30	0.0270	9.1904	5.0720	3.6240	0.3934	−0.2861	−0.2925	−0.2926	−0.2926	−0.2926	−0.2926	−0.2926	−0.2926
5.40	0.0260	9.2942	5.0916	3.6155	0.3611	−0.2821	−0.2873	−0.2873	−0.2873	−0.2873	−0.2873	−0.2873	−0.2873

续表

C_s	α	0.001	0.01	0.02	0.10	0.30	0.50	0.70	0.90	0.95	0.99	0.995	0.999
5.50	0.0251	9.3971	5.1098	3.6056	0.3297	−0.2781	−0.2822	−0.2822	−0.2822	−0.2822	−0.2822	−0.2822	−0.2822
5.60	0.0243	9.4991	5.1267	3.5944	0.2994	−0.2740	−0.2772	−0.2772	−0.2772	−0.2772	−0.2772	−0.2772	−0.2772
5.70	0.0234	9.6001	5.1423	3.5819	0.2702	−0.2699	−0.2725	−0.2725	−0.2725	−0.2725	−0.2725	−0.2725	−0.2725
5.80	0.0227	9.7002	5.1565	3.5681	0.2420	−0.2659	−0.2679	−0.2679	−0.2679	−0.2679	−0.2679	−0.2679	−0.2679
5.90	0.0219	9.7995	5.1695	3.5532	0.2150	−0.2619	−0.2634	−0.2634	−0.2634	−0.2634	−0.2634	−0.2634	−0.2634
6.00	0.0212	9.8978	5.1812	3.5370	0.1891	−0.2579	−0.2591	−0.2591	−0.2591	−0.2591	−0.2591	−0.2591	−0.2591
6.10	0.0205	9.9951	5.1916	3.5197	0.1643	−0.2540	−0.2550	−0.2550	−0.2550	−0.2550	−0.2550	−0.2550	−0.2550
6.20	0.0199	10.0917	5.2008	3.5012	0.1407	−0.2502	−0.2509	−0.2509	−0.2509	−0.2509	−0.2509	−0.2509	−0.2509
6.30	0.0193	10.1872	5.2087	3.4816	0.1183	−0.2465	−0.2470	−0.2470	−0.2470	−0.2470	−0.2470	−0.2470	−0.2470
6.40	0.0187	10.2819	5.2154	3.4610	0.0970	−0.2428	−0.2432	−0.2432	−0.2432	−0.2432	−0.2432	−0.2432	−0.2432
6.50	0.0181	10.3757	5.2209	3.4393	0.0768	−0.2392	−0.2395	−0.2395	−0.2395	−0.2395	−0.2395	−0.2395	−0.2395
6.60	0.0176	10.4686	5.2252	3.4166	0.0578	−0.2357	−0.2360	−0.2360	−0.2360	−0.2360	−0.2360	−0.2360	−0.2360
6.70	0.0171	10.5606	5.2284	3.3928	0.0398	−0.2323	−0.2325	−0.2325	−0.2325	−0.2325	−0.2325	−0.2325	−0.2325
6.80	0.0166	10.6518	5.2304	3.3681	0.0230	−0.2290	−0.2291	−0.2291	−0.2291	−0.2291	−0.2291	−0.2291	−0.2291
6.90	0.0161	10.7420	5.2312	3.3425	0.0072	−0.2258	−0.2259	−0.2259	−0.2259	−0.2259	−0.2259	−0.2259	−0.2259
7.00	0.0157	10.8314	5.2310	3.3160	−0.0076	−0.2226	−0.2227	−0.2227	−0.2227	−0.2227	−0.2227	−0.2227	−0.2227

表 3-3-3 四参数指数 Gamma 分布离均系数 Φ_p ($b = 0.75$)

C_s	α	0.001	0.01	0.02	0.10	0.30	0.50	0.70	0.90	0.95	0.99	0.995	0.999
0.20	39.1675	3.3702	2.4705	2.1587	1.3017	0.4997	−0.0334	−0.5481	−1.2588	−1.5861	−2.1760	−2.3841	−2.8000
0.30	17.4645	3.5066	2.5407	2.2096	1.3110	0.4870	−0.0502	−0.5597	−1.2463	−1.5551	−2.0982	−2.2853	−2.6512
0.40	9.8668	3.6411	2.6097	2.2595	1.3196	0.4738	−0.0672	−0.5711	−1.2330	−1.5229	−2.0186	−2.1845	−2.5005
0.50	6.3484	3.7739	2.6778	2.3087	1.3276	0.4603	−0.0843	−0.5824	−1.2187	−1.4894	−1.9372	−2.0819	−2.3487
0.60	4.4355	3.9053	2.7451	2.3571	1.3350	0.4463	−0.1017	−0.5934	−1.2033	−1.4543	−1.8540	−1.9778	−2.1972
0.70	3.2804	4.0356	2.8116	2.4049	1.3418	0.4317	−0.1193	−0.6041	−1.1867	−1.4176	−1.7693	−1.8729	−2.0476
0.80	2.5291	4.1652	2.8776	2.4520	1.3478	0.4165	−0.1372	−0.6145	−1.1686	−1.3792	−1.6837	−1.7681	−1.9023
0.90	2.0125	4.2942	2.9429	2.4985	1.3531	0.4007	−0.1554	−0.6245	−1.1490	−1.3390	−1.5978	−1.6644	−1.7634
1.00	1.6418	4.4228	3.0078	2.5444	1.3575	0.3841	−0.1738	−0.6340	−1.1277	−1.2970	−1.5124	−1.5633	−1.6331
1.10	1.3663	4.5513	3.0721	2.5897	1.3610	0.3667	−0.1924	−0.6427	−1.1046	−1.2534	−1.4286	−1.4662	−1.5131
1.20	1.1559	4.6796	3.1359	2.6342	1.3635	0.3486	−0.2112	−0.6507	−1.0796	−1.2085	−1.3475	−1.3741	−1.4043
1.30	0.9913	4.8079	3.1992	2.6780	1.3649	0.3297	−0.2301	−0.6576	−1.0529	−1.1626	−1.2701	−1.2882	−1.3066
1.40	0.8600	4.9361	3.2618	2.7210	1.3651	0.3100	−0.2489	−0.6633	−1.0245	−1.1162	−1.1971	−1.2089	−1.2196
1.50	0.7534	5.0643	3.3237	2.7631	1.3642	0.2895	−0.2676	−0.6678	−0.9947	−1.0699	−1.1291	−1.1365	−1.1424
1.60	0.6658	5.1924	3.3849	2.8042	1.3620	0.2683	−0.2859	−0.6707	−0.9637	−1.0242	−1.0663	−1.0707	−1.0739
1.70	0.5927	5.3204	3.4452	2.8443	1.3586	0.2464	−0.3038	−0.6722	−0.9320	−0.9795	−1.0087	−1.0113	−1.0129
1.80	0.5312	5.4481	3.5047	2.8834	1.3538	0.2240	−0.3212	−0.6719	−0.8999	−0.9365	−0.9562	−0.9576	−0.9583
1.90	0.4788	5.5756	3.5631	2.9213	1.3477	0.2011	−0.3378	−0.6700	−0.8678	−0.8954	−0.9082	−0.9090	−0.9093
2.00	0.4339	5.7027	3.6206	2.9579	1.3403	0.1778	−0.3535	−0.6664	−0.8361	−0.8564	−0.8646	−0.8650	−0.8651
2.10	0.3950	5.8293	3.6770	2.9934	1.3316	0.1542	−0.3682	−0.6611	−0.8050	−0.8197	−0.8248	−0.8250	−0.8250
2.20	0.3611	5.9555	3.7323	3.0275	1.3216	0.1304	−0.3819	−0.6543	−0.7750	−0.7853	−0.7884	−0.7885	−0.7885
2.30	0.3315	6.0811	3.7864	3.0604	1.3103	0.1065	−0.3943	−0.6461	−0.7461	−0.7532	−0.7550	−0.7550	−0.7551
2.40	0.3053	6.2060	3.8393	3.0918	1.2977	0.0826	−0.4054	−0.6366	−0.7185	−0.7233	−0.7243	−0.7243	−0.7244
2.50	0.2821	6.3302	3.8909	3.1220	1.2840	0.0589	−0.4152	−0.6260	−0.6923	−0.6955	−0.6960	−0.6960	−0.6960
2.60	0.2615	6.4537	3.9413	3.1507	1.2690	0.0354	−0.4236	−0.6144	−0.6675	−0.6695	−0.6699	−0.6699	−0.6699
2.70	0.2431	6.5764	3.9903	3.1780	1.2529	0.0123	−0.4305	−0.6021	−0.6441	−0.6454	−0.6456	−0.6456	−0.6456
2.80	0.2265	6.6981	4.0381	3.2040	1.2357	−0.0103	−0.4361	−0.5892	−0.6221	−0.6229	−0.6230	−0.6230	−0.6230
2.90	0.2116	6.8190	4.0845	3.2285	1.2175	−0.0324	−0.4403	−0.5759	−0.6014	−0.6019	−0.6020	−0.6020	−0.6020
3.00	0.1981	6.9390	4.1296	3.2517	1.1982	−0.0538	−0.4431	−0.5624	−0.5820	−0.5823	−0.5823	−0.5823	−0.5823
3.10	0.1858	7.0580	4.1733	3.2734	1.1781	−0.0745	−0.4446	−0.5488	−0.5637	−0.5638	−0.5638	−0.5638	−0.5638
3.20	0.1747	7.1760	4.2157	3.2938	1.1570	−0.0944	−0.4450	−0.5353	−0.5464	−0.5465	−0.5465	−0.5465	−0.5465
3.30	0.1645	7.2929	4.2567	3.3128	1.1351	−0.1134	−0.4442	−0.5219	−0.5302	−0.5302	−0.5302	−0.5302	−0.5302
3.40	0.1552	7.4089	4.2965	3.3304	1.1124	−0.1315	−0.4423	−0.5088	−0.5149	−0.5149	−0.5149	−0.5149	−0.5149

续表

C_s	α	0.001	0.01	0.02	0.10	0.30	0.50	0.70	0.90	0.95	0.99	0.995	0.999
3.50	0.1466	7.5238	4.3348	3.3467	1.0890	−0.1486	−0.4396	−0.4960	−0.5004	−0.5004	−0.5004	−0.5004	−0.5004
3.60	0.1388	7.6376	4.3719	3.3616	1.0650	−0.1647	−0.4360	−0.4835	−0.4867	−0.4867	−0.4867	−0.4867	−0.4867
3.70	0.1315	7.7503	4.4076	3.3753	1.0403	−0.1797	−0.4317	−0.4715	−0.4738	−0.4738	−0.4738	−0.4738	−0.4738
3.80	0.1248	7.8619	4.4420	3.3876	1.0151	−0.1937	−0.4268	−0.4599	−0.4615	−0.4615	−0.4615	−0.4615	−0.4615
3.90	0.1186	7.9725	4.4751	3.3987	0.9894	−0.2065	−0.4214	−0.4487	−0.4498	−0.4498	−0.4498	−0.4498	−0.4498
4.00	0.1129	8.0819	4.5069	3.4085	0.9633	−0.2183	−0.4155	−0.4379	−0.4387	−0.4387	−0.4387	−0.4387	−0.4387
4.10	0.1075	8.1902	4.5374	3.4171	0.9368	−0.2290	−0.4094	−0.4276	−0.4281	−0.4281	−0.4281	−0.4281	−0.4281
4.20	0.1026	8.2975	4.5667	3.4245	0.9100	−0.2387	−0.4029	−0.4177	−0.4181	−0.4181	−0.4181	−0.4181	−0.4181
4.30	0.0979	8.4036	4.5947	3.4307	0.8829	−0.2473	−0.3963	−0.4082	−0.4085	−0.4085	−0.4085	−0.4085	−0.4085
4.40	0.0936	8.5086	4.6215	3.4357	0.8555	−0.2549	−0.3896	−0.3991	−0.3993	−0.3993	−0.3993	−0.3993	−0.3993
4.50	0.0895	8.6125	4.6471	3.4396	0.8280	−0.2615	−0.3829	−0.3904	−0.3905	−0.3905	−0.3905	−0.3905	−0.3905
4.60	0.0857	8.7154	4.6715	3.4423	0.8004	−0.2672	−0.3761	−0.3820	−0.3821	−0.3821	−0.3821	−0.3821	−0.3821
4.70	0.0822	8.8171	4.6947	3.4440	0.7728	−0.2720	−0.3693	−0.3740	−0.3741	−0.3741	−0.3741	−0.3741	−0.3741
4.80	0.0788	8.9177	4.7168	3.4446	0.7451	−0.2760	−0.3627	−0.3663	−0.3663	−0.3663	−0.3663	−0.3663	−0.3663
4.90	0.0757	9.0173	4.7377	3.4441	0.7174	−0.2792	−0.3561	−0.3589	−0.3589	−0.3589	−0.3589	−0.3589	−0.3589
5.00	0.0727	9.1157	4.7574	3.4426	0.6899	−0.2816	−0.3496	−0.3518	−0.3518	−0.3518	−0.3518	−0.3518	−0.3518
5.10	0.0699	9.2131	4.7761	3.4401	0.6624	−0.2834	−0.3433	−0.3450	−0.3450	−0.3450	−0.3450	−0.3450	−0.3450
5.20	0.0673	9.3095	4.7937	3.4366	0.6351	−0.2845	−0.3371	−0.3384	−0.3384	−0.3384	−0.3384	−0.3384	−0.3384
5.30	0.0648	9.4047	4.8101	3.4321	0.6080	−0.2850	−0.3311	−0.3321	−0.3321	−0.3321	−0.3321	−0.3321	−0.3321
5.40	0.0625	9.4990	4.8256	3.4267	0.5811	−0.2851	−0.3252	−0.3260	−0.3260	−0.3260	−0.3260	−0.3260	−0.3260
5.50	0.0603	9.5922	4.8399	3.4204	0.5546	−0.2846	−0.3195	−0.3201	−0.3201	−0.3201	−0.3201	−0.3201	−0.3201
5.60	0.0581	9.6843	4.8533	3.4132	0.5283	−0.2838	−0.3140	−0.3144	−0.3144	−0.3144	−0.3144	−0.3144	−0.3144
5.70	0.0561	9.7754	4.8656	3.4052	0.5023	−0.2825	−0.3086	−0.3089	−0.3089	−0.3089	−0.3089	−0.3089	−0.3089
5.80	0.0542	9.8655	4.8770	3.3962	0.4768	−0.2810	−0.3034	−0.3036	−0.3036	−0.3036	−0.3036	−0.3036	−0.3036
5.90	0.0524	9.9546	4.8873	3.3865	0.4516	−0.2791	−0.2984	−0.2985	−0.2985	−0.2985	−0.2985	−0.2985	−0.2985
6.00	0.0507	10.0428	4.8967	3.3759	0.4269	−0.2770	−0.2935	−0.2936	−0.2936	−0.2936	−0.2936	−0.2936	−0.2936
6.10	0.0491	10.1299	4.9052	3.3646	0.4026	−0.2747	−0.2887	−0.2888	−0.2888	−0.2888	−0.2888	−0.2888	−0.2888
6.20	0.0475	10.2160	4.9127	3.3525	0.3789	−0.2722	−0.2841	−0.2842	−0.2842	−0.2842	−0.2842	−0.2842	−0.2842
6.30	0.0460	10.3012	4.9193	3.3396	0.3556	−0.2696	−0.2797	−0.2797	−0.2797	−0.2797	−0.2797	−0.2797	−0.2797
6.40	0.0446	10.3854	4.9251	3.3260	0.3328	−0.2668	−0.2753	−0.2754	−0.2754	−0.2754	−0.2754	−0.2754	−0.2754
6.50	0.0433	10.4686	4.9299	3.3118	0.3106	−0.2640	−0.2711	−0.2711	−0.2711	−0.2711	−0.2711	−0.2711	−0.2711
6.60	0.0420	10.5509	4.9339	3.2968	0.2890	−0.2610	−0.2670	−0.2671	−0.2671	−0.2671	−0.2671	−0.2671	−0.2671
6.70	0.0408	10.6323	4.9370	3.2811	0.2679	−0.2581	−0.2631	−0.2631	−0.2631	−0.2631	−0.2631	−0.2631	−0.2631
6.80	0.0396	10.7127	4.9393	3.2649	0.2474	−0.2550	−0.2592	−0.2592	−0.2592	−0.2592	−0.2592	−0.2592	−0.2592
6.90	0.0384	10.7923	4.9408	3.2480	0.2275	−0.2520	−0.2555	−0.2555	−0.2555	−0.2555	−0.2555	−0.2555	−0.2555
7.00	0.0374	10.8709	4.9414	3.2304	0.2082	−0.2490	−0.2519	−0.2519	−0.2519	−0.2519	−0.2519	−0.2519	−0.2519

表 3-3-4 四参数指数 Gamma 分布离均系数 Φ_p ($b = 1.00$)

C_s	α	0.001	0.01	0.02	0.10	0.30	0.50	0.70	0.90	0.95	0.99	0.995	0.999
0.20	100.0000	3.3770	2.4723	2.1593	1.3011	0.4993	−0.0333	−0.5476	−1.2582	−1.5861	−2.1784	−2.3880	−2.8079
0.30	44.4444	3.5214	2.5442	2.2108	1.3094	0.4860	−0.0499	−0.5584	−1.2452	−1.5553	−2.1039	−2.2942	−2.6692
0.40	25.0000	3.6661	2.6154	2.2613	1.3167	0.4723	−0.0665	−0.5687	−1.2311	−1.5236	−2.0293	−2.2009	−2.5326
0.50	16.0000	3.8109	2.6857	2.3108	1.3231	0.4581	−0.0830	−0.5784	−1.2162	−1.4910	−1.9547	−2.1082	−2.3987
0.60	11.1111	3.9557	2.7551	2.3593	1.3285	0.4435	−0.0994	−0.5876	−1.2003	−1.4576	−1.8803	−2.0164	−2.2678
0.70	8.1633	4.1002	2.8236	2.4067	1.3329	0.4285	−0.1158	−0.5961	−1.1835	−1.4235	−1.8062	−1.9258	−2.1405
0.80	6.2500	4.2444	2.8910	2.4530	1.3364	0.4131	−0.1320	−0.6041	−1.1657	−1.3886	−1.7327	−1.8366	−2.0174
0.90	4.9383	4.3881	2.9573	2.4981	1.3389	0.3973	−0.1481	−0.6115	−1.1471	−1.3530	−1.6600	−1.7492	−1.8989
1.00	4.0000	4.5311	3.0226	2.5421	1.3404	0.3811	−0.1640	−0.6181	−1.1276	−1.3168	−1.5884	−1.6639	−1.7857
1.10	3.3058	4.6734	3.0866	2.5848	1.3409	0.3646	−0.1797	−0.6241	−1.1073	−1.2802	−1.5181	−1.5811	−1.6782
1.20	2.7778	4.8149	3.1494	2.6263	1.3405	0.3477	−0.1952	−0.6294	−1.0861	−1.2431	−1.4494	−1.5011	−1.5769
1.30	2.3669	4.9555	3.2110	2.6666	1.3390	0.3305	−0.2104	−0.6340	−1.0641	−1.2058	−1.3827	−1.4244	−1.4822
1.40	2.0408	5.0950	3.2713	2.7056	1.3367	0.3131	−0.2253	−0.6378	−1.0414	−1.1683	−1.3181	−1.3511	−1.3941

续表

C_s	α	0.001	0.01	0.02	0.10	0.30	0.50	0.70	0.90	0.95	0.99	0.995	0.999
1.50	1.7778	5.2335	3.3304	2.7432	1.3333	0.2954	−0.2400	−0.6408	−1.0181	−1.1308	−1.2561	−1.2817	−1.3127
1.60	1.5625	5.3709	3.3880	2.7796	1.3290	0.2774	−0.2542	−0.6430	−0.9942	−1.0934	−1.1968	−1.2162	−1.2381
1.70	1.3841	5.5070	3.4444	2.8147	1.3238	0.2593	−0.2681	−0.6444	−0.9698	−1.0563	−1.1404	−1.1548	−1.1697
1.80	1.2346	5.6419	3.4994	2.8485	1.3176	0.2409	−0.2815	−0.6449	−0.9450	−1.0197	−1.0871	−1.0975	−1.1074
1.90	1.1080	5.7755	3.5530	2.8809	1.3105	0.2225	−0.2944	−0.6445	−0.9199	−0.9838	−1.0369	−1.0443	−1.0507
2.00	1.0000	5.9078	3.6052	2.9120	1.3026	0.2040	−0.3069	−0.6433	−0.8946	−0.9487	−0.9899	−0.9950	−0.9990
2.10	0.9070	6.0387	3.6560	2.9418	1.2938	0.1854	−0.3187	−0.6413	−0.8694	−0.9146	−0.9461	−0.9494	−0.9519
2.20	0.8264	6.1682	3.7054	2.9703	1.2841	0.1668	−0.3300	−0.6383	−0.8442	−0.8816	−0.9052	−0.9074	−0.9089
2.30	0.7561	6.2963	3.7535	2.9974	1.2737	0.1483	−0.3406	−0.6346	−0.8193	−0.8498	−0.8672	−0.8686	−0.8695
2.40	0.6944	6.4229	3.8001	3.0233	1.2624	0.1298	−0.3506	−0.6300	−0.7947	−0.8193	−0.8320	−0.8328	−0.8333
2.50	0.6400	6.5481	3.8454	3.0479	1.2504	0.1114	−0.3599	−0.6246	−0.7706	−0.7901	−0.7992	−0.7997	−0.8000
2.60	0.5917	6.6719	3.8893	3.0712	1.2377	0.0932	−0.3685	−0.6185	−0.7471	−0.7624	−0.7688	−0.7691	−0.7692
2.70	0.5487	6.7942	3.9318	3.0932	1.2242	0.0752	−0.3764	−0.6118	−0.7242	−0.7361	−0.7405	−0.7407	−0.7407
2.80	0.5102	6.9151	3.9730	3.1140	1.2101	0.0575	−0.3835	−0.6043	−0.7021	−0.7112	−0.7142	−0.7143	−0.7143
2.90	0.4756	7.0344	4.0129	3.1336	1.1954	0.0400	−0.3899	−0.5963	−0.6807	−0.6876	−0.6896	−0.6896	−0.6897
3.00	0.4444	7.1524	4.0514	3.1519	1.1801	0.0228	−0.3955	−0.5878	−0.6602	−0.6653	−0.6666	−0.6667	−0.6667
3.10	0.4162	7.2688	4.0886	3.1691	1.1642	0.0060	−0.4004	−0.5789	−0.6406	−0.6443	−0.6451	−0.6452	−0.6452
3.20	0.3906	7.3838	4.1245	3.1851	1.1477	−0.0105	−0.4045	−0.5695	−0.6217	−0.6244	−0.6250	−0.6250	−0.6250
3.30	0.3673	7.4974	4.1592	3.2000	1.1308	−0.0265	−0.4079	−0.5599	−0.6038	−0.6057	−0.6061	−0.6061	−0.6061
3.40	0.3460	7.6095	4.1926	3.2138	1.1134	−0.0422	−0.4106	−0.5500	−0.5867	−0.5880	−0.5882	−0.5882	−0.5882
3.50	0.3265	7.7202	4.2247	3.2264	1.0955	−0.0573	−0.4125	−0.5399	−0.5704	−0.5713	−0.5714	−0.5714	−0.5714
3.60	0.3086	7.8295	4.2557	3.2380	1.0773	−0.0720	−0.4138	−0.5298	−0.5548	−0.5555	−0.5556	−0.5556	−0.5556
3.70	0.2922	7.9374	4.2854	3.2485	1.0586	−0.0861	−0.4144	−0.5195	−0.5401	−0.5405	−0.5405	−0.5405	−0.5405
3.80	0.2770	8.0440	4.3140	3.2580	1.0397	−0.0997	−0.4144	−0.5093	−0.5260	−0.5263	−0.5263	−0.5263	−0.5263
3.90	0.2630	8.1491	4.3415	3.2665	1.0204	−0.1128	−0.4138	−0.4991	−0.5126	−0.5128	−0.5128	−0.5128	−0.5128
4.00	0.2500	8.2529	4.3678	3.2740	1.0008	−0.1253	−0.4127	−0.4890	−0.4999	−0.5000	−0.5000	−0.5000	−0.5000
4.10	0.2380	8.3553	4.3930	3.2806	0.9810	−0.1372	−0.4110	−0.4791	−0.4877	−0.4878	−0.4878	−0.4878	−0.4878
4.20	0.2268	8.4565	4.4171	3.2862	0.9609	−0.1486	−0.4088	−0.4693	−0.4761	−0.4762	−0.4762	−0.4762	−0.4762
4.30	0.2163	8.5563	4.4401	3.2909	0.9406	−0.1594	−0.4062	−0.4597	−0.4651	−0.4651	−0.4651	−0.4651	−0.4651
4.40	0.2066	8.6548	4.4621	3.2947	0.9202	−0.1696	−0.4032	−0.4503	−0.4545	−0.4545	−0.4545	−0.4545	−0.4545
4.50	0.1975	8.7520	4.4830	3.2977	0.8996	−0.1792	−0.3999	−0.4411	−0.4444	−0.4444	−0.4444	−0.4444	−0.4444
4.60	0.1890	8.8480	4.5030	3.2998	0.8790	−0.1882	−0.3962	−0.4322	−0.4348	−0.4348	−0.4348	−0.4348	−0.4348
4.70	0.1811	8.9427	4.5219	3.3010	0.8582	−0.1966	−0.3922	−0.4236	−0.4255	−0.4255	−0.4255	−0.4255	−0.4255
4.80	0.1736	9.0362	4.5399	3.3015	0.8373	−0.2045	−0.3880	−0.4152	−0.4167	−0.4167	−0.4167	−0.4167	−0.4167
4.90	0.1666	9.1285	4.5569	3.3012	0.8164	−0.2117	−0.3836	−0.4070	−0.4082	−0.4082	−0.4082	−0.4082	−0.4082
5.00	0.1600	9.2196	4.5730	3.3001	0.7955	−0.2184	−0.3790	−0.3991	−0.4000	−0.4000	−0.4000	−0.4000	−0.4000
5.10	0.1538	9.3095	4.5882	3.2982	0.7745	−0.2246	−0.3743	−0.3915	−0.3922	−0.3922	−0.3922	−0.3922	−0.3922
5.20	0.1479	9.3983	4.6025	3.2957	0.7536	−0.2302	−0.3694	−0.3841	−0.3846	−0.3846	−0.3846	−0.3846	−0.3846
5.30	0.1424	9.4859	4.6159	3.2924	0.7328	−0.2353	−0.3645	−0.3770	−0.3774	−0.3774	−0.3774	−0.3774	−0.3774
5.40	0.1372	9.5723	4.6285	3.2884	0.7120	−0.2398	−0.3596	−0.3701	−0.3704	−0.3704	−0.3704	−0.3704	−0.3704
5.50	0.1322	9.6577	4.6402	3.2838	0.6912	−0.2439	−0.3546	−0.3634	−0.3636	−0.3636	−0.3636	−0.3636	−0.3636
5.60	0.1276	9.7419	4.6511	3.2785	0.6706	−0.2475	−0.3496	−0.3570	−0.3571	−0.3571	−0.3571	−0.3571	−0.3571
5.70	0.1231	9.8251	4.6612	3.2726	0.6501	−0.2506	−0.3445	−0.3508	−0.3509	−0.3509	−0.3509	−0.3509	−0.3509
5.80	0.1189	9.9071	4.6705	3.2661	0.6297	−0.2533	−0.3396	−0.3448	−0.3448	−0.3448	−0.3448	−0.3448	−0.3448
5.90	0.1149	9.9881	4.6790	3.2590	0.6094	−0.2556	−0.3346	−0.3389	−0.3390	−0.3390	−0.3390	−0.3390	−0.3390
6.00	0.1111	10.0681	4.6868	3.2513	0.5893	−0.2575	−0.3297	−0.3333	−0.3333	−0.3333	−0.3333	−0.3333	−0.3333
6.10	0.1075	10.1471	4.6938	3.2430	0.5694	−0.2590	−0.3249	−0.3278	−0.3279	−0.3279	−0.3279	−0.3279	−0.3279
6.20	0.1041	10.2250	4.7001	3.2342	0.5497	−0.2602	−0.3202	−0.3226	−0.3226	−0.3226	−0.3226	−0.3226	−0.3226
6.30	0.1008	10.3019	4.7057	3.2248	0.5302	−0.2610	−0.3155	−0.3174	−0.3175	−0.3175	−0.3175	−0.3175	−0.3175
6.40	0.0977	10.3779	4.7106	3.2150	0.5109	−0.2615	−0.3109	−0.3125	−0.3125	−0.3125	−0.3125	−0.3125	−0.3125
6.50	0.0947	10.4528	4.7148	3.2046	0.4918	−0.2617	−0.3064	−0.3077	−0.3077	−0.3077	−0.3077	−0.3077	−0.3077
6.60	0.0918	10.5268	4.7184	3.1937	0.4730	−0.2616	−0.3020	−0.3030	−0.3030	−0.3030	−0.3030	−0.3030	−0.3030
6.70	0.0891	10.5999	4.7212	3.1824	0.4544	−0.2613	−0.2977	−0.2985	−0.2985	−0.2985	−0.2985	−0.2985	−0.2985
6.80	0.0865	10.6720	4.7235	3.1706	0.4361	−0.2607	−0.2934	−0.2941	−0.2941	−0.2941	−0.2941	−0.2941	−0.2941

续表

C_s	α	0.001	0.01	0.02	0.10	0.30	0.50	0.70	0.90	0.95	0.99	0.995	0.999
6.90	0.0840	10.7432	4.7251	3.1584	0.4180	−0.2600	−0.2893	−0.2899	−0.2899	−0.2899	−0.2899	−0.2899	−0.2899
7.00	0.0816	10.8134	4.7261	3.1457	0.4003	−0.2590	−0.2853	−0.2857	−0.2857	−0.2857	−0.2857	−0.2857	−0.2857

表 3-3-5　四参数指数 Gamma 分布离均系数 Φ_p $(b = 1.25)$

C_s	α	0.001	0.01	0.02	0.10	0.30	0.50	0.70	0.90	0.95	0.99	0.995	0.999
0.20	189.1501	3.3798	2.4729	2.1596	1.3008	0.4991	−0.0333	−0.5473	−1.2580	−1.5861	−2.1793	−2.3894	−2.8109
0.30	84.1149	3.5275	2.5456	2.2113	1.3087	0.4856	−0.0498	−0.5578	−1.2447	−1.5554	−2.1062	−2.2977	−2.6760
0.40	47.3520	3.6765	2.6176	2.2619	1.3155	0.4717	−0.0662	−0.5677	−1.2305	−1.5239	−2.0335	−2.2073	−2.5448
0.50	30.3355	3.8266	2.6888	2.3115	1.3212	0.4573	−0.0824	−0.5768	−1.2153	−1.4918	−1.9615	−2.1184	−2.4175
0.60	21.0913	3.9773	2.7589	2.3598	1.3257	0.4425	−0.0984	−0.5853	−1.1992	−1.4591	−1.8905	−2.0313	−2.2946
0.70	15.5168	4.1284	2.8280	2.4069	1.3291	0.4274	−0.1142	−0.5930	−1.1824	−1.4259	−1.8205	−1.9462	−2.1763
0.80	11.8982	4.2795	2.8959	2.4526	1.3315	0.4119	−0.1297	−0.6000	−1.1648	−1.3924	−1.7518	−1.8633	−2.0627
0.90	9.4166	4.4303	2.9624	2.4968	1.3327	0.3962	−0.1449	−0.6062	−1.1465	−1.3586	−1.6845	−1.7827	−1.9542
1.00	7.6411	4.5805	3.0275	2.5396	1.3328	0.3803	−0.1597	−0.6118	−1.1277	−1.3247	−1.6188	−1.7048	−1.8509
1.10	6.3269	4.7300	3.0911	2.5809	1.3320	0.3641	−0.1741	−0.6166	−1.1082	−1.2907	−1.5548	−1.6296	−1.7528
1.20	5.3268	4.8785	3.1531	2.6206	1.3301	0.3478	−0.1882	−0.6207	−1.0883	−1.2567	−1.4927	−1.5572	−1.6601
1.30	4.5480	5.0259	3.2135	2.6589	1.3273	0.3314	−0.2019	−0.6241	−1.0680	−1.2228	−1.4326	−1.4877	−1.5727
1.40	3.9297	5.1719	3.2723	2.6955	1.3235	0.3149	−0.2151	−0.6268	−1.0473	−1.1892	−1.3746	−1.4213	−1.4906
1.50	3.4304	5.3164	3.3295	2.7306	1.3189	0.2984	−0.2278	−0.6288	−1.0263	−1.1559	−1.3187	−1.3579	−1.4138
1.60	3.0215	5.4593	3.3850	2.7642	1.3134	0.2818	−0.2402	−0.6301	−1.0051	−1.1229	−1.2650	−1.2976	−1.3421
1.70	2.6822	5.6006	3.4388	2.7963	1.3071	0.2653	−0.2520	−0.6308	−0.9837	−1.0904	−1.2136	−1.2405	−1.2754
1.80	2.3976	5.7401	3.4910	2.8269	1.3000	0.2488	−0.2634	−0.6308	−0.9623	−1.0584	−1.1646	−1.1864	−1.2134
1.90	2.1564	5.8778	3.5414	2.8560	1.2922	0.2324	−0.2742	−0.6303	−0.9407	−1.0270	−1.1178	−1.1353	−1.1559
2.00	1.9502	6.0136	3.5903	2.8836	1.2836	0.2161	−0.2846	−0.6291	−0.9192	−0.9963	−1.0733	−1.0873	−1.1027
2.10	1.7725	6.1475	3.6375	2.9099	1.2745	0.2000	−0.2945	−0.6274	−0.8978	−0.9663	−1.0312	−1.0421	−1.0535
2.20	1.6183	6.2795	3.6832	2.9347	1.2647	0.1839	−0.3039	−0.6251	−0.8765	−0.9370	−0.9912	−0.9997	−1.0080
2.30	1.4836	6.4095	3.7272	2.9582	1.2543	0.1681	−0.3128	−0.6223	−0.8554	−0.9086	−0.9535	−0.9600	−0.9659
2.40	1.3652	6.5376	3.7698	2.9804	1.2433	0.1524	−0.3211	−0.6190	−0.8345	−0.8810	−0.9179	−0.9228	−0.9270
2.50	1.2605	6.6637	3.8108	3.0013	1.2319	0.1369	−0.3290	−0.6151	−0.8139	−0.8543	−0.8844	−0.8880	−0.8909
2.60	1.1676	6.7879	3.8503	3.0209	1.2199	0.1217	−0.3364	−0.6109	−0.7936	−0.8285	−0.8528	−0.8554	−0.8574
2.70	1.0846	6.9102	3.8884	3.0393	1.2075	0.1066	−0.3432	−0.6062	−0.7737	−0.8036	−0.8230	−0.8249	−0.8263
2.80	1.0102	7.0306	3.9251	3.0566	1.1946	0.0919	−0.3496	−0.6011	−0.7541	−0.7797	−0.7951	−0.7964	−0.7973
2.90	0.9433	7.1491	3.9604	3.0727	1.1814	0.0774	−0.3555	−0.5956	−0.7350	−0.7566	−0.7687	−0.7697	−0.7703
3.00	0.8829	7.2657	3.9943	3.0877	1.1678	0.0631	−0.3608	−0.5898	−0.7164	−0.7346	−0.7440	−0.7446	−0.7450
3.10	0.8282	7.3804	4.0270	3.1016	1.1538	0.0492	−0.3658	−0.5837	−0.6982	−0.7134	−0.7207	−0.7211	−0.7213
3.20	0.7784	7.4934	4.0583	3.1145	1.1395	0.0356	−0.3702	−0.5772	−0.6805	−0.6932	−0.6987	−0.6990	−0.6991
3.30	0.7330	7.6045	4.0885	3.1263	1.1250	0.0222	−0.3741	−0.5705	−0.6634	−0.6738	−0.6780	−0.6782	−0.6783
3.40	0.6914	7.7139	4.1174	3.1372	1.1101	0.0092	−0.3777	−0.5636	−0.6468	−0.6553	−0.6584	−0.6586	−0.6586
3.50	0.6534	7.8216	4.1451	3.1471	1.0950	−0.0035	−0.3807	−0.5565	−0.6307	−0.6376	−0.6400	−0.6400	−0.6401
3.60	0.6184	7.9276	4.1717	3.1561	1.0797	−0.0159	−0.3834	−0.5491	−0.6152	−0.6208	−0.6225	−0.6225	−0.6225
3.70	0.5861	8.0319	4.1971	3.1642	1.0641	−0.0279	−0.3856	−0.5416	−0.6002	−0.6047	−0.6059	−0.6059	−0.6060
3.80	0.5563	8.1346	4.2215	3.1715	1.0484	−0.0396	−0.3873	−0.5340	−0.5858	−0.5893	−0.5902	−0.5902	−0.5902
3.90	0.5288	8.2356	4.2448	3.1779	1.0325	−0.0509	−0.3887	−0.5263	−0.5719	−0.5746	−0.5753	−0.5753	−0.5753
4.00	0.5032	8.3351	4.2671	3.1835	1.0165	−0.0619	−0.3898	−0.5185	−0.5585	−0.5607	−0.5611	−0.5611	−0.5611
4.10	0.4795	8.4330	4.2884	3.1883	1.0003	−0.0726	−0.3904	−0.5107	−0.5456	−0.5473	−0.5476	−0.5476	−0.5476
4.20	0.4574	8.5294	4.3086	3.1923	0.9840	−0.0829	−0.3907	−0.5028	−0.5332	−0.5345	−0.5347	−0.5348	−0.5348
4.30	0.4368	8.6244	4.3280	3.1956	0.9676	−0.0928	−0.3906	−0.4950	−0.5213	−0.5223	−0.5225	−0.5225	−0.5225
4.40	0.4176	8.7178	4.3464	3.1982	0.9511	−0.1024	−0.3902	−0.4871	−0.5099	−0.5106	−0.5108	−0.5108	−0.5108
4.50	0.3996	8.8099	4.3639	3.2001	0.9345	−0.1116	−0.3895	−0.4793	−0.4989	−0.4995	−0.4995	−0.4995	−0.4995
4.60	0.3827	8.9005	4.3805	3.2013	0.9179	−0.1204	−0.3885	−0.4715	−0.4884	−0.4888	−0.4888	−0.4888	−0.4888
4.70	0.3669	8.9897	4.3962	3.2019	0.9013	−0.1289	−0.3872	−0.4638	−0.4782	−0.4785	−0.4785	−0.4785	−0.4785
4.80	0.3521	9.0776	4.4112	3.2019	0.8846	−0.1371	−0.3857	−0.4562	−0.4685	−0.4687	−0.4687	−0.4687	−0.4687

续表

C_s	α	0.001	0.01	0.02	0.10	0.30	0.50	0.70	0.90	0.95	0.99	0.995	0.999
4.90	0.3381	9.1642	4.4253	3.2012	0.8679	−0.1449	−0.3839	−0.4486	−0.4591	−0.4592	−0.4592	−0.4592	−0.4592
5.00	0.3249	9.2495	4.4386	3.1999	0.8511	−0.1523	−0.3819	−0.4412	−0.4500	−0.4502	−0.4502	−0.4502	−0.4502
5.10	0.3126	9.3335	4.4511	3.1981	0.8344	−0.1594	−0.3797	−0.4339	−0.4413	−0.4414	−0.4414	−0.4414	−0.4414
5.20	0.3009	9.4162	4.4629	3.1957	0.8178	−0.1662	−0.3773	−0.4267	−0.4330	−0.4330	−0.4330	−0.4330	−0.4330
5.30	0.2898	9.4978	4.4739	3.1927	0.8011	−0.1726	−0.3747	−0.4197	−0.4249	−0.4250	−0.4250	−0.4250	−0.4250
5.40	0.2793	9.5781	4.4843	3.1893	0.7845	−0.1787	−0.3719	−0.4128	−0.4171	−0.4172	−0.4172	−0.4172	−0.4172
5.50	0.2694	9.6572	4.4939	3.1853	0.7679	−0.1844	−0.3690	−0.4060	−0.4097	−0.4097	−0.4097	−0.4097	−0.4097
5.60	0.2601	9.7352	4.5028	3.1808	0.7514	−0.1898	−0.3659	−0.3994	−0.4024	−0.4024	−0.4024	−0.4024	−0.4024
5.70	0.2512	9.8121	4.5111	3.1759	0.7349	−0.1949	−0.3627	−0.3930	−0.3954	−0.3954	−0.3954	−0.3954	−0.3954
5.80	0.2427	9.8878	4.5187	3.1705	0.7185	−0.1997	−0.3595	−0.3867	−0.3887	−0.3887	−0.3887	−0.3887	−0.3887
5.90	0.2347	9.9624	4.5257	3.1646	0.7023	−0.2042	−0.3561	−0.3805	−0.3822	−0.3822	−0.3822	−0.3822	−0.3822
6.00	0.2270	10.0360	4.5321	3.1583	0.6861	−0.2084	−0.3526	−0.3745	−0.3759	−0.3759	−0.3759	−0.3759	−0.3759
6.10	0.2198	10.1085	4.5379	3.1516	0.6699	−0.2122	−0.3491	−0.3687	−0.3698	−0.3698	−0.3698	−0.3698	−0.3698
6.20	0.2128	10.1799	4.5430	3.1445	0.6539	−0.2158	−0.3455	−0.3630	−0.3638	−0.3638	−0.3638	−0.3638	−0.3638
6.30	0.2062	10.2503	4.5477	3.1370	0.6381	−0.2192	−0.3419	−0.3574	−0.3581	−0.3581	−0.3581	−0.3581	−0.3581
6.40	0.1999	10.3198	4.5517	3.1291	0.6223	−0.2222	−0.3382	−0.3520	−0.3526	−0.3526	−0.3526	−0.3526	−0.3526
6.50	0.1939	10.3882	4.5552	3.1209	0.6066	−0.2250	−0.3345	−0.3467	−0.3472	−0.3472	−0.3472	−0.3472	−0.3472
6.60	0.1881	10.4557	4.5582	3.1122	0.5911	−0.2275	−0.3308	−0.3416	−0.3420	−0.3420	−0.3420	−0.3420	−0.3420
6.70	0.1826	10.5222	4.5606	3.1033	0.5757	−0.2298	−0.3271	−0.3366	−0.3369	−0.3369	−0.3369	−0.3369	−0.3369
6.80	0.1774	10.5878	4.5626	3.0940	0.5605	−0.2318	−0.3234	−0.3318	−0.3320	−0.3320	−0.3320	−0.3320	−0.3320
6.90	0.1723	10.6524	4.5640	3.0843	0.5454	−0.2336	−0.3197	−0.3270	−0.3272	−0.3272	−0.3272	−0.3272	−0.3272
7.00	0.1675	10.7162	4.5649	3.0744	0.5305	−0.2352	−0.3160	−0.3225	−0.3226	−0.3226	−0.3226	−0.3226	−0.3226

表 3-3-6 四参数指数 Gamma 分布离均系数 Φ_p ($b = 1.50$)

C_s	α	0.001	0.01	0.02	0.10	0.30	0.50	0.70	0.90	0.95	0.99	0.995	0.999
0.20	306.5879	3.3813	2.4733	2.1597	1.3006	0.4990	−0.0333	−0.5472	−1.2579	−1.5861	−2.1798	−2.3902	−2.8125
0.30	136.4474	3.5307	2.5463	2.2115	1.3084	0.4854	−0.0497	−0.5576	−1.2445	−1.5554	−2.1073	−2.2995	−2.6795
0.40	76.8965	3.6822	2.6187	2.2622	1.3149	0.4714	−0.0660	−0.5672	−1.2301	−1.5241	−2.0357	−2.2105	−2.5510
0.50	49.3311	3.8351	2.6903	2.3118	1.3202	0.4569	−0.0821	−0.5760	−1.2148	−1.4922	−1.9651	−2.1236	−2.4272
0.60	34.3555	3.9892	2.7609	2.3600	1.3242	0.4420	−0.0979	−0.5840	−1.1987	−1.4599	−1.8958	−2.0389	−2.3084
0.70	25.3238	4.1438	2.8302	2.4068	1.3271	0.4269	−0.1133	−0.5913	−1.1819	−1.4273	−1.8279	−1.9567	−2.1946
0.80	19.4600	4.2988	2.8982	2.4521	1.3288	0.4114	−0.1284	−0.5978	−1.1644	−1.3945	−1.7616	−1.8770	−2.0860
0.90	15.4380	4.4536	2.9647	2.4958	1.3293	0.3957	−0.1431	−0.6035	−1.1464	−1.3616	−1.6971	−1.8000	−1.9827
1.00	12.5594	4.6079	3.0296	2.5378	1.3287	0.3799	−0.1573	−0.6084	−1.1278	−1.3288	−1.6345	−1.7259	−1.8847
1.10	10.4279	4.7615	3.0928	2.5782	1.3271	0.3640	−0.1711	−0.6127	−1.1088	−1.2962	−1.5739	−1.6547	−1.7920
1.20	8.8051	4.9139	3.1542	2.6168	1.3245	0.3481	−0.1844	−0.6161	−1.0896	−1.2638	−1.5153	−1.5865	−1.7045
1.30	7.5407	5.0651	3.2138	2.6537	1.3209	0.3321	−0.1972	−0.6189	−1.0700	−1.2317	−1.4587	−1.5212	−1.6220
1.40	6.5361	5.2147	3.2715	2.6890	1.3164	0.3161	−0.2095	−0.6210	−1.0503	−1.2000	−1.4044	−1.4589	−1.5444
1.50	5.7243	5.3627	3.3274	2.7225	1.3110	0.3003	−0.2213	−0.6225	−1.0305	−1.1688	−1.3522	−1.3995	−1.4717
1.60	5.0587	5.5088	3.3814	2.7543	1.3049	0.2845	−0.2326	−0.6233	−1.0106	−1.1381	−1.3021	−1.3430	−1.4035
1.70	4.5059	5.6529	3.4335	2.7845	1.2980	0.2689	−0.2434	−0.6236	−0.9907	−1.1080	−1.2542	−1.2893	−1.3397
1.80	4.0416	5.7949	3.4838	2.8131	1.2904	0.2534	−0.2537	−0.6233	−0.9708	−1.0785	−1.2084	−1.2384	−1.2800
1.90	3.6478	5.9348	3.5322	2.8401	1.2822	0.2381	−0.2634	−0.6225	−0.9511	−1.0497	−1.1647	−1.1902	−1.2243
2.00	3.3106	6.0726	3.5788	2.8655	1.2733	0.2230	−0.2727	−0.6212	−0.9315	−1.0216	−1.1230	−1.1446	−1.1724
2.10	3.0196	6.2080	3.6236	2.8895	1.2639	0.2081	−0.2814	−0.6194	−0.9120	−0.9942	−1.0833	−1.1014	−1.1239
2.20	2.7666	6.3412	3.6667	2.9120	1.2540	0.1934	−0.2897	−0.6172	−0.8928	−0.9675	−1.0455	−1.0606	−1.0787
2.30	2.5452	6.4722	3.7081	2.9332	1.2436	0.1790	−0.2975	−0.6146	−0.8738	−0.9416	−1.0096	−1.0222	−1.0365
2.40	2.3502	6.6008	3.7479	2.9530	1.2328	0.1648	−0.3049	−0.6116	−0.8551	−0.9164	−0.9755	−0.9858	−0.9971
2.50	2.1775	6.7272	3.7860	2.9715	1.2216	0.1509	−0.3118	−0.6083	−0.8367	−0.8920	−0.9431	−0.9516	−0.9604
2.60	2.0239	6.8513	3.8226	2.9888	1.2100	0.1373	−0.3182	−0.6046	−0.8185	−0.8683	−0.9124	−0.9193	−0.9261
2.70	1.8865	6.9732	3.8577	3.0049	1.1981	0.1240	−0.3242	−0.6006	−0.8008	−0.8454	−0.8832	−0.8888	−0.8940
2.80	1.7631	7.0929	3.8914	3.0198	1.1859	0.1109	−0.3298	−0.5963	−0.7833	−0.8233	−0.8556	−0.8600	−0.8640

续表

C_s	α	0.001	0.01	0.02	0.10	0.30	0.50	0.70	0.90	0.95	0.99	0.995	0.999
2.90	1.6518	7.2104	3.9236	3.0336	1.1734	0.0981	−0.3350	−0.5918	−0.7662	−0.8019	−0.8293	−0.8329	−0.8359
3.00	1.5510	7.3258	3.9544	3.0463	1.1606	0.0856	−0.3398	−0.5871	−0.7495	−0.7812	−0.8045	−0.8073	−0.8095
3.10	1.4595	7.4390	3.9839	3.0580	1.1477	0.0734	−0.3443	−0.5821	−0.7332	−0.7613	−0.7809	−0.7831	−0.7848
3.20	1.3761	7.5502	4.0121	3.0688	1.1345	0.0615	−0.3483	−0.5769	−0.7172	−0.7421	−0.7585	−0.7602	−0.7614
3.30	1.2998	7.6594	4.0391	3.0786	1.1212	0.0499	−0.3520	−0.5716	−0.7017	−0.7236	−0.7373	−0.7386	−0.7395
3.40	1.2299	7.7665	4.0649	3.0874	1.1077	0.0386	−0.3554	−0.5661	−0.6865	−0.7057	−0.7171	−0.7181	−0.7188
3.50	1.1657	7.8717	4.0895	3.0955	1.0940	0.0276	−0.3584	−0.5604	−0.6717	−0.6885	−0.6980	−0.6987	−0.6992
3.60	1.1065	7.9750	4.1130	3.1026	1.0803	0.0168	−0.3611	−0.5546	−0.6574	−0.6720	−0.6798	−0.6804	−0.6807
3.70	1.0518	8.0765	4.1355	3.1090	1.0664	0.0064	−0.3635	−0.5487	−0.6434	−0.6561	−0.6625	−0.6629	−0.6631
3.80	1.0011	8.1761	4.1568	3.1146	1.0525	−0.0038	−0.3656	−0.5427	−0.6298	−0.6408	−0.6460	−0.6463	−0.6465
3.90	0.9541	8.2739	4.1772	3.1195	1.0384	−0.0137	−0.3674	−0.5367	−0.6166	−0.6261	−0.6303	−0.6306	−0.6307
4.00	0.9105	8.3700	4.1966	3.1236	1.0243	−0.0233	−0.3689	−0.5305	−0.6038	−0.6120	−0.6154	−0.6155	−0.6156
4.10	0.8698	8.4643	4.2150	3.1270	1.0102	−0.0326	−0.3702	−0.5243	−0.5914	−0.5984	−0.6011	−0.6012	−0.6013
4.20	0.8318	8.5571	4.2325	3.1298	0.9960	−0.0416	−0.3712	−0.5181	−0.5794	−0.5853	−0.5875	−0.5876	−0.5876
4.30	0.7963	8.6482	4.2491	3.1320	0.9818	−0.0504	−0.3720	−0.5118	−0.5677	−0.5727	−0.5745	−0.5745	−0.5746
4.40	0.7631	8.7377	4.2649	3.1336	0.9675	−0.0589	−0.3725	−0.5055	−0.5564	−0.5607	−0.5620	−0.5621	−0.5621
4.50	0.7319	8.8256	4.2799	3.1345	0.9533	−0.0671	−0.3728	−0.4992	−0.5454	−0.5490	−0.5501	−0.5501	−0.5501
4.60	0.7027	8.9120	4.2940	3.1349	0.9390	−0.0751	−0.3729	−0.4929	−0.5348	−0.5378	−0.5387	−0.5387	−0.5387
4.70	0.6752	8.9970	4.3074	3.1348	0.9248	−0.0828	−0.3728	−0.4865	−0.5245	−0.5271	−0.5277	−0.5277	−0.5277
4.80	0.6493	9.0805	4.3200	3.1341	0.9106	−0.0902	−0.3725	−0.4803	−0.5146	−0.5167	−0.5172	−0.5172	−0.5172
4.90	0.6249	9.1626	4.3319	3.1330	0.8964	−0.0974	−0.3720	−0.4740	−0.5050	−0.5067	−0.5071	−0.5071	−0.5071
5.00	0.6018	9.2433	4.3430	3.1313	0.8822	−0.1044	−0.3713	−0.4678	−0.4957	−0.4971	−0.4974	−0.4974	−0.4974
5.10	0.5800	9.3227	4.3535	3.1292	0.8681	−0.1111	−0.3705	−0.4616	−0.4866	−0.4878	−0.4881	−0.4881	−0.4881
5.20	0.5594	9.4007	4.3633	3.1266	0.8540	−0.1175	−0.3695	−0.4554	−0.4779	−0.4789	−0.4791	−0.4791	−0.4791
5.30	0.5399	9.4775	4.3725	3.1236	0.8399	−0.1237	−0.3683	−0.4493	−0.4695	−0.4703	−0.4704	−0.4704	−0.4704
5.40	0.5214	9.5530	4.3811	3.1202	0.8259	−0.1297	−0.3670	−0.4433	−0.4613	−0.4619	−0.4620	−0.4620	−0.4620
5.50	0.5038	9.6272	4.3890	3.1163	0.8120	−0.1354	−0.3656	−0.4373	−0.4534	−0.4539	−0.4540	−0.4540	−0.4540
5.60	0.4872	9.7003	4.3963	3.1121	0.7981	−0.1410	−0.3640	−0.4314	−0.4457	−0.4461	−0.4462	−0.4462	−0.4462
5.70	0.4713	9.7722	4.4031	3.1075	0.7843	−0.1463	−0.3623	−0.4256	−0.4383	−0.4386	−0.4387	−0.4387	−0.4387
5.80	0.4562	9.8429	4.4093	3.1026	0.7706	−0.1513	−0.3605	−0.4198	−0.4311	−0.4314	−0.4314	−0.4314	−0.4314
5.90	0.4418	9.9125	4.4150	3.0973	0.7570	−0.1562	−0.3586	−0.4142	−0.4241	−0.4243	−0.4244	−0.4244	−0.4244
6.00	0.4281	9.9810	4.4202	3.0916	0.7434	−0.1608	−0.3566	−0.4086	−0.4174	−0.4175	−0.4176	−0.4176	−0.4176
6.10	0.4150	10.0484	4.4248	3.0857	0.7299	−0.1653	−0.3545	−0.4031	−0.4108	−0.4110	−0.4110	−0.4110	−0.4110
6.20	0.4026	10.1147	4.4290	3.0794	0.7165	−0.1695	−0.3523	−0.3976	−0.4045	−0.4046	−0.4046	−0.4046	−0.4046
6.30	0.3906	10.1800	4.4327	3.0728	0.7032	−0.1736	−0.3501	−0.3923	−0.3983	−0.3984	−0.3984	−0.3984	−0.3984
6.40	0.3792	10.2443	4.4359	3.0659	0.6900	−0.1774	−0.3478	−0.3871	−0.3923	−0.3924	−0.3924	−0.3924	−0.3924
6.50	0.3683	10.3076	4.4386	3.0587	0.6769	−0.1811	−0.3454	−0.3819	−0.3865	−0.3866	−0.3866	−0.3866	−0.3866
6.60	0.3579	10.3699	4.4409	3.0513	0.6639	−0.1845	−0.3429	−0.3769	−0.3809	−0.3809	−0.3809	−0.3809	−0.3809
6.70	0.3479	10.4313	4.4428	3.0436	0.6510	−0.1878	−0.3404	−0.3719	−0.3754	−0.3754	−0.3754	−0.3754	−0.3754
6.80	0.3383	10.4917	4.4442	3.0357	0.6382	−0.1910	−0.3378	−0.3670	−0.3701	−0.3701	−0.3701	−0.3701	−0.3701
6.90	0.3291	10.5512	4.4453	3.0275	0.6255	−0.1939	−0.3352	−0.3623	−0.3649	−0.3649	−0.3649	−0.3649	−0.3649
7.00	0.3202	10.6098	4.4459	3.0190	0.6129	−0.1967	−0.3326	−0.3576	−0.3599	−0.3599	−0.3599	−0.3599	−0.3599

表 3-3-7　四参数指数 Gamma 分布离均系数 Φ_p ($b = 1.75$)

C_s	α	0.001	0.01	0.02	0.10	0.30	0.50	0.70	0.90	0.95	0.99	0.995	0.999
0.20	452.3044	3.3822	2.4735	2.1598	1.3005	0.4989	−0.0332	−0.5471	−1.2578	−1.5861	−2.1801	−2.3907	−2.8134
0.30	201.4332	3.5328	2.5468	2.2116	1.3081	0.4853	−0.0497	−0.5574	−1.2444	−1.5555	−2.1081	−2.3006	−2.6817
0.40	113.6250	3.6857	2.6194	2.2624	1.3145	0.4712	−0.0659	−0.5668	−1.2299	−1.5242	−2.0370	−2.2126	−2.5548
0.50	72.9789	3.8404	2.6913	2.3119	1.3195	0.4567	−0.0819	−0.5755	−1.2146	−1.4925	−1.9673	−2.1268	−2.4331
0.60	50.8960	3.9966	2.7620	2.3600	1.3233	0.4418	−0.0975	−0.5833	−1.1985	−1.4604	−1.8990	−2.0436	−2.3167
0.70	37.5771	4.1535	2.8315	2.4067	1.3258	0.4265	−0.1128	−0.5903	−1.1816	−1.4281	−1.8324	−1.9630	−2.2056
0.80	28.9291	4.3109	2.8996	2.4517	1.3271	0.4111	−0.1276	−0.5965	−1.1642	−1.3958	−1.7676	−1.8853	−2.1001

续表

C_s	α	0.001	0.01	0.02	0.10	0.30	0.50	0.70	0.90	0.95	0.99	0.995	0.999
0.90	22.9966	4.4683	2.9660	2.4950	1.3272	0.3955	−0.1420	−0.6018	−1.1463	−1.3635	−1.7048	−1.8105	−1.9999
1.00	18.7498	4.6251	3.0307	2.5365	1.3262	0.3798	−0.1558	−0.6064	−1.1279	−1.3314	−1.6440	−1.7387	−1.9052
1.10	15.6045	4.7812	3.0936	2.5762	1.3241	0.3640	−0.1692	−0.6103	−1.1093	−1.2995	−1.5854	−1.6699	−1.8157
1.20	13.2092	4.9362	3.1545	2.6141	1.3210	0.3483	−0.1821	−0.6134	−1.0904	−1.2681	−1.5289	−1.6042	−1.7314
1.30	11.3423	5.0897	3.2135	2.6502	1.3169	0.3326	−0.1944	−0.6158	−1.0713	−1.2370	−1.4745	−1.5415	−1.6521
1.40	9.8582	5.2416	3.2704	2.6844	1.3120	0.3170	−0.2061	−0.6176	−1.0522	−1.2065	−1.4224	−1.4817	−1.5776
1.50	8.6585	5.3916	3.3254	2.7168	1.3062	0.3016	−0.2173	−0.6187	−1.0330	−1.1766	−1.3725	−1.4249	−1.5077
1.60	7.6742	5.5396	3.3783	2.7475	1.2997	0.2863	−0.2280	−0.6193	−1.0139	−1.1473	−1.3247	−1.3708	−1.4421
1.70	6.8562	5.6854	3.4292	2.7764	1.2924	0.2712	−0.2381	−0.6193	−0.9948	−1.1186	−1.2790	−1.3196	−1.3806
1.80	6.1687	5.8289	3.4781	2.8037	1.2845	0.2563	−0.2477	−0.6188	−0.9759	−1.0906	−1.2354	−1.2709	−1.3231
1.90	5.5850	5.9700	3.5251	2.8293	1.2761	0.2417	−0.2568	−0.6178	−0.9572	−1.0634	−1.1938	−1.2248	−1.2692
2.00	5.0849	6.1088	3.5701	2.8533	1.2670	0.2273	−0.2654	−0.6164	−0.9387	−1.0368	−1.1541	−1.1811	−1.2187
2.10	4.6528	6.2450	3.6133	2.8758	1.2575	0.2132	−0.2735	−0.6146	−0.9204	−1.0110	−1.1163	−1.1398	−1.1715
2.20	4.2768	6.3787	3.6546	2.8968	1.2475	0.1994	−0.2811	−0.6124	−0.9024	−0.9860	−1.0803	−1.1006	−1.1273
2.30	3.9474	6.5099	3.6942	2.9164	1.2372	0.1858	−0.2882	−0.6098	−0.8846	−0.9616	−1.0460	−1.0635	−1.0859
2.40	3.6569	6.6386	3.7320	2.9346	1.2264	0.1726	−0.2949	−0.6069	−0.8672	−0.9380	−1.0133	−1.0284	−1.0471
2.50	3.3995	6.7648	3.7682	2.9515	1.2154	0.1597	−0.3012	−0.6038	−0.8501	−0.9152	−0.9823	−0.9952	−1.0107
2.60	3.1700	6.8886	3.8027	2.9672	1.2041	0.1470	−0.3071	−0.6004	−0.8333	−0.8930	−0.9527	−0.9638	−0.9766
2.70	2.9645	7.0098	3.8358	2.9817	1.1925	0.1347	−0.3125	−0.5967	−0.8169	−0.8716	−0.9246	−0.9340	−0.9446
2.80	2.7796	7.1287	3.8673	2.9951	1.1806	0.1227	−0.3176	−0.5928	−0.8008	−0.8509	−0.8978	−0.9058	−0.9145
2.90	2.6127	7.2452	3.8973	3.0073	1.1686	0.1109	−0.3223	−0.5887	−0.7850	−0.8308	−0.8723	−0.8791	−0.8861
3.00	2.4614	7.3593	3.9260	3.0186	1.1564	0.0995	−0.3267	−0.5845	−0.7696	−0.8114	−0.8480	−0.8537	−0.8595
3.10	2.3236	7.4711	3.9533	3.0288	1.1441	0.0884	−0.3307	−0.5800	−0.7546	−0.7927	−0.8249	−0.8297	−0.8344
3.20	2.1979	7.5807	3.9794	3.0381	1.1316	0.0775	−0.3344	−0.5755	−0.7399	−0.7746	−0.8029	−0.8069	−0.8107
3.30	2.0828	7.6880	4.0042	3.0465	1.1190	0.0670	−0.3378	−0.5708	−0.7256	−0.7571	−0.7819	−0.7853	−0.7883
3.40	1.9771	7.7933	4.0278	3.0541	1.1063	0.0567	−0.3409	−0.5659	−0.7116	−0.7402	−0.7619	−0.7647	−0.7671
3.50	1.8797	7.8964	4.0503	3.0608	1.0936	0.0468	−0.3438	−0.5610	−0.6979	−0.7239	−0.7428	−0.7452	−0.7471
3.60	1.7898	7.9974	4.0716	3.0667	1.0808	0.0371	−0.3463	−0.5560	−0.6846	−0.7081	−0.7246	−0.7265	−0.7280
3.70	1.7066	8.0965	4.0919	3.0719	1.0679	0.0277	−0.3486	−0.5509	−0.6717	−0.6929	−0.7073	−0.7088	−0.7100
3.80	1.6294	8.1936	4.1112	3.0763	1.0550	0.0185	−0.3507	−0.5458	−0.6591	−0.6782	−0.6907	−0.6919	−0.6929
3.90	1.5576	8.2888	4.1295	3.0801	1.0421	0.0096	−0.3525	−0.5406	−0.6468	−0.6641	−0.6748	−0.6758	−0.6766
4.00	1.4908	8.3821	4.1468	3.0832	1.0292	0.0010	−0.3541	−0.5354	−0.6348	−0.6504	−0.6596	−0.6605	−0.6610
4.10	1.4284	8.4736	4.1633	3.0857	1.0163	−0.0074	−0.3555	−0.5301	−0.6232	−0.6371	−0.6451	−0.6458	−0.6462
4.20	1.3700	8.5633	4.1788	3.0876	1.0034	−0.0155	−0.3567	−0.5248	−0.6119	−0.6244	−0.6312	−0.6318	−0.6321
4.30	1.3154	8.6513	4.1936	3.0890	0.9905	−0.0234	−0.3576	−0.5194	−0.6009	−0.6120	−0.6179	−0.6183	−0.6186
4.40	1.2641	8.7377	4.2075	3.0898	0.9776	−0.0311	−0.3584	−0.5141	−0.5901	−0.6001	−0.6051	−0.6055	−0.6057
4.50	1.2159	8.8223	4.2206	3.0900	0.9647	−0.0385	−0.3591	−0.5087	−0.5797	−0.5886	−0.5929	−0.5932	−0.5933
4.60	1.1706	8.9054	4.2329	3.0898	0.9519	−0.0457	−0.3595	−0.5034	−0.5696	−0.5775	−0.5811	−0.5813	−0.5814
4.70	1.1278	8.9870	4.2446	3.0891	0.9392	−0.0527	−0.3598	−0.4980	−0.5597	−0.5667	−0.5698	−0.5700	−0.5701
4.80	1.0875	9.0670	4.2555	3.0880	0.9264	−0.0594	−0.3599	−0.4927	−0.5501	−0.5564	−0.5590	−0.5591	−0.5592
4.90	1.0494	9.1456	4.2658	3.0864	0.9138	−0.0659	−0.3599	−0.4874	−0.5408	−0.5463	−0.5485	−0.5486	−0.5487
5.00	1.0134	9.2227	4.2754	3.0844	0.9012	−0.0723	−0.3598	−0.4821	−0.5317	−0.5366	−0.5385	−0.5385	−0.5386
5.10	0.9792	9.2984	4.2843	3.0819	0.8886	−0.0784	−0.3595	−0.4768	−0.5229	−0.5272	−0.5288	−0.5288	−0.5288
5.20	0.9468	9.3727	4.2927	3.0792	0.8761	−0.0843	−0.3591	−0.4716	−0.5143	−0.5181	−0.5194	−0.5195	−0.5195
5.30	0.9161	9.4457	4.3005	3.0760	0.8637	−0.0901	−0.3586	−0.4663	−0.5060	−0.5093	−0.5104	−0.5104	−0.5105
5.40	0.8869	9.5174	4.3077	3.0725	0.8514	−0.0956	−0.3580	−0.4612	−0.4979	−0.5008	−0.5017	−0.5017	−0.5018
5.50	0.8591	9.5878	4.3144	3.0686	0.8391	−0.1010	−0.3572	−0.4560	−0.4900	−0.4926	−0.4933	−0.4933	−0.4933
5.60	0.8326	9.6570	4.3205	3.0644	0.8269	−0.1062	−0.3564	−0.4509	−0.4824	−0.4846	−0.4852	−0.4852	−0.4852
5.70	0.8074	9.7249	4.3261	3.0600	0.8148	−0.1112	−0.3554	−0.4459	−0.4749	−0.4768	−0.4774	−0.4774	−0.4774
5.80	0.7834	9.7917	4.3313	3.0552	0.8028	−0.1160	−0.3544	−0.4408	−0.4677	−0.4693	−0.4698	−0.4698	−0.4698
5.90	0.7604	9.8573	4.3359	3.0501	0.7909	−0.1207	−0.3533	−0.4359	−0.4606	−0.4621	−0.4624	−0.4624	−0.4624
6.00	0.7385	9.9218	4.3401	3.0447	0.7790	−0.1252	−0.3521	−0.4310	−0.4538	−0.4550	−0.4553	−0.4553	−0.4553
6.10	0.7175	9.9852	4.3438	3.0391	0.7672	−0.1295	−0.3508	−0.4261	−0.4471	−0.4482	−0.4484	−0.4484	−0.4484
6.20	0.6974	10.0476	4.3471	3.0333	0.7556	−0.1337	−0.3495	−0.4213	−0.4406	−0.4415	−0.4417	−0.4417	−0.4417

续表

C_s	α	0.001	0.01	0.02	0.10	0.30	0.50	0.70	0.90	0.95	0.99	0.995	0.999
6.30	0.6782	10.1088	4.3500	3.0272	0.7440	−0.1377	−0.3480	−0.4165	−0.4343	−0.4351	−0.4352	−0.4352	−0.4352
6.40	0.6598	10.1691	4.3525	3.0208	0.7325	−0.1416	−0.3466	−0.4119	−0.4281	−0.4288	−0.4289	−0.4289	−0.4289
6.50	0.6421	10.2283	4.3546	3.0142	0.7211	−0.1453	−0.3450	−0.4072	−0.4221	−0.4227	−0.4228	−0.4228	−0.4228
6.60	0.6252	10.2866	4.3562	3.0075	0.7098	−0.1489	−0.3434	−0.4026	−0.4163	−0.4168	−0.4169	−0.4169	−0.4169
6.70	0.6089	10.3438	4.3576	3.0005	0.6986	−0.1524	−0.3417	−0.3981	−0.4106	−0.4111	−0.4111	−0.4111	−0.4111
6.80	0.5933	10.4002	4.3585	2.9933	0.6874	−0.1557	−0.3400	−0.3936	−0.4051	−0.4055	−0.4055	−0.4055	−0.4055
6.90	0.5783	10.4556	4.3591	2.9859	0.6764	−0.1589	−0.3383	−0.3892	−0.3997	−0.4000	−0.4001	−0.4001	−0.4001
7.00	0.5638	10.5102	4.3594	2.9783	0.6655	−0.1619	−0.3365	−0.3849	−0.3945	−0.3947	−0.3947	−0.3947	−0.3947

表 3-3-8 四参数指数 Gamma 分布离均系数 Φ_p ($b = 2.00$)

C_s	α	0.001	0.01	0.02	0.10	0.30	0.50	0.70	0.90	0.95	0.99	0.995	0.999
0.20	626.2960	3.3829	2.4737	2.1599	1.3005	0.4989	−0.0332	−0.5471	−1.2578	−1.5861	−2.1803	−2.3910	−2.8141
0.30	279.0688	3.5342	2.5471	2.2117	1.3080	0.4853	−0.0496	−0.5573	−1.2443	−1.5555	−2.1086	−2.3013	−2.6831
0.40	157.5341	3.6881	2.6199	2.2625	1.3142	0.4711	−0.0658	−0.5666	−1.2298	−1.5243	−2.0379	−2.2139	−2.5574
0.50	101.2755	3.8441	2.6919	2.3120	1.3191	0.4565	−0.0817	−0.5751	−1.2144	−1.4927	−1.9688	−2.1290	−2.4370
0.60	70.7096	4.0016	2.7628	2.3601	1.3226	0.4416	−0.0973	−0.5828	−1.1983	−1.4608	−1.9012	−2.0467	−2.3222
0.70	52.2737	4.1602	2.8324	2.4066	1.3249	0.4263	−0.1124	−0.5896	−1.1815	−1.4287	−1.8354	−1.9673	−2.2130
0.80	40.3025	4.3192	2.9004	2.4514	1.3259	0.4109	−0.1270	−0.5956	−1.1641	−1.3967	−1.7716	−1.8908	−2.1094
0.90	32.0896	4.4783	2.9668	2.4944	1.3258	0.3954	−0.1412	−0.6007	−1.1462	−1.3648	−1.7099	−1.8175	−2.0114
1.00	26.2098	4.6369	3.0313	2.5355	1.3245	0.3797	−0.1548	−0.6051	−1.1280	−1.3331	−1.6504	−1.7472	−1.9188
1.10	21.8544	4.7947	3.0940	2.5748	1.3221	0.3641	−0.1679	−0.6087	−1.1096	−1.3018	−1.5930	−1.6800	−1.8315
1.20	18.5370	4.9513	3.1545	2.6121	1.3186	0.3485	−0.1805	−0.6116	−1.0909	−1.2710	−1.5379	−1.6160	−1.7494
1.30	15.9508	5.1065	3.2130	2.6476	1.3143	0.3330	−0.1924	−0.6137	−1.0722	−1.2406	−1.4851	−1.5550	−1.6723
1.40	13.8944	5.2598	3.2694	2.6811	1.3090	0.3177	−0.2038	−0.6153	−1.0535	−1.2109	−1.4344	−1.4970	−1.5998
1.50	12.2315	5.4112	3.3237	2.7128	1.3030	0.3025	−0.2146	−0.6162	−1.0347	−1.1818	−1.3860	−1.4418	−1.5319
1.60	10.8667	5.5604	3.3758	2.7426	1.2962	0.2875	−0.2249	−0.6166	−1.0161	−1.1534	−1.3398	−1.3895	−1.4682
1.70	9.7322	5.7073	3.4258	2.7706	1.2887	0.2728	−0.2346	−0.6164	−0.9976	−1.1257	−1.2956	−1.3399	−1.4084
1.80	8.7781	5.8517	3.4737	2.7969	1.2806	0.2584	−0.2437	−0.6158	−0.9793	−1.0987	−1.2535	−1.2928	−1.3525
1.90	7.9677	5.9935	3.5196	2.8215	1.2720	0.2442	−0.2524	−0.6147	−0.9613	−1.0724	−1.2133	−1.2482	−1.3001
2.00	7.2729	6.1328	3.5635	2.8445	1.2629	0.2303	−0.2605	−0.6132	−0.9434	−1.0469	−1.1751	−1.2060	−1.2509
2.10	6.6724	6.2694	3.6054	2.8659	1.2533	0.2167	−0.2682	−0.6113	−0.9259	−1.0222	−1.1386	−1.1660	−1.2048
2.20	6.1495	6.4033	3.6455	2.8859	1.2433	0.2035	−0.2753	−0.6091	−0.9087	−0.9982	−1.1039	−1.1281	−1.1616
2.30	5.6910	6.5345	3.6837	2.9044	1.2330	0.1905	−0.2820	−0.6066	−0.8917	−0.9750	−1.0709	−1.0922	−1.1211
2.40	5.2865	6.6631	3.7202	2.9215	1.2223	0.1779	−0.2883	−0.6038	−0.8751	−0.9524	−1.0394	−1.0581	−1.0830
2.50	4.9276	6.7889	3.7549	2.9373	1.2114	0.1656	−0.2942	−0.6008	−0.8589	−0.9306	−1.0094	−1.0259	−1.0472
2.60	4.6075	6.9121	3.7880	2.9519	1.2002	0.1536	−0.2997	−0.5975	−0.8430	−0.9096	−0.9808	−0.9953	−1.0136
2.70	4.3206	7.0327	3.8195	2.9653	1.1889	0.1419	−0.3047	−0.5940	−0.8274	−0.8892	−0.9536	−0.9663	−0.9819
2.80	4.0623	7.1507	3.8495	2.9776	1.1773	0.1306	−0.3095	−0.5903	−0.8122	−0.8694	−0.9276	−0.9388	−0.9521
2.90	3.8288	7.2662	3.8780	2.9888	1.1656	0.1195	−0.3139	−0.5865	−0.7973	−0.8504	−0.9029	−0.9126	−0.9240
3.00	3.6169	7.3791	3.9051	2.9990	1.1538	0.1088	−0.3179	−0.5825	−0.7828	−0.8319	−0.8793	−0.8878	−0.8974
3.10	3.4239	7.4897	3.9309	3.0082	1.1419	0.0984	−0.3217	−0.5784	−0.7687	−0.8141	−0.8568	−0.8642	−0.8724
3.20	3.2475	7.5978	3.9554	3.0165	1.1299	0.0883	−0.3251	−0.5741	−0.7548	−0.7969	−0.8353	−0.8418	−0.8487
3.30	3.0858	7.7037	3.9787	3.0240	1.1178	0.0784	−0.3283	−0.5698	−0.7414	−0.7802	−0.8148	−0.8204	−0.8262
3.40	2.9371	7.8072	4.0007	3.0306	1.1057	0.0689	−0.3312	−0.5654	−0.7282	−0.7641	−0.7952	−0.8000	−0.8050
3.50	2.8001	7.9086	4.0216	3.0364	1.0935	0.0596	−0.3338	−0.5609	−0.7154	−0.7485	−0.7764	−0.7807	−0.7848
3.60	2.6734	8.0077	4.0415	3.0414	1.0813	0.0506	−0.3362	−0.5563	−0.7029	−0.7335	−0.7585	−0.7622	−0.7656
3.70	2.5559	8.1048	4.0602	3.0458	1.0691	0.0419	−0.3384	−0.5517	−0.6907	−0.7189	−0.7414	−0.7445	−0.7474
3.80	2.4469	8.1998	4.0780	3.0495	1.0570	0.0334	−0.3404	−0.5470	−0.6789	−0.7049	−0.7250	−0.7277	−0.7301
3.90	2.3453	8.2928	4.0948	3.0525	1.0448	0.0252	−0.3421	−0.5424	−0.6673	−0.6913	−0.7092	−0.7116	−0.7136
4.00	2.2506	8.3838	4.1107	3.0549	1.0326	0.0172	−0.3437	−0.5376	−0.6561	−0.6781	−0.6942	−0.6961	−0.6978
4.10	2.1621	8.4730	4.1258	3.0568	1.0205	0.0094	−0.3451	−0.5329	−0.6451	−0.6654	−0.6797	−0.6814	−0.6828
4.20	2.0793	8.5603	4.1399	3.0581	1.0084	0.0019	−0.3463	−0.5281	−0.6344	−0.6530	−0.6658	−0.6673	−0.6684

续表

C_s	α	0.001	0.01	0.02	0.10	0.30	0.50	0.70	0.90	0.95	0.99	0.995	0.999
4.30	2.0015	8.6458	4.1533	3.0588	0.9964	−0.0053	−0.3473	−0.5234	−0.6240	−0.6411	−0.6525	−0.6538	−0.6547
4.40	1.9285	8.7296	4.1658	3.0591	0.9844	−0.0124	−0.3482	−0.5186	−0.6139	−0.6296	−0.6397	−0.6408	−0.6415
4.50	1.8597	8.8117	4.1777	3.0589	0.9725	−0.0192	−0.3489	−0.5138	−0.6040	−0.6184	−0.6274	−0.6283	−0.6289
4.60	1.7950	8.8921	4.1887	3.0582	0.9606	−0.0259	−0.3495	−0.5091	−0.5944	−0.6076	−0.6156	−0.6163	−0.6169
4.70	1.7338	8.9709	4.1992	3.0571	0.9488	−0.0323	−0.3499	−0.5043	−0.5850	−0.5971	−0.6042	−0.6048	−0.6053
4.80	1.6760	9.0481	4.2089	3.0556	0.9371	−0.0385	−0.3502	−0.4996	−0.5759	−0.5869	−0.5932	−0.5938	−0.5941
4.90	1.6213	9.1238	4.2180	3.0537	0.9254	−0.0446	−0.3504	−0.4949	−0.5670	−0.5771	−0.5827	−0.5831	−0.5834
5.00	1.5695	9.1981	4.2265	3.0514	0.9138	−0.0504	−0.3505	−0.4902	−0.5583	−0.5675	−0.5725	−0.5729	−0.5731
5.10	1.5204	9.2709	4.2344	3.0488	0.9023	−0.0561	−0.3504	−0.4855	−0.5499	−0.5583	−0.5626	−0.5630	−0.5632
5.20	1.4737	9.3422	4.2417	3.0458	0.8909	−0.0616	−0.3503	−0.4808	−0.5416	−0.5493	−0.5532	−0.5534	−0.5536
5.30	1.4293	9.4122	4.2485	3.0425	0.8796	−0.0669	−0.3501	−0.4762	−0.5336	−0.5406	−0.5440	−0.5442	−0.5443
5.40	1.3870	9.4809	4.2547	3.0389	0.8683	−0.0721	−0.3497	−0.4716	−0.5258	−0.5322	−0.5351	−0.5353	−0.5354
5.50	1.3467	9.5483	4.2604	3.0350	0.8571	−0.0770	−0.3493	−0.4671	−0.5182	−0.5240	−0.5266	−0.5267	−0.5268
5.60	1.3083	9.6144	4.2657	3.0308	0.8460	−0.0819	−0.3488	−0.4626	−0.5107	−0.5160	−0.5183	−0.5184	−0.5185
5.70	1.2717	9.6793	4.2705	3.0264	0.8350	−0.0866	−0.3482	−0.4581	−0.5035	−0.5083	−0.5103	−0.5104	−0.5105
5.80	1.2366	9.7429	4.2748	3.0217	0.8241	−0.0911	−0.3476	−0.4536	−0.4964	−0.5008	−0.5025	−0.5026	−0.5027
5.90	1.2032	9.8054	4.2787	3.0167	0.8133	−0.0955	−0.3468	−0.4492	−0.4895	−0.4935	−0.4950	−0.4951	−0.4951
6.00	1.1711	9.8668	4.2821	3.0116	0.8026	−0.0997	−0.3460	−0.4448	−0.4828	−0.4864	−0.4877	−0.4878	−0.4878
6.10	1.1404	9.9270	4.2852	3.0061	0.7920	−0.1038	−0.3452	−0.4405	−0.4763	−0.4795	−0.4807	−0.4807	−0.4807
6.20	1.1110	9.9862	4.2878	3.0005	0.7814	−0.1078	−0.3442	−0.4362	−0.4699	−0.4728	−0.4738	−0.4739	−0.4739
6.30	1.0827	10.0443	4.2901	2.9947	0.7710	−0.1117	−0.3433	−0.4320	−0.4636	−0.4663	−0.4672	−0.4672	−0.4672
6.40	1.0556	10.1013	4.2920	2.9887	0.7606	−0.1154	−0.3422	−0.4278	−0.4575	−0.4599	−0.4607	−0.4607	−0.4607
6.50	1.0296	10.1574	4.2936	2.9825	0.7504	−0.1190	−0.3411	−0.4236	−0.4516	−0.4537	−0.4544	−0.4544	−0.4544
6.60	1.0046	10.2124	4.2948	2.9761	0.7402	−0.1224	−0.3400	−0.4195	−0.4458	−0.4477	−0.4483	−0.4483	−0.4483
6.70	0.9805	10.2665	4.2956	2.9695	0.7302	−0.1258	−0.3388	−0.4155	−0.4401	−0.4419	−0.4424	−0.4424	−0.4424
6.80	0.9574	10.3197	4.2962	2.9628	0.7202	−0.1290	−0.3376	−0.4115	−0.4346	−0.4362	−0.4366	−0.4366	−0.4366
6.90	0.9350	10.3719	4.2964	2.9559	0.7103	−0.1322	−0.3363	−0.4075	−0.4292	−0.4306	−0.4310	−0.4310	−0.4310
7.00	0.9136	10.4232	4.2964	2.9489	0.7005	−0.1352	−0.3350	−0.4036	−0.4239	−0.4252	−0.4255	−0.4255	−0.4255

表 3-3-9 四参数指数 Gamma 分布离均系数 Φ_p ($b = 2.25$)

C_s	α	0.001	0.01	0.02	0.10	0.30	0.50	0.70	0.90	0.95	0.99	0.995	0.999
0.20	828.5608	3.3833	2.4738	2.1599	1.3004	0.4989	−0.0332	−0.5471	−1.2578	−1.5861	−2.1805	−2.3912	−2.8145
0.30	369.3523	3.5352	2.5473	2.2118	1.3079	0.4852	−0.0496	−0.5572	−1.2442	−1.5555	−2.1089	−2.3019	−2.6842
0.40	208.6221	3.6898	2.6202	2.2626	1.3140	0.4710	−0.0658	−0.5665	−1.2297	−1.5244	−2.0386	−2.2149	−2.5592
0.50	134.2191	3.8467	2.6923	2.3121	1.3187	0.4564	−0.0816	−0.5749	−1.2143	−1.4928	−1.9698	−2.1305	−2.4398
0.60	93.7946	4.0053	2.7633	2.3601	1.3222	0.4414	−0.0971	−0.5824	−1.1981	−1.4610	−1.9027	−2.0489	−2.3262
0.70	69.4119	4.1650	2.8330	2.4065	1.3243	0.4262	−0.1121	−0.5891	−1.1813	−1.4291	−1.8376	−1.9703	−2.2182
0.80	53.5786	4.3253	2.9010	2.4511	1.3251	0.4108	−0.1266	−0.5949	−1.1640	−1.3973	−1.7745	−1.8948	−2.1160
0.90	42.7157	4.4856	2.9673	2.4939	1.3247	0.3953	−0.1406	−0.5999	−1.1462	−1.3657	−1.7136	−1.8224	−2.0195
1.00	34.9380	4.6455	3.0318	2.5348	1.3232	0.3797	−0.1541	−0.6041	−1.1281	−1.3344	−1.6549	−1.7532	−1.9285
1.10	29.1762	4.8045	3.0942	2.5737	1.3206	0.3641	−0.1670	−0.6076	−1.1098	−1.3035	−1.5985	−1.6872	−1.8428
1.20	24.7871	4.9623	3.1545	2.6107	1.3169	0.3487	−0.1793	−0.6103	−1.0914	−1.2731	−1.5444	−1.6244	−1.7623
1.30	21.3650	5.1186	3.2126	2.6456	1.3124	0.3333	−0.1910	−0.6123	−1.0729	−1.2432	−1.4925	−1.5646	−1.6867
1.40	18.6435	5.2730	3.2685	2.6786	1.3069	0.3182	−0.2021	−0.6137	−1.0544	−1.2140	−1.4430	−1.5078	−1.6157
1.50	16.4422	5.4253	3.3222	2.7097	1.3007	0.3032	−0.2127	−0.6145	−1.0360	−1.1855	−1.3957	−1.4539	−1.5492
1.60	14.6353	5.5754	3.3738	2.7389	1.2937	0.2885	−0.2226	−0.6147	−1.0177	−1.1577	−1.3505	−1.4028	−1.4869
1.70	13.1328	5.7229	3.4231	2.7663	1.2861	0.2740	−0.2320	−0.6144	−0.9996	−1.1307	−1.3074	−1.3544	−1.4285
1.80	11.8690	5.8679	3.4703	2.7919	1.2779	0.2599	−0.2409	−0.6137	−0.9818	−1.1044	−1.2664	−1.3085	−1.3737
1.90	10.7951	6.0102	3.5153	2.8157	1.2691	0.2460	−0.2492	−0.6125	−0.9641	−1.0788	−1.2273	−1.2650	−1.3224
2.00	9.8741	6.1498	3.5583	2.8380	1.2599	0.2325	−0.2570	−0.6110	−0.9468	−1.0541	−1.1901	−1.2239	−1.2743
2.10	9.0778	6.2865	3.5994	2.8586	1.2503	0.2193	−0.2644	−0.6091	−0.9298	−1.0301	−1.1546	−1.1849	−1.2292
2.20	8.3841	6.4205	3.6384	2.8777	1.2403	0.2064	−0.2712	−0.6069	−0.9131	−1.0069	−1.1209	−1.1479	−1.1868

续表

C_s	α	0.001	0.01	0.02	0.10	0.30	0.50	0.70	0.90	0.95	0.99	0.995	0.999
2.30	7.7756	6.5515	3.6756	2.8954	1.2300	0.1939	−0.2776	−0.6044	−0.8967	−0.9844	−1.0888	−1.1129	−1.1470
2.40	7.2385	6.6798	3.7110	2.9118	1.2194	0.1817	−0.2836	−0.6016	−0.8807	−0.9626	−1.0581	−1.0798	−1.1096
2.50	6.7617	6.8053	3.7447	2.9268	1.2086	0.1699	−0.2892	−0.5986	−0.8651	−0.9416	−1.0290	−1.0483	−1.0744
2.60	6.3363	6.9279	3.7767	2.9406	1.1976	0.1583	−0.2944	−0.5954	−0.8498	−0.9213	−1.0012	−1.0184	−1.0413
2.70	5.9548	7.0479	3.8071	2.9532	1.1864	0.1471	−0.2992	−0.5920	−0.8348	−0.9016	−0.9747	−0.9901	−1.0101
2.80	5.6111	7.1651	3.8359	2.9647	1.1751	0.1363	−0.3037	−0.5885	−0.8202	−0.8826	−0.9495	−0.9632	−0.9806
2.90	5.3003	7.2796	3.8633	2.9751	1.1636	0.1257	−0.3079	−0.5848	−0.8060	−0.8643	−0.9254	−0.9376	−0.9528
3.00	5.0180	7.3916	3.8893	2.9845	1.1521	0.1155	−0.3117	−0.5810	−0.7921	−0.8465	−0.9024	−0.9132	−0.9265
3.10	4.7607	7.5010	3.9139	2.9930	1.1405	0.1055	−0.3152	−0.5771	−0.7785	−0.8294	−0.8804	−0.8901	−0.9016
3.20	4.5254	7.6080	3.9372	3.0006	1.1288	0.0959	−0.3185	−0.5731	−0.7653	−0.8128	−0.8594	−0.8680	−0.8781
3.30	4.3096	7.7125	3.9593	3.0073	1.1171	0.0865	−0.3215	−0.5690	−0.7525	−0.7968	−0.8394	−0.8470	−0.8558
3.40	4.1110	7.8146	3.9802	3.0133	1.1053	0.0775	−0.3242	−0.5648	−0.7399	−0.7813	−0.8202	−0.8270	−0.8346
3.50	3.9278	7.9144	4.0000	3.0184	1.0936	0.0687	−0.3267	−0.5606	−0.7277	−0.7663	−0.8018	−0.8079	−0.8145
3.60	3.7583	8.0120	4.0187	3.0229	1.0819	0.0602	−0.3290	−0.5563	−0.7158	−0.7518	−0.7842	−0.7896	−0.7953
3.70	3.6011	8.1074	4.0364	3.0267	1.0702	0.0519	−0.3311	−0.5520	−0.7042	−0.7378	−0.7674	−0.7722	−0.7771
3.80	3.4550	8.2007	4.0531	3.0298	1.0585	0.0439	−0.3330	−0.5476	−0.6929	−0.7243	−0.7512	−0.7555	−0.7598
3.90	3.3188	8.2919	4.0688	3.0323	1.0468	0.0362	−0.3347	−0.5433	−0.6819	−0.7112	−0.7358	−0.7395	−0.7432
4.00	3.1917	8.3811	4.0836	3.0342	1.0352	0.0287	−0.3362	−0.5389	−0.6712	−0.6985	−0.7209	−0.7242	−0.7274
4.10	3.0728	8.4683	4.0976	3.0356	1.0237	0.0214	−0.3375	−0.5345	−0.6607	−0.6862	−0.7066	−0.7095	−0.7123
4.20	2.9614	8.5536	4.1107	3.0364	1.0122	0.0143	−0.3387	−0.5301	−0.6505	−0.6743	−0.6929	−0.6955	−0.6979
4.30	2.8568	8.6371	4.1231	3.0368	1.0008	0.0075	−0.3397	−0.5257	−0.6406	−0.6627	−0.6797	−0.6820	−0.6840
4.40	2.7585	8.7188	4.1347	3.0367	0.9894	0.0009	−0.3406	−0.5213	−0.6310	−0.6516	−0.6670	−0.6690	−0.6708
4.50	2.6658	8.7987	4.1456	3.0361	0.9781	−0.0056	−0.3414	−0.5169	−0.6215	−0.6407	−0.6548	−0.6566	−0.6581
4.60	2.5784	8.8770	4.1557	3.0352	0.9669	−0.0118	−0.3420	−0.5125	−0.6123	−0.6302	−0.6430	−0.6446	−0.6459
4.70	2.4958	8.9536	4.1652	3.0338	0.9558	−0.0178	−0.3425	−0.5081	−0.6034	−0.6201	−0.6317	−0.6331	−0.6342
4.80	2.4177	9.0286	4.1741	3.0320	0.9447	−0.0237	−0.3429	−0.5038	−0.5947	−0.6102	−0.6208	−0.6220	−0.6229
4.90	2.3437	9.1020	4.1823	3.0299	0.9338	−0.0293	−0.3431	−0.4995	−0.5862	−0.6006	−0.6102	−0.6113	−0.6121
5.00	2.2735	9.1739	4.1900	3.0275	0.9229	−0.0348	−0.3433	−0.4952	−0.5779	−0.5913	−0.6000	−0.6010	−0.6017
5.10	2.2069	9.2443	4.1971	3.0247	0.9121	−0.0402	−0.3434	−0.4909	−0.5698	−0.5823	−0.5902	−0.5910	−0.5916
5.20	2.1435	9.3134	4.2037	3.0216	0.9014	−0.0453	−0.3434	−0.4866	−0.5619	−0.5735	−0.5807	−0.5814	−0.5819
5.30	2.0831	9.3810	4.2097	3.0182	0.8908	−0.0503	−0.3433	−0.4824	−0.5542	−0.5650	−0.5715	−0.5721	−0.5726
5.40	2.0257	9.4472	4.2153	3.0145	0.8803	−0.0552	−0.3431	−0.4782	−0.5466	−0.5567	−0.5626	−0.5632	−0.5636
5.50	1.9708	9.5122	4.2203	3.0106	0.8699	−0.0599	−0.3429	−0.4741	−0.5393	−0.5487	−0.5540	−0.5545	−0.5548
5.60	1.9185	9.5758	4.2249	3.0064	0.8596	−0.0644	−0.3425	−0.4700	−0.5322	−0.5408	−0.5457	−0.5461	−0.5464
5.70	1.8685	9.6383	4.2291	3.0020	0.8493	−0.0689	−0.3421	−0.4659	−0.5252	−0.5332	−0.5376	−0.5380	−0.5382
5.80	1.8206	9.6994	4.2328	2.9974	0.8392	−0.0731	−0.3417	−0.4618	−0.5183	−0.5258	−0.5298	−0.5301	−0.5303
5.90	1.7748	9.7595	4.2361	2.9925	0.8292	−0.0773	−0.3411	−0.4578	−0.5117	−0.5186	−0.5222	−0.5225	−0.5227
6.00	1.7309	9.8183	4.2391	2.9874	0.8192	−0.0813	−0.3406	−0.4538	−0.5052	−0.5116	−0.5149	−0.5151	−0.5153
6.10	1.6889	9.8760	4.2416	2.9822	0.8094	−0.0852	−0.3399	−0.4499	−0.4988	−0.5048	−0.5078	−0.5080	−0.5081
6.20	1.6485	9.9327	4.2438	2.9767	0.7996	−0.0890	−0.3392	−0.4460	−0.4926	−0.4982	−0.5008	−0.5010	−0.5011
6.30	1.6097	9.9883	4.2456	2.9711	0.7900	−0.0926	−0.3385	−0.4421	−0.4865	−0.4917	−0.4941	−0.4942	−0.4943
6.40	1.5724	10.0428	4.2471	2.9653	0.7804	−0.0962	−0.3377	−0.4383	−0.4806	−0.4854	−0.4875	−0.4877	−0.4878
6.50	1.5366	10.0963	4.2483	2.9593	0.7710	−0.0996	−0.3369	−0.4345	−0.4748	−0.4792	−0.4812	−0.4813	−0.4814
6.60	1.5021	10.1488	4.2491	2.9532	0.7616	−0.1029	−0.3360	−0.4307	−0.4692	−0.4732	−0.4750	−0.4751	−0.4752
6.70	1.4688	10.2004	4.2497	2.9469	0.7523	−0.1062	−0.3351	−0.4270	−0.4636	−0.4674	−0.4690	−0.4691	−0.4691
6.80	1.4368	10.2510	4.2499	2.9405	0.7432	−0.1093	−0.3341	−0.4234	−0.4582	−0.4617	−0.4631	−0.4632	−0.4632
6.90	1.4060	10.3007	4.2499	2.9340	0.7341	−0.1123	−0.3331	−0.4197	−0.4529	−0.4561	−0.4574	−0.4575	−0.4575
7.00	1.3762	10.3495	4.2496	2.9273	0.7251	−0.1152	−0.3321	−0.4161	−0.4477	−0.4507	−0.4519	−0.4519	−0.4519

表 3-3-10 四参数指数 Gamma 分布离均系数 Φ_p $(b = 2.50)$

C_s	α	0.001	0.01	0.02	0.10	0.30	0.50	0.70	0.90	0.95	0.99	0.995	0.999
0.20	1059.0981	3.3837	2.4739	2.1599	1.3004	0.4989	−0.0332	−0.5470	−1.2577	−1.5861	−2.1806	−2.3914	−2.8149
0.30	472.2830	3.5359	2.5474	2.2118	1.3078	0.4852	−0.0496	−0.5571	−1.2442	−1.5555	−2.1092	−2.3023	−2.6850
0.40	266.8880	3.6911	2.6205	2.2626	1.3138	0.4709	−0.0657	−0.5663	−1.2296	−1.5244	−2.0391	−2.2156	−2.5606
0.50	171.8089	3.8487	2.6927	2.3121	1.3185	0.4563	−0.0815	−0.5747	−1.2142	−1.4929	−1.9706	−2.1316	−2.4419
0.60	120.1503	4.0081	2.7637	2.3601	1.3218	0.4413	−0.0969	−0.5822	−1.1980	−1.4612	−1.9039	−2.0506	−2.3291
0.70	88.9910	4.1686	2.8334	2.4064	1.3238	0.4261	−0.1119	−0.5887	−1.1812	−1.4295	−1.8392	−1.9726	−2.2222
0.80	68.7568	4.3298	2.9015	2.4509	1.3245	0.4107	−0.1263	−0.5944	−1.1639	−1.3978	−1.7767	−1.8978	−2.1210
0.90	54.8739	4.4911	2.9677	2.4935	1.3240	0.3952	−0.1402	−0.5993	−1.1462	−1.3664	−1.7163	−1.8261	−2.0256
1.00	44.9335	4.6519	3.0320	2.5342	1.3223	0.3797	−0.1535	−0.6034	−1.1282	−1.3353	−1.6583	−1.7578	−1.9357
1.10	37.5692	4.8119	3.0943	2.5728	1.3195	0.3642	−0.1663	−0.6067	−1.1100	−1.3047	−1.6026	−1.6926	−1.8512
1.20	31.9589	4.9706	3.1543	2.6095	1.3157	0.3488	−0.1784	−0.6093	−1.0917	−1.2746	−1.5492	−1.6307	−1.7718
1.30	27.5842	5.1277	3.2122	2.6441	1.3109	0.3336	−0.1899	−0.6112	−1.0734	−1.2452	−1.4981	−1.5718	−1.6974
1.40	24.1048	5.2829	3.2678	2.6767	1.3053	0.3186	−0.2009	−0.6125	−1.0551	−1.2164	−1.4494	−1.5159	−1.6276
1.50	21.2901	5.4360	3.3211	2.7073	1.2989	0.3038	−0.2112	−0.6131	−1.0369	−1.1883	−1.4029	−1.4630	−1.5622
1.60	18.9794	5.5866	3.3721	2.7361	1.2918	0.2892	−0.2210	−0.6133	−1.0189	−1.1610	−1.3585	−1.4128	−1.5009
1.70	17.0576	5.7347	3.4209	2.7629	1.2841	0.2750	−0.2301	−0.6129	−1.0011	−1.1344	−1.3163	−1.3652	−1.4435
1.80	15.4408	5.8800	3.4675	2.7879	1.2758	0.2611	−0.2388	−0.6121	−0.9836	−1.1086	−1.2761	−1.3202	−1.3897
1.90	14.0666	6.0226	3.5119	2.8113	1.2670	0.2475	−0.2469	−0.6109	−0.9663	−1.0836	−1.2378	−1.2776	−1.3393
2.00	12.8880	6.1623	3.5542	2.8329	1.2578	0.2342	−0.2544	−0.6093	−0.9493	−1.0594	−1.2013	−1.2373	−1.2920
2.10	11.8685	6.2991	3.5945	2.8529	1.2481	0.2213	−0.2615	−0.6074	−0.9327	−1.0360	−1.1666	−1.1991	−1.2476
2.20	10.9802	6.4330	3.6328	2.8715	1.2381	0.2087	−0.2682	−0.6052	−0.9164	−1.0133	−1.1336	−1.1629	−1.2059
2.30	10.2008	6.5639	3.6693	2.8886	1.2279	0.1965	−0.2744	−0.6027	−0.9005	−0.9914	−1.1022	−1.1286	−1.1668
2.40	9.5127	6.6919	3.7039	2.9043	1.2174	0.1846	−0.2801	−0.6000	−0.8849	−0.9702	−1.0723	−1.0961	−1.1299
2.50	8.9016	6.8169	3.7367	2.9187	1.2066	0.1731	−0.2855	−0.5970	−0.8697	−0.9498	−1.0438	−1.0653	−1.0953
2.60	8.3562	6.9391	3.7678	2.9318	1.1957	0.1619	−0.2905	−0.5939	−0.8548	−0.9300	−1.0166	−1.0360	−1.0626
2.70	7.8669	7.0584	3.7973	2.9438	1.1846	0.1510	−0.2951	−0.5906	−0.8403	−0.9109	−0.9907	−1.0082	−1.0318
2.80	7.4259	7.1749	3.8253	2.9547	1.1735	0.1405	−0.2994	−0.5871	−0.8262	−0.8925	−0.9660	−0.9818	−1.0027
2.90	7.0269	7.2887	3.8518	2.9646	1.1622	0.1303	−0.3034	−0.5836	−0.8124	−0.8747	−0.9424	−0.9567	−0.9752
3.00	6.6645	7.3998	3.8769	2.9735	1.1509	0.1204	−0.3071	−0.5799	−0.7989	−0.8574	−0.9199	−0.9328	−0.9492
3.10	6.3340	7.5083	3.9006	2.9814	1.1395	0.1109	−0.3104	−0.5761	−0.7859	−0.8408	−0.8984	−0.9100	−0.9246
3.20	6.0316	7.6141	3.9230	2.9884	1.1281	0.1016	−0.3136	−0.5722	−0.7731	−0.8247	−0.8779	−0.8883	−0.9012
3.30	5.7542	7.7175	3.9443	2.9947	1.1166	0.0926	−0.3164	−0.5683	−0.7607	−0.8092	−0.8582	−0.8677	−0.8791
3.40	5.4987	7.8185	3.9643	3.0001	1.1052	0.0839	−0.3191	−0.5643	−0.7486	−0.7942	−0.8394	−0.8479	−0.8581
3.50	5.2629	7.9170	3.9832	3.0048	1.0938	0.0755	−0.3215	−0.5603	−0.7368	−0.7797	−0.8214	−0.8291	−0.8381
3.60	5.0447	8.0133	4.0010	3.0088	1.0824	0.0673	−0.3237	−0.5562	−0.7254	−0.7657	−0.8042	−0.8111	−0.8190
3.70	4.8422	8.1073	4.0179	3.0121	1.0711	0.0594	−0.3256	−0.5521	−0.7142	−0.7521	−0.7876	−0.7938	−0.8009
3.80	4.6538	8.1991	4.0337	3.0148	1.0598	0.0518	−0.3275	−0.5480	−0.7033	−0.7389	−0.7717	−0.7774	−0.7836
3.90	4.4783	8.2888	4.0486	3.0169	1.0485	0.0444	−0.3291	−0.5438	−0.6927	−0.7262	−0.7565	−0.7616	−0.7671
4.00	4.3143	8.3764	4.0626	3.0185	1.0373	0.0372	−0.3305	−0.5397	−0.6824	−0.7139	−0.7418	−0.7464	−0.7513
4.10	4.1608	8.4621	4.0758	3.0195	1.0262	0.0303	−0.3318	−0.5355	−0.6723	−0.7020	−0.7278	−0.7319	−0.7362
4.20	4.0169	8.5457	4.0882	3.0201	1.0151	0.0235	−0.3330	−0.5313	−0.6626	−0.6904	−0.7142	−0.7180	−0.7218
4.30	3.8817	8.6275	4.0998	3.0201	1.0041	0.0170	−0.3340	−0.5272	−0.6530	−0.6792	−0.7012	−0.7046	−0.7080
4.40	3.7545	8.7075	4.1106	3.0198	0.9932	0.0107	−0.3349	−0.5230	−0.6437	−0.6684	−0.6887	−0.6917	−0.6947
4.50	3.6347	8.7857	4.1208	3.0190	0.9824	0.0046	−0.3356	−0.5189	−0.6346	−0.6579	−0.6766	−0.6793	−0.6820
4.60	3.5215	8.8621	4.1303	3.0178	0.9717	−0.0014	−0.3363	−0.5148	−0.6258	−0.6476	−0.6650	−0.6674	−0.6697
4.70	3.4145	8.9369	4.1391	3.0162	0.9611	−0.0071	−0.3368	−0.5107	−0.6172	−0.6377	−0.6537	−0.6559	−0.6580
4.80	3.3132	9.0101	4.1473	3.0143	0.9505	−0.0127	−0.3372	−0.5066	−0.6088	−0.6281	−0.6429	−0.6449	−0.6467
4.90	3.2172	9.0816	4.1549	3.0120	0.9401	−0.0181	−0.3376	−0.5026	−0.6006	−0.6188	−0.6324	−0.6342	−0.6358
5.00	3.1261	9.1517	4.1620	3.0094	0.9297	−0.0233	−0.3378	−0.4986	−0.5926	−0.6097	−0.6223	−0.6239	−0.6253
5.10	3.0396	9.2202	4.1685	3.0065	0.9194	−0.0283	−0.3379	−0.4946	−0.5848	−0.6009	−0.6125	−0.6140	−0.6152
5.20	2.9572	9.2873	4.1745	3.0034	0.9093	−0.0333	−0.3380	−0.4906	−0.5772	−0.5924	−0.6031	−0.6044	−0.6055
5.30	2.8787	9.3530	4.1800	2.9999	0.8992	−0.0380	−0.3380	−0.4866	−0.5698	−0.5840	−0.5939	−0.5951	−0.5961
5.40	2.8039	9.4173	4.1850	2.9962	0.8892	−0.0426	−0.3379	−0.4827	−0.5625	−0.5759	−0.5851	−0.5861	−0.5870

续表

C_s	α	0.001	0.01	0.02	0.10	0.30	0.50	0.70	0.90	0.95	0.99	0.995	0.999
5.50	2.7325	9.4803	4.1896	2.9923	0.8794	−0.0471	−0.3377	−0.4789	−0.5554	−0.5681	−0.5765	−0.5775	−0.5782
5.60	2.6643	9.5420	4.1937	2.9881	0.8696	−0.0514	−0.3375	−0.4750	−0.5485	−0.5604	−0.5682	−0.5691	−0.5697
5.70	2.5991	9.6024	4.1974	2.9837	0.8599	−0.0556	−0.3372	−0.4712	−0.5418	−0.5530	−0.5601	−0.5609	−0.5615
5.80	2.5366	9.6616	4.2007	2.9791	0.8504	−0.0597	−0.3369	−0.4674	−0.5352	−0.5457	−0.5523	−0.5530	−0.5535
5.90	2.4768	9.7196	4.2036	2.9743	0.8409	−0.0637	−0.3365	−0.4637	−0.5287	−0.5386	−0.5448	−0.5454	−0.5458
6.00	2.4195	9.7764	4.2061	2.9693	0.8315	−0.0675	−0.3360	−0.4600	−0.5224	−0.5317	−0.5374	−0.5380	−0.5383
6.10	2.3644	9.8321	4.2083	2.9642	0.8223	−0.0712	−0.3355	−0.4563	−0.5163	−0.5250	−0.5303	−0.5307	−0.5311
6.20	2.3116	9.8868	4.2102	2.9588	0.8131	−0.0748	−0.3350	−0.4527	−0.5103	−0.5185	−0.5233	−0.5238	−0.5241
6.30	2.2608	9.9403	4.2117	2.9534	0.8040	−0.0783	−0.3344	−0.4491	−0.5044	−0.5121	−0.5166	−0.5170	−0.5172
6.40	2.2119	9.9928	4.2128	2.9477	0.7950	−0.0817	−0.3337	−0.4455	−0.4986	−0.5059	−0.5100	−0.5104	−0.5106
6.50	2.1649	10.0443	4.2137	2.9419	0.7862	−0.0850	−0.3330	−0.4420	−0.4930	−0.4998	−0.5036	−0.5039	−0.5041
6.60	2.1196	10.0948	4.2143	2.9360	0.7774	−0.0882	−0.3323	−0.4385	−0.4875	−0.4939	−0.4974	−0.4977	−0.4979
6.70	2.0759	10.1444	4.2146	2.9300	0.7687	−0.0913	−0.3316	−0.4351	−0.4821	−0.4881	−0.4913	−0.4916	−0.4918
6.80	2.0338	10.1930	4.2147	2.9238	0.7601	−0.0943	−0.3308	−0.4317	−0.4768	−0.4825	−0.4855	−0.4857	−0.4858
6.90	1.9932	10.2407	4.2144	2.9175	0.7516	−0.0972	−0.3300	−0.4283	−0.4716	−0.4770	−0.4797	−0.4799	−0.4800
7.00	1.9540	10.2875	4.2139	2.9111	0.7431	−0.1001	−0.3291	−0.4250	−0.4666	−0.4716	−0.4741	−0.4743	−0.4744

表 3-3-11　四参数指数 Gamma 分布离均系数 Φ_p ($b=2.75$)

C_s	α	0.001	0.01	0.02	0.10	0.30	0.50	0.70	0.90	0.95	0.99	0.995	0.999
0.20	1317.9072	3.3839	2.4739	2.1600	1.3004	0.4988	−0.0332	−0.5470	−1.2577	−1.5861	−2.1807	−2.3916	−2.8151
0.30	587.8602	3.5365	2.5476	2.2119	1.3077	0.4851	−0.0496	−0.5571	−1.2441	−1.5555	−2.1094	−2.3026	−2.6856
0.40	332.3312	3.6922	2.6207	2.2627	1.3137	0.4709	−0.0657	−0.5663	−1.2296	−1.5245	−2.0395	−2.2162	−2.5616
0.50	214.0444	3.8503	2.6929	2.3121	1.3183	0.4562	−0.0815	−0.5745	−1.2141	−1.4930	−1.9712	−2.1325	−2.4436
0.60	149.7760	4.0103	2.7640	2.3601	1.3215	0.4413	−0.0968	−0.5819	−1.1980	−1.4614	−1.9048	−2.0519	−2.3314
0.70	111.0103	4.1715	2.8337	2.4063	1.3234	0.4260	−0.1117	−0.5884	−1.1812	−1.4297	−1.8405	−1.9744	−2.2252
0.80	85.8363	4.3334	2.9018	2.4507	1.3240	0.4106	−0.1261	−0.5941	−1.1639	−1.3982	−1.7783	−1.9001	−2.1249
0.90	68.5637	4.4954	2.9680	2.4932	1.3233	0.3951	−0.1399	−0.5989	−1.1462	−1.3669	−1.7184	−1.8290	−2.0303
1.00	56.1959	4.6570	3.0322	2.5337	1.3215	0.3797	−0.1531	−0.6028	−1.1283	−1.3360	−1.6609	−1.7613	−1.9413
1.10	47.0328	4.8177	3.0943	2.5722	1.3186	0.3642	−0.1657	−0.6060	−1.1102	−1.3057	−1.6057	−1.6968	−1.8577
1.20	40.0519	4.9771	3.1542	2.6085	1.3147	0.3489	−0.1777	−0.6085	−1.0920	−1.2758	−1.5529	−1.6355	−1.7793
1.30	34.6079	5.1349	3.2118	2.6429	1.3098	0.3338	−0.1891	−0.6103	−1.0738	−1.2467	−1.5025	−1.5774	−1.7057
1.40	30.2779	5.2907	3.2671	2.6752	1.3041	0.3189	−0.1999	−0.6115	−1.0556	−1.2182	−1.4543	−1.5222	−1.6368
1.50	26.7747	5.4442	3.3201	2.7054	1.2976	0.3042	−0.2101	−0.6121	−1.0377	−1.1905	−1.4085	−1.4700	−1.5723
1.60	23.8985	5.5953	3.3707	2.7338	1.2904	0.2898	−0.2196	−0.6122	−1.0199	−1.1635	−1.3647	−1.4205	−1.5118
1.70	21.5060	5.7437	3.4191	2.7602	1.2826	0.2757	−0.2286	−0.6118	−1.0023	−1.1373	−1.3231	−1.3737	−1.4552
1.80	19.4931	5.8894	3.4652	2.7848	1.2742	0.2620	−0.2371	−0.6109	−0.9850	−1.1119	−1.2835	−1.3293	−1.4021
1.90	17.7820	6.0321	3.5091	2.8077	1.2654	0.2486	−0.2450	−0.6097	−0.9680	−1.0874	−1.2459	−1.2874	−1.3524
2.00	16.3141	6.1720	3.5509	2.8289	1.2561	0.2355	−0.2524	−0.6080	−0.9513	−1.0636	−1.2100	−1.2477	−1.3058
2.10	15.0443	6.3087	3.5906	2.8484	1.2464	0.2228	−0.2593	−0.6061	−0.9350	−1.0406	−1.1759	−1.2101	−1.2620
2.20	13.9376	6.4425	3.6283	2.8665	1.2365	0.2105	−0.2658	−0.6039	−0.9190	−1.0183	−1.1435	−1.1745	−1.2209
2.30	12.9663	6.5732	3.6641	2.8831	1.2262	0.1985	−0.2718	−0.6014	−0.9033	−0.9969	−1.1126	−1.1408	−1.1823
2.40	12.1087	6.7009	3.6980	2.8983	1.2158	0.1869	−0.2774	−0.5987	−0.8881	−0.9761	−1.0833	−1.1088	−1.1459
2.50	11.3470	6.8256	3.7302	2.9122	1.2051	0.1756	−0.2826	−0.5958	−0.8732	−0.9561	−1.0553	−1.0785	−1.1117
2.60	10.6668	6.9473	3.7607	2.9249	1.1943	0.1647	−0.2875	−0.5927	−0.8587	−0.9368	−1.0286	−1.0497	−1.0794
2.70	10.0566	7.0661	3.7895	2.9365	1.1833	0.1541	−0.2919	−0.5895	−0.8445	−0.9181	−1.0032	−1.0224	−1.0490
2.80	9.5065	7.1820	3.8168	2.9469	1.1723	0.1438	−0.2961	−0.5861	−0.8307	−0.9001	−0.9789	−0.9964	−1.0202
2.90	9.0086	7.2951	3.8426	2.9563	1.1612	0.1339	−0.2999	−0.5826	−0.8173	−0.8827	−0.9558	−0.9717	−0.9930
3.00	8.5562	7.4054	3.8669	2.9647	1.1500	0.1243	−0.3035	−0.5790	−0.8042	−0.8659	−0.9337	−0.9482	−0.9673
3.10	8.1435	7.5130	3.8900	2.9722	1.1388	0.1150	−0.3068	−0.5753	−0.7915	−0.8497	−0.9126	−0.9258	−0.9429
3.20	7.7659	7.6180	3.9117	2.9789	1.1276	0.1060	−0.3098	−0.5716	−0.7791	−0.8340	−0.8924	−0.9044	−0.9198
3.30	7.4193	7.7204	3.9322	2.9847	1.1164	0.0973	−0.3125	−0.5678	−0.7670	−0.8188	−0.8731	−0.8840	−0.8978
3.40	7.1001	7.8203	3.9516	2.9897	1.1052	0.0889	−0.3151	−0.5639	−0.7553	−0.8042	−0.8546	−0.8646	−0.8770

续表

C_s	α	0.001	0.01	0.02	0.10	0.30	0.50	0.70	0.90	0.95	0.99	0.995	0.999
3.50	6.8053	7.9178	3.9698	2.9941	1.0940	0.0807	−0.3174	−0.5600	−0.7438	−0.7901	−0.8369	−0.8460	−0.8571
3.60	6.5324	8.0129	3.9869	2.9977	1.0829	0.0729	−0.3195	−0.5561	−0.7327	−0.7764	−0.8199	−0.8282	−0.8382
3.70	6.2790	8.1058	4.0031	3.0007	1.0718	0.0652	−0.3214	−0.5521	−0.7219	−0.7631	−0.8036	−0.8112	−0.8202
3.80	6.0434	8.1963	4.0183	3.0031	1.0608	0.0578	−0.3232	−0.5481	−0.7113	−0.7503	−0.7880	−0.7949	−0.8030
3.90	5.8236	8.2848	4.0326	3.0049	1.0499	0.0507	−0.3248	−0.5442	−0.7011	−0.7379	−0.7730	−0.7793	−0.7865
4.00	5.6183	8.3711	4.0460	3.0062	1.0390	0.0438	−0.3262	−0.5402	−0.6911	−0.7259	−0.7586	−0.7643	−0.7708
4.10	5.4260	8.4554	4.0585	3.0070	1.0282	0.0371	−0.3274	−0.5362	−0.6813	−0.7143	−0.7447	−0.7499	−0.7558
4.20	5.2457	8.5377	4.0703	3.0073	1.0175	0.0306	−0.3286	−0.5322	−0.6718	−0.7031	−0.7313	−0.7361	−0.7414
4.30	5.0762	8.6181	4.0813	3.0071	1.0068	0.0243	−0.3296	−0.5283	−0.6626	−0.6921	−0.7185	−0.7229	−0.7276
4.40	4.9166	8.6967	4.0916	3.0066	0.9963	0.0183	−0.3304	−0.5243	−0.6536	−0.6816	−0.7061	−0.7101	−0.7144
4.50	4.7662	8.7734	4.1012	3.0056	0.9858	0.0124	−0.3312	−0.5204	−0.6448	−0.6713	−0.6942	−0.6978	−0.7017
4.60	4.6242	8.8484	4.1101	3.0042	0.9755	0.0067	−0.3318	−0.5164	−0.6362	−0.6613	−0.6827	−0.6860	−0.6895
4.70	4.4899	8.9216	4.1184	3.0025	0.9652	0.0012	−0.3324	−0.5125	−0.6279	−0.6517	−0.6716	−0.6746	−0.6777
4.80	4.3626	8.9933	4.1262	3.0004	0.9550	−0.0042	−0.3328	−0.5087	−0.6197	−0.6423	−0.6608	−0.6636	−0.6664
4.90	4.2420	9.0633	4.1333	2.9981	0.9450	−0.0094	−0.3332	−0.5048	−0.6118	−0.6332	−0.6505	−0.6530	−0.6555
5.00	4.1275	9.1318	4.1399	2.9954	0.9350	−0.0144	−0.3334	−0.5010	−0.6041	−0.6243	−0.6404	−0.6428	−0.6450
5.10	4.0185	9.1987	4.1459	2.9924	0.9252	−0.0192	−0.3336	−0.4972	−0.5965	−0.6157	−0.6308	−0.6329	−0.6349
5.20	3.9149	9.2642	4.1515	2.9892	0.9154	−0.0240	−0.3337	−0.4934	−0.5891	−0.6073	−0.6214	−0.6233	−0.6252
5.30	3.8161	9.3283	4.1566	2.9857	0.9057	−0.0285	−0.3338	−0.4897	−0.5819	−0.5992	−0.6123	−0.6141	−0.6157
5.40	3.7219	9.3910	4.1612	2.9820	0.8962	−0.0330	−0.3337	−0.4860	−0.5749	−0.5913	−0.6035	−0.6051	−0.6066
5.50	3.6319	9.4524	4.1654	2.9781	0.8867	−0.0373	−0.3336	−0.4823	−0.5680	−0.5835	−0.5950	−0.5965	−0.5978
5.60	3.5459	9.5125	4.1691	2.9739	0.8774	−0.0414	−0.3335	−0.4787	−0.5613	−0.5760	−0.5867	−0.5881	−0.5893
5.70	3.4637	9.5712	4.1725	2.9695	0.8682	−0.0455	−0.3332	−0.4751	−0.5548	−0.5687	−0.5787	−0.5800	−0.5811
5.80	3.3849	9.6288	4.1754	2.9650	0.8590	−0.0494	−0.3330	−0.4715	−0.5484	−0.5616	−0.5710	−0.5721	−0.5731
5.90	3.3094	9.6852	4.1780	2.9602	0.8500	−0.0532	−0.3326	−0.4680	−0.5421	−0.5547	−0.5634	−0.5645	−0.5653
6.00	3.2369	9.7404	4.1803	2.9553	0.8410	−0.0569	−0.3323	−0.4645	−0.5360	−0.5479	−0.5561	−0.5570	−0.5578
6.10	3.1674	9.7945	4.1822	2.9503	0.8322	−0.0605	−0.3319	−0.4610	−0.5300	−0.5413	−0.5490	−0.5498	−0.5505
6.20	3.1005	9.8474	4.1838	2.9450	0.8234	−0.0639	−0.3314	−0.4576	−0.5242	−0.5349	−0.5420	−0.5428	−0.5435
6.30	3.0363	9.8994	4.1850	2.9397	0.8148	−0.0673	−0.3309	−0.4542	−0.5184	−0.5286	−0.5353	−0.5360	−0.5366
6.40	2.9744	9.9502	4.1860	2.9342	0.8063	−0.0706	−0.3304	−0.4508	−0.5128	−0.5225	−0.5287	−0.5294	−0.5299
6.50	2.9149	10.0001	4.1867	2.9285	0.7978	−0.0737	−0.3298	−0.4475	−0.5074	−0.5166	−0.5224	−0.5230	−0.5234
6.60	2.8575	10.0489	4.1870	2.9228	0.7894	−0.0768	−0.3292	−0.4442	−0.5020	−0.5107	−0.5162	−0.5167	−0.5171
6.70	2.8022	10.0968	4.1872	2.9169	0.7812	−0.0798	−0.3285	−0.4410	−0.4967	−0.5050	−0.5101	−0.5106	−0.5110
6.80	2.7488	10.1438	4.1870	2.9109	0.7730	−0.0827	−0.3279	−0.4378	−0.4916	−0.4995	−0.5042	−0.5047	−0.5050
6.90	2.6973	10.1899	4.1867	2.9049	0.7650	−0.0855	−0.3272	−0.4346	−0.4866	−0.4940	−0.4985	−0.4989	−0.4992
7.00	2.6475	10.2350	4.1860	2.8987	0.7570	−0.0883	−0.3264	−0.4314	−0.4816	−0.4887	−0.4929	−0.4933	−0.4936

表 3-3-12 四参数指数 Gamma 分布离均系数 Φ_p ($b = 3.00$)

C_s	α	0.001	0.01	0.02	0.10	0.30	0.50	0.70	0.90	0.95	0.99	0.995	0.999
0.20	1604.9879	3.3841	2.4740	2.1600	1.3003	0.4988	−0.0332	−0.5470	−1.2577	−1.5861	−2.1808	−2.3917	−2.8154
0.30	716.0836	3.5370	2.5477	2.2119	1.3077	0.4851	−0.0496	−0.5570	−1.2441	−1.5556	−2.1095	−2.3028	−2.6860
0.40	404.9516	3.6930	2.6208	2.2627	1.3136	0.4709	−0.0657	−0.5662	−1.2295	−1.5245	−2.0398	−2.2166	−2.5625
0.50	260.9252	3.8516	2.6931	2.3122	1.3182	0.4562	−0.0814	−0.5744	−1.2141	−1.4931	−1.9717	−2.1333	−2.4449
0.60	182.6714	4.0120	2.7643	2.3601	1.3213	0.4412	−0.0967	−0.5818	−1.1979	−1.4615	−1.9056	−2.0529	−2.3333
0.70	135.4696	4.1738	2.8340	2.4063	1.3231	0.4260	−0.1116	−0.5882	−1.1811	−1.4299	−1.8415	−1.9758	−2.2276
0.80	104.8169	4.3363	2.9021	2.4506	1.3236	0.4106	−0.1259	−0.5938	−1.1639	−1.3985	−1.7797	−1.9019	−2.1279
0.90	83.7849	4.4989	2.9682	2.4930	1.3229	0.3951	−0.1396	−0.5985	−1.1462	−1.3674	−1.7201	−1.8313	−2.0341
1.00	68.7249	4.6611	3.0324	2.5333	1.3209	0.3797	−0.1528	−0.6024	−1.1283	−1.3366	−1.6630	−1.7641	−1.9458
1.10	57.5668	4.8224	3.0944	2.5716	1.3179	0.3643	−0.1653	−0.6055	−1.1103	−1.3064	−1.6083	−1.7001	−1.8629
1.20	49.0656	4.9823	3.1541	2.6078	1.3139	0.3490	−0.1772	−0.6079	−1.0922	−1.2768	−1.5559	−1.6394	−1.7852
1.30	42.4359	5.1406	3.2115	2.6419	1.3089	0.3340	−0.1885	−0.6097	−1.0741	−1.2479	−1.5059	−1.5818	−1.7124
1.40	37.1624	5.2969	3.2665	2.6739	1.3031	0.3191	−0.1991	−0.6108	−1.0561	−1.2197	−1.4583	−1.5272	−1.6442

续表

C_s	α	0.001	0.01	0.02	0.10	0.30	0.50	0.70	0.90	0.95	0.99	0.995	0.999
1.50	32.8957	5.4508	3.3192	2.7039	1.2965	0.3046	−0.2091	−0.6113	−1.0382	−1.1922	−1.4129	−1.4755	−1.5803
1.60	29.3923	5.6022	3.3696	2.7319	1.2892	0.2903	−0.2186	−0.6113	−1.0206	−1.1655	−1.3697	−1.4266	−1.5205
1.70	26.4779	5.7510	3.4176	2.7580	1.2814	0.2763	−0.2275	−0.6109	−1.0032	−1.1396	−1.3286	−1.3804	−1.4645
1.80	24.0256	5.8968	3.4633	2.7823	1.2729	0.2627	−0.2358	−0.6100	−0.9861	−1.1146	−1.2895	−1.3366	−1.4121
1.90	21.9409	6.0397	3.5068	2.8048	1.2641	0.2495	−0.2435	−0.6087	−0.9693	−1.0903	−1.2523	−1.2952	−1.3629
2.00	20.1522	6.1795	3.5481	2.8256	1.2548	0.2366	−0.2508	−0.6070	−0.9529	−1.0669	−1.2170	−1.2560	−1.3168
2.10	18.6047	6.3163	3.5874	2.8448	1.2451	0.2241	−0.2576	−0.6051	−0.9368	−1.0442	−1.1834	−1.2189	−1.2736
2.20	17.2558	6.4500	3.6246	2.8624	1.2351	0.2119	−0.2639	−0.6029	−0.9210	−1.0223	−1.1514	−1.1838	−1.2330
2.30	16.0719	6.5805	3.6599	2.8787	1.2249	0.2001	−0.2698	−0.6004	−0.9056	−1.0012	−1.1210	−1.1506	−1.1948
2.40	15.0263	6.7079	3.6933	2.8935	1.2145	0.1887	−0.2753	−0.5977	−0.8906	−0.9808	−1.0920	−1.1190	−1.1588
2.50	14.0975	6.8323	3.7249	2.9070	1.2039	0.1776	−0.2803	−0.5948	−0.8760	−0.9611	−1.0645	−1.0891	−1.1250
2.60	13.2680	6.9535	3.7548	2.9194	1.1932	0.1669	−0.2851	−0.5918	−0.8618	−0.9421	−1.0382	−1.0608	−1.0930
2.70	12.5236	7.0718	3.7831	2.9305	1.1823	0.1565	−0.2894	−0.5886	−0.8479	−0.9238	−1.0132	−1.0338	−1.0629
2.80	11.8525	7.1872	3.8098	2.9406	1.1714	0.1465	−0.2935	−0.5852	−0.8344	−0.9061	−0.9893	−1.0082	−1.0344
2.90	11.2450	7.2997	3.8350	2.9496	1.1604	0.1368	−0.2972	−0.5818	−0.8212	−0.8891	−0.9665	−0.9838	−1.0075
3.00	10.6928	7.4093	3.8588	2.9577	1.1494	0.1274	−0.3006	−0.5783	−0.8084	−0.8726	−0.9448	−0.9606	−0.9820
3.10	10.1892	7.5162	3.8813	2.9648	1.1383	0.1183	−0.3038	−0.5747	−0.7959	−0.8567	−0.9240	−0.9385	−0.9579
3.20	9.7281	7.6204	3.9024	2.9712	1.1273	0.1095	−0.3067	−0.5710	−0.7838	−0.8413	−0.9041	−0.9174	−0.9349
3.30	9.3048	7.7220	3.9224	2.9767	1.1162	0.1011	−0.3094	−0.5673	−0.7720	−0.8265	−0.8851	−0.8973	−0.9131
3.40	8.9148	7.8210	3.9412	2.9814	1.1052	0.0929	−0.3119	−0.5636	−0.7606	−0.8122	−0.8668	−0.8781	−0.8924
3.50	8.5547	7.9176	3.9588	2.9854	1.0943	0.0849	−0.3142	−0.5598	−0.7494	−0.7983	−0.8494	−0.8597	−0.8727
3.60	8.2212	8.0118	3.9755	2.9888	1.0833	0.0773	−0.3162	−0.5560	−0.7385	−0.7849	−0.8327	−0.8421	−0.8539
3.70	7.9115	8.1036	3.9911	2.9915	1.0725	0.0698	−0.3181	−0.5521	−0.7280	−0.7720	−0.8166	−0.8253	−0.8360
3.80	7.6234	8.1931	4.0058	2.9937	1.0617	0.0627	−0.3198	−0.5483	−0.7177	−0.7594	−0.8012	−0.8092	−0.8189
3.90	7.3546	8.2805	4.0195	2.9953	1.0510	0.0557	−0.3213	−0.5444	−0.7077	−0.7473	−0.7864	−0.7937	−0.8026
4.00	7.1034	8.3657	4.0324	2.9964	1.0404	0.0490	−0.3227	−0.5406	−0.6979	−0.7356	−0.7722	−0.7789	−0.7870
4.10	6.8682	8.4489	4.0445	2.9969	1.0298	0.0425	−0.3240	−0.5367	−0.6884	−0.7242	−0.7585	−0.7647	−0.7720
4.20	6.6475	8.5300	4.0558	2.9970	1.0194	0.0362	−0.3251	−0.5329	−0.6792	−0.7132	−0.7453	−0.7510	−0.7577
4.30	6.4400	8.6093	4.0663	2.9967	1.0090	0.0302	−0.3260	−0.5290	−0.6702	−0.7025	−0.7326	−0.7379	−0.7439
4.40	6.2446	8.6866	4.0762	2.9960	0.9987	0.0243	−0.3269	−0.5252	−0.6614	−0.6921	−0.7204	−0.7252	−0.7307
4.50	6.0604	8.7621	4.0853	2.9949	0.9886	0.0186	−0.3276	−0.5214	−0.6528	−0.6821	−0.7086	−0.7131	−0.7181
4.60	5.8864	8.8358	4.0938	2.9934	0.9785	0.0131	−0.3283	−0.5177	−0.6445	−0.6723	−0.6972	−0.7013	−0.7059
4.70	5.7217	8.9078	4.1017	2.9916	0.9686	0.0077	−0.3288	−0.5139	−0.6364	−0.6628	−0.6862	−0.6900	−0.6942
4.80	5.5658	8.9782	4.1090	2.9894	0.9587	0.0025	−0.3293	−0.5102	−0.6285	−0.6537	−0.6756	−0.6791	−0.6829
4.90	5.4178	9.0469	4.1158	2.9870	0.9489	−0.0025	−0.3297	−0.5065	−0.6207	−0.6447	−0.6653	−0.6686	−0.6721
5.00	5.2773	9.1141	4.1220	2.9842	0.9393	−0.0073	−0.3299	−0.5028	−0.6132	−0.6360	−0.6554	−0.6584	−0.6616
5.10	5.1437	9.1798	4.1277	2.9812	0.9297	−0.0120	−0.3301	−0.4992	−0.6058	−0.6276	−0.6458	−0.6486	−0.6515
5.20	5.0165	9.2439	4.1329	2.9779	0.9203	−0.0166	−0.3303	−0.4956	−0.5986	−0.6194	−0.6365	−0.6391	−0.6417
5.30	4.8952	9.3067	4.1377	2.9744	0.9110	−0.0210	−0.3303	−0.4920	−0.5916	−0.6114	−0.6275	−0.6299	−0.6323
5.40	4.7795	9.3681	4.1420	2.9707	0.9017	−0.0253	−0.3303	−0.4884	−0.5848	−0.6036	−0.6188	−0.6210	−0.6232
5.50	4.6690	9.4281	4.1459	2.9668	0.8926	−0.0295	−0.3303	−0.4849	−0.5781	−0.5961	−0.6103	−0.6124	−0.6144
5.60	4.5633	9.4868	4.1493	2.9626	0.8836	−0.0335	−0.3302	−0.4815	−0.5716	−0.5887	−0.6021	−0.6040	−0.6059
5.70	4.4622	9.5442	4.1524	2.9583	0.8747	−0.0374	−0.3300	−0.4780	−0.5652	−0.5816	−0.5942	−0.5960	−0.5976
5.80	4.3653	9.6005	4.1551	2.9538	0.8659	−0.0412	−0.3298	−0.4746	−0.5589	−0.5746	−0.5865	−0.5881	−0.5896
5.90	4.2724	9.6555	4.1575	2.9491	0.8572	−0.0449	−0.3295	−0.4712	−0.5528	−0.5678	−0.5790	−0.5805	−0.5819
6.00	4.1832	9.7093	4.1595	2.9442	0.8486	−0.0484	−0.3292	−0.4679	−0.5469	−0.5611	−0.5717	−0.5731	−0.5744
6.10	4.0976	9.7620	4.1612	2.9393	0.8401	−0.0519	−0.3288	−0.4646	−0.5411	−0.5546	−0.5646	−0.5659	−0.5671
6.20	4.0153	9.8136	4.1626	2.9341	0.8316	−0.0553	−0.3284	−0.4613	−0.5353	−0.5483	−0.5577	−0.5589	−0.5600
6.30	3.9362	9.8642	4.1636	2.9289	0.8233	−0.0585	−0.3280	−0.4581	−0.5298	−0.5422	−0.5510	−0.5521	−0.5531
6.40	3.8600	9.9137	4.1644	2.9235	0.8151	−0.0617	−0.3275	−0.4549	−0.5243	−0.5361	−0.5445	−0.5455	−0.5464
6.50	3.7866	9.9622	4.1649	2.9179	0.8070	−0.0648	−0.3270	−0.4517	−0.5190	−0.5303	−0.5381	−0.5391	−0.5399
6.60	3.7158	10.0097	4.1652	2.9123	0.7990	−0.0678	−0.3265	−0.4486	−0.5137	−0.5245	−0.5320	−0.5328	−0.5336
6.70	3.6476	10.0563	4.1652	2.9066	0.7911	−0.0707	−0.3259	−0.4455	−0.5086	−0.5189	−0.5259	−0.5268	−0.5274
6.80	3.5817	10.1019	4.1649	2.9008	0.7833	−0.0735	−0.3253	−0.4424	−0.5036	−0.5134	−0.5201	−0.5208	−0.5214

续表

C_s	α	0.001	0.01	0.02	0.10	0.30	0.50	0.70	0.90	0.95	0.99	0.995	0.999
6.90	3.5181	10.1466	4.1644	2.8949	0.7755	−0.0762	−0.3247	−0.4394	−0.4986	−0.5081	−0.5143	−0.5150	−0.5156
7.00	3.4567	10.1904	4.1637	2.8889	0.7679	−0.0789	−0.3241	−0.4364	−0.4938	−0.5029	−0.5088	−0.5094	−0.5099

表 3-3-13 四参数指数 Gamma 分布离均系数 Φ_p ($b = 3.25$)

C_s	α	0.001	0.01	0.02	0.10	0.30	0.50	0.70	0.90	0.95	0.99	0.995	0.999
0.20	1920.3396	3.3843	2.4740	2.1600	1.3003	0.4988	−0.0332	−0.5470	−1.2577	−1.5861	−2.1808	−2.3917	−2.8155
0.30	856.9530	3.5374	2.5477	2.2119	1.3076	0.4851	−0.0496	−0.5570	−1.2441	−1.5556	−2.1097	−2.3031	−2.6864
0.40	484.7488	3.6937	2.6210	2.2627	1.3136	0.4708	−0.0657	−0.5661	−1.2295	−1.5245	−2.0400	−2.2170	−2.5632
0.50	312.4510	3.8526	2.6933	2.3122	1.3180	0.4562	−0.0814	−0.5743	−1.2140	−1.4931	−1.9721	−2.1338	−2.4459
0.60	218.8363	4.0135	2.7645	2.3601	1.3211	0.4412	−0.0967	−0.5816	−1.1979	−1.4616	−1.9062	−2.0538	−2.3348
0.70	162.3687	4.1757	2.8342	2.4062	1.3229	0.4259	−0.1115	−0.5880	−1.1811	−1.4301	−1.8423	−1.9769	−2.2296
0.80	125.6984	4.3387	2.9023	2.4505	1.3233	0.4105	−0.1257	−0.5935	−1.1638	−1.3987	−1.7808	−1.9034	−2.1305
0.90	100.5372	4.5017	2.9684	2.4928	1.3224	0.3951	−0.1394	−0.5982	−1.1462	−1.3677	−1.7215	−1.8332	−2.0371
1.00	82.5201	4.6644	3.0325	2.5330	1.3204	0.3797	−0.1525	−0.6020	−1.1284	−1.3371	−1.6647	−1.7664	−1.9494
1.10	69.1709	4.8262	3.0944	2.5711	1.3173	0.3643	−0.1649	−0.6051	−1.1104	−1.3071	−1.6103	−1.7029	−1.8671
1.20	59.0000	4.9866	3.1540	2.6071	1.3132	0.3491	−0.1767	−0.6074	−1.0924	−1.2776	−1.5584	−1.6426	−1.7900
1.30	51.0679	5.1453	3.2112	2.6410	1.3082	0.3341	−0.1879	−0.6091	−1.0744	−1.2489	−1.5088	−1.5854	−1.7178
1.40	44.7582	5.3020	3.2661	2.6728	1.3023	0.3193	−0.1985	−0.6102	−1.0565	−1.2208	−1.4615	−1.5313	−1.6502
1.50	39.6529	5.4562	3.3185	2.7026	1.2956	0.3049	−0.2084	−0.6107	−1.0387	−1.1936	−1.4165	−1.4801	−1.5869
1.60	35.4606	5.6079	3.3686	2.7303	1.2883	0.2907	−0.2177	−0.6106	−1.0212	−1.1672	−1.3737	−1.4317	−1.5276
1.70	31.9731	5.7568	3.4163	2.7562	1.2804	0.2769	−0.2265	−0.6101	−1.0040	−1.1415	−1.3330	−1.3858	−1.4722
1.80	29.0383	5.9028	3.4617	2.7802	1.2719	0.2634	−0.2347	−0.6092	−0.9870	−1.1167	−1.2944	−1.3425	−1.4202
1.90	26.5431	6.0458	3.5048	2.8024	1.2630	0.2502	−0.2423	−0.6079	−0.9704	−1.0927	−1.2576	−1.3016	−1.3715
2.00	24.4021	6.1857	3.5458	2.8229	1.2537	0.2375	−0.2495	−0.6062	−0.9541	−1.0696	−1.2227	−1.2628	−1.3259
2.10	22.5497	6.3224	3.5846	2.8417	1.2440	0.2251	−0.2562	−0.6043	−0.9382	−1.0472	−1.1894	−1.2262	−1.2831
2.20	20.9348	6.4559	3.6214	2.8591	1.2341	0.2131	−0.2624	−0.6020	−0.9227	−1.0256	−1.1578	−1.1914	−1.2428
2.30	19.5174	6.5863	3.6563	2.8750	1.2239	0.2014	−0.2681	−0.5996	−0.9075	−1.0047	−1.1278	−1.1586	−1.2050
2.40	18.2653	6.7134	3.6893	2.8895	1.2135	0.1902	−0.2735	−0.5969	−0.8927	−0.9846	−1.0992	−1.1274	−1.1694
2.50	17.1530	6.8375	3.7204	2.9027	1.2030	0.1793	−0.2785	−0.5940	−0.8783	−0.9652	−1.0720	−1.0978	−1.1359
2.60	16.1595	6.9584	3.7499	2.9147	1.1923	0.1687	−0.2831	−0.5910	−0.8643	−0.9465	−1.0461	−1.0698	−1.1042
2.70	15.2679	7.0763	3.7777	2.9256	1.1815	0.1585	−0.2874	−0.5878	−0.8506	−0.9285	−1.0214	−1.0431	−1.0744
2.80	14.4639	7.1912	3.8039	2.9353	1.1707	0.1487	−0.2913	−0.5846	−0.8373	−0.9111	−0.9978	−1.0178	−1.0462
2.90	13.7360	7.3031	3.8287	2.9441	1.1598	0.1391	−0.2950	−0.5812	−0.8244	−0.8943	−0.9753	−0.9937	−1.0195
3.00	13.0743	7.4121	3.8520	2.9519	1.1488	0.1299	−0.2983	−0.5777	−0.8118	−0.8781	−0.9538	−0.9708	−0.9942
3.10	12.4706	7.5184	3.8740	2.9588	1.1379	0.1210	−0.3014	−0.5742	−0.7996	−0.8624	−0.9333	−0.9489	−0.9702
3.20	11.9180	7.6219	3.8947	2.9648	1.1270	0.1124	−0.3043	−0.5706	−0.7877	−0.8473	−0.9137	−0.9281	−0.9475
3.30	11.4104	7.7228	3.9142	2.9701	1.1161	0.1041	−0.3069	−0.5670	−0.7761	−0.8328	−0.8949	−0.9082	−0.9259
3.40	10.9429	7.8211	3.9325	2.9746	1.1053	0.0961	−0.3093	−0.5633	−0.7648	−0.8187	−0.8769	−0.8892	−0.9053
3.50	10.5110	7.9168	3.9498	2.9784	1.0945	0.0883	−0.3115	−0.5596	−0.7539	−0.8051	−0.8597	−0.8710	−0.8857
3.60	10.1109	8.0102	3.9659	2.9815	1.0837	0.0808	−0.3135	−0.5558	−0.7433	−0.7919	−0.8432	−0.8536	−0.8671
3.70	9.7395	8.1011	3.9811	2.9840	1.0731	0.0736	−0.3154	−0.5521	−0.7329	−0.7792	−0.8273	−0.8370	−0.8493
3.80	9.3937	8.1898	3.9954	2.9860	1.0625	0.0666	−0.3170	−0.5483	−0.7228	−0.7669	−0.8121	−0.8210	−0.8323
3.90	9.0712	8.2762	4.0087	2.9874	1.0520	0.0598	−0.3185	−0.5446	−0.7130	−0.7550	−0.7975	−0.8058	−0.8160
4.00	8.7697	8.3605	4.0212	2.9883	1.0415	0.0533	−0.3199	−0.5408	−0.7035	−0.7434	−0.7834	−0.7911	−0.8005
4.10	8.4873	8.4427	4.0329	2.9887	1.0312	0.0469	−0.3211	−0.5371	−0.6942	−0.7323	−0.7699	−0.7770	−0.7856
4.20	8.2222	8.5229	4.0438	2.9887	1.0210	0.0408	−0.3222	−0.5334	−0.6851	−0.7214	−0.7568	−0.7634	−0.7713
4.30	7.9731	8.6011	4.0539	2.9882	1.0108	0.0349	−0.3232	−0.5297	−0.6763	−0.7109	−0.7443	−0.7504	−0.7577
4.40	7.7384	8.6774	4.0634	2.9874	1.0008	0.0291	−0.3240	−0.5260	−0.6677	−0.7008	−0.7322	−0.7379	−0.7445
4.50	7.5170	8.7519	4.0722	2.9861	0.9909	0.0236	−0.3248	−0.5223	−0.6594	−0.6909	−0.7205	−0.7258	−0.7319
4.60	7.3079	8.8245	4.0804	2.9845	0.9810	0.0182	−0.3254	−0.5186	−0.6512	−0.6813	−0.7092	−0.7142	−0.7198
4.70	7.1100	8.8955	4.0879	2.9826	0.9713	0.0130	−0.3259	−0.5150	−0.6433	−0.6720	−0.6984	−0.7029	−0.7081
4.80	6.9225	8.9648	4.0949	2.9804	0.9617	0.0080	−0.3264	−0.5114	−0.6355	−0.6630	−0.6879	−0.6921	−0.6969

续表

C_s	α	0.001	0.01	0.02	0.10	0.30	0.50	0.70	0.90	0.95	0.99	0.995	0.999
4.90	6.7446	9.0324	4.1014	2.9779	0.9522	0.0031	−0.3268	−0.5078	−0.6280	−0.6542	−0.6777	−0.6817	−0.6860
5.00	6.5756	9.0985	4.1073	2.9751	0.9428	−0.0016	−0.3271	−0.5043	−0.6206	−0.6457	−0.6679	−0.6716	−0.6756
5.10	6.4149	9.1630	4.1127	2.9721	0.9335	−0.0062	−0.3273	−0.5007	−0.6134	−0.6374	−0.6584	−0.6618	−0.6655
5.20	6.2618	9.2261	4.1177	2.9688	0.9243	−0.0106	−0.3275	−0.4973	−0.6064	−0.6293	−0.6492	−0.6524	−0.6558
5.30	6.1159	9.2877	4.1222	2.9653	0.9152	−0.0149	−0.3275	−0.4938	−0.5995	−0.6215	−0.6402	−0.6432	−0.6464
5.40	5.9766	9.3479	4.1262	2.9615	0.9063	−0.0191	−0.3276	−0.4904	−0.5928	−0.6139	−0.6316	−0.6344	−0.6373
5.50	5.8435	9.4068	4.1299	2.9576	0.8974	−0.0231	−0.3275	−0.4870	−0.5863	−0.6064	−0.6232	−0.6258	−0.6285
5.60	5.7162	9.4644	4.1331	2.9535	0.8887	−0.0270	−0.3274	−0.4836	−0.5799	−0.5992	−0.6151	−0.6175	−0.6200
5.70	5.5944	9.5207	4.1360	2.9491	0.8800	−0.0308	−0.3273	−0.4803	−0.5737	−0.5921	−0.6072	−0.6095	−0.6117
5.80	5.4777	9.5758	4.1385	2.9447	0.8715	−0.0345	−0.3271	−0.4770	−0.5676	−0.5853	−0.5995	−0.6016	−0.6038
5.90	5.3657	9.6297	4.1406	2.9400	0.8630	−0.0381	−0.3269	−0.4738	−0.5616	−0.5786	−0.5921	−0.5941	−0.5960
6.00	5.2583	9.6824	4.1425	2.9352	0.8547	−0.0416	−0.3266	−0.4706	−0.5558	−0.5720	−0.5848	−0.5867	−0.5885
6.10	5.1550	9.7339	4.1440	2.9303	0.8465	−0.0450	−0.3263	−0.4674	−0.5501	−0.5657	−0.5778	−0.5795	−0.5812
6.20	5.0558	9.7844	4.1452	2.9253	0.8383	−0.0482	−0.3260	−0.4642	−0.5445	−0.5594	−0.5710	−0.5726	−0.5741
6.30	4.9603	9.8338	4.1461	2.9201	0.8303	−0.0514	−0.3256	−0.4611	−0.5390	−0.5534	−0.5643	−0.5658	−0.5672
6.40	4.8684	9.8822	4.1468	2.9148	0.8223	−0.0545	−0.3252	−0.4580	−0.5337	−0.5474	−0.5578	−0.5592	−0.5605
6.50	4.7798	9.9295	4.1472	2.9094	0.8145	−0.0575	−0.3247	−0.4550	−0.5285	−0.5417	−0.5515	−0.5528	−0.5540
6.60	4.6944	9.9759	4.1473	2.9039	0.8068	−0.0604	−0.3242	−0.4520	−0.5233	−0.5360	−0.5454	−0.5466	−0.5477
6.70	4.6121	10.0213	4.1472	2.8983	0.7991	−0.0632	−0.3237	−0.4490	−0.5183	−0.5305	−0.5394	−0.5405	−0.5416
6.80	4.5325	10.0658	4.1468	2.8926	0.7915	−0.0660	−0.3232	−0.4460	−0.5134	−0.5251	−0.5335	−0.5346	−0.5356
6.90	4.4557	10.1094	4.1463	2.8868	0.7841	−0.0686	−0.3226	−0.4431	−0.5086	−0.5198	−0.5278	−0.5288	−0.5297
7.00	4.3814	10.1521	4.1455	2.8809	0.7767	−0.0712	−0.3220	−0.4402	−0.5039	−0.5146	−0.5223	−0.5232	−0.5240

表 3-3-14 四参数指数 Gamma 分布离均系数 Φ_p ($b = 3.50$)

C_s	α	0.001	0.01	0.02	0.10	0.30	0.50	0.70	0.90	0.95	0.99	0.995	0.999
0.20	2263.9625	3.3845	2.4740	2.1600	1.3003	0.4988	−0.0332	−0.5470	−1.2577	−1.5861	−2.1809	−2.3918	−2.8157
0.30	1010.4682	3.5377	2.5478	2.2119	1.3076	0.4851	−0.0496	−0.5570	−1.2441	−1.5556	−2.1098	−2.3032	−2.6868
0.40	571.7226	3.6943	2.6211	2.2628	1.3135	0.4708	−0.0656	−0.5661	−1.2295	−1.5245	−2.0402	−2.2173	−2.5638
0.50	368.6219	3.8535	2.6935	2.3122	1.3179	0.4561	−0.0813	−0.5742	−1.2140	−1.4932	−1.9724	−2.1343	−2.4468
0.60	258.2706	4.0147	2.7647	2.3601	1.3210	0.4411	−0.0966	−0.5815	−1.1978	−1.4617	−1.9067	−2.0545	−2.3360
0.70	191.7073	4.1773	2.8344	2.4062	1.3227	0.4259	−0.1114	−0.5879	−1.1811	−1.4302	−1.8430	−1.9779	−2.2313
0.80	148.4806	4.3406	2.9025	2.4504	1.3230	0.4105	−0.1256	−0.5933	−1.1638	−1.3990	−1.7817	−1.9047	−2.1325
0.90	118.8204	4.5041	2.9686	2.4926	1.3221	0.3951	−0.1392	−0.5979	−1.1462	−1.3680	−1.7227	−1.8348	−2.0397
1.00	97.5816	4.6672	3.0326	2.5327	1.3200	0.3797	−0.1522	−0.6017	−1.1284	−1.3375	−1.6662	−1.7683	−1.9525
1.10	81.8450	4.8294	3.0944	2.5707	1.3168	0.3643	−0.1646	−0.6047	−1.1105	−1.3076	−1.6121	−1.7051	−1.8707
1.20	69.8549	4.9902	3.1539	2.6066	1.3127	0.3492	−0.1764	−0.6070	−1.0925	−1.2783	−1.5604	−1.6452	−1.7940
1.30	60.5038	5.1492	3.2110	2.6403	1.3075	0.3342	−0.1875	−0.6087	−1.0746	−1.2497	−1.5111	−1.5884	−1.7223
1.40	53.0651	5.3062	3.2656	2.6719	1.3016	0.3195	−0.1979	−0.6097	−1.0568	−1.2218	−1.4642	−1.5347	−1.6552
1.50	47.0461	5.4607	3.3179	2.7015	1.2949	0.3051	−0.2078	−0.6101	−1.0391	−1.1948	−1.4196	−1.4839	−1.5923
1.60	42.1034	5.6126	3.3677	2.7290	1.2875	0.2910	−0.2170	−0.6100	−1.0218	−1.1685	−1.3771	−1.4358	−1.5335
1.70	37.9913	5.7617	3.4152	2.7546	1.2795	0.2773	−0.2257	−0.6095	−1.0046	−1.1431	−1.3367	−1.3904	−1.4785
1.80	34.5308	5.9078	3.4603	2.7784	1.2711	0.2639	−0.2338	−0.6085	−0.9878	−1.1185	−1.2984	−1.3475	−1.4270
1.90	31.5885	6.0509	3.5032	2.8003	1.2621	0.2509	−0.2413	−0.6072	−0.9713	−1.0947	−1.2620	−1.3069	−1.3787
2.00	29.0637	6.1907	3.5438	2.8206	1.2528	0.2382	−0.2484	−0.6055	−0.9552	−1.0718	−1.2274	−1.2685	−1.3334
2.10	26.8791	6.3274	3.5823	2.8392	1.2431	0.2259	−0.2550	−0.6036	−0.9394	−1.0496	−1.1945	−1.2321	−1.2910
2.20	24.9745	6.4608	3.6188	2.8563	1.2332	0.2141	−0.2611	−0.6013	−0.9241	−1.0283	−1.1632	−1.1978	−1.2510
2.30	23.3026	6.5910	3.6533	2.8719	1.2230	0.2026	−0.2668	−0.5989	−0.9091	−1.0076	−1.1335	−1.1652	−1.2135
2.40	21.8256	6.7179	3.6859	2.8862	1.2127	0.1914	−0.2720	−0.5962	−0.8944	−0.9878	−1.1052	−1.1344	−1.1782
2.50	20.5134	6.8417	3.7167	2.8991	1.2022	0.1807	−0.2769	−0.5934	−0.8802	−0.9686	−1.0783	−1.1051	−1.1450
2.60	19.3413	6.9623	3.7457	2.9109	1.1916	0.1702	−0.2815	−0.5904	−0.8663	−0.9501	−1.0526	−1.0773	−1.1136
2.70	18.2892	7.0798	3.7731	2.9215	1.1808	0.1602	−0.2857	−0.5873	−0.8529	−0.9323	−1.0282	−1.0509	−1.0840
2.80	17.3405	7.1942	3.7990	2.9310	1.1701	0.1505	−0.2895	−0.5840	−0.8398	−0.9152	−1.0049	−1.0259	−1.0560

续表

C_s	α	0.001	0.01	0.02	0.10	0.30	0.50	0.70	0.90	0.95	0.99	0.995	0.999
2.90	16.4815	7.3057	3.8234	2.9395	1.1593	0.1411	−0.2931	−0.5807	−0.8270	−0.8986	−0.9826	−1.0020	−1.0295
3.00	15.7005	7.4142	3.8463	2.9470	1.1485	0.1320	−0.2964	−0.5773	−0.8146	−0.8826	−0.9614	−0.9793	−1.0044
3.10	14.9879	7.5199	3.8679	2.9537	1.1376	0.1233	−0.2995	−0.5738	−0.8026	−0.8672	−0.9411	−0.9577	−0.9806
3.20	14.3355	7.6229	3.8882	2.9595	1.1268	0.1148	−0.3023	−0.5702	−0.7909	−0.8523	−0.9217	−0.9370	−0.9580
3.30	13.7362	7.7231	3.9073	2.9645	1.1161	0.1067	−0.3048	−0.5667	−0.7795	−0.8380	−0.9031	−0.9173	−0.9366
3.40	13.1841	7.8207	3.9253	2.9688	1.1054	0.0988	−0.3072	−0.5630	−0.7684	−0.8241	−0.8853	−0.8985	−0.9161
3.50	12.6740	7.9158	3.9421	2.9724	1.0947	0.0912	−0.3093	−0.5594	−0.7576	−0.8107	−0.8683	−0.8805	−0.8967
3.60	12.2015	8.0084	3.9579	2.9754	1.0841	0.0838	−0.3113	−0.5557	−0.7472	−0.7977	−0.8519	−0.8633	−0.8781
3.70	11.7627	8.0986	3.9727	2.9778	1.0736	0.0767	−0.3131	−0.5521	−0.7370	−0.7852	−0.8363	−0.8468	−0.8605
3.80	11.3543	8.1865	3.9866	2.9795	1.0632	0.0698	−0.3147	−0.5484	−0.7271	−0.7731	−0.8212	−0.8310	−0.8436
3.90	10.9732	8.2722	3.9996	2.9808	1.0528	0.0632	−0.3162	−0.5447	−0.7175	−0.7613	−0.8067	−0.8158	−0.8274
4.00	10.6169	8.3556	4.0118	2.9816	1.0426	0.0568	−0.3175	−0.5411	−0.7081	−0.7500	−0.7928	−0.8013	−0.8120
4.10	10.2831	8.4370	4.0231	2.9818	1.0324	0.0506	−0.3187	−0.5374	−0.6990	−0.7390	−0.7794	−0.7873	−0.7972
4.20	9.9698	8.5163	4.0337	2.9817	1.0223	0.0446	−0.3198	−0.5338	−0.6901	−0.7283	−0.7665	−0.7739	−0.7830
4.30	9.6752	8.5936	4.0435	2.9811	1.0124	0.0388	−0.3208	−0.5301	−0.6814	−0.7180	−0.7541	−0.7610	−0.7693
4.40	9.3977	8.6691	4.0527	2.9802	1.0025	0.0332	−0.3216	−0.5265	−0.6730	−0.7080	−0.7421	−0.7485	−0.7563
4.50	9.1360	8.7426	4.0612	2.9789	0.9928	0.0278	−0.3223	−0.5229	−0.6648	−0.6983	−0.7306	−0.7366	−0.7437
4.60	8.8886	8.8144	4.0691	2.9772	0.9832	0.0225	−0.3230	−0.5194	−0.6568	−0.6888	−0.7194	−0.7250	−0.7316
4.70	8.6545	8.8844	4.0764	2.9752	0.9736	0.0174	−0.3235	−0.5159	−0.6490	−0.6797	−0.7087	−0.7139	−0.7200
4.80	8.4327	8.9528	4.0831	2.9729	0.9642	0.0125	−0.3240	−0.5123	−0.6414	−0.6708	−0.6982	−0.7031	−0.7088
4.90	8.2222	9.0195	4.0893	2.9704	0.9549	0.0077	−0.3244	−0.5089	−0.6340	−0.6621	−0.6882	−0.6928	−0.6980
5.00	8.0222	9.0846	4.0950	2.9676	0.9457	0.0031	−0.3247	−0.5054	−0.6268	−0.6538	−0.6784	−0.6827	−0.6876
5.10	7.8319	9.1482	4.1002	2.9645	0.9366	−0.0013	−0.3249	−0.5020	−0.6197	−0.6456	−0.6690	−0.6730	−0.6775
5.20	7.6507	9.2103	4.1049	2.9612	0.9277	−0.0057	−0.3251	−0.4986	−0.6128	−0.6376	−0.6599	−0.6637	−0.6678
5.30	7.4779	9.2710	4.1092	2.9576	0.9188	−0.0099	−0.3252	−0.4952	−0.6061	−0.6299	−0.6510	−0.6546	−0.6585
5.40	7.3130	9.3302	4.1130	2.9539	0.9101	−0.0139	−0.3252	−0.4919	−0.5995	−0.6224	−0.6425	−0.6458	−0.6494
5.50	7.1554	9.3882	4.1165	2.9500	0.9014	−0.0179	−0.3252	−0.4886	−0.5931	−0.6151	−0.6342	−0.6373	−0.6406
5.60	7.0046	9.4448	4.1195	2.9459	0.8929	−0.0217	−0.3252	−0.4854	−0.5869	−0.6080	−0.6261	−0.6290	−0.6321
5.70	6.8603	9.5001	4.1222	2.9416	0.8844	−0.0254	−0.3251	−0.4822	−0.5807	−0.6010	−0.6182	−0.6210	−0.6239
5.80	6.7219	9.5542	4.1246	2.9372	0.8761	−0.0290	−0.3249	−0.4790	−0.5748	−0.5942	−0.6106	−0.6132	−0.6159
5.90	6.5892	9.6071	4.1266	2.9326	0.8679	−0.0325	−0.3247	−0.4758	−0.5689	−0.5876	−0.6032	−0.6057	−0.6082
6.00	6.4619	9.6588	4.1283	2.9278	0.8598	−0.0359	−0.3245	−0.4727	−0.5632	−0.5812	−0.5961	−0.5983	−0.6007
6.10	6.3395	9.7094	4.1297	2.9230	0.8518	−0.0392	−0.3242	−0.4696	−0.5576	−0.5749	−0.5891	−0.5912	−0.5934
6.20	6.2218	9.7589	4.1307	2.9180	0.8438	−0.0424	−0.3239	−0.4666	−0.5521	−0.5688	−0.5823	−0.5843	−0.5863
6.30	6.1086	9.8074	4.1315	2.9129	0.8360	−0.0455	−0.3235	−0.4636	−0.5468	−0.5628	−0.5756	−0.5775	−0.5794
6.40	5.9996	9.8548	4.1321	2.9076	0.8283	−0.0485	−0.3231	−0.4606	−0.5415	−0.5570	−0.5692	−0.5710	−0.5728
6.50	5.8945	9.9012	4.1324	2.9023	0.8207	−0.0515	−0.3227	−0.4576	−0.5364	−0.5512	−0.5629	−0.5646	−0.5663
6.60	5.7931	9.9466	4.1324	2.8969	0.8132	−0.0543	−0.3223	−0.4547	−0.5314	−0.5457	−0.5568	−0.5584	−0.5599
6.70	5.6954	9.9911	4.1322	2.8914	0.8057	−0.0571	−0.3218	−0.4518	−0.5264	−0.5402	−0.5508	−0.5523	−0.5538
6.80	5.6009	10.0346	4.1318	2.8858	0.7984	−0.0598	−0.3213	−0.4490	−0.5216	−0.5349	−0.5450	−0.5464	−0.5478
6.90	5.5097	10.0772	4.1311	2.8801	0.7911	−0.0624	−0.3208	−0.4462	−0.5169	−0.5297	−0.5394	−0.5407	−0.5420
7.00	5.4215	10.1190	4.1303	2.8744	0.7840	−0.0649	−0.3203	−0.4434	−0.5122	−0.5246	−0.5338	−0.5351	−0.5363

表 3-3-15 四参数指数 Gamma 分布离均系数 Φ_p ($b = 3.75$)

C_s	α	0.001	0.01	0.02	0.10	0.30	0.50	0.70	0.90	0.95	0.99	0.995	0.999
0.20	2635.8562	3.3846	2.4741	2.1600	1.3003	0.4988	−0.0332	−0.5470	−1.2577	−1.5861	−2.1809	−2.3919	−2.8158
0.30	1176.6292	3.5380	2.5479	2.2120	1.3076	0.4850	−0.0496	−0.5569	−1.2440	−1.5556	−2.1099	−2.3034	−2.6871
0.40	665.8730	3.6947	2.6212	2.2628	1.3134	0.4708	−0.0656	−0.5660	−1.2294	−1.5246	−2.0404	−2.2176	−2.5643
0.50	429.4375	3.8542	2.6936	2.3122	1.3179	0.4561	−0.0813	−0.5742	−1.2140	−1.4932	−1.9727	−2.1348	−2.4476
0.60	300.9741	4.0157	2.7648	2.3600	1.3209	0.4411	−0.0966	−0.5814	−1.1978	−1.4618	−1.9071	−2.0551	−2.3371
0.70	223.4854	4.1786	2.8346	2.4061	1.3225	0.4258	−0.1113	−0.5877	−1.1810	−1.4303	−1.8436	−1.9787	−2.2327
0.80	173.1634	4.3423	2.9026	2.4503	1.3228	0.4105	−0.1255	−0.5932	−1.1638	−1.3991	−1.7824	−1.9057	−2.1343

续表

C_s	α	0.001	0.01	0.02	0.10	0.30	0.50	0.70	0.90	0.95	0.99	0.995	0.999
0.90	138.6346	4.5062	2.9687	2.4924	1.3218	0.3950	−0.1391	−0.5977	−1.1462	−1.3683	−1.7237	−1.8361	−2.0418
1.00	113.9091	4.6696	3.0327	2.5325	1.3197	0.3797	−0.1520	−0.6015	−1.1285	−1.3379	−1.6674	−1.7699	−1.9550
1.10	95.5890	4.8321	3.0944	2.5704	1.3164	0.3644	−0.1644	−0.6044	−1.1106	−1.3080	−1.6135	−1.7070	−1.8736
1.20	81.6302	4.9932	3.1538	2.6061	1.3122	0.3492	−0.1760	−0.6067	−1.0926	−1.2789	−1.5621	−1.6474	−1.7974
1.30	70.7435	5.1526	3.2107	2.6397	1.3070	0.3343	−0.1871	−0.6083	−1.0748	−1.2504	−1.5131	−1.5910	−1.7261
1.40	62.0830	5.3098	3.2653	2.6712	1.3010	0.3197	−0.1975	−0.6092	−1.0570	−1.2227	−1.4665	−1.5376	−1.6594
1.50	55.0753	5.4645	3.3173	2.7006	1.2943	0.3053	−0.2072	−0.6096	−1.0395	−1.1958	−1.4221	−1.4871	−1.5969
1.60	49.3204	5.6166	3.3670	2.7279	1.2868	0.2913	−0.2164	−0.6095	−1.0222	−1.1697	−1.3799	−1.4393	−1.5385
1.70	44.5325	5.7658	3.4142	2.7533	1.2788	0.2776	−0.2250	−0.6090	−1.0052	−1.1444	−1.3399	−1.3942	−1.4839
1.80	40.5031	5.9120	3.4591	2.7769	1.2703	0.2643	−0.2330	−0.6080	−0.9885	−1.1200	−1.3018	−1.3516	−1.4327
1.90	37.0770	6.0551	3.5017	2.7986	1.2614	0.2514	−0.2405	−0.6066	−0.9721	−1.0964	−1.2657	−1.3113	−1.3848
2.00	34.1369	6.1950	3.5421	2.8186	1.2521	0.2388	−0.2475	−0.6050	−0.9561	−1.0737	−1.2313	−1.2732	−1.3398
2.10	31.5928	6.3316	3.5803	2.8370	1.2424	0.2267	−0.2540	−0.6030	−0.9405	−1.0517	−1.1987	−1.2372	−1.2976
2.20	29.3746	6.4649	3.6165	2.8539	1.2325	0.2149	−0.2600	−0.6008	−0.9252	−1.0305	−1.1677	−1.2031	−1.2580
2.30	27.4274	6.5949	3.6507	2.8693	1.2223	0.2035	−0.2656	−0.5983	−0.9104	−1.0101	−1.1382	−1.1708	−1.2208
2.40	25.7071	6.7216	3.6829	2.8833	1.2120	0.1925	−0.2708	−0.5957	−0.8959	−0.9904	−1.1102	−1.1402	−1.1857
2.50	24.1786	6.8451	3.7134	2.8960	1.2015	0.1818	−0.2756	−0.5928	−0.8818	−0.9715	−1.0835	−1.1112	−1.1527
2.60	22.8132	6.9654	3.7422	2.9076	1.1910	0.1715	−0.2801	−0.5899	−0.8681	−0.9532	−1.0581	−1.0837	−1.1215
2.70	21.5875	7.0826	3.7692	2.9179	1.1803	0.1616	−0.2842	−0.5868	−0.8548	−0.9356	−1.0339	−1.0575	−1.0921
2.80	20.4822	7.1966	3.7948	2.9272	1.1696	0.1520	−0.2881	−0.5835	−0.8418	−0.9186	−1.0108	−1.0327	−1.0643
2.90	19.4813	7.3077	3.8188	2.9355	1.1589	0.1427	−0.2916	−0.5802	−0.8292	−0.9022	−0.9888	−1.0090	−1.0380
3.00	18.5712	7.4158	3.8414	2.9429	1.1481	0.1338	−0.2948	−0.5769	−0.8170	−0.8864	−0.9678	−0.9865	−1.0131
3.10	17.7408	7.5210	3.8627	2.9493	1.1374	0.1252	−0.2978	−0.5734	−0.8051	−0.8712	−0.9477	−0.9651	−0.9895
3.20	16.9804	7.6234	3.8826	2.9550	1.1267	0.1168	−0.3006	−0.5699	−0.7935	−0.8565	−0.9285	−0.9446	−0.9670
3.30	16.2819	7.7231	3.9014	2.9598	1.1160	0.1088	−0.3031	−0.5664	−0.7823	−0.8423	−0.9101	−0.9251	−0.9457
3.40	15.6384	7.8201	3.9190	2.9640	1.1054	0.1010	−0.3054	−0.5628	−0.7714	−0.8286	−0.8925	−0.9064	−0.9254
3.50	15.0437	7.9146	3.9356	2.9674	1.0949	0.0935	−0.3075	−0.5593	−0.7608	−0.8154	−0.8756	−0.8886	−0.9061
3.60	14.4929	8.0066	3.9511	2.9702	1.0844	0.0863	−0.3095	−0.5557	−0.7505	−0.8026	−0.8594	−0.8715	−0.8876
3.70	13.9812	8.0961	3.9656	2.9724	1.0740	0.0793	−0.3112	−0.5521	−0.7404	−0.7902	−0.8439	−0.8552	−0.8700
3.80	13.5049	8.1834	3.9792	2.9741	1.0637	0.0726	−0.3128	−0.5485	−0.7307	−0.7783	−0.8290	−0.8395	−0.8532
3.90	13.0604	8.2683	3.9919	2.9752	1.0535	0.0661	−0.3143	−0.5448	−0.7212	−0.7667	−0.8146	−0.8245	−0.8372
4.00	12.6449	8.3511	4.0037	2.9759	1.0434	0.0598	−0.3156	−0.5413	−0.7120	−0.7555	−0.8008	−0.8100	−0.8218
4.10	12.2555	8.4317	4.0148	2.9761	1.0334	0.0537	−0.3168	−0.5377	−0.7030	−0.7446	−0.7876	−0.7962	−0.8071
4.20	11.8901	8.5103	4.0251	2.9758	1.0235	0.0478	−0.3178	−0.5341	−0.6942	−0.7341	−0.7748	−0.7828	−0.7929
4.30	11.5464	8.5869	4.0347	2.9752	1.0137	0.0421	−0.3188	−0.5305	−0.6857	−0.7239	−0.7625	−0.7700	−0.7794
4.40	11.2226	8.6615	4.0436	2.9741	1.0040	0.0366	−0.3196	−0.5270	−0.6774	−0.7141	−0.7506	−0.7577	−0.7664
4.50	10.9171	8.7343	4.0519	2.9727	0.9944	0.0313	−0.3203	−0.5235	−0.6694	−0.7045	−0.7392	−0.7458	−0.7539
4.60	10.6284	8.8053	4.0595	2.9710	0.9850	0.0261	−0.3210	−0.5200	−0.6615	−0.6952	−0.7281	−0.7343	−0.7418
4.70	10.3552	8.8745	4.0666	2.9690	0.9756	0.0211	−0.3215	−0.5166	−0.6538	−0.6861	−0.7174	−0.7233	−0.7302
4.80	10.0962	8.9421	4.0731	2.9667	0.9664	0.0163	−0.3220	−0.5131	−0.6463	−0.6774	−0.7071	−0.7126	−0.7191
4.90	9.8505	9.0080	4.0791	2.9641	0.9572	0.0116	−0.3224	−0.5097	−0.6391	−0.6689	−0.6971	−0.7023	−0.7083
5.00	9.6170	9.0723	4.0845	2.9612	0.9482	0.0071	−0.3227	−0.5064	−0.6319	−0.6606	−0.6875	−0.6923	−0.6980
5.10	9.3948	9.1350	4.0895	2.9581	0.9393	0.0027	−0.3229	−0.5030	−0.6250	−0.6525	−0.6781	−0.6827	−0.6879
5.20	9.1831	9.1963	4.0941	2.9548	0.9305	−0.0015	−0.3231	−0.4997	−0.6182	−0.6447	−0.6691	−0.6734	−0.6783
5.30	8.9813	9.2562	4.0982	2.9513	0.9218	−0.0056	−0.3232	−0.4964	−0.6116	−0.6371	−0.6603	−0.6643	−0.6689
5.40	8.7886	9.3146	4.1019	2.9475	0.9132	−0.0096	−0.3233	−0.4932	−0.6052	−0.6297	−0.6518	−0.6556	−0.6599
5.50	8.6045	9.3717	4.1051	2.9436	0.9048	−0.0135	−0.3233	−0.4900	−0.5989	−0.6224	−0.6435	−0.6471	−0.6511
5.60	8.4283	9.4275	4.1081	2.9395	0.8964	−0.0172	−0.3232	−0.4868	−0.5927	−0.6154	−0.6355	−0.6389	−0.6426
5.70	8.2596	9.4820	4.1106	2.9353	0.8882	−0.0209	−0.3231	−0.4837	−0.5867	−0.6085	−0.6277	−0.6309	−0.6344
5.80	8.0979	9.5352	4.1128	2.9308	0.8800	−0.0244	−0.3230	−0.4806	−0.5808	−0.6019	−0.6202	−0.6232	−0.6265
5.90	7.9428	9.5873	4.1147	2.9263	0.8720	−0.0278	−0.3228	−0.4775	−0.5751	−0.5953	−0.6128	−0.6157	−0.6188
6.00	7.7939	9.6382	4.1163	2.9216	0.8641	−0.0312	−0.3226	−0.4745	−0.5694	−0.5890	−0.6057	−0.6084	−0.6113
6.10	7.6509	9.6879	4.1175	2.9168	0.8562	−0.0344	−0.3224	−0.4715	−0.5639	−0.5828	−0.5988	−0.6013	−0.6040
6.20	7.5133	9.7366	4.1185	2.9118	0.8485	−0.0375	−0.3221	−0.4685	−0.5586	−0.5767	−0.5920	−0.5944	−0.5969

续表

C_s	α	0.001	0.01	0.02	0.10	0.30	0.50	0.70	0.90	0.95	0.99	0.995	0.999
6.30	7.3808	9.7842	4.1192	2.9068	0.8409	−0.0406	−0.3218	−0.4656	−0.5533	−0.5708	−0.5854	−0.5877	−0.5901
6.40	7.2533	9.8308	4.1197	2.9017	0.8333	−0.0435	−0.3214	−0.4627	−0.5481	−0.5650	−0.5790	−0.5812	−0.5834
6.50	7.1304	9.8764	4.1199	2.8964	0.8259	−0.0464	−0.3210	−0.4598	−0.5431	−0.5594	−0.5728	−0.5748	−0.5769
6.60	7.0118	9.9210	4.1198	2.8911	0.8186	−0.0492	−0.3206	−0.4570	−0.5381	−0.5539	−0.5667	−0.5686	−0.5706
6.70	6.8974	9.9646	4.1196	2.8856	0.8113	−0.0519	−0.3202	−0.4542	−0.5333	−0.5485	−0.5608	−0.5626	−0.5645
6.80	6.7869	10.0073	4.1191	2.8801	0.8042	−0.0545	−0.3197	−0.4514	−0.5285	−0.5433	−0.5550	−0.5567	−0.5585
6.90	6.6801	10.0492	4.1184	2.8746	0.7971	−0.0571	−0.3193	−0.4487	−0.5239	−0.5381	−0.5494	−0.5510	−0.5526
7.00	6.5769	10.0901	4.1175	2.8689	0.7901	−0.0596	−0.3188	−0.4460	−0.5193	−0.5331	−0.5439	−0.5454	−0.5469

表 3-3-16 四参数指数 Gamma 分布离均系数 Φ_p ($b=4.00$)

C_s	α	0.001	0.01	0.02	0.10	0.30	0.50	0.70	0.90	0.95	0.99	0.995	0.999
0.20	3036.0207	3.3847	2.4741	2.1600	1.3003	0.4988	−0.0332	−0.5469	−1.2577	−1.5861	−2.1809	−2.3919	−2.8159
0.30	1355.4357	3.5382	2.5479	2.2120	1.3076	0.4850	−0.0495	−0.5569	−1.2440	−1.5556	−2.1100	−2.3035	−2.6873
0.40	767.2000	3.6952	2.6212	2.2628	1.3134	0.4708	−0.0656	−0.5660	−1.2294	−1.5246	−2.0406	−2.2178	−2.5647
0.50	494.8979	3.8548	2.6937	2.3122	1.3178	0.4561	−0.0813	−0.5741	−1.2139	−1.4933	−1.9730	−2.1351	−2.4482
0.60	346.9468	4.0166	2.7649	2.3600	1.3207	0.4410	−0.0965	−0.5813	−1.1978	−1.4618	−1.9074	−2.0556	−2.3380
0.70	257.7029	4.1798	2.8347	2.4061	1.3223	0.4258	−0.1112	−0.5876	−1.1810	−1.4304	−1.8441	−1.9794	−2.2339
0.80	199.7467	4.3438	2.9027	2.4502	1.3226	0.4104	−0.1254	−0.5930	−1.1638	−1.3993	−1.7831	−1.9066	−2.1358
0.90	159.9794	4.5079	2.9688	2.4923	1.3216	0.3950	−0.1389	−0.5975	−1.1462	−1.3685	−1.7245	−1.8372	−2.0437
1.00	131.5026	4.6716	3.0327	2.5323	1.3194	0.3797	−0.1519	−0.6012	−1.1285	−1.3382	−1.6684	−1.7713	−1.9572
1.10	110.4027	4.8344	3.0944	2.5701	1.3161	0.3644	−0.1641	−0.6042	−1.1106	−1.3084	−1.6147	−1.7087	−1.8762
1.20	94.3258	4.9958	3.1537	2.6057	1.3118	0.3493	−0.1758	−0.6064	−1.0927	−1.2793	−1.5636	−1.6493	−1.8003
1.30	81.7868	5.1554	3.2105	2.6392	1.3066	0.3344	−0.1867	−0.6079	−1.0749	−1.2510	−1.5148	−1.5931	−1.7293
1.40	71.8118	5.3128	3.2649	2.6705	1.3005	0.3198	−0.1971	−0.6089	−1.0573	−1.2234	−1.4684	−1.5400	−1.6630
1.50	63.7403	5.4678	3.3169	2.6997	1.2937	0.3055	−0.2068	−0.6093	−1.0398	−1.1966	−1.4243	−1.4898	−1.6009
1.60	57.1116	5.6200	3.3663	2.7269	1.2863	0.2916	−0.2159	−0.6091	−1.0226	−1.1707	−1.3824	−1.4423	−1.5428
1.70	51.5967	5.7693	3.4134	2.7522	1.2783	0.2779	−0.2244	−0.6085	−1.0056	−1.1456	−1.3425	−1.3975	−1.4885
1.80	46.9552	5.9156	3.4581	2.7755	1.2697	0.2647	−0.2324	−0.6075	−0.9890	−1.1213	−1.3047	−1.3552	−1.4376
1.90	43.0085	6.0587	3.5005	2.7971	1.2608	0.2519	−0.2398	−0.6062	−0.9728	−1.0979	−1.2688	−1.3151	−1.3899
2.00	39.6216	6.1985	3.5406	2.8169	1.2514	0.2394	−0.2467	−0.6045	−0.9569	−1.0753	−1.2347	−1.2773	−1.3453
2.10	36.6907	6.3351	3.5786	2.8351	1.2418	0.2273	−0.2531	−0.6025	−0.9414	−1.0535	−1.2024	−1.2415	−1.3034
2.20	34.1352	6.4683	3.6145	2.8518	1.2319	0.2156	−0.2591	−0.6003	−0.9262	−1.0325	−1.1716	−1.2077	−1.2640
2.30	31.8918	6.5982	3.6484	2.8670	1.2217	0.2043	−0.2646	−0.5978	−0.9115	−1.0122	−1.1423	−1.1756	−1.2270
2.40	29.9097	6.7247	3.6804	2.8809	1.2114	0.1934	−0.2698	−0.5952	−0.8971	−0.9927	−1.1145	−1.1453	−1.1921
2.50	28.1485	6.8480	3.7106	2.8934	1.2010	0.1828	−0.2745	−0.5924	−0.8832	−0.9739	−1.0881	−1.1165	−1.1593
2.60	26.5752	6.9680	3.7391	2.9047	1.1905	0.1726	−0.2789	−0.5894	−0.8696	−0.9558	−1.0629	−1.0891	−1.1284
2.70	25.1627	7.0849	3.7659	2.9149	1.1799	0.1628	−0.2830	−0.5863	−0.8564	−0.9384	−1.0388	−1.0632	−1.0991
2.80	23.8889	7.1986	3.7911	2.9240	1.1692	0.1533	−0.2868	−0.5831	−0.8436	−0.9215	−1.0160	−1.0385	−1.0715
2.90	22.7353	7.3093	3.8148	2.9322	1.1585	0.1442	−0.2902	−0.5799	−0.8311	−0.9053	−0.9941	−1.0151	−1.0454
3.00	21.6864	7.4170	3.8372	2.9393	1.1479	0.1353	−0.2934	−0.5765	−0.8190	−0.8897	−0.9733	−0.9927	−1.0206
3.10	20.7293	7.5217	3.8581	2.9456	1.1372	0.1268	−0.2964	−0.5731	−0.8072	−0.8746	−0.9533	−0.9714	−0.9971
3.20	19.8528	7.6237	3.8778	2.9511	1.1266	0.1186	−0.2991	−0.5697	−0.7958	−0.8601	−0.9343	−0.9511	−0.9748
3.30	19.0476	7.7229	3.8963	2.9558	1.1160	0.1106	−0.3016	−0.5662	−0.7847	−0.8461	−0.9160	−0.9317	−0.9536
3.40	18.3056	7.8194	3.9137	2.9598	1.1055	0.1030	−0.3039	−0.5627	−0.7739	−0.8325	−0.8986	−0.9132	−0.9334
3.50	17.6200	7.9134	3.9299	2.9631	1.0951	0.0956	−0.3060	−0.5591	−0.7635	−0.8194	−0.8819	−0.8955	−0.9142
3.60	16.9848	8.0048	3.9452	2.9658	1.0847	0.0884	−0.3079	−0.5556	−0.7533	−0.8068	−0.8658	−0.8786	−0.8958
3.70	16.3948	8.0938	3.9594	2.9679	1.0744	0.0816	−0.3096	−0.5520	−0.7434	−0.7945	−0.8504	−0.8623	−0.8783
3.80	15.8455	8.1804	3.9728	2.9694	1.0643	0.0749	−0.3112	−0.5485	−0.7337	−0.7827	−0.8356	−0.8468	−0.8616
3.90	15.3330	8.2647	3.9852	2.9705	1.0542	0.0685	−0.3126	−0.5449	−0.7244	−0.7713	−0.8214	−0.8319	−0.8456
4.00	14.8536	8.3469	3.9968	2.9710	1.0442	0.0623	−0.3139	−0.5414	−0.7153	−0.7602	−0.8077	−0.8175	−0.8303
4.10	14.4045	8.4269	4.0076	2.9711	1.0343	0.0563	−0.3151	−0.5379	−0.7064	−0.7495	−0.7946	−0.8038	−0.8156
4.20	13.9829	8.5048	4.0177	2.9708	1.0245	0.0505	−0.3161	−0.5344	−0.6978	−0.7391	−0.7819	−0.7905	−0.8016

续表

C_s	α	0.001	0.01	0.02	0.10	0.30	0.50	0.70	0.90	0.95	0.99	0.995	0.999
4.30	13.5864	8.5807	4.0271	2.9700	1.0148	0.0449	−0.3170	−0.5309	−0.6894	−0.7290	−0.7697	−0.7778	−0.7881
4.40	13.2129	8.6547	4.0358	2.9689	1.0053	0.0395	−0.3179	−0.5274	−0.6812	−0.7193	−0.7579	−0.7656	−0.7751
4.50	12.8604	8.7268	4.0438	2.9675	0.9958	0.0342	−0.3186	−0.5240	−0.6733	−0.7098	−0.7466	−0.7537	−0.7627
4.60	12.5272	8.7971	4.0513	2.9657	0.9865	0.0292	−0.3192	−0.5205	−0.6655	−0.7006	−0.7356	−0.7423	−0.7507
4.70	12.2119	8.8656	4.0582	2.9636	0.9773	0.0243	−0.3198	−0.5172	−0.6579	−0.6917	−0.7250	−0.7314	−0.7392
4.80	11.9130	8.9325	4.0645	2.9613	0.9682	0.0195	−0.3202	−0.5138	−0.6506	−0.6830	−0.7148	−0.7208	−0.7280
4.90	11.6294	8.9976	4.0703	2.9587	0.9592	0.0149	−0.3206	−0.5105	−0.6434	−0.6746	−0.7049	−0.7105	−0.7173
5.00	11.3598	9.0612	4.0756	2.9558	0.9503	0.0105	−0.3209	−0.5072	−0.6364	−0.6664	−0.6953	−0.7006	−0.7070
5.10	11.1033	9.1233	4.0804	2.9527	0.9416	0.0062	−0.3212	−0.5039	−0.6295	−0.6585	−0.6860	−0.6910	−0.6970
5.20	10.8589	9.1839	4.0848	2.9493	0.9329	0.0020	−0.3214	−0.5006	−0.6229	−0.6507	−0.6770	−0.6818	−0.6874
5.30	10.6259	9.2430	4.0887	2.9458	0.9244	−0.0020	−0.3215	−0.4974	−0.6164	−0.6432	−0.6683	−0.6728	−0.6780
5.40	10.4033	9.3007	4.0923	2.9421	0.9160	−0.0059	−0.3216	−0.4943	−0.6100	−0.6359	−0.6598	−0.6641	−0.6690
5.50	10.1907	9.3571	4.0954	2.9382	0.9077	−0.0097	−0.3216	−0.4911	−0.6038	−0.6287	−0.6516	−0.6557	−0.6603
5.60	9.9872	9.4121	4.0982	2.9341	0.8995	−0.0134	−0.3216	−0.4880	−0.5977	−0.6218	−0.6437	−0.6475	−0.6518
5.70	9.7924	9.4659	4.1006	2.9299	0.8914	−0.0170	−0.3215	−0.4850	−0.5918	−0.6150	−0.6360	−0.6396	−0.6437
5.80	9.6056	9.5184	4.1027	2.9255	0.8834	−0.0205	−0.3214	−0.4819	−0.5860	−0.6084	−0.6285	−0.6319	−0.6357
5.90	9.4264	9.5697	4.1045	2.9210	0.8755	−0.0238	−0.3212	−0.4789	−0.5803	−0.6020	−0.6212	−0.6244	−0.6280
6.00	9.2543	9.6199	4.1060	2.9163	0.8677	−0.0271	−0.3210	−0.4760	−0.5748	−0.5957	−0.6141	−0.6172	−0.6205
6.10	9.0890	9.6690	4.1071	2.9115	0.8600	−0.0303	−0.3208	−0.4730	−0.5694	−0.5895	−0.6072	−0.6101	−0.6133
6.20	8.9300	9.7169	4.1080	2.9066	0.8525	−0.0334	−0.3205	−0.4701	−0.5641	−0.5836	−0.6005	−0.6032	−0.6062
6.30	8.7769	9.7638	4.1087	2.9017	0.8450	−0.0363	−0.3202	−0.4673	−0.5589	−0.5777	−0.5939	−0.5966	−0.5994
6.40	8.6295	9.8097	4.1090	2.8966	0.8376	−0.0393	−0.3199	−0.4644	−0.5538	−0.5720	−0.5876	−0.5901	−0.5927
6.50	8.4874	9.8545	4.1092	2.8914	0.8303	−0.0421	−0.3196	−0.4616	−0.5488	−0.5664	−0.5814	−0.5837	−0.5863
6.60	8.3503	9.8984	4.1091	2.8861	0.8232	−0.0448	−0.3192	−0.4589	−0.5439	−0.5610	−0.5753	−0.5776	−0.5800
6.70	8.2181	9.9413	4.1088	2.8808	0.8161	−0.0475	−0.3188	−0.4561	−0.5392	−0.5557	−0.5694	−0.5716	−0.5738
6.80	8.0903	9.9833	4.1082	2.8753	0.8091	−0.0501	−0.3183	−0.4534	−0.5345	−0.5505	−0.5637	−0.5657	−0.5678
6.90	7.9668	10.0245	4.1075	2.8698	0.8021	−0.0526	−0.3179	−0.4508	−0.5299	−0.5454	−0.5581	−0.5600	−0.5620
7.00	7.8474	10.0647	4.1066	2.8643	0.7953	−0.0550	−0.3174	−0.4481	−0.5254	−0.5404	−0.5526	−0.5544	−0.5563

表 3-3-17　四参数指数 Gamma 分布离均系数 Φ_p ($b = 4.25$)

C_s	α	0.001	0.01	0.02	0.10	0.30	0.50	0.70	0.90	0.95	0.99	0.995	0.999
0.20	3464.4574	3.3848	2.4741	2.1600	1.3003	0.4988	−0.0332	−0.5469	−1.2577	−1.5861	−2.1810	−2.3920	−2.8160
0.30	1546.8879	3.5384	2.5480	2.2120	1.3075	0.4850	−0.0495	−0.5569	−1.2440	−1.5556	−2.1100	−2.3036	−2.6875
0.40	875.7033	3.6955	2.6213	2.2628	1.3133	0.4707	−0.0656	−0.5660	−1.2294	−1.5246	−2.0407	−2.2180	−2.5651
0.50	565.0029	3.8554	2.6938	2.3122	1.3177	0.4560	−0.0813	−0.5741	−1.2139	−1.4933	−1.9732	−2.1354	−2.4488
0.60	396.1885	4.0174	2.7650	2.3600	1.3206	0.4410	−0.0965	−0.5813	−1.1977	−1.4619	−1.9077	−2.0560	−2.3387
0.70	294.3598	4.1808	2.8348	2.4061	1.3222	0.4258	−0.1112	−0.5875	−1.1810	−1.4305	−1.8445	−1.9800	−2.2349
0.80	228.2305	4.3450	2.9028	2.4501	1.3224	0.4104	−0.1253	−0.5929	−1.1638	−1.3994	−1.7837	−1.9074	−2.1371
0.90	182.8550	4.5094	2.9689	2.4922	1.3214	0.3950	−0.1388	−0.5974	−1.1462	−1.3687	−1.7252	−1.8382	−2.0453
1.00	150.3620	4.6734	3.0328	2.5321	1.3191	0.3797	−0.1517	−0.6011	−1.1285	−1.3384	−1.6693	−1.7725	−1.9591
1.10	126.2862	4.8364	3.0944	2.5698	1.3158	0.3644	−0.1639	−0.6040	−1.1107	−1.3088	−1.6158	−1.7101	−1.8784
1.20	107.9416	4.9981	3.1536	2.6054	1.3115	0.3493	−0.1755	−0.6061	−1.0928	−1.2798	−1.5648	−1.6510	−1.8028
1.30	93.6339	5.1579	3.2104	2.6387	1.3062	0.3345	−0.1864	−0.6077	−1.0751	−1.2515	−1.5163	−1.5950	−1.7322
1.40	82.2516	5.3155	3.2647	2.6699	1.3001	0.3199	−0.1967	−0.6086	−1.0575	−1.2240	−1.4701	−1.5421	−1.6661
1.50	73.0411	5.4706	3.3165	2.6990	1.2933	0.3057	−0.2064	−0.6089	−1.0400	−1.1974	−1.4262	−1.4922	−1.6043
1.60	65.4770	5.6230	3.3658	2.7261	1.2858	0.2918	−0.2154	−0.6088	−1.0229	−1.1715	−1.3844	−1.4450	−1.5465
1.70	59.1836	5.7724	3.4127	2.7512	1.2777	0.2782	−0.2239	−0.6082	−1.0060	−1.1466	−1.3448	−1.4004	−1.4924
1.80	53.8869	5.9187	3.4572	2.7744	1.2692	0.2650	−0.2318	−0.6071	−0.9895	−1.1224	−1.3072	−1.3582	−1.4418
1.90	49.3830	6.0618	3.4994	2.7958	1.2602	0.2523	−0.2392	−0.6058	−0.9733	−1.0991	−1.2716	−1.3185	−1.3944
2.00	45.5177	6.2016	3.5393	2.8155	1.2509	0.2399	−0.2460	−0.6041	−0.9575	−1.0767	−1.2377	−1.2808	−1.3500
2.10	42.1728	6.3381	3.5771	2.8335	1.2412	0.2279	−0.2524	−0.6021	−0.9421	−1.0550	−1.2055	−1.2453	−1.3083
2.20	39.2562	6.4712	3.6127	2.8500	1.2313	0.2162	−0.2583	−0.5998	−0.9271	−1.0341	−1.1749	−1.2116	−1.2692

续表

C_s	α	0.001	0.01	0.02	0.10	0.30	0.50	0.70	0.90	0.95	0.99	0.995	0.999
2.30	36.6956	6.6009	3.6464	2.8650	1.2212	0.2050	−0.2638	−0.5974	−0.9124	−1.0140	−1.1459	−1.1798	−1.2324
2.40	34.4333	6.7273	3.6782	2.8787	1.2109	0.1942	−0.2689	−0.5948	−0.8982	−0.9947	−1.1183	−1.1496	−1.1977
2.50	32.4230	6.8504	3.7081	2.8911	1.2005	0.1837	−0.2736	−0.5920	−0.8843	−0.9760	−1.0920	−1.1210	−1.1651
2.60	30.6271	6.9702	3.7364	2.9023	1.1900	0.1736	−0.2779	−0.5890	−0.8709	−0.9581	−1.0670	−1.0939	−1.1343
2.70	29.0147	7.0868	3.7629	2.9123	1.1795	0.1639	−0.2820	−0.5860	−0.8578	−0.9408	−1.0431	−1.0681	−1.1052
2.80	27.5606	7.2002	3.7879	2.9212	1.1689	0.1545	−0.2857	−0.5828	−0.8451	−0.9241	−1.0204	−1.0436	−1.0777
2.90	26.2436	7.3105	3.8114	2.9292	1.1583	0.1454	−0.2891	−0.5796	−0.8327	−0.9080	−0.9987	−1.0203	−1.0517
3.00	25.0461	7.4179	3.8335	2.9362	1.1477	0.1366	−0.2923	−0.5762	−0.8207	−0.8925	−0.9780	−0.9981	−1.0271
3.10	23.9533	7.5223	3.8542	2.9424	1.1371	0.1282	−0.2952	−0.5729	−0.8091	−0.8776	−0.9582	−0.9770	−1.0037
3.20	22.9525	7.6238	3.8736	2.9477	1.1265	0.1201	−0.2978	−0.5695	−0.7978	−0.8632	−0.9393	−0.9568	−0.9815
3.30	22.0330	7.7226	3.8919	2.9523	1.1160	0.1122	−0.3003	−0.5660	−0.7868	−0.8493	−0.9212	−0.9375	−0.9604
3.40	21.1858	7.8186	3.9090	2.9562	1.1056	0.1046	−0.3025	−0.5625	−0.7761	−0.8359	−0.9039	−0.9191	−0.9403
3.50	20.4028	7.9121	3.9250	2.9594	1.0953	0.0973	−0.3046	−0.5590	−0.7658	−0.8229	−0.8873	−0.9016	−0.9212
3.60	19.6774	8.0030	3.9400	2.9620	1.0850	0.0903	−0.3065	−0.5555	−0.7557	−0.8104	−0.8714	−0.8847	−0.9030
3.70	19.0036	8.0915	3.9540	2.9640	1.0748	0.0835	−0.3082	−0.5520	−0.7459	−0.7983	−0.8561	−0.8686	−0.8855
3.80	18.3761	8.1776	3.9672	2.9654	1.0647	0.0769	−0.3098	−0.5485	−0.7364	−0.7866	−0.8414	−0.8531	−0.8689
3.90	17.7906	8.2614	3.9794	2.9663	1.0547	0.0706	−0.3112	−0.5450	−0.7271	−0.7752	−0.8273	−0.8383	−0.8530
4.00	17.2431	8.3430	3.9908	2.9668	1.0448	0.0645	−0.3125	−0.5415	−0.7181	−0.7643	−0.8137	−0.8241	−0.8377
4.10	16.7300	8.4224	4.0014	2.9668	1.0351	0.0586	−0.3136	−0.5380	−0.7094	−0.7537	−0.8007	−0.8104	−0.8232
4.20	16.2483	8.4998	4.0113	2.9664	1.0254	0.0528	−0.3146	−0.5346	−0.7008	−0.7434	−0.7881	−0.7973	−0.8092
4.30	15.7953	8.5751	4.0205	2.9656	1.0158	0.0473	−0.3156	−0.5312	−0.6925	−0.7334	−0.7760	−0.7846	−0.7957
4.40	15.3685	8.6485	4.0290	2.9645	1.0064	0.0420	−0.3164	−0.5277	−0.6845	−0.7238	−0.7643	−0.7724	−0.7828
4.50	14.9657	8.7200	4.0369	2.9630	0.9971	0.0368	−0.3171	−0.5244	−0.6766	−0.7144	−0.7530	−0.7607	−0.7704
4.60	14.5850	8.7897	4.0441	2.9612	0.9879	0.0318	−0.3177	−0.5210	−0.6689	−0.7053	−0.7421	−0.7494	−0.7585
4.70	14.2246	8.8576	4.0508	2.9590	0.9788	0.0270	−0.3183	−0.5177	−0.6615	−0.6965	−0.7316	−0.7384	−0.7470
4.80	13.8830	8.9238	4.0570	2.9567	0.9698	0.0223	−0.3187	−0.5143	−0.6542	−0.6879	−0.7214	−0.7279	−0.7359
4.90	13.5588	8.9884	4.0626	2.9540	0.9609	0.0178	−0.3191	−0.5111	−0.6471	−0.6796	−0.7116	−0.7177	−0.7252
5.00	13.2506	9.0514	4.0678	2.9511	0.9522	0.0134	−0.3194	−0.5078	−0.6402	−0.6715	−0.7021	−0.7079	−0.7149
5.10	12.9574	9.1128	4.0725	2.9480	0.9436	0.0092	−0.3197	−0.5046	−0.6334	−0.6636	−0.6929	−0.6983	−0.7050
5.20	12.6780	9.1727	4.0767	2.9446	0.9351	0.0051	−0.3199	−0.5014	−0.6269	−0.6560	−0.6839	−0.6891	−0.6953
5.30	12.4116	9.2312	4.0805	2.9411	0.9266	0.0011	−0.3200	−0.4983	−0.6204	−0.6485	−0.6753	−0.6802	−0.6861
5.40	12.1571	9.2883	4.0840	2.9374	0.9184	−0.0028	−0.3201	−0.4952	−0.6142	−0.6413	−0.6669	−0.6715	−0.6771
5.50	11.9139	9.3440	4.0870	2.9335	0.9102	−0.0065	−0.3201	−0.4921	−0.6080	−0.6342	−0.6587	−0.6632	−0.6684
5.60	11.6813	9.3984	4.0897	2.9294	0.9021	−0.0101	−0.3201	−0.4891	−0.6020	−0.6273	−0.6508	−0.6550	−0.6599
5.70	11.4584	9.4515	4.0920	2.9252	0.8941	−0.0137	−0.3201	−0.4861	−0.5962	−0.6206	−0.6432	−0.6472	−0.6518
5.80	11.2448	9.5034	4.0940	2.9209	0.8863	−0.0171	−0.3200	−0.4831	−0.5905	−0.6141	−0.6357	−0.6395	−0.6439
5.90	11.0398	9.5541	4.0957	2.9164	0.8785	−0.0204	−0.3198	−0.4801	−0.5849	−0.6077	−0.6285	−0.6321	−0.6362
6.00	10.8430	9.6037	4.0971	2.9118	0.8709	−0.0236	−0.3196	−0.4772	−0.5794	−0.6015	−0.6214	−0.6248	−0.6287
6.10	10.6539	9.6521	4.0982	2.9070	0.8634	−0.0267	−0.3194	−0.4743	−0.5741	−0.5954	−0.6145	−0.6178	−0.6215
6.20	10.4719	9.6994	4.0990	2.9022	0.8559	−0.0298	−0.3192	−0.4715	−0.5688	−0.5895	−0.6079	−0.6110	−0.6145
6.30	10.2968	9.7457	4.0995	2.8972	0.8486	−0.0327	−0.3189	−0.4687	−0.5637	−0.5837	−0.6014	−0.6043	−0.6076
6.40	10.1281	9.7909	4.0999	2.8922	0.8413	−0.0356	−0.3186	−0.4659	−0.5587	−0.5781	−0.5950	−0.5979	−0.6010
6.50	9.9655	9.8351	4.0999	2.8871	0.8342	−0.0384	−0.3183	−0.4632	−0.5538	−0.5726	−0.5889	−0.5916	−0.5945
6.60	9.8086	9.8784	4.0998	2.8819	0.8271	−0.0411	−0.3179	−0.4605	−0.5490	−0.5672	−0.5829	−0.5854	−0.5882
6.70	9.6572	9.9207	4.0994	2.8766	0.8202	−0.0437	−0.3175	−0.4578	−0.5443	−0.5619	−0.5770	−0.5795	−0.5821
6.80	9.5110	9.9621	4.0989	2.8712	0.8133	−0.0462	−0.3171	−0.4552	−0.5396	−0.5568	−0.5713	−0.5736	−0.5761
6.90	9.3696	10.0026	4.0981	2.8658	0.8065	−0.0487	−0.3167	−0.4525	−0.5351	−0.5517	−0.5657	−0.5679	−0.5703
7.00	9.2329	10.0423	4.0971	2.8603	0.7998	−0.0511	−0.3162	−0.4500	−0.5307	−0.5468	−0.5603	−0.5624	−0.5646

表 3-3-18 四参数指数 Gamma 分布离均系数 Φ_p ($b = 4.50$)

C_s	α	0.001	0.01	0.02	0.10	0.30	0.50	0.70	0.90	0.95	0.99	0.995	0.999
0.20	3921.1655	3.3849	2.4741	2.1600	1.3003	0.4988	−0.0332	−0.5469	−1.2577	−1.5861	−2.1810	−2.3920	−2.8161
0.30	1750.9855	3.5386	2.5480	2.2120	1.3075	0.4850	−0.0495	−0.5569	−1.2440	−1.5556	−2.1101	−2.3037	−2.6877
0.40	991.3830	3.6958	2.6214	2.2628	1.3133	0.4707	−0.0656	−0.5659	−1.2294	−1.5246	−2.0408	−2.2182	−2.5654
0.50	639.7526	3.8559	2.6938	2.3122	1.3177	0.4560	−0.0812	−0.5740	−1.2139	−1.4933	−1.9734	−2.1357	−2.4493
0.60	448.6993	4.0180	2.7651	2.3600	1.3206	0.4410	−0.0964	−0.5812	−1.1977	−1.4619	−1.9080	−2.0564	−2.3394
0.70	333.4559	4.1817	2.8349	2.4060	1.3221	0.4258	−0.1111	−0.5874	−1.1810	−1.4306	−1.8449	−1.9805	−2.2358
0.80	258.6147	4.3461	2.9029	2.4501	1.3223	0.4104	−0.1252	−0.5928	−1.1638	−1.3995	−1.7842	−1.9081	−2.1383
0.90	207.2613	4.5107	2.9689	2.4921	1.3212	0.3950	−0.1387	−0.5972	−1.1462	−1.3688	−1.7259	−1.8391	−2.0467
1.00	170.4874	4.6749	3.0328	2.5319	1.3189	0.3797	−0.1516	−0.6009	−1.1285	−1.3386	−1.6701	−1.7735	−1.9607
1.10	143.2394	4.8382	3.0944	2.5696	1.3155	0.3644	−0.1638	−0.6038	−1.1107	−1.3090	−1.6168	−1.7113	−1.8803
1.20	122.4776	5.0000	3.1535	2.6050	1.3112	0.3494	−0.1753	−0.6059	−1.0929	−1.2801	−1.5659	−1.6524	−1.8050
1.30	106.2845	5.1600	3.2102	2.6383	1.3059	0.3346	−0.1862	−0.6074	−1.0752	−1.2520	−1.5175	−1.5967	−1.7346
1.40	93.4021	5.3178	3.2644	2.6694	1.2997	0.3200	−0.1964	−0.6083	−1.0576	−1.2246	−1.4715	−1.5440	−1.6688
1.50	82.9777	5.4730	3.3161	2.6984	1.2929	0.3058	−0.2060	−0.6086	−1.0403	−1.1980	−1.4278	−1.4942	−1.6073
1.60	74.4165	5.6255	3.3653	2.7254	1.2854	0.2920	−0.2150	−0.6084	−1.0232	−1.1723	−1.3863	−1.4472	−1.5497
1.70	67.2934	5.7750	3.4120	2.7503	1.2773	0.2785	−0.2235	−0.6078	−1.0064	−1.1474	−1.3469	−1.4028	−1.4959
1.80	61.2983	5.9214	3.4564	2.7734	1.2687	0.2653	−0.2313	−0.6068	−0.9899	−1.1234	−1.3094	−1.3609	−1.4455
1.90	56.2003	6.0645	3.4984	2.7946	1.2597	0.2526	−0.2386	−0.6054	−0.9738	−1.1002	−1.2739	−1.3213	−1.3984
2.00	51.8252	6.2043	3.5381	2.8142	1.2504	0.2403	−0.2454	−0.6037	−0.9581	−1.0779	−1.2402	−1.2839	−1.3541
2.10	48.0389	6.3407	3.5757	2.8321	1.2407	0.2283	−0.2517	−0.6017	−0.9428	−1.0563	−1.2082	−1.2486	−1.3126
2.20	44.7375	6.4737	3.6112	2.8484	1.2308	0.2168	−0.2576	−0.5995	−0.9278	−1.0356	−1.1779	−1.2151	−1.2737
2.30	41.8389	6.6034	3.6447	2.8633	1.2208	0.2056	−0.2630	−0.5970	−0.9133	−1.0156	−1.1490	−1.1834	−1.2371
2.40	39.2780	6.7296	3.6762	2.8768	1.2105	0.1949	−0.2681	−0.5944	−0.8991	−0.9964	−1.1215	−1.1534	−1.2026
2.50	37.0022	6.8525	3.7060	2.8891	1.2001	0.1845	−0.2727	−0.5916	−0.8854	−0.9779	−1.0954	−1.1250	−1.1701
2.60	34.9690	6.9720	3.7340	2.9001	1.1897	0.1744	−0.2770	−0.5887	−0.8720	−0.9600	−1.0705	−1.0980	−1.1395
2.70	33.1436	7.0884	3.7603	2.9100	1.1791	0.1648	−0.2810	−0.5856	−0.8590	−0.9429	−1.0468	−1.0724	−1.1106
2.80	31.4972	7.2015	3.7851	2.9188	1.1686	0.1554	−0.2847	−0.5825	−0.8464	−0.9263	−1.0243	−1.0480	−1.0832
2.90	30.0061	7.3116	3.8083	2.9266	1.1580	0.1465	−0.2881	−0.5793	−0.8342	−0.9104	−1.0027	−1.0249	−1.0573
3.00	28.6502	7.4186	3.8302	2.9335	1.1475	0.1378	−0.2912	−0.5760	−0.8223	−0.8950	−0.9822	−1.0028	−1.0328
3.10	27.4127	7.5226	3.8507	2.9396	1.1369	0.1294	−0.2941	−0.5726	−0.8107	−0.8802	−0.9625	−0.9818	−1.0095
3.20	26.2794	7.6238	3.8699	2.9448	1.1265	0.1214	−0.2967	−0.5693	−0.7995	−0.8659	−0.9437	−0.9617	−0.9874
3.30	25.2383	7.7222	3.8880	2.9493	1.1160	0.1136	−0.2992	−0.5658	−0.7886	−0.8521	−0.9258	−0.9426	−0.9664
3.40	24.2788	7.8178	3.9049	2.9530	1.1057	0.1061	−0.3014	−0.5624	−0.7780	−0.8388	−0.9085	−0.9243	−0.9465
3.50	23.3921	7.9109	3.9207	2.9561	1.0954	0.0989	−0.3034	−0.5589	−0.7678	−0.8259	−0.8920	−0.9068	−0.9274
3.60	22.5705	8.0013	3.9355	2.9586	1.0852	0.0919	−0.3053	−0.5555	−0.7578	−0.8135	−0.8762	−0.8901	−0.9092
3.70	21.8073	8.0894	3.9493	2.9605	1.0751	0.0852	−0.3070	−0.5520	−0.7481	−0.8015	−0.8610	−0.8741	−0.8919
3.80	21.0966	8.1750	3.9622	2.9619	1.0651	0.0787	−0.3085	−0.5485	−0.7387	−0.7899	−0.8465	−0.8587	−0.8753
3.90	20.4334	8.2583	3.9743	2.9627	1.0552	0.0724	−0.3099	−0.5451	−0.7295	−0.7787	−0.8325	−0.8440	−0.8595
4.00	19.8132	8.3394	3.9855	2.9631	1.0454	0.0664	−0.3112	−0.5416	−0.7206	−0.7679	−0.8190	−0.8298	−0.8443
4.10	19.2320	8.4183	3.9960	2.9631	1.0358	0.0605	−0.3123	−0.5382	−0.7119	−0.7573	−0.8060	−0.8162	−0.8298
4.20	18.6863	8.4952	4.0057	2.9626	1.0262	0.0549	−0.3133	−0.5348	−0.7035	−0.7471	−0.7935	−0.8032	−0.8158
4.30	18.1730	8.5700	4.0147	2.9618	1.0167	0.0494	−0.3143	−0.5314	−0.6953	−0.7373	−0.7815	−0.7906	−0.8024
4.40	17.6894	8.6429	4.0230	2.9606	1.0074	0.0442	−0.3151	−0.5280	−0.6873	−0.7277	−0.7699	−0.7785	−0.7896
4.50	17.2330	8.7138	4.0307	2.9590	0.9982	0.0391	−0.3158	−0.5247	−0.6795	−0.7184	−0.7587	−0.7668	−0.7772
4.60	16.8016	8.7830	4.0379	2.9572	0.9891	0.0341	−0.3164	−0.5214	−0.6720	−0.7094	−0.7478	−0.7555	−0.7653
4.70	16.3932	8.8503	4.0444	2.9550	0.9801	0.0294	−0.3170	−0.5181	−0.6646	−0.7007	−0.7374	−0.7447	−0.7539
4.80	16.0061	8.9160	4.0504	2.9526	0.9712	0.0248	−0.3174	−0.5148	−0.6574	−0.6922	−0.7273	−0.7342	−0.7428
4.90	15.6387	8.9800	4.0559	2.9499	0.9625	0.0203	−0.3178	−0.5116	−0.6504	−0.6839	−0.7175	−0.7240	−0.7322
5.00	15.2894	9.0424	4.0610	2.9470	0.9538	0.0160	−0.3181	−0.5084	−0.6435	−0.6759	−0.7081	−0.7143	−0.7219
5.10	14.9571	9.1033	4.0655	2.9439	0.9453	0.0118	−0.3184	−0.5052	−0.6368	−0.6681	−0.6989	−0.7048	−0.7120
5.20	14.6404	9.1627	4.0697	2.9406	0.9369	0.0077	−0.3186	−0.5021	−0.6303	−0.6605	−0.6900	−0.6956	−0.7024
5.30	14.3383	9.2206	4.0734	2.9370	0.9286	0.0038	−0.3187	−0.4990	−0.6240	−0.6532	−0.6814	−0.6867	−0.6932
5.40	14.0499	9.2771	4.0767	2.9333	0.9204	−0.0000	−0.3188	−0.4960	−0.6178	−0.6460	−0.6731	−0.6781	−0.6842

续表

C_s	α	0.001	0.01	0.02	0.10	0.30	0.50	0.70	0.90	0.95	0.99	0.995	0.999
5.50	13.7742	9.3323	4.0796	2.9294	0.9124	−0.0037	−0.3189	−0.4929	−0.6117	−0.6390	−0.6650	−0.6698	−0.6755
5.60	13.5104	9.3861	4.0822	2.9254	0.9044	−0.0073	−0.3189	−0.4899	−0.6058	−0.6322	−0.6571	−0.6617	−0.6671
5.70	13.2577	9.4387	4.0845	2.9212	0.8966	−0.0108	−0.3188	−0.4870	−0.6000	−0.6255	−0.6495	−0.6538	−0.6590
5.80	13.0155	9.4900	4.0864	2.9168	0.8888	−0.0141	−0.3187	−0.4841	−0.5944	−0.6191	−0.6421	−0.6462	−0.6511
5.90	12.7831	9.5402	4.0880	2.9124	0.8812	−0.0174	−0.3186	−0.4812	−0.5888	−0.6127	−0.6349	−0.6388	−0.6434
6.00	12.5599	9.5891	4.0893	2.9078	0.8737	−0.0206	−0.3184	−0.4783	−0.5834	−0.6066	−0.6279	−0.6316	−0.6360
6.10	12.3454	9.6370	4.0903	2.9031	0.8662	−0.0236	−0.3182	−0.4755	−0.5781	−0.6006	−0.6211	−0.6246	−0.6288
6.20	12.1390	9.6838	4.0911	2.8983	0.8589	−0.0266	−0.3180	−0.4727	−0.5730	−0.5947	−0.6144	−0.6178	−0.6217
6.30	11.9404	9.7295	4.0916	2.8934	0.8517	−0.0295	−0.3177	−0.4699	−0.5679	−0.5890	−0.6080	−0.6112	−0.6149
6.40	11.7491	9.7741	4.0918	2.8884	0.8445	−0.0324	−0.3174	−0.4672	−0.5630	−0.5834	−0.6017	−0.6048	−0.6083
6.50	11.5646	9.8178	4.0919	2.8833	0.8375	−0.0351	−0.3171	−0.4645	−0.5581	−0.5779	−0.5955	−0.5985	−0.6018
6.60	11.3866	9.8605	4.0917	2.8782	0.8306	−0.0378	−0.3168	−0.4619	−0.5534	−0.5726	−0.5895	−0.5924	−0.5956
6.70	11.2149	9.9023	4.0913	2.8730	0.8237	−0.0404	−0.3164	−0.4592	−0.5487	−0.5674	−0.5837	−0.5864	−0.5895
6.80	11.0489	9.9432	4.0907	2.8677	0.8170	−0.0429	−0.3160	−0.4566	−0.5441	−0.5623	−0.5780	−0.5806	−0.5835
6.90	10.8886	9.9831	4.0899	2.8623	0.8103	−0.0453	−0.3156	−0.4541	−0.5397	−0.5573	−0.5725	−0.5750	−0.5777
7.00	10.7335	10.0222	4.0889	2.8569	0.8037	−0.0477	−0.3152	−0.4515	−0.5353	−0.5524	−0.5670	−0.5694	−0.5720

表 3-3-19 四参数指数 Gamma 分布离均系数 Φ_p ($b = 4.75$)

C_s	α	0.001	0.01	0.02	0.10	0.30	0.50	0.70	0.90	0.95	0.99	0.995	0.999
0.20	4406.1413	3.3849	2.4742	2.1600	1.3003	0.4988	−0.0332	−0.5469	−1.2577	−1.5861	−2.1810	−2.3921	−2.8162
0.30	1967.7287	3.5388	2.5480	2.2120	1.3075	0.4850	−0.0495	−0.5569	−1.2440	−1.5556	−2.1102	−2.3038	−2.6879
0.40	1114.2391	3.6961	2.6214	2.2628	1.3133	0.4707	−0.0656	−0.5659	−1.2294	−1.5246	−2.0409	−2.2183	−2.5657
0.50	719.1469	3.8563	2.6939	2.3122	1.3176	0.4560	−0.0812	−0.5740	−1.2139	−1.4933	−1.9735	−2.1359	−2.4497
0.60	504.4791	4.0186	2.7652	2.3600	1.3205	0.4410	−0.0964	−0.5811	−1.1977	−1.4620	−1.9083	−2.0568	−2.3400
0.70	374.9913	4.1825	2.8350	2.4060	1.3220	0.4257	−0.1111	−0.5873	−1.1809	−1.4307	−1.8452	−1.9810	−2.2366
0.80	290.8994	4.3471	2.9030	2.4500	1.3221	0.4104	−0.1252	−0.5927	−1.1638	−1.3996	−1.7846	−1.9087	−2.1393
0.90	233.1982	4.5119	2.9690	2.4920	1.3210	0.3950	−0.1386	−0.5971	−1.1463	−1.3690	−1.7264	−1.8398	−2.0479
1.00	191.8786	4.6763	3.0328	2.5318	1.3187	0.3797	−0.1514	−0.6007	−1.1286	−1.3388	−1.6708	−1.7744	−1.9622
1.10	161.2623	4.8398	3.0944	2.5694	1.3153	0.3644	−0.1636	−0.6036	−1.1108	−1.3093	−1.6176	−1.7124	−1.8820
1.20	137.9338	5.0018	3.1535	2.6048	1.3109	0.3494	−0.1751	−0.6057	−1.0930	−1.2805	−1.5669	−1.6537	−1.8069
1.30	119.7386	5.1619	3.2101	2.6380	1.3056	0.3346	−0.1860	−0.6072	−1.0753	−1.2523	−1.5187	−1.5981	−1.7368
1.40	105.2635	5.3198	3.2642	2.6690	1.2994	0.3201	−0.1962	−0.6081	−1.0578	−1.2250	−1.4728	−1.5456	−1.6712
1.50	93.5501	5.4752	3.3157	2.6979	1.2925	0.3060	−0.2057	−0.6084	−1.0405	−1.1986	−1.4292	−1.4960	−1.6099
1.60	83.9301	5.6278	3.3648	2.7247	1.2850	0.2921	−0.2147	−0.6082	−1.0234	−1.1729	−1.3879	−1.4492	−1.5526
1.70	75.9260	5.7773	3.4114	2.7495	1.2769	0.2787	−0.2231	−0.6075	−1.0067	−1.1482	−1.3486	−1.4050	−1.4990
1.80	69.1892	5.9238	3.4556	2.7725	1.2683	0.2656	−0.2309	−0.6065	−0.9903	−1.1243	−1.3114	−1.3633	−1.4488
1.90	63.4606	6.0669	3.4975	2.7936	1.2593	0.2529	−0.2381	−0.6051	−0.9743	−1.1012	−1.2760	−1.3239	−1.4018
2.00	58.5440	6.2067	3.5371	2.8130	1.2500	0.2406	−0.2449	−0.6034	−0.9586	−1.0790	−1.2425	−1.2866	−1.3578
2.10	54.2892	6.3430	3.5745	2.8308	1.2403	0.2288	−0.2512	−0.6014	−0.9434	−1.0575	−1.2107	−1.2514	−1.3165
2.20	50.5791	6.4759	3.6098	2.8470	1.2304	0.2173	−0.2570	−0.5992	−0.9285	−1.0369	−1.1804	−1.2182	−1.2777
2.30	47.3217	6.6054	3.6431	2.8618	1.2204	0.2062	−0.2624	−0.5967	−0.9140	−1.0170	−1.1517	−1.1866	−1.2412
2.40	44.4435	6.7315	3.6745	2.8752	1.2101	0.1955	−0.2674	−0.5941	−0.9000	−0.9979	−1.1244	−1.1568	−1.2069
2.50	41.8858	6.8542	3.7040	2.8873	1.1998	0.1851	−0.2720	−0.5913	−0.8863	−0.9795	−1.0984	−1.1285	−1.1746
2.60	39.6007	6.9736	3.7318	2.8982	1.1893	0.1752	−0.2763	−0.5884	−0.8730	−0.9618	−1.0737	−1.1017	−1.1441
2.70	37.5491	7.0897	3.7580	2.9079	1.1788	0.1656	−0.2802	−0.5854	−0.8601	−0.9447	−1.0501	−1.0762	−1.1153
2.80	35.6987	7.2026	3.7826	2.9166	1.1683	0.1563	−0.2839	−0.5822	−0.8476	−0.9283	−1.0277	−1.0519	−1.0880
2.90	34.0227	7.3124	3.8056	2.9244	1.1578	0.1474	−0.2872	−0.5790	−0.8354	−0.9124	−1.0063	−1.0289	−1.0623
3.00	32.4986	7.4191	3.8273	2.9312	1.1473	0.1388	−0.2903	−0.5758	−0.8236	−0.8972	−0.9858	−1.0070	−1.0379
3.10	31.1076	7.5228	3.8476	2.9371	1.1368	0.1305	−0.2932	−0.5724	−0.8121	−0.8825	−0.9663	−0.9861	−1.0147
3.20	29.8337	7.6237	3.8667	2.9422	1.1264	0.1225	−0.2958	−0.5691	−0.8010	−0.8683	−0.9476	−0.9661	−0.9927
3.30	28.6632	7.7217	3.8845	2.9466	1.1161	0.1148	−0.2982	−0.5657	−0.7902	−0.8546	−0.9297	−0.9471	−0.9718
3.40	27.5846	7.8170	3.9012	2.9502	1.1058	0.1074	−0.3004	−0.5623	−0.7797	−0.8414	−0.9126	−0.9289	−0.9519

续表

C_s	α	0.001	0.01	0.02	0.10	0.30	0.50	0.70	0.90	0.95	0.99	0.995	0.999
3.50	26.5878	7.9097	3.9169	2.9532	1.0956	0.1002	−0.3024	−0.5589	−0.7695	−0.8286	−0.8962	−0.9115	−0.9329
3.60	25.6641	7.9998	3.9315	2.9556	1.0854	0.0933	−0.3042	−0.5554	−0.7597	−0.8163	−0.8805	−0.8949	−0.9148
3.70	24.8060	8.0874	3.9451	2.9575	1.0754	0.0867	−0.3059	−0.5520	−0.7500	−0.8044	−0.8654	−0.8789	−0.8975
3.80	24.0070	8.1726	3.9579	2.9588	1.0655	0.0802	−0.3074	−0.5486	−0.7407	−0.7929	−0.8509	−0.8637	−0.8810
3.90	23.2613	8.2555	3.9698	2.9595	1.0557	0.0740	−0.3088	−0.5451	−0.7316	−0.7818	−0.8370	−0.8490	−0.8652
4.00	22.5639	8.3361	3.9808	2.9599	1.0460	0.0681	−0.3101	−0.5417	−0.7228	−0.7710	−0.8236	−0.8349	−0.8501
4.10	21.9103	8.4146	3.9911	2.9598	1.0364	0.0623	−0.3112	−0.5383	−0.7142	−0.7606	−0.8107	−0.8214	−0.8356
4.20	21.2966	8.4910	4.0007	2.9593	1.0269	0.0567	−0.3122	−0.5350	−0.7058	−0.7505	−0.7983	−0.8084	−0.8217
4.30	20.7194	8.5653	4.0095	2.9584	1.0175	0.0513	−0.3131	−0.5316	−0.6977	−0.7407	−0.7863	−0.7959	−0.8084
4.40	20.1755	8.6377	4.0177	2.9571	1.0083	0.0461	−0.3139	−0.5283	−0.6898	−0.7312	−0.7748	−0.7838	−0.7956
4.50	19.6623	8.7082	4.0253	2.9555	0.9991	0.0410	−0.3146	−0.5250	−0.6821	−0.7220	−0.7637	−0.7722	−0.7833
4.60	19.1771	8.7769	4.0323	2.9537	0.9901	0.0362	−0.3153	−0.5217	−0.6746	−0.7130	−0.7529	−0.7610	−0.7714
4.70	18.7178	8.8438	4.0387	2.9515	0.9812	0.0315	−0.3158	−0.5185	−0.6673	−0.7044	−0.7425	−0.7502	−0.7600
4.80	18.2823	8.9089	4.0446	2.9491	0.9725	0.0269	−0.3163	−0.5152	−0.6602	−0.6960	−0.7325	−0.7398	−0.7490
4.90	17.8690	8.9725	4.0500	2.9464	0.9638	0.0225	−0.3167	−0.5121	−0.6532	−0.6878	−0.7228	−0.7297	−0.7384
5.00	17.4761	9.0344	4.0550	2.9435	0.9553	0.0182	−0.3170	−0.5089	−0.6465	−0.6798	−0.7134	−0.7199	−0.7282
5.10	17.1022	9.0947	4.0594	2.9403	0.9468	0.0141	−0.3173	−0.5058	−0.6398	−0.6721	−0.7043	−0.7105	−0.7183
5.20	16.7459	9.1536	4.0634	2.9370	0.9385	0.0101	−0.3175	−0.5027	−0.6334	−0.6646	−0.6954	−0.7014	−0.7087
5.30	16.4061	9.2110	4.0671	2.9334	0.9303	0.0062	−0.3176	−0.4997	−0.6271	−0.6573	−0.6869	−0.6925	−0.6995
5.40	16.0816	9.2671	4.0703	2.9297	0.9223	0.0024	−0.3177	−0.4966	−0.6210	−0.6501	−0.6786	−0.6840	−0.6905
5.50	15.7714	9.3217	4.0731	2.9258	0.9143	−0.0012	−0.3177	−0.4937	−0.6150	−0.6432	−0.6705	−0.6757	−0.6819
5.60	15.4745	9.3751	4.0756	2.9218	0.9064	−0.0048	−0.3178	−0.4907	−0.6091	−0.6365	−0.6627	−0.6676	−0.6735
5.70	15.1902	9.4271	4.0778	2.9176	0.8987	−0.0082	−0.3177	−0.4878	−0.6034	−0.6299	−0.6551	−0.6598	−0.6654
5.80	14.9176	9.4780	4.0796	2.9133	0.8911	−0.0115	−0.3176	−0.4849	−0.5978	−0.6235	−0.6478	−0.6522	−0.6575
5.90	14.6561	9.5276	4.0812	2.9089	0.8835	−0.0148	−0.3175	−0.4821	−0.5923	−0.6172	−0.6406	−0.6448	−0.6499
6.00	14.4049	9.5761	4.0824	2.9043	0.8761	−0.0179	−0.3174	−0.4793	−0.5870	−0.6111	−0.6336	−0.6377	−0.6425
6.10	14.1635	9.6234	4.0834	2.8997	0.8688	−0.0209	−0.3172	−0.4765	−0.5818	−0.6051	−0.6268	−0.6307	−0.6353
6.20	13.9312	9.6697	4.0841	2.8949	0.8615	−0.0239	−0.3170	−0.4737	−0.5766	−0.5993	−0.6202	−0.6239	−0.6283
6.30	13.7076	9.7149	4.0846	2.8900	0.8544	−0.0268	−0.3167	−0.4710	−0.5716	−0.5936	−0.6138	−0.6174	−0.6215
6.40	13.4923	9.7591	4.0848	2.8851	0.8474	−0.0295	−0.3164	−0.4683	−0.5667	−0.5881	−0.6075	−0.6109	−0.6148
6.50	13.2846	9.8023	4.0848	2.8801	0.8405	−0.0323	−0.3161	−0.4657	−0.5619	−0.5827	−0.6014	−0.6047	−0.6084
6.60	13.0843	9.8445	4.0845	2.8750	0.8336	−0.0349	−0.3158	−0.4631	−0.5572	−0.5774	−0.5955	−0.5986	−0.6021
6.70	12.8909	9.8858	4.0841	2.8698	0.8269	−0.0375	−0.3155	−0.4605	−0.5526	−0.5722	−0.5897	−0.5927	−0.5960
6.80	12.7041	9.9262	4.0835	2.8645	0.8202	−0.0399	−0.3151	−0.4579	−0.5481	−0.5671	−0.5840	−0.5869	−0.5901
6.90	12.5235	9.9657	4.0826	2.8592	0.8137	−0.0424	−0.3147	−0.4554	−0.5437	−0.5622	−0.5785	−0.5812	−0.5843
7.00	12.3489	10.0043	4.0816	2.8539	0.8072	−0.0447	−0.3143	−0.4529	−0.5393	−0.5573	−0.5731	−0.5757	−0.5787

表 3-3-20　四参数指数 Gamma 分布离均系数 Φ_p $(b = 5.00)$

C_s	α	0.001	0.01	0.02	0.10	0.30	0.50	0.70	0.90	0.95	0.99	0.995	0.999
0.20	4919.3894	3.3850	2.4742	2.1600	1.3002	0.4988	−0.0332	−0.5469	−1.2576	−1.5861	−2.1810	−2.3921	−2.8162
0.30	2197.1173	3.5389	2.5481	2.2120	1.3075	0.4850	−0.0495	−0.5569	−1.2440	−1.5556	−2.1102	−2.3039	−2.6880
0.40	1244.2715	3.6964	2.6215	2.2628	1.3132	0.4707	−0.0656	−0.5659	−1.2294	−1.5246	−2.0410	−2.2185	−2.5659
0.50	803.1858	3.8567	2.6940	2.3122	1.3176	0.4560	−0.0812	−0.5740	−1.2139	−1.4934	−1.9737	−2.1361	−2.4501
0.60	563.5279	4.0192	2.7653	2.3600	1.3204	0.4410	−0.0964	−0.5811	−1.1977	−1.4620	−1.9085	−2.0571	−2.3406
0.70	418.9659	4.1831	2.8351	2.4060	1.3219	0.4257	−0.1110	−0.5873	−1.1809	−1.4307	−1.8455	−1.9814	−2.2373
0.80	325.0843	4.3480	2.9031	2.4500	1.3220	0.4104	−0.1251	−0.5926	−1.1637	−1.3997	−1.7850	−1.9092	−2.1402
0.90	260.6657	4.5129	2.9691	2.4919	1.3209	0.3950	−0.1385	−0.5970	−1.1463	−1.3691	−1.7269	−1.8405	−2.0490
1.00	214.5356	4.6775	3.0329	2.5316	1.3185	0.3797	−0.1513	−0.6006	−1.1286	−1.3390	−1.6714	−1.7752	−1.9635
1.10	180.3547	4.8412	3.0943	2.5692	1.3151	0.3645	−0.1635	−0.6034	−1.1108	−1.3095	−1.6183	−1.7134	−1.8835
1.20	154.3101	5.0033	3.1534	2.6045	1.3107	0.3495	−0.1750	−0.6055	−1.0931	−1.2807	−1.5678	−1.6548	−1.8086
1.30	133.9963	5.1636	3.2099	2.6376	1.3053	0.3347	−0.1858	−0.6070	−1.0754	−1.2527	−1.5197	−1.5994	−1.7387
1.40	117.8356	5.3217	3.2640	2.6686	1.2991	0.3202	−0.1959	−0.6078	−1.0579	−1.2255	−1.4740	−1.5471	−1.6733

续表

C_s	α	0.001	0.01	0.02	0.10	0.30	0.50	0.70	0.90	0.95	0.99	0.995	0.999
1.50	104.7581	5.4771	3.3154	2.6974	1.2922	0.3061	−0.2055	−0.6081	−1.0407	−1.1991	−1.4305	−1.4977	−1.6122
1.60	94.0177	5.6298	3.3644	2.7241	1.2847	0.2923	−0.2144	−0.6079	−1.0237	−1.1735	−1.3893	−1.4510	−1.5551
1.70	85.0813	5.7794	3.4109	2.7488	1.2766	0.2789	−0.2227	−0.6073	−1.0070	−1.1488	−1.3502	−1.4070	−1.5017
1.80	77.5597	5.9258	3.4550	2.7717	1.2680	0.2658	−0.2305	−0.6062	−0.9906	−1.1250	−1.3131	−1.3654	−1.4517
1.90	71.1636	6.0690	3.4967	2.7927	1.2590	0.2532	−0.2377	−0.6048	−0.9747	−1.1020	−1.2779	−1.3261	−1.4049
2.00	65.6742	6.2087	3.5362	2.8120	1.2496	0.2410	−0.2444	−0.6031	−0.9591	−1.0799	−1.2445	−1.2891	−1.3610
2.10	60.9235	6.3450	3.5734	2.8297	1.2400	0.2291	−0.2506	−0.6011	−0.9439	−1.0586	−1.2128	−1.2540	−1.3199
2.20	56.7810	6.4779	3.6086	2.8458	1.2301	0.2177	−0.2564	−0.5989	−0.9291	−1.0380	−1.1827	−1.2209	−1.2812
2.30	53.1438	6.6073	3.6417	2.8604	1.2200	0.2067	−0.2618	−0.5964	−0.9147	−1.0183	−1.1541	−1.1895	−1.2449
2.40	49.9300	6.7332	3.6729	2.8737	1.2098	0.1960	−0.2668	−0.5938	−0.9007	−0.9993	−1.1269	−1.1598	−1.2107
2.50	47.0740	6.8558	3.7023	2.8857	1.1995	0.1857	−0.2713	−0.5910	−0.8871	−0.9809	−1.1011	−1.1316	−1.1785
2.60	44.5224	6.9750	3.7300	2.8965	1.1891	0.1758	−0.2756	−0.5881	−0.8739	−0.9633	−1.0765	−1.1049	−1.1481
2.70	42.2314	7.0909	3.7559	2.9061	1.1786	0.1663	−0.2795	−0.5851	−0.8611	−0.9463	−1.0530	−1.0795	−1.1195
2.80	40.1650	7.2036	3.7803	2.9147	1.1681	0.1571	−0.2831	−0.5820	−0.8486	−0.9300	−1.0307	−1.0554	−1.0923
2.90	38.2933	7.3131	3.8032	2.9223	1.1576	0.1482	−0.2864	−0.5788	−0.8365	−0.9143	−1.0094	−1.0325	−1.0667
3.00	36.5913	7.4195	3.8247	2.9290	1.1472	0.1397	−0.2895	−0.5756	−0.8248	−0.8991	−0.9891	−1.0107	−1.0423
3.10	35.0378	7.5230	3.8449	2.9349	1.1368	0.1315	−0.2923	−0.5723	−0.8134	−0.8845	−0.9696	−0.9898	−1.0193
3.20	33.6151	7.6235	3.8637	2.9399	1.1264	0.1235	−0.2949	−0.5689	−0.8024	−0.8704	−0.9511	−0.9700	−0.9974
3.30	32.3079	7.7212	3.8814	2.9442	1.1161	0.1159	−0.2973	−0.5656	−0.7916	−0.8568	−0.9333	−0.9511	−0.9765
3.40	31.1032	7.8162	3.8980	2.9478	1.1058	0.1085	−0.2995	−0.5622	−0.7812	−0.8437	−0.9163	−0.9330	−0.9567
3.50	29.9899	7.9085	3.9135	2.9507	1.0957	0.1014	−0.3015	−0.5588	−0.7711	−0.8310	−0.9000	−0.9157	−0.9378
3.60	28.9581	7.9982	3.9279	2.9530	1.0856	0.0946	−0.3033	−0.5554	−0.7613	−0.8188	−0.8843	−0.8991	−0.9198
3.70	27.9997	8.0855	3.9414	2.9548	1.0757	0.0880	−0.3050	−0.5520	−0.7518	−0.8069	−0.8693	−0.8833	−0.9026
3.80	27.1071	8.1703	3.9540	2.9560	1.0658	0.0816	−0.3065	−0.5486	−0.7425	−0.7955	−0.8549	−0.8680	−0.8861
3.90	26.2742	8.2528	3.9657	2.9567	1.0561	0.0755	−0.3079	−0.5452	−0.7335	−0.7845	−0.8411	−0.8535	−0.8704
4.00	25.4951	8.3331	3.9767	2.9570	1.0464	0.0695	−0.3091	−0.5418	−0.7247	−0.7738	−0.8278	−0.8394	−0.8553
4.10	24.7649	8.4112	3.9868	2.9568	1.0369	0.0638	−0.3102	−0.5384	−0.7162	−0.7634	−0.8149	−0.8260	−0.8409
4.20	24.0794	8.4871	3.9962	2.9563	1.0275	0.0583	−0.3112	−0.5351	−0.7079	−0.7534	−0.8026	−0.8130	−0.8270
4.30	23.4345	8.5611	4.0050	2.9553	1.0182	0.0529	−0.3121	−0.5318	−0.6999	−0.7437	−0.7907	−0.8006	−0.8137
4.40	22.8269	8.6330	4.0131	2.9541	1.0091	0.0478	−0.3129	−0.5285	−0.6920	−0.7343	−0.7792	−0.7886	−0.8010
4.50	22.2534	8.7031	4.0205	2.9525	1.0000	0.0428	−0.3136	−0.5252	−0.6844	−0.7251	−0.7681	−0.7770	−0.7887
4.60	21.7113	8.7713	4.0274	2.9506	0.9911	0.0380	−0.3142	−0.5220	−0.6769	−0.7163	−0.7574	−0.7659	−0.7769
4.70	21.1981	8.8378	4.0337	2.9484	0.9823	0.0333	−0.3148	−0.5188	−0.6697	−0.7077	−0.7471	−0.7551	−0.7655
4.80	20.7116	8.9025	4.0395	2.9459	0.9736	0.0288	−0.3153	−0.5156	−0.6626	−0.6993	−0.7371	−0.7447	−0.7545
4.90	20.2497	8.9656	4.0448	2.9432	0.9650	0.0244	−0.3156	−0.5125	−0.6558	−0.6912	−0.7274	−0.7347	−0.7439
5.00	19.8107	9.0271	4.0496	2.9403	0.9565	0.0202	−0.3160	−0.5094	−0.6490	−0.6833	−0.7181	−0.7250	−0.7337
5.10	19.3928	9.0870	4.0540	2.9371	0.9482	0.0161	−0.3162	−0.5063	−0.6425	−0.6756	−0.7090	−0.7156	−0.7239
5.20	18.9947	9.1454	4.0579	2.9338	0.9400	0.0121	−0.3164	−0.5032	−0.6361	−0.6682	−0.7003	−0.7065	−0.7144
5.30	18.6149	9.2024	4.0614	2.9303	0.9319	0.0083	−0.3166	−0.5002	−0.6299	−0.6609	−0.6917	−0.6977	−0.7051
5.40	18.2522	9.2579	4.0646	2.9266	0.9239	0.0046	−0.3167	−0.4972	−0.6238	−0.6538	−0.6835	−0.6892	−0.6962
5.50	17.9055	9.3121	4.0674	2.9227	0.9160	0.0010	−0.3168	−0.4943	−0.6179	−0.6470	−0.6755	−0.6809	−0.6876
5.60	17.5737	9.3650	4.0698	2.9187	0.9083	−0.0025	−0.3168	−0.4914	−0.6121	−0.6403	−0.6677	−0.6729	−0.6793
5.70	17.2559	9.4167	4.0719	2.9145	0.9006	−0.0059	−0.3167	−0.4885	−0.6064	−0.6337	−0.6602	−0.6651	−0.6712
5.80	16.9512	9.4670	4.0737	2.9102	0.8930	−0.0092	−0.3167	−0.4857	−0.6008	−0.6274	−0.6528	−0.6576	−0.6633
5.90	16.6588	9.5162	4.0751	2.9058	0.8856	−0.0124	−0.3165	−0.4829	−0.5954	−0.6211	−0.6457	−0.6502	−0.6557
6.00	16.3780	9.5643	4.0763	2.9013	0.8783	−0.0155	−0.3164	−0.4801	−0.5901	−0.6151	−0.6387	−0.6431	−0.6483
6.10	16.1081	9.6112	4.0773	2.8966	0.8710	−0.0185	−0.3162	−0.4773	−0.5849	−0.6092	−0.6320	−0.6362	−0.6411
6.20	15.8485	9.6570	4.0779	2.8919	0.8639	−0.0215	−0.3160	−0.4746	−0.5799	−0.6034	−0.6254	−0.6294	−0.6341
6.30	15.5985	9.7018	4.0783	2.8871	0.8568	−0.0243	−0.3158	−0.4720	−0.5749	−0.5978	−0.6190	−0.6228	−0.6273
6.40	15.3577	9.7455	4.0785	2.8822	0.8499	−0.0271	−0.3155	−0.4693	−0.5701	−0.5923	−0.6128	−0.6165	−0.6207
6.50	15.1255	9.7883	4.0785	2.8772	0.8431	−0.0297	−0.3152	−0.4667	−0.5653	−0.5869	−0.6067	−0.6102	−0.6143
6.60	14.9015	9.8301	4.0782	2.8721	0.8363	−0.0323	−0.3149	−0.4641	−0.5606	−0.5816	−0.6008	−0.6042	−0.6081
6.70	14.6853	9.8709	4.0777	2.8670	0.8297	−0.0349	−0.3146	−0.4616	−0.5561	−0.5765	−0.5950	−0.5982	−0.6020
6.80	14.4764	9.9109	4.0771	2.8618	0.8231	−0.0373	−0.3142	−0.4591	−0.5516	−0.5715	−0.5894	−0.5925	−0.5960

续表

C_s	α	0.001	0.01	0.02	0.10	0.30	0.50	0.70	0.90	0.95	0.99	0.995	0.999
6.90	14.2744	9.9499	4.0762	2.8565	0.8166	−0.0397	−0.3139	−0.4566	−0.5472	−0.5666	−0.5839	−0.5869	−0.5903
7.00	14.0791	9.9882	4.0752	2.8512	0.8102	−0.0421	−0.3135	−0.4541	−0.5429	−0.5617	−0.5785	−0.5814	−0.5846

表 3-3-21　四参数指数 Gamma 分布离均系数 Φ_p ($b = 5.25$)

C_s	α	0.001	0.01	0.02	0.10	0.30	0.50	0.70	0.90	0.95	0.99	0.995	0.999
0.20	5460.9046	3.3851	2.4742	2.1600	1.3002	0.4988	−0.0332	−0.5469	−1.2576	−1.5861	−2.1811	−2.3921	−2.8163
0.30	2439.1512	3.5390	2.5481	2.2120	1.3075	0.4850	−0.0495	−0.5569	−1.2440	−1.5556	−2.1102	−2.3039	−2.6881
0.40	1381.4802	3.6966	2.6215	2.2628	1.3132	0.4707	−0.0656	−0.5659	−1.2293	−1.5246	−2.0411	−2.2186	−2.5661
0.50	891.8692	3.8570	2.6940	2.3123	1.3175	0.4560	−0.0812	−0.5739	−1.2139	−1.4934	−1.9738	−2.1363	−2.4504
0.60	625.8457	4.0196	2.7653	2.3600	1.3204	0.4409	−0.0964	−0.5810	−1.1977	−1.4620	−1.9087	−2.0574	−2.3410
0.70	465.3797	4.1838	2.8351	2.4060	1.3218	0.4257	−0.1110	−0.5872	−1.1809	−1.4308	−1.8458	−1.9818	−2.2379
0.80	361.1697	4.3487	2.9031	2.4499	1.3219	0.4104	−0.1250	−0.5925	−1.1637	−1.3998	−1.7853	−1.9097	−2.1410
0.90	289.6638	4.5139	2.9691	2.4918	1.3207	0.3950	−0.1385	−0.5969	−1.1463	−1.3692	−1.7274	−1.8411	−2.0499
1.00	238.4584	4.6786	3.0329	2.5315	1.3184	0.3797	−0.1513	−0.6005	−1.1286	−1.3392	−1.6719	−1.7760	−1.9647
1.10	200.5168	4.8424	3.0943	2.5690	1.3149	0.3645	−0.1634	−0.6033	−1.1108	−1.3097	−1.6190	−1.7142	−1.8848
1.20	171.6065	5.0047	3.1533	2.6043	1.3104	0.3495	−0.1748	−0.6054	−1.0931	−1.2810	−1.5686	−1.6558	−1.8102
1.30	149.0575	5.1651	3.2098	2.6373	1.3051	0.3347	−0.1856	−0.6068	−1.0755	−1.2530	−1.5206	−1.6005	−1.7404
1.40	131.1184	5.3233	3.2638	2.6682	1.2989	0.3203	−0.1957	−0.6076	−1.0580	−1.2259	−1.4750	−1.5484	−1.6752
1.50	116.6017	5.4788	3.3152	2.6969	1.2919	0.3062	−0.2052	−0.6079	−1.0408	−1.1995	−1.4317	−1.4991	−1.6143
1.60	104.6793	5.6316	3.3641	2.7236	1.2844	0.2924	−0.2141	−0.6077	−1.0239	−1.1741	−1.3906	−1.4526	−1.5573
1.70	94.7593	5.7812	3.4105	2.7482	1.2762	0.2790	−0.2224	−0.6070	−1.0072	−1.1494	−1.3516	−1.4087	−1.5041
1.80	86.4098	5.9277	3.4544	2.7710	1.2676	0.2660	−0.2301	−0.6060	−0.9909	−1.1257	−1.3146	−1.3673	−1.4543
1.90	79.3095	6.0708	3.4960	2.7919	1.2586	0.2534	−0.2373	−0.6046	−0.9750	−1.1028	−1.2796	−1.3282	−1.4076
2.00	73.2157	6.2106	3.5354	2.8111	1.2493	0.2413	−0.2440	−0.6028	−0.9595	−1.0808	−1.2463	−1.2912	−1.3639
2.10	67.9419	6.3468	3.5725	2.8286	1.2396	0.2295	−0.2502	−0.6008	−0.9444	−1.0595	−1.2147	−1.2563	−1.3229
2.20	63.3431	6.4796	3.6075	2.8446	1.2298	0.2181	−0.2559	−0.5986	−0.9296	−1.0391	−1.1847	−1.2233	−1.2844
2.30	59.3052	6.6089	3.6405	2.8592	1.2197	0.2071	−0.2613	−0.5962	−0.9153	−1.0194	−1.1563	−1.1920	−1.2482
2.40	55.7374	6.7347	3.6715	2.8724	1.2095	0.1965	−0.2662	−0.5936	−0.9013	−1.0004	−1.1292	−1.1624	−1.2141
2.50	52.5667	6.8571	3.7008	2.8842	1.1992	0.1863	−0.2708	−0.5908	−0.8878	−0.9822	−1.1035	−1.1344	−1.1821
2.60	49.7339	6.9762	3.7282	2.8949	1.1888	0.1764	−0.2750	−0.5879	−0.8747	−0.9647	−1.0790	−1.1078	−1.1518
2.70	47.1903	7.0919	3.7541	2.9045	1.1784	0.1669	−0.2789	−0.5849	−0.8619	−0.9478	−1.0556	−1.0825	−1.1232
2.80	44.8961	7.2044	3.7783	2.9130	1.1679	0.1578	−0.2825	−0.5818	−0.8495	−0.9315	−1.0334	−1.0585	−1.0962
2.90	42.8181	7.3137	3.8011	2.9205	1.1575	0.1490	−0.2858	−0.5786	−0.8375	−0.9159	−1.0122	−1.0357	−1.0706
3.00	40.9283	7.4199	3.8224	2.9271	1.1471	0.1405	−0.2888	−0.5754	−0.8259	−0.9008	−0.9920	−1.0140	−1.0464
3.10	39.2035	7.5231	3.8424	2.9329	1.1367	0.1323	−0.2916	−0.5721	−0.8145	−0.8863	−0.9726	−0.9932	−1.0234
3.20	37.6238	7.6233	3.8611	2.9378	1.1264	0.1245	−0.2942	−0.5688	−0.8036	−0.8723	−0.9542	−0.9735	−1.0015
3.30	36.1723	7.7207	3.8787	2.9420	1.1161	0.1169	−0.2965	−0.5655	−0.7929	−0.8588	−0.9365	−0.9546	−0.9808
3.40	34.8346	7.8154	3.8951	2.9455	1.1059	0.1096	−0.2987	−0.5621	−0.7826	−0.8457	−0.9195	−0.9366	−0.9610
3.50	33.5983	7.9074	3.9104	2.9484	1.0958	0.1025	−0.3007	−0.5587	−0.7725	−0.8331	−0.9033	−0.9194	−0.9422
3.60	32.4526	7.9968	3.9247	2.9507	1.0858	0.0957	−0.3025	−0.5553	−0.7628	−0.8210	−0.8878	−0.9029	−0.9242
3.70	31.3883	8.0837	3.9381	2.9523	1.0759	0.0892	−0.3041	−0.5520	−0.7533	−0.8092	−0.8728	−0.8871	−0.9071
3.80	30.3971	8.1682	3.9505	2.9535	1.0661	0.0828	−0.3056	−0.5486	−0.7441	−0.7979	−0.8585	−0.8720	−0.8907
3.90	29.4720	8.2504	3.9621	2.9542	1.0564	0.0768	−0.3070	−0.5452	−0.7351	−0.7869	−0.8447	−0.8575	−0.8750
4.00	28.6068	8.3303	3.9729	2.9544	1.0469	0.0709	−0.3082	−0.5419	−0.7265	−0.7763	−0.8314	−0.8435	−0.8600
4.10	27.7959	8.4080	3.9830	2.9542	1.0374	0.0652	−0.3093	−0.5385	−0.7180	−0.7660	−0.8187	−0.8301	−0.8456
4.20	27.0346	8.4836	3.9923	2.9536	1.0281	0.0597	−0.3103	−0.5352	−0.7098	−0.7560	−0.8064	−0.8172	−0.8318
4.30	26.3183	8.5571	4.0009	2.9527	1.0189	0.0544	−0.3112	−0.5320	−0.7018	−0.7464	−0.7946	−0.8048	−0.8185
4.40	25.6435	8.6287	4.0088	2.9513	1.0098	0.0493	−0.3120	−0.5287	−0.6940	−0.7370	−0.7831	−0.7929	−0.8058
4.50	25.0065	8.6984	4.0162	2.9497	1.0008	0.0443	−0.3127	−0.5255	−0.6864	−0.7279	−0.7721	−0.7814	−0.7936
4.60	24.4043	8.7662	4.0230	2.9478	0.9919	0.0396	−0.3133	−0.5223	−0.6790	−0.7191	−0.7615	−0.7703	−0.7818
4.70	23.8343	8.8323	4.0292	2.9456	0.9832	0.0349	−0.3139	−0.5191	−0.6718	−0.7106	−0.7512	−0.7595	−0.7704
4.80	23.2938	8.8966	4.0349	2.9431	0.9746	0.0305	−0.3143	−0.5159	−0.6648	−0.7023	−0.7413	−0.7492	−0.7595

续表

C_s	α	0.001	0.01	0.02	0.10	0.30	0.50	0.70	0.90	0.95	0.99	0.995	0.999
4.90	22.7807	8.9593	4.0401	2.9404	0.9661	0.0261	−0.3147	−0.5128	−0.6580	−0.6942	−0.7316	−0.7392	−0.7490
5.00	22.2930	9.0204	4.0448	2.9375	0.9577	0.0220	−0.3151	−0.5098	−0.6514	−0.6864	−0.7223	−0.7295	−0.7388
5.10	21.8288	9.0799	4.0491	2.9343	0.9494	0.0179	−0.3153	−0.5067	−0.6449	−0.6788	−0.7133	−0.7202	−0.7289
5.20	21.3865	9.1379	4.0530	2.9310	0.9413	0.0140	−0.3155	−0.5037	−0.6385	−0.6714	−0.7046	−0.7111	−0.7194
5.30	20.9646	9.1945	4.0564	2.9274	0.9333	0.0102	−0.3157	−0.5007	−0.6324	−0.6642	−0.6961	−0.7024	−0.7103
5.40	20.5616	9.2496	4.0595	2.9237	0.9254	0.0065	−0.3158	−0.4978	−0.6263	−0.6572	−0.6879	−0.6939	−0.7014
5.50	20.1764	9.3034	4.0622	2.9199	0.9176	0.0029	−0.3159	−0.4949	−0.6204	−0.6503	−0.6799	−0.6856	−0.6928
5.60	19.8078	9.3559	4.0646	2.9159	0.9099	−0.0006	−0.3159	−0.4920	−0.6147	−0.6437	−0.6722	−0.6777	−0.6844
5.70	19.4546	9.4071	4.0666	2.9117	0.9023	−0.0039	−0.3159	−0.4891	−0.6091	−0.6372	−0.6647	−0.6699	−0.6763
5.80	19.1161	9.4571	4.0683	2.9074	0.8948	−0.0072	−0.3158	−0.4863	−0.6036	−0.6309	−0.6574	−0.6624	−0.6685
5.90	18.7912	9.5059	4.0698	2.9031	0.8875	−0.0103	−0.3157	−0.4836	−0.5982	−0.6247	−0.6503	−0.6551	−0.6609
6.00	18.4792	9.5536	4.0709	2.8985	0.8802	−0.0134	−0.3155	−0.4808	−0.5929	−0.6187	−0.6434	−0.6480	−0.6535
6.10	18.1792	9.6001	4.0718	2.8939	0.8730	−0.0164	−0.3154	−0.4781	−0.5878	−0.6128	−0.6366	−0.6411	−0.6464
6.20	17.8907	9.6455	4.0724	2.8892	0.8660	−0.0193	−0.3152	−0.4754	−0.5828	−0.6071	−0.6301	−0.6343	−0.6394
6.30	17.6129	9.6899	4.0728	2.8844	0.8590	−0.0221	−0.3150	−0.4728	−0.5779	−0.6015	−0.6237	−0.6278	−0.6326
6.40	17.3453	9.7332	4.0729	2.8796	0.8522	−0.0248	−0.3147	−0.4702	−0.5730	−0.5960	−0.6175	−0.6214	−0.6260
6.50	17.0873	9.7756	4.0728	2.8746	0.8454	−0.0275	−0.3144	−0.4676	−0.5683	−0.5907	−0.6115	−0.6152	−0.6196
6.60	16.8383	9.8170	4.0726	2.8696	0.8387	−0.0301	−0.3141	−0.4651	−0.5637	−0.5855	−0.6056	−0.6092	−0.6134
6.70	16.5980	9.8575	4.0721	2.8645	0.8321	−0.0326	−0.3138	−0.4626	−0.5592	−0.5804	−0.5998	−0.6033	−0.6073
6.80	16.3658	9.8970	4.0714	2.8594	0.8257	−0.0350	−0.3135	−0.4601	−0.5548	−0.5754	−0.5942	−0.5975	−0.6014
6.90	16.1413	9.9357	4.0705	2.8541	0.8193	−0.0374	−0.3131	−0.4576	−0.5504	−0.5705	−0.5887	−0.5919	−0.5956
7.00	15.9242	9.9735	4.0695	2.8489	0.8129	−0.0397	−0.3127	−0.4552	−0.5462	−0.5657	−0.5834	−0.5865	−0.5900

表 3-3-22 四参数指数 Gamma 分布离均系数 Φ_p ($b = 5.50$)

C_s	α	0.001	0.01	0.02	0.10	0.30	0.50	0.70	0.90	0.95	0.99	0.995	0.999
0.20	6030.6963	3.3851	2.4742	2.1601	1.3002	0.4988	−0.0332	−0.5469	−1.2576	−1.5861	−2.1811	−2.3922	−2.8164
0.30	2693.8308	3.5392	2.5481	2.2120	1.3074	0.4850	−0.0495	−0.5568	−1.2440	−1.5556	−2.1103	−2.3040	−2.6882
0.40	1525.8652	3.6968	2.6215	2.2629	1.3132	0.4707	−0.0655	−0.5658	−1.2293	−1.5246	−2.0412	−2.2187	−2.5663
0.50	985.1972	3.8573	2.6941	2.3123	1.3175	0.4560	−0.0812	−0.5739	−1.2138	−1.4934	−1.9739	−2.1365	−2.4507
0.60	691.4324	4.0201	2.7654	2.3600	1.3203	0.4409	−0.0963	−0.5810	−1.1977	−1.4621	−1.9088	−2.0576	−2.3415
0.70	514.2326	4.1843	2.8352	2.4060	1.3217	0.4257	−0.1110	−0.5872	−1.1809	−1.4308	−1.8460	−1.9821	−2.2385
0.80	399.1553	4.3494	2.9032	2.4499	1.3218	0.4103	−0.1250	−0.5924	−1.1637	−1.3999	−1.7857	−1.9101	−2.1417
0.90	320.1925	4.5147	2.9692	2.4918	1.3206	0.3950	−0.1384	−0.5968	−1.1463	−1.3693	−1.7278	−1.8416	−2.0508
1.00	263.6470	4.6796	3.0329	2.5314	1.3182	0.3797	−0.1512	−0.6004	−1.1286	−1.3393	−1.6724	−1.7766	−1.9657
1.10	221.7485	4.8435	3.0943	2.5689	1.3148	0.3645	−0.1633	−0.6032	−1.1109	−1.3099	−1.6196	−1.7150	−1.8860
1.20	189.8230	5.0060	3.1533	2.6041	1.3103	0.3495	−0.1747	−0.6053	−1.0932	−1.2812	−1.5693	−1.6567	−1.8115
1.30	164.9221	5.1665	3.2097	2.6371	1.3049	0.3348	−0.1854	−0.6067	−1.0756	−1.2533	−1.5214	−1.6016	−1.7419
1.40	145.1120	5.3247	3.2636	2.6679	1.2986	0.3204	−0.1955	−0.6075	−1.0581	−1.2262	−1.4759	−1.5495	−1.6769
1.50	129.0811	5.4804	3.3149	2.6965	1.2917	0.3063	−0.2050	−0.6077	−1.0410	−1.1999	−1.4327	−1.5004	−1.6161
1.60	115.9149	5.6332	3.3637	2.7231	1.2841	0.2925	−0.2139	−0.6075	−1.0240	−1.1745	−1.3917	−1.4540	−1.5594
1.70	104.9600	5.7829	3.4100	2.7477	1.2760	0.2792	−0.2221	−0.6068	−1.0075	−1.1500	−1.3529	−1.4103	−1.5063
1.80	95.7393	5.9294	3.4539	2.7703	1.2674	0.2662	−0.2298	−0.6058	−0.9912	−1.1263	−1.3160	−1.3690	−1.4566
1.90	87.8982	6.0725	3.4954	2.7912	1.2583	0.2537	−0.2370	−0.6043	−0.9753	−1.1035	−1.2811	−1.3300	−1.4101
2.00	81.1684	6.2122	3.5346	2.8103	1.2490	0.2415	−0.2436	−0.6026	−0.9599	−1.0815	−1.2479	−1.2931	−1.3665
2.10	75.3442	6.3484	3.5716	2.8277	1.2393	0.2298	−0.2498	−0.6006	−0.9448	−1.0604	−1.2164	−1.2584	−1.3256
2.20	70.2654	6.4811	3.6065	2.8436	1.2295	0.2184	−0.2555	−0.5984	−0.9301	−1.0400	−1.1866	−1.2254	−1.2873
2.30	65.8060	6.6103	3.6393	2.8581	1.2194	0.2075	−0.2608	−0.5960	−0.9158	−1.0204	−1.1582	−1.1943	−1.2512
2.40	61.8657	6.7361	3.6703	2.8712	1.2092	0.1969	−0.2657	−0.5933	−0.9019	−1.0015	−1.1313	−1.1648	−1.2172
2.50	58.3639	6.8583	3.6994	2.8830	1.1989	0.1868	−0.2702	−0.5906	−0.8885	−0.9834	−1.1056	−1.1369	−1.1852
2.60	55.2352	6.9772	3.7267	2.8936	1.1886	0.1770	−0.2744	−0.5877	−0.8754	−0.9659	−1.0812	−1.1104	−1.1551
2.70	52.4259	7.0928	3.7524	2.9030	1.1782	0.1675	−0.2783	−0.5847	−0.8627	−0.9491	−1.0580	−1.0852	−1.1266
2.80	49.8921	7.2050	3.7765	2.9114	1.1678	0.1584	−0.2819	−0.5816	−0.8504	−0.9329	−1.0359	−1.0613	−1.0997

续表

C_s	α	0.001	0.01	0.02	0.10	0.30	0.50	0.70	0.90	0.95	0.99	0.995	0.999
2.90	47.5968	7.3141	3.7991	2.9189	1.1573	0.1497	−0.2851	−0.5785	−0.8384	−0.9174	−1.0147	−1.0386	−1.0742
3.00	45.5096	7.4201	3.8203	2.9254	1.1470	0.1412	−0.2882	−0.5752	−0.8268	−0.9024	−0.9946	−1.0169	−1.0500
3.10	43.6044	7.5231	3.8402	2.9311	1.1366	0.1331	−0.2909	−0.5720	−0.8156	−0.8879	−0.9753	−0.9963	−1.0271
3.20	41.8596	7.6231	3.8588	2.9360	1.1263	0.1253	−0.2935	−0.5687	−0.8046	−0.8740	−0.9569	−0.9766	−1.0053
3.30	40.2563	7.7203	3.8762	2.9401	1.1161	0.1177	−0.2958	−0.5654	−0.7940	−0.8605	−0.9393	−0.9578	−0.9846
3.40	38.7787	7.8146	3.8924	2.9435	1.1060	0.1105	−0.2980	−0.5620	−0.7838	−0.8476	−0.9225	−0.9399	−0.9649
3.50	37.4131	7.9064	3.9076	2.9463	1.0959	0.1035	−0.2999	−0.5587	−0.7738	−0.8350	−0.9063	−0.9227	−0.9461
3.60	36.1475	7.9955	3.9218	2.9485	1.0860	0.0967	−0.3017	−0.5553	−0.7641	−0.8229	−0.8908	−0.9063	−0.9282
3.70	34.9717	8.0821	3.9351	2.9502	1.0761	0.0902	−0.3034	−0.5519	−0.7547	−0.8113	−0.8760	−0.8906	−0.9111
3.80	33.8768	8.1663	3.9474	2.9513	1.0664	0.0840	−0.3049	−0.5486	−0.7455	−0.8000	−0.8617	−0.8755	−0.8948
3.90	32.8549	8.2481	3.9589	2.9519	1.0568	0.0779	−0.3062	−0.5453	−0.7366	−0.7891	−0.8480	−0.8611	−0.8792
4.00	31.8991	8.3277	3.9696	2.9521	1.0473	0.0721	−0.3074	−0.5419	−0.7280	−0.7785	−0.8348	−0.8472	−0.8642
4.10	31.0032	8.4050	3.9795	2.9519	1.0379	0.0664	−0.3085	−0.5386	−0.7196	−0.7683	−0.8221	−0.8338	−0.8498
4.20	30.1621	8.4803	3.9887	2.9512	1.0286	0.0610	−0.3095	−0.5354	−0.7114	−0.7584	−0.8098	−0.8210	−0.8361
4.30	29.3708	8.5535	3.9972	2.9502	1.0194	0.0557	−0.3104	−0.5321	−0.7035	−0.7488	−0.7981	−0.8086	−0.8229
4.40	28.6252	8.6247	4.0051	2.9489	1.0104	0.0507	−0.3112	−0.5289	−0.6958	−0.7395	−0.7867	−0.7967	−0.8102
4.50	27.9214	8.6941	4.0123	2.9472	1.0015	0.0457	−0.3119	−0.5257	−0.6882	−0.7305	−0.7757	−0.7853	−0.7980
4.60	27.2561	8.7615	4.0190	2.9453	0.9927	0.0410	−0.3125	−0.5225	−0.6809	−0.7217	−0.7651	−0.7742	−0.7862
4.70	26.6262	8.8272	4.0251	2.9431	0.9840	0.0364	−0.3131	−0.5193	−0.6738	−0.7132	−0.7549	−0.7635	−0.7749
4.80	26.0290	8.8912	4.0307	2.9406	0.9755	0.0320	−0.3135	−0.5162	−0.6668	−0.7050	−0.7450	−0.7532	−0.7640
4.90	25.4621	8.9535	4.0359	2.9379	0.9670	0.0277	−0.3139	−0.5131	−0.6600	−0.6970	−0.7354	−0.7433	−0.7535
5.00	24.9232	9.0143	4.0405	2.9349	0.9587	0.0235	−0.3142	−0.5101	−0.6534	−0.6892	−0.7262	−0.7336	−0.7433
5.10	24.4103	9.0734	4.0447	2.9318	0.9505	0.0195	−0.3145	−0.5071	−0.6470	−0.6816	−0.7172	−0.7243	−0.7335
5.20	23.9215	9.1311	4.0485	2.9284	0.9425	0.0156	−0.3147	−0.5041	−0.6407	−0.6743	−0.7085	−0.7153	−0.7240
5.30	23.4552	9.1873	4.0519	2.9249	0.9345	0.0119	−0.3149	−0.5012	−0.6346	−0.6671	−0.7001	−0.7066	−0.7149
5.40	23.0099	9.2421	4.0549	2.9212	0.9267	0.0082	−0.3150	−0.4982	−0.6286	−0.6601	−0.6919	−0.6981	−0.7060
5.50	22.5842	9.2955	4.0576	2.9174	0.9189	0.0047	−0.3151	−0.4954	−0.6227	−0.6533	−0.6839	−0.6899	−0.6974
5.60	22.1768	9.3476	4.0599	2.9134	0.9113	0.0012	−0.3151	−0.4925	−0.6170	−0.6467	−0.6762	−0.6820	−0.6891
5.70	21.7865	9.3985	4.0619	2.9092	0.9038	−0.0021	−0.3151	−0.4897	−0.6115	−0.6403	−0.6688	−0.6742	−0.6811
5.80	21.4123	9.4481	4.0635	2.9050	0.8964	−0.0053	−0.3150	−0.4869	−0.6060	−0.6340	−0.6615	−0.6667	−0.6732
5.90	21.0533	9.4965	4.0649	2.9006	0.8891	−0.0085	−0.3149	−0.4842	−0.6007	−0.6279	−0.6544	−0.6595	−0.6657
6.00	20.7084	9.5438	4.0660	2.8961	0.8819	−0.0115	−0.3148	−0.4815	−0.5955	−0.6219	−0.6475	−0.6524	−0.6583
6.10	20.3769	9.5899	4.0669	2.8915	0.8748	−0.0145	−0.3146	−0.4788	−0.5904	−0.6161	−0.6408	−0.6455	−0.6511
6.20	20.0579	9.6350	4.0674	2.8868	0.8679	−0.0173	−0.3144	−0.4762	−0.5854	−0.6104	−0.6343	−0.6388	−0.6442
6.30	19.7509	9.6790	4.0678	2.8821	0.8610	−0.0201	−0.3142	−0.4735	−0.5805	−0.6048	−0.6280	−0.6323	−0.6374
6.40	19.4551	9.7220	4.0679	2.8772	0.8542	−0.0228	−0.3140	−0.4710	−0.5757	−0.5994	−0.6218	−0.6259	−0.6309
6.50	19.1698	9.7640	4.0678	2.8723	0.8475	−0.0255	−0.3137	−0.4684	−0.5710	−0.5941	−0.6158	−0.6197	−0.6245
6.60	18.8946	9.8051	4.0675	2.8673	0.8409	−0.0280	−0.3134	−0.4659	−0.5665	−0.5889	−0.6099	−0.6137	−0.6182
6.70	18.6289	9.8452	4.0670	2.8623	0.8344	−0.0305	−0.3131	−0.4634	−0.5620	−0.5838	−0.6042	−0.6078	−0.6122
6.80	18.3722	9.8844	4.0663	2.8572	0.8280	−0.0329	−0.3128	−0.4610	−0.5576	−0.5789	−0.5986	−0.6021	−0.6063
6.90	18.1241	9.9228	4.0654	2.8520	0.8216	−0.0353	−0.3124	−0.4585	−0.5533	−0.5740	−0.5931	−0.5965	−0.6005
7.00	17.8841	9.9602	4.0644	2.8468	0.8154	−0.0376	−0.3121	−0.4561	−0.5491	−0.5693	−0.5878	−0.5911	−0.5949

表 3-3-23　四参数指数 Gamma 分布离均系数 Φ_p ($b = 5.75$)

C_s	α	0.001	0.01	0.02	0.10	0.30	0.50	0.70	0.90	0.95	0.99	0.995	0.999
0.20	6628.7548	3.3852	2.4742	2.1601	1.3002	0.4988	−0.0332	−0.5469	−1.2576	−1.5861	−2.1811	−2.3922	−2.8164
0.30	2961.1556	3.5393	2.5481	2.2120	1.3074	0.4850	−0.0495	−0.5568	−1.2440	−1.5556	−2.1103	−2.3040	−2.6883
0.40	1677.4264	3.6970	2.6216	2.2629	1.3132	0.4707	−0.0655	−0.5658	−1.2293	−1.5246	−2.0412	−2.2188	−2.5665
0.50	1083.1697	3.8576	2.6941	2.3123	1.3174	0.4560	−0.0812	−0.5739	−1.2138	−1.4934	−1.9740	−2.1366	−2.4510
0.60	760.2880	4.0204	2.7655	2.3600	1.3203	0.4409	−0.0963	−0.5810	−1.1976	−1.4621	−1.9090	−2.0578	−2.3419
0.70	565.5248	4.1848	2.8352	2.4059	1.3217	0.4257	−0.1109	−0.5871	−1.1809	−1.4309	−1.8463	−1.9824	−2.2390
0.80	439.0412	4.3501	2.9032	2.4499	1.3217	0.4103	−0.1250	−0.5924	−1.1637	−1.4000	−1.7859	−1.9105	−2.1423

续表

C_s	α	0.001	0.01	0.02	0.10	0.30	0.50	0.70	0.90	0.95	0.99	0.995	0.999
0.90	352.2517	4.5155	2.9692	2.4917	1.3205	0.3950	−0.1383	−0.5967	−1.1463	−1.3694	−1.7281	−1.8421	−2.0516
1.00	290.1013	4.6805	3.0329	2.5313	1.3181	0.3797	−0.1511	−0.6003	−1.1286	−1.3394	−1.6728	−1.7772	−1.9666
1.10	244.0497	4.8445	3.0943	2.5687	1.3146	0.3645	−0.1632	−0.6031	−1.1109	−1.3101	−1.6201	−1.7157	−1.8871
1.20	208.9595	5.0071	3.1532	2.6039	1.3101	0.3495	−0.1746	−0.6051	−1.0932	−1.2814	−1.5699	−1.6575	−1.8128
1.30	181.5903	5.1677	3.2096	2.6368	1.3047	0.3348	−0.1853	−0.6065	−1.0756	−1.2536	−1.5221	−1.6025	−1.7433
1.40	159.8162	5.3261	3.2634	2.6676	1.2984	0.3204	−0.1954	−0.6073	−1.0582	−1.2265	−1.4767	−1.5506	−1.6785
1.50	142.1960	5.4818	3.3147	2.6962	1.2915	0.3064	−0.2048	−0.6076	−1.0411	−1.2003	−1.4336	−1.5016	−1.6178
1.60	127.7245	5.6346	3.3634	2.7227	1.2839	0.2926	−0.2136	−0.6073	−1.0242	−1.1750	−1.3928	−1.4553	−1.5612
1.70	115.6833	5.7844	3.4096	2.7472	1.2757	0.2793	−0.2219	−0.6066	−1.0077	−1.1505	−1.3540	−1.4117	−1.5082
1.80	105.5484	5.9309	3.4534	2.7697	1.2671	0.2664	−0.2295	−0.6056	−0.9915	−1.1269	−1.3173	−1.3705	−1.4587
1.90	96.9297	6.0740	3.4948	2.7905	1.2581	0.2539	−0.2367	−0.6041	−0.9756	−1.1041	−1.2824	−1.3316	−1.4123
2.00	89.5325	6.2137	3.5339	2.8095	1.2487	0.2418	−0.2433	−0.6024	−0.9602	−1.0822	−1.2494	−1.2949	−1.3689
2.10	83.1305	6.3499	3.5708	2.8269	1.2391	0.2300	−0.2494	−0.6004	−0.9452	−1.0611	−1.2180	−1.2602	−1.3281
2.20	77.5479	6.4825	3.6056	2.8427	1.2292	0.2187	−0.2551	−0.5982	−0.9305	−1.0408	−1.1882	−1.2274	−1.2898
2.30	72.6461	6.6116	3.6383	2.8571	1.2192	0.2078	−0.2604	−0.5957	−0.9163	−1.0213	−1.1600	−1.1964	−1.2539
2.40	68.3148	6.7372	3.6691	2.8701	1.2090	0.1973	−0.2653	−0.5931	−0.9025	−1.0025	−1.1331	−1.1670	−1.2200
2.50	64.4655	6.8594	3.6981	2.8818	1.1987	0.1872	−0.2698	−0.5904	−0.8890	−0.9844	−1.1076	−1.1392	−1.1881
2.60	61.0263	6.9781	3.7253	2.8923	1.1884	0.1774	−0.2739	−0.5875	−0.8760	−0.9670	−1.0833	−1.1127	−1.1580
2.70	57.9382	7.0935	3.7509	2.9017	1.1780	0.1680	−0.2778	−0.5845	−0.8634	−0.9503	−1.0601	−1.0877	−1.1296
2.80	55.1528	7.2056	3.7748	2.9100	1.1676	0.1590	−0.2813	−0.5814	−0.8511	−0.9342	−1.0381	−1.0638	−1.1028
2.90	52.6296	7.3145	3.7973	2.9174	1.1572	0.1503	−0.2846	−0.5783	−0.8392	−0.9187	−1.0170	−1.0412	−1.0774
3.00	50.3351	7.4203	3.8184	2.9239	1.1469	0.1419	−0.2876	−0.5751	−0.8277	−0.9038	−0.9970	−1.0196	−1.0533
3.10	48.2407	7.5231	3.8381	2.9295	1.1366	0.1338	−0.2903	−0.5719	−0.8165	−0.8894	−0.9778	−0.9991	−1.0304
3.20	46.3225	7.6229	3.8566	2.9343	1.1263	0.1260	−0.2929	−0.5686	−0.8056	−0.8755	−0.9595	−0.9795	−1.0087
3.30	44.5600	7.7198	3.8739	2.9383	1.1161	0.1185	−0.2952	−0.5653	−0.7951	−0.8621	−0.9419	−0.9608	−0.9881
3.40	42.9355	7.8139	3.8900	2.9417	1.1060	0.1113	−0.2973	−0.5619	−0.7848	−0.8492	−0.9251	−0.9429	−0.9685
3.50	41.4341	7.9054	3.9051	2.9445	1.0960	0.1043	−0.2993	−0.5586	−0.7749	−0.8368	−0.9090	−0.9258	−0.9497
3.60	40.0428	7.9942	3.9192	2.9466	1.0861	0.0976	−0.3011	−0.5553	−0.7653	−0.8247	−0.8936	−0.9094	−0.9319
3.70	38.7501	8.0806	3.9323	2.9482	1.0763	0.0912	−0.3027	−0.5519	−0.7559	−0.8131	−0.8788	−0.8938	−0.9148
3.80	37.5463	8.1644	3.9445	2.9493	1.0666	0.0849	−0.3042	−0.5486	−0.7468	−0.8019	−0.8646	−0.8787	−0.8985
3.90	36.4227	8.2460	3.9559	2.9499	1.0571	0.0789	−0.3055	−0.5453	−0.7380	−0.7910	−0.8509	−0.8643	−0.8829
4.00	35.3718	8.3253	3.9665	2.9500	1.0476	0.0731	−0.3067	−0.5420	−0.7294	−0.7805	−0.8378	−0.8505	−0.8680
4.10	34.3868	8.4023	3.9763	2.9497	1.0383	0.0675	−0.3078	−0.5387	−0.7211	−0.7703	−0.8251	−0.8372	−0.8537
4.20	33.4619	8.4773	3.9854	2.9491	1.0290	0.0621	−0.3088	−0.5355	−0.7129	−0.7605	−0.8130	−0.8244	−0.8400
4.30	32.5919	8.5502	3.9938	2.9481	1.0199	0.0569	−0.3097	−0.5322	−0.7050	−0.7510	−0.8012	−0.8121	−0.8268
4.40	31.7720	8.6211	4.0016	2.9467	1.0110	0.0519	−0.3105	−0.5290	−0.6974	−0.7417	−0.7899	−0.8002	−0.8141
4.50	30.9981	8.6901	4.0088	2.9450	1.0021	0.0470	−0.3112	−0.5258	−0.6899	−0.7328	−0.7790	−0.7888	−0.8020
4.60	30.2665	8.7572	4.0154	2.9431	0.9934	0.0423	−0.3118	−0.5227	−0.6826	−0.7241	−0.7684	−0.7778	−0.7903
4.70	29.5739	8.8226	4.0214	2.9408	0.9848	0.0378	−0.3123	−0.5196	−0.6755	−0.7156	−0.7582	−0.7672	−0.7790
4.80	28.9172	8.8863	4.0270	2.9383	0.9763	0.0334	−0.3128	−0.5165	−0.6686	−0.7074	−0.7484	−0.7569	−0.7681
4.90	28.2938	8.9483	4.0320	2.9356	0.9679	0.0291	−0.3132	−0.5134	−0.6619	−0.6995	−0.7388	−0.7470	−0.7576
5.00	27.7011	9.0086	4.0366	2.9326	0.9597	0.0250	−0.3135	−0.5104	−0.6553	−0.6917	−0.7296	−0.7374	−0.7475
5.10	27.1370	9.0675	4.0408	2.9295	0.9515	0.0210	−0.3138	−0.5074	−0.6489	−0.6842	−0.7207	−0.7281	−0.7377
5.20	26.5995	9.1248	4.0445	2.9261	0.9435	0.0171	−0.3140	−0.5045	−0.6427	−0.6769	−0.7120	−0.7191	−0.7282
5.30	26.0867	9.1806	4.0478	2.9226	0.9356	0.0134	−0.3142	−0.5016	−0.6366	−0.6698	−0.7036	−0.7104	−0.7191
5.40	25.5970	9.2351	4.0508	2.9189	0.9279	0.0098	−0.3143	−0.4987	−0.6306	−0.6628	−0.6955	−0.7020	−0.7102
5.50	25.1287	9.2882	4.0534	2.9151	0.9202	0.0062	−0.3143	−0.4958	−0.6248	−0.6561	−0.6876	−0.6938	−0.7017
5.60	24.6807	9.3400	4.0556	2.9111	0.9126	0.0028	−0.3144	−0.4930	−0.6192	−0.6495	−0.6799	−0.6859	−0.6934
5.70	24.2514	9.3905	4.0576	2.9070	0.9052	−0.0005	−0.3143	−0.4902	−0.6136	−0.6431	−0.6725	−0.6782	−0.6853
5.80	23.8399	9.4398	4.0592	2.9027	0.8979	−0.0037	−0.3143	−0.4875	−0.6082	−0.6368	−0.6652	−0.6707	−0.6775
5.90	23.4449	9.4879	4.0605	2.8984	0.8906	−0.0068	−0.3142	−0.4847	−0.6029	−0.6308	−0.6582	−0.6634	−0.6700
6.00	23.0656	9.5348	4.0616	2.8939	0.8835	−0.0098	−0.3141	−0.4821	−0.5977	−0.6248	−0.6513	−0.6564	−0.6626
6.10	22.7009	9.5807	4.0624	2.8894	0.8765	−0.0127	−0.3139	−0.4794	−0.5927	−0.6190	−0.6446	−0.6495	−0.6555
6.20	22.3501	9.6254	4.0630	2.8847	0.8696	−0.0156	−0.3138	−0.4768	−0.5877	−0.6134	−0.6382	−0.6428	−0.6486

续表

C_s	α	0.001	0.01	0.02	0.10	0.30	0.50	0.70	0.90	0.95	0.99	0.995	0.999
6.30	22.0124	9.6691	4.0633	2.8800	0.8627	−0.0183	−0.3135	−0.4742	−0.5829	−0.6078	−0.6318	−0.6363	−0.6418
6.40	21.6869	9.7118	4.0634	2.8751	0.8560	−0.0210	−0.3133	−0.4717	−0.5781	−0.6024	−0.6257	−0.6300	−0.6353
6.50	21.3732	9.7535	4.0632	2.8703	0.8494	−0.0236	−0.3131	−0.4691	−0.5735	−0.5972	−0.6197	−0.6238	−0.6289
6.60	21.0704	9.7942	4.0629	2.8653	0.8428	−0.0262	−0.3128	−0.4667	−0.5690	−0.5920	−0.6138	−0.6178	−0.6227
6.70	20.7781	9.8340	4.0624	2.8603	0.8364	−0.0286	−0.3125	−0.4642	−0.5645	−0.5870	−0.6081	−0.6120	−0.6166
6.80	20.4957	9.8729	4.0617	2.8552	0.8300	−0.0310	−0.3121	−0.4618	−0.5601	−0.5820	−0.6025	−0.6063	−0.6107
6.90	20.2228	9.9109	4.0608	2.8501	0.8238	−0.0334	−0.3118	−0.4594	−0.5559	−0.5772	−0.5971	−0.6007	−0.6050
7.00	19.9587	9.9481	4.0597	2.8449	0.8176	−0.0356	−0.3114	−0.4570	−0.5517	−0.5725	−0.5918	−0.5953	−0.5994

表 3-3-24　四参数指数 Gamma 分布离均系数 Φ_p ($b = 6.00$)

C_s	α	0.001	0.01	0.02	0.10	0.30	0.50	0.70	0.90	0.95	0.99	0.995	0.999
0.20	7255.0875	3.3852	2.4742	2.1601	1.3002	0.4988	−0.0332	−0.5469	−1.2576	−1.5861	−2.1811	−2.3922	−2.8164
0.30	3241.1258	3.5394	2.5482	2.2120	1.3074	0.4850	−0.0495	−0.5568	−1.2440	−1.5556	−2.1104	−2.3041	−2.6884
0.40	1836.1639	3.6971	2.6216	2.2629	1.3132	0.4707	−0.0655	−0.5658	−1.2293	−1.5246	−2.0413	−2.2189	−2.5667
0.50	1185.7867	3.8578	2.6942	2.3123	1.3174	0.4559	−0.0812	−0.5738	−1.2138	−1.4934	−1.9741	−2.1368	−2.4513
0.60	832.4126	4.0208	2.7655	2.3600	1.3202	0.4409	−0.0963	−0.5809	−1.1976	−1.4621	−1.9091	−2.0580	−2.3422
0.70	619.2561	4.1853	2.8353	2.4059	1.3216	0.4257	−0.1109	−0.5871	−1.1809	−1.4309	−1.8465	−1.9827	−2.2395
0.80	480.8275	4.3506	2.9033	2.4498	1.3217	0.4103	−0.1249	−0.5923	−1.1637	−1.4000	−1.7862	−1.9109	−2.1429
0.90	385.8414	4.5162	2.9692	2.4916	1.3204	0.3950	−0.1383	−0.5967	−1.1463	−1.3695	−1.7285	−1.8426	−2.0523
1.00	317.8215	4.6813	3.0329	2.5312	1.3180	0.3797	−0.1510	−0.6002	−1.1286	−1.3396	−1.6733	−1.7777	−1.9675
1.10	267.4205	4.8454	3.0943	2.5686	1.3145	0.3645	−0.1631	−0.6030	−1.1109	−1.3102	−1.6206	−1.7163	−1.8881
1.20	229.0161	5.0081	3.1532	2.6037	1.3099	0.3496	−0.1745	−0.6050	−1.0933	−1.2816	−1.5705	−1.6582	−1.8139
1.30	199.0619	5.1688	3.2095	2.6366	1.3045	0.3349	−0.1852	−0.6064	−1.0757	−1.2538	−1.5228	−1.6034	−1.7446
1.40	175.2312	5.3273	3.2633	2.6673	1.2982	0.3205	−0.1952	−0.6072	−1.0583	−1.2268	−1.4775	−1.5515	−1.6799
1.50	155.9466	5.4830	3.3145	2.6958	1.2913	0.3064	−0.2046	−0.6074	−1.0412	−1.2006	−1.4345	−1.5026	−1.6194
1.60	140.1080	5.6359	3.3631	2.7223	1.2836	0.2927	−0.2134	−0.6072	−1.0244	−1.1753	−1.3937	−1.4565	−1.5629
1.70	126.9294	5.7857	3.4093	2.7467	1.2755	0.2794	−0.2216	−0.6065	−1.0078	−1.1509	−1.3551	−1.4129	−1.5100
1.80	115.8369	5.9322	3.4530	2.7692	1.2669	0.2665	−0.2293	−0.6054	−0.9917	−1.1274	−1.3184	−1.3719	−1.4606
1.90	106.4039	6.0754	3.4943	2.7899	1.2578	0.2541	−0.2364	−0.6040	−0.9759	−1.1047	−1.2837	−1.3331	−1.4143
2.00	98.3077	6.2150	3.5333	2.8088	1.2485	0.2420	−0.2430	−0.6022	−0.9605	−1.0828	−1.2507	−1.2965	−1.3710
2.10	91.3008	6.3512	3.5701	2.8261	1.2388	0.2303	−0.2491	−0.6002	−0.9455	−1.0618	−1.2194	−1.2619	−1.3303
2.20	85.1906	6.4837	3.6047	2.8419	1.2290	0.2190	−0.2548	−0.5980	−0.9309	−1.0416	−1.1897	−1.2292	−1.2922
2.30	79.8255	6.6128	3.6374	2.8562	1.2189	0.2082	−0.2600	−0.5956	−0.9167	−1.0221	−1.1616	−1.1983	−1.2563
2.40	75.0848	6.7383	3.6681	2.8691	1.2088	0.1977	−0.2649	−0.5930	−0.9030	−1.0034	−1.1348	−1.1690	−1.2225
2.50	70.8716	6.8604	3.6969	2.8807	1.1985	0.1876	−0.2693	−0.5902	−0.8896	−0.9854	−1.1093	−1.1412	−1.1907
2.60	67.1072	6.9790	3.7240	2.8912	1.1882	0.1779	−0.2735	−0.5873	−0.8766	−0.9680	−1.0851	−1.1149	−1.1607
2.70	63.7271	7.0942	3.7495	2.9005	1.1778	0.1685	−0.2773	−0.5844	−0.8640	−0.9514	−1.0620	−1.0899	−1.1324
2.80	60.6782	7.2062	3.7733	2.9088	1.1675	0.1595	−0.2808	−0.5813	−0.8518	−0.9353	−1.0401	−1.0661	−1.1056
2.90	57.9165	7.3149	3.7957	2.9161	1.1571	0.1508	−0.2841	−0.5782	−0.8399	−0.9199	−1.0191	−1.0436	−1.0803
3.00	55.4049	7.4205	3.8167	2.9224	1.1468	0.1425	−0.2870	−0.5750	−0.8284	−0.9050	−0.9991	−1.0221	−1.0563
3.10	53.1124	7.5230	3.8363	2.9280	1.1365	0.1344	−0.2898	−0.5717	−0.8173	−0.8907	−0.9800	−1.0016	−1.0335
3.20	51.0126	7.6226	3.8546	2.9327	1.1263	0.1267	−0.2923	−0.5685	−0.8065	−0.8769	−0.9617	−0.9820	−1.0118
3.30	49.0832	7.7193	3.8718	2.9368	1.1162	0.1192	−0.2946	−0.5652	−0.7960	−0.8636	−0.9443	−0.9634	−0.9913
3.40	47.3050	7.8132	3.8879	2.9401	1.1061	0.1121	−0.2967	−0.5619	−0.7858	−0.8507	−0.9275	−0.9456	−0.9717
3.50	45.6615	7.9044	3.9028	2.9428	1.0961	0.1051	−0.2987	−0.5586	−0.7759	−0.8383	−0.9115	−0.9285	−0.9530
3.60	44.1384	7.9930	3.9168	2.9449	1.0863	0.0985	−0.3004	−0.5552	−0.7663	−0.8263	−0.8961	−0.9122	−0.9352
3.70	42.7233	8.0791	3.9298	2.9464	1.0765	0.0920	−0.3021	−0.5519	−0.7570	−0.8148	−0.8814	−0.8966	−0.9182
3.80	41.4055	8.1627	3.9420	2.9475	1.0669	0.0858	−0.3035	−0.5486	−0.7480	−0.8036	−0.8672	−0.8817	−0.9019
3.90	40.1755	8.2440	3.9532	2.9480	1.0573	0.0799	−0.3049	−0.5453	−0.7392	−0.7928	−0.8536	−0.8673	−0.8864
4.00	39.0250	8.3230	3.9637	2.9481	1.0479	0.0741	−0.3061	−0.5420	−0.7307	−0.7823	−0.8405	−0.8535	−0.8715
4.10	37.9466	8.3998	3.9735	2.9478	1.0386	0.0686	−0.3072	−0.5388	−0.7224	−0.7722	−0.8279	−0.8402	−0.8572
4.20	36.9341	8.4745	3.9825	2.9471	1.0295	0.0632	−0.3081	−0.5356	−0.7143	−0.7624	−0.8158	−0.8275	−0.8435

续表

C_s	α	0.001	0.01	0.02	0.10	0.30	0.50	0.70	0.90	0.95	0.99	0.995	0.999
4.30	35.9816	8.5471	3.9908	2.9461	1.0204	0.0580	−0.3090	−0.5323	−0.7065	−0.7529	−0.8041	−0.8152	−0.8304
4.40	35.0839	8.6177	3.9985	2.9447	1.0115	0.0530	−0.3098	−0.5292	−0.6988	−0.7437	−0.7928	−0.8034	−0.8178
4.50	34.2367	8.6864	4.0056	2.9430	1.0027	0.0482	−0.3105	−0.5260	−0.6914	−0.7348	−0.7819	−0.7920	−0.8056
4.60	33.4357	8.7533	4.0121	2.9410	0.9940	0.0435	−0.3111	−0.5229	−0.6841	−0.7262	−0.7714	−0.7811	−0.7939
4.70	32.6773	8.8183	4.0181	2.9388	0.9855	0.0390	−0.3116	−0.5198	−0.6771	−0.7178	−0.7613	−0.7705	−0.7827
4.80	31.9584	8.8817	4.0236	2.9363	0.9770	0.0346	−0.3121	−0.5167	−0.6702	−0.7096	−0.7515	−0.7602	−0.7718
4.90	31.2757	8.9434	4.0285	2.9335	0.9687	0.0304	−0.3125	−0.5137	−0.6635	−0.7017	−0.7420	−0.7503	−0.7614
5.00	30.6268	9.0035	4.0331	2.9306	0.9605	0.0263	−0.3128	−0.5107	−0.6570	−0.6940	−0.7328	−0.7408	−0.7512
5.10	30.0092	9.0620	4.0371	2.9274	0.9524	0.0223	−0.3131	−0.5077	−0.6507	−0.6865	−0.7239	−0.7315	−0.7415
5.20	29.4206	9.1190	4.0408	2.9241	0.9445	0.0185	−0.3133	−0.5048	−0.6445	−0.6792	−0.7152	−0.7226	−0.7321
5.30	28.8591	9.1746	4.0441	2.9205	0.9367	0.0148	−0.3135	−0.5019	−0.6384	−0.6722	−0.7069	−0.7139	−0.7229
5.40	28.3228	9.2287	4.0470	2.9169	0.9289	0.0112	−0.3136	−0.4990	−0.6325	−0.6653	−0.6988	−0.7055	−0.7141
5.50	27.8101	9.2815	4.0496	2.9130	0.9213	0.0077	−0.3137	−0.4962	−0.6267	−0.6586	−0.6909	−0.6973	−0.7056
5.60	27.3194	9.3330	4.0518	2.9090	0.9138	0.0043	−0.3137	−0.4934	−0.6211	−0.6520	−0.6832	−0.6894	−0.6973
5.70	26.8494	9.3832	4.0537	2.9049	0.9064	0.0010	−0.3137	−0.4907	−0.6156	−0.6456	−0.6758	−0.6818	−0.6893
5.80	26.3987	9.4322	4.0553	2.9007	0.8992	−0.0022	−0.3137	−0.4879	−0.6102	−0.6394	−0.6686	−0.6743	−0.6815
5.90	25.9662	9.4800	4.0566	2.8964	0.8920	−0.0053	−0.3136	−0.4853	−0.6049	−0.6334	−0.6616	−0.6671	−0.6739
6.00	25.5508	9.5266	4.0576	2.8919	0.8849	−0.0083	−0.3135	−0.4826	−0.5998	−0.6275	−0.6548	−0.6600	−0.6666
6.10	25.1514	9.5722	4.0584	2.8874	0.8780	−0.0112	−0.3133	−0.4800	−0.5948	−0.6217	−0.6481	−0.6532	−0.6595
6.20	24.7672	9.6166	4.0589	2.8828	0.8711	−0.0140	−0.3131	−0.4774	−0.5899	−0.6161	−0.6417	−0.6465	−0.6526
6.30	24.3973	9.6600	4.0592	2.8780	0.8643	−0.0167	−0.3129	−0.4748	−0.5850	−0.6106	−0.6354	−0.6401	−0.6458
6.40	24.0409	9.7024	4.0592	2.8732	0.8577	−0.0194	−0.3127	−0.4723	−0.5803	−0.6052	−0.6292	−0.6337	−0.6393
6.50	23.6973	9.7438	4.0591	2.8684	0.8511	−0.0220	−0.3125	−0.4698	−0.5757	−0.6000	−0.6232	−0.6276	−0.6329
6.60	23.3657	9.7842	4.0588	2.8635	0.8446	−0.0245	−0.3122	−0.4673	−0.5712	−0.5948	−0.6174	−0.6216	−0.6267
6.70	23.0456	9.8237	4.0582	2.8585	0.8382	−0.0270	−0.3119	−0.4649	−0.5668	−0.5898	−0.6117	−0.6158	−0.6207
6.80	22.7363	9.8623	4.0575	2.8534	0.8319	−0.0293	−0.3116	−0.4625	−0.5625	−0.5849	−0.6062	−0.6101	−0.6148
6.90	22.4373	9.9001	4.0566	2.8483	0.8257	−0.0317	−0.3112	−0.4601	−0.5582	−0.5801	−0.6008	−0.6045	−0.6091
7.00	22.1480	9.9370	4.0555	2.8432	0.8196	−0.0339	−0.3109	−0.4578	−0.5540	−0.5754	−0.5955	−0.5991	−0.6035

表 3-3-25 四参数指数 Gamma 分布离均系数 Φ_p ($b = 6.25$)

C_s	α	0.001	0.01	0.02	0.10	0.30	0.50	0.70	0.90	0.95	0.99	0.995	0.999
0.20	7909.6896	3.3852	2.4742	2.1601	1.3002	0.4988	−0.0332	−0.5469	−1.2576	−1.5861	−2.1811	−2.3922	−2.8165
0.30	3533.7414	3.5394	2.5482	2.2120	1.3074	0.4850	−0.0495	−0.5568	−1.2440	−1.5556	−2.1104	−2.3041	−2.6885
0.40	2002.0776	3.6973	2.6216	2.2629	1.3131	0.4707	−0.0655	−0.5658	−1.2293	−1.5246	−2.0413	−2.2189	−2.5668
0.50	1293.0482	3.8581	2.6942	2.3123	1.3174	0.4559	−0.0811	−0.5738	−1.2138	−1.4934	−1.9742	−2.1369	−2.4515
0.60	907.8060	4.0211	2.7655	2.3600	1.3202	0.4409	−0.0963	−0.5809	−1.1976	−1.4621	−1.9093	−2.0582	−2.3425
0.70	675.4266	4.1857	2.8353	2.4059	1.3216	0.4257	−0.1109	−0.5870	−1.1809	−1.4310	−1.8466	−1.9829	−2.2399
0.80	524.5140	4.3512	2.9033	2.4498	1.3216	0.4103	−0.1249	−0.5923	−1.1637	−1.4001	−1.7864	−1.9112	−2.1435
0.90	420.9617	4.5168	2.9693	2.4916	1.3203	0.3950	−0.1382	−0.5966	−1.1463	−1.3696	−1.7288	−1.8430	−2.0530
1.00	346.8073	4.6820	3.0330	2.5312	1.3179	0.3797	−0.1510	−0.6001	−1.1286	−1.3397	−1.6736	−1.7782	−1.9683
1.10	291.8608	4.8463	3.0943	2.5685	1.3143	0.3645	−0.1630	−0.6029	−1.1110	−1.3104	−1.6210	−1.7169	−1.8890
1.20	249.9928	5.0090	3.1531	2.6036	1.3098	0.3496	−0.1744	−0.6049	−1.0933	−1.2818	−1.5710	−1.6589	−1.8149
1.30	217.3369	5.1699	3.2094	2.6364	1.3043	0.3349	−0.1850	−0.6063	−1.0758	−1.2540	−1.5234	−1.6041	−1.7458
1.40	191.3568	5.3284	3.2632	2.6671	1.2981	0.3205	−0.1951	−0.6071	−1.0584	−1.2270	−1.4782	−1.5524	−1.6811
1.50	170.3328	5.4842	3.3143	2.6955	1.2911	0.3065	−0.2045	−0.6073	−1.0413	−1.2009	−1.4353	−1.5036	−1.6208
1.60	153.0655	5.6371	3.3629	2.7219	1.2834	0.2928	−0.2132	−0.6070	−1.0245	−1.1757	−1.3946	−1.4575	−1.5644
1.70	138.6981	5.7870	3.4090	2.7463	1.2753	0.2796	−0.2214	−0.6063	−1.0080	−1.1513	−1.3560	−1.4141	−1.5117
1.80	126.6049	5.9335	3.4526	2.7687	1.2666	0.2667	−0.2290	−0.6052	−0.9919	−1.1278	−1.3194	−1.3731	−1.4624
1.90	116.3209	6.0766	3.4938	2.7893	1.2576	0.2542	−0.2361	−0.6038	−0.9761	−1.1052	−1.2848	−1.3345	−1.4162
2.00	107.4942	6.2162	3.5327	2.8082	1.2483	0.2422	−0.2427	−0.6021	−0.9608	−1.0834	−1.2519	−1.2979	−1.3729
2.10	99.8551	6.3523	3.5694	2.8254	1.2386	0.2305	−0.2488	−0.6001	−0.9458	−1.0624	−1.2207	−1.2634	−1.3324
2.20	93.1935	6.4849	3.6040	2.8411	1.2288	0.2193	−0.2544	−0.5978	−0.9313	−1.0423	−1.1911	−1.2308	−1.2943

续表

C_s	α	0.001	0.01	0.02	0.10	0.30	0.50	0.70	0.90	0.95	0.99	0.995	0.999
2.30	87.3442	6.6138	3.6365	2.8553	1.2187	0.2085	−0.2597	−0.5954	−0.9171	−1.0228	−1.1630	−1.2000	−1.2585
2.40	82.1756	6.7393	3.6671	2.8682	1.2086	0.1980	−0.2645	−0.5928	−0.9034	−1.0042	−1.1363	−1.1708	−1.2249
2.50	77.5821	6.8612	3.6959	2.8797	1.1983	0.1880	−0.2689	−0.5901	−0.8901	−0.9862	−1.1109	−1.1431	−1.1931
2.60	73.4778	6.9797	3.7229	2.8901	1.1880	0.1783	−0.2731	−0.5872	−0.8771	−0.9690	−1.0868	−1.1168	−1.1632
2.70	69.7926	7.0948	3.7482	2.8994	1.1777	0.1689	−0.2769	−0.5842	−0.8646	−0.9524	−1.0638	−1.0919	−1.1350
2.80	66.4684	7.2066	3.7719	2.9076	1.1673	0.1600	−0.2804	−0.5812	−0.8524	−0.9364	−1.0419	−1.0682	−1.1082
2.90	63.4573	7.3152	3.7942	2.9148	1.1570	0.1513	−0.2836	−0.5780	−0.8406	−0.9210	−1.0210	−1.0457	−1.0830
3.00	60.7188	7.4206	3.8151	2.9212	1.1467	0.1430	−0.2866	−0.5749	−0.8292	−0.9062	−1.0011	−1.0243	−1.0590
3.10	58.2193	7.5230	3.8346	2.9266	1.1365	0.1350	−0.2893	−0.5716	−0.8181	−0.8919	−0.9820	−1.0039	−1.0363
3.20	55.9298	7.6223	3.8528	2.9313	1.1263	0.1273	−0.2918	−0.5684	−0.8073	−0.8781	−0.9638	−0.9844	−1.0147
3.30	53.8261	7.7188	3.8699	2.9353	1.1162	0.1199	−0.2941	−0.5651	−0.7968	−0.8649	−0.9464	−0.9658	−0.9942
3.40	51.8872	7.8125	3.8859	2.9386	1.1062	0.1127	−0.2962	−0.5618	−0.7867	−0.8521	−0.9297	−0.9480	−0.9746
3.50	50.0952	7.9035	3.9007	2.9412	1.0962	0.1059	−0.2981	−0.5585	−0.7769	−0.8397	−0.9138	−0.9311	−0.9560
3.60	48.4344	7.9919	3.9146	2.9433	1.0864	0.0992	−0.2999	−0.5552	−0.7673	−0.8278	−0.8985	−0.9148	−0.9382
3.70	46.8914	8.0778	3.9276	2.9448	1.0767	0.0928	−0.3015	−0.5519	−0.7581	−0.8163	−0.8838	−0.8992	−0.9213
3.80	45.4544	8.1612	3.9396	2.9458	1.0671	0.0867	−0.3030	−0.5486	−0.7491	−0.8052	−0.8696	−0.8843	−0.9051
3.90	44.1131	8.2422	3.9508	2.9463	1.0576	0.0807	−0.3043	−0.5453	−0.7403	−0.7944	−0.8561	−0.8700	−0.8895
4.00	42.8586	8.3209	3.9612	2.9464	1.0482	0.0750	−0.3055	−0.5421	−0.7318	−0.7840	−0.8430	−0.8563	−0.8747
4.10	41.6827	8.3975	3.9708	2.9461	1.0390	0.0695	−0.3066	−0.5389	−0.7236	−0.7739	−0.8305	−0.8430	−0.8605
4.20	40.5786	8.4719	3.9798	2.9453	1.0299	0.0641	−0.3075	−0.5356	−0.7155	−0.7642	−0.8184	−0.8303	−0.8468
4.30	39.5398	8.5442	3.9880	2.9443	1.0209	0.0590	−0.3084	−0.5325	−0.7077	−0.7548	−0.8067	−0.8181	−0.8337
4.40	38.5610	8.6146	3.9957	2.9429	1.0120	0.0540	−0.3092	−0.5293	−0.7001	−0.7456	−0.7955	−0.8063	−0.8211
4.50	37.6370	8.6830	4.0027	2.9412	1.0032	0.0492	−0.3099	−0.5262	−0.6927	−0.7367	−0.7847	−0.7950	−0.8090
4.60	36.7635	8.7496	4.0091	2.9392	0.9946	0.0446	−0.3105	−0.5231	−0.6856	−0.7281	−0.7742	−0.7840	−0.7973
4.70	35.9365	8.8144	4.0150	2.9369	0.9861	0.0401	−0.3110	−0.5200	−0.6785	−0.7198	−0.7641	−0.7735	−0.7861
4.80	35.1524	8.8775	4.0204	2.9344	0.9777	0.0357	−0.3115	−0.5169	−0.6717	−0.7116	−0.7543	−0.7633	−0.7752
4.90	34.4080	8.9389	4.0254	2.9316	0.9694	0.0315	−0.3119	−0.5139	−0.6651	−0.7038	−0.7448	−0.7534	−0.7648
5.00	33.7003	8.9987	4.0298	2.9287	0.9613	0.0275	−0.3122	−0.5110	−0.6586	−0.6961	−0.7357	−0.7439	−0.7547
5.10	33.0267	9.0569	4.0339	2.9255	0.9533	0.0235	−0.3125	−0.5080	−0.6522	−0.6886	−0.7268	−0.7347	−0.7450
5.20	32.3847	9.1137	4.0375	2.9222	0.9454	0.0197	−0.3127	−0.5051	−0.6461	−0.6814	−0.7182	−0.7257	−0.7356
5.30	31.7723	9.1689	4.0407	2.9187	0.9376	0.0160	−0.3129	−0.5022	−0.6401	−0.6744	−0.7099	−0.7171	−0.7265
5.40	31.1874	9.2228	4.0436	2.9150	0.9299	0.0124	−0.3130	−0.4994	−0.6342	−0.6675	−0.7018	−0.7087	−0.7177
5.50	30.6282	9.2753	4.0461	2.9111	0.9224	0.0090	−0.3131	−0.4966	−0.6285	−0.6608	−0.6939	−0.7006	−0.7091
5.60	30.0931	9.3266	4.0482	2.9072	0.9149	0.0056	−0.3131	−0.4938	−0.6228	−0.6543	−0.6863	−0.6927	−0.7009
5.70	29.5804	9.3765	4.0501	2.9031	0.9076	0.0024	−0.3131	−0.4911	−0.6174	−0.6480	−0.6789	−0.6850	−0.6929
5.80	29.0888	9.4252	4.0517	2.8989	0.9004	−0.0008	−0.3131	−0.4884	−0.6120	−0.6418	−0.6717	−0.6776	−0.6851
5.90	28.6171	9.4727	4.0529	2.8945	0.8932	−0.0039	−0.3130	−0.4857	−0.6068	−0.6358	−0.6647	−0.6704	−0.6776
6.00	28.1640	9.5191	4.0539	2.8901	0.8862	−0.0068	−0.3129	−0.4831	−0.6017	−0.6299	−0.6579	−0.6634	−0.6702
6.10	27.7284	9.5643	4.0547	2.8856	0.8793	−0.0097	−0.3127	−0.4805	−0.5967	−0.6242	−0.6513	−0.6566	−0.6631
6.20	27.3093	9.6085	4.0552	2.8810	0.8725	−0.0125	−0.3126	−0.4779	−0.5918	−0.6186	−0.6449	−0.6499	−0.6562
6.30	26.9058	9.6516	4.0555	2.8763	0.8658	−0.0153	−0.3124	−0.4754	−0.5870	−0.6131	−0.6386	−0.6435	−0.6495
6.40	26.5170	9.6937	4.0555	2.8715	0.8592	−0.0179	−0.3121	−0.4729	−0.5823	−0.6077	−0.6325	−0.6372	−0.6430
6.50	26.1421	9.7349	4.0553	2.8667	0.8526	−0.0205	−0.3119	−0.4704	−0.5778	−0.6025	−0.6265	−0.6310	−0.6366
6.60	25.7804	9.7750	4.0550	2.8618	0.8462	−0.0230	−0.3116	−0.4679	−0.5733	−0.5974	−0.6207	−0.6251	−0.6304
6.70	25.4312	9.8143	4.0544	2.8568	0.8399	−0.0254	−0.3114	−0.4655	−0.5689	−0.5924	−0.6150	−0.6193	−0.6244
6.80	25.0938	9.8526	4.0537	2.8518	0.8336	−0.0278	−0.3110	−0.4631	−0.5646	−0.5876	−0.6095	−0.6136	−0.6185
6.90	24.7676	9.8901	4.0528	2.8468	0.8275	−0.0301	−0.3107	−0.4608	−0.5603	−0.5828	−0.6041	−0.6080	−0.6128
7.00	24.4521	9.9268	4.0517	2.8416	0.8214	−0.0323	−0.3104	−0.4585	−0.5562	−0.5781	−0.5988	−0.6026	−0.6072

表 3-3-26 四参数指数 Gamma 分布离均系数 Φ_p ($b = 6.50$)

C_s	α	0.001	0.01	0.02	0.10	0.30	0.50	0.70	0.90	0.95	0.99	0.995	0.999
0.20	8592.5604	3.3853	2.4742	2.1601	1.3002	0.4988	−0.0332	−0.5469	−1.2576	−1.5861	−2.1811	−2.3922	−2.8165
0.30	3839.0026	3.5395	2.5482	2.2121	1.3074	0.4850	−0.0495	−0.5568	−1.2440	−1.5556	−2.1104	−2.3042	−2.6886
0.40	2175.1676	3.6974	2.6217	2.2629	1.3131	0.4707	−0.0655	−0.5658	−1.2293	−1.5247	−2.0414	−2.2190	−2.5670
0.50	1404.9541	3.8583	2.6942	2.3123	1.3174	0.4559	−0.0811	−0.5738	−1.2138	−1.4934	−1.9743	−2.1370	−2.4517
0.60	986.4684	4.0214	2.7656	2.3600	1.3201	0.4409	−0.0963	−0.5809	−1.1976	−1.4622	−1.9094	−2.0584	−2.3428
0.70	734.0362	4.1861	2.8354	2.4059	1.3215	0.4257	−0.1109	−0.5870	−1.1809	−1.4310	−1.8468	−1.9832	−2.2403
0.80	570.1008	4.3516	2.9034	2.4498	1.3215	0.4103	−0.1248	−0.5922	−1.1637	−1.4001	−1.7867	−1.9115	−2.1439
0.90	457.6125	4.5174	2.9693	2.4915	1.3203	0.3950	−0.1382	−0.5965	−1.1463	−1.3697	−1.7290	−1.8433	−2.0536
1.00	377.0589	4.6827	3.0330	2.5311	1.3178	0.3797	−0.1509	−0.6001	−1.1287	−1.3398	−1.6740	−1.7787	−1.9690
1.10	317.3707	4.8471	3.0943	2.5684	1.3142	0.3645	−0.1629	−0.6028	−1.1110	−1.3105	−1.6214	−1.7174	−1.8898
1.20	271.8895	5.0099	3.1531	2.6034	1.3097	0.3496	−0.1743	−0.6048	−1.0933	−1.2820	−1.5714	−1.6595	−1.8159
1.30	236.4154	5.1708	3.2094	2.6362	1.3042	0.3349	−0.1849	−0.6062	−1.0758	−1.2542	−1.5239	−1.6048	−1.7468
1.40	208.1931	5.3294	3.2630	2.6668	1.2979	0.3206	−0.1950	−0.6069	−1.0585	−1.2273	−1.4788	−1.5532	−1.6823
1.50	185.3546	5.4853	3.3141	2.6952	1.2909	0.3066	−0.2043	−0.6072	−1.0414	−1.2012	−1.4360	−1.5045	−1.6221
1.60	166.5970	5.6382	3.3626	2.7216	1.2833	0.2929	−0.2131	−0.6069	−1.0246	−1.1760	−1.3954	−1.4585	−1.5658
1.70	150.9894	5.7881	3.4087	2.7459	1.2751	0.2797	−0.2212	−0.6062	−1.0082	−1.1517	−1.3569	−1.4152	−1.5132
1.80	137.8524	5.9346	3.4522	2.7683	1.2665	0.2668	−0.2288	−0.6051	−0.9921	−1.1283	−1.3204	−1.3743	−1.4639
1.90	126.6806	6.0777	3.4933	2.7888	1.2574	0.2544	−0.2359	−0.6036	−0.9763	−1.1057	−1.2858	−1.3357	−1.4179
2.00	117.0919	6.2174	3.5322	2.8076	1.2481	0.2424	−0.2424	−0.6019	−0.9610	−1.0839	−1.2530	−1.2993	−1.3747
2.10	108.7933	6.3534	3.5688	2.8248	1.2384	0.2307	−0.2485	−0.5999	−0.9461	−1.0630	−1.2219	−1.2648	−1.3343
2.20	101.5565	6.4859	3.6033	2.8404	1.2286	0.2195	−0.2541	−0.5977	−0.9316	−1.0429	−1.1924	−1.2323	−1.2963
2.30	95.2021	6.6148	3.6357	2.8546	1.2186	0.2087	−0.2593	−0.5952	−0.9175	−1.0235	−1.1643	−1.2015	−1.2606
2.40	89.5873	6.7401	3.6662	2.8673	1.2084	0.1983	−0.2641	−0.5926	−0.9038	−1.0049	−1.1377	−1.1724	−1.2270
2.50	84.5971	6.8620	3.6949	2.8789	1.1982	0.1883	−0.2686	−0.5899	−0.8905	−0.9870	−1.1124	−1.1448	−1.1953
2.60	80.1383	6.9804	3.7218	2.8892	1.1879	0.1786	−0.2727	−0.5870	−0.8776	−0.9698	−1.0883	−1.1186	−1.1655
2.70	76.1347	7.0953	3.7470	2.8984	1.1776	0.1693	−0.2765	−0.5841	−0.8651	−0.9533	−1.0654	−1.0938	−1.1373
2.80	72.5234	7.2070	3.7707	2.9065	1.1672	0.1604	−0.2800	−0.5810	−0.8530	−0.9373	−1.0436	−1.0702	−1.1106
2.90	69.2521	7.3154	3.7928	2.9137	1.1569	0.1518	−0.2832	−0.5779	−0.8412	−0.9220	−1.0227	−1.0477	−1.0854
3.00	66.2770	7.4207	3.8136	2.9200	1.1467	0.1435	−0.2861	−0.5747	−0.8298	−0.9072	−1.0029	−1.0263	−1.0615
3.10	63.5614	7.5229	3.8330	2.9254	1.1364	0.1355	−0.2888	−0.5715	−0.8187	−0.8930	−0.9839	−1.0060	−1.0388
3.20	61.0741	7.6221	3.8512	2.9301	1.1263	0.1279	−0.2913	−0.5683	−0.8080	−0.8793	−0.9657	−0.9865	−1.0173
3.30	58.7886	7.7184	3.8682	2.9340	1.1162	0.1205	−0.2936	−0.5650	−0.7976	−0.8661	−0.9484	−0.9680	−0.9968
3.40	56.6821	7.8119	3.8840	2.9372	1.1062	0.1134	−0.2957	−0.5618	−0.7875	−0.8533	−0.9318	−0.9503	−0.9773
3.50	54.7351	7.9027	3.8988	2.9398	1.0963	0.1065	−0.2976	−0.5585	−0.7777	−0.8410	−0.9158	−0.9334	−0.9587
3.60	52.9307	7.9909	3.9126	2.9418	1.0865	0.0999	−0.2994	−0.5552	−0.7682	−0.8292	−0.9006	−0.9172	−0.9410
3.70	51.2543	8.0765	3.9255	2.9433	1.0769	0.0936	−0.3010	−0.5519	−0.7590	−0.8177	−0.8859	−0.9016	−0.9241
3.80	49.6930	8.1597	3.9374	2.9443	1.0673	0.0874	−0.3024	−0.5486	−0.7500	−0.8066	−0.8719	−0.8868	−0.9079
3.90	48.2357	8.2405	3.9485	2.9448	1.0578	0.0815	−0.3038	−0.5454	−0.7413	−0.7959	−0.8583	−0.8725	−0.8924
4.00	46.8726	8.3190	3.9589	2.9448	1.0485	0.0758	−0.3049	−0.5421	−0.7329	−0.7856	−0.8453	−0.8588	−0.8776
4.10	45.5950	8.3953	3.9684	2.9444	1.0393	0.0703	−0.3060	−0.5389	−0.7247	−0.7755	−0.8328	−0.8456	−0.8634
4.20	44.3953	8.4694	3.9773	2.9437	1.0302	0.0650	−0.3070	−0.5357	−0.7167	−0.7658	−0.8208	−0.8329	−0.8498
4.30	43.2667	8.5415	3.9855	2.9426	1.0213	0.0599	−0.3079	−0.5325	−0.7089	−0.7564	−0.8092	−0.8208	−0.8367
4.40	42.2031	8.6116	3.9930	2.9412	1.0124	0.0549	−0.3086	−0.5294	−0.7014	−0.7473	−0.7980	−0.8090	−0.8241
4.50	41.1992	8.6798	4.0000	2.9395	1.0037	0.0502	−0.3093	−0.5263	−0.6940	−0.7385	−0.7871	−0.7977	−0.8120
4.60	40.2500	8.7462	4.0064	2.9375	0.9951	0.0455	−0.3099	−0.5232	−0.6868	−0.7299	−0.7767	−0.7868	−0.8004
4.70	39.3514	8.8107	4.0122	2.9352	0.9867	0.0411	−0.3105	−0.5202	−0.6799	−0.7216	−0.7666	−0.7762	−0.7892
4.80	38.4994	8.8735	4.0176	2.9327	0.9783	0.0368	−0.3109	−0.5171	−0.6731	−0.7135	−0.7569	−0.7661	−0.7784
4.90	37.6905	8.9347	4.0225	2.9299	0.9701	0.0326	−0.3113	−0.5141	−0.6664	−0.7056	−0.7474	−0.7562	−0.7680
5.00	36.9214	8.9942	4.0269	2.9269	0.9620	0.0285	−0.3117	−0.5112	−0.6600	−0.6980	−0.7383	−0.7467	−0.7579
5.10	36.1895	9.0522	4.0308	2.9238	0.9540	0.0246	−0.3119	−0.5083	−0.6537	−0.6906	−0.7295	−0.7375	−0.7482
5.20	35.4919	9.1087	4.0344	2.9204	0.9462	0.0208	−0.3122	−0.5054	−0.6476	−0.6834	−0.7209	−0.7286	−0.7388
5.30	34.8264	9.1637	4.0376	2.9169	0.9384	0.0172	−0.3123	−0.5025	−0.6416	−0.6764	−0.7126	−0.7200	−0.7297
5.40	34.1908	9.2174	4.0404	2.9133	0.9308	0.0136	−0.3125	−0.4997	−0.6357	−0.6695	−0.7045	−0.7117	−0.7209

续表

C_s	α	0.001	0.01	0.02	0.10	0.30	0.50	0.70	0.90	0.95	0.99	0.995	0.999
5.50	33.5831	9.2696	4.0429	2.9094	0.9233	0.0102	−0.3125	−0.4969	−0.6300	−0.6629	−0.6967	−0.7036	−0.7124
5.60	33.0015	9.3206	4.0450	2.9055	0.9159	0.0068	−0.3126	−0.4942	−0.6245	−0.6564	−0.6891	−0.6957	−0.7042
5.70	32.4444	9.3703	4.0469	2.9014	0.9086	0.0036	−0.3126	−0.4915	−0.6190	−0.6501	−0.6817	−0.6881	−0.6962
5.80	31.9102	9.4187	4.0484	2.8972	0.9015	0.0005	−0.3125	−0.4888	−0.6137	−0.6440	−0.6746	−0.6807	−0.6884
5.90	31.3975	9.4660	4.0496	2.8929	0.8944	−0.0026	−0.3125	−0.4861	−0.6085	−0.6380	−0.6676	−0.6735	−0.6809
6.00	30.9051	9.5121	4.0506	2.8885	0.8874	−0.0056	−0.3123	−0.4835	−0.6034	−0.6321	−0.6608	−0.6665	−0.6736
6.10	30.4317	9.5571	4.0513	2.8840	0.8805	−0.0084	−0.3122	−0.4809	−0.5985	−0.6264	−0.6542	−0.6597	−0.6665
6.20	29.9762	9.6010	4.0518	2.8794	0.8738	−0.0112	−0.3120	−0.4784	−0.5936	−0.6208	−0.6478	−0.6530	−0.6596
6.30	29.5377	9.6439	4.0520	2.8747	0.8671	−0.0139	−0.3119	−0.4759	−0.5888	−0.6154	−0.6415	−0.6466	−0.6529
6.40	29.1151	9.6857	4.0521	2.8700	0.8606	−0.0166	−0.3116	−0.4734	−0.5842	−0.6101	−0.6354	−0.6403	−0.6464
6.50	28.7077	9.7266	4.0519	2.8651	0.8541	−0.0191	−0.3114	−0.4709	−0.5796	−0.6049	−0.6295	−0.6342	−0.6400
6.60	28.3146	9.7666	4.0515	2.8603	0.8477	−0.0216	−0.3111	−0.4685	−0.5752	−0.5998	−0.6237	−0.6283	−0.6338
6.70	27.9350	9.8056	4.0509	2.8553	0.8414	−0.0240	−0.3109	−0.4661	−0.5708	−0.5948	−0.6181	−0.6224	−0.6278
6.80	27.5683	9.8437	4.0502	2.8504	0.8352	−0.0264	−0.3106	−0.4637	−0.5665	−0.5900	−0.6125	−0.6168	−0.6220
6.90	27.2138	9.8809	4.0493	2.8453	0.8291	−0.0287	−0.3103	−0.4614	−0.5623	−0.5852	−0.6072	−0.6113	−0.6163
7.00	26.8708	9.9173	4.0482	2.8402	0.8231	−0.0309	−0.3099	−0.4591	−0.5582	−0.5806	−0.6019	−0.6059	−0.6107

表 3-3-27　四参数指数 Gamma 分布离均系数 Φ_p $(b=6.75)$

C_s	α	0.001	0.01	0.02	0.10	0.30	0.50	0.70	0.90	0.95	0.99	0.995	0.999
0.20	9303.7008	3.3853	2.4742	2.1601	1.3002	0.4988	−0.0332	−0.5469	−1.2576	−1.5861	−2.1811	−2.3923	−2.8165
0.30	4156.9090	3.5396	2.5482	2.2121	1.3074	0.4850	−0.0495	−0.5568	−1.2439	−1.5556	−2.1104	−2.3042	−2.6887
0.40	2355.4338	3.6975	2.6217	2.2629	1.3131	0.4706	−0.0655	−0.5658	−1.2293	−1.5247	−2.0414	−2.2191	−2.5671
0.50	1521.5046	3.8585	2.6943	2.3123	1.3173	0.4559	−0.0811	−0.5738	−1.2138	−1.4935	−1.9744	−2.1371	−2.4519
0.60	1068.3996	4.0217	2.7656	2.3600	1.3201	0.4409	−0.0963	−0.5808	−1.1976	−1.4622	−1.9095	−2.0585	−2.3431
0.70	795.0849	4.1864	2.8354	2.4059	1.3215	0.4256	−0.1108	−0.5870	−1.1809	−1.4310	−1.8469	−1.9834	−2.2407
0.80	617.5878	4.3521	2.9034	2.4498	1.3215	0.4103	−0.1248	−0.5922	−1.1637	−1.4002	−1.7869	−1.9118	−2.1444
0.90	495.7938	4.5179	2.9693	2.4915	1.3202	0.3950	−0.1382	−0.5965	−1.1463	−1.3697	−1.7293	−1.8437	−2.0541
1.00	408.5762	4.6833	3.0330	2.5310	1.3177	0.3797	−0.1508	−0.6000	−1.1287	−1.3399	−1.6743	−1.7791	−1.9696
1.10	343.9501	4.8478	3.0943	2.5683	1.3141	0.3645	−0.1629	−0.6027	−1.1110	−1.3106	−1.6218	−1.7179	−1.8906
1.20	294.7063	5.0107	3.1531	2.6033	1.3095	0.3496	−0.1742	−0.6047	−1.0934	−1.2821	−1.5719	−1.6601	−1.8168
1.30	256.2973	5.1717	3.2093	2.6361	1.3040	0.3350	−0.1848	−0.6061	−1.0759	−1.2544	−1.5244	−1.6055	−1.7478
1.40	225.7401	5.3303	3.2629	2.6666	1.2977	0.3206	−0.1948	−0.6068	−1.0586	−1.2275	−1.4794	−1.5539	−1.6834
1.50	201.0119	5.4862	3.3140	2.6950	1.2907	0.3066	−0.2042	−0.6070	−1.0415	−1.2015	−1.4366	−1.5053	−1.6232
1.60	180.7024	5.6393	3.3624	2.7213	1.2831	0.2930	−0.2129	−0.6068	−1.0247	−1.1763	−1.3961	−1.4594	−1.5670
1.70	163.8034	5.7891	3.4084	2.7455	1.2749	0.2798	−0.2211	−0.6060	−1.0083	−1.1520	−1.3577	−1.4162	−1.5145
1.80	149.5793	5.9357	3.4518	2.7678	1.2663	0.2669	−0.2286	−0.6049	−0.9922	−1.1286	−1.3213	−1.3753	−1.4654
1.90	137.4830	6.0788	3.4929	2.7883	1.2572	0.2545	−0.2357	−0.6035	−0.9765	−1.1061	−1.2867	−1.3368	−1.4194
2.00	127.1009	6.2184	3.5317	2.8071	1.2479	0.2425	−0.2422	−0.6018	−0.9612	−1.0844	−1.2540	−1.3005	−1.3764
2.10	118.1154	6.3544	3.5682	2.8242	1.2382	0.2309	−0.2483	−0.5998	−0.9464	−1.0635	−1.2230	−1.2661	−1.3360
2.20	110.2797	6.4868	3.6026	2.8397	1.2284	0.2197	−0.2539	−0.5975	−0.9319	−1.0435	−1.1935	−1.2337	−1.2981
2.30	103.3993	6.6157	3.6350	2.8538	1.2184	0.2090	−0.2590	−0.5951	−0.9178	−1.0242	−1.1656	−1.2030	−1.2624
2.40	97.3197	6.7409	3.6654	2.8666	1.2083	0.1986	−0.2638	−0.5925	−0.9042	−1.0056	−1.1390	−1.1739	−1.2289
2.50	91.9164	6.8627	3.6940	2.8780	1.1980	0.1886	−0.2683	−0.5898	−0.8909	−0.9878	−1.1138	−1.1464	−1.1973
2.60	87.0885	6.9810	3.7208	2.8883	1.1877	0.1790	−0.2723	−0.5869	−0.8781	−0.9706	−1.0897	−1.1203	−1.1675
2.70	82.7534	7.0958	3.7459	2.8974	1.1774	0.1697	−0.2761	−0.5840	−0.8656	−0.9541	−1.0669	−1.0955	−1.1394
2.80	78.8431	7.2074	3.7695	2.9055	1.1671	0.1608	−0.2796	−0.5809	−0.8535	−0.9382	−1.0451	−1.0719	−1.1128
2.90	75.3008	7.3157	3.7916	2.9127	1.1568	0.1522	−0.2828	−0.5778	−0.8418	−0.9229	−1.0243	−1.0495	−1.0877
3.00	72.0794	7.4208	3.8123	2.9189	1.1466	0.1440	−0.2857	−0.5747	−0.8304	−0.9082	−1.0045	−1.0282	−1.0638
3.10	69.1389	7.5228	3.8316	2.9243	1.1364	0.1360	−0.2884	−0.5715	−0.8194	−0.8940	−0.9856	−1.0079	−1.0412
3.20	66.4456	7.6218	3.8497	2.9289	1.1263	0.1284	−0.2909	−0.5682	−0.8087	−0.8804	−0.9675	−0.9885	−1.0197
3.30	63.9707	7.7180	3.8666	2.9327	1.1162	0.1210	−0.2932	−0.5650	−0.7983	−0.8672	−0.9502	−0.9700	−0.9993
3.40	61.6897	7.8113	3.8823	2.9359	1.1063	0.1139	−0.2953	−0.5617	−0.7883	−0.8545	−0.9336	−0.9524	−0.9798

续表

C_s	α	0.001	0.01	0.02	0.10	0.30	0.50	0.70	0.90	0.95	0.99	0.995	0.999
3.50	59.5813	7.9019	3.8971	2.9385	1.0964	0.1071	−0.2972	−0.5584	−0.7785	−0.8422	−0.9177	−0.9355	−0.9613
3.60	57.6274	7.9899	3.9108	2.9405	1.0866	0.1006	−0.2989	−0.5552	−0.7691	−0.8304	−0.9025	−0.9193	−0.9436
3.70	55.8120	8.0753	3.9235	2.9419	1.0770	0.0942	−0.3005	−0.5519	−0.7599	−0.8190	−0.8879	−0.9039	−0.9267
3.80	54.1213	8.1583	3.9354	2.9429	1.0675	0.0881	−0.3019	−0.5486	−0.7509	−0.8080	−0.8739	−0.8890	−0.9105
3.90	52.5432	8.2388	3.9465	2.9433	1.0581	0.0822	−0.3033	−0.5454	−0.7423	−0.7973	−0.8604	−0.8748	−0.8951
4.00	51.0671	8.3171	3.9567	2.9434	1.0488	0.0766	−0.3045	−0.5422	−0.7339	−0.7870	−0.8475	−0.8611	−0.8803
4.10	49.6836	8.3932	3.9662	2.9430	1.0396	0.0711	−0.3055	−0.5390	−0.7257	−0.7770	−0.8350	−0.8480	−0.8661
4.20	48.3844	8.4672	3.9750	2.9422	1.0305	0.0658	−0.3065	−0.5358	−0.7177	−0.7673	−0.8230	−0.8353	−0.8525
4.30	47.1621	8.5390	3.9831	2.9411	1.0216	0.0607	−0.3074	−0.5326	−0.7100	−0.7579	−0.8114	−0.8232	−0.8395
4.40	46.0103	8.6089	3.9906	2.9397	1.0128	0.0558	−0.3081	−0.5295	−0.7025	−0.7488	−0.8002	−0.8115	−0.8269
4.50	44.9231	8.6769	3.9975	2.9379	1.0042	0.0510	−0.3088	−0.5264	−0.6951	−0.7400	−0.7894	−0.8002	−0.8149
4.60	43.8952	8.7430	4.0039	2.9359	0.9956	0.0464	−0.3094	−0.5233	−0.6880	−0.7315	−0.7790	−0.7893	−0.8033
4.70	42.9220	8.8073	4.0097	2.9336	0.9872	0.0420	−0.3100	−0.5203	−0.6811	−0.7232	−0.7690	−0.7788	−0.7921
4.80	41.9993	8.8699	4.0150	2.9311	0.9789	0.0377	−0.3104	−0.5173	−0.6743	−0.7152	−0.7593	−0.7687	−0.7813
4.90	41.1232	8.9308	4.0198	2.9283	0.9707	0.0336	−0.3108	−0.5143	−0.6677	−0.7074	−0.7499	−0.7588	−0.7709
5.00	40.2903	8.9901	4.0241	2.9254	0.9627	0.0295	−0.3112	−0.5114	−0.6613	−0.6998	−0.7407	−0.7494	−0.7608
5.10	39.4976	9.0479	4.0281	2.9222	0.9547	0.0256	−0.3114	−0.5085	−0.6550	−0.6924	−0.7319	−0.7402	−0.7511
5.20	38.7421	9.1041	4.0316	2.9189	0.9469	0.0219	−0.3116	−0.5056	−0.6489	−0.6852	−0.7234	−0.7313	−0.7418
5.30	38.0213	9.1589	4.0347	2.9153	0.9392	0.0182	−0.3118	−0.5028	−0.6430	−0.6782	−0.7151	−0.7227	−0.7327
5.40	37.3329	9.2123	4.0375	2.9117	0.9317	0.0147	−0.3119	−0.5000	−0.6372	−0.6714	−0.7071	−0.7144	−0.7239
5.50	36.6748	9.2643	4.0400	2.9079	0.9242	0.0113	−0.3120	−0.4972	−0.6315	−0.6648	−0.6993	−0.7063	−0.7154
5.60	36.0449	9.3150	4.0421	2.9039	0.9168	0.0079	−0.3121	−0.4945	−0.6259	−0.6584	−0.6917	−0.6985	−0.7072
5.70	35.4414	9.3645	4.0439	2.8998	0.9096	0.0047	−0.3121	−0.4918	−0.6205	−0.6521	−0.6844	−0.6909	−0.6992
5.80	34.8628	9.4127	4.0454	2.8957	0.9025	0.0016	−0.3120	−0.4891	−0.6152	−0.6459	−0.6772	−0.6835	−0.6915
5.90	34.3075	9.4597	4.0466	2.8914	0.8954	−0.0014	−0.3120	−0.4865	−0.6101	−0.6400	−0.6703	−0.6763	−0.6840
6.00	33.7741	9.5056	4.0475	2.8870	0.8885	−0.0044	−0.3119	−0.4839	−0.6050	−0.6341	−0.6635	−0.6693	−0.6767
6.10	33.2614	9.5504	4.0482	2.8825	0.8817	−0.0072	−0.3117	−0.4813	−0.6001	−0.6285	−0.6569	−0.6625	−0.6696
6.20	32.7680	9.5941	4.0487	2.8779	0.8750	−0.0100	−0.3116	−0.4788	−0.5952	−0.6229	−0.6505	−0.6559	−0.6627
6.30	32.2930	9.6367	4.0489	2.8732	0.8683	−0.0127	−0.3114	−0.4763	−0.5905	−0.6175	−0.6443	−0.6495	−0.6560
6.40	31.8353	9.6784	4.0489	2.8685	0.8618	−0.0153	−0.3112	−0.4739	−0.5859	−0.6122	−0.6382	−0.6432	−0.6495
6.50	31.3940	9.7190	4.0487	2.8637	0.8554	−0.0178	−0.3109	−0.4714	−0.5813	−0.6070	−0.6323	−0.6371	−0.6432
6.60	30.9682	9.7587	4.0483	2.8589	0.8491	−0.0203	−0.3107	−0.4690	−0.5769	−0.6020	−0.6265	−0.6312	−0.6370
6.70	30.5570	9.7975	4.0477	2.8540	0.8428	−0.0227	−0.3104	−0.4666	−0.5725	−0.5970	−0.6209	−0.6254	−0.6310
6.80	30.1598	9.8354	4.0470	2.8490	0.8367	−0.0251	−0.3101	−0.4643	−0.5683	−0.5922	−0.6154	−0.6197	−0.6252
6.90	29.7758	9.8724	4.0460	2.8440	0.8306	−0.0273	−0.3098	−0.4620	−0.5641	−0.5875	−0.6100	−0.6142	−0.6194
7.00	29.4042	9.9086	4.0449	2.8389	0.8246	−0.0295	−0.3095	−0.4597	−0.5600	−0.5828	−0.6048	−0.6089	−0.6139

表 3-3-28 四参数指数 Gamma 分布离均系数 Φ_p ($b = 7.00$)

C_s	α	0.001	0.01	0.02	0.10	0.30	0.50	0.70	0.90	0.95	0.99	0.995	0.999
0.20	10043.1205	3.3853	2.4742	2.1601	1.3002	0.4988	−0.0332	−0.5469	−1.2576	−1.5861	−2.1811	−2.3923	−2.8166
0.30	4487.4605	3.5397	2.5482	2.2121	1.3074	0.4850	−0.0495	−0.5568	−1.2439	−1.5556	−2.1105	−2.3042	−2.6887
0.40	2542.8763	3.6977	2.6217	2.2629	1.3131	0.4706	−0.0655	−0.5658	−1.2293	−1.5247	−2.0415	−2.2192	−2.5672
0.50	1642.6996	3.8586	2.6943	2.3123	1.3173	0.4559	−0.0811	−0.5738	−1.2138	−1.4935	−1.9744	−2.1372	−2.4521
0.60	1153.5998	4.0219	2.7656	2.3600	1.3201	0.4409	−0.0962	−0.5808	−1.1976	−1.4622	−1.9096	−2.0587	−2.3434
0.70	858.5728	4.1868	2.8355	2.4059	1.3214	0.4256	−0.1108	−0.5869	−1.1809	−1.4311	−1.8471	−1.9836	−2.2410
0.80	666.9752	4.3525	2.9034	2.4497	1.3214	0.4103	−0.1248	−0.5921	−1.1637	−1.4002	−1.7870	−1.9120	−2.1448
0.90	535.5056	4.5184	2.9693	2.4915	1.3201	0.3949	−0.1381	−0.5964	−1.1463	−1.3698	−1.7295	−1.8440	−2.0546
1.00	441.3593	4.6839	3.0330	2.5310	1.3176	0.3797	−0.1508	−0.5999	−1.1287	−1.3399	−1.6746	−1.7795	−1.9702
1.10	371.5991	4.8484	3.0943	2.5682	1.3140	0.3646	−0.1628	−0.6026	−1.1110	−1.3107	−1.6222	−1.7184	−1.8913
1.20	318.4431	5.0114	3.1530	2.6032	1.3094	0.3496	−0.1741	−0.6046	−1.0934	−1.2822	−1.5723	−1.6606	−1.8176
1.30	276.9826	5.1724	3.2092	2.6359	1.3039	0.3350	−0.1847	−0.6060	−1.0759	−1.2546	−1.5249	−1.6061	−1.7487
1.40	243.9977	5.3311	3.2628	2.6664	1.2976	0.3207	−0.1947	−0.6067	−1.0586	−1.2277	−1.4799	−1.5546	−1.6844

续表

C_s	α	0.001	0.01	0.02	0.10	0.30	0.50	0.70	0.90	0.95	0.99	0.995	0.999
1.50	217.3049	5.4871	3.3138	2.6947	1.2906	0.3067	−0.2041	−0.6069	−1.0416	−1.2017	−1.4372	−1.5060	−1.6243
1.60	195.3817	5.6402	3.3622	2.7210	1.2829	0.2931	−0.2128	−0.6066	−1.0248	−1.1766	−1.3968	−1.4602	−1.5682
1.70	177.1400	5.7901	3.4081	2.7452	1.2748	0.2799	−0.2209	−0.6059	−1.0084	−1.1524	−1.3584	−1.4171	−1.5158
1.80	161.7857	5.9366	3.4515	2.7675	1.2661	0.2670	−0.2285	−0.6048	−0.9924	−1.1290	−1.3221	−1.3763	−1.4668
1.90	148.7282	6.0797	3.4925	2.7879	1.2571	0.2547	−0.2355	−0.6034	−0.9767	−1.1065	−1.2876	−1.3379	−1.4209
2.00	137.5211	6.2193	3.5312	2.8066	1.2477	0.2427	−0.2420	−0.6016	−0.9615	−1.0848	−1.2550	−1.3016	−1.3779
2.10	127.8215	6.3553	3.5677	2.8236	1.2381	0.2311	−0.2480	−0.5996	−0.9466	−1.0640	−1.2240	−1.2673	−1.3376
2.20	119.3630	6.4877	3.6020	2.8391	1.2282	0.2200	−0.2536	−0.5974	−0.9322	−1.0440	−1.1946	−1.2349	−1.2997
2.30	111.9358	6.6165	3.6343	2.8532	1.2182	0.2092	−0.2588	−0.5950	−0.9181	−1.0247	−1.1667	−1.2043	−1.2642
2.40	105.3730	6.7417	3.6646	2.8659	1.2081	0.1988	−0.2635	−0.5924	−0.9045	−1.0062	−1.1402	−1.1753	−1.2307
2.50	99.5401	6.8633	3.6931	2.8773	1.1979	0.1889	−0.2680	−0.5896	−0.8913	−0.9884	−1.1150	−1.1478	−1.1992
2.60	94.3285	6.9815	3.7199	2.8875	1.1876	0.1793	−0.2720	−0.5868	−0.8785	−0.9713	−1.0910	−1.1218	−1.1695
2.70	89.6487	7.0963	3.7449	2.8966	1.1773	0.1701	−0.2758	−0.5838	−0.8660	−0.9548	−1.0682	−1.0970	−1.1414
2.80	85.4275	7.2077	3.7684	2.9046	1.1670	0.1612	−0.2792	−0.5808	−0.8540	−0.9390	−1.0465	−1.0735	−1.1149
2.90	81.6036	7.3158	3.7904	2.9117	1.1568	0.1526	−0.2824	−0.5777	−0.8423	−0.9238	−1.0258	−1.0512	−1.0897
3.00	78.1260	7.4208	3.8110	2.9179	1.1465	0.1444	−0.2853	−0.5746	−0.8310	−0.9091	−1.0060	−1.0299	−1.0659
3.10	74.9516	7.5227	3.8303	2.9232	1.1364	0.1365	−0.2880	−0.5714	−0.8200	−0.8950	−0.9871	−1.0097	−1.0434
3.20	72.0441	7.6216	3.8483	2.9278	1.1263	0.1289	−0.2905	−0.5682	−0.8093	−0.8813	−0.9691	−0.9904	−1.0219
3.30	69.3723	7.7176	3.8651	2.9316	1.1162	0.1215	−0.2928	−0.5649	−0.7990	−0.8682	−0.9518	−0.9719	−1.0015
3.40	66.9099	7.8107	3.8808	2.9348	1.1063	0.1145	−0.2948	−0.5617	−0.7890	−0.8556	−0.9353	−0.9543	−0.9821
3.50	64.6338	7.9011	3.8954	2.9373	1.0965	0.1077	−0.2967	−0.5584	−0.7792	−0.8434	−0.9195	−0.9375	−0.9636
3.60	62.5244	7.9889	3.9091	2.9393	1.0868	0.1011	−0.2985	−0.5551	−0.7698	−0.8316	−0.9043	−0.9213	−0.9459
3.70	60.5646	8.0742	3.9218	2.9407	1.0771	0.0948	−0.3001	−0.5519	−0.7607	−0.8202	−0.8898	−0.9059	−0.9291
3.80	58.7393	8.1569	3.9336	2.9416	1.0676	0.0888	−0.3015	−0.5486	−0.7518	−0.8092	−0.8758	−0.8911	−0.9130
3.90	57.0356	8.2373	3.9445	2.9420	1.0583	0.0829	−0.3028	−0.5454	−0.7431	−0.7985	−0.8623	−0.8769	−0.8976
4.00	55.4420	8.3154	3.9547	2.9420	1.0490	0.0773	−0.3040	−0.5422	−0.7348	−0.7883	−0.8494	−0.8633	−0.8828
4.10	53.9483	8.3913	3.9642	2.9416	1.0399	0.0718	−0.3051	−0.5390	−0.7266	−0.7783	−0.8370	−0.8502	−0.8687
4.20	52.5457	8.4650	3.9729	2.9408	1.0308	0.0665	−0.3060	−0.5359	−0.7187	−0.7687	−0.8250	−0.8376	−0.8551
4.30	51.2261	8.5367	3.9810	2.9397	1.0220	0.0615	−0.3069	−0.5327	−0.7110	−0.7593	−0.8134	−0.8254	−0.8421
4.40	49.9826	8.6064	3.9884	2.9382	1.0132	0.0566	−0.3077	−0.5296	−0.7035	−0.7503	−0.8023	−0.8137	−0.8295
4.50	48.8088	8.6741	3.9953	2.9365	1.0046	0.0518	−0.3084	−0.5265	−0.6962	−0.7415	−0.7916	−0.8025	−0.8175
4.60	47.6990	8.7400	4.0015	2.9345	0.9961	0.0473	−0.3090	−0.5235	−0.6891	−0.7330	−0.7812	−0.7916	−0.8059
4.70	46.6483	8.8041	4.0073	2.9322	0.9877	0.0429	−0.3095	−0.5205	−0.6822	−0.7248	−0.7712	−0.7812	−0.7947
4.80	45.6520	8.8665	4.0125	2.9296	0.9794	0.0386	−0.3100	−0.5175	−0.6755	−0.7167	−0.7615	−0.7710	−0.7840
4.90	44.7061	8.9272	4.0173	2.9269	0.9713	0.0344	−0.3103	−0.5145	−0.6689	−0.7090	−0.7521	−0.7613	−0.7736
5.00	43.8069	8.9863	4.0216	2.9239	0.9633	0.0304	−0.3107	−0.5116	−0.6625	−0.7014	−0.7430	−0.7518	−0.7636
5.10	42.9510	9.0438	4.0255	2.9207	0.9554	0.0266	−0.3110	−0.5087	−0.6563	−0.6940	−0.7342	−0.7427	−0.7539
5.20	42.1353	9.0998	4.0290	2.9174	0.9476	0.0228	−0.3112	−0.5059	−0.6502	−0.6869	−0.7257	−0.7338	−0.7445
5.30	41.3571	9.1544	4.0321	2.9139	0.9400	0.0192	−0.3114	−0.5030	−0.6443	−0.6799	−0.7174	−0.7252	−0.7355
5.40	40.6138	9.2076	4.0349	2.9102	0.9324	0.0157	−0.3115	−0.5003	−0.6385	−0.6732	−0.7094	−0.7169	−0.7267
5.50	39.9031	9.2594	4.0373	2.9064	0.9250	0.0123	−0.3116	−0.4975	−0.6328	−0.6666	−0.7016	−0.7088	−0.7182
5.60	39.2230	9.3099	4.0393	2.9025	0.9177	0.0090	−0.3116	−0.4948	−0.6273	−0.6601	−0.6941	−0.7010	−0.7100
5.70	38.5714	9.3591	4.0411	2.8984	0.9105	0.0058	−0.3116	−0.4921	−0.6219	−0.6539	−0.6868	−0.6934	−0.7021
5.80	37.9467	9.4071	4.0426	2.8942	0.9034	0.0027	−0.3116	−0.4895	−0.6166	−0.6478	−0.6796	−0.6861	−0.6943
5.90	37.3471	9.4539	4.0438	2.8899	0.8964	−0.0003	−0.3115	−0.4869	−0.6115	−0.6418	−0.6727	−0.6789	−0.6868
6.00	36.7711	9.4996	4.0447	2.8856	0.8895	−0.0033	−0.3114	−0.4843	−0.6065	−0.6360	−0.6660	−0.6719	−0.6796
6.10	36.2174	9.5441	4.0454	2.8811	0.8827	−0.0061	−0.3113	−0.4817	−0.6015	−0.6304	−0.6594	−0.6652	−0.6725
6.20	35.6847	9.5876	4.0458	2.8765	0.8761	−0.0089	−0.3111	−0.4792	−0.5967	−0.6248	−0.6530	−0.6586	−0.6656
6.30	35.1718	9.6301	4.0460	2.8719	0.8695	−0.0115	−0.3109	−0.4767	−0.5920	−0.6194	−0.6468	−0.6522	−0.6589
6.40	34.6776	9.6715	4.0460	2.8672	0.8630	−0.0142	−0.3107	−0.4743	−0.5874	−0.6142	−0.6407	−0.6459	−0.6524
6.50	34.2010	9.7119	4.0458	2.8624	0.8566	−0.0167	−0.3105	−0.4719	−0.5829	−0.6090	−0.6348	−0.6398	−0.6461
6.60	33.7412	9.7514	4.0454	2.8576	0.8503	−0.0191	−0.3103	−0.4695	−0.5785	−0.6040	−0.6291	−0.6339	−0.6399
6.70	33.2972	9.7900	4.0448	2.8527	0.8441	−0.0215	−0.3100	−0.4671	−0.5742	−0.5991	−0.6234	−0.6281	−0.6339
6.80	32.8682	9.8277	4.0440	2.8478	0.8380	−0.0239	−0.3097	−0.4648	−0.5699	−0.5942	−0.6180	−0.6225	−0.6281

续表

C_s	α	0.001	0.01	0.02	0.10	0.30	0.50	0.70	0.90	0.95	0.99	0.995	0.999
6.90	32.4535	9.8645	4.0431	2.8428	0.8320	−0.0261	−0.3094	−0.4625	−0.5658	−0.5895	−0.6126	−0.6170	−0.6224
7.00	32.0523	9.9005	4.0420	2.8378	0.8260	−0.0283	−0.3091	−0.4602	−0.5617	−0.5849	−0.6074	−0.6116	−0.6169

表 3-3-29 四参数指数 Gamma 分布离均系数 Φ_p $(b = 7.25)$

C_s	α	0.001	0.01	0.02	0.10	0.30	0.50	0.70	0.90	0.95	0.99	0.995	0.999
0.20	10810.7924	3.3854	2.4743	2.1601	1.3002	0.4988	−0.0332	−0.5469	−1.2576	−1.5861	−2.1811	−2.3923	−2.8166
0.30	4830.6587	3.5397	2.5482	2.2121	1.3074	0.4850	−0.0495	−0.5568	−1.2439	−1.5556	−2.1105	−2.3043	−2.6888
0.40	2737.4949	3.6978	2.6217	2.2629	1.3131	0.4706	−0.0655	−0.5658	−1.2293	−1.5247	−2.0415	−2.2192	−2.5673
0.50	1768.5390	3.8588	2.6943	2.3123	1.3173	0.4559	−0.0811	−0.5738	−1.2138	−1.4935	−1.9745	−2.1373	−2.4522
0.60	1242.0688	4.0222	2.7657	2.3600	1.3200	0.4409	−0.0962	−0.5808	−1.1976	−1.4622	−1.9097	−2.0588	−2.3436
0.70	924.4997	4.1871	2.8355	2.4059	1.3214	0.4256	−0.1108	−0.5869	−1.1809	−1.4311	−1.8472	−1.9838	−2.2413
0.80	718.2627	4.3529	2.9035	2.4497	1.3214	0.4103	−0.1248	−0.5921	−1.1637	−1.4003	−1.7872	−1.9122	−2.1452
0.90	576.7480	4.5189	2.9694	2.4914	1.3200	0.3949	−0.1381	−0.5964	−1.1463	−1.3699	−1.7297	−1.8443	−2.0551
1.00	475.4080	4.6844	3.0330	2.5309	1.3175	0.3797	−0.1507	−0.5999	−1.1287	−1.3400	−1.6748	−1.7798	−1.9708
1.10	400.3175	4.8490	3.0943	2.5681	1.3139	0.3646	−0.1627	−0.6026	−1.1110	−1.3108	−1.6225	−1.7188	−1.8919
1.20	343.0999	5.0121	3.1530	2.6031	1.3093	0.3497	−0.1740	−0.6046	−1.0934	−1.2824	−1.5727	−1.6611	−1.8183
1.30	298.4714	5.1732	3.2092	2.6358	1.3038	0.3350	−0.1847	−0.6059	−1.0760	−1.2547	−1.5253	−1.6066	−1.7495
1.40	262.9660	5.3319	3.2627	2.6662	1.2975	0.3207	−0.1946	−0.6066	−1.0587	−1.2279	−1.4804	−1.5552	−1.6853
1.50	234.2335	5.4880	3.3137	2.6945	1.2905	0.3067	−0.2039	−0.6068	−1.0417	−1.2019	−1.4378	−1.5067	−1.6253
1.60	210.6349	5.6410	3.3620	2.7207	1.2828	0.2931	−0.2126	−0.6065	−1.0249	−1.1768	−1.3974	−1.4610	−1.5693
1.70	190.9992	5.7910	3.4079	2.7449	1.2746	0.2799	−0.2207	−0.6058	−1.0086	−1.1526	−1.3591	−1.4179	−1.5170
1.80	174.4715	5.9375	3.4512	2.7671	1.2659	0.2672	−0.2283	−0.6047	−0.9925	−1.1293	−1.3228	−1.3772	−1.4680
1.90	160.4161	6.0806	3.4922	2.7875	1.2569	0.2548	−0.2353	−0.6033	−0.9769	−1.1069	−1.2884	−1.3389	−1.4222
2.00	148.3524	6.2202	3.5308	2.8061	1.2475	0.2428	−0.2418	−0.6015	−0.9617	−1.0853	−1.2558	−1.3027	−1.3793
2.10	137.9115	6.3561	3.5672	2.8231	1.2379	0.2313	−0.2478	−0.5995	−0.9468	−1.0645	−1.2249	−1.2684	−1.3391
2.20	128.8065	6.4885	3.6015	2.8386	1.2281	0.2201	−0.2534	−0.5973	−0.9324	−1.0445	−1.1956	−1.2361	−1.3013
2.30	120.8116	6.6172	3.6337	2.8526	1.2181	0.2094	−0.2585	−0.5948	−0.9184	−1.0253	−1.1677	−1.2055	−1.2658
2.40	113.7470	6.7423	3.6639	2.8652	1.2080	0.1991	−0.2633	−0.5923	−0.9048	−1.0068	−1.1413	−1.1766	−1.2324
2.50	107.4683	6.8639	3.6924	2.8766	1.1978	0.1891	−0.2677	−0.5895	−0.8916	−0.9890	−1.1162	−1.1492	−1.2009
2.60	101.8581	6.9820	3.7190	2.8867	1.1875	0.1796	−0.2717	−0.5867	−0.8788	−0.9720	−1.0923	−1.1232	−1.1712
2.70	96.8206	7.0967	3.7440	2.8958	1.1772	0.1704	−0.2755	−0.5837	−0.8664	−0.9556	−1.0695	−1.0985	−1.1432
2.80	92.2766	7.2080	3.7674	2.9038	1.1670	0.1615	−0.2789	−0.5807	−0.8544	−0.9398	−1.0478	−1.0751	−1.1167
2.90	88.1603	7.3160	3.7893	2.9108	1.1567	0.1530	−0.2821	−0.5776	−0.8428	−0.9246	−1.0272	−1.0528	−1.0917
3.00	84.4167	7.4209	3.8099	2.9169	1.1465	0.1448	−0.2850	−0.5745	−0.8315	−0.9099	−1.0074	−1.0315	−1.0679
3.10	80.9996	7.5226	3.8290	2.9223	1.1363	0.1369	−0.2877	−0.5713	−0.8205	−0.8958	−0.9886	−1.0113	−1.0454
3.20	77.8697	7.6213	3.8470	2.9268	1.1263	0.1293	−0.2901	−0.5681	−0.8099	−0.8823	−0.9706	−0.9921	−1.0240
3.30	74.9936	7.7172	3.8637	2.9306	1.1163	0.1220	−0.2924	−0.5649	−0.7996	−0.8692	−0.9534	−0.9737	−1.0036
3.40	72.3427	7.8102	3.8793	2.9337	1.1064	0.1150	−0.2945	−0.5616	−0.7896	−0.8565	−0.9369	−0.9561	−0.9842
3.50	69.8925	7.9004	3.8939	2.9362	1.0966	0.1082	−0.2964	−0.5584	−0.7799	−0.8444	−0.9211	−0.9393	−0.9658
3.60	67.6217	7.9880	3.9075	2.9381	1.0869	0.1017	−0.2981	−0.5551	−0.7705	−0.8326	−0.9060	−0.9232	−0.9481
3.70	65.5119	8.0731	3.9201	2.9395	1.0773	0.0954	−0.2997	−0.5519	−0.7614	−0.8213	−0.8915	−0.9078	−0.9313
3.80	63.5470	8.1557	3.9319	2.9404	1.0678	0.0894	−0.3011	−0.5486	−0.7525	−0.8103	−0.8775	−0.8930	−0.9152
3.90	61.7129	8.2359	3.9428	2.9408	1.0584	0.0835	−0.3024	−0.5454	−0.7439	−0.7997	−0.8641	−0.8789	−0.8999
4.00	59.9973	8.3138	3.9529	2.9408	1.0492	0.0779	−0.3036	−0.5422	−0.7356	−0.7895	−0.8512	−0.8653	−0.8851
4.10	58.3893	8.3895	3.9623	2.9403	1.0401	0.0725	−0.3046	−0.5391	−0.7275	−0.7795	−0.8388	−0.8522	−0.8710
4.20	56.8793	8.4631	3.9709	2.9396	1.0311	0.0672	−0.3056	−0.5359	−0.7196	−0.7699	−0.8269	−0.8396	−0.8575
4.30	55.4587	8.5345	3.9790	2.9384	1.0223	0.0622	−0.3065	−0.5328	−0.7119	−0.7606	−0.8153	−0.8275	−0.8444
4.40	54.1199	8.6040	3.9863	2.9369	1.0136	0.0573	−0.3072	−0.5297	−0.7044	−0.7516	−0.8042	−0.8159	−0.8319
4.50	52.8562	8.6716	3.9931	2.9352	1.0050	0.0526	−0.3079	−0.5266	−0.6972	−0.7429	−0.7935	−0.8046	−0.8199
4.60	51.6615	8.7373	3.9994	2.9331	0.9965	0.0480	−0.3085	−0.5236	−0.6901	−0.7344	−0.7832	−0.7938	−0.8083
4.70	50.5302	8.8012	4.0051	2.9308	0.9881	0.0436	−0.3091	−0.5206	−0.6832	−0.7262	−0.7732	−0.7833	−0.7972
4.80	49.4577	8.8633	4.0103	2.9283	0.9799	0.0394	−0.3095	−0.5176	−0.6765	−0.7182	−0.7635	−0.7732	−0.7865

续表

C_s	α	0.001	0.01	0.02	0.10	0.30	0.50	0.70	0.90	0.95	0.99	0.995	0.999
4.90	48.4393	8.9238	4.0150	2.9255	0.9718	0.0353	−0.3099	−0.5147	−0.6700	−0.7104	−0.7541	−0.7635	−0.7761
5.00	47.4712	8.9827	4.0193	2.9226	0.9638	0.0313	−0.3102	−0.5118	−0.6636	−0.7029	−0.7451	−0.7541	−0.7661
5.10	46.5497	9.0400	4.0231	2.9194	0.9560	0.0274	−0.3105	−0.5089	−0.6574	−0.6956	−0.7363	−0.7449	−0.7564
5.20	45.6715	9.0959	4.0266	2.9161	0.9483	0.0237	−0.3107	−0.5061	−0.6514	−0.6884	−0.7278	−0.7361	−0.7471
5.30	44.8336	9.1502	4.0297	2.9125	0.9406	0.0201	−0.3109	−0.5033	−0.6454	−0.6815	−0.7196	−0.7275	−0.7380
5.40	44.0333	9.2032	4.0324	2.9089	0.9331	0.0166	−0.3110	−0.5005	−0.6397	−0.6748	−0.7116	−0.7192	−0.7293
5.50	43.2682	9.2548	4.0348	2.9051	0.9257	0.0132	−0.3111	−0.4978	−0.6341	−0.6682	−0.7038	−0.7112	−0.7208
5.60	42.5359	9.3051	4.0368	2.9012	0.9185	0.0099	−0.3112	−0.4951	−0.6286	−0.6618	−0.6963	−0.7034	−0.7126
5.70	41.8344	9.3541	4.0385	2.8971	0.9113	0.0067	−0.3112	−0.4924	−0.6232	−0.6556	−0.6890	−0.6958	−0.7047
5.80	41.1617	9.4019	4.0400	2.8929	0.9043	0.0036	−0.3111	−0.4898	−0.6180	−0.6495	−0.6819	−0.6885	−0.6970
5.90	40.5161	9.4485	4.0412	2.8887	0.8973	0.0006	−0.3111	−0.4872	−0.6128	−0.6436	−0.6750	−0.6813	−0.6895
6.00	39.8960	9.4940	4.0421	2.8843	0.8905	−0.0023	−0.3110	−0.4846	−0.6078	−0.6378	−0.6683	−0.6744	−0.6822
6.10	39.2999	9.5383	4.0427	2.8798	0.8837	−0.0051	−0.3109	−0.4821	−0.6029	−0.6321	−0.6617	−0.6676	−0.6752
6.20	38.7263	9.5816	4.0431	2.8753	0.8771	−0.0078	−0.3107	−0.4796	−0.5981	−0.6266	−0.6553	−0.6610	−0.6683
6.30	38.1740	9.6239	4.0433	2.8707	0.8705	−0.0105	−0.3105	−0.4771	−0.5934	−0.6212	−0.6491	−0.6546	−0.6616
6.40	37.6419	9.6651	4.0433	2.8660	0.8641	−0.0131	−0.3103	−0.4747	−0.5889	−0.6160	−0.6431	−0.6484	−0.6551
6.50	37.1287	9.7053	4.0431	2.8612	0.8577	−0.0156	−0.3101	−0.4723	−0.5844	−0.6109	−0.6372	−0.6423	−0.6488
6.60	36.6336	9.7446	4.0427	2.8564	0.8515	−0.0181	−0.3099	−0.4699	−0.5800	−0.6058	−0.6315	−0.6364	−0.6427
6.70	36.1555	9.7830	4.0421	2.8515	0.8453	−0.0204	−0.3096	−0.4676	−0.5757	−0.6009	−0.6259	−0.6307	−0.6367
6.80	35.6936	9.8205	4.0413	2.8466	0.8392	−0.0227	−0.3093	−0.4653	−0.5714	−0.5961	−0.6204	−0.6250	−0.6308
6.90	35.2471	9.8571	4.0403	2.8417	0.8332	−0.0250	−0.3090	−0.4630	−0.5673	−0.5915	−0.6150	−0.6196	−0.6252
7.00	34.8151	9.8929	4.0392	2.8367	0.8273	−0.0272	−0.3087	−0.4607	−0.5632	−0.5869	−0.6098	−0.6142	−0.6196

表 3-3-30　四参数指数 Gamma 分布离均系数 Φ_p $(b = 7.50)$

C_s	α	0.001	0.01	0.02	0.10	0.30	0.50	0.70	0.90	0.95	0.99	0.995	0.999
0.20	11606.7573	3.3854	2.4743	2.1601	1.3002	0.4988	−0.0332	−0.5469	−1.2576	−1.5861	−2.1812	−2.3923	−2.8166
0.30	5186.5000	3.5398	2.5483	2.2121	1.3074	0.4850	−0.0495	−0.5568	−1.2439	−1.5556	−2.1105	−2.3043	−2.6889
0.40	2939.2897	3.6979	2.6217	2.2629	1.3131	0.4706	−0.0655	−0.5657	−1.2293	−1.5247	−2.0415	−2.2193	−2.5674
0.50	1899.0229	3.8590	2.6943	2.3123	1.3173	0.4559	−0.0811	−0.5737	−1.2138	−1.4935	−1.9746	−2.1374	−2.4524
0.60	1333.8067	4.0224	2.7657	2.3600	1.3200	0.4409	−0.0962	−0.5808	−1.1976	−1.4622	−1.9098	−2.0589	−2.3438
0.70	992.8658	4.1874	2.8355	2.4059	1.3213	0.4256	−0.1108	−0.5869	−1.1809	−1.4311	−1.8473	−1.9839	−2.2416
0.80	771.4506	4.3532	2.9035	2.4497	1.3213	0.4103	−0.1247	−0.5920	−1.1637	−1.4003	−1.7874	−1.9125	−2.1456
0.90	619.5208	4.5193	2.9694	2.4914	1.3200	0.3949	−0.1381	−0.5963	−1.1463	−1.3699	−1.7299	−1.8445	−2.0556
1.00	510.7225	4.6849	3.0330	2.5309	1.3175	0.3797	−0.1507	−0.5998	−1.1287	−1.3401	−1.6751	−1.7801	−1.9713
1.10	430.1055	4.8496	3.0942	2.5681	1.3139	0.3646	−0.1627	−0.6025	−1.1111	−1.3109	−1.6228	−1.7192	−1.8926
1.20	368.6767	5.0127	3.1530	2.6030	1.3092	0.3497	−0.1740	−0.6045	−1.0935	−1.2825	−1.5730	−1.6616	−1.8190
1.30	320.7635	5.1739	3.2091	2.6356	1.3037	0.3350	−0.1846	−0.6058	−1.0760	−1.2549	−1.5257	−1.6072	−1.7503
1.40	282.6449	5.3326	3.2626	2.6661	1.2974	0.3207	−0.1945	−0.6066	−1.0587	−1.2281	−1.4809	−1.5558	−1.6861
1.50	251.7976	5.4887	3.3135	2.6943	1.2903	0.3068	−0.2038	−0.6067	−1.0417	−1.2021	−1.4383	−1.5074	−1.6263
1.60	226.4621	5.6418	3.3619	2.7205	1.2827	0.2932	−0.2125	−0.6064	−1.0250	−1.1771	−1.3980	−1.4617	−1.5703
1.70	205.3811	5.7918	3.4077	2.7446	1.2745	0.2800	−0.2206	−0.6057	−1.0087	−1.1529	−1.3597	−1.4187	−1.5181
1.80	187.6368	5.9383	3.4510	2.7668	1.2658	0.2672	−0.2281	−0.6046	−0.9927	−1.1296	−1.3235	−1.3781	−1.4692
1.90	172.5467	6.0814	3.4919	2.7871	1.2568	0.2549	−0.2351	−0.6031	−0.9771	−1.1072	−1.2892	−1.3398	−1.4234
2.00	159.5950	6.2210	3.5304	2.8057	1.2474	0.2429	−0.2416	−0.6014	−0.9618	−1.0856	−1.2566	−1.3036	−1.3806
2.10	148.3854	6.3569	3.5668	2.8227	1.2378	0.2314	−0.2476	−0.5994	−0.9470	−1.0649	−1.2258	−1.2695	−1.3404
2.20	138.6101	6.4892	3.6009	2.8381	1.2279	0.2203	−0.2531	−0.5972	−0.9327	−1.0449	−1.1965	−1.2372	−1.3027
2.30	130.0266	6.6179	3.6331	2.8520	1.2180	0.2096	−0.2583	−0.5947	−0.9187	−1.0258	−1.1687	−1.2067	−1.2673
2.40	122.4419	6.7429	3.6633	2.8646	1.2078	0.1993	−0.2630	−0.5921	−0.9051	−1.0073	−1.1423	−1.1778	−1.2339
2.50	115.7008	6.8644	3.6916	2.8759	1.1976	0.1894	−0.2674	−0.5894	−0.8920	−0.9896	−1.1172	−1.1504	−1.2025
2.60	109.6776	6.9825	3.7182	2.8860	1.1874	0.1798	−0.2715	−0.5866	−0.8792	−0.9726	−1.0934	−1.1245	−1.1729
2.70	104.2691	7.0970	3.7431	2.8950	1.1771	0.1707	−0.2752	−0.5836	−0.8668	−0.9562	−1.0707	−1.0999	−1.1449
2.80	99.3904	7.2082	3.7665	2.9030	1.1669	0.1618	−0.2786	−0.5806	−0.8548	−0.9404	−1.0490	−1.0765	−1.1185

续表

C_s	α	0.001	0.01	0.02	0.10	0.30	0.50	0.70	0.90	0.95	0.99	0.995	0.999
2.90	94.9710	7.3162	3.7883	2.9100	1.1566	0.1533	−0.2818	−0.5775	−0.8432	−0.9253	−1.0284	−1.0542	−1.0935
3.00	90.9517	7.4209	3.8088	2.9161	1.1465	0.1451	−0.2847	−0.5744	−0.8319	−0.9107	−1.0087	−1.0330	−1.0697
3.10	87.2828	7.5225	3.8279	2.9213	1.1363	0.1373	−0.2874	−0.5712	−0.8210	−0.8966	−0.9900	−1.0129	−1.0472
3.20	83.9224	7.6211	3.8458	2.9258	1.1263	0.1297	−0.2898	−0.5680	−0.8104	−0.8831	−0.9720	−0.9936	−1.0259
3.30	80.8344	7.7168	3.8624	2.9296	1.1163	0.1224	−0.2921	−0.5648	−0.8002	−0.8700	−0.9548	−0.9753	−1.0055
3.40	77.9882	7.8096	3.8780	2.9327	1.1064	0.1154	−0.2941	−0.5616	−0.7902	−0.8575	−0.9384	−0.9577	−0.9862
3.50	75.3575	7.8998	3.8925	2.9352	1.0966	0.1087	−0.2960	−0.5583	−0.7805	−0.8453	−0.9226	−0.9410	−0.9678
3.60	72.9194	7.9872	3.9060	2.9371	1.0869	0.1022	−0.2977	−0.5551	−0.7712	−0.8336	−0.9075	−0.9249	−0.9502
3.70	70.6541	8.0721	3.9186	2.9384	1.0774	0.0959	−0.2993	−0.5519	−0.7621	−0.8223	−0.8930	−0.9096	−0.9334
3.80	68.5443	8.1545	3.9303	2.9393	1.0679	0.0899	−0.3007	−0.5487	−0.7533	−0.8114	−0.8791	−0.8948	−0.9173
3.90	66.5751	8.2346	3.9411	2.9397	1.0586	0.0841	−0.3020	−0.5455	−0.7447	−0.8008	−0.8657	−0.8807	−0.9020
4.00	64.7330	8.3123	3.9512	2.9396	1.0494	0.0785	−0.3032	−0.5423	−0.7364	−0.7906	−0.8529	−0.8671	−0.8873
4.10	63.0065	8.3878	3.9605	2.9392	1.0403	0.0731	−0.3043	−0.5391	−0.7283	−0.7807	−0.8405	−0.8541	−0.8732
4.20	61.3851	8.4612	3.9691	2.9384	1.0314	0.0679	−0.3052	−0.5360	−0.7204	−0.7711	−0.8286	−0.8415	−0.8597
4.30	59.8598	8.5325	3.9771	2.9372	1.0226	0.0628	−0.3061	−0.5329	−0.7127	−0.7618	−0.8171	−0.8294	−0.8467
4.40	58.4223	8.6018	3.9844	2.9357	1.0139	0.0580	−0.3068	−0.5298	−0.7053	−0.7528	−0.8060	−0.8178	−0.8342
4.50	57.0654	8.6691	3.9912	2.9340	1.0053	0.0533	−0.3075	−0.5267	−0.6981	−0.7441	−0.7953	−0.8066	−0.8222
4.60	55.7825	8.7347	3.9974	2.9319	0.9969	0.0488	−0.3081	−0.5237	−0.6910	−0.7357	−0.7850	−0.7958	−0.8106
4.70	54.5679	8.7984	4.0030	2.9296	0.9886	0.0444	−0.3086	−0.5207	−0.6842	−0.7275	−0.7750	−0.7854	−0.7995
4.80	53.4162	8.8603	4.0082	2.9270	0.9804	0.0401	−0.3091	−0.5178	−0.6775	−0.7195	−0.7654	−0.7753	−0.7888
4.90	52.3227	8.9207	4.0129	2.9243	0.9723	0.0360	−0.3095	−0.5148	−0.6710	−0.7118	−0.7561	−0.7656	−0.7784
5.00	51.2832	8.9794	4.0171	2.9213	0.9644	0.0321	−0.3098	−0.5119	−0.6646	−0.7043	−0.7470	−0.7562	−0.7684
5.10	50.2936	9.0365	4.0210	2.9181	0.9565	0.0282	−0.3101	−0.5091	−0.6585	−0.6970	−0.7383	−0.7470	−0.7588
5.20	49.3506	9.0921	4.0244	2.9148	0.9488	0.0245	−0.3103	−0.5063	−0.6524	−0.6899	−0.7298	−0.7382	−0.7495
5.30	48.4509	9.1463	4.0274	2.9113	0.9413	0.0209	−0.3105	−0.5035	−0.6465	−0.6830	−0.7216	−0.7297	−0.7404
5.40	47.5916	9.1991	4.0301	2.9076	0.9338	0.0175	−0.3106	−0.5007	−0.6408	−0.6763	−0.7136	−0.7214	−0.7317
5.50	46.7700	9.2505	4.0324	2.9039	0.9264	0.0141	−0.3107	−0.4980	−0.6352	−0.6697	−0.7059	−0.7134	−0.7233
5.60	45.9837	9.3006	4.0345	2.8999	0.9192	0.0108	−0.3108	−0.4953	−0.6297	−0.6633	−0.6984	−0.7056	−0.7151
5.70	45.2303	9.3494	4.0362	2.8959	0.9121	0.0076	−0.3108	−0.4927	−0.6244	−0.6571	−0.6911	−0.6980	−0.7071
5.80	44.5080	9.3970	4.0376	2.8917	0.9050	0.0046	−0.3108	−0.4901	−0.6192	−0.6511	−0.6840	−0.6907	−0.6994
5.90	43.8147	9.4435	4.0387	2.8875	0.8981	0.0016	−0.3107	−0.4875	−0.6141	−0.6452	−0.6771	−0.6836	−0.6920
6.00	43.1488	9.4887	4.0396	2.8831	0.8913	−0.0013	−0.3106	−0.4849	−0.6091	−0.6394	−0.6704	−0.6766	−0.6847
6.10	42.5086	9.5329	4.0403	2.8786	0.8846	−0.0041	−0.3105	−0.4824	−0.6042	−0.6338	−0.6639	−0.6699	−0.6776
6.20	41.8927	9.5760	4.0407	2.8741	0.8780	−0.0069	−0.3103	−0.4799	−0.5994	−0.6283	−0.6575	−0.6633	−0.6708
6.30	41.2996	9.6181	4.0409	2.8695	0.8715	−0.0095	−0.3102	−0.4775	−0.5948	−0.6229	−0.6513	−0.6570	−0.6641
6.40	40.7282	9.6591	4.0408	2.8648	0.8651	−0.0121	−0.3100	−0.4751	−0.5902	−0.6177	−0.6453	−0.6507	−0.6577
6.50	40.1771	9.6992	4.0406	2.8601	0.8588	−0.0146	−0.3098	−0.4727	−0.5857	−0.6126	−0.6394	−0.6447	−0.6514
6.60	39.6454	9.7383	4.0402	2.8553	0.8525	−0.0170	−0.3095	−0.4703	−0.5813	−0.6076	−0.6337	−0.6388	−0.6452
6.70	39.1320	9.7765	4.0395	2.8505	0.8464	−0.0194	−0.3093	−0.4680	−0.5770	−0.6027	−0.6281	−0.6330	−0.6392
6.80	38.6360	9.8138	4.0388	2.8456	0.8404	−0.0217	−0.3090	−0.4657	−0.5728	−0.5979	−0.6226	−0.6274	−0.6334
6.90	38.1564	9.8503	4.0378	2.8406	0.8344	−0.0240	−0.3087	−0.4634	−0.5687	−0.5932	−0.6173	−0.6219	−0.6277
7.00	37.6924	9.8859	4.0367	2.8357	0.8285	−0.0261	−0.3084	−0.4612	−0.5647	−0.5887	−0.6121	−0.6166	−0.6222

表 3-3-31 四参数指数 Gamma 分布离均系数 Φ_p $(b=7.75)$

C_s	α	0.001	0.01	0.02	0.10	0.30	0.50	0.70	0.90	0.95	0.99	0.995	0.999
0.20	12430.9778	3.3854	2.4743	2.1601	1.3002	0.4987	−0.0332	−0.5469	−1.2576	−1.5861	−2.1812	−2.3923	−2.8167
0.30	5554.9882	3.5398	2.5483	2.2121	1.3074	0.4849	−0.0495	−0.5568	−1.2439	−1.5556	−2.1105	−2.3043	−2.6889
0.40	3148.2608	3.6980	2.6218	2.2629	1.3131	0.4706	−0.0655	−0.5657	−1.2293	−1.5247	−2.0416	−2.2193	−2.5675
0.50	2034.1512	3.8591	2.6944	2.3123	1.3173	0.4559	−0.0811	−0.5737	−1.2138	−1.4935	−1.9746	−2.1375	−2.4525
0.60	1428.8135	4.0226	2.7657	2.3600	1.3200	0.4409	−0.0962	−0.5808	−1.1976	−1.4622	−1.9099	−2.0590	−2.3440
0.70	1063.6710	4.1876	2.8355	2.4058	1.3213	0.4256	−0.1108	−0.5868	−1.1808	−1.4311	−1.8474	−1.9841	−2.2418
0.80	826.5386	4.3535	2.9035	2.4497	1.3213	0.4103	−0.1247	−0.5920	−1.1637	−1.4003	−1.7875	−1.9127	−2.1459

续表

C_s	α	0.001	0.01	0.02	0.10	0.30	0.50	0.70	0.90	0.95	0.99	0.995	0.999
0.90	663.8241	4.5197	2.9694	2.4913	1.3199	0.3949	−0.1380	−0.5963	−1.1463	−1.3700	−1.7301	−1.8448	−2.0560
1.00	547.3027	4.6854	3.0330	2.5308	1.3174	0.3797	−0.1507	−0.5998	−1.1287	−1.3402	−1.6753	−1.7805	−1.9718
1.10	460.9630	4.8501	3.0942	2.5680	1.3138	0.3646	−0.1626	−0.6025	−1.1111	−1.3110	−1.6230	−1.7195	−1.8931
1.20	395.1735	5.0133	3.1529	2.6029	1.3091	0.3497	−0.1739	−0.6044	−1.0935	−1.2826	−1.5733	−1.6620	−1.8196
1.30	343.8591	5.1745	3.2090	2.6355	1.3036	0.3351	−0.1845	−0.6058	−1.0761	−1.2550	−1.5261	−1.6076	−1.7510
1.40	303.0344	5.3333	3.2625	2.6659	1.2973	0.3208	−0.1944	−0.6065	−1.0588	−1.2282	−1.4813	−1.5563	−1.6869
1.50	269.9973	5.4894	3.3134	2.6941	1.2902	0.3068	−0.2037	−0.6067	−1.0418	−1.2023	−1.4388	−1.5080	−1.6271
1.60	242.8632	5.6426	3.3617	2.7202	1.2825	0.2933	−0.2124	−0.6063	−1.0251	−1.1773	−1.3985	−1.4624	−1.5713
1.70	220.2855	5.7925	3.4074	2.7443	1.2743	0.2801	−0.2205	−0.6056	−1.0088	−1.1532	−1.3603	−1.4194	−1.5191
1.80	201.2815	5.9391	3.4507	2.7665	1.2657	0.2673	−0.2280	−0.6045	−0.9928	−1.1299	−1.3241	−1.3789	−1.4703
1.90	185.1201	6.0822	3.4915	2.7868	1.2566	0.2550	−0.2350	−0.6030	−0.9772	−1.1075	−1.2899	−1.3406	−1.4246
2.00	171.2487	6.2217	3.5301	2.8053	1.2473	0.2431	−0.2414	−0.6013	−0.9620	−1.0860	−1.2574	−1.3045	−1.3818
2.10	159.2433	6.3576	3.5663	2.8222	1.2376	0.2316	−0.2474	−0.5993	−0.9472	−1.0653	−1.2266	−1.2704	−1.3417
2.20	148.7739	6.4899	3.6005	2.8376	1.2278	0.2205	−0.2529	−0.5971	−0.9329	−1.0454	−1.1973	−1.2382	−1.3040
2.30	139.5808	6.6185	3.6325	2.8515	1.2178	0.2098	−0.2581	−0.5946	−0.9189	−1.0262	−1.1696	−1.2077	−1.2687
2.40	131.4575	6.7435	3.6627	2.8640	1.2077	0.1995	−0.2628	−0.5920	−0.9054	−1.0078	−1.1433	−1.1789	−1.2354
2.50	124.2378	6.8649	3.6910	2.8753	1.1975	0.1896	−0.2672	−0.5893	−0.8923	−0.9902	−1.1182	−1.1516	−1.2040
2.60	117.7868	6.9829	3.7175	2.8854	1.1873	0.1801	−0.2712	−0.5865	−0.8795	−0.9732	−1.0944	−1.1257	−1.1744
2.70	111.9942	7.0974	3.7423	2.8943	1.1771	0.1709	−0.2749	−0.5836	−0.8672	−0.9568	−1.0718	−1.1011	−1.1465
2.80	106.7690	7.2085	3.7656	2.9023	1.1668	0.1621	−0.2783	−0.5805	−0.8552	−0.9411	−1.0502	−1.0778	−1.1201
2.90	102.0356	7.3163	3.7874	2.9092	1.1566	0.1536	−0.2815	−0.5775	−0.8436	−0.9260	−1.0296	−1.0556	−1.0951
3.00	97.7308	7.4209	3.8078	2.9153	1.1464	0.1455	−0.2844	−0.5743	−0.8324	−0.9114	−1.0100	−1.0344	−1.0714
3.10	93.8013	7.5224	3.8268	2.9205	1.1363	0.1376	−0.2870	−0.5712	−0.8215	−0.8974	−0.9912	−1.0143	−1.0490
3.20	90.2021	7.6209	3.8446	2.9250	1.1263	0.1301	−0.2895	−0.5680	−0.8109	−0.8839	−0.9733	−0.9951	−1.0276
3.30	86.8947	7.7164	3.8612	2.9287	1.1163	0.1228	−0.2917	−0.5648	−0.8007	−0.8709	−0.9562	−0.9768	−1.0074
3.40	83.8463	7.8091	3.8767	2.9318	1.1064	0.1159	−0.2938	−0.5615	−0.7908	−0.8583	−0.9397	−0.9593	−0.9880
3.50	81.0287	7.8991	3.8912	2.9342	1.0967	0.1091	−0.2957	−0.5583	−0.7811	−0.8462	−0.9240	−0.9425	−0.9696
3.60	78.4173	7.9864	3.9046	2.9361	1.0870	0.1027	−0.2974	−0.5551	−0.7718	−0.8345	−0.9090	−0.9265	−0.9521
3.70	75.9910	8.0712	3.9171	2.9374	1.0775	0.0964	−0.2989	−0.5519	−0.7627	−0.8232	−0.8945	−0.9112	−0.9353
3.80	73.7314	8.1534	3.9288	2.9382	1.0681	0.0904	−0.3004	−0.5487	−0.7539	−0.8123	−0.8806	−0.8965	−0.9193
3.90	71.6221	8.2333	3.9396	2.9386	1.0588	0.0846	−0.3017	−0.5455	−0.7454	−0.8018	−0.8673	−0.8824	−0.9040
4.00	69.6491	8.3109	3.9496	2.9385	1.0496	0.0790	−0.3028	−0.5423	−0.7371	−0.7916	−0.8544	−0.8688	−0.8893
4.10	67.7998	8.3862	3.9589	2.9381	1.0406	0.0737	−0.3039	−0.5391	−0.7290	−0.7817	−0.8421	−0.8558	−0.8752
4.20	66.0632	8.4594	3.9674	2.9373	1.0316	0.0685	−0.3048	−0.5360	−0.7212	−0.7722	−0.8302	−0.8433	−0.8617
4.30	64.4294	8.5306	3.9754	2.9361	1.0229	0.0634	−0.3057	−0.5329	−0.7135	−0.7630	−0.8187	−0.8312	−0.8487
4.40	62.8897	8.5997	3.9827	2.9346	1.0142	0.0586	−0.3065	−0.5299	−0.7061	−0.7540	−0.8077	−0.8196	−0.8363
4.50	61.4363	8.6669	3.9894	2.9328	1.0057	0.0539	−0.3071	−0.5268	−0.6989	−0.7453	−0.7970	−0.8085	−0.8243
4.60	60.0622	8.7322	3.9955	2.9308	0.9972	0.0494	−0.3077	−0.5238	−0.6919	−0.7369	−0.7867	−0.7977	−0.8128
4.70	58.7612	8.7958	4.0011	2.9284	0.9890	0.0451	−0.3083	−0.5208	−0.6851	−0.7287	−0.7768	−0.7873	−0.8016
4.80	57.5276	8.8576	4.0063	2.9259	0.9808	0.0408	−0.3087	−0.5179	−0.6784	−0.7208	−0.7672	−0.7772	−0.7909
4.90	56.3563	8.9177	4.0109	2.9231	0.9728	0.0368	−0.3091	−0.5150	−0.6719	−0.7131	−0.7578	−0.7675	−0.7806
5.00	55.2428	8.9762	4.0151	2.9201	0.9649	0.0328	−0.3095	−0.5121	−0.6656	−0.7056	−0.7488	−0.7581	−0.7706
5.10	54.1829	9.0332	4.0189	2.9170	0.9571	0.0290	−0.3097	−0.5093	−0.6594	−0.6983	−0.7401	−0.7490	−0.7610
5.20	53.1728	9.0886	4.0223	2.9136	0.9494	0.0253	−0.3100	−0.5065	−0.6534	−0.6912	−0.7317	−0.7402	−0.7517
5.30	52.2091	9.1426	4.0253	2.9101	0.9418	0.0217	−0.3101	−0.5037	−0.6476	−0.6843	−0.7235	−0.7317	−0.7427
5.40	51.2886	9.1952	4.0280	2.9065	0.9344	0.0182	−0.3103	−0.5009	−0.6419	−0.6776	−0.7155	−0.7234	−0.7340
5.50	50.4085	9.2465	4.0303	2.9027	0.9271	0.0149	−0.3104	−0.4982	−0.6363	−0.6711	−0.7078	−0.7154	−0.7255
5.60	49.5662	9.2964	4.0323	2.8988	0.9199	0.0116	−0.3104	−0.4956	−0.6308	−0.6648	−0.7003	−0.7077	−0.7173
5.70	48.7593	9.3451	4.0340	2.8947	0.9128	0.0085	−0.3104	−0.4929	−0.6255	−0.6586	−0.6930	−0.7001	−0.7094
5.80	47.9855	9.3925	4.0354	2.8906	0.9058	0.0054	−0.3104	−0.4903	−0.6203	−0.6525	−0.6859	−0.6928	−0.7017
5.90	47.2429	9.4387	4.0365	2.8863	0.8989	0.0024	−0.3103	−0.4878	−0.6152	−0.6466	−0.6791	−0.6857	−0.6943
6.00	46.5295	9.4838	4.0374	2.8820	0.8921	−0.0005	−0.3102	−0.4852	−0.6102	−0.6409	−0.6724	−0.6788	−0.6870
6.10	45.8438	9.5278	4.0380	2.8776	0.8855	−0.0033	−0.3101	−0.4827	−0.6054	−0.6353	−0.6659	−0.6720	−0.6800
6.20	45.1840	9.5708	4.0384	2.8730	0.8789	−0.0060	−0.3100	−0.4802	−0.6006	−0.6298	−0.6595	−0.6655	−0.6731

续表

C_s	α	0.001	0.01	0.02	0.10	0.30	0.50	0.70	0.90	0.95	0.99	0.995	0.999
6.30	44.5486	9.6126	4.0385	2.8685	0.8724	−0.0086	−0.3098	−0.4778	−0.5960	−0.6245	−0.6534	−0.6591	−0.6665
6.40	43.9365	9.6535	4.0385	2.8638	0.8660	−0.0112	−0.3096	−0.4754	−0.5914	−0.6193	−0.6473	−0.6529	−0.6600
6.50	43.3462	9.6934	4.0383	2.8591	0.8597	−0.0137	−0.3094	−0.4730	−0.5870	−0.6142	−0.6415	−0.6469	−0.6537
6.60	42.7766	9.7324	4.0378	2.8543	0.8535	−0.0161	−0.3092	−0.4707	−0.5826	−0.6092	−0.6358	−0.6410	−0.6476
6.70	42.2266	9.7704	4.0372	2.8495	0.8474	−0.0185	−0.3089	−0.4684	−0.5783	−0.6043	−0.6302	−0.6352	−0.6416
6.80	41.6952	9.8076	4.0364	2.8446	0.8414	−0.0208	−0.3087	−0.4661	−0.5741	−0.5996	−0.6247	−0.6296	−0.6358
6.90	41.1815	9.8439	4.0354	2.8397	0.8355	−0.0230	−0.3084	−0.4638	−0.5700	−0.5949	−0.6194	−0.6242	−0.6301
7.00	40.6845	9.8793	4.0343	2.8347	0.8297	−0.0252	−0.3081	−0.4616	−0.5660	−0.5903	−0.6142	−0.6188	−0.6246

表 3-3-32 四参数指数 Gamma 分布离均系数 Φ_p ($b = 8.00$)

C_s	α	0.001	0.01	0.02	0.10	0.30	0.50	0.70	0.90	0.95	0.99	0.995	0.999
0.20	13283.4920	3.3854	2.4743	2.1601	1.3002	0.4987	−0.0332	−0.5469	−1.2576	−1.5861	−2.1812	−2.3923	−2.8167
0.30	5936.1205	3.5399	2.5483	2.2121	1.3074	0.4849	−0.0495	−0.5568	−1.2439	−1.5556	−2.1105	−2.3044	−2.6890
0.40	3364.4081	3.6981	2.6218	2.2629	1.3131	0.4706	−0.0655	−0.5657	−1.2293	−1.5247	−2.0416	−2.2194	−2.5676
0.50	2173.9241	3.8592	2.6944	2.3123	1.3172	0.4559	−0.0811	−0.5737	−1.2138	−1.4935	−1.9747	−2.1376	−2.4527
0.60	1527.0891	4.0228	2.7658	2.3600	1.3200	0.4408	−0.0962	−0.5807	−1.1976	−1.4623	−1.9099	−2.0591	−2.3442
0.70	1136.9154	4.1879	2.8356	2.4058	1.3213	0.4256	−0.1107	−0.5868	−1.1808	−1.4312	−1.8476	−1.9842	−2.2421
0.80	883.5269	4.3539	2.9035	2.4496	1.3212	0.4103	−0.1247	−0.5920	−1.1637	−1.4004	−1.7876	−1.9129	−2.1462
0.90	709.6578	4.5201	2.9694	2.4913	1.3199	0.3949	−0.1380	−0.5963	−1.1463	−1.3700	−1.7303	−1.8450	−2.0563
1.00	585.1486	4.6858	3.0330	2.5308	1.3173	0.3797	−0.1506	−0.5997	−1.1287	−1.3402	−1.6755	−1.7807	−1.9722
1.10	492.8899	4.8506	3.0942	2.5679	1.3137	0.3646	−0.1626	−0.6024	−1.1111	−1.3111	−1.6233	−1.7199	−1.8936
1.20	422.5903	5.0138	3.1529	2.6028	1.3091	0.3497	−0.1738	−0.6044	−1.0935	−1.2827	−1.5736	−1.6624	−1.8202
1.30	367.7581	5.1751	3.2090	2.6354	1.3035	0.3351	−0.1844	−0.6057	−1.0761	−1.2551	−1.5265	−1.6081	−1.7517
1.40	324.1346	5.3340	3.2625	2.6658	1.2972	0.3208	−0.1944	−0.6064	−1.0588	−1.2284	−1.4817	−1.5569	−1.6877
1.50	288.8325	5.4901	3.3133	2.6939	1.2901	0.3069	−0.2036	−0.6066	−1.0419	−1.2025	−1.4392	−1.5085	−1.6279
1.60	259.8382	5.6433	3.3615	2.7200	1.2824	0.2933	−0.2123	−0.6063	−1.0252	−1.1775	−1.3990	−1.4630	−1.5721
1.70	235.7126	5.7932	3.4072	2.7441	1.2742	0.2802	−0.2204	−0.6055	−1.0089	−1.1534	−1.3609	−1.4201	−1.5200
1.80	215.4056	5.9398	3.4505	2.7662	1.2656	0.2674	−0.2278	−0.6044	−0.9929	−1.1302	−1.3247	−1.3796	−1.4713
1.90	198.1361	6.0829	3.4912	2.7864	1.2565	0.2551	−0.2348	−0.6029	−0.9773	−1.1078	−1.2905	−1.3414	−1.4257
2.00	183.3137	6.2224	3.5297	2.8050	1.2471	0.2432	−0.2413	−0.6012	−0.9622	−1.0863	−1.2581	−1.3054	−1.3829
2.10	170.4850	6.3583	3.5659	2.8218	1.2375	0.2317	−0.2472	−0.5992	−0.9474	−1.0656	−1.2273	−1.2713	−1.3429
2.20	159.2977	6.4905	3.6000	2.8371	1.2277	0.2206	−0.2528	−0.5970	−0.9331	−1.0458	−1.1981	−1.2392	−1.3053
2.30	149.4743	6.6191	3.6320	2.8510	1.2177	0.2100	−0.2579	−0.5945	−0.9192	−1.0267	−1.1704	−1.2087	−1.2699
2.40	140.7940	6.7440	3.6621	2.8635	1.2076	0.1997	−0.2626	−0.5920	−0.9056	−1.0083	−1.1442	−1.1800	−1.2367
2.50	133.0791	6.8654	3.6903	2.8747	1.1974	0.1898	−0.2669	−0.5892	−0.8925	−0.9907	−1.1192	−1.1527	−1.2054
2.60	126.1857	6.9833	3.7168	2.8848	1.1872	0.1803	−0.2710	−0.5864	−0.8798	−0.9737	−1.0954	−1.1268	−1.1759
2.70	119.9958	7.0977	3.7416	2.8937	1.1770	0.1712	−0.2747	−0.5835	−0.8675	−0.9574	−1.0728	−1.1023	−1.1480
2.80	114.4122	7.2087	3.7648	2.9016	1.1667	0.1624	−0.2781	−0.5805	−0.8556	−0.9417	−1.0512	−1.0790	−1.1216
2.90	109.3542	7.3164	3.7865	2.9085	1.1565	0.1539	−0.2812	−0.5774	−0.8440	−0.9266	−1.0307	−1.0568	−1.0967
3.00	104.7541	7.4209	3.8068	2.9145	1.1464	0.1458	−0.2841	−0.5743	−0.8328	−0.9121	−1.0111	−1.0357	−1.0730
3.10	100.5551	7.5223	3.8258	2.9197	1.1363	0.1380	−0.2868	−0.5711	−0.8219	−0.8981	−0.9924	−1.0156	−1.0506
3.20	96.7089	7.6206	3.8436	2.9241	1.1263	0.1305	−0.2892	−0.5679	−0.8114	−0.8846	−0.9745	−0.9965	−1.0293
3.30	93.1746	7.7161	3.8601	2.9279	1.1163	0.1232	−0.2914	−0.5647	−0.8012	−0.8716	−0.9574	−0.9782	−1.0090
3.40	89.9171	7.8087	3.8756	2.9309	1.1065	0.1163	−0.2935	−0.5615	−0.7913	−0.8591	−0.9410	−0.9607	−0.9898
3.50	86.9061	7.8985	3.8900	2.9333	1.0967	0.1095	−0.2953	−0.5583	−0.7817	−0.8470	−0.9253	−0.9440	−0.9714
3.60	84.1155	7.9857	3.9034	2.9352	1.0871	0.1031	−0.2971	−0.5551	−0.7723	−0.8354	−0.9103	−0.9280	−0.9539
3.70	81.5228	8.0703	3.9158	2.9365	1.0776	0.0969	−0.2986	−0.5519	−0.7633	−0.8241	−0.8959	−0.9127	−0.9371
3.80	79.1080	8.1524	3.9274	2.9373	1.0682	0.0909	−0.3000	−0.5487	−0.7545	−0.8132	−0.8820	−0.8980	−0.9211
3.90	76.8540	8.2321	3.9381	2.9376	1.0589	0.0851	−0.3013	−0.5455	−0.7460	−0.8027	−0.8687	−0.8840	−0.9058
4.00	74.7456	8.3096	3.9481	2.9375	1.0498	0.0795	−0.3025	−0.5423	−0.7377	−0.7926	−0.8559	−0.8704	−0.8912
4.10	72.7694	8.3847	3.9573	2.9371	1.0408	0.0742	−0.3035	−0.5392	−0.7297	−0.7827	−0.8436	−0.8574	−0.8771
4.20	70.9136	8.4578	3.9659	2.9362	1.0319	0.0690	−0.3045	−0.5361	−0.7219	−0.7732	−0.8317	−0.8450	−0.8636

续表

C_s	α	0.001	0.01	0.02	0.10	0.30	0.50	0.70	0.90	0.95	0.99	0.995	0.999
4.30	69.1676	8.5288	3.9737	2.9351	1.0231	0.0640	−0.3053	−0.5330	−0.7143	−0.7640	−0.8203	−0.8329	−0.8507
4.40	67.5222	8.5977	3.9810	2.9336	1.0145	0.0592	−0.3061	−0.5299	−0.7069	−0.7551	−0.8093	−0.8213	−0.8382
4.50	65.9690	8.6648	3.9877	2.9318	1.0060	0.0545	−0.3068	−0.5269	−0.6997	−0.7464	−0.7986	−0.8102	−0.8263
4.60	64.5006	8.7299	3.9938	2.9297	0.9976	0.0500	−0.3074	−0.5239	−0.6927	−0.7380	−0.7883	−0.7994	−0.8147
4.70	63.1102	8.7933	3.9994	2.9274	0.9893	0.0457	−0.3079	−0.5209	−0.6859	−0.7299	−0.7784	−0.7890	−0.8036
4.80	61.7919	8.8549	4.0044	2.9248	0.9812	0.0415	−0.3084	−0.5180	−0.6793	−0.7219	−0.7688	−0.7790	−0.7930
4.90	60.5402	8.9149	4.0091	2.9220	0.9732	0.0374	−0.3088	−0.5151	−0.6728	−0.7143	−0.7595	−0.7693	−0.7826
5.00	59.3502	8.9733	4.0132	2.9191	0.9653	0.0335	−0.3091	−0.5122	−0.6665	−0.7068	−0.7505	−0.7599	−0.7727
5.10	58.2174	9.0300	4.0170	2.9159	0.9576	0.0297	−0.3094	−0.5094	−0.6604	−0.6995	−0.7418	−0.7509	−0.7631
5.20	57.1379	9.0853	4.0204	2.9126	0.9499	0.0260	−0.3096	−0.5066	−0.6544	−0.6925	−0.7334	−0.7421	−0.7538
5.30	56.1080	9.1392	4.0233	2.9091	0.9424	0.0224	−0.3098	−0.5039	−0.6485	−0.6856	−0.7252	−0.7336	−0.7448
5.40	55.1243	9.1916	4.0260	2.9054	0.9350	0.0190	−0.3099	−0.5011	−0.6428	−0.6789	−0.7173	−0.7253	−0.7361
5.50	54.1837	9.2427	4.0283	2.9016	0.9277	0.0156	−0.3100	−0.4984	−0.6373	−0.6724	−0.7096	−0.7173	−0.7276
5.60	53.2835	9.2924	4.0302	2.8977	0.9205	0.0124	−0.3101	−0.4958	−0.6318	−0.6661	−0.7021	−0.7096	−0.7195
5.70	52.4211	9.3409	4.0319	2.8937	0.9134	0.0092	−0.3101	−0.4932	−0.6265	−0.6599	−0.6948	−0.7021	−0.7115
5.80	51.5942	9.3882	4.0333	2.8895	0.9065	0.0062	−0.3101	−0.4906	−0.6213	−0.6539	−0.6878	−0.6947	−0.7039
5.90	50.8005	9.4343	4.0344	2.8853	0.8996	0.0032	−0.3100	−0.4880	−0.6163	−0.6480	−0.6809	−0.6876	−0.6964
6.00	50.0381	9.4792	4.0353	2.8810	0.8929	0.0004	−0.3099	−0.4855	−0.6113	−0.6423	−0.6742	−0.6807	−0.6892
6.10	49.3052	9.5231	4.0359	2.8765	0.8862	−0.0024	−0.3098	−0.4830	−0.6065	−0.6367	−0.6677	−0.6740	−0.6822
6.20	48.6001	9.5658	4.0362	2.8720	0.8797	−0.0051	−0.3097	−0.4805	−0.6017	−0.6313	−0.6614	−0.6675	−0.6753
6.30	47.9211	9.6076	4.0364	2.8675	0.8732	−0.0078	−0.3095	−0.4781	−0.5971	−0.6259	−0.6553	−0.6611	−0.6687
6.40	47.2668	9.6483	4.0363	2.8628	0.8669	−0.0103	−0.3093	−0.4757	−0.5926	−0.6207	−0.6492	−0.6549	−0.6622
6.50	46.6359	9.6880	4.0361	2.8581	0.8606	−0.0128	−0.3091	−0.4734	−0.5881	−0.6157	−0.6434	−0.6489	−0.6559
6.60	46.0272	9.7268	4.0356	2.8534	0.8545	−0.0152	−0.3089	−0.4710	−0.5838	−0.6107	−0.6377	−0.6430	−0.6498
6.70	45.4393	9.7647	4.0350	2.8485	0.8484	−0.0176	−0.3086	−0.4687	−0.5795	−0.6058	−0.6321	−0.6373	−0.6438
6.80	44.8714	9.8017	4.0342	2.8437	0.8424	−0.0199	−0.3083	−0.4665	−0.5754	−0.6011	−0.6267	−0.6317	−0.6380
6.90	44.3223	9.8379	4.0333	2.8388	0.8365	−0.0221	−0.3081	−0.4642	−0.5713	−0.5964	−0.6214	−0.6262	−0.6324
7.00	43.7911	9.8732	4.0321	2.8338	0.8307	−0.0242	−0.3078	−0.4620	−0.5673	−0.5919	−0.6162	−0.6209	−0.6268

表 3-3-33　四参数指数 Gamma 分布离均系数 Φ_p ($b = 8.25$)

C_s	α	0.001	0.01	0.02	0.10	0.30	0.50	0.70	0.90	0.95	0.99	0.995	0.999
0.20	14164.2512	3.3855	2.4743	2.1601	1.3002	0.4987	−0.0332	−0.5469	−1.2576	−1.5861	−2.1812	−2.3923	−2.8167
0.30	6329.8998	3.5399	2.5483	2.2121	1.3074	0.4849	−0.0495	−0.5568	−1.2439	−1.5556	−2.1105	−2.3044	−2.6890
0.40	3587.7315	3.6981	2.6218	2.2629	1.3130	0.4706	−0.0655	−0.5657	−1.2293	−1.5247	−2.0416	−2.2194	−2.5677
0.50	2318.3413	3.8594	2.6944	2.3123	1.3172	0.4559	−0.0811	−0.5737	−1.2138	−1.4935	−1.9747	−2.1376	−2.4528
0.60	1628.6336	4.0229	2.7658	2.3600	1.3200	0.4408	−0.0962	−0.5807	−1.1976	−1.4623	−1.9100	−2.0592	−2.3444
0.70	1212.5988	4.1881	2.8356	2.4058	1.3212	0.4256	−0.1107	−0.5868	−1.1808	−1.4312	−1.8476	−1.9844	−2.2423
0.80	942.4155	4.3541	2.9036	2.4496	1.3212	0.4103	−0.1247	−0.5919	−1.1637	−1.4004	−1.7878	−1.9130	−2.1465
0.90	757.0221	4.5204	2.9694	2.4913	1.3198	0.3949	−0.1380	−0.5962	−1.1463	−1.3701	−1.7305	−1.8453	−2.0567
1.00	624.2601	4.6862	3.0330	2.5307	1.3173	0.3797	−0.1506	−0.5997	−1.1287	−1.3403	−1.6757	−1.7810	−1.9727
1.10	525.8864	4.8511	3.0942	2.5679	1.3136	0.3646	−0.1625	−0.6024	−1.1111	−1.3112	−1.6235	−1.7202	−1.8941
1.20	450.9272	5.0143	3.1529	2.6027	1.3090	0.3497	−0.1738	−0.6043	−1.0935	−1.2828	−1.5739	−1.6627	−1.8208
1.30	392.4604	5.1756	3.2089	2.6353	1.3034	0.3351	−0.1844	−0.6056	−1.0761	−1.2552	−1.5268	−1.6085	−1.7523
1.40	345.9454	5.3346	3.2624	2.6656	1.2971	0.3208	−0.1943	−0.6063	−1.0589	−1.2285	−1.4821	−1.5573	−1.6884
1.50	308.3034	5.4907	3.3132	2.6938	1.2900	0.3069	−0.2035	−0.6065	−1.0419	−1.2027	−1.4396	−1.5091	−1.6287
1.60	277.3871	5.6439	3.3614	2.7198	1.2823	0.2934	−0.2122	−0.6062	−1.0253	−1.1777	−1.3995	−1.4636	−1.5730
1.70	251.6623	5.7939	3.4071	2.7438	1.2741	0.2802	−0.2202	−0.6054	−1.0090	−1.1536	−1.3614	−1.4207	−1.5209
1.80	230.0091	5.9405	3.4502	2.7659	1.2654	0.2675	−0.2277	−0.6043	−0.9930	−1.1304	−1.3253	−1.3803	−1.4722
1.90	211.5949	6.0836	3.4910	2.7861	1.2564	0.2552	−0.2347	−0.6029	−0.9775	−1.1081	−1.2911	−1.3421	−1.4267
2.00	195.7898	6.2231	3.5294	2.8046	1.2470	0.2433	−0.2411	−0.6011	−0.9623	−1.0866	−1.2587	−1.3061	−1.3840
2.10	182.1107	6.3589	3.5656	2.8214	1.2374	0.2318	−0.2471	−0.5991	−0.9476	−1.0660	−1.2280	−1.2722	−1.3440
2.20	170.1818	6.4911	3.5996	2.8367	1.2276	0.2208	−0.2526	−0.5969	−0.9333	−1.0461	−1.1989	−1.2400	−1.3064

续表

C_s	α	0.001	0.01	0.02	0.10	0.30	0.50	0.70	0.90	0.95	0.99	0.995	0.999
2.30	159.7071	6.6196	3.6316	2.8505	1.2176	0.2101	−0.2577	−0.5944	−0.9194	−1.0271	−1.1712	−1.2097	−1.2712
2.40	150.4512	6.7445	3.6616	2.8630	1.2075	0.1999	−0.2624	−0.5919	−0.9059	−1.0087	−1.1450	−1.1809	−1.2380
2.50	142.2248	6.8658	3.6897	2.8742	1.1973	0.1900	−0.2667	−0.5891	−0.8928	−0.9911	−1.1200	−1.1537	−1.2067
2.60	134.8743	6.9836	3.7161	2.8842	1.1871	0.1805	−0.2707	−0.5863	−0.8801	−0.9742	−1.0963	−1.1279	−1.1772
2.70	128.2740	7.0979	3.7409	2.8931	1.1769	0.1714	−0.2744	−0.5834	−0.8678	−0.9579	−1.0737	−1.1034	−1.1494
2.80	122.3201	7.2089	3.7640	2.9009	1.1667	0.1626	−0.2778	−0.5804	−0.8559	−0.9423	−1.0522	−1.0801	−1.1230
2.90	116.9267	7.3165	3.7857	2.9078	1.1565	0.1542	−0.2810	−0.5773	−0.8444	−0.9272	−1.0317	−1.0580	−1.0981
3.00	112.0215	7.4209	3.8060	2.9138	1.1463	0.1461	−0.2838	−0.5742	−0.8332	−0.9127	−1.0122	−1.0369	−1.0745
3.10	107.5440	7.5222	3.8249	2.9190	1.1363	0.1383	−0.2865	−0.5711	−0.8223	−0.8987	−0.9935	−1.0169	−1.0521
3.20	103.4428	7.6204	3.8426	2.9234	1.1263	0.1308	−0.2889	−0.5679	−0.8118	−0.8853	−0.9756	−0.9977	−1.0309
3.30	99.6741	7.7157	3.8591	2.9271	1.1163	0.1236	−0.2911	−0.5647	−0.8016	−0.8723	−0.9586	−0.9795	−1.0106
3.40	96.2005	7.8082	3.8745	2.9301	1.1065	0.1166	−0.2932	−0.5615	−0.7918	−0.8598	−0.9422	−0.9621	−0.9914
3.50	92.9898	7.8979	3.8888	2.9325	1.0968	0.1099	−0.2950	−0.5583	−0.7822	−0.8478	−0.9266	−0.9454	−0.9730
3.60	90.0141	7.9850	3.9022	2.9343	1.0872	0.1035	−0.2968	−0.5551	−0.7729	−0.8362	−0.9116	−0.9294	−0.9555
3.70	87.2493	8.0694	3.9146	2.9356	1.0777	0.0973	−0.2983	−0.5519	−0.7639	−0.8249	−0.8972	−0.9141	−0.9388
3.80	84.6743	8.1514	3.9261	2.9364	1.0683	0.0913	−0.2997	−0.5487	−0.7551	−0.8141	−0.8833	−0.8995	−0.9228
3.90	82.2708	8.2310	3.9368	2.9367	1.0591	0.0856	−0.3010	−0.5455	−0.7466	−0.8036	−0.8700	−0.8854	−0.9075
4.00	80.0225	8.3083	3.9467	2.9366	1.0500	0.0800	−0.3022	−0.5423	−0.7384	−0.7935	−0.8573	−0.8719	−0.8929
4.10	77.9151	8.3833	3.9559	2.9361	1.0410	0.0747	−0.3032	−0.5392	−0.7303	−0.7837	−0.8450	−0.8590	−0.8789
4.20	75.9361	8.4562	3.9644	2.9353	1.0321	0.0695	−0.3042	−0.5361	−0.7225	−0.7742	−0.8331	−0.8465	−0.8654
4.30	74.0743	8.5270	3.9722	2.9341	1.0234	0.0645	−0.3050	−0.5330	−0.7150	−0.7650	−0.8217	−0.8345	−0.8525
4.40	72.3197	8.5959	3.9794	2.9326	1.0147	0.0597	−0.3058	−0.5300	−0.7076	−0.7561	−0.8107	−0.8229	−0.8401
4.50	70.6634	8.6627	3.9861	2.9308	1.0063	0.0551	−0.3065	−0.5270	−0.7004	−0.7474	−0.8001	−0.8118	−0.8281
4.60	69.0975	8.7278	3.9921	2.9287	0.9979	0.0506	−0.3071	−0.5240	−0.6935	−0.7391	−0.7898	−0.8011	−0.8166
4.70	67.6148	8.7910	3.9977	2.9264	0.9897	0.0463	−0.3076	−0.5210	−0.6867	−0.7309	−0.7799	−0.7907	−0.8055
4.80	66.2090	8.8525	4.0027	2.9238	0.9816	0.0421	−0.3080	−0.5181	−0.6801	−0.7230	−0.7703	−0.7807	−0.7948
4.90	64.8742	8.9123	4.0073	2.9210	0.9736	0.0380	−0.3084	−0.5152	−0.6736	−0.7154	−0.7611	−0.7710	−0.7845
5.00	63.6052	8.9705	4.0115	2.9181	0.9657	0.0341	−0.3088	−0.5124	−0.6673	−0.7079	−0.7521	−0.7616	−0.7746
5.10	62.3972	9.0271	4.0152	2.9149	0.9580	0.0303	−0.3091	−0.5096	−0.6612	−0.7007	−0.7434	−0.7526	−0.7650
5.20	61.2460	9.0822	4.0186	2.9116	0.9504	0.0267	−0.3093	−0.5068	−0.6552	−0.6937	−0.7350	−0.7438	−0.7557
5.30	60.1477	9.1359	4.0215	2.9081	0.9429	0.0231	−0.3095	−0.5040	−0.6494	−0.6868	−0.7268	−0.7353	−0.7467
5.40	59.0987	9.1882	4.0241	2.9044	0.9355	0.0197	−0.3096	−0.5013	−0.6437	−0.6801	−0.7189	−0.7271	−0.7380
5.50	58.0956	9.2391	4.0264	2.9006	0.9283	0.0163	−0.3097	−0.4986	−0.6382	−0.6737	−0.7112	−0.7191	−0.7296
5.60	57.1356	9.2887	4.0283	2.8967	0.9211	0.0131	−0.3097	−0.4960	−0.6328	−0.6673	−0.7038	−0.7114	−0.7215
5.70	56.2160	9.3371	4.0300	2.8927	0.9141	0.0100	−0.3098	−0.4934	−0.6275	−0.6612	−0.6965	−0.7039	−0.7136
5.80	55.3341	9.3842	4.0314	2.8886	0.9071	0.0069	−0.3097	−0.4908	−0.6223	−0.6552	−0.6895	−0.6966	−0.7059
5.90	54.4877	9.4301	4.0325	2.8843	0.9003	0.0040	−0.3097	−0.4883	−0.6173	−0.6493	−0.6826	−0.6895	−0.6984
6.00	53.6746	9.4749	4.0333	2.8800	0.8936	0.0011	−0.3096	−0.4857	−0.6123	−0.6436	−0.6760	−0.6826	−0.6912
6.10	52.8930	9.5186	4.0339	2.8756	0.8870	−0.0017	−0.3095	−0.4833	−0.6075	−0.6381	−0.6695	−0.6759	−0.6842
6.20	52.1410	9.5612	4.0342	2.8711	0.8804	−0.0044	−0.3094	−0.4808	−0.6028	−0.6326	−0.6632	−0.6694	−0.6774
6.30	51.4169	9.6028	4.0344	2.8665	0.8740	−0.0070	−0.3092	−0.4784	−0.5982	−0.6273	−0.6570	−0.6630	−0.6707
6.40	50.7191	9.6434	4.0343	2.8619	0.8677	−0.0095	−0.3090	−0.4760	−0.5937	−0.6221	−0.6510	−0.6568	−0.6643
6.50	50.0463	9.6830	4.0341	2.8572	0.8615	−0.0120	−0.3088	−0.4737	−0.5892	−0.6171	−0.6452	−0.6508	−0.6580
6.60	49.3971	9.7216	4.0336	2.8525	0.8553	−0.0144	−0.3086	−0.4713	−0.5849	−0.6121	−0.6395	−0.6449	−0.6519
6.70	48.7702	9.7594	4.0330	2.8477	0.8493	−0.0168	−0.3083	−0.4691	−0.5807	−0.6073	−0.6339	−0.6392	−0.6459
6.80	48.1645	9.7962	4.0322	2.8428	0.8433	−0.0190	−0.3081	−0.4668	−0.5765	−0.6025	−0.6285	−0.6336	−0.6401
6.90	47.5789	9.8322	4.0312	2.8380	0.8375	−0.0212	−0.3078	−0.4646	−0.5724	−0.5979	−0.6232	−0.6282	−0.6345
7.00	47.0124	9.8674	4.0301	2.8330	0.8317	−0.0234	−0.3075	−0.4624	−0.5684	−0.5934	−0.6181	−0.6229	−0.6290

表 3-3-34　四参数指数 Gamma 分布离均系数 Φ_p $(b = 8.50)$

C_s	α	0.001	0.01	0.02	0.10	0.30	0.50	0.70	0.90	0.95	0.99	0.995	0.999
0.20	15073.2834	3.3855	2.4743	2.1601	1.3002	0.4987	−0.0332	−0.5469	−1.2576	−1.5861	−2.1812	−2.3923	−2.8167
0.30	6736.3229	3.5400	2.5483	2.2121	1.3074	0.4849	−0.0495	−0.5568	−1.2439	−1.5556	−2.1106	−2.3044	−2.6891
0.40	3818.2312	3.6982	2.6218	2.2629	1.3130	0.4706	−0.0655	−0.5657	−1.2293	−1.5247	−2.0417	−2.2194	−2.5678
0.50	2467.4031	3.8595	2.6944	2.3123	1.3172	0.4559	−0.0811	−0.5737	−1.2138	−1.4935	−1.9748	−2.1377	−2.4529
0.60	1733.4470	4.0231	2.7658	2.3600	1.3199	0.4408	−0.0962	−0.5807	−1.1976	−1.4623	−1.9101	−2.0593	−2.3445
0.70	1290.7213	4.1883	2.8356	2.4058	1.3212	0.4256	−0.1107	−0.5868	−1.1808	−1.4312	−1.8477	−1.9845	−2.2425
0.80	1003.2043	4.3544	2.9036	2.4496	1.3211	0.4103	−0.1247	−0.5919	−1.1637	−1.4004	−1.7879	−1.9132	−2.1468
0.90	805.9169	4.5207	2.9695	2.4913	1.3198	0.3949	−0.1379	−0.5962	−1.1463	−1.3701	−1.7306	−1.8455	−2.0570
1.00	664.6374	4.6866	3.0330	2.5307	1.3172	0.3797	−0.1506	−0.5996	−1.1287	−1.3403	−1.6759	−1.7813	−1.9731
1.10	559.9524	4.8515	3.0942	2.5678	1.3136	0.3646	−0.1625	−0.6023	−1.1111	−1.3112	−1.6238	−1.7205	−1.8946
1.20	480.1840	5.0148	3.1529	2.6026	1.3089	0.3497	−0.1737	−0.6043	−1.0936	−1.2829	−1.5742	−1.6631	−1.8213
1.30	417.9662	5.1762	3.2089	2.6352	1.3033	0.3351	−0.1843	−0.6056	−1.0762	−1.2553	−1.5271	−1.6089	−1.7529
1.40	368.4669	5.3351	3.2623	2.6655	1.2970	0.3209	−0.1942	−0.6063	−1.0589	−1.2286	−1.4824	−1.5578	−1.6890
1.50	328.4097	5.4913	3.3131	2.6936	1.2899	0.3069	−0.2035	−0.6064	−1.0420	−1.2028	−1.4400	−1.5096	−1.6294
1.60	295.5099	5.6445	3.3613	2.7196	1.2822	0.2934	−0.2121	−0.6061	−1.0253	−1.1779	−1.3999	−1.4641	−1.5737
1.70	268.1345	5.7945	3.4069	2.7436	1.2740	0.2803	−0.2201	−0.6054	−1.0090	−1.1538	−1.3618	−1.4213	−1.5217
1.80	245.0921	5.9411	3.4500	2.7656	1.2653	0.2676	−0.2276	−0.6042	−0.9931	−1.1307	−1.3258	−1.3809	−1.4731
1.90	225.4963	6.0842	3.4907	2.7858	1.2563	0.2553	−0.2345	−0.6028	−0.9776	−1.1084	−1.2917	−1.3428	−1.4276
2.00	208.6771	6.2237	3.5291	2.8043	1.2469	0.2434	−0.2410	−0.6010	−0.9625	−1.0869	−1.2593	−1.3069	−1.3850
2.10	194.1203	6.3595	3.5652	2.8211	1.2373	0.2319	−0.2469	−0.5990	−0.9477	−1.0663	−1.2287	−1.2729	−1.3450
2.20	181.4259	6.4916	3.5992	2.8363	1.2275	0.2209	−0.2524	−0.5968	−0.9334	−1.0465	−1.1996	−1.2409	−1.3075
2.30	170.2790	6.6201	3.6311	2.8501	1.2175	0.2103	−0.2575	−0.5944	−0.9196	−1.0274	−1.1720	−1.2105	−1.2723
2.40	160.4292	6.7450	3.6611	2.8625	1.2074	0.2000	−0.2622	−0.5918	−0.9061	−1.0091	−1.1458	−1.1818	−1.2391
2.50	151.6749	6.8662	3.6892	2.8737	1.1973	0.1902	−0.2665	−0.5891	−0.8930	−0.9916	−1.1208	−1.1546	−1.2079
2.60	143.8526	6.9839	3.7155	2.8837	1.1871	0.1807	−0.2705	−0.5862	−0.8804	−0.9747	−1.0972	−1.1289	−1.1785
2.70	136.8287	7.0982	3.7402	2.8925	1.1768	0.1716	−0.2742	−0.5833	−0.8681	−0.9584	−1.0746	−1.1044	−1.1507
2.80	130.4928	7.2090	3.7633	2.9003	1.1666	0.1629	−0.2776	−0.5803	−0.8562	−0.9428	−1.0531	−1.0812	−1.1244
2.90	124.7531	7.3166	3.7849	2.9072	1.1564	0.1545	−0.2807	−0.5773	−0.8447	−0.9277	−1.0327	−1.0591	−1.0995
3.00	119.5331	7.4209	3.8051	2.9132	1.1463	0.1464	−0.2836	−0.5741	−0.8335	−0.9133	−1.0131	−1.0381	−1.0759
3.10	114.7682	7.5221	3.8240	2.9183	1.1362	0.1386	−0.2862	−0.5710	−0.8227	−0.8993	−0.9945	−1.0180	−1.0536
3.20	110.4037	7.6202	3.8417	2.9227	1.1263	0.1311	−0.2887	−0.5678	−0.8122	−0.8859	−0.9767	−0.9989	−1.0323
3.30	106.3931	7.7154	3.8581	2.9263	1.1164	0.1239	−0.2909	−0.5646	−0.8021	−0.8730	−0.9596	−0.9807	−1.0121
3.40	102.6965	7.8078	3.8734	2.9293	1.1066	0.1170	−0.2929	−0.5614	−0.7922	−0.8605	−0.9433	−0.9633	−0.9929
3.50	99.2796	7.8974	3.8877	2.9317	1.0969	0.1103	−0.2948	−0.5582	−0.7826	−0.8485	−0.9277	−0.9467	−0.9746
3.60	96.1129	7.9843	3.9010	2.9335	1.0873	0.1039	−0.2965	−0.5550	−0.7734	−0.8369	−0.9127	−0.9307	−0.9571
3.70	93.1706	8.0686	3.9134	2.9348	1.0778	0.0977	−0.2980	−0.5518	−0.7644	−0.8257	−0.8984	−0.9155	−0.9404
3.80	90.4303	8.1505	3.9249	2.9355	1.0684	0.0917	−0.2994	−0.5487	−0.7556	−0.8149	−0.8846	−0.9009	−0.9244
3.90	87.8724	8.2299	3.9355	2.9358	1.0592	0.0860	−0.3007	−0.5455	−0.7472	−0.8044	−0.8713	−0.8868	−0.9092
4.00	85.4797	8.3071	3.9454	2.9357	1.0501	0.0805	−0.3019	−0.5424	−0.7389	−0.7943	−0.8585	−0.8734	−0.8945
4.10	83.2370	8.3820	3.9546	2.9352	1.0411	0.0751	−0.3029	−0.5393	−0.7309	−0.7845	−0.8463	−0.8604	−0.8805
4.20	81.1309	8.4548	3.9630	2.9344	1.0323	0.0700	−0.3039	−0.5362	−0.7232	−0.7751	−0.8345	−0.8480	−0.8671
4.30	79.1495	8.5254	3.9708	2.9332	1.0236	0.0650	−0.3047	−0.5331	−0.7156	−0.7659	−0.8231	−0.8360	−0.8542
4.40	77.2822	8.5941	3.9780	2.9317	1.0150	0.0602	−0.3055	−0.5301	−0.7083	−0.7570	−0.8121	−0.8244	−0.8418
4.50	75.5195	8.6608	3.9846	2.9298	1.0065	0.0556	−0.3062	−0.5271	−0.7011	−0.7484	−0.8015	−0.8133	−0.8298
4.60	73.8530	8.7257	3.9906	2.9278	0.9982	0.0512	−0.3068	−0.5241	−0.6942	−0.7400	−0.7912	−0.8026	−0.8184
4.70	72.2751	8.7888	3.9961	2.9254	0.9900	0.0468	−0.3073	−0.5211	−0.6874	−0.7319	−0.7814	−0.7922	−0.8073
4.80	70.7790	8.8501	4.0012	2.9229	0.9819	0.0427	−0.3077	−0.5182	−0.6808	−0.7241	−0.7718	−0.7822	−0.7966
4.90	69.3584	8.9098	4.0057	2.9201	0.9740	0.0386	−0.3081	−0.5154	−0.6744	−0.7164	−0.7625	−0.7726	−0.7863
5.00	68.0078	8.9679	4.0098	2.9171	0.9661	0.0347	−0.3085	−0.5125	−0.6681	−0.7090	−0.7536	−0.7632	−0.7764
5.10	66.7223	9.0243	4.0135	2.9139	0.9584	0.0309	−0.3087	−0.5097	−0.6620	−0.7018	−0.7449	−0.7542	−0.7668
5.20	65.4971	9.0793	4.0169	2.9106	0.9508	0.0273	−0.3090	−0.5069	−0.6561	−0.6948	−0.7365	−0.7455	−0.7575
5.30	64.3282	9.1329	4.0198	2.9071	0.9434	0.0237	−0.3092	−0.5042	−0.6503	−0.6879	−0.7284	−0.7370	−0.7486
5.40	63.2117	9.1850	4.0224	2.9035	0.9360	0.0203	−0.3093	−0.5015	−0.6446	−0.6813	−0.7205	−0.7288	−0.7399

续表

C_s	α	0.001	0.01	0.02	0.10	0.30	0.50	0.70	0.90	0.95	0.99	0.995	0.999
5.50	62.1442	9.2358	4.0246	2.8997	0.9288	0.0170	−0.3094	−0.4988	−0.6391	−0.6748	−0.7128	−0.7208	−0.7315
5.60	61.1225	9.2852	4.0266	2.8958	0.9217	0.0138	−0.3094	−0.4962	−0.6337	−0.6685	−0.7054	−0.7131	−0.7233
5.70	60.1437	9.3334	4.0282	2.8918	0.9146	0.0106	−0.3095	−0.4936	−0.6284	−0.6624	−0.6981	−0.7056	−0.7154
5.80	59.2051	9.3804	4.0295	2.8877	0.9077	0.0076	−0.3094	−0.4910	−0.6232	−0.6564	−0.6911	−0.6983	−0.7078
5.90	58.3043	9.4262	4.0306	2.8834	0.9009	0.0047	−0.3094	−0.4885	−0.6182	−0.6505	−0.6843	−0.6912	−0.7003
6.00	57.4390	9.4709	4.0314	2.8791	0.8942	0.0018	−0.3093	−0.4860	−0.6133	−0.6449	−0.6776	−0.6843	−0.6931
6.10	56.6072	9.5144	4.0320	2.8747	0.8877	−0.0009	−0.3092	−0.4835	−0.6085	−0.6393	−0.6711	−0.6776	−0.6861
6.20	55.8068	9.5569	4.0324	2.8702	0.8812	−0.0036	−0.3091	−0.4811	−0.6038	−0.6339	−0.6648	−0.6711	−0.6793
6.30	55.0361	9.5983	4.0325	2.8657	0.8748	−0.0062	−0.3089	−0.4787	−0.5992	−0.6286	−0.6587	−0.6648	−0.6727
6.40	54.2935	9.6387	4.0324	2.8611	0.8685	−0.0088	−0.3087	−0.4763	−0.5947	−0.6234	−0.6527	−0.6586	−0.6662
6.50	53.5774	9.6782	4.0322	2.8564	0.8623	−0.0113	−0.3085	−0.4740	−0.5903	−0.6184	−0.6469	−0.6526	−0.6600
6.60	52.8864	9.7167	4.0317	2.8517	0.8562	−0.0137	−0.3083	−0.4716	−0.5859	−0.6134	−0.6412	−0.6467	−0.6538
6.70	52.2192	9.7543	4.0311	2.8469	0.8501	−0.0160	−0.3080	−0.4694	−0.5817	−0.6086	−0.6357	−0.6410	−0.6479
6.80	51.5745	9.7910	4.0302	2.8420	0.8442	−0.0183	−0.3078	−0.4671	−0.5776	−0.6039	−0.6302	−0.6355	−0.6421
6.90	50.9512	9.8269	4.0293	2.8372	0.8384	−0.0205	−0.3075	−0.4649	−0.5735	−0.5993	−0.6250	−0.6300	−0.6364
7.00	50.3482	9.8619	4.0282	2.8323	0.8326	−0.0226	−0.3072	−0.4627	−0.5695	−0.5947	−0.6198	−0.6247	−0.6309

表 3-3-35 四参数指数 Gamma 分布离均系数 Φ_p $(b = 8.75)$

C_s	α	0.001	0.01	0.02	0.10	0.30	0.50	0.70	0.90	0.95	0.99	0.995	0.999
0.20	16010.5706	3.3855	2.4743	2.1601	1.3002	0.4987	−0.0332	−0.5469	−1.2576	−1.5861	−2.1812	−2.3923	−2.8167
0.30	7155.3931	3.5400	2.5483	2.2121	1.3074	0.4849	−0.0495	−0.5568	−1.2439	−1.5556	−2.1106	−2.3044	−2.6891
0.40	4055.9071	3.6983	2.6218	2.2629	1.3130	0.4706	−0.0655	−0.5657	−1.2293	−1.5247	−2.0417	−2.2195	−2.5678
0.50	2621.1092	3.8596	2.6944	2.3123	1.3172	0.4559	−0.0811	−0.5737	−1.2138	−1.4935	−1.9748	−2.1378	−2.4530
0.60	1841.5293	4.0232	2.7658	2.3600	1.3199	0.4408	−0.0962	−0.5807	−1.1976	−1.4623	−1.9101	−2.0594	−2.3447
0.70	1371.2829	4.1885	2.8356	2.4058	1.3212	0.4256	−0.1107	−0.5868	−1.1808	−1.4312	−1.8478	−1.9846	−2.2427
0.80	1065.8933	4.3547	2.9036	2.4496	1.3211	0.4103	−0.1246	−0.5919	−1.1637	−1.4005	−1.7880	−1.9133	−2.1470
0.90	856.3421	4.5210	2.9695	2.4912	1.3197	0.3949	−0.1379	−0.5962	−1.1463	−1.3701	−1.7307	−1.8457	−2.0573
1.00	706.2804	4.6870	3.0331	2.5306	1.3172	0.3797	−0.1505	−0.5996	−1.1287	−1.3404	−1.6761	−1.7815	−1.9734
1.10	595.0879	4.8519	3.0942	2.5677	1.3135	0.3646	−0.1625	−0.6023	−1.1111	−1.3113	−1.6240	−1.7208	−1.8950
1.20	510.3608	5.0153	3.1528	2.6026	1.3088	0.3497	−0.1737	−0.6042	−1.0936	−1.2830	−1.5744	−1.6634	−1.8218
1.30	444.2754	5.1767	3.2089	2.6351	1.3033	0.3351	−0.1843	−0.6055	−1.0762	−1.2554	−1.5274	−1.6093	−1.7534
1.40	391.6990	5.3356	3.2622	2.6654	1.2969	0.3209	−0.1941	−0.6062	−1.0590	−1.2288	−1.4827	−1.5582	−1.6896
1.50	349.1517	5.4919	3.3130	2.6935	1.2898	0.3070	−0.2034	−0.6064	−1.0420	−1.2030	−1.4404	−1.5100	−1.6301
1.60	314.2066	5.6451	3.3611	2.7195	1.2821	0.2935	−0.2120	−0.6060	−1.0254	−1.1780	−1.4003	−1.4646	−1.5745
1.70	285.1294	5.7951	3.4067	2.7434	1.2739	0.2803	−0.2200	−0.6053	−1.0091	−1.1540	−1.3623	−1.4218	−1.5225
1.80	260.6545	5.9417	3.4498	2.7654	1.2652	0.2676	−0.2275	−0.6042	−0.9932	−1.1309	−1.3263	−1.3815	−1.4739
1.90	239.8405	6.0848	3.4905	2.7856	1.2562	0.2554	−0.2344	−0.6027	−0.9777	−1.1086	−1.2922	−1.3435	−1.4285
2.00	221.9756	6.2242	3.5288	2.8040	1.2468	0.2435	−0.2408	−0.6009	−0.9626	−1.0872	−1.2599	−1.3076	−1.3859
2.10	206.5138	6.3600	3.5649	2.8207	1.2372	0.2321	−0.2468	−0.5989	−0.9479	−1.0666	−1.2293	−1.2737	−1.3460
2.20	193.0301	6.4921	3.5988	2.8360	1.2274	0.2210	−0.2523	−0.5967	−0.9336	−1.0468	−1.2002	−1.2416	−1.3085
2.30	181.1902	6.6206	3.6307	2.8497	1.2174	0.2104	−0.2573	−0.5943	−0.9198	−1.0278	−1.1727	−1.2113	−1.2733
2.40	170.7279	6.7454	3.6606	2.8621	1.2073	0.2002	−0.2620	−0.5917	−0.9063	−1.0095	−1.1465	−1.1827	−1.2402
2.50	161.4293	6.8666	3.6887	2.8732	1.1972	0.1904	−0.2664	−0.5890	−0.8933	−0.9920	−1.1216	−1.1555	−1.2090
2.60	153.1207	6.9842	3.7150	2.8832	1.1870	0.1809	−0.2703	−0.5862	−0.8806	−0.9751	−1.0980	−1.1298	−1.1796
2.70	145.6600	7.0984	3.7396	2.8920	1.1768	0.1718	−0.2740	−0.5832	−0.8684	−0.9589	−1.0754	−1.1054	−1.1519
2.80	138.9301	7.2092	3.7626	2.8998	1.1666	0.1631	−0.2774	−0.5803	−0.8565	−0.9433	−1.0540	−1.0822	−1.1256
2.90	132.8335	7.3166	3.7842	2.9066	1.1564	0.1547	−0.2805	−0.5772	−0.8450	−0.9283	−1.0336	−1.0601	−1.1008
3.00	127.2889	7.4209	3.8044	2.9125	1.1463	0.1466	−0.2834	−0.5741	−0.8339	−0.9138	−1.0141	−1.0391	−1.0772
3.10	122.2277	7.5220	3.8232	2.9177	1.1362	0.1389	−0.2860	−0.5710	−0.8231	−0.8999	−0.9955	−1.0191	−1.0549
3.20	117.5917	7.6200	3.8408	2.9220	1.1263	0.1314	−0.2884	−0.5678	−0.8126	−0.8865	−0.9777	−1.0001	−1.0337
3.30	113.3317	7.7151	3.8572	2.9256	1.1164	0.1242	−0.2906	−0.5646	−0.8025	−0.8736	−0.9607	−0.9819	−1.0135
3.40	109.4051	7.8073	3.8725	2.9286	1.1066	0.1173	−0.2927	−0.5614	−0.7926	−0.8612	−0.9444	−0.9645	−0.9943

续表

C_s	α	0.001	0.01	0.02	0.10	0.30	0.50	0.70	0.90	0.95	0.99	0.995	0.999
3.50	105.7757	7.8968	3.8867	2.9309	1.0969	0.1106	−0.2945	−0.5582	−0.7831	−0.8492	−0.9288	−0.9479	−0.9760
3.60	102.4120	7.9836	3.9000	2.9327	1.0873	0.1042	−0.2962	−0.5550	−0.7738	−0.8376	−0.9138	−0.9320	−0.9585
3.70	99.2867	8.0679	3.9123	2.9340	1.0779	0.0981	−0.2978	−0.5518	−0.7649	−0.8264	−0.8995	−0.9167	−0.9419
3.80	96.3759	8.1496	3.9237	2.9347	1.0686	0.0921	−0.2992	−0.5487	−0.7562	−0.8156	−0.8857	−0.9021	−0.9259
3.90	93.6589	8.2289	3.9344	2.9350	1.0593	0.0864	−0.3004	−0.5455	−0.7477	−0.8052	−0.8725	−0.8881	−0.9107
4.00	91.1174	8.3060	3.9442	2.9349	1.0503	0.0809	−0.3016	−0.5424	−0.7395	−0.7951	−0.8597	−0.8747	−0.8961
4.10	88.7351	8.3807	3.9533	2.9344	1.0413	0.0756	−0.3026	−0.5393	−0.7315	−0.7853	−0.8475	−0.8618	−0.8821
4.20	86.4980	8.4534	3.9617	2.9335	1.0325	0.0705	−0.3036	−0.5362	−0.7238	−0.7759	−0.8357	−0.8493	−0.8687
4.30	84.3933	8.5239	3.9695	2.9323	1.0238	0.0655	−0.3044	−0.5331	−0.7162	−0.7667	−0.8243	−0.8374	−0.8558
4.40	82.4098	8.5924	3.9766	2.9308	1.0152	0.0607	−0.3052	−0.5301	−0.7089	−0.7579	−0.8134	−0.8258	−0.8434
4.50	80.5374	8.6591	3.9832	2.9290	1.0068	0.0561	−0.3059	−0.5271	−0.7018	−0.7493	−0.8028	−0.8147	−0.8315
4.60	78.7672	8.7238	3.9892	2.9269	0.9985	0.0517	−0.3065	−0.5242	−0.6948	−0.7410	−0.7926	−0.8040	−0.8200
4.70	77.0911	8.7867	3.9947	2.9246	0.9903	0.0474	−0.3070	−0.5212	−0.6881	−0.7329	−0.7827	−0.7937	−0.8089
4.80	75.5018	8.8479	3.9997	2.9220	0.9823	0.0432	−0.3074	−0.5183	−0.6815	−0.7250	−0.7732	−0.7837	−0.7983
4.90	73.9928	8.9075	4.0042	2.9192	0.9743	0.0392	−0.3078	−0.5155	−0.6751	−0.7174	−0.7639	−0.7741	−0.7880
5.00	72.5582	8.9654	4.0083	2.9162	0.9665	0.0353	−0.3082	−0.5126	−0.6688	−0.7100	−0.7550	−0.7648	−0.7781
5.10	71.1926	9.0217	4.0120	2.9131	0.9588	0.0315	−0.3085	−0.5098	−0.6628	−0.7028	−0.7463	−0.7557	−0.7685
5.20	69.8912	9.0766	4.0153	2.9097	0.9513	0.0279	−0.3087	−0.5071	−0.6568	−0.6958	−0.7379	−0.7470	−0.7593
5.30	68.6495	9.1300	4.0182	2.9062	0.9438	0.0243	−0.3089	−0.5043	−0.6510	−0.6890	−0.7298	−0.7385	−0.7503
5.40	67.4635	9.1820	4.0207	2.9026	0.9365	0.0209	−0.3090	−0.5016	−0.6454	−0.6823	−0.7219	−0.7303	−0.7416
5.50	66.3295	9.2326	4.0230	2.8988	0.9293	0.0176	−0.3091	−0.4990	−0.6399	−0.6759	−0.7143	−0.7224	−0.7332
5.60	65.2442	9.2819	4.0249	2.8949	0.9222	0.0144	−0.3092	−0.4964	−0.6345	−0.6696	−0.7068	−0.7147	−0.7251
5.70	64.2044	9.3300	4.0265	2.8909	0.9152	0.0113	−0.3092	−0.4938	−0.6292	−0.6635	−0.6996	−0.7072	−0.7172
5.80	63.2074	9.3769	4.0278	2.8868	0.9083	0.0083	−0.3092	−0.4912	−0.6241	−0.6575	−0.6926	−0.6999	−0.7096
5.90	62.2505	9.4225	4.0289	2.8826	0.9015	0.0053	−0.3091	−0.4887	−0.6191	−0.6517	−0.6858	−0.6928	−0.7021
6.00	61.3313	9.4670	4.0297	2.8783	0.8949	0.0025	−0.3090	−0.4862	−0.6142	−0.6460	−0.6791	−0.6860	−0.6949
6.10	60.4476	9.5104	4.0303	2.8739	0.8883	−0.0003	−0.3089	−0.4837	−0.6094	−0.6405	−0.6727	−0.6793	−0.6879
6.20	59.5974	9.5528	4.0306	2.8694	0.8818	−0.0030	−0.3088	−0.4813	−0.6047	−0.6351	−0.6664	−0.6728	−0.6811
6.30	58.7787	9.5941	4.0307	2.8649	0.8755	−0.0056	−0.3086	−0.4789	−0.6001	−0.6298	−0.6603	−0.6665	−0.6745
6.40	57.9898	9.6344	4.0307	2.8603	0.8692	−0.0081	−0.3085	−0.4766	−0.5956	−0.6246	−0.6543	−0.6603	−0.6681
6.50	57.2291	9.6737	4.0304	2.8556	0.8630	−0.0105	−0.3083	−0.4742	−0.5912	−0.6196	−0.6485	−0.6543	−0.6618
6.60	56.4950	9.7121	4.0299	2.8509	0.8569	−0.0129	−0.3080	−0.4719	−0.5869	−0.6147	−0.6428	−0.6484	−0.6557
6.70	55.7863	9.7496	4.0293	2.8461	0.8509	−0.0153	−0.3078	−0.4697	−0.5827	−0.6098	−0.6373	−0.6427	−0.6497
6.80	55.1014	9.7862	4.0284	2.8413	0.8450	−0.0175	−0.3075	−0.4674	−0.5786	−0.6051	−0.6319	−0.6372	−0.6440
6.90	54.4393	9.8219	4.0275	2.8365	0.8392	−0.0197	−0.3073	−0.4652	−0.5745	−0.6005	−0.6266	−0.6317	−0.6383
7.00	53.7987	9.8568	4.0263	2.8316	0.8335	−0.0219	−0.3070	−0.4630	−0.5706	−0.5960	−0.6214	−0.6265	−0.6328

表 3-3-36　四参数指数 Gamma 分布离均系数 Φ_p ($b = 9.00$)

C_s	α	0.001	0.01	0.02	0.10	0.30	0.50	0.70	0.90	0.95	0.99	0.995	0.999
0.20	16976.1509	3.3855	2.4743	2.1601	1.3002	0.4987	−0.0332	−0.5469	−1.2576	−1.5861	−2.1812	−2.3924	−2.8168
0.30	7587.1069	3.5401	2.5483	2.2121	1.3074	0.4849	−0.0495	−0.5568	−1.2439	−1.5556	−2.1106	−2.3044	−2.6891
0.40	4300.7591	3.6984	2.6218	2.2629	1.3130	0.4706	−0.0655	−0.5657	−1.2293	−1.5247	−2.0417	−2.2195	−2.5679
0.50	2779.4598	3.8597	2.6945	2.3123	1.3172	0.4559	−0.0811	−0.5737	−1.2137	−1.4935	−1.9748	−2.1378	−2.4531
0.60	1952.8803	4.0234	2.7658	2.3600	1.3199	0.4408	−0.0962	−0.5807	−1.1976	−1.4623	−1.9102	−2.0595	−2.3448
0.70	1454.2837	4.1887	2.8357	2.4058	1.3212	0.4256	−0.1107	−0.5867	−1.1808	−1.4312	−1.8479	−1.9847	−2.2429
0.80	1130.4826	4.3549	2.9036	2.4496	1.3211	0.4103	−0.1246	−0.5919	−1.1637	−1.4005	−1.7881	−1.9135	−2.1473
0.90	908.2978	4.5213	2.9695	2.4912	1.3197	0.3949	−0.1379	−0.5961	−1.1463	−1.3702	−1.7309	−1.8458	−2.0576
1.00	749.1891	4.6873	3.0331	2.5306	1.3171	0.3797	−0.1505	−0.5996	−1.1287	−1.3404	−1.6762	−1.7817	−1.9738
1.10	631.2929	4.8523	3.0942	2.5677	1.3135	0.3646	−0.1624	−0.6022	−1.1111	−1.3114	−1.6242	−1.7210	−1.8954
1.20	541.4577	5.0157	3.1528	2.6025	1.3088	0.3497	−0.1736	−0.6042	−1.0936	−1.2830	−1.5747	−1.6637	−1.8222
1.30	471.3879	5.1771	3.2088	2.6350	1.3032	0.3352	−0.1842	−0.6055	−1.0762	−1.2555	−1.5277	−1.6096	−1.7539
1.40	415.6417	5.3361	3.2622	2.6653	1.2968	0.3209	−0.1941	−0.6061	−1.0590	−1.2289	−1.4830	−1.5586	−1.6902

续表

C_s	α	0.001	0.01	0.02	0.10	0.30	0.50	0.70	0.90	0.95	0.99	0.995	0.999
1.50	370.5292	5.4924	3.3129	2.6933	1.2897	0.3070	−0.2033	−0.6063	−1.0421	−1.2031	−1.4408	−1.5105	−1.6307
1.60	333.4772	5.6456	3.3610	2.7193	1.2820	0.2935	−0.2119	−0.6060	−1.0255	−1.1782	−1.4007	−1.4651	−1.5751
1.70	302.6469	5.7956	3.4066	2.7432	1.2738	0.2804	−0.2199	−0.6052	−1.0092	−1.1542	−1.3627	−1.4224	−1.5232
1.80	276.6963	5.9422	3.4496	2.7652	1.2651	0.2677	−0.2274	−0.6041	−0.9933	−1.1311	−1.3268	−1.3821	−1.4747
1.90	254.6273	6.0853	3.4903	2.7853	1.2561	0.2554	−0.2343	−0.6026	−0.9778	−1.1088	−1.2927	−1.3441	−1.4293
2.00	235.6853	6.2247	3.5285	2.8037	1.2467	0.2436	−0.2407	−0.6009	−0.9627	−1.0874	−1.2604	−1.3082	−1.3868
2.10	219.2912	6.3605	3.5646	2.8204	1.2371	0.2322	−0.2466	−0.5989	−0.9480	−1.0669	−1.2298	−1.2744	−1.3469
2.20	204.9945	6.4926	3.5985	2.8356	1.2273	0.2212	−0.2521	−0.5966	−0.9338	−1.0471	−1.2008	−1.2424	−1.3095
2.30	192.4406	6.6210	3.6303	2.8493	1.2173	0.2106	−0.2572	−0.5942	−0.9199	−1.0281	−1.1733	−1.2121	−1.2743
2.40	181.3475	6.7458	3.6602	2.8617	1.2072	0.2004	−0.2619	−0.5916	−0.9065	−1.0099	−1.1472	−1.1835	−1.2413
2.50	171.4881	6.8669	3.6882	2.8728	1.1971	0.1905	−0.2662	−0.5889	−0.8935	−0.9924	−1.1223	−1.1564	−1.2101
2.60	162.6785	6.9845	3.7144	2.8827	1.1869	0.1811	−0.2702	−0.5861	−0.8809	−0.9755	−1.0987	−1.1307	−1.1808
2.70	154.7679	7.0986	3.7390	2.8915	1.1767	0.1720	−0.2738	−0.5832	−0.8686	−0.9593	−1.0762	−1.1063	−1.1530
2.80	147.6321	7.2093	3.7620	2.8992	1.1665	0.1633	−0.2772	−0.5802	−0.8568	−0.9437	−1.0548	−1.0831	−1.1268
2.90	141.1679	7.3167	3.7835	2.9061	1.1564	0.1549	−0.2803	−0.5771	−0.8453	−0.9288	−1.0344	−1.0611	−1.1020
3.00	135.2888	7.4209	3.8036	2.9120	1.1463	0.1469	−0.2832	−0.5740	−0.8342	−0.9143	−1.0150	−1.0401	−1.0785
3.10	129.9223	7.5219	3.8224	2.9171	1.1362	0.1391	−0.2858	−0.5709	−0.8234	−0.9005	−0.9964	−1.0202	−1.0562
3.20	125.0068	7.6198	3.8400	2.9214	1.1263	0.1317	−0.2882	−0.5677	−0.8130	−0.8871	−0.9786	−1.0011	−1.0350
3.30	120.4898	7.7148	3.8563	2.9250	1.1164	0.1245	−0.2904	−0.5646	−0.8028	−0.8742	−0.9616	−0.9830	−1.0148
3.40	116.3264	7.8069	3.8716	2.9279	1.1066	0.1176	−0.2924	−0.5614	−0.7930	−0.8618	−0.9454	−0.9656	−0.9956
3.50	112.4781	7.8963	3.8858	2.9303	1.0970	0.1110	−0.2943	−0.5582	−0.7835	−0.8498	−0.9298	−0.9490	−0.9774
3.60	108.9114	7.9830	3.8990	2.9320	1.0874	0.1046	−0.2960	−0.5550	−0.7743	−0.8383	−0.9149	−0.9331	−0.9599
3.70	105.5976	8.0671	3.9113	2.9332	1.0780	0.0984	−0.2975	−0.5518	−0.7653	−0.8271	−0.9006	−0.9179	−0.9433
3.80	102.5112	8.1488	3.9227	2.9340	1.0687	0.0925	−0.2989	−0.5487	−0.7566	−0.8163	−0.8868	−0.9033	−0.9274
3.90	99.6303	8.2280	3.9332	2.9343	1.0595	0.0868	−0.3002	−0.5455	−0.7482	−0.8059	−0.8736	−0.8894	−0.9121
4.00	96.9354	8.3049	3.9430	2.9341	1.0504	0.0813	−0.3013	−0.5424	−0.7400	−0.7959	−0.8609	−0.8759	−0.8976
4.10	94.4094	8.3795	3.9521	2.9336	1.0415	0.0760	−0.3024	−0.5393	−0.7320	−0.7861	−0.8486	−0.8630	−0.8836
4.20	92.0373	8.4520	3.9605	2.9327	1.0327	0.0709	−0.3033	−0.5362	−0.7243	−0.7767	−0.8369	−0.8506	−0.8702
4.30	89.8056	8.5225	3.9682	2.9315	1.0240	0.0659	−0.3042	−0.5332	−0.7168	−0.7676	−0.8255	−0.8387	−0.8573
4.40	87.7024	8.5909	3.9753	2.9300	1.0154	0.0612	−0.3049	−0.5302	−0.7095	−0.7587	−0.8146	−0.8272	−0.8449
4.50	85.7170	8.6574	3.9819	2.9282	1.0070	0.0566	−0.3056	−0.5272	−0.7024	−0.7501	−0.8040	−0.8161	−0.8330
4.60	83.8400	8.7220	3.9878	2.9261	0.9987	0.0521	−0.3062	−0.5242	−0.6954	−0.7418	−0.7938	−0.8054	−0.8215
4.70	82.0627	8.7848	3.9933	2.9237	0.9906	0.0478	−0.3067	−0.5213	−0.6887	−0.7337	−0.7840	−0.7951	−0.8105
4.80	80.3775	8.8459	3.9983	2.9212	0.9826	0.0437	−0.3072	−0.5184	−0.6822	−0.7259	−0.7744	−0.7851	−0.7999
4.90	78.7774	8.9053	4.0028	2.9184	0.9747	0.0397	−0.3076	−0.5156	−0.6758	−0.7183	−0.7652	−0.7755	−0.7896
5.00	77.2562	8.9630	4.0068	2.9154	0.9669	0.0358	−0.3079	−0.5127	−0.6695	−0.7109	−0.7563	−0.7662	−0.7797
5.10	75.8082	9.0193	4.0105	2.9122	0.9592	0.0320	−0.3082	−0.5100	−0.6635	−0.7037	−0.7477	−0.7572	−0.7701
5.20	74.4282	9.0740	4.0138	2.9089	0.9517	0.0284	−0.3084	−0.5072	−0.6576	−0.6968	−0.7393	−0.7484	−0.7609
5.30	73.1115	9.1273	4.0167	2.9054	0.9443	0.0249	−0.3086	−0.5045	−0.6518	−0.6900	−0.7312	−0.7400	−0.7519
5.40	71.8539	9.1791	4.0192	2.9018	0.9369	0.0215	−0.3087	−0.5018	−0.6461	−0.6833	−0.7233	−0.7318	−0.7433
5.50	70.6515	9.2296	4.0214	2.8980	0.9298	0.0182	−0.3088	−0.4991	−0.6407	−0.6769	−0.7157	−0.7239	−0.7349
5.60	69.5006	9.2788	4.0233	2.8941	0.9227	0.0150	−0.3089	−0.4965	−0.6353	−0.6706	−0.7082	−0.7162	−0.7268
5.70	68.3981	9.3268	4.0249	2.8901	0.9157	0.0119	−0.3089	−0.4939	−0.6300	−0.6645	−0.7010	−0.7087	−0.7189
5.80	67.3409	9.3735	4.0262	2.8860	0.9089	0.0089	−0.3089	−0.4914	−0.6249	−0.6586	−0.6940	−0.7014	−0.7112
5.90	66.3262	9.4190	4.0273	2.8818	0.9021	0.0059	−0.3088	−0.4889	−0.6199	−0.6528	−0.6872	−0.6944	−0.7038
6.00	65.3514	9.4634	4.0281	2.8775	0.8954	0.0031	−0.3088	−0.4864	−0.6150	−0.6471	−0.6806	−0.6875	−0.6966
6.10	64.4144	9.5067	4.0286	2.8731	0.8889	0.0004	−0.3087	−0.4840	−0.6102	−0.6416	−0.6741	−0.6808	−0.6896
6.20	63.5128	9.5489	4.0290	2.8686	0.8825	−0.0023	−0.3085	−0.4815	−0.6056	−0.6362	−0.6679	−0.6743	−0.6828
6.30	62.6446	9.5901	4.0291	2.8641	0.8761	−0.0049	−0.3084	−0.4792	−0.6010	−0.6309	−0.6617	−0.6680	−0.6762
6.40	61.8081	9.6303	4.0290	2.8595	0.8699	−0.0074	−0.3082	−0.4768	−0.5965	−0.6258	−0.6558	−0.6619	−0.6698
6.50	61.0015	9.6695	4.0287	2.8549	0.8637	−0.0099	−0.3080	−0.4745	−0.5921	−0.6207	−0.6500	−0.6559	−0.6635
6.60	60.2231	9.7077	4.0282	2.8502	0.8576	−0.0123	−0.3078	−0.4722	−0.5878	−0.6158	−0.6443	−0.6500	−0.6574
6.70	59.4714	9.7451	4.0276	2.8454	0.8517	−0.0146	−0.3075	−0.4699	−0.5836	−0.6110	−0.6388	−0.6443	−0.6515
6.80	58.7452	9.7816	4.0268	2.8406	0.8458	−0.0168	−0.3073	−0.4677	−0.5795	−0.6063	−0.6334	−0.6388	−0.6457

续表

C_s	α	0.001	0.01	0.02	0.10	0.30	0.50	0.70	0.90	0.95	0.99	0.995	0.999
6.90	58.0431	9.8172	4.0258	2.8358	0.8400	−0.0190	−0.3070	−0.4655	−0.5755	−0.6017	−0.6281	−0.6334	−0.6401
7.00	57.3639	9.8520	4.0247	2.8309	0.8343	−0.0212	−0.3067	−0.4633	−0.5715	−0.5972	−0.6230	−0.6281	−0.6346

表 3-3-37　四参数指数 Gamma 分布离均系数 $\varPhi_p$ $(b = 9.25)$

C_s	α	0.001	0.01	0.02	0.10	0.30	0.50	0.70	0.90	0.95	0.99	0.995	0.999
0.20	17969.9842	3.3855	2.4743	2.1601	1.3002	0.4987	−0.0332	−0.5469	−1.2576	−1.5861	−2.1812	−2.3924	−2.8168
0.30	8031.4681	3.5401	2.5483	2.2121	1.3073	0.4849	−0.0495	−0.5568	−1.2439	−1.5556	−2.1106	−2.3045	−2.6892
0.40	4552.7874	3.6984	2.6218	2.2629	1.3130	0.4706	−0.0655	−0.5657	−1.2292	−1.5247	−2.0417	−2.2196	−2.5680
0.50	2942.4549	3.8598	2.6945	2.3123	1.3172	0.4559	−0.0811	−0.5737	−1.2137	−1.4935	−1.9749	−2.1379	−2.4532
0.60	2067.5003	4.0235	2.7659	2.3600	1.3199	0.4408	−0.0962	−0.5807	−1.1976	−1.4623	−1.9102	−2.0596	−2.3450
0.70	1539.7235	4.1889	2.8357	2.4058	1.3211	0.4256	−0.1107	−0.5867	−1.1808	−1.4313	−1.8480	−1.9848	−2.2431
0.80	1196.9720	4.3551	2.9036	2.4496	1.3210	0.4103	−0.1246	−0.5919	−1.1637	−1.4005	−1.7882	−1.9136	−2.1475
0.90	961.7840	4.5216	2.9695	2.4912	1.3197	0.3949	−0.1379	−0.5961	−1.1463	−1.3702	−1.7310	−1.8460	−2.0579
1.00	793.3634	4.6876	3.0331	2.5306	1.3171	0.3797	−0.1505	−0.5995	−1.1287	−1.3405	−1.6764	−1.7819	−1.9741
1.10	668.5673	4.8526	3.0942	2.5676	1.3134	0.3646	−0.1624	−0.6022	−1.1112	−1.3114	−1.6244	−1.7213	−1.8958
1.20	573.4745	5.0161	3.1528	2.6024	1.3087	0.3498	−0.1736	−0.6041	−1.0936	−1.2831	−1.5749	−1.6640	−1.8227
1.30	499.3039	5.1775	3.2088	2.6349	1.3031	0.3352	−0.1841	−0.6054	−1.0762	−1.2556	−1.5279	−1.6099	−1.7544
1.40	440.2950	5.3366	3.2621	2.6651	1.2967	0.3209	−0.1940	−0.6061	−1.0590	−1.2290	−1.4833	−1.5589	−1.6907
1.50	392.5422	5.4929	3.3128	2.6932	1.2897	0.3070	−0.2032	−0.6062	−1.0421	−1.2032	−1.4411	−1.5109	−1.6313
1.60	353.3217	5.6461	3.3609	2.7191	1.2820	0.2935	−0.2118	−0.6059	−1.0255	−1.1784	−1.4010	−1.4656	−1.5758
1.70	320.6870	5.7962	3.4064	2.7430	1.2737	0.2804	−0.2199	−0.6052	−1.0093	−1.1544	−1.3631	−1.4229	−1.5239
1.80	293.2175	5.9428	3.4494	2.7650	1.2650	0.2678	−0.2273	−0.6040	−0.9934	−1.1313	−1.3272	−1.3826	−1.4754
1.90	269.8569	6.0858	3.4900	2.7851	1.2560	0.2555	−0.2342	−0.6025	−0.9779	−1.1091	−1.2932	−1.3446	−1.4301
2.00	249.8062	6.2252	3.5283	2.8034	1.2466	0.2437	−0.2406	−0.6008	−0.9628	−1.0877	−1.2609	−1.3088	−1.3876
2.10	232.4525	6.3610	3.5643	2.8201	1.2370	0.2323	−0.2465	−0.5988	−0.9482	−1.0671	−1.2304	−1.2750	−1.3478
2.20	217.3189	6.4931	3.5981	2.8353	1.2272	0.2213	−0.2520	−0.5966	−0.9339	−1.0474	−1.2014	−1.2431	−1.3104
2.30	204.0303	6.6214	3.6299	2.8490	1.2172	0.2107	−0.2570	−0.5941	−0.9201	−1.0284	−1.1739	−1.2128	−1.2753
2.40	192.2878	6.7462	3.6597	2.8613	1.2072	0.2005	−0.2617	−0.5916	−0.9067	−1.0102	−1.1478	−1.1842	−1.2423
2.50	181.8513	6.8673	3.6877	2.8724	1.1970	0.1907	−0.2660	−0.5889	−0.8937	−0.9927	−1.1230	−1.1572	−1.2111
2.60	172.5260	6.9848	3.7139	2.8822	1.1868	0.1813	−0.2700	−0.5860	−0.8811	−0.9759	−1.0994	−1.1315	−1.1818
2.70	164.1523	7.0988	3.7384	2.8910	1.1766	0.1722	−0.2736	−0.5831	−0.8689	−0.9597	−1.0770	−1.1071	−1.1541
2.80	156.5988	7.2095	3.7614	2.8987	1.1665	0.1635	−0.2770	−0.5801	−0.8570	−0.9442	−1.0556	−1.0840	−1.1279
2.90	149.7561	7.3168	3.7829	2.9055	1.1563	0.1551	−0.2801	−0.5771	−0.8456	−0.9292	−1.0352	−1.0620	−1.1031
3.00	143.5329	7.4208	3.8030	2.9114	1.1462	0.1471	−0.2830	−0.5740	−0.8345	−0.9148	−1.0158	−1.0411	−1.0796
3.10	137.8522	7.5218	3.8217	2.9165	1.1362	0.1394	−0.2856	−0.5709	−0.8237	−0.9010	−0.9972	−1.0211	−1.0573
3.20	132.6489	7.6196	3.8392	2.9208	1.1263	0.1319	−0.2880	−0.5677	−0.8133	−0.8876	−0.9795	−1.0021	−1.0362
3.30	127.8674	7.7145	3.8555	2.9244	1.1164	0.1248	−0.2902	−0.5645	−0.8032	−0.8748	−0.9625	−0.9840	−1.0161
3.40	123.4602	7.8066	3.8707	2.9273	1.1066	0.1179	−0.2922	−0.5614	−0.7934	−0.8624	−0.9463	−0.9667	−0.9969
3.50	119.3866	7.8958	3.8849	2.9296	1.0970	0.1113	−0.2940	−0.5582	−0.7839	−0.8504	−0.9308	−0.9501	−0.9786
3.60	115.6111	7.9824	3.8980	2.9313	1.0875	0.1049	−0.2957	−0.5550	−0.7747	−0.8389	−0.9159	−0.9342	−0.9612
3.70	112.1032	8.0664	3.9103	2.9326	1.0780	0.0988	−0.2973	−0.5518	−0.7658	−0.8278	−0.9016	−0.9190	−0.9446
3.80	108.8361	8.1480	3.9216	2.9333	1.0687	0.0928	−0.2987	−0.5487	−0.7571	−0.8170	−0.8878	−0.9045	−0.9287
3.90	105.7864	8.2271	3.9322	2.9336	1.0596	0.0872	−0.2999	−0.5455	−0.7487	−0.8066	−0.8746	−0.8905	−0.9135
4.00	102.9337	8.3039	3.9420	2.9334	1.0505	0.0817	−0.3011	−0.5424	−0.7405	−0.7966	−0.8619	−0.8771	−0.8989
4.10	100.2598	8.3784	3.9510	2.9329	1.0416	0.0764	−0.3021	−0.5393	−0.7325	−0.7868	−0.8497	−0.8642	−0.8850
4.20	97.7488	8.4508	3.9593	2.9320	1.0328	0.0713	−0.3031	−0.5363	−0.7248	−0.7774	−0.8380	−0.8518	−0.8716
4.30	95.3864	8.5211	3.9670	2.9308	1.0242	0.0664	−0.3039	−0.5332	−0.7173	−0.7683	−0.8266	−0.8399	−0.8587
4.40	93.1600	8.5894	3.9741	2.9292	1.0157	0.0616	−0.3047	−0.5302	−0.7100	−0.7595	−0.8157	−0.8284	−0.8463
4.50	91.0583	8.6557	3.9806	2.9274	1.0073	0.0570	−0.3053	−0.5272	−0.7029	−0.7509	−0.8052	−0.8174	−0.8345
4.60	89.0713	8.7202	3.9866	2.9253	0.9990	0.0526	−0.3059	−0.5243	−0.6960	−0.7426	−0.7950	−0.8067	−0.8230
4.70	87.1899	8.7829	3.9920	2.9229	0.9909	0.0483	−0.3065	−0.5214	−0.6893	−0.7346	−0.7852	−0.7964	−0.8120
4.80	85.4060	8.8439	3.9969	2.9204	0.9829	0.0442	−0.3069	−0.5185	−0.6828	−0.7268	−0.7756	−0.7864	−0.8014

续表

C_s	α	0.001	0.01	0.02	0.10	0.30	0.50	0.70	0.90	0.95	0.99	0.995	0.999
4.90	83.7122	8.9032	4.0014	2.9176	0.9750	0.0402	−0.3073	−0.5157	−0.6764	−0.7192	−0.7664	−0.7768	−0.7911
5.00	82.1018	8.9608	4.0055	2.9146	0.9672	0.0363	−0.3076	−0.5128	−0.6702	−0.7118	−0.7575	−0.7675	−0.7812
5.10	80.5690	9.0169	4.0091	2.9114	0.9596	0.0326	−0.3079	−0.5101	−0.6641	−0.7046	−0.7489	−0.7585	−0.7716
5.20	79.1081	9.0715	4.0124	2.9081	0.9520	0.0289	−0.3082	−0.5073	−0.6582	−0.6977	−0.7406	−0.7498	−0.7624
5.30	77.7143	9.1247	4.0152	2.9046	0.9446	0.0254	−0.3083	−0.5046	−0.6525	−0.6909	−0.7324	−0.7414	−0.7535
5.40	76.3830	9.1764	4.0178	2.9010	0.9374	0.0220	−0.3085	−0.5019	−0.6469	−0.6843	−0.7246	−0.7332	−0.7448
5.50	75.1101	9.2268	4.0200	2.8972	0.9302	0.0187	−0.3086	−0.4993	−0.6414	−0.6779	−0.7170	−0.7253	−0.7364
5.60	73.8918	9.2759	4.0218	2.8933	0.9231	0.0155	−0.3086	−0.4967	−0.6360	−0.6716	−0.7096	−0.7176	−0.7283
5.70	72.7247	9.3237	4.0234	2.8893	0.9162	0.0124	−0.3087	−0.4941	−0.6308	−0.6655	−0.7024	−0.7101	−0.7205
5.80	71.6055	9.3703	4.0247	2.8852	0.9094	0.0094	−0.3086	−0.4916	−0.6257	−0.6596	−0.6954	−0.7029	−0.7128
5.90	70.5313	9.4157	4.0258	2.8810	0.9026	0.0065	−0.3086	−0.4891	−0.6207	−0.6538	−0.6886	−0.6958	−0.7054
6.00	69.4995	9.4600	4.0266	2.8767	0.8960	0.0037	−0.3085	−0.4866	−0.6158	−0.6481	−0.6819	−0.6890	−0.6982
6.10	68.5075	9.5031	4.0271	2.8724	0.8895	0.0010	−0.3084	−0.4842	−0.6110	−0.6426	−0.6755	−0.6823	−0.6912
6.20	67.5530	9.5452	4.0274	2.8679	0.8831	−0.0017	−0.3083	−0.4818	−0.6064	−0.6372	−0.6692	−0.6758	−0.6844
6.30	66.6340	9.5863	4.0275	2.8634	0.8767	−0.0043	−0.3081	−0.4794	−0.6018	−0.6320	−0.6631	−0.6695	−0.6778
6.40	65.7484	9.6264	4.0274	2.8588	0.8705	−0.0068	−0.3080	−0.4770	−0.5974	−0.6268	−0.6572	−0.6634	−0.6714
6.50	64.8945	9.6655	4.0271	2.8542	0.8644	−0.0092	−0.3078	−0.4747	−0.5930	−0.6218	−0.6514	−0.6574	−0.6652
6.60	64.0704	9.7036	4.0266	2.8495	0.8583	−0.0116	−0.3076	−0.4724	−0.5887	−0.6169	−0.6457	−0.6516	−0.6591
6.70	63.2747	9.7408	4.0260	2.8447	0.8524	−0.0139	−0.3073	−0.4702	−0.5845	−0.6121	−0.6402	−0.6459	−0.6531
6.80	62.5059	9.7772	4.0252	2.8400	0.8465	−0.0162	−0.3071	−0.4680	−0.5804	−0.6075	−0.6348	−0.6403	−0.6474
6.90	61.7626	9.8127	4.0242	2.8351	0.8407	−0.0184	−0.3068	−0.4658	−0.5764	−0.6029	−0.6296	−0.6349	−0.6417
7.00	61.0436	9.8474	4.0231	2.8303	0.8350	−0.0205	−0.3065	−0.4636	−0.5724	−0.5984	−0.6245	−0.6296	−0.6362

表 3-3-38 四参数指数 Gamma 分布离均系数 $\varPhi_p$ ($b = 9.50$)

C_s	α	0.001	0.01	0.02	0.10	0.30	0.50	0.70	0.90	0.95	0.99	0.995	0.999
0.20	18992.0903	3.3856	2.4743	2.1601	1.3002	0.4987	−0.0332	−0.5469	−1.2576	−1.5861	−2.1812	−2.3924	−2.8168
0.30	8488.4702	3.5401	2.5483	2.2121	1.3073	0.4849	−0.0495	−0.5568	−1.2439	−1.5556	−2.1106	−2.3045	−2.6892
0.40	4811.9917	3.6985	2.6219	2.2629	1.3130	0.4706	−0.0655	−0.5657	−1.2292	−1.5247	−2.0418	−2.2196	−2.5680
0.50	3110.0945	3.8599	2.6945	2.3123	1.3172	0.4559	−0.0811	−0.5737	−1.2137	−1.4935	−1.9749	−2.1379	−2.4533
0.60	2185.3891	4.0237	2.7659	2.3600	1.3199	0.4408	−0.0962	−0.5807	−1.1976	−1.4623	−1.9103	−2.0597	−2.3451
0.70	1627.6024	4.1890	2.8357	2.4058	1.3211	0.4256	−0.1107	−0.5867	−1.1808	−1.4313	−1.8481	−1.9849	−2.2433
0.80	1265.3618	4.3553	2.9036	2.4496	1.3210	0.4103	−0.1246	−0.5918	−1.1637	−1.4005	−1.7883	−1.9138	−2.1477
0.90	1016.8007	4.5218	2.9695	2.4912	1.3196	0.3949	−0.1379	−0.5961	−1.1463	−1.3702	−1.7311	−1.8462	−2.0582
1.00	838.8035	4.6879	3.0331	2.5305	1.3170	0.3797	−0.1504	−0.5995	−1.1287	−1.3405	−1.6765	−1.7821	−1.9744
1.10	706.9113	4.8530	3.0942	2.5676	1.3134	0.3646	−0.1624	−0.6021	−1.1112	−1.3115	−1.6245	−1.7215	−1.8962
1.20	606.4113	5.0165	3.1528	2.6024	1.3087	0.3498	−0.1736	−0.6041	−1.0936	−1.2832	−1.5751	−1.6643	−1.8231
1.30	528.0232	5.1780	3.2087	2.6348	1.3031	0.3352	−0.1841	−0.6054	−1.0763	−1.2557	−1.5281	−1.6102	−1.7549
1.40	465.6590	5.3370	3.2621	2.6650	1.2967	0.3210	−0.1940	−0.6060	−1.0591	−1.2291	−1.4836	−1.5593	−1.6912
1.50	415.1909	5.4933	3.3127	2.6931	1.2896	0.3071	−0.2032	−0.6062	−1.0422	−1.2033	−1.4414	−1.5113	−1.6318
1.60	373.7401	5.6466	3.3608	2.7190	1.2819	0.2936	−0.2118	−0.6059	−1.0256	−1.1785	−1.4014	−1.4660	−1.5764
1.70	339.2496	5.7966	3.4063	2.7428	1.2736	0.2805	−0.2198	−0.6051	−1.0093	−1.1545	−1.3635	−1.4233	−1.5246
1.80	310.2181	5.9432	3.4493	2.7648	1.2650	0.2678	−0.2272	−0.6040	−0.9935	−1.1315	−1.3276	−1.3831	−1.4761
1.90	285.5291	6.0863	3.4898	2.7848	1.2559	0.2556	−0.2341	−0.6025	−0.9780	−1.1093	−1.2936	−1.3452	−1.4308
2.00	264.3382	6.2257	3.5280	2.8032	1.2465	0.2438	−0.2405	−0.6007	−0.9629	−1.0879	−1.2614	−1.3094	−1.3884
2.10	245.9976	6.3615	3.5640	2.8198	1.2369	0.2324	−0.2464	−0.5987	−0.9483	−1.0674	−1.2309	−1.2756	−1.3486
2.20	230.0035	6.4935	3.5978	2.8350	1.2271	0.2214	−0.2518	−0.5965	−0.9341	−1.0477	−1.2020	−1.2437	−1.3113
2.30	215.9592	6.6218	3.6295	2.8486	1.2172	0.2108	−0.2569	−0.5941	−0.9203	−1.0287	−1.1745	−1.2135	−1.2762
2.40	203.5489	6.7465	3.6593	2.8609	1.2071	0.2006	−0.2616	−0.5915	−0.9069	−1.0105	−1.1484	−1.1850	−1.2432
2.50	192.5189	6.8676	3.6873	2.8720	1.1970	0.1908	−0.2659	−0.5888	−0.8939	−0.9931	−1.1236	−1.1579	−1.2121
2.60	182.6632	6.9850	3.7134	2.8818	1.1868	0.1814	−0.2698	−0.5860	−0.8813	−0.9763	−1.1001	−1.1323	−1.1828
2.70	173.8133	7.0990	3.7379	2.8906	1.1766	0.1724	−0.2735	−0.5831	−0.8691	−0.9601	−1.0777	−1.1079	−1.1551
2.80	165.8301	7.2096	3.7608	2.8983	1.1664	0.1637	−0.2768	−0.5801	−0.8573	−0.9446	−1.0563	−1.0848	−1.1289

续表

C_s	α	0.001	0.01	0.02	0.10	0.30	0.50	0.70	0.90	0.95	0.99	0.995	0.999
2.90	158.5983	7.3168	3.7823	2.9050	1.1563	0.1553	−0.2799	−0.5770	−0.8458	−0.9297	−1.0360	−1.0629	−1.1042
3.00	152.0211	7.4208	3.8023	2.9109	1.1462	0.1473	−0.2828	−0.5739	−0.8348	−0.9153	−1.0166	−1.0420	−1.0807
3.10	146.0173	7.5217	3.8210	2.9159	1.1362	0.1396	−0.2854	−0.5708	−0.8240	−0.9014	−0.9980	−1.0221	−1.0585
3.20	140.5180	7.6194	3.8385	2.9202	1.1263	0.1322	−0.2878	−0.5677	−0.8136	−0.8881	−0.9803	−1.0031	−1.0373
3.30	135.4646	7.7142	3.8547	2.9238	1.1164	0.1250	−0.2900	−0.5645	−0.8035	−0.8753	−0.9634	−0.9849	−1.0172
3.40	130.8067	7.8062	3.8699	2.9267	1.1067	0.1182	−0.2920	−0.5613	−0.7938	−0.8629	−0.9472	−0.9676	−0.9981
3.50	126.5013	7.8954	3.8840	2.9290	1.0970	0.1116	−0.2938	−0.5582	−0.7843	−0.8510	−0.9317	−0.9511	−0.9799
3.60	122.5111	7.9819	3.8971	2.9307	1.0875	0.1052	−0.2955	−0.5550	−0.7751	−0.8395	−0.9168	−0.9353	−0.9625
3.70	118.8036	8.0658	3.9094	2.9319	1.0781	0.0991	−0.2970	−0.5518	−0.7662	−0.8284	−0.9025	−0.9201	−0.9458
3.80	115.3506	8.1472	3.9207	2.9326	1.0688	0.0932	−0.2984	−0.5487	−0.7575	−0.8176	−0.8888	−0.9056	−0.9300
3.90	112.1275	8.2262	3.9312	2.9329	1.0597	0.0875	−0.2997	−0.5456	−0.7491	−0.8073	−0.8756	−0.8916	−0.9148
4.00	109.1125	8.3029	3.9409	2.9327	1.0507	0.0820	−0.3009	−0.5424	−0.7409	−0.7972	−0.8629	−0.8782	−0.9002
4.10	106.2864	8.3773	3.9499	2.9322	1.0418	0.0767	−0.3019	−0.5394	−0.7330	−0.7875	−0.8508	−0.8654	−0.8863
4.20	103.6325	8.4496	3.9582	2.9313	1.0330	0.0717	−0.3028	−0.5363	−0.7253	−0.7781	−0.8390	−0.8530	−0.8729
4.30	101.1357	8.5198	3.9659	2.9300	1.0244	0.0667	−0.3037	−0.5333	−0.7178	−0.7690	−0.8277	−0.8411	−0.8600
4.40	98.7826	8.5880	3.9730	2.9285	1.0159	0.0620	−0.3044	−0.5303	−0.7106	−0.7602	−0.8168	−0.8296	−0.8477
4.50	96.5613	8.6542	3.9794	2.9267	1.0075	0.0574	−0.3051	−0.5273	−0.7035	−0.7517	−0.8063	−0.8185	−0.8358
4.60	94.4613	8.7186	3.9854	2.9246	0.9992	0.0530	−0.3057	−0.5244	−0.6966	−0.7434	−0.7961	−0.8079	−0.8244
4.70	92.4728	8.7812	3.9908	2.9222	0.9911	0.0487	−0.3062	−0.5215	−0.6899	−0.7354	−0.7863	−0.7976	−0.8134
4.80	90.5873	8.8420	3.9957	2.9196	0.9831	0.0446	−0.3067	−0.5186	−0.6834	−0.7276	−0.7768	−0.7877	−0.8028
4.90	88.7971	8.9012	4.0002	2.9168	0.9753	0.0406	−0.3071	−0.5157	−0.6770	−0.7200	−0.7676	−0.7781	−0.7925
5.00	87.0951	8.9587	4.0042	2.9139	0.9675	0.0368	−0.3074	−0.5129	−0.6708	−0.7126	−0.7587	−0.7688	−0.7826
5.10	85.4750	9.0147	4.0078	2.9107	0.9599	0.0330	−0.3077	−0.5102	−0.6648	−0.7055	−0.7501	−0.7598	−0.7731
5.20	83.9310	9.0692	4.0110	2.9074	0.9524	0.0294	−0.3079	−0.5074	−0.6589	−0.6985	−0.7417	−0.7511	−0.7639
5.30	82.4579	9.1222	4.0139	2.9039	0.9450	0.0259	−0.3081	−0.5047	−0.6531	−0.6918	−0.7337	−0.7427	−0.7549
5.40	81.0508	9.1739	4.0164	2.9003	0.9378	0.0225	−0.3082	−0.5021	−0.6475	−0.6852	−0.7258	−0.7345	−0.7463
5.50	79.7054	9.2241	4.0186	2.8965	0.9306	0.0192	−0.3083	−0.4994	−0.6421	−0.6788	−0.7182	−0.7266	−0.7379
5.60	78.4178	9.2731	4.0204	2.8926	0.9236	0.0161	−0.3084	−0.4968	−0.6367	−0.6725	−0.7108	−0.7189	−0.7298
5.70	77.1842	9.3208	4.0220	2.8886	0.9167	0.0130	−0.3084	−0.4943	−0.6315	−0.6664	−0.7036	−0.7115	−0.7219
5.80	76.0013	9.3673	4.0233	2.8845	0.9098	0.0100	−0.3084	−0.4917	−0.6264	−0.6605	−0.6966	−0.7042	−0.7143
5.90	74.8659	9.4126	4.0243	2.8803	0.9031	0.0071	−0.3084	−0.4892	−0.6214	−0.6547	−0.6898	−0.6972	−0.7069
6.00	73.7754	9.4567	4.0251	2.8760	0.8965	0.0043	−0.3083	−0.4868	−0.6166	−0.6491	−0.6832	−0.6903	−0.6997
6.10	72.7269	9.4998	4.0256	2.8717	0.8900	0.0015	−0.3082	−0.4844	−0.6118	−0.6436	−0.6768	−0.6837	−0.6928
6.20	71.7181	9.5418	4.0259	2.8672	0.8836	−0.0011	−0.3081	−0.4820	−0.6072	−0.6382	−0.6706	−0.6772	−0.6860
6.30	70.7467	9.5827	4.0260	2.8627	0.8773	−0.0037	−0.3079	−0.4796	−0.6026	−0.6330	−0.6645	−0.6709	−0.6794
6.40	69.8107	9.6227	4.0259	2.8581	0.8711	−0.0062	−0.3077	−0.4773	−0.5982	−0.6279	−0.6585	−0.6648	−0.6730
6.50	68.9081	9.6617	4.0256	2.8535	0.8650	−0.0087	−0.3076	−0.4749	−0.5938	−0.6229	−0.6527	−0.6588	−0.6667
6.60	68.0372	9.6997	4.0251	2.8488	0.8590	−0.0110	−0.3073	−0.4727	−0.5895	−0.6180	−0.6471	−0.6530	−0.6606
6.70	67.1961	9.7368	4.0245	2.8441	0.8530	−0.0133	−0.3071	−0.4704	−0.5853	−0.6132	−0.6416	−0.6473	−0.6547
6.80	66.3836	9.7731	4.0237	2.8393	0.8472	−0.0156	−0.3069	−0.4682	−0.5812	−0.6085	−0.6362	−0.6418	−0.6489
6.90	65.5979	9.8085	4.0227	2.8345	0.8414	−0.0177	−0.3066	−0.4660	−0.5772	−0.6039	−0.6310	−0.6364	−0.6433
7.00	64.8379	9.8431	4.0215	2.8297	0.8358	−0.0199	−0.3063	−0.4639	−0.5733	−0.5995	−0.6258	−0.6311	−0.6378

表 3-3-39　四参数指数 Gamma 分布离均系数 Φ_p ($b = 9.75$)

C_s	α	0.001	0.01	0.02	0.10	0.30	0.50	0.70	0.90	0.95	0.99	0.995	0.999
0.20	20042.5134	3.3856	2.4743	2.1601	1.3002	0.4987	−0.0332	−0.5469	−1.2576	−1.5861	−2.1812	−2.3924	−2.8168
0.30	8958.1225	3.5402	2.5483	2.2121	1.3073	0.4849	−0.0495	−0.5568	−1.2439	−1.5556	−2.1106	−2.3045	−2.6892
0.40	5078.3727	3.6985	2.6219	2.2629	1.3130	0.4706	−0.0655	−0.5657	−1.2292	−1.5247	−2.0418	−2.2196	−2.5681
0.50	3282.3785	3.8600	2.6945	2.3123	1.3172	0.4559	−0.0811	−0.5736	−1.2137	−1.4935	−1.9750	−2.1380	−2.4534
0.60	2306.5468	4.0238	2.7659	2.3600	1.3198	0.4408	−0.0961	−0.5806	−1.1975	−1.4623	−1.9103	−2.0597	−2.3452
0.70	1717.9204	4.1892	2.8357	2.4058	1.3211	0.4256	−0.1107	−0.5867	−1.1808	−1.4313	−1.8481	−1.9850	−2.2434
0.80	1335.6517	4.3555	2.9037	2.4496	1.3210	0.4103	−0.1246	−0.5918	−1.1637	−1.4005	−1.7884	−1.9139	−2.1479
0.90	1073.3478	4.5221	2.9695	2.4911	1.3196	0.3949	−0.1378	−0.5961	−1.1463	−1.3703	−1.7312	−1.8463	−2.0584

续表

C_s	α	0.001	0.01	0.02	0.10	0.30	0.50	0.70	0.90	0.95	0.99	0.995	0.999
1.00	885.5092	4.6882	3.0331	2.5305	1.3170	0.3797	−0.1504	−0.5995	−1.1288	−1.3406	−1.6767	−1.7823	−1.9747
1.10	746.3248	4.8533	3.0942	2.5675	1.3133	0.3646	−0.1623	−0.6021	−1.1112	−1.3115	−1.6247	−1.7217	−1.8965
1.20	640.2681	5.0168	3.1527	2.6023	1.3086	0.3498	−0.1735	−0.6040	−1.0937	−1.2833	−1.5753	−1.6645	−1.8235
1.30	557.5460	5.1783	3.2087	2.6347	1.3030	0.3352	−0.1841	−0.6053	−1.0763	−1.2558	−1.5284	−1.6105	−1.7553
1.40	491.7336	5.3374	3.2620	2.6649	1.2966	0.3210	−0.1939	−0.6060	−1.0591	−1.2292	−1.4839	−1.5596	−1.6917
1.50	438.4750	5.4938	3.3127	2.6930	1.2895	0.3071	−0.2031	−0.6061	−1.0422	−1.2035	−1.4417	−1.5116	−1.6324
1.60	394.7324	5.6471	3.3607	2.7188	1.2818	0.2936	−0.2117	−0.6058	−1.0256	−1.1786	−1.4017	−1.4664	−1.5769
1.70	358.3349	5.7971	3.4062	2.7427	1.2736	0.2805	−0.2197	−0.6050	−1.0094	−1.1547	−1.3639	−1.4238	−1.5252
1.80	327.6982	5.9437	3.4491	2.7646	1.2649	0.2679	−0.2271	−0.6039	−0.9935	−1.1316	−1.3280	−1.3836	−1.4768
1.90	301.6440	6.0868	3.4896	2.7846	1.2558	0.2556	−0.2340	−0.6024	−0.9781	−1.1095	−1.2941	−1.3457	−1.4315
2.00	279.2814	6.2262	3.5278	2.8029	1.2465	0.2438	−0.2404	−0.6007	−0.9630	−1.0881	−1.2619	−1.3099	−1.3891
2.10	259.9267	6.3619	3.5637	2.8196	1.2368	0.2324	−0.2463	−0.5986	−0.9484	−1.0676	−1.2314	−1.2762	−1.3494
2.20	243.0482	6.4939	3.5975	2.8347	1.2270	0.2215	−0.2517	−0.5964	−0.9342	−1.0479	−1.2025	−1.2443	−1.3121
2.30	228.2273	6.6222	3.6292	2.8483	1.2171	0.2109	−0.2568	−0.5940	−0.9204	−1.0290	−1.1750	−1.2142	−1.2770
2.40	215.1307	6.7468	3.6590	2.8606	1.2070	0.2008	−0.2614	−0.5914	−0.9070	−1.0108	−1.1490	−1.1856	−1.2441
2.50	203.4908	6.8678	3.6868	2.8716	1.1969	0.1910	−0.2657	−0.5887	−0.8941	−0.9934	−1.1243	−1.1586	−1.2130
2.60	193.0901	6.9853	3.7130	2.8814	1.1867	0.1816	−0.2697	−0.5859	−0.8815	−0.9766	−1.1007	−1.1330	−1.1837
2.70	183.7508	7.0992	3.7374	2.8901	1.1765	0.1726	−0.2733	−0.5830	−0.8693	−0.9605	−1.0783	−1.1087	−1.1561
2.80	175.3262	7.2097	3.7603	2.8978	1.1664	0.1639	−0.2767	−0.5800	−0.8575	−0.9450	−1.0570	−1.0856	−1.1299
2.90	167.6944	7.3169	3.7817	2.9046	1.1563	0.1555	−0.2798	−0.5770	−0.8461	−0.9301	−1.0367	−1.0637	−1.1052
3.00	160.7535	7.4208	3.8017	2.9104	1.1462	0.1475	−0.2826	−0.5739	−0.8350	−0.9157	−1.0173	−1.0428	−1.0818
3.10	154.4177	7.5216	3.8204	2.9154	1.1362	0.1398	−0.2852	−0.5708	−0.8243	−0.9019	−0.9988	−1.0229	−1.0595
3.20	148.6142	7.6193	3.8378	2.9197	1.1263	0.1324	−0.2876	−0.5676	−0.8139	−0.8886	−0.9811	−1.0040	−1.0384
3.30	143.2813	7.7140	3.8540	2.9232	1.1164	0.1253	−0.2898	−0.5645	−0.8038	−0.8758	−0.9642	−0.9859	−1.0183
3.40	138.3658	7.8058	3.8691	2.9261	1.1067	0.1184	−0.2918	−0.5613	−0.7941	−0.8634	−0.9480	−0.9686	−0.9992
3.50	133.8223	7.8949	3.8832	2.9284	1.0971	0.1118	−0.2936	−0.5581	−0.7846	−0.8515	−0.9325	−0.9521	−0.9810
3.60	129.6114	7.9813	3.8963	2.9301	1.0876	0.1055	−0.2953	−0.5550	−0.7754	−0.8400	−0.9177	−0.9362	−0.9636
3.70	125.6988	8.0652	3.9085	2.9313	1.0782	0.0994	−0.2968	−0.5518	−0.7665	−0.8289	−0.9034	−0.9211	−0.9470
3.80	122.0548	8.1465	3.9198	2.9320	1.0689	0.0935	−0.2982	−0.5487	−0.7579	−0.8182	−0.8897	−0.9066	−0.9312
3.90	118.6534	8.2254	3.9303	2.9322	1.0598	0.0878	−0.2995	−0.5456	−0.7495	−0.8079	−0.8765	−0.8926	−0.9160
4.00	115.4716	8.3020	3.9400	2.9321	1.0508	0.0824	−0.3006	−0.5425	−0.7414	−0.7979	−0.8639	−0.8793	−0.9015
4.10	112.4892	8.3763	3.9489	2.9315	1.0419	0.0771	−0.3017	−0.5394	−0.7335	−0.7882	−0.8517	−0.8664	−0.8875
4.20	109.6885	8.4485	3.9572	2.9306	1.0332	0.0720	−0.3026	−0.5363	−0.7258	−0.7788	−0.8400	−0.8541	−0.8742
4.30	107.0535	8.5186	3.9649	2.9294	1.0245	0.0671	−0.3035	−0.5333	−0.7183	−0.7697	−0.8287	−0.8422	−0.8613
4.40	104.5702	8.5866	3.9719	2.9278	1.0160	0.0624	−0.3042	−0.5303	−0.7110	−0.7609	−0.8178	−0.8307	−0.8490
4.50	102.2261	8.6528	3.9783	2.9260	1.0077	0.0578	−0.3049	−0.5274	−0.7040	−0.7524	−0.8073	−0.8197	−0.8371
4.60	100.0098	8.7170	3.9842	2.9239	0.9995	0.0534	−0.3055	−0.5244	−0.6971	−0.7441	−0.7971	−0.8090	−0.8257
4.70	97.9113	8.7795	3.9896	2.9215	0.9914	0.0491	−0.3060	−0.5215	−0.6904	−0.7361	−0.7873	−0.7988	−0.8147
4.80	95.9215	8.8402	3.9945	2.9189	0.9834	0.0450	−0.3065	−0.5187	−0.6839	−0.7283	−0.7779	−0.7888	−0.8041
4.90	94.0323	8.8993	3.9989	2.9162	0.9755	0.0411	−0.3068	−0.5158	−0.6776	−0.7208	−0.7687	−0.7792	−0.7939
5.00	92.2361	8.9567	4.0030	2.9132	0.9678	0.0372	−0.3072	−0.5130	−0.6714	−0.7134	−0.7598	−0.7700	−0.7840
5.10	90.5263	9.0126	4.0065	2.9100	0.9602	0.0335	−0.3075	−0.5103	−0.6654	−0.7063	−0.7512	−0.7610	−0.7744
5.20	88.8969	9.0670	4.0098	2.9067	0.9527	0.0299	−0.3077	−0.5075	−0.6595	−0.6993	−0.7429	−0.7523	−0.7652
5.30	87.3422	9.1199	4.0126	2.9032	0.9454	0.0264	−0.3079	−0.5049	−0.6537	−0.6926	−0.7348	−0.7439	−0.7563
5.40	85.8573	9.1714	4.0151	2.8996	0.9381	0.0230	−0.3080	−0.5022	−0.6482	−0.6860	−0.7270	−0.7358	−0.7477
5.50	84.4374	9.2216	4.0173	2.8958	0.9310	0.0197	−0.3081	−0.4996	−0.6427	−0.6796	−0.7194	−0.7278	−0.7393
5.60	83.0785	9.2704	4.0191	2.8919	0.9240	0.0166	−0.3082	−0.4970	−0.6374	−0.6734	−0.7120	−0.7202	−0.7312
5.70	81.7766	9.3180	4.0207	2.8879	0.9171	0.0135	−0.3082	−0.4944	−0.6322	−0.6673	−0.7048	−0.7127	−0.7234
5.80	80.5282	9.3644	4.0220	2.8838	0.9103	0.0105	−0.3082	−0.4919	−0.6271	−0.6614	−0.6978	−0.7055	−0.7157
5.90	79.3301	9.4096	4.0230	2.8797	0.9036	0.0076	−0.3081	−0.4894	−0.6221	−0.6556	−0.6911	−0.6985	−0.7083
6.00	78.1791	9.4536	4.0237	2.8754	0.8970	0.0048	−0.3081	−0.4870	−0.6173	−0.6500	−0.6845	−0.6916	−0.7012
6.10	77.0726	9.4966	4.0243	2.8710	0.8905	0.0021	−0.3080	−0.4845	−0.6125	−0.6445	−0.6780	−0.6850	−0.6942
6.20	76.0079	9.5385	4.0246	2.8666	0.8841	−0.0006	−0.3079	−0.4821	−0.6079	−0.6392	−0.6718	−0.6785	−0.6874
6.30	74.9828	9.5793	4.0246	2.8621	0.8779	−0.0032	−0.3077	−0.4798	−0.6033	−0.6339	−0.6657	−0.6722	−0.6808

续表

C_s	α	0.001	0.01	0.02	0.10	0.30	0.50	0.70	0.90	0.95	0.99	0.995	0.999
6.40	73.9950	9.6192	4.0245	2.8575	0.8717	−0.0057	−0.3075	−0.4775	−0.5989	−0.6288	−0.6598	−0.6661	−0.6744
6.50	73.0424	9.6580	4.0242	2.8529	0.8656	−0.0081	−0.3073	−0.4752	−0.5946	−0.6238	−0.6540	−0.6601	−0.6682
6.60	72.1232	9.6960	4.0237	2.8482	0.8596	−0.0105	−0.3071	−0.4729	−0.5903	−0.6189	−0.6484	−0.6543	−0.6621
6.70	71.2356	9.7330	4.0231	2.8435	0.8536	−0.0128	−0.3069	−0.4707	−0.5861	−0.6142	−0.6429	−0.6487	−0.6562
6.80	70.3781	9.7692	4.0222	2.8388	0.8478	−0.0150	−0.3067	−0.4685	−0.5820	−0.6095	−0.6375	−0.6431	−0.6504
6.90	69.5489	9.8045	4.0213	2.8340	0.8421	−0.0172	−0.3064	−0.4663	−0.5780	−0.6049	−0.6323	−0.6377	−0.6448
7.00	68.7468	9.8390	4.0201	2.8291	0.8364	−0.0193	−0.3061	−0.4641	−0.5741	−0.6005	−0.6271	−0.6325	−0.6393

表 3-3-40　四参数指数 Gamma 分布离均系数 Φ_p $(b=10.00)$

C_s	α	0.001	0.01	0.02	0.10	0.30	0.50	0.70	0.90	0.95	0.99	0.995	0.999
0.20	21121.1650	3.3856	2.4743	2.1601	1.3002	0.4987	−0.0332	−0.5469	−1.2576	−1.5861	−2.1812	−2.3924	−2.8168
0.30	9440.4177	3.5402	2.5483	2.2121	1.3073	0.4849	−0.0495	−0.5568	−1.2439	−1.5556	−2.1106	−2.3045	−2.6893
0.40	5351.9291	3.6986	2.6219	2.2629	1.3130	0.4706	−0.0655	−0.5657	−1.2292	−1.5247	−2.0418	−2.2197	−2.5681
0.50	3459.3069	3.8601	2.6945	2.3123	1.3171	0.4559	−0.0811	−0.5736	−1.2137	−1.4935	−1.9750	−2.1380	−2.4535
0.60	2430.9733	4.0239	2.7659	2.3600	1.3198	0.4408	−0.0961	−0.5806	−1.1975	−1.4623	−1.9104	−2.0598	−2.3453
0.70	1810.6775	4.1894	2.8357	2.4058	1.3211	0.4256	−0.1107	−0.5867	−1.1808	−1.4313	−1.8482	−1.9851	−2.2436
0.80	1407.8419	4.3557	2.9037	2.4495	1.3210	0.4102	−0.1246	−0.5918	−1.1637	−1.4006	−1.7885	−1.9140	−2.1481
0.90	1131.4254	4.5223	2.9695	2.4911	1.3196	0.3949	−0.1378	−0.5960	−1.1463	−1.3703	−1.7313	−1.8465	−2.0587
1.00	933.4807	4.6885	3.0331	2.5305	1.3170	0.3797	−0.1504	−0.5994	−1.1288	−1.3406	−1.6768	−1.7825	−1.9750
1.10	786.8077	4.8536	3.0942	2.5675	1.3133	0.3646	−0.1623	−0.6021	−1.1112	−1.3116	−1.6249	−1.7219	−1.8968
1.20	675.0450	5.0172	3.1527	2.6022	1.3086	0.3498	−0.1735	−0.6040	−1.0937	−1.2833	−1.5755	−1.6648	−1.8238
1.30	587.8721	5.1787	3.2087	2.6347	1.3030	0.3352	−0.1840	−0.6053	−1.0763	−1.2559	−1.5286	−1.6108	−1.7557
1.40	518.5188	5.3378	3.2620	2.6649	1.2965	0.3210	−0.1939	−0.6059	−1.0591	−1.2293	−1.4841	−1.5599	−1.6922
1.50	462.3947	5.4942	3.3126	2.6928	1.2894	0.3071	−0.2031	−0.6061	−1.0423	−1.2036	−1.4420	−1.5120	−1.6329
1.60	416.2985	5.6475	3.3606	2.7187	1.2817	0.2937	−0.2116	−0.6057	−1.0257	−1.1788	−1.4020	−1.4668	−1.5775
1.70	377.9427	5.7975	3.4060	2.7425	1.2735	0.2806	−0.2196	−0.6050	−1.0095	−1.1548	−1.3642	−1.4242	−1.5258
1.80	345.6576	5.9441	3.4490	2.7644	1.2648	0.2679	−0.2270	−0.6038	−0.9936	−1.1318	−1.3284	−1.3840	−1.4774
1.90	318.2016	6.0872	3.4895	2.7844	1.2557	0.2557	−0.2339	−0.6024	−0.9782	−1.1096	−1.2945	−1.3462	−1.4322
2.00	294.6358	6.2266	3.5276	2.8027	1.2464	0.2439	−0.2403	−0.6006	−0.9631	−1.0883	−1.2623	−1.3105	−1.3898
2.10	274.2397	6.3623	3.5635	2.8193	1.2368	0.2325	−0.2462	−0.5986	−0.9485	−1.0679	−1.2319	−1.2767	−1.3501
2.20	256.4530	6.4943	3.5972	2.8344	1.2270	0.2216	−0.2516	−0.5964	−0.9343	−1.0482	−1.2030	−1.2449	−1.3128
2.30	240.8346	6.6225	3.6289	2.8480	1.2170	0.2110	−0.2566	−0.5939	−0.9206	−1.0293	−1.1756	−1.2148	−1.2778
2.40	227.0334	6.7471	3.6586	2.8603	1.2070	0.2009	−0.2613	−0.5914	−0.9072	−1.0111	−1.1495	−1.1863	−1.2449
2.50	214.7671	6.8681	3.6864	2.8712	1.1968	0.1911	−0.2656	−0.5887	−0.8942	−0.9937	−1.1248	−1.1593	−1.2139
2.60	203.8067	6.9855	3.7125	2.8810	1.1867	0.1817	−0.2695	−0.5859	−0.8817	−0.9769	−1.1013	−1.1337	−1.1846
2.70	193.9648	7.0994	3.7370	2.8897	1.1765	0.1727	−0.2732	−0.5830	−0.8695	−0.9608	−1.0790	−1.1094	−1.1570
2.80	185.0869	7.2098	3.7598	2.8974	1.1663	0.1640	−0.2765	−0.5800	−0.8577	−0.9453	−1.0577	−1.0864	−1.1309
2.90	177.0445	7.3169	3.7812	2.9041	1.1562	0.1557	−0.2796	−0.5769	−0.8463	−0.9305	−1.0374	−1.0645	−1.1062
3.00	169.7300	7.4208	3.8011	2.9099	1.1462	0.1477	−0.2824	−0.5739	−0.8353	−0.9161	−1.0180	−1.0436	−1.0828
3.10	163.0533	7.5215	3.8197	2.9149	1.1362	0.1400	−0.2850	−0.5707	−0.8246	−0.9023	−0.9995	−1.0237	−1.0605
3.20	156.9375	7.6191	3.8371	2.9192	1.1263	0.1326	−0.2874	−0.5676	−0.8142	−0.8891	−0.9819	−1.0048	−1.0394
3.30	151.3175	7.7137	3.8533	2.9227	1.1164	0.1255	−0.2896	−0.5645	−0.8041	−0.8763	−0.9650	−0.9867	−1.0194
3.40	146.1375	7.8055	3.8684	2.9256	1.1067	0.1187	−0.2916	−0.5613	−0.7944	−0.8639	−0.9488	−0.9695	−1.0003
3.50	141.3495	7.8945	3.8824	2.9278	1.0971	0.1121	−0.2934	−0.5581	−0.7850	−0.8520	−0.9333	−0.9530	−0.9821
3.60	136.9119	7.9808	3.8955	2.9295	1.0876	0.1057	−0.2951	−0.5550	−0.7758	−0.8406	−0.9185	−0.9372	−0.9647
3.70	132.7887	8.0646	3.9077	2.9307	1.0783	0.0996	−0.2966	−0.5518	−0.7669	−0.8295	−0.9042	−0.9220	−0.9481
3.80	128.9486	8.1458	3.9189	2.9314	1.0690	0.0938	−0.2980	−0.5487	−0.7583	−0.8188	−0.8906	−0.9075	−0.9323
3.90	125.3641	8.2246	3.9294	2.9316	1.0599	0.0881	−0.2993	−0.5456	−0.7499	−0.8084	−0.8774	−0.8936	−0.9171
4.00	122.0110	8.3011	3.9390	2.9315	1.0509	0.0827	−0.3004	−0.5425	−0.7418	−0.7984	−0.8648	−0.8803	−0.9026
4.10	118.8681	8.3753	3.9480	2.9309	1.0420	0.0774	−0.3015	−0.5394	−0.7339	−0.7888	−0.8526	−0.8674	−0.8887
4.20	115.9166	8.4474	3.9562	2.9300	1.0333	0.0723	−0.3024	−0.5364	−0.7262	−0.7794	−0.8409	−0.8551	−0.8753
4.30	113.1398	8.5174	3.9639	2.9287	1.0247	0.0675	−0.3032	−0.5333	−0.7188	−0.7704	−0.8297	−0.8432	−0.8625
4.40	110.5229	8.5853	3.9708	2.9272	1.0162	0.0627	−0.3040	−0.5304	−0.7115	−0.7616	−0.8188	−0.8318	−0.8502

续表

C_s	α	0.001	0.01	0.02	0.10	0.30	0.50	0.70	0.90	0.95	0.99	0.995	0.999
4.50	108.0525	8.6514	3.9773	2.9253	1.0079	0.0582	−0.3047	−0.5274	−0.7045	−0.7531	−0.8083	−0.8208	−0.8383
4.60	105.7169	8.7156	3.9831	2.9232	0.9997	0.0538	−0.3053	−0.5245	−0.6976	−0.7448	−0.7981	−0.8101	−0.8269
4.70	103.5055	8.7779	3.9885	2.9209	0.9916	0.0495	−0.3058	−0.5216	−0.6909	−0.7368	−0.7883	−0.7999	−0.8159
4.80	101.4086	8.8385	3.9934	2.9183	0.9836	0.0454	−0.3062	−0.5187	−0.6844	−0.7290	−0.7789	−0.7899	−0.8054
4.90	99.4176	8.8975	3.9978	2.9155	0.9758	0.0415	−0.3066	−0.5159	−0.6781	−0.7215	−0.7697	−0.7804	−0.7951
5.00	97.5247	8.9548	4.0018	2.9125	0.9681	0.0376	−0.3070	−0.5131	−0.6719	−0.7142	−0.7609	−0.7711	−0.7853
5.10	95.7229	9.0106	4.0054	2.9093	0.9605	0.0339	−0.3072	−0.5104	−0.6659	−0.7070	−0.7523	−0.7621	−0.7757
5.20	94.0057	9.0649	4.0086	2.9060	0.9531	0.0303	−0.3075	−0.5076	−0.6601	−0.7001	−0.7439	−0.7535	−0.7665
5.30	92.3673	9.1177	4.0114	2.9025	0.9457	0.0268	−0.3077	−0.5050	−0.6543	−0.6934	−0.7359	−0.7451	−0.7576
5.40	90.8024	9.1691	4.0139	2.8989	0.9385	0.0235	−0.3078	−0.5023	−0.6488	−0.6868	−0.7281	−0.7369	−0.7490
5.50	89.3061	9.2192	4.0160	2.8952	0.9314	0.0202	−0.3079	−0.4997	−0.6433	−0.6804	−0.7205	−0.7290	−0.7406
5.60	87.8740	9.2679	4.0179	2.8913	0.9244	0.0170	−0.3080	−0.4971	−0.6380	−0.6742	−0.7131	−0.7214	−0.7325
5.70	86.5020	9.3154	4.0194	2.8873	0.9175	0.0139	−0.3080	−0.4946	−0.6328	−0.6682	−0.7059	−0.7139	−0.7247
5.80	85.1864	9.3617	4.0207	2.8832	0.9107	0.0110	−0.3080	−0.4921	−0.6277	−0.6623	−0.6990	−0.7067	−0.7171
5.90	83.9237	9.4068	4.0217	2.8790	0.9040	0.0081	−0.3079	−0.4896	−0.6228	−0.6565	−0.6922	−0.6997	−0.7097
6.00	82.7107	9.4507	4.0224	2.8748	0.8975	0.0053	−0.3079	−0.4871	−0.6179	−0.6509	−0.6856	−0.6929	−0.7025
6.10	81.5446	9.4936	4.0230	2.8704	0.8910	0.0026	−0.3078	−0.4847	−0.6132	−0.6454	−0.6792	−0.6862	−0.6956
6.20	80.4226	9.5353	4.0232	2.8660	0.8846	−0.0001	−0.3076	−0.4823	−0.6086	−0.6401	−0.6730	−0.6798	−0.6888
6.30	79.3423	9.5761	4.0233	2.8615	0.8784	−0.0027	−0.3075	−0.4800	−0.6040	−0.6348	−0.6669	−0.6735	−0.6822
6.40	78.3012	9.6158	4.0232	2.8569	0.8722	−0.0051	−0.3073	−0.4777	−0.5996	−0.6297	−0.6610	−0.6674	−0.6758
6.50	77.2973	9.6546	4.0229	2.8523	0.8661	−0.0076	−0.3071	−0.4754	−0.5953	−0.6247	−0.6552	−0.6614	−0.6696
6.60	76.3286	9.6925	4.0224	2.8477	0.8601	−0.0099	−0.3069	−0.4731	−0.5910	−0.6199	−0.6496	−0.6556	−0.6635
6.70	75.3932	9.7294	4.0217	2.8430	0.8542	−0.0122	−0.3067	−0.4709	−0.5869	−0.6151	−0.6441	−0.6499	−0.6576
6.80	74.4894	9.7655	4.0209	2.8382	0.8484	−0.0144	−0.3065	−0.4687	−0.5828	−0.6105	−0.6387	−0.6444	−0.6518
6.90	73.6156	9.8007	4.0199	2.8334	0.8427	−0.0166	−0.3062	−0.4665	−0.5788	−0.6059	−0.6335	−0.6390	−0.6462
7.00	72.7703	9.8351	4.0188	2.8286	0.8371	−0.0187	−0.3059	−0.4644	−0.5749	−0.6015	−0.6284	−0.6338	−0.6407

3.4 应用实例

本节选取东兰、江界河、兰州、临江、彭水和沙坪 6 个水文站的年最大洪峰资料进行洪水频率分析, 各站资料来自《全国大中型水利水电工程水文成果汇编》, 均已通过 "三性审查", 符合计算要求. 6 个水文站中, 东兰站有 6 个历史大洪水, 江界河站有 3 个历史大洪水, 兰州站有 1 个历史大洪水, 临江站有 1 个历史大洪水, 彭水站有 2 个历史大洪水, 沙坪站有 1 个历史大洪水. 各水文站参数估计结果如表 3-4-1 所示.

表 3-4-1 6 个水文站年最大洪峰序列四参数指数 Gamma 分布参数估计结果

站名	参数估计方法	α	b	β	δ	C_v	C_s
东兰	优化适线法	45.153	2.006	0.449	0.995	0.300	0.757
	矩法	24.764	1.617	0.078	0.482	0.311	0.690
	混合矩法	21.450	1.656	0.087	2114.432	0.311	0.868
	概率权重混合矩法	18.664	1.336	0.017	1.000	0.310	0.699
	概率权重矩法	30.380	1.892	0.233	1101.249	0.312	0.862
	线性矩法	35.082	2.051	0.395	1198.504	0.313	0.887
	极大似然法	41.014	2.006	0.394	0.999	0.315	0.796
	普通熵法	125.531	3.900	11.847	997.855	0.323	0.995

续表

站名	参数估计方法	α	b	β	δ	C_v	C_s
江界河	优化适线法	11.485	2.059	0.187	2920.946	0.399	1.616
	矩法	15.953	1.598	0.058	1.000	0.402	1.145
	混合矩法	19.697	1.770	0.127	299.341	0.402	0.990
	概率权重混合矩法	22.629	1.863	0.184	0.071	0.395	0.985
	概率权重矩法	17.136	2.366	0.460	2426.649	0.411	1.571
	线性矩法	44.750	3.549	3.948	2048.949	0.411	1.573
	极大似然法	19.116	1.989	0.227	1031.805	0.402	1.172
	普通熵法	40.370	3.500	3.428	1945.055	0.436	1.640
兰州	优化适线法	14.155	1.895	0.236	1404.899	0.326	1.288
	矩法	15.145	1.840	0.200	859.647	0.307	1.213
	混合矩法	24.674	1.520	0.113	202.020	0.307	0.722
	概率权重混合矩法	22.583	1.680	0.184	564.375	0.303	0.861
	概率权重矩法	21.097	2.500	1.010	1700.000	0.317	1.508
	线性矩法	30.527	3.169	2.999	3174.039	0.321	1.687
	极大似然法	11.536	2.048	0.289	1808.493	0.329	1.600
	普通熵法	21.520	2.900	1.631	1872.575	0.336	1.831
临江	优化适线法	1.928	1.460	0.010	499.396	0.902	2.555
	矩法	2.779	1.377	0.010	500.000	0.834	1.691
	混合矩法	9.141	2.526	0.428	300.000	0.834	2.500
	概率权重混合矩法	2.801	1.389	0.009	0.691	0.838	1.944
	概率权重矩法	12.910	3.160	1.118	165.428	0.901	2.885
	线性矩法	1.886	1.500	0.012	4.637	0.916	2.700
	极大似然法	6.345	2.440	0.277	406.284	0.899	2.971
	普通熵法	12.202	3.500	1.409	445.245	0.960	3.600
彭水	优化适线法	14.014	2.390	0.382	5069.300	0.361	1.785
	矩法	28.580	1.835	0.223	3604.263	0.342	1.272
	混合矩法	18.992	1.507	0.043	1283.806	0.342	0.815
	概率权重混合矩法	18.093	1.420	0.026	0.948	0.335	0.772
	概率权重矩法	9.923	2.023	0.141	5101.011	0.357	1.710
	线性矩法	9.732	2.000	0.131	5092.661	0.357	1.700
	极大似然法	22.254	2.380	0.551	4000.030	0.330	1.370
	普通熵法	59.206	3.897	6.216	3991.256	0.337	1.513
沙坪	优化适线法	36.022	1.172	0.027	193.281	0.188	0.420
	矩法	46.726	1.851	0.890	3360.355	0.206	1.424
	混合矩法	38.566	1.480	0.139	747.881	0.206	0.556
	概率权重混合矩法	53.765	1.432	0.143	0.062	0.196	0.451
	概率权重矩法	14.516	2.299	0.602	3247.176	0.210	1.657
	线性矩法	30.527	3.169	2.999	3174.039	0.211	1.687
	极大似然法	116.579	2.069	1.928	1.000	0.192	0.485
	普通熵法	60.661	3.900	8.923	2981.291	0.204	1.493

采用 3 种误差评价标准, 定量评价四参数指数 Gamma 分布的 8 种参数估计方法与 P-III 分布的拟合效果. 3 种误差评价标准分别为 AIC 准则、拟合优度 (R_square) 和均方根误差 (RMSE). 各站点四参数指数 Gamma 分布的 8 种参数估计方法与 P-III 分布的拟合结果如表 3-4-2 所示.

表 3-4-2 6 个水文站年最大洪峰序列四参数指数 Gamma 分布和 P-III 分布拟合结果评估

站名	参数估计方法	AIC	均方根误差	R_square	站名	参数估计方法	AIC	均方根误差	R_square
东兰	优化适线法	738.036	677.346	0.970	临江	优化适线法	620.685	323.776	0.986
	矩法	727.085	614.250	0.976		矩法	655.119	448.047	0.974
	混合矩法	726.533	611.229	0.976		混合矩法	659.188	465.582	0.972
	概率权重混合矩法	730.001	630.455	0.974		概率权重混合矩法	652.974	439.069	0.975
	概率权重矩法	725.657	606.469	0.976		概率权重矩法	636.662	376.444	0.982
	线性矩法	725.305	604.567	0.976		线性矩法	620.756	323.991	0.986
	极大似然法	723.897	597.014	0.977		极大似然法	638.130	381.694	0.981
	普通熵法	720.370	578.507	0.978		普通熵法	642.292	396.980	0.979
	P-III 曲线	727.065	625.203	0.975		P-III 曲线	655.081	456.416	0.973
江界河	优化适线法	615.506	640.870	0.973	彭水	优化适线法	580.231	440.345	0.990
	矩法	623.103	694.817	0.968		矩法	638.213	815.980	0.967
	混合矩法	622.007	686.762	0.969		混合矩法	641.176	842.114	0.964
	概率权重混合矩法	625.459	712.450	0.967		概率权重混合矩法	648.439	909.760	0.958
	概率权重矩法	611.699	615.436	0.975		概率权重矩法	579.408	436.511	0.990
	线性矩法	611.575	614.626	0.975		线性矩法	579.352	436.248	0.990
	极大似然法	615.839	643.146	0.973		极大似然法	617.730	656.212	0.978
	普通熵法	615.672	642.007	0.973		普通熵法	605.978	579.093	0.983
	P-III 曲线	614.826	649.934	0.972		P-III 曲线	601.723	565.369	0.984
兰州	优化适线法	503.743	157.370	0.984	沙坪	优化适线法	556.499	342.098	0.904
	矩法	523.599	192.715	0.976		矩法	534.417	270.477	0.940
	混合矩法	546.819	244.241	0.961		混合矩法	540.450	288.403	0.931
	概率权重混合矩法	541.273	230.803	0.966		概率权重混合矩法	550.571	321.190	0.915
	概率权重矩法	506.216	161.393	0.983		概率权重矩法	490.206	168.993	0.976
	线性矩法	501.547	153.883	0.985		线性矩法	489.805	168.272	0.977
	极大似然法	495.119	144.113	0.987		极大似然法	551.059	322.862	0.914
	普通熵法	492.372	140.130	0.987		普通熵法	503.535	194.737	0.969
	P-III 曲线	521.515	192.550	0.976		P-III 曲线	497.063	185.688	0.972

从表 3-4-2 可知, 6 个水文站点的误差分析结果中, 3 个误差标准下, 概率权重矩法与线性矩法的结果均优于 P-III 分布. AIC 准则下, 优化适线法、极大似然法和普通熵法的误差分析结果与 P-III 分布相比, 拟合效果各有优劣; 矩法、混合矩法和概率权重混合矩法的拟合效果普遍不如 P-III 分布. 均方根误差及拟合优度准则下, 优化适线法、极大似然法和普通熵法的拟合效果略优于 P-III 分布; 矩法、混合矩法和概率权重混合矩法的拟合效果普遍不如 P-III 分布. 在四参数指数 Gamma 分布的 8 种参数估计方法中, 拟合评估结果最好的参数估计方法为概率权重矩法与线性矩法, 优化适线法、普通熵法与极大似然法次之, 概率权重混合矩法、矩法和混合矩法的拟合评估结果较差. 通过统计计算, 在四参数指数 Gamma 分布的拟合结果评估中, 由概率权重矩法与线性矩法确定的频率曲线均优于 P-III 分布, 与优化适线法和普通熵法的结果作对比分析, 可以优选出最合适的频率曲线.

参 考 文 献

李航. 2019. 四参数指数 gamma 分布在水文中的应用研究 [D]. 杨凌: 西北农林科技大学.
孙济良, 秦大庸, 孙翰光. 2001. 水文气象统计通用模型 [M]. 北京: 中国水利水电出版社.
孙济良, 秦大庸. 1989. 水文频率分析通用模型研究 [J]. 水利学报, (4): 1-9.

第 4 章 Johnson 变换系统分布与多项式正态变换计算原理

四参数的 Johnson 分布族函数 (简称 Johnson 分布) 于 1949 年被提出, 其包含 3 种正态变换形式, 是一种具有参数方法特点的非参数统计分布. 1980 年, Slifker 和 Shapiro 提出可以用 3 种 Johnson 分布 (对数分布系统 (S_L)、边界分布系统 (S_B)、无边界分布系统 (S_U)) 来拟合数据, 并给出了估算每种分布参数的基本公式 (Slifker and Shapiro, 1980). 多项式正态变换法 (PNT) 首先由 Fleishman 提出, 它是一种性能优良的非参数统计方法. 本章在引用国内外一些学者文献 (Fleishman, 1978; Slifker and Shapiro, 1980; Zaman et al., 2010; Debrota et al., 1988; 梁忠民和戴昌军, 2004, 2005) 的基础上, 推导和探讨 Johnson 变换系统分布与多项式正态变换在洪水频率计算中的应用.

4.1 Johnson 变换系统分布

Johnson 分布拟合原理是通过实测偏态数据的统计特性, 选用 Johnson 分布中的某一种变换形式, 通过参数估计方法求解参数, 将给定设计频率转换为标准正态分布的设计值 (分位数), 通过 Johnson 分布逆变换反推原分布对应频率的设计值. Johnson 分布具有较强的拟合能力, 对于任意一个标准连续型分布模型, 可以通过调整参数选择合适的类型来逼近该模型 (Zaman et al., 2010). 对于有限长度的样本数据, David J. Debrota 采用矩法、分位数法、最小二乘法 (least squares) 和最小范数估值法 (minimum Lp norm estimation) 四种方法来估算 Johnson 分布中的四个参数 (Debrota et al., 1988).

4.1.1 Johnson 变换系统

Johnson 变换系统为

$$Z = \gamma + \delta \cdot f\left(\frac{X-\xi}{\lambda}\right) \tag{4-1-1}$$

式中: $f(\cdot)$ 为变换函数; Z 为标准正态随机变量; δ 为形状参数, $\delta > 0$; λ 为尺度参数, $\lambda > 0$; ξ 为位置参数; X 为随机变量. 3 种 Johnson 分布系统的具体变换形式为

(1) 对数分布系统 S_L

$$Z = \gamma + \delta \cdot \ln\left(\frac{X-\xi}{\lambda}\right) = \gamma^* + \delta \cdot \ln(X-\xi), \quad X > \xi \tag{4-1-2}$$

(2) 边界分布系统 S_B

$$Z = \gamma + \delta \cdot \ln\left(\frac{X-\xi}{\xi+\lambda-X}\right), \quad \xi < X < \xi+\lambda \tag{4-1-3}$$

(3) 无边界分布系统 S_U

$$Z = \gamma + \delta \cdot \sinh^{-1}\left(\frac{X-\xi}{\lambda}\right), \quad -\infty < X < \infty \tag{4-1-4}$$

令$Y = \dfrac{X-\xi}{\lambda}$, 则 Johnson 变换密度函数可按以下进行推导.

1. 对数分布系统 S_L 密度函数

因为 $Z = \gamma + \delta \cdot f\left(\dfrac{X-\xi}{\lambda}\right) = \gamma + \delta \cdot \ln y$ 为标准正态随机变量, $p(z) = \dfrac{1}{\sqrt{2\pi}}e^{-\frac{1}{2}z^2}$. 由 $z = \gamma + \delta \cdot \ln y$ 得, $y = g(z) = e^{\frac{z-\gamma}{\delta}}$, 则 $z = g^{-1}(y) = \gamma + \delta \ln y$, $\dfrac{dg^{-1}(y)}{dy} = \dfrac{d}{dy}(\gamma + \delta \cdot \ln y) = \dfrac{\delta}{y}$, Y 的密度函数为

$$f(y) = p\left[g^{-1}(y)\right]\left|\frac{dg^{-1}(y)}{dy}\right| = \frac{1}{\sqrt{2\pi}}e^{-\frac{1}{2}(\gamma+\delta\cdot\ln y)^2}\left|\frac{\delta}{y}\right| = \frac{\delta}{\sqrt{2\pi}}\frac{1}{y}e^{-\frac{1}{2}(\gamma+\delta\cdot\ln y)^2} \tag{4-1-5}$$

2. 边界分布系统 S_B 密度函数

因为$Z = \gamma + \delta \cdot f\left(\dfrac{X-\xi}{\xi+\lambda-X}\right) = \gamma + \delta \cdot \ln\left(\dfrac{y}{1-y}\right)$ 为标准正态随机变量, $p(z) = \dfrac{1}{\sqrt{2\pi}}e^{-\frac{1}{2}z^2}$. 由 $Z = g^{-1}(y) = \gamma + \delta \cdot \ln\left(\dfrac{y}{1-y}\right)$ 得, $y = g(z) = \dfrac{e^{\frac{z-\gamma}{\delta}}}{1+e^{\frac{z-\gamma}{\delta}}}$, 则 $z = g^{-1}(y) = \gamma + \delta \cdot \ln\left(\dfrac{y}{1-y}\right)$,

$$\frac{dg^{-1}(y)}{dy} = \frac{d}{dy}\left[\gamma + \delta \cdot \ln\left(\frac{y}{1-y}\right)\right] = \delta\frac{1-y}{y}\frac{1-y+y}{(1-y)^2} = \delta\frac{1}{y(1-y)}$$

Y 的密度函数为

$$f(y)=p\left[g^{-1}(y)\right]\left|\frac{dg^{-1}(y)}{dy}\right|=\frac{1}{\sqrt{2\pi}}e^{-\frac{1}{2}(\gamma+\delta\cdot\ln y)^2}\left|\frac{\delta}{y}\right|$$

$$=\frac{\delta}{\sqrt{2\pi}}\frac{1}{y(1-y)}e^{-\frac{1}{2}\left[\gamma+\delta\cdot\ln\left(\frac{y}{1-y}\right)\right]^2} \tag{4-1-6}$$

3. 无边界分布系统 S_U 密度函数

因为

$$Z=\gamma+\delta\cdot\ln\left\{\left(\frac{X-\xi}{\lambda}\right)+\left[\left(\frac{X-\xi}{\lambda}\right)^2+1\right]^{\frac{1}{2}}\right\}=\gamma+\delta\cdot\ln\left(y+\sqrt{y^2+1}\right)$$

为标准正态随机变量, $p(z)=\frac{1}{\sqrt{2\pi}}e^{-\frac{1}{2}z^2}$. 由 $Z=g^{-1}(y)=\gamma+\delta\cdot\ln\left(y+\sqrt{y^2+1}\right)$ 得, $e^{\frac{z-\gamma}{\delta}}-y=\sqrt{y^2+1}, y=\frac{e^{2\frac{z-\gamma}{\delta}}-1}{2e^{\frac{z-\gamma}{\delta}}}$, 则 $z=g^{-1}(y)=\gamma+\delta\cdot\ln\left(y+\sqrt{y^2+1}\right)$,

$$\frac{dg^{-1}(y)}{dy}=\frac{d}{dy}\left[\gamma+\delta\cdot\ln\left(y+\sqrt{y^2+1}\right)\right]$$

$$=\frac{\delta}{y+\sqrt{y^2+1}}\left(1+\frac{y}{\sqrt{y^2+1}}\right)$$

$$=\delta\frac{y-\sqrt{y^2+1}}{-1}\left(1+\frac{y\sqrt{y^2+1}}{y^2+1}\right)$$

$$=\delta\left(\sqrt{y^2+1}-y\right)\left(1+\frac{y\sqrt{y^2+1}}{y^2+1}\right)$$

$$=\delta\left(\sqrt{y^2+1}+y\frac{y^2+1}{y^2+1}-y-\frac{y^2\sqrt{y^2+1}}{y^2+1}\right)$$

$$=\delta\frac{y^2\sqrt{y^2+1}+\sqrt{y^2+1}-y^2\sqrt{y^2+1}}{y^2+1}$$

$$=\delta\frac{\sqrt{y^2+1}}{y^2+1}=\delta\frac{1}{\sqrt{y^2+1}}$$

Y 的密度函数为

$$f(y)=p\left[g^{-1}(y)\right]\left|\frac{dg^{-1}(y)}{dy}\right|=\frac{\delta}{\sqrt{2\pi}}\frac{1}{\sqrt{y^2+1}}e^{-\frac{1}{2}\left[\gamma+\delta\cdot\ln\left(y+\sqrt{y^2+1}\right)\right]^2} \tag{4-1-7}$$

式 (4-1-5)—(4-1-7) 可以写为通用形式

$$f(y)=\frac{\delta}{\lambda\sqrt{2\pi}}g'\left(\frac{X-\xi}{\lambda}\right)e^{-\frac{1}{2}\left[\gamma+\delta\cdot g\left(\frac{X-\xi}{\lambda}\right)\right]^2},\quad X\in H \tag{4-1-8}$$

式中,

$$g(y)=\begin{cases}\ln y, & S_L\text{族}\\ \ln\dfrac{y}{1-y}, & S_B\text{族}\\ \ln\left(y+\sqrt{y^2+1}\right), & S_U\text{族}\end{cases}$$

$$g'(y)=\begin{cases}\dfrac{1}{y}, & S_L\text{族}\\ \dfrac{1}{y(1-y)}, & S_B\text{族}\\ \dfrac{1}{\sqrt{y^2+1}}, & S_U\text{族}\end{cases}$$

$$H=\begin{cases}[\xi,+\infty), & S_L\text{族}\\ [\xi,\xi+\lambda], & S_B\text{族}\\ (-\infty,+\infty), & S_U\text{族}\end{cases}$$

4.1.2 参数估计

4.1.2.1 矩法

假定一个随机样本 $X\in\{x_j:1\leqslant j\leqslant n\}$, 近似服从 Johnson 分布, 则一阶样本矩 m_1' 和 k 阶 (k>2) 样本距 m_k 为

$$m_1'=\frac{1}{n}\sum_{j=1}^{n}x_j,\quad m_k=\frac{1}{n}\sum_{j=1}^{n}(x_j-m_1')^k,\quad k=2,3,\cdots \tag{4-1-9}$$

样本的偏度 $\hat{\beta}_1$ 与峰度 $\hat{\beta}_2$ 分别为

$$\hat{\beta}_1=\frac{m_3}{m_2^{3/2}},\quad \hat{\beta}_2=\frac{m_4}{m_2^2} \tag{4-1-10}$$

式中, m_2 为二阶中心矩的无偏估计量, m_3 为三阶中心矩的无偏估计量, m_4 为四阶中心矩的无偏估计量.

利用点 $\left(\hat{\beta}_1,\hat{\beta}_2\right)$ 的位置来确定样本 X 具体的 Johnson 分布系统. 当 Johnson 分布系统确定后, 根据矩匹配原理: 前 k 个样本矩应等于理论分布的相应总体矩, 然后求解所得的 k 个非线性方程, 从而获得拟合分布的参数估计值.

4.1.2.2 分位数法

选用 k 个标准正态分位数估计 Johnson 变换系统 k 个参数, k 个标准正态分位数与相应目标分布分位数对应. 对于给定的百分位数 $\{\alpha_j : 1 \leqslant j \leqslant k\}$, $\{z_{\alpha_j}\}$ 和 $\{x_{\alpha_j}\}$ 分别是

$$z_{\alpha_j} = \Phi^{-1}(\alpha_j); \quad x_{\alpha_j} = F^{-1}(\alpha_j) \tag{4-1-11}$$

式中: $\Phi(\cdot)$ 为标准正态分布函数; F 为目标分布函数.

只要选定式 (4-1-1) 中 f 的形式, 列出 k 个方程, 即

$$Z = \gamma + \delta \cdot f\left(\frac{\hat{x}_{\alpha_j} - \xi}{\lambda}\right), \quad 1 \leqslant j \leqslant k \tag{4-1-12}$$

式中: $\hat{x}_{\alpha_j}$ 为样本对 x_{α_j} 的估计值.

求解公式 (4-1-12) 的非线性方程, 即可获得拟合分布的参数估计值.

Slifker 和 Shapiro 提出在选定 Johnson 变换系统下, 用 4 个分位数构建方程组, 通过求解方程组即可获得 Johnson 分布系统的参数值. 其基本思路如下.

给定一个正态变量固定值 $z, 0 < z < 1$. 选用 4 个等间距点 $\pm z$ 和 $\pm 3z$, 确定 $\xi = 3z, z, -z, -3z$ 对应的百分位数 p_ξ. Slifker 和 Shapiro 建议采用 $z = 0.524$, 因为 $p_{-3z} = p_{-1.572} = 0.058, p_{-z} = p_{-0.524} = 0.300, p_z = p_{0.524} = 0.700, p_{3z} = p_{1.572} = 0.942$ 能够适配较广泛种类的数据. 正态分布概率 $p_{-3z}, p_{-z}, p_z, p_{3z}$ 确定后, 对原序列 X 进行排序, 利用经验概率 $p = \dfrac{i - 0.5}{n}$计算排序号 $i = np + 0.5, p = p_{-3z}, p_{-z}, p_z,, p_{3z}$. 根据排序号在排序序列中内插得到相应的分位数 $x_{-3z}, x_{-z}, x_z, x_{3z}$ 值.

Johnson 变换系统可根据参数 d 进行选择.

$$d = \frac{nm}{p^2}; \quad p = x_z - x_{-z}; \quad m = x_{3z} - x_z; \quad n = x_{-z} - x_{-3z} \tag{4-1-13}$$

当式 (4-1-13) 中 $d > 1.001$ 时, 选用无边界分布系统 S_U; 当 $d < 0.999$ 时, 选用边界分布系统 S_B; 当 $0.999 < d < 1.001$ 时, 选用对数分布系统 S_L. 经过推导, 有参数估计公式.

(1) 无边界分布系统 S_U

$$\hat{\delta} = \frac{2z}{\cosh^{-1}\left[\dfrac{1}{2}\left(\dfrac{m}{p} + \dfrac{n}{p}\right)\right]} \tag{4-1-14}$$

$$\hat{\gamma} = \hat{\delta}\sinh^{-1}\left[\frac{\dfrac{n}{p} - \dfrac{m}{p}}{2\left(\dfrac{mn}{pp} - 1\right)^{\frac{1}{2}}}\right] \tag{4-1-15}$$

$$\hat{\lambda} = \frac{2p\left(\dfrac{mn}{pp} - 1\right)^{\frac{1}{2}}}{\left(\dfrac{m}{p} + \dfrac{n}{p} - 2\right)\left(\dfrac{m}{p} + \dfrac{n}{p} + 2\right)^{\frac{1}{2}}} \tag{4-1-16}$$

$$\hat{\xi} = \frac{x_z + x_{-z}}{2} + \frac{p\left(\dfrac{n}{p} - \dfrac{m}{p}\right)}{2\left(\dfrac{m}{p} + \dfrac{n}{p} - 2\right)} \tag{4-1-17}$$

(2) 边界分布系统S_B

$$\hat{\delta} = \frac{z}{\cosh^{-1}\left\{\dfrac{1}{2}\left[\left(1 + \dfrac{p}{m}\right)\cdot\left(1 + \dfrac{p}{n}\right)\right]\right\}^{\frac{1}{2}}};\quad \delta > 0 \tag{4-1-18}$$

$$\hat{\gamma} = \hat{\delta}\sinh^{-1}\left\{\frac{\left(\dfrac{p}{n} - \dfrac{p}{m}\right)\left[\left(1 + \dfrac{p}{m}\right)\left(1 + \dfrac{p}{n}\right) - 4\right]^{\frac{1}{2}}}{2\left(\dfrac{pp}{mn} - 1\right)}\right\} \tag{4-1-19}$$

$$\hat{\lambda} = \frac{p\left\{\left[\left(1 + \dfrac{p}{m}\right)\left(1 + \dfrac{p}{n}\right) - 2\right]^2 - 4\right\}^{\frac{1}{2}}}{\dfrac{pp}{mn} - 1} \tag{4-1-20}$$

$$\hat{\xi} = \frac{x_z + x_{-z}}{2} - \frac{\widehat{\lambda}}{2} + \frac{p\left(\dfrac{p}{n} - \dfrac{p}{m}\right)}{2\left(\dfrac{p}{m} + \dfrac{p}{n} - 2\right)} \tag{4-1-21}$$

(3) 对数分布系统S_L

$$\hat{\delta} = \frac{2z}{\ln\dfrac{m}{p}} \tag{4-1-22}$$

$$\hat{\gamma} = \hat{\delta} \ln \left[\frac{\frac{m}{p} - 1}{p \left(\frac{m}{p} \right)^{\frac{1}{2}}} \right] \tag{4-1-23}$$

$$\hat{\xi} = \frac{x_z + x_{-z}}{2} - \frac{p}{2} \frac{\frac{m}{p} + 1}{\frac{m}{p} - 1} \tag{4-1-24}$$

例 4-1-1 容量为 100 的过程测量值见表 4-1-1 所示 (Farnum, 1996). 按 Slifker 和 Shapiro 参数估计法进行 Johnson 分布参数估计.

表 4-1-1 容量为 100 的过程测量值

6.3	14.8	18.1	20.6	24.7
6.8	14.8	18.1	20.6	25.0
9.3	15.2	18.1	20.7	25.1
10.4	15.4	18.1	20.8	25.5
11.1	15.7	18.1	21.4	25.5
11.6	15.8	18.4	21.5	25.7
12.2	15.9	18.4	21.9	25.9
12.5	16.2	18.7	22.0	26.0
12.5	16.3	18.7	22.0	26.1
12.6	16.5	18.8	22.1	29.3
12.9	16.5	19.1	22.3	29.4
13.2	16.7	19.3	22.6	29.6
13.2	16.9	19.3	22.7	29.6
13.3	17.0	19.5	22.9	29.8
13.3	17.1	19.6	23.0	29.9
13.5	17.7	19.7	23.3	29.9
13.5	17.8	19.7	23.3	31.4
13.9	17.9	19.9	23.5	34.0
14.0	18.0	20.2	24.0	34.9
14.4	18.1	20.3	24.2	40.6

经计算有分位数 x_{-3z}, x_{-z}, x_z, x_{3z} 值, 见表 4-1-2.

表 4-1-2 分位数 $x_{-3z}, x_{-z}, x_z, x_{3z}$ 值

z	标准正态分布 $\Phi(z)$	序列 X 排序号	序列 X 分位数
−1.572	0.0580	6.2975	11.7785
−0.524	0.3001	30.5139	16.5000
0.524	0.6999	70.4861	22.1972
1.572	0.9420	94.7025	29.8702

$m = x_{3z} - x_z = 29.8702 - 22.1972 = 7.6730, n = x_{-z} - x_{-3z} = 16.5000 - 11.7785 = 4.7215, p = x_z - x_{-z} = 22.1972 - 16.5000 = 5.6972, d = 1.1161 > 1.001$, 选择曲线 S_U. 根据曲线 S_U 参数计算公式有 $\hat{\delta} = 2.5194, \hat{\gamma} = -1.7666, \hat{\lambda} = 10.8285, \hat{\xi} = 10.9415$. 不同频率设计值见表 4-1-3.

Wheeler (1980) 提出采用 5 个分位数估计 Johnson 变换系统参数 δ 和 λ. 令 $p_n = \dfrac{n - \frac{1}{2}}{n}$, 累积概率 p_n 下标准正态分布的分位数为 z_n. 例如, $n = 100, p_n = 0.995$, 则分位数 $z_n = \text{norminv}(0.995, 0, 1) = 2.5758$. 选用对应于标准正态分位数 $z_n = -z_n, -\frac{1}{2}z_n, 0, \frac{1}{2}z_n, z_n$ 的 5 个分位数 x_p, x_k, x_0, x_m, x_n.

表 4-1-3　不同频率设计值

$P/\%$	z_p	x_p	$P/\%$	z_p	x_p
0.10	3.0902	47.4	30.00	0.5244	22.2
1.00	2.3263	37.4	40.00	0.2533	20.6
2.00	2.0537	34.4	50.00	0.0000	19.2
3.00	1.8808	32.7	60.00	−0.2533	17.8
4.00	1.7507	31.5	70.00	−0.5244	16.5
5.00	1.6449	30.5	80.00	−0.8416	15.0
6.00	1.5548	29.7	90.00	−1.2816	13.0
7.00	1.4758	29.1	95.00	−1.6449	11.5
8.00	1.4051	28.5	97.00	−1.8808	10.5
9.00	1.3408	27.9	98.00	−2.0537	9.7
10.00	1.2816	27.5	99.60	−2.6521	7.1
20.00	0.8416	24.3	99.80	−2.8782	6.0

Wheeler (1980) 用不依赖于 ξ 和 λ 值的 $\dfrac{x_i - x_j}{x_r - x_s} = \dfrac{f^{-1}(w_i) - f^{-1}(w_j)}{f^{-1}(w_r) - f^{-1}(w_s)}$, 其中, $w = e^{\frac{z-\gamma}{\delta}}$. 经过推导, Johnson 变换系统参数计算公式如下:

(1) 无边界分布系统S_U

$$\hat{\delta} = \frac{1}{2}\frac{z_n}{\ln b}; \quad b = \frac{1}{2}t_u + \left[\left(\frac{1}{2}t_u\right)^2 - 1\right]^{\frac{1}{2}}; \quad t_u = \frac{x_n - x_p}{x_m - x_k} \tag{4-1-25}$$

$$\hat{\gamma} = -\hat{\delta}\ln a; \quad a = \frac{1 - tb^2}{t - b^2}; \quad t = \frac{x_n - x_0}{x_0 - x_p} \tag{4-1-26}$$

(2) 边界分布系统S_B

$$\hat{\delta} = \frac{1}{2}\frac{z_n}{\ln b}; \quad b = \frac{1}{2}t_b + \left[\left(\frac{1}{2}t_b\right)^2 - 1\right]^{\frac{1}{2}}; \quad t_b = \frac{(x_m - x_0)(x_n - x_p)}{(x_n - x_m)(x_0 - x_p)} \tag{4-1-27}$$

$$\hat{\gamma} = -\hat{\delta}\ln a; \quad a = \frac{t - b^2}{1 - tb^2}; \quad t = \frac{x_n - x_0}{x_0 - x_p} \tag{4-1-28}$$

(3) 对数分布系统S_L

$$\hat{\delta} = \frac{z_n}{\ln t}; \quad t = \frac{x_n - x_0}{x_0 - x_p} \tag{4-1-29}$$

Wheeler (1980) 采用 $\dfrac{t_b}{t_u} = \dfrac{(x_m - x_0)(x_m - x_k)}{(x_n - x_m)(x_0 - x_p)}$ 选择 Johnson 变换系统. 即

当 $\dfrac{t_b}{t_u} = \dfrac{(x_m - x_0)(x_m - x_k)}{(x_n - x_m)(x_0 - x_p)} < 1$ 时, 选择无边界分布系统 S_U;

当 $\dfrac{t_b}{t_u} = \dfrac{(x_m - x_0)(x_m - x_k)}{(x_n - x_m)(x_0 - x_p)} = 1$ 时, 选择对数分布系统 S_L;

当 $\dfrac{t_b}{t_u} = \dfrac{(x_m - x_0)(x_m - x_k)}{(x_n - x_m)(x_0 - x_p)} > 1$ 时, 选择边界分布系统 S_B.

4.1.3 最小二乘法

设样本 $X_1, X_2, \cdots, X_n$ 由小到大排序且 $X_1, X_2, \cdots, X_n$ 服从分布 $F(x)$, 则有均匀次序统计量分布 $X_1, X_2, \cdots, X_n, U_{(i)} = F(X_i)$, 它表示随机样本第 i 个最小值的分布值, 其值介于 0~1. 由 Johnson 变换系统可得

$$U_{(i)} = \varPhi\left[\gamma + \delta \cdot f\left(\frac{x_i - \xi}{\lambda}\right)\right] \tag{4-1-30}$$

式中：$U_{(i)}$ 为均匀分布函数.

根据均匀次序统计量分布的性质有

$$\theta_i = E\left[U_{(i)}\right] = \frac{i}{n+1}, \quad i = 1, 2, \cdots, n \tag{4-1-31}$$

$U_{(i)}$ 与 θ_i 的误差定义为 $\varepsilon_i = U_{(i)} - \theta_i, E(\varepsilon_i) = 0$, 协方差为

$$E(\varepsilon_i, \varepsilon_j) = \frac{\theta_i(1 - \theta_j)}{n+2} = \frac{i \cdot (n+1-j)}{(n+1)^2 \cdot (n+2)}, \quad i < j < n \tag{4-1-32}$$

令 $\boldsymbol{U} = \left[U_{(1)}, U_{(2)}, \cdots, U_{(n)}\right]^{\mathrm{T}}, \boldsymbol{\theta} = [\theta_1, \theta_2, \cdots, \theta_n]^{\mathrm{T}}, \boldsymbol{\varepsilon} = \boldsymbol{U} - \boldsymbol{\theta}$, 则 Johnson 分布函数 $F(x)$ 拟合可归结为 n 维欧氏空间二次型 $\boldsymbol{\varepsilon W \varepsilon}^{\mathrm{T}}$ 最小值优化问题, 即

$$\underset{(\gamma,\delta,\lambda,\xi)}{\text{Minimize}}\, H(\gamma, \delta, \lambda, \xi, \boldsymbol{W}) = \boldsymbol{\varepsilon W \varepsilon}^{\mathrm{T}} \tag{4-1-33}$$

约束条件

$$\delta > 0; \lambda = \begin{cases} > 0, & \text{对于} S_U, \\ > X_{(n)} - \xi, & \text{对于} S_B, \\ = 1, & \text{对于} S_L \text{且} S_N; \end{cases} \qquad \xi = \begin{cases} < X_{(1)}, & \text{对于} S_U \text{且} S_B \\ = 0, & \text{对于} S_L \end{cases} \tag{4-1-34}$$

式中：$\boldsymbol{W}$ 为正定度量矩阵, $\boldsymbol{I}$ 为单位矩阵, 当 $\boldsymbol{W} = \boldsymbol{I}$ 时, 式 (4-1-34) 即为普通的最小二乘法估计 (OLS); 当 $\boldsymbol{W} \neq \boldsymbol{I} = \boldsymbol{V}^{-1}$ 时, 式 (4-1-34) 即为权重最小二乘法估计 (WLS). 令 $\boldsymbol{V}$ 为协方差 $E(\varepsilon_i, \varepsilon_j)$ 矩阵, 则有逆矩阵

$$\boldsymbol{V}^{-1} = (n+1) \cdot (n+2) \cdot \begin{bmatrix} 2 & -1 & 0 & 0 & \cdots & 0 \\ -1 & 2 & -1 & 0 & \cdots & 0 \\ 0 & -1 & 2 & -1 & \cdots & 0 \\ \vdots & \vdots & \vdots & \vdots & & \vdots \\ 0 & 0 & 0 & -1 & 2 & -1 \\ 0 & 0 & 0 & 0 & -1 & 2 \end{bmatrix}$$

即

$$\left[\boldsymbol{V}^{-1}\right]_{ij} = (n+1) \cdot (n+2) \cdot \begin{cases} 2, & i = j \\ -1, & |i-j| = 1 \\ 0, & |i-j| > 1 \end{cases} \tag{4-1-35}$$

对矩阵 $\boldsymbol{V}^{-1}$ 进行 Cholesky 分解 $\boldsymbol{V}^{-1} = \boldsymbol{L}\boldsymbol{L}^{\mathrm{T}}$, 其中, $\boldsymbol{L}$ 为下三角矩阵

$$\boldsymbol{L} = \begin{bmatrix} \tau_{11} & 0 & 0 & 0 & \cdots & 0 \\ \tau_{21} & \tau_{22} & 0 & 0 & \cdots & 0 \\ 0 & \tau_{32} & \tau_{33} & 0 & \cdots & 0 \\ \vdots & \vdots & \vdots & \vdots & & \vdots \\ 0 & 0 & 0 & \tau_{n-1,n-2} & \tau_{n-1,n-1} & 0 \\ 0 & 0 & 0 & 0 & \tau_{n,n-1} & \tau_{nn} \end{bmatrix} \tag{4-1-36}$$

式中：

$$\tau_{ij} = \begin{cases} \left[\dfrac{(n+1) \cdot (n+2) \cdot (i+1)}{i}\right]^{\frac{1}{2}}, & 1 \leqslant i = j \leqslant n \\ -\left[\dfrac{(n+1) \cdot (n+2) \cdot (i-1)}{i}\right]^{\frac{1}{2}}, & 2 \leqslant i = j+1 \leqslant n \\ 0, & \text{其他} \end{cases}$$

则式 (4-1-33) 可写为

$$\underset{(\gamma,\delta,\lambda,\xi)}{\text{Minimize}}\, H(\gamma,\delta,\lambda,\xi,\boldsymbol{W})=\boldsymbol{\varepsilon}\boldsymbol{L}\boldsymbol{L}^{\mathrm{T}}\boldsymbol{\varepsilon}^{\mathrm{T}} \tag{4-1-37}$$

取 $\boldsymbol{W}=\boldsymbol{V}^{-1}$, 则权重最小二乘法估计 (WLS) 的目标函数为

$$H\left(\gamma,\delta,\lambda,\xi,\boldsymbol{V}^{-1}\right)=2(n+1)\cdot(n+2)\cdot\left[\sum_{i=1}^{n}\varepsilon_i^2-\sum_{i=2}^{n}\varepsilon_i\varepsilon_{i-1}\right] \tag{4-1-38}$$

一些学者研究表明式 (4-1-38) 作为目标优化函数在许多计算问题中难以获得满意的优化解.

取 $\boldsymbol{W}=\boldsymbol{D}=\operatorname{diag}\left\{\dfrac{1}{\operatorname{var}(\varepsilon_1)},\dfrac{1}{\operatorname{var}(\varepsilon_2)},\cdots,\dfrac{1}{\operatorname{var}(\varepsilon_n)}\right\}$, 则对角权重最小二乘法估计 (DWLS) 的目标函数为

$$H(\gamma,\delta,\lambda,\xi,\boldsymbol{D})=(n+2)\sum_{i=1}^{n}\frac{\varepsilon_i^2}{\theta_i(1-\theta_i)}=\sum_{i=1}^{n}\frac{(n+2)\cdot(n+1)^2}{i\cdot(n+1-i)}\varepsilon_i^2 \tag{4-1-39}$$

取 $\boldsymbol{W}=\boldsymbol{I}$, 则普通最小二乘法估计 (OLS) 的目标函数为

$$H(\gamma,\delta,\lambda,\xi,\boldsymbol{I})=\sum_{i=1}^{n}\varepsilon_i^2 \tag{4-1-40}$$

将 (4-1-38), (4-1-39), (4-1-40) 三式目标函数编程求解, 即可获得 Johnson 分布系统参数.

4.1.4 应用实例

本节选用小浪底、彭水、三峡、三门峡和兰州 5 个水文站年最大洪峰资料 (均为经过处理后的天然径流资料), 给出 5 种参数估计方法下的 Johnson 分布对经验点据的拟合情况. 各站资料的起止时间分别为小浪底站 1919—1976 年、彭水站 1939—1984 年、三峡站 1902—1985 年、三门峡站 1919—1969 年、兰州站 1934—1981 年. 小浪底站 1919—1976 年洪峰流量值见表 4-1-4 所示. 按矩法、分位数法、OLS、WLS 和 DWLS 参数估计法进行 Johnson 分布参数估计.

应用 MATLAB 编程, 经计算得各种方法的参数值, 见表 4-1-5.

将表 4-1-5 中所得结果代入公式 (4-1-1), 通过公式 (4-1-1) 的逆变换即可求出不同频率设计值见表 4-1-6.

表 4-1-4　小浪底 1919—1976 年洪峰流量　　(单位：m^3/s)

年份	洪峰流量	年份	洪峰流量	年份	洪峰流量
1919	11200	1938	8150	1961	7920
1920	5590	1939	7290	1962	4410
1921	7850	1940	10600	1963	6120
1922	5490	1941	5220	1964	13400
1923	8220	1942	17700	1965	5400
1924	3220	1943	9690	1966	10500
1925	10700	1946	10800	1967	16000
1926	5960	1949	10800	1968	7400
1927	4520	1950	6160	1969	7400
1928	3650	1951	10500	1970	10900
1929	8500	1952	5950	1971	11300
1930	5340	1953	12100	1972	8900
1931	4240	1954	13900	1973	5080
1932	8020	1955	6960	1974	7040
1933	22000	1956	7330	1975	5910
1934	8000	1957	6400	1976	9220
1935	13300	1958	9540		
1936	12000	1959	11900		
1937	11500	1960	6080		

表 4-1-5　小浪底站洪峰流量分布参数估计值

测站	参数求解方法	分布系统	δ	γ	λ	ξ
小浪底	矩法	S_B	1.9541	4.4564	77186.2120	915.6499
	分位数法	S_B	0.6097	0.4078	12669.8050	3816.1393
	OLS	S_B	1.8560	4.2259	77186.2121	915.6498
	WLS	S_B	1.8945	17.2480	68959707.01	343.9242
	DWLS	S_B	2.0210	4.4449	77182.1144	407.4616

表 4-1-6　不同频率设计值

$P/\%$	x_{p1}	x_{p2}	x_{p3}	x_{p4}	x_{p5}
0.10	26541	16332	28057	39497	26528
1.00	20337	15964	21320	26510	20440
2.00	18380	15688	19193	23004	18505
5.00	15715	15014	16299	18606	15853
10.0	13617	14046	14029	15420	13751
20.0	11405	12314	11646	12296	11517
25.0	10654	11515	10841	11287	10753
50.0	8075	8108	8098	8010	8110
75.0	6126	5652	6056	5714	6085
80.0	5726	5262	5640	5260	5665
90.0	4805	4563	4692	4241	4694
95.0	4173	4239	4048	3561	4022
99.0	3243	3957	3113	2589	3022

小浪底站洪峰频率曲线如图 4-1-1 所示.

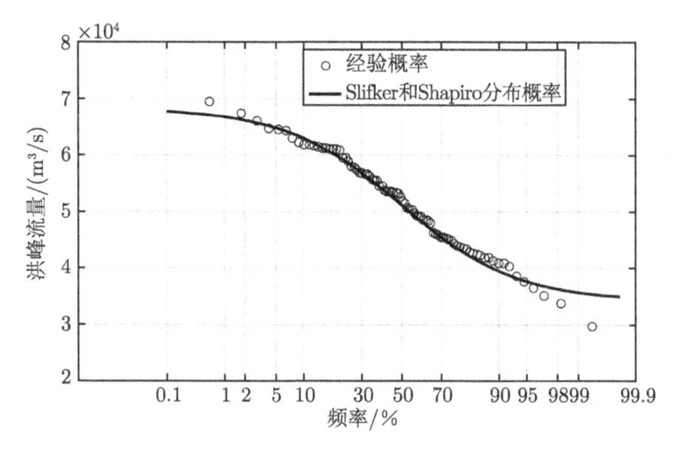

图 4-1-1 小浪底洪峰流量频率曲线

其余四站资料不再详细展示, 直接给参数出计算结果, 见表 4-1-7.

表 4-1-7 其余四站洪峰流量分布参数值估计值

测站	参数求解方法	分布系统	δ	γ	λ	ξ
三门峡	矩法	S_B	1.46	2.71	44011.77	1933.13
	分位数法	S_B	0.67	0.60	15072.28	3643.76
	OLS	S_B	1.32	2.56	44018.56	2368.02
	WLS	S_B	1.64	14.60	53007119.72	828.83
	DWLS	S_B	1.96	11.31	2207040.11	940.52
兰州	矩法	S_B	1.79	2.30	11211.37	1229.05
	分位数法	S_B	1.90	2.45	11981.86	1098.18
	OLS	S_B	1.88	2.18	11205.19	992.43
	WLS	S_B	3.53	25.20	5100218.71	−315.58
	DWLS	S_B	3.17	14.84	372015.08	252.71
彭水	矩法	S_B	0.81	1.09	17774.83	6374.48
	分位数法	S_B	1.45	6.96	581187.40	5242.79
	OLS	S_B	1.68	6.78	325071.70	4460.09
	WLS	S_B	0.84	1.20	21811.26	5793.41
	DWLS	S_B	1.21	2.25	35380.65	5353.49
三峡	矩法	S_B	1.21	−0.25	48609.26	25053.20
	分位数法	S_B	0.72	0.01	34068.49	34251.70
	OLS	S_B	1.16	−0.24	48609.26	25053.20
	WLS	S_B	1.49	−0.38	66786.30	13900.37
	DWLS	S_B	1.08	−0.15	44446.81	28049.07

其余四站洪峰频率曲线如图 4-1-2(a)—(d) 所示.

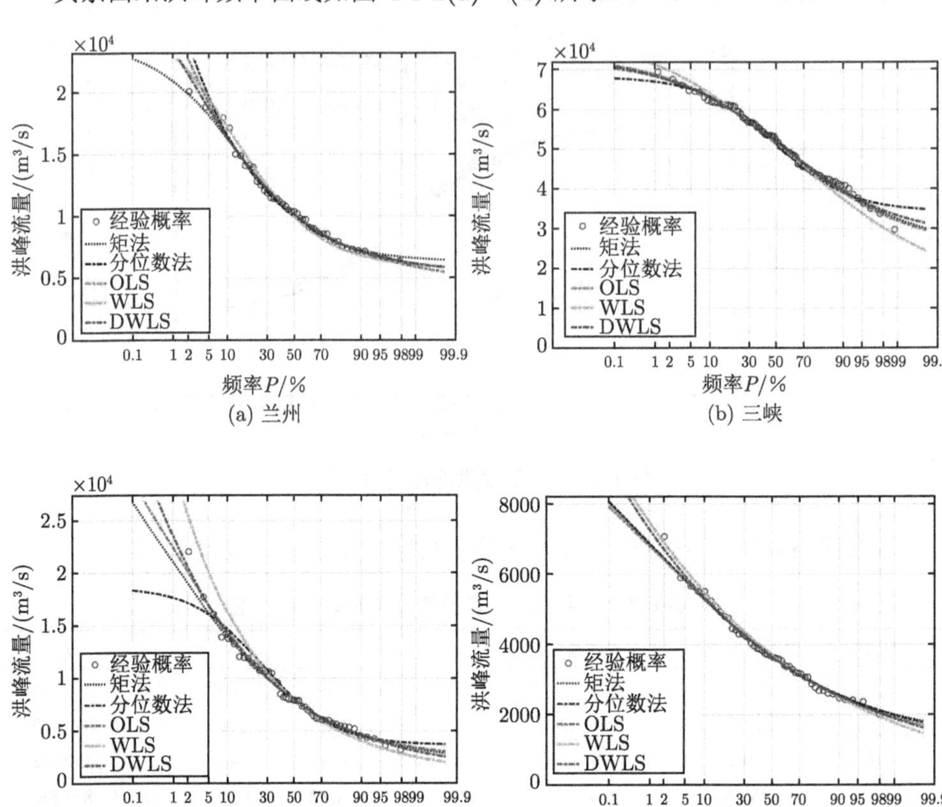

图 4-1-2　各站年最大洪峰流量频率曲线

4.2　多项式正态变换

多项式正态变换法 (PNT) 基本原理是首先把偏态分布转换为正态分布, 然后推求指定频率下正态分布的设计值 (分位数), 最后, 通过一一变换转换成原偏态分布对应频率的设计值. 该方法虽具有参数方法的特点, 但在分析计算时, 不需要假设原始洪水变量的分布线型, 本质上仍属于广义的非参数方法. PNT 法可以同时考虑多个非正态相关的随机变量, 利用统一的变换步骤将其变换到独立正态空间, 变换方法简捷有效, 具有良好的通用性, 当分析计算的洪水样本组成复杂时, PNT 法更加适用.

4.2.1　PNT 法原理

1978 年, Fleishman首次提出偏态分布变量 X 通过三阶多项式进行正态变换

的计算公式

$$X = a_0 + a_1 Z + a_2 Z^2 + a_3 Z^3 \tag{4-2-1}$$

式中：X 为原偏态分布变量; Z 为标准正态分布变量; a_0, a_1, a_2, a_3 为多项式系数.

式 (4-2-1) 再满足式

$$a_2^2 - 3a_1 a_3 > 0; \quad a_3 > 0 \tag{4-2-2}$$

则 X 和 Z 具有一一单调递增变换关系. 多项式系数 a_0, a_1, a_2, a_3 可以通过矩法、线性矩法、最小二乘法和 Fisher-Cornish 法求解.

4.2.2 多项式系数求解方法

4.2.2.1 矩法

矩法的基本思想是通过建立原变量 X 的前 4 阶矩与标准正态变量 Z 间的关系, 获得多项式系数 a_0, a_1, a_2 和 a_3. 对于正整数 r, 有

$$E\left(X^r\right) = E\left[\left(a_0 + a_1 Z + a_2 Z^2 + a_3 Z^3\right)^r\right], \quad 1 \leqslant r \leqslant 4 \tag{4-2-3}$$

经推导, 标准正态变量 Z 的 r 阶原点矩为

$$E\left(Z^{2r}\right) = \frac{(2r)!}{2^r r!}, \quad E\left(Z^{2r-1}\right) = 0, \quad r \geqslant 1 \tag{4-2-4}$$

例如, $E(Z) = 0, E(Z^3) = 0, E(Z^5) = 0, E(Z^7) = 0, E(Z^9) = 0, E(Z^{11}) = 0, E(Z^{13}) = 0; E(Z^2) = 1, E(Z^4) = 3, E(Z^6) = 15, E(Z^8) = 105, E(Z^{10}) = 945, E(Z^{12}) = 10395, E(Z^{14}) = 135135$.

根据上述正态变量 Z 的 r 阶原点矩, 有

$$\begin{aligned} E(X) &= E\left(a_0 + a_1 Z + a_2 Z^2 + a_3 Z^3\right) \\ &= a_0 + a_1 E(Z) + a_2 E\left(Z^2\right) + a_3 E\left(Z^3\right) = a_0 + a_2 \end{aligned} \tag{4-2-5}$$

$$\begin{aligned} E\left(X^2\right) &= E\left[\left(a_0 + a_1 Z + a_2 Z^2 + a_3 Z^3\right)^2\right] \\ &= E(a_0^2 + a_1^2 Z^2 + a_2^2 Z^4 + a_3^2 Z^6 + 2a_0 a_1 Z + 2a_0 a_2 Z^2 \\ &\quad + 2a_0 a_3 Z^3 + 2a_1 a_2 Z^3 + 2a_1 a_3 Z^4 + 2a_2 a_3 Z^5) \\ &= a_0^2 + a_1^2 E\left(Z^2\right) + a_2^2 E\left(Z^4\right) + a_3^2 E\left(Z^6\right) + 2a_0 a_1 E(Z) + 2a_0 a_2 E\left(Z^2\right) \\ &\quad + 2a_0 a_3 E\left(Z^3\right) + 2a_1 a_2 E\left(Z^3\right) + 2a_1 a_3 E\left(Z^4\right) + 2a_2 a_3 E\left(Z^5\right) \end{aligned}$$

$$
\begin{aligned}
&= a_0^2 + a_1^2 E\left(Z^2\right) + a_2^2 E\left(Z^4\right) + a_3^2 E\left(Z^6\right) + 2a_0a_2 E\left(Z^2\right) + 2a_1a_3 E\left(Z^4\right) \\
&= a_0^2 + a_1^2 + 3a_2^2 + 15a_3^2 + 2a_0a_2 + 6a_1a_3
\end{aligned}
$$

即

$$
E\left(X^2\right) = a_0^2 + 2a_0a_2 + a_1^2 + 6a_1a_3 + 3a_2^2 + 15a_3^2 \tag{4-2-6}
$$

$$
\begin{aligned}
E\left(X^3\right) &= E\left[\left(a_0 + a_1Z + a_2Z^2 + a_3Z^3\right)^3\right] \\
&= E(a_0^2 + a_1^2Z^2 + a_2^2Z^4 + a_3^2Z^6 + 2a_0a_1Z + 2a_0a_2Z^2 \\
&\quad + 2a_0a_3Z^3 + 2a_1a_2Z^3 + 2a_1a_3Z^4 + 2a_2a_3Z^5) \\
&= E\left[a_0^3 + a_1^3Z^3 + a_2^3Z^6 + a_3^3Z^9\right. \\
&\quad + 3a_0^2a_1Z + 3a_0^2a_2Z^2 + 3a_0a_1^2Z^2 + 3a_0^2a_3Z^3 + 3a_0a_2^2Z^4 \\
&\quad + 3a_1^2a_2Z^4 + 3a_1^2a_3Z^5 + 3a_1a_2^2Z^5 \\
&\quad + 3a_0a_3^2Z^6 + 3a_2^2a_3Z^7 + 3a_1a_3^2Z^7 + 3a_2a_3^2Z^8 + 6a_0a_1a_2Z^3 \\
&\quad \left. + 6a_0a_1a_3Z^4 + 6a_0a_2a_3Z^5 + 6a_1a_2a_3Z^6\right] \\
&= a_0^3 + a_2^3E\left(Z^6\right) + 3a_0^2a_2E\left(Z^2\right) + 3a_0a_1^2E\left(Z^2\right) \\
&\quad + 3a_0a_2^2E\left(Z^4\right) + 3a_1^2a_2E\left(Z^4\right) \\
&\quad + 3a_0a_3^2E\left(Z^6\right) + 3a_2a_3^2E\left(Z^8\right) + 6a_0a_1a_3E\left(Z^4\right) + 6a_1a_2a_3E\left(Z^6\right) \\
&= a_0^3 + 15a_2^3 + 3a_0^2a_2 + 3a_0a_1^2 + 9a_0a_2^2 + 9a_1^2a_2 + 45a_0a_3^2 \\
&\quad + 315a_2a_3^2 + 18a_0a_1a_3 + 90a_1a_2a_3
\end{aligned}
$$

即

$$
\begin{aligned}
E\left(X^3\right) = {} & a_0^3 + 3a_0^2a_2 + 3a_0a_1^2 + 18a_0a_1a_3 + 9a_0a_2^2 \\
& + 45a_0a_3^2 + 9a_1^2a_2 + 90a_1a_2a_3 + 15a_2^3 + 315a_2a_3^2
\end{aligned} \tag{4-2-7}
$$

同理, 有

$$
\begin{aligned}
E\left(X^4\right) = {} & a_0^4 + 4a_0^3a_2 + 6a_0^2a_1^2 + 36a_0^2a_1a_3 + 18a_0^2a_2^2 + 90a_0^2a_3^2 \\
& + 36a_0a_1^2a_2 + 360a_0a_1a_2a_3 + 60a_0a_2^3 + 1260a_0a_2a_3^2 + 3a_1^4 \\
& + 60a_1^3a_3 + 90a_1^2a_2^2 + 630a_1^2a_3^2 + 1260a_1a_2^2a_3 \\
& + 3780a_1a_3^3 + 105a_2^4 + 5670a_2^2a_3^2 + 10395a_3^4
\end{aligned} \tag{4-2-8}
$$

$$
\operatorname{var}(X) = E\left(X^2\right) - \left[E(X)\right]^2
$$

$$\begin{aligned}
&= a_0^2 + 2a_0a_2 + a_1^2 + 6a_1a_3 + 3a_2^2 + 15a_3^2 - (a_0 + a_2)^2 \\
&= a_0^2 + 2a_0a_2 + a_1^2 + 6a_1a_3 + 3a_2^2 + 15a_3^2 - a_0^2 - 2a_0a_2 - a_2^2 \\
&= a_1^2 + 6a_1a_3 + 2a_2^2 + 15a_3^2
\end{aligned}$$

即

$$\text{var}(X) = a_1^2 + 6a_1a_3 + 2a_2^2 + 15a_3^2 \tag{4-2-9}$$

根据累积量关系

$$\begin{aligned}
\kappa_2 &= E\left(X^2\right) - [E(X)]^2 \\
\kappa_3 &= E\left(X^3\right) - 3E\left(X^2\right)E(X) + 2[E(X)]^3 \\
\kappa_4 &= E\left(X^4\right) - 4E\left(X^3\right)E(X) - 3\left[E\left(X^2\right)\right]^2 \\
&\quad + 12E\left(X^2\right)[E(X)]^2 + 6[E(X)]^4 \\
\gamma_X &= \frac{\kappa_3}{\kappa_2^{3/2}}, \quad \kappa_X = \frac{\kappa_4}{\kappa_2^2}
\end{aligned}$$

有

$$\begin{aligned}
\kappa_3 &= E\left(X^3\right) - 3E\left(X^2\right)E(X) + 2[E(X)]^3 \\
&= a_0^3 + 3a_0^2a_2 + 3a_0a_1^2 + 18a_0a_1a_3 + 9a_0a_2^2 + 45a_0a_3^2 \\
&\quad + 9a_1^2a_2 + 90a_1a_2a_3 + 15a_2^3 + 315a_2a_3^2 \\
&\quad - 3\left(a_0^2 + 2a_0a_2 + a_1^2 + 6a_1a_3 + 3a_2^2 + 15a_3^2\right)(a_0 + a_2) + 2(a_0 + a_2)^3 \\
&= a_0^3 + 3a_0^2a_2 + 3a_0a_1^2 + 18a_0a_1a_3 + 9a_0a_2^2 + 45a_0a_3^2 \\
&\quad + 9a_1^2a_2 + 90a_1a_2a_3 + 15a_2^3 + 315a_2a_3^2 \\
&\quad - 3a_0^3 - 6a_0^2a_2 - 3a_0a_1^2 - 18a_0a_1a_3 - 9a_0a_2^2 - 45a_0a_3^2 \\
&\quad - 3a_0^2a_2 - 6a_0a_2^2 - 3a_1^2a_2 - 18a_1a_2a_3 - 9a_2^3 - 45a_2a_3^2 \\
&\quad + 2a_0^3 + 6a_0^2a_2 + 6a_0a_2^2 + 2a_2^3 \\
&= \left(a_0^3 + 2a_0^3 - 3a_0^3\right) + \left(3a_0^2a_2 + 6a_0^2a_2 - 3a_0^2a_2 - 6a_0^2a_2\right) \\
&\quad + \left(3a_0a_1^2 - 3a_0a_1^2\right) + (18a_0a_1a_3 - 18a_0a_1a_3) \\
&\quad + \left(9a_0a_2^2 - 9a_0a_2^2 - 6a_0a_2^2 + 6a_0a_2^2\right) \\
&\quad + \left(15a_2^3 + 2a_2^3 - 9a_2^3\right) + \left(315a_2a_3^2 - 45a_2a_3^2\right) + \left(45a_0a_3^2 - 45a_0a_3^2\right) \\
&\quad + \left(9a_1^2a_2 - 3a_1^2a_2\right) + (90a_1a_2a_3 - 18a_1a_2a_3) \\
&= 8a_2^3 + 270a_2a_3^2 + 6a_1^2a_2 + 72a_1a_2a_3
\end{aligned}$$

则

$$\gamma_X = 2a_2\left(a_1^2 + 24a_1a_3 + 105a_3^2 + 2\right) \tag{4-2-10}$$

$$24\left[a_1a_3 + a_2^2\left(1 + a_1^2 + 28a_1a_3\right) + a_3^2\left(12 + 48a_1a_3 + 141a_2^2 + 225a_3^2\right)\right] = \kappa_X - 3 \tag{4-2-11}$$

假定 X 为一个具有均值 $\mu = 0$、标准差 $\sigma = 1$ 的标准随机变量, 则多项式系数 a_0, a_1, a_2 和 a_3 可由以下 4 个非线性方程来确定:

$$a_0 + a_2 = 0 \tag{4-2-12}$$

$$a_1^2 + 6a_1a_3 + 2a_2^2 + 15a_3^2 = 1 \tag{4-2-13}$$

$$2a_2\left(a_1^2 + 24a_1a_3 + 105a_3^2 + 2\right) = \gamma_X \tag{4-2-14}$$

$$24\left[a_1a_3 + a_2^2\left(1 + a_1^2 + 28a_1a_3\right) + a_3^2\left(12 + 48a_1a_3 + 141a_2^2 + 225a_3^2\right)\right] = \kappa_X - 3 \tag{4-2-15}$$

式中, γ_X 为 X 的偏态系数; κ_X 为 X 的峰度系数.

对于任一均值 $\mu_X \neq 0$、标准差 $\sigma_X \neq 1$ 的随机变量, 其多项式系数 a_0', a_1', a_2' 和 a_3' 可由下式来确定:

$$a_0' = a_0\sigma_X + \mu_X; \quad a_i' = a_i\sigma_X, \quad i = 1, 2, 3 \tag{4-2-16}$$

理论上, 可以采用牛顿迭代法求解上述非线性方程组, 即可获得多项式系数, 然而, 一些范围的偏态系数和峰度系数是不能获得可行解的.

4.2.2.2 L-阶线性矩法

按照概率权重矩的定义,

$$\beta_m = \int_0^1 x(u)\, u^m du, \quad i = 1, 2, \cdots \tag{4-2-17}$$

将式 (4-2-1) 代入式 (4-2-17), 得

$$\beta_m(x) = a_0C_{m,0} + a_1C_{m,1} + a_2C_{m,2} + a_3C_{m,3} \tag{4-2-18}$$

式中, $C_{m,n} = \int_{-\infty}^{+\infty} z^n \varPhi^m(z)\varphi(z)\,dz, \varPhi(z)$ 和 $\varphi(z)$ 分别为正态分布的分布函数与概率密度函数.

由 $\beta_m = \int_0^1 x(u)\, u^m du = \int_{-\infty}^{\infty}\left(a_0 + a_1z + a_2z^2 + a_3z^3\right)\varPhi^m(z)\varphi(z)\,dz$, 其中, $\varPhi(z) = \int_{-\infty}^{z}\frac{1}{\sqrt{2\pi}}e^{-\frac{z^2}{2}}dt, \varphi(z) = \frac{1}{\sqrt{2\pi}}e^{-\frac{z^2}{2}}$, 标准正态变量 Z 的 r 阶原点矩 $E\left(Z^{2r}\right) = \frac{(2r)!}{2^r r!}, E\left(Z^{2r-1}\right) = 0, r \geqslant 1$, 推导前 3 阶概率权重矩.

(1) β_0 的计算.

$$\begin{aligned}\beta_0 &= \int_{-\infty}^{\infty}\left(a_0+a_1z+a_2z^2+a_3z^3\right)\varphi(z)\,dz\\&= a_0\int_{-\infty}^{\infty}\varphi(z)\,dz + a_1\int_{-\infty}^{\infty}z\varphi(z)\,dz\\&\quad + a_2\int_{-\infty}^{\infty}z^2\varphi(z)\,dz + a_3\int_{-\infty}^{\infty}z^3\varphi(z)\,dz\\&= a_0+a_1E(Z)+a_2E\left(Z^2\right)+a_3E\left(Z^3\right)\\&= a_0+0+a_2\frac{(2)!}{2\times 1!}+0=a_0+a_2\end{aligned}$$

即

$$\beta_0=a_0+a_2 \tag{4-2-19}$$

(2) β_1 的计算.

$$\begin{aligned}\beta_1 &= \int_{-\infty}^{\infty}\left(a_0+a_1z+a_2z^2+a_3z^3\right)\varPhi(z)\varphi(z)\,dz\\&= a_0\int_{-\infty}^{\infty}\varPhi(z)\varphi(z)\,dz + a_1\int_{-\infty}^{\infty}z\varPhi(z)\varphi(z)\,dz\\&\quad + a_2\int_{-\infty}^{\infty}z^2\varPhi(z)\varphi(z)\,dz + a_3\int_{-\infty}^{\infty}z^3\varPhi(z)\varphi(z)\,dz\end{aligned} \tag{4-2-20}$$

式 (4-2-20) 的第 1 项积分

$$\int_{-\infty}^{\infty}\varPhi(z)\varphi(z)\,dz=\int_{-\infty}^{\infty}\varPhi(z)\,d\varPhi(z)=\frac{1}{2}\varPhi^2(z)\Big|_{-\infty}^{\infty}=\frac{1}{2}$$

不难推出

$$\int_{-\infty}^{\infty}\varPhi^r(z)\varphi(z)\,dz=\frac{1}{r+1},\quad r=1,2,\cdots \tag{4-2-21}$$

式 (4-2-20) 的第 2 项积分 $\int_{-\infty}^{\infty}z\varPhi(z)\varphi(z)\,dz$, 用分部积分, 令 $u=\varPhi(z)$, $du=z\varphi(z)\,dz, dv=z\varphi(z)\,dz=z\dfrac{1}{\sqrt{2\pi}}e^{-\frac{z^2}{2}}dz, v=-\dfrac{1}{\sqrt{2\pi}}e^{-\frac{z^2}{2}}=-\varphi(z)$, 则

$$\begin{aligned}\int_{-\infty}^{\infty}z\varPhi(z)\varphi(z)\,dz &= -\varPhi(z)\varphi(z)|_{-\infty}^{\infty}+\int_{-\infty}^{\infty}\varphi^2(z)\,dz\\&= \int_{-\infty}^{\infty}\varphi^2(z)\,dz=\int_{-\infty}^{\infty}\frac{1}{2\pi}e^{-z^2}dz=\frac{1}{2\pi}\int_{-\infty}^{\infty}e^{-z^2}dz\end{aligned}$$

$$= \frac{1}{2\pi} \cdot 2 \int_0^{\infty} e^{-z^2} dz = \frac{1}{2} \frac{2}{\pi} \int_0^{\infty} e^{-z^2} dz$$

根据积分公式 $\frac{2}{\pi} \int_{-\infty}^{\infty} e^{-Ax^2} dx = \frac{1}{\sqrt{\pi A}}$, 有

$$\int_{-\infty}^{\infty} z\Phi(z)\varphi(z)\,dz = \frac{1}{2\sqrt{\pi}} \tag{4-2-22}$$

式 (4-2-20) 的第 3 项积分 $\int_{-\infty}^{\infty} z^2\Phi(z)\varphi(z)\,dz$, 用分部积分, 令 $u = z\Phi(z)\,, du = [\Phi(z) + z\varphi(z)]\,dz, dv = z\varphi(z)\,dz = z\frac{1}{\sqrt{2\pi}}e^{-\frac{z^2}{2}}dz, v = -\frac{1}{\sqrt{2\pi}}e^{-\frac{z^2}{2}} = -\varphi(z)$, 则

$$\begin{aligned}\int_{-\infty}^{\infty} z^2\Phi(z)\varphi(z)\,dz &= -z\Phi(z)\varphi(z)|_{-\infty}^{\infty} + \int_{-\infty}^{\infty}[\Phi(z) + z\varphi(z)]\,\varphi(z)\,dz \\ &= \int_{-\infty}^{\infty}[\Phi(z) + z\varphi(z)]\,\varphi(z)\,dz \\ &= \int_{-\infty}^{\infty}\Phi(z)\varphi(z)\,dz + \int_{-\infty}^{\infty} z\varphi^2(z)\,dz \\ &= \int_{-\infty}^{\infty}\Phi(z)\,d\Phi(z) + \int_{-\infty}^{\infty} z\varphi^2(z)\,dz \\ &= \frac{1}{2} + \int_{-\infty}^{\infty} z\varphi^2(z)\,dz\end{aligned}$$

因为 $z\varphi^2(z)$ 为奇函数, 则 $\int_{-\infty}^{\infty} z\varphi^2(z)\,dz = 0$. 则

$$\int_{-\infty}^{\infty} z^2\Phi(z)\varphi(z)\,\mathrm{d}z = \frac{1}{2} \tag{4-2-23}$$

式 (4-2-20) 的第 4 项积分 $\int_{-\infty}^{\infty} z^3\Phi(z)\varphi(z)\,dz$, 用分部积分, 令 $u = z^3\Phi(z)\,, du = [2z\Phi(z) + z^2\varphi(z)]\,dz, dv = z\varphi(z)\,dz = z\frac{1}{\sqrt{2\pi}}e^{-\frac{z^2}{2}}dz, v = -\frac{1}{\sqrt{2\pi}}e^{-\frac{z^2}{2}} = -\varphi(z)$, 则

$$\begin{aligned}\int_{-\infty}^{\infty} z^3\Phi(z)\varphi(z)\,dz &= -z^2\Phi(z)\varphi(z)\Big|_{-\infty}^{\infty} + \int_{-\infty}^{\infty}\left[2z\Phi(z) + z^2\varphi(z)\right]\varphi(z)\,dz \\ &= \int_{-\infty}^{\infty}\left[2z\Phi(z) + z^2\varphi(z)\right]\varphi(z)\,dz \\ &= 2\int_{-\infty}^{\infty} z\Phi(z)\varphi(z)\,dz + \int_{-\infty}^{\infty} z^2\varphi^2(z)\,dz\end{aligned} \tag{4-2-24}$$

式 (4-2-24) 的第 1 项积分 $2\int_{-\infty}^{\infty} z\Phi(z)\varphi(z)\,dz$, 由式 (4-2-22) 得

$$2\int_{-\infty}^{\infty} z\Phi(z)\varphi(z)\,dz = 2\frac{1}{2\sqrt{\pi}} = \frac{1}{\sqrt{\pi}}$$

式 (4-2-24) 的第 2 项积分

$$\begin{aligned}\int_{-\infty}^{\infty} z^2\varphi^2(z)\,dz &= \int_{-\infty}^{\infty} z^2\left(\frac{1}{\sqrt{2\pi}}e^{-\frac{z^2}{2}}\right)^2 dz \\ &= \int_{-\infty}^{\infty} z^2\frac{1}{2\pi}e^{-z^2}dz = \frac{1}{2\pi}\int_{-\infty}^{\infty} z^2e^{-z^2}dz \\ &= \frac{2}{2\pi}\int_{0}^{\infty} z^2e^{-z^2}dz = \frac{1}{\pi}\int_{0}^{\infty} z^2e^{-z^2}dz\end{aligned}$$

根据积分公式 $\int_{0}^{\infty} x^ne^{-ax^2}dz = \frac{(n-1)!!}{2(2a)^{\frac{n}{2}}}\sqrt{\frac{\pi}{a}}$, !! 表示不超过这个正整数, 且与它具有相同奇偶性的所有正整数的乘积, 则

$$\int_{-\infty}^{\infty} z^2\varphi^2(z)\,dz = \frac{1}{\pi}\int_{0}^{\infty} z^2e^{-z^2}dz = \frac{1}{\pi}\frac{(2-1)!!}{2(2)^{\frac{2}{2}}}\sqrt{\frac{\pi}{1}} = \frac{1}{4\sqrt{\pi}} \tag{4-2-25}$$

综合以上式 (4-2-20) 的第 4 项积分 $\int_{-\infty}^{\infty} z^3\Phi(z)\varphi(z)\,dz$, 有

$$\int_{-\infty}^{\infty} z^3\Phi(z)\varphi(z)\,dz = \frac{1}{\sqrt{\pi}} + \frac{1}{4\sqrt{\pi}} = \frac{5}{4\sqrt{\pi}} \tag{4-2-26}$$

把式 (4-2-21)、式 (4-2-22)、式 (4-2-23)、式 (4-2-26) 代入式 (4-2-20), 有

$$\beta_1 = \frac{1}{2}a_0 + \frac{1}{2\sqrt{\pi}}a_1 + \frac{1}{2}a_2 + \frac{5}{4\sqrt{\pi}}a_3 \tag{4-2-27}$$

(3) β_2 的计算.

$$\begin{aligned}\beta_2 &= \int_{-\infty}^{\infty}\left(a_0 + a_1z + a_2z^2 + a_3z^3\right)\Phi^2(z)\varphi(z)\,dz \\ &= a_0\int_{-\infty}^{\infty}\Phi^2(z)\varphi(z)\,dz + a_1\int_{-\infty}^{\infty} z\Phi^2(z)\varphi(z)\,dz \\ &\quad + a_2\int_{-\infty}^{\infty} z^2\Phi^2(z)\varphi(z)\,dz + a_3\int_{-\infty}^{\infty} z^3\Phi^2(z)\varphi(z)\,dz\end{aligned} \tag{4-2-28}$$

式 (4-2-28) 的第 1 项积分 $\int_{-\infty}^{\infty}\Phi^2(z)\varphi(z)\,dz = \int_{-\infty}^{\infty}\Phi^2(z)\,d\Phi(z)$, 由式 (4-2-21) 得

$$\int_{-\infty}^{\infty}\Phi^2(z)\varphi(z)\,dz = \frac{1}{3} \tag{4-2-29}$$

式 (4-2-28) 的第 2 项积分 $\int_{-\infty}^{\infty} z\Phi^2(z)\varphi(z)\,dz$, 用分部积分, 令 $u=\Phi^2(z), du=2\Phi(z)\varphi(z)\,dz, dv=z\varphi(z)\,dz=z\frac{1}{\sqrt{2\pi}}e^{-\frac{z^2}{2}}dz, v=-\frac{1}{\sqrt{2\pi}}e^{-\frac{z^2}{2}}=-\varphi(z)$, 则

$$\begin{aligned}\int_{-\infty}^{\infty} z\Phi^2(z)\varphi(z)\,dz &= -\Phi^2(z)\varphi(z)\Big|_{-\infty}^{\infty}+2\int_{-\infty}^{\infty}\Phi(z)\varphi^2(z)\,dz\\ &=2\int_{-\infty}^{\infty}\Phi(z)\varphi^2(z)\,dz\end{aligned}$$

利用 $\Phi(z)=\frac{1}{2}\left[1+\operatorname{erf}\left(\frac{z}{\sqrt{2}}\right)\right], \operatorname{erf}(z)=\int_0^z e^{-t^2}dt, \operatorname{erf}(-z)=-\operatorname{erf}(z)$, 则

$$\begin{aligned}&\int_{-\infty}^{\infty} z\Phi^2(z)\varphi(z)\,dz\\ &=2\int_{-\infty}^{\infty}\Phi(z)\varphi^2(z)\,dz=2\int_{-\infty}^{\infty}\frac{1}{2}\left[1+\operatorname{erf}\left(\frac{z}{\sqrt{2}}\right)\right]\varphi^2(z)\,dz\\ &=\int_{-\infty}^{\infty}\varphi^2(z)\,dz+\int_{-\infty}^{\infty}\operatorname{erf}\left(\frac{z}{\sqrt{2}}\right)\varphi^2(z)\,dz=\int_{-\infty}^{\infty}\varphi^2(z)\,dz\\ &=2\int_0^{\infty}\varphi^2(z)\,dz=2\int_0^{\infty}\frac{1}{2\pi}e^{-z^2}dz\end{aligned}$$

根据积分公式 $\frac{2}{\pi}\int_{-\infty}^{\infty}e^{-Ax^2}dx=\frac{1}{\sqrt{\pi A}}$, 有

$$\int_{-\infty}^{\infty} z\Phi^2(z)\varphi(z)\,dz=2\int_0^{\infty}\frac{1}{2\pi}e^{-z^2}dz=\frac{1}{2}\frac{2}{\pi}\int_0^{\infty}e^{-z^2}dz=\frac{1}{2\sqrt{\pi}} \tag{4-2-30}$$

式 (4-2-28) 的第 3 项积分 $\int_{-\infty}^{\infty} z^2\Phi^2(z)\varphi(z)\,dz$, 用分部积分, 令 $u=z\Phi^2(z)$, $du=[\Phi^2(z)+2z\Phi(z)\varphi(z)]\,dz, dv=z\varphi(z)\,dz=z\frac{1}{\sqrt{2\pi}}e^{-\frac{z^2}{2}}dz, v=\frac{1}{\sqrt{2\pi}}e^{-\frac{z^2}{2}}=-\varphi(z)$, 则

$$\begin{aligned}&\int_{-\infty}^{\infty} z^2\Phi^2(z)\varphi(z)\,dz\\ &=-\Phi^2(z)\varphi(z)\Big|_{-\infty}^{\infty}+\int_{-\infty}^{\infty}\left[\Phi^2(z)+2z\Phi(z)\varphi(z)\right]\varphi(z)\,dz\\ &=\int_{-\infty}^{\infty}\left[\Phi^2(z)+2z\Phi(z)\varphi(z)\right]\varphi(z)\,dz\\ &=\int_{-\infty}^{\infty}\Phi^2(z)\varphi(z)\,dz+2\int_{-\infty}^{\infty}z\Phi(z)\varphi^2(z)\,dz\end{aligned}$$

$$
\begin{aligned}
&= \int_{-\infty}^{\infty} \Phi^2(z)\, d\Phi(z) + 2\int_{-\infty}^{\infty} z\Phi(z)\,\varphi^2(z)\, dz \\
&= \frac{1}{3} + 2\int_{-\infty}^{\infty} z\Phi(z)\,\varphi^2(z)\, dz
\end{aligned} \tag{4-2-31}
$$

式 (4-2-31) 的第 2 项积分 $\int_{-\infty}^{\infty} z\Phi(z)\,\varphi^2(z)\,dz$, 用分部积分, 令 $u = \Phi(z), du = \varphi(z)\,dz, dv = z\varphi^2(z)\,dz = z\dfrac{1}{2\pi}e^{-z^2}dz, v = -\dfrac{1}{4\pi}e^{-z^2}$, 则

$$
\begin{aligned}
\int_{-\infty}^{\infty} z\Phi(z)\,\varphi^2(z)\,dz &= -\Phi(z)\frac{1}{4\pi}e^{-z^2}\Big|_{-\infty}^{\infty} + \frac{1}{4\pi}\int_{-\infty}^{\infty} e^{-z^2}\varphi(z)\,dz \\
&= \frac{1}{4\pi}\int_{-\infty}^{\infty} e^{-z^2}\varphi(z)\,dz \\
&= \frac{1}{4\pi}\int_{-\infty}^{\infty} e^{-z^2}\frac{1}{\sqrt{2\pi}}e^{-\frac{z^2}{2}}dz
\end{aligned}
$$

根据积分公式 $\dfrac{2}{\pi}\int_{-\infty}^{\infty} e^{-Ax^2}dx = \dfrac{1}{\sqrt{\pi A}}$, 有

$$
\begin{aligned}
\int_{-\infty}^{\infty} z\Phi(z)\,\varphi^2(z)\,dz &= \frac{1}{4\pi}\int_{-\infty}^{\infty} e^{-z^2}\frac{1}{\sqrt{2\pi}}e^{-\frac{z^2}{2}}dz \\
&= \frac{1}{8\sqrt{2\pi}}\frac{2}{\pi}\int_{-\infty}^{\infty} e^{-\frac{3z^2}{2}}dz \\
&= \frac{2}{8\sqrt{2\pi}}\frac{2}{\pi}\int_{0}^{\infty} e^{-\frac{3z^2}{2}}dz \\
&= \frac{1}{4\sqrt{2\pi}}\frac{1}{\sqrt{\frac{3}{2}\pi}} = \frac{1}{4\sqrt{3}\pi}
\end{aligned}
$$

则

$$
\int_{-\infty}^{\infty} z^2\Phi^2(z)\,\varphi(z)\,dz = \frac{1}{3} + 2\int_{-\infty}^{\infty} z\Phi(z)\,\varphi^2(z)\,dz = \frac{1}{3} + \frac{1}{2\sqrt{3}\pi} \tag{4-2-32}
$$

$$
\int_{-\infty}^{\infty} z\Phi(z)\,\varphi^2(z)\,dz = \frac{1}{4\sqrt{3}\pi} \tag{4-2-33}
$$

式 (4-2-28) 的第 4 项积分 $\int_{-\infty}^{\infty} z^3\Phi^2(z)\,\varphi(z)\,dz$, 用分部积分, 令 $u = z^2\Phi^2(z)$, $du = [2z\Phi^2(z) + 2z^2\Phi(z)\,\varphi(z)]\,dz, dv = z\varphi(z)\,dz = z\dfrac{1}{\sqrt{2\pi}}e^{-\frac{z^2}{2}}dz, v = -\dfrac{1}{\sqrt{2\pi}}$

$\times e^{-\frac{z^2}{2}} = -\varphi(z)$, 则

$$\begin{aligned}
&\int_{-\infty}^{\infty} z^3\Phi^2(z)\varphi(z)\,dz \\
&= -z^2\Phi^2(z)\varphi(z)\Big|_{-\infty}^{\infty} + \int_{-\infty}^{\infty}\left[2z\Phi^2(z) + 2z^2\Phi(z)\varphi(z)\right]\varphi(z)\,dz \\
&= 2\int_{-\infty}^{\infty} z\Phi^2(z)\varphi(z)\,dz + 2\int_{-\infty}^{\infty} z^2\Phi(z)\varphi^2(z)\,dz
\end{aligned} \tag{4-2-34}$$

对于给定的一组样本值, $\beta_0, \beta_1, \beta_2, \beta_3$ 和按式 (4-2-35) 进行估计.

$$\begin{aligned}
&\hat{\beta}_0 = \frac{1}{n}\sum_{j=1}^{n} x_{j:n};\quad \hat{\beta}_1 = \frac{1}{n}\sum_{j=2}^{n}\frac{j-1}{n-1}x_{j:n} \\
&\hat{\beta}_2 = \frac{1}{n}\sum_{j=2}^{n}\frac{(j-1)(j-2)}{(n-1)(n-2)}x_{j:n} \\
&\hat{\beta}_3 = \frac{1}{n}\sum_{j=3}^{n}\frac{(j-1)(j-2)(j-3)}{(n-1)(n-2)(n-3)}x_{j:n}
\end{aligned} \tag{4-2-35}$$

估计出 $\hat{\beta}_0, \hat{\beta}_1, \hat{\beta}_2, \hat{\beta}_3$ 后, 将其代入式 (4-2-18) 即可求出多项式系数 a_0, a_1, a_2, a_3.

4.2.2.3　最小二乘法

对于方程 $X = a_0 + a_1 Z + a_2 Z^2 + a_3 Z^3$, 在 X 和 Z 呈单增关系的条件下, 多项式系数 a_0, a_1, a_2 和 a_3 可以通过最小二乘法估计出.

$$x_p = a_0 + a_1 z_p + a_2 z_p^2 + a_3 z_p^3 \tag{4-2-36}$$

式中, x_p 和 z_p 分别为概率为 p 下的原始随机变量 X 和标准正态分布随机变量 Z 对应的分位数值.

由于序列 $x_1, x_2, \cdots, x_n$ 的分布函数未知, 因此, 实际中, 可采用序列的经验概率. 序列值 $\left(x_i, \dfrac{i}{n+1}\right)$ 与 $\dfrac{i}{n+1}$ 对应的标准正态分布分位数 $\hat{z}_i$ 按最小二乘法进行非线性回归, 从而求得多项式系数 a_0, a_1, a_2 和 a_3, 即

$$\varepsilon = \sum_{i=1}^{n}(x_i - \hat{x}_i)^2 = \sum_{i=1}^{n}\left[x_i - \left(a_0 + a_1\hat{z}_i + a_2\hat{z}_i^2 + a_3\hat{z}_i^3\right)\right]^2 \tag{4-2-37}$$

式中, $\hat{x}_i = a_0 + a_1\hat{z}_i + a_2\hat{z}_i^2 + a_3\hat{z}_i^3$; $\hat{z}_i$ 为经验概率 $\dfrac{i}{n+1}$ 对应的标准正态分布分位数.

根据数学极值原理, 有

$$\frac{\partial \varepsilon}{\partial a_0} = -2\sum_{i=1}^{n}\left[x_i - \left(a_0 + a_1\hat{z}_i + a_2\hat{z}_i^2 + a_3\hat{z}_i^3\right)\right] = 0 \tag{4-2-38}$$

$$\frac{\partial \varepsilon}{\partial a_1} = -2\sum_{i=1}^{n}\left[x_i - \left(a_0 + a_1\hat{z}_i + a_2\hat{z}_i^2 + a_3\hat{z}_i^3\right)\right]\hat{z}_i = 0 \tag{4-2-39}$$

$$\frac{\partial \varepsilon}{\partial a_2} = -2\sum_{i=1}^{n}\left[x_i - \left(a_0 + a_1\hat{z}_i + a_2\hat{z}_i^2 + a_3\hat{z}_i^3\right)\right]\hat{z}_i^2 = 0 \tag{4-2-40}$$

$$\frac{\partial \varepsilon}{\partial a_3} = -2\sum_{i=1}^{n}\left[x_i - \left(a_0 + a_1\hat{z}_i + a_2\hat{z}_i^2 + a_3\hat{z}_i^3\right)\right]\hat{z}_i^3 = 0 \tag{4-2-41}$$

即

$$na_0 + a_1\sum_{i=1}^{n}\hat{z}_i + a_2\sum_{i=1}^{n}\hat{z}_i^2 + a_3\sum_{i=1}^{n}\hat{z}_i^3 = \sum_{i=1}^{n}x_i \tag{4-2-42}$$

$$a_0\sum_{i=1}^{n}\hat{z}_i + a_1\sum_{i=1}^{n}\hat{z}_i^2 + a_2\sum_{i=1}^{n}\hat{z}_i^3 + a_3\sum_{i=1}^{n}\hat{z}_i^4 = \sum_{i=1}^{n}x_i\hat{z}_i \tag{4-2-43}$$

$$a_0\sum_{i=1}^{n}\hat{z}_i^2 + a_1\sum_{i=1}^{n}\hat{z}_i^3 + a_2\sum_{i=1}^{n}\hat{z}_i^4 + a_3\sum_{i=1}^{n}\hat{z}_i^5 = \sum_{i=1}^{n}x_i\hat{z}_i^2 \tag{4-2-44}$$

$$a_0\sum_{i=1}^{n}\hat{z}_i^3 + a_1\sum_{i=1}^{n}\hat{z}_i^4 + a_2\sum_{i=1}^{n}\hat{z}_i^5 + a_3\sum_{i=1}^{n}\hat{z}_i^6 = \sum_{i=1}^{n}x_i\hat{z}_i^3 \tag{4-2-45}$$

式 (4-2-42)—(4-2-45) 写为矩阵形式, 即

$$\begin{bmatrix} 1 & 1 & \cdots & 1 \\ \hat{z}_1 & \hat{z}_2 & \cdots & \hat{z}_2^3 \\ \hat{z}_1^2 & \hat{z}_2^2 & \cdots & \hat{z}_n^2 \\ \hat{z}_1^3 & \hat{z}_2^3 & \cdots & \hat{z}_n^3 \end{bmatrix} \begin{bmatrix} 1 & \hat{z}_1 & \hat{z}_1^2 & \hat{z}_1^3 \\ 1 & \hat{z}_2 & \hat{z}_2^2 & \hat{z}_2^3 \\ \vdots & \vdots & \vdots & \vdots \\ 1 & \hat{z}_n & \hat{z}_n^2 & \hat{z}_n^3 \end{bmatrix} \begin{bmatrix} a_0 \\ a_1 \\ a_2 \\ a_3 \end{bmatrix} = \begin{bmatrix} 1 & 1 & \cdots & 1 \\ \hat{z}_1 & \hat{z}_2 & \cdots & \hat{z}_2^3 \\ \hat{z}_1^2 & \hat{z}_2^2 & \cdots & \hat{z}_n^2 \\ \hat{z}_1^3 & \hat{z}_2^3 & \cdots & \hat{z}_n^3 \end{bmatrix} \begin{bmatrix} x_1 \\ x_2 \\ \vdots \\ x_n \end{bmatrix} \tag{4-2-46}$$

令 $\boldsymbol{Z} = \begin{bmatrix} 1 & \hat{z}_1 & \hat{z}_1^2 & \hat{z}_1^3 \\ 1 & \hat{z}_2 & \hat{z}_2^2 & \hat{z}_2^3 \\ \vdots & \vdots & \vdots & \vdots \\ 1 & \hat{z}_n & \hat{z}_n^2 & \hat{z}_n^3 \end{bmatrix}$, $\boldsymbol{Z}^{\mathrm{T}} = \begin{bmatrix} 1 & 1 & \cdots & 1 \\ \hat{z}_1 & \hat{z}_2 & \cdots & \hat{z}_2^3 \\ \hat{z}_1^2 & \hat{z}_2^2 & \cdots & \hat{z}_n^2 \\ \hat{z}_1^3 & \hat{z}_2^3 & \cdots & \hat{z}_n^3 \end{bmatrix}$, $\boldsymbol{X} = \begin{bmatrix} x_1 \\ x_2 \\ \vdots \\ x_n \end{bmatrix}$, $\boldsymbol{A} =$

$\begin{bmatrix} a_0 \\ a_1 \\ a_2 \\ a_3 \end{bmatrix}$, 有

$$\boldsymbol{Z}^{\mathrm{T}}\boldsymbol{Z}\boldsymbol{A} = \boldsymbol{Z}^{\mathrm{T}}\boldsymbol{X} \tag{4-2-47}$$

求解方程组, 有多项式系数矩阵

$$\boldsymbol{A} = \left(\boldsymbol{Z}^{\mathrm{T}}\boldsymbol{Z}\right)^{-1}\boldsymbol{Z}^{\mathrm{T}}\boldsymbol{X} \tag{4-2-48}$$

4.2.2.4 Fisher-Cornish 不对称展开法

根据上述 4 阶矩, 如均值、标准方差、偏态系数和峰度系数, Fisher-Cornish 不对称展开法将分布标准化后的随机变量概率与标准正态变量关系表示为

$$x_p' = -h_3 + 3\left(1 - 3h_4\right)z_p + h_3 z_p^2 + h_4 z_p^3 \tag{4-2-49}$$

式中, $x_p' = \left(x_p - \mu_x\right)/\sigma_x, h_3 = \gamma_x/6, h_4 = \left(\kappa_x - 3\right)/24$.

Winterstein 进行了不对称展开方法的改进研究, 其表达式为

$$x_p' = -\bar{k}\overline{h_3} + \bar{k}\left(1 - 3\overline{h_4}\right)z_p + \bar{k}\overline{h_3}z_p^2 + \bar{k}\overline{h_4}z_p^3 \tag{4-2-50}$$

式中:

$$\overline{h_3} = \gamma_x/(4 + 2\sqrt{1 + 1.5\left(\kappa_x - 3\right)}), \quad \kappa_x > 7/3 \tag{4-2-51}$$

$$\overline{h_4} = \left(\left(\sqrt{1 + 1.5(\kappa_x - 3)} - 1\right)/18, \quad \kappa_x > 7/3 \tag{4-2-52}$$

4.2.3 应用实例

本节选用彭水、岩滩、三门峡和小浪底 4 个水文站年最大洪峰资料 (均为经过处理后的天然径流资料), 分析 4 种参数估计方法下的多项式正态变换对经验点据的拟合情况. 各站资料的起止时间分别为彭水站 1939—1984 年、岩滩站 1936—1985 年、三门峡站 1919—1969 年、小浪底站 1919—1976 年. 各站统计信息见表 4-2-1.

表 4-2-1 各站年最大洪峰序列统计信息表

测站	历史洪水重现期 N	实测序列长度 n	历史洪水总数 a	连续样本中特大值个数 l	平均值 $\mu/(\mathrm{m^3/s})$	均方差 σ	偏态系数 γ	峰度系数 κ
彭水	155	46	2	0	11167	3813.5	1.2724	1.7091
岩滩	95	50	6	0	11397	3546.4	0.6900	0.7704
三门峡	127	51	3	2	8639	4157.4	2.7035	14.2470
小浪底	134	58	3	2	8716	4007.2	2.7794	15.5945

应用 MATLAB 编程, 进行三阶多项式系数的矩法 (PM)、L-阶线性矩法 (LM)、最小二乘法 (LS) 和 Fisher-Cornish 不对称展开法 (FC) 求解, 计算结果见表 4-2-2. 由表 4-2-2 可知, LM 法和 LS 法的系数求解结果较为接近, 通过 PM 法求解的多项式系数 a_0, a_1 和 a_2 与其他方法偏差较小, 但 a_3 偏差较大. FC 法在计算时由于先把径流数据进行标准化处理, 再求解多项式系数, 因此其求解结果与其他三种方法相差较大, 无法通过简单的数值比较来判断其优劣性.

表 4-2-2 各站多项式系数求解结果

测站	参数求解方法	a_0	a_1	a_2	a_3
彭水	PM	10133.722	2051.686	1032.884	435.257
	LM	10284.511	3671.145	1297.617	204.745
	LS	10256.433	3661.335	1015.631	51.071
	FC	−0.1583	0.8244	0.1583	0.0477
岩滩	PM	10998.616	3442.776	398.137	19.438
	LM	11174.665	3516.843	634.620	141.858
	LS	11014.604	3290.811	435.281	161.339
	FC	−0.098	0.911	0.098	0.026
三门峡	PM	7493.578	2373.694	1145.236	434.729
	LM	7724.974	3188.499	1574.609	547.651
	LS	7588.142	2250.987	1125.865	713.381
	FC	−0.191	0.407	0.191	0.158
小浪底	PM	7630.806	2155.873	1085.335	457.360
	LM	7930.051	3023.029	1329.403	496.517
	LS	7761.802	2114.572	1027.384	705.079
	FC	−0.171	0.294	0.171	0.187

利用三阶多项 $X = a_0 + a_1Z + a_2Z^2 + a_3Z^3$, 把序列通过一一变换转换成原偏态分布对应频率的水文设计值, 频率曲线见图 4-2-1(a)—(d).

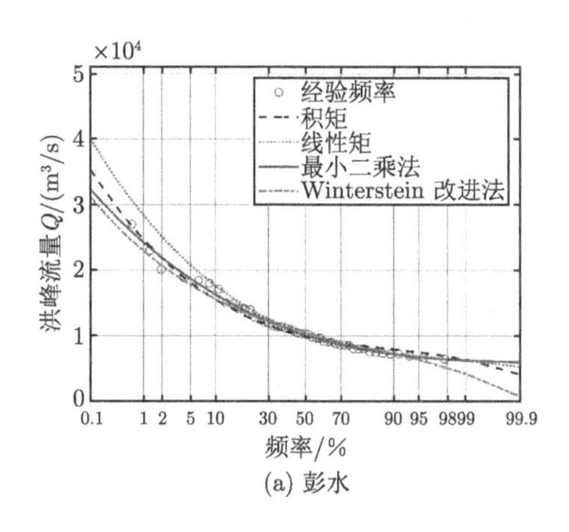

(a) 彭水

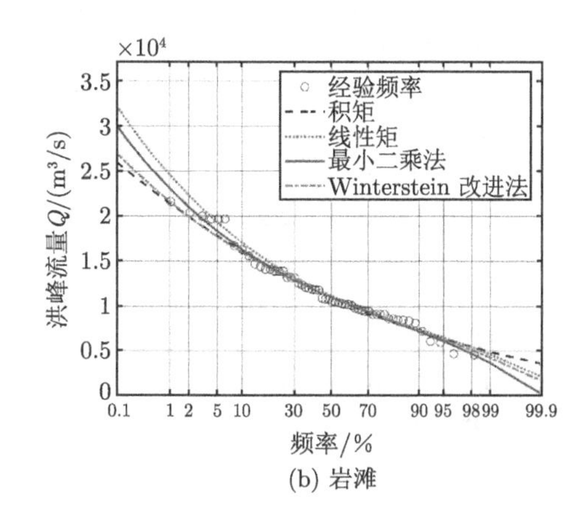

(b) 岩滩

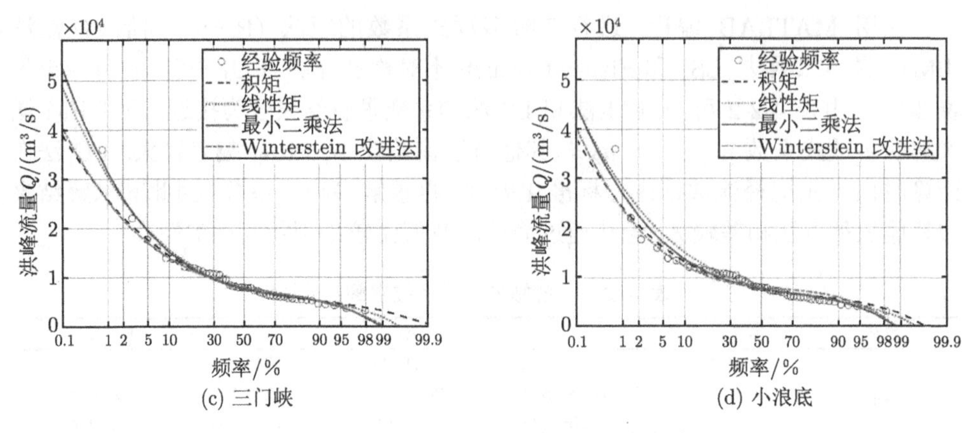

图 4-2-1　各站年最大洪峰流量频率曲线

参 考 文 献

梁忠民, 戴昌军. 2004. 水文频率分析中的多项式正态变换方法研究 [J]. 河海大学学报 (自然科学版), 32(4): 363-366.

梁忠民, 戴昌军. 2005. 水文分析计算中两种正态变换方法的比较研究 [J]. 水电能源科学, 23(2): 1-3, 89.

陆宝宏, 陆玉忠, 汤有光. 2001. 不确定分析技术中的多项式正态转换方法研究 [J]. 水文, 21(6): 4-7.

Chen X Y, Tung Y K. 2003. Investigation of polynomial normal transform[J]. Structural Safety, 25: 423-445.

Debrota D J, Roberts S D, Swain J J, et al. 1988. Input modeling with the Johnson System of distributions[M]// Abrams M, Haigh P, Comfort J. Proceedings of the 20th Conference on Winter Simulation - WSC '88: 165-179.

Farnum N R. 1996. Using Johnson curves to describe non-normal rocess data[J]. Quality Engineering, 9(2): 329-336.

Fleishman A I. 1978. A method for simulating non-normal distributions[J]. Psychometrika, 43(4): 521-532.

Slifker J F, Shapiro S S. 1980. The johnson system: Selection and parameter estimation[J]. Technometrics, 22(2): 239-246.

Zaman K, Rangavajhala S, McDonald M P, et al. 2010. A probabilistic approach for representation of interval uncertainty[J]. Reliability Engineering & System Safety, 96(1): 117-130.

Wheeler R E. 1980. Quantile estimators of Johnson cure Parameters[J]. Biometrika, 67(3): 725-728.

第 5 章　智能优化算法估算洪水分布参数计算原理

继遗传算法和粒子群算法出现后, 近年来, 智能优化算法被广泛应用于模型参数估计. 反向学习自适应差分进化算法、蜻蜓算法、基于压缩因子的遗传粒子群混合算法等相继用于模型参数优化估计, 取得了较好的拟合效果. 研究结果表明：差分进化算法原理与遗传算法原理相同, 该算法独特的差分策略使得求解问题具有良好的全局和局部搜索能力, 因而应用范围很广. 蜻蜓算法是一种新型智能优化算法, 在很多领域应用结果较好, 而国内关于蜻蜓算法在水文频率计算中的研究成果较少. 粒子群算法在智能优化算法中发展最为迅速, 研究成果丰富, 与其他算法结合的混合算法是研究热点. 本章在引用一些作者文献算法的基础上 (代瑞瑞, 2016; 王博, 2020; 杨启文等, 2008; 张明, 2011; 吴伟民等, 2017; 王利琴等, 2014; 包子阳和余继周, 2016; 金菊良, 1998; 唐颖等, 2016; 胡鑫, 2018; 王文川等, 2009, 2015, 2016), 探讨 OL-ADE、DA 和 HGAPSO 算法在洪水频率分布参数计算中的应用.

5.1　差分进化算法

差分进化算法 (DE 算法) 是一种启发式随机并行实数编码算法, 以自适应性、收敛速度快、计算结果稳定等优势而著称 (代瑞瑞, 2016). DE 算法的基本思想是：① 根据实际求解问题, 采用实数编码初始化种群, 设置该种群的规模和迭代计算次数; ② 应用变异、交叉、贪婪选择操作, 进行初始种群逐步更新迭代计算; ③ 评估计算每代种群适应度值; ④ 判断迭代是否达到终止条件, 若迭代未达到终止条件, 则返回步骤②; ⑤ 获得符合求解问题计算条件的最优个体和函数值. 变异算子具有多种扩展形式, 也是 DE 算法的核心. 本节在介绍标准 DE 算法的基础上, 引入改进变异算子, 阐述反向学习的自适应差分进化算法 (OL-ADE 算法)(代瑞瑞, 2016).

5.1.1　标准 DE 算法

标准 DE 算法的步骤如下.

(1) 初始化种群.

随机生成 NP 个维数为 D 的实数值参数向量, 将它们作为迭代计算的初始种

群. 群体第 G 代中, 第 i 个个体向量 $X_i(G)$ 可表示为

$$X_i(G) = \left[X_{i,1}^G, X_{i,2}^G, \cdots, X_{i,D}^G\right], \quad i = 1, 2, \cdots, \text{NP}, \quad G = 0, 1, 2, \cdots, G_{\max} \tag{5-1-1}$$

式中, D 为求解问题变量的个数; NP 为群体规模; $G_{\max}$ 为群体最大进化代数.

假设初始种群 ($G = 0$) 中个体向量的分量 $X_{i,j}^0$ 符合均匀概率分布. 即

$$X_{i,j}^0 = \text{low} + \text{rand}(0,1) * (\text{up} - \text{low}), \quad i = 1, 2, \cdots, \text{NP}, \quad j = 1, 2, \cdots, D \tag{5-1-2}$$

式中, up 和 low 分别为求解问题整个解空间的上界 $X_{i,j}^U$ 和下界 $X_{i,j}^L$; $\text{rand}(0,1)$ 为 [0,1] 区间上的均匀分布随机数.

(2) 变异操作.

通过差分策略实现个体变异, 随机选择 3 个互不相同的向量 $X_{r_1}(G)$, $X_{r_2}(G)$, $X_{r_3}(G)$, $r_1 \neq r_2 \neq r_3$, 具体通过式 (5-1-3) 计算, 得到变异后的新个体向量.

$$v_{i,j}^{G+1} = X_{r_1,j}^G + F\left[X_{r_2,j}^G - X_{r_3,j}^G\right], \quad i = 1, 2, \cdots, \text{NP}, \quad j = 1, 2, \cdots, D \tag{5-1-3}$$

式中, $X_{r_1}(G)$, $X_{r_2}(G)$, $X_{r_3}(G)$ 向量互不相同; 缩放因子 $F \in [0, 2]$ 为一个实常数因数, 控制偏差变量的放大作用; 群体规模 $\text{NP} \geqslant 4$.

(3) 交叉操作.

将变异个体向量与目标个体向量进行信息成分互换, 生成试验向量. 本节主要介绍二项式交叉, 具体计算如下:

$$u_{i,j}^{G+1} = \begin{cases} v_{i,j}^{G+1}, & \text{rand}_{i,j}(0,1) \leqslant \text{CR 或 } j = \text{rand}(1, D), \\ X_{i,j}^G, & \text{rand}_{i,j}(0,1) > \text{CR 或 } j \neq \text{rand}(1, D), \end{cases}$$
$$i = 1, 2, \cdots, \text{NP}, \quad j = 1, 2, \cdots, D \tag{5-1-4}$$

式中, $\text{rand}_{i,j}(0,1)$ 为 [0,1] 区间的第 j 个随机数; $\text{rand}(1, D)$ 为一个 $[1, D]$ 区间上的随机整数; CR 表示交叉算子, $\text{CR} \in [0, 1]$; $u_i(G+1) = \left[u_{i,1}^{G+1}, u_{i,2}^{G+1}, \cdots, u_{i,D}^{G+1}\right]$.

(4) 选择操作.

为确定试验向量 $u_i(G+1)$ 是否进入下一代, 差分进化算法按照贪婪准则一对一进行选择, 将 $u_i(G+1)$ 与 $X_i(G+1)$ 进行比较, 选择函数评价值更优的个体进入下一代中. 否则, 父代个体仍然保留在群体中, 再一次作为父向量参与进化, 其结果是确保所有新个体种群优于上一代个体 (张明, 2011).

$$X_i(G+1) = \begin{cases} u_i(G+1), & f[u_i(G+1)] < f[X_i(G)] \\ X_i(G), & \text{其他} \end{cases} \tag{5-1-5}$$

式中, $f[X_i(G)]$ 为第 G 代第 i 个个体的适应度.

(5) 反复执行步骤 (2)—(4), 直至达到群体最大进化代数 $G_{\max}$.

5.1.2 反向学习自适应差分进化算法

通过设置反向精英学习和高斯随机分布, 经典差分进化算法可扩充为反向学习自适应差分进化算法 (OL-ADE 算法) (吴伟民等, 2017), 其优点在于不断提高个体探索能力. 反向学习自适应差分进化算法主要步骤如下：

(1) 反向向量.

$$X_{i,j}^{*}=k\left[a_{j}(t)+b_{j}(t)\right]-X_{i,j} \tag{5-1-6}$$

式中, $i=1,2,\cdots,N,N=100p;j=1,2,\cdots,D$, D 为变量 X 的维度; $X_{i,j}$ 为第 i 个候选向量第 j 个分量; $a_j(t)$ 和 $b_j(t)$ 为总体中第 j 维的最小值和最大值, $a_j(t)=\min\left[X_{i,j}(t)\right],b_j(t)=\max\left[X_{i,j}(t)\right];X_{i,j}^{*}$ 为对应的向量的反向数值; t 为当前迭代次数; k 为 (0,1) 区间上的随机数; p 为概率.

(2) 最优个体 x_{opbest}.

随机选取 N 个精英种群 NP_1, 利用公式 (5-1-6) 求得对应的反向向量 $\mathrm{NP}_{\mathrm{op}}$, 在 $\mathrm{NP}_1\cup\mathrm{NP}_{\mathrm{op}}$ 中选择函数值最小的个体 $x_{x\mathrm{best}}$, 并计算 x_{mean}.

$$x_{\mathrm{opbest}}=\begin{cases}x_{x\mathrm{best}}, & f\left(x_{x\mathrm{best}}\right)<f\left(x_{\mathrm{mean}}\right)\\ x_{\mathrm{mean}}, & \text{其他}\end{cases} \tag{5-1-7}$$

(3) φ_i 的确定.

$$\varphi_{i}=\begin{cases}x_{i}, & \operatorname{rand}(0,1)<0.5\\ (1-\omega)*x_{i}+\omega*N(\mu,\delta), & \text{其他}\end{cases} \tag{5-1-8}$$

式中, $N(\mu,\delta)$ 由高斯分布确定; μ 和 δ 分别为高斯分布的均值和方差; $\omega=\frac{1}{2}\left[1+\cos\left(\frac{t}{t_m}\pi\right)\right];\mu=\frac{x_{\mathrm{opbest}}+x_{r1}}{2};\delta=\left|x_{\mathrm{opbest}}-x_{r1}\right|;t_m$ 为最大迭代次数; x_{r1} 是从当前种群集合 $\{1,2,\cdots,N\}\setminus\{i\}$ 中随机选择的个体; $x_{x\mathrm{best}}$ 为 $\mathrm{NP}_1\cup\mathrm{NP}_{\mathrm{op}}$ 中选择的最好个体.

(4) F_i 的确定.

F_i 为动态交叉概率, 取值范围为 [0.1, 2.0]. 具体计算为

$$\lambda=e^{1-\frac{t_m}{t_m+1-t}};\quad F_i=F_0*2^{\lambda} \tag{5-1-9}$$

式中, F_0 为变异算子, t_m 为最大进化代数, t 为当前进化代数. 在算法开始时自适应变异算子为 $2F_0$, 初期值较大, 有利于保持种群个体的多样性, 从而避免算法过早地陷入局部最优. 逐次迭代之后, 变异算子逐渐降低, 能够得到很好的优良个体, 同时提高算法的收敛速度, 有利于局部搜索.

(5) 变异算子.

引入反向学习之后, 从当前解集合与反向解集合中选择更利于算法进化的解. 给定的种群 i 的变异新种群为

$$v_i(t) = \varphi_i(t) + F_i[x_{\text{opbest}}(t) - \varphi_i(t)] + F_i[x_{r1}(t) - x_{r2}(t)] \tag{5-1-10}$$

式中, $x_{\text{opbest}}(t)$ 为通过反向学习操作之后所获得第 t 代的最优解; $\varphi_i(t)$ 为引入高斯分布变异个体的一个分向量; $x_{r1}(t)$ 和 $x_{r2}(t)$ 为随机选择的第 t 代互不相同的个体向量.

5.2 蜻 蜓 算 法

蜻蜓算法 (DA 算法) 主要依据蜻蜓群体的静态和动态两种行为模式. 在静态群体中, 蜻蜓行为模式有利于局部搜索. 而在动态群体中, 蜻蜓聚集沿着一个方向飞行, 实现全局搜索 (王利琴等, 2014). 蜻蜓是很少成群的奇特昆虫之一, 其个体行为主要有寻找食物和躲避天敌, 其运动特征和空间位置可由更新蜻蜓位置矢量 S_i, A_i, C_i, F_i 和 E_i 五种数学模型来描述.

5.2.1 更新蜻蜓位置矢量

(1) 分离行为.

分离行为指避免个体与相邻个体之间的静态碰撞. 分离行为可以表示为

$$S_i = -\sum_{j=1}^{N}(X - X_j) \tag{5-2-1}$$

式中, X 为当前个体的位置; X_j 为第 j 个附近个体的位置; N 为附近个体的个数.

(2) 结队行为.

结队行为表示个体与邻近个体的速度匹配. 其表达式为

$$A_i = \frac{\sum_{j=1}^{N} V_j}{N} \tag{5-2-2}$$

式中, V_j 是第 j 个附近个体的速度.

(3) 聚集行为.

聚集行为表示个体有向邻近的中心靠近的趋势. 其表达式为

$$C_i = \frac{\sum_{j=1}^{N} X_j}{N} - X \tag{5-2-3}$$

(4) 觅食行为.

觅食行为是蜻蜓个体哺食行为中最重要的一个行为, 模型化后表示个体向最优解收敛行为. 其表达式为

$$F_i = X^+ - X \tag{5-2-4}$$

式中, X^+ 为食物源的位置, 即当前最优值.

(5) 躲避天敌.

蜻蜓个体捕食行为中最重要的另一个行为, 表示个体收敛过程中需要舍弃的劣值. 其表达式为

$$E_i = X^- + X \tag{5-2-5}$$

式中, X^- 为天敌的位置, 即当前最劣值.

蜻蜓的行为被假定为上述五种行为的组合. 为便于研究蜻蜓算法的数学模型, 引入了人工蜻蜓, 并添加两个向量：步长向量 (ΔX) 和位置向量 (X).

5.2.2 更新步长向量和位置向量

(1) 步长向量.

其定义式为

$$\Delta X_{t+1} = (sS_i + aA_i + cC_i + fF_i + eE_i) + \omega \Delta X_t \tag{5-2-6}$$

式中, s, a, c, f, e 分别为分离权重、结队权重、聚集权重、觅食影响因子和天敌影响因子; S_i 为第 i 个个体分离后的位置; A_i 为第 i 个个体结队后的位置; C_i 为第 i 个个体聚集后的位置; F_i 为第 i 个食物源的位置; E_i 为第 i 个天敌的位置; ω 为惯性权重; t 为当前迭代次数.

(2) 位置向量.

在有邻近个体时, 位置向量表示为

$$X_{t+1} = X_t + \Delta X_{t+1} \tag{5-2-7}$$

如果蜻蜓个体没有邻近个体, 蜻蜓遵照随机游走行为, 即

$$X_{t+1} = X_t + \text{Levy}\,(d) * X_t \tag{5-2-8}$$

式中, t 是当前迭代次数; d 是位置向量维数; Levy 为设定的飞行函数, 计算式为

$$\text{Levy}\,(x) = 0.01 \frac{r_1 \sigma}{|r_2|^{1/\beta}} \tag{5-2-9}$$

式中, r_1, r_2 为 [0,1] 上的随机数, β 是一个常数, 常取 1.5, σ 通过式 (5-2-9) 计算得到

$$\sigma=\left[\frac{\Gamma(1+\beta)\sin\left(\frac{\pi\beta}{2}\right)}{2^{\frac{\beta-1}{2}}\cdot\beta\cdot\Gamma\left(\frac{1+\beta}{2}\right)}\right]^{1/\beta} \tag{5-2-10}$$

5.3 粒子群算法

粒子群算法 (PSO 算法) 通过初始化粒子种群, 赋予每个粒子初始位置和速度, 然后通过不断更新粒子速度, 寻找到最优值. 在迭代过程中, 每个粒子通过跟踪个体极值和全局极值来更新自己在解空间中的空间位置与飞行速度. 本节主要介绍几种粒子群算法.

5.3.1 基本粒子群算法

粒子根据式 (5-3-1) 和 (5-3-2) 来更新自己的速度和位置 (包子阳和余继周, 2016).

$$v_{ij}(t+1)=v_{ij}(t)+c_1r_1(t)\left[p_{ij}(t)-x_{ij}(t)\right]+c_2r_2(t)\left[p_{gj}(t)-x_{ij}(t)\right] \tag{5-3-1}$$

$$x_{ij}(t+1)=x_{ij}(t)+v_{ij}(t+1) \tag{5-3-2}$$

式中, c_1 和 c_2 为学习因子, c_1 和 c_2 取值不宜过大, 否则会降低解的精度; r_1 和 r_2 为 [0,1] 区间上的随机数. 式 (5-3-1) 右边由三项组成: 第一项为 "惯性" 项或 "动量" 项, 第二项为 "认知" 项, 第三项为 "社会" 项.

5.3.2 标准粒子群算法

标准粒子群算法引入惯性权重, 动态调节粒子的移动, 计算式为

$$v_{ij}(t+1)=\omega\cdot v_{ij}(t)+c_1r_1(t)\left[p_{ij}(t)-x_{ij}(t)\right]+c_2r_2(t)\left[p_{gj}(t)-x_{ij}(t)\right] \tag{5-3-3}$$

$$x_{ij}(t+1)=x_{ij}(t)+v_{ij}(t+1) \tag{5-3-4}$$

式中, ω 为惯性权重, 若其取值较大, 则全局收敛能力较强; 相反, 则局部收敛能力较强. 研究结果表明: ω 在 0.8—1.2 时, 收敛速度更快; 而当 $\omega>1.2$ 时, 算法易陷入局部极值解. 目前, 多采用动态惯性权重值, 其中最著名的是 Shi 提出的线性递减权值策略, 其表达式为

$$\omega=\omega_{\max}-\frac{(\omega_{\max}-\omega_{\min})\cdot t}{T_{\max}} \tag{5-3-5}$$

式中, $T_{\max}$ 表示最大进化代数; $\omega_{\max}$ 和 $\omega_{\min}$ 分别表示最大和最小惯性权重; t 表示当前迭代次数. 在大多数应用中 $\omega_{\max}=0.9; \omega_{\min}=0.4$.

5.3.3 压缩因子粒子群算法

引用 Coello 和 Lechuga(2002) 提出的压缩因子法, 速度更新公式为

$$v_{id}(t+1)=\lambda\cdot v_{id}(t)+c_1r_1(t)\left[p_{id}(t)-x_{ij}(t)\right]+c_2r_2(t)\left[p_{gd}(t)-x_{id}(t)\right] \tag{5-3-6}$$

$$\lambda=\frac{2}{\left|2-\varphi-\sqrt{\varphi^2-4\varphi}\right|};\quad \varphi=c_1+c_2 \tag{5-3-7}$$

式中, λ 为压缩因子. 实验结果表明: 与使用惯性权重的粒子群优化算法相比, 使用具有约束因子的粒子群算法具有更快的收敛速度.

5.3.4 遗传粒子群混合算法

遗传算法 (GA 算法) 是一种借鉴自然选择和群体遗传机制的全局搜索算法, 该算法存在早熟收敛的缺陷 (金菊良, 1998). 粒子群算法是一种基于鸟群觅食行为进行建模与仿真而发展形成的算法. 遗传算法和粒子群算法在水文频率计算中应用广泛, 结果均优于传统算法, 但是存在各自的优缺点, 遗传算法自身进化结构比较完善, 全局搜索能力较强, 但搜索速度慢; 粒子群算法收敛速度快, 但易陷入局部最优解, 具有很强的互补性 (唐颖等, 2016).

本节在粒子群算法的基础上加入遗传算法的交叉和变异运算, 即遗传粒子群混合算法 (HGAPSO 算法), 进一步丰富种群多样性和二次搜索. 遗传算法的交叉和变异运算通过下面步骤操作.

(1) 遗传算法中的交叉运算.

(a) 确定交叉概率 p_c 与交叉次数 n_c, 采用两点交叉.

$$n_c=\frac{p_cP}{2} \tag{5-3-8}$$

式中, P 为种群的规模数.

(b) 选择交叉双亲和交叉运算. 交叉后的后代 v_1', v_2' 为

$$v_1'=v_1r+v_2(1-r);\quad v_2'=v_1(1-r)+v_2r \tag{5-3-9}$$

式中, v_1, v_2 分别为交叉运算前的父代种群, r 为 [0,1] 区间上的随机数.

(2) 遗传算法中的变异运算.

确定变量的上界和下界 b_l, b_r 和变异概率 p_m, 一般设置动态变异概率. 变异操作次数 n_m 通过式 (3-3-10) 计算, 按均匀分布选择变异父代和变异向量, 然后选择变异染色体和进行染色体变异运算:

$$n_m=[p_mP] \tag{5-3-10}$$

5.4　群居蜘蛛算法

群居蜘蛛算法 (SSO 算法) 是基于雌雄蜘蛛之间的协作关系和进化繁衍行为的仿真, 该算法考虑了两种不同的性别：雌性和雄性. 根据性别的不同, 对蜘蛛赋予不同的进化算子, 蜘蛛个体之间通过明确的分工执行任务, 如建立和维持群落网络、捕获猎物、交配和社交. 群居蜘蛛算法的基本原理是在整个蜘蛛网络为参数优化的搜索空间中, 采用连续迭代的方式对参数变量进行反复迭代计算, 并以最重的蜘蛛个体所在的位置为变量的最优解 (胡鑫, 2018).

5.4.1　种群个体初始化

(1) 蜘蛛个体数量的初始化.

根据群居蜘蛛种群中雌性占多数这一事实, 算法首先定义搜索空间中雌性和雄性蜘蛛的个体数量. 在整个种群的 65%—90%范围内, 随机选取雌性个体 N_f 的数量. 因此, 利用公式 (5-4-1) 计算 N_f, 利用式 (5-4-1) 计算雄性蜘蛛个体的数量 N_m(王文川等, 2015b; 王文川等, 2015c).

$$N_f = \text{floor}\left[(0.9 - 0.25\text{rand})\, N\right]; \quad N_m = N - N_f \tag{5-4-1}$$

式中, rand 为区间 [0,1] 上的随机数; floor 为取整函数; $F = \left\{f_1, f_2, \cdots, f_{N_f}\right\}$; $M = \left\{m_1, m_2, \cdots, m_{N_m}\right\}; S = F \cup M; S = \left\{s_1, s_2, \cdots, s_N\right\}; N$ 为种群规模.

(2) 蜘蛛个体的初始向量值.

其值由式 (5-4-2) 计算.

$$s_i = \text{lb} + \text{rand}(\text{ub} - \text{lb}) \tag{5-4-2}$$

式中, lb 和 ub 分别为向量分量取值的下限和上限.

(3) 计算蜘蛛个体的适应度值.

将单个蜘蛛个体代入目标适应度函数 $J(\cdot)$ 中计算单个个体的适应度值.

(4) 个体权重的计算.

每个个体的重量赋予一个权重 ω_i, 即

$$\omega_i = \frac{J\left(s_i\right) - \text{worst}_s}{\text{best}_s - \text{worst}_s} \tag{5-4-3}$$

式中, $J\left(s_i\right)$ 为蜘蛛 s_i 个体的适应度值, worst_s 为最劣适应度值, best_s 为最优适应度值.

5.4.2 雌雄蜘蛛个体间的相互作用

(1) 蜘蛛个体间信息的传递取决于蜘蛛个体间的距离.

计算雌雄蜘蛛同性别最优个体与最差个体之间的距离, 即

$$d_{i,j} = \|s_i - s_j\| \tag{5-4-4}$$

式中, $d_{i,j}$ 是蜘蛛 i 和蜘蛛 j 之间的距离; s_i, s_j 分别为第 i, j 个蜘蛛个体的向量值.

(2) 蜘蛛个体的相互作用.

振动取决于产生振动的蜘蛛的重量和距离, 距离是相对于激发振动的个体和探测到振动的个体而言的, 所以个体 i 因成员 j 所传递的信息而感知到的振动 $\mathrm{Vib}_{i,j}$ 按式 (5-4-5) 计算.

$$\mathrm{Vib}_{i,j} = \omega_j \cdot e^{-d_{i,j}^2} \tag{5-4-5}$$

虽然通过任意一对个体来计算感知振动是可行的, 但是在群居蜘蛛算法中为充分考虑雌性蜘蛛的合作行为考虑了 3 种特殊的关系:

(a) 振动 $\mathrm{Vib}c_i$ 是由个体 i 察觉到的个体 c 传递的信息, 个体 c 有两个重要的特征: 距离个体 i 最近, 与个体 i 相比有更大的权重 $(\omega_c > \omega_i)$.

$$\mathrm{Vib}c_i = \omega_c \cdot e^{-d_{i,c}^2} \tag{5-4-6}$$

(b) 振动 $\mathrm{Vib}b_i$ 是由个体 i 察觉到的个体 b 传递的信息, 个体 b 的权重是全局最优的, 即 $\omega_b = \max\limits_{k\in\{1,2,\cdots,N\}}(\omega_k)$.

$$\mathrm{Vib}b_i = \omega_b \cdot e^{-d_{i,b}^2} \tag{5-4-7}$$

(c) 振动 $\mathrm{Vib}f_i$ 是由个体 i 察觉到的个体 f 传递的信息, 个体 f 是距离个体 i 最近的雌性个体.

$$\mathrm{Vib}f_i = \omega_f \cdot e^{-d_{i,f}^2} \tag{5-4-8}$$

5.4.3 雌雄蜘蛛对外界的振动做出反应

(1) 雌性蜘蛛对外界的反应.

雌性蜘蛛对外界的反应分为吸引和排斥. 该反应用随机过程模拟: 首先产生一个 [0,1] 区间上的均匀分布随机数 r_m, 如果 $r_m < \mathrm{PF}$, 产生吸引反应; 反之, 则表现为排斥反应.

$$f_i^{k+1} = \begin{cases} f_i^k + \alpha \cdot \mathrm{Vib}c_i \cdot \left(s_c - f_i^k\right) + \beta \cdot \mathrm{Vib}b_i \cdot \left(s_b - f_i^k\right) + \delta\left(\mathrm{rand} - \dfrac{1}{2}\right), & r_m < \mathrm{PF} \\ f_i^k - \alpha \cdot \mathrm{Vib}c_i \cdot \left(s_c - f_i^k\right) - \beta \cdot \mathrm{Vib}b_i \cdot \left(s_b - f_i^k\right) + \delta\left(\mathrm{rand} - \dfrac{1}{2}\right), & r_m \geqslant \mathrm{PF} \end{cases} \tag{5-4-9}$$

式中, α, β, δ 和 rand 为 [0,1] 区间上的随机数; k 是迭代次数; s_c 为距离个体 i 最近的个体; s_b 为所有群体最优的个体.

(2) 雄性蜘蛛的反应.

雄性蜘蛛群 M 依据权重的降序排列进行分类. 因此, 权重值在中间的如 ω_{f+m} 蜘蛛被称为中级的雄性蜘蛛. 雄性蜘蛛对外界的反应通过式 (5-4-10) 进行模拟.

$$m_i^{k+1}=\begin{cases} m_i^k+\alpha\cdot\left(\dfrac{\sum\limits_{h=1}^{N_m} m_h^k\cdot\omega_{N_f+h}}{\sum\limits_{h=1}^{N_m}\omega_{N_f+h}}-m_i^k\right), & \omega_{N_f+i}\leqslant\omega_{N_f+m} \\ m_i^k+\alpha\cdot \mathrm{Vib}f_i\cdot\left(s_f-m_i^k\right)+\delta\left(\mathrm{rand}-\dfrac{1}{2}\right), & \omega_{N_f+i}>\omega_{N_f+m} \end{cases} \tag{5-4-10}$$

式中, 个体 s_f 是距离雄性蜘蛛 i 最近的雌性蜘蛛; $\dfrac{\sum_{h=1}^{N_m} m_h^k\cdot\omega_{N_f+h}}{\sum_{h=1}^{N_m}\omega_{N_f+h}}$ 代表了雄性蜘蛛个体权重的平均值大小.

5.4.4 交配选择操作

(1) 计算雌雄个体交配范围的半径.

由式 (5-4-11) 计算.

$$r=\frac{\sum\limits_{j=1}^{N}\left(p_j^{\mathrm{high}}-p_j^{\mathrm{low}}\right)}{2n} \tag{5-4-11}$$

式中, p_j^{high} 为单个蜘蛛各个分量的最大值; p_j^{low} 为单个蜘蛛各个分量的最小值.

(2) 交配选择机制.

雌性蜘蛛与中级以上的雄性蜘蛛在交配范围半径内发生交配行为.

(a) 选择交配的雌雄蜘蛛个体. 将能够发生交配行为的蜘蛛个体放在一起形成矩阵 $\boldsymbol{S}_1, \boldsymbol{S}_1=[s_{mm1}, s_{mm2}, \cdots, s_{mmi}], i=1,2,\cdots,m, j=1,2,\cdots,N, \boldsymbol{S}=[x_1,x_2,\cdots,x_d]$.

(b) 新个体的生成. 根据式 (5-4-12) 交配机制生成新的蜘蛛个体.

$$x_j=\boldsymbol{S}_1\left(x_{ij}\right), \quad \left[J\left(\boldsymbol{S}_{1(i,:)}\right)\right]>\mathrm{rand}\cdot\mathrm{sum}\left(\boldsymbol{S}_2\right) \tag{5-4-12}$$

式中, $\mathrm{sum}(\boldsymbol{S}_2)$ 是适应度向量 $\boldsymbol{S}_2$ 的和, i 为矩阵 $\boldsymbol{S}_1$ 的行数, j 为矩阵 $\boldsymbol{S}_1$ 的列数.

(c) 个体的选择机制. 使用轮盘赌选择机制.

$$p_{\boldsymbol{S}_i}=\frac{\omega_f}{\sum\omega_j} \tag{5-4-13}$$

新生成的个体在计算适应度后，与原有的蜘蛛种群进行比较，优势个体将取代劣势个体. 这样的机制保证了雌雄蜘蛛在全部种群中的比例，同时实现在交配生成的全部例子中进行局部搜索 (王文川等, 2016).

5.5 应 用 实 例

选取岗南、三门峡、丰满 3 个水文站的年最大洪峰资料，应用矩法和上述 3 种智能优化算法计算考虑历史洪水的 P-III 分布参数.

5.5.1 参数估计

选择 OLS, ABS, AIC 和 PPCC 优化准则，利用矩法和上述 3 种智能优化算法估算频率参数，如表 5-5-1 所示.

表 5-5-1 3 测站智能优化算法与传统方法参数估计结果

站点	估计方法	优化准则	P-III 分布		
			a	b	c
岗南	MOM		0.133	4014.393	511.775
	OL-ADE	OLS	0.105	5000.000	543.411
		ABS	0.103	5000.000	589.717
		AIC	0.105	5000.000	542.115
		PPCC	1.195	2255.610	2481.594
	DA	OLS	0.105	5000.000	543.418
		ABS	0.103	5000.000	589.363
		AIC	0.105	5000.000	528.510
		PPCC	0.041	5000.000	1643.849
	HGAPSO	OLS	0.105	5000.000	543.409
		ABS	0.103	5000.000	589.429
		AIC	0.105	5000.000	537.460
		PPCC	0.041	1179.197	1879.382
三门峡	MOM		0.552	5619.671	5538.608
	OL-ADE	OLS	0.656	5732.886	5062.861
		ABS	2.207	2562.342	2970.931
		AIC	0.738	5377.534	4879.095
		PPCC	1.347	1509.925	5461.792
	DA	OLS	0.656	5733.692	5063.857
		ABS	2.608	2317.233	2545.754
		AIC	0.777	5324.151	4638.019
		PPCC	0.656	5554.899	5767.348
	HGAPSO	OLS	0.706	5537.152	4867.507
		ABS	3.066	2149.418	1993.194
		AIC	0.673	5651.009	4998.045
		PPCC	0.656	3954.210	4680.739

续表

站点	估计方法	优化准则	P-III 分布		
			a	b	c
丰满	MOM		1.586	2772.647	1081.779
	OL-ADE	OLS	1.194	3478.024	1453.095
		ABS	1.395	3278.819	1038.991
		AIC	1.204	3465.325	1434.598
		PPCC	0.870	906.201	3813.038
	DA	OLS	1.195	3477.211	1452.040
		ABS	1.429	3241.965	1012.979
		AIC	1.214	3450.676	1416.700
		PPCC	1.195	4116.955	2903.199
	HGAPSO	OLS	1.215	3447.448	1407.865
		ABS	1.435	3235.581	1006.091
		AIC	1.297	3332.751	1286.320
		PPCC	1.195	4351.957	2763.805

5.5.2　拟合优度评价

基于 OLS, ABS, AIC 和 PPCC 优化准则进行拟合优度评价, 计算结果见表 5-5-2. 经计算, 3 种智能优化算法的计算精度比矩法要高.

表 5-5-2　3 测站年最大洪峰系列频率分布 6 种方法拟合效果比较结果

站点	优化准则	估计方法			
		MOM	OL-ADE	DA	HGAPSO
岗南	OLS	838.711	696.570	696.570	696.571
	ABS	485.605	469.751	469.756	469.751
	AIC	533.036	518.552	518.563	518.572
	PPCC	0.911	0.973	0.973	0.973
三门峡	OLS	1700.506	1635.731	1635.731	1637.599
	ABS	931.604	612.553	609.043	612.116
	AIC	706.226	702.783	703.004	702.594
	PPCC	0.946	0.941	0.946	0.946
丰满	OLS	747.516	578.392	578.391	578.585
	ABS	461.372	391.943	391.414	391.804
	AIC	577.941	555.885	555.895	556.270
	PPCC	0.972	0.972	0.973	0.973

1. OLS 准则

OLS 准则可用来衡量计算序列设计值和实测序列之间的误差大小. OLS 值

越小, 估计值的有效性越好. 基于 OLS 准则的目标函数为

$$\mathrm{OLS}=\sum_{i=1}^{n}(x_{pi}-\hat{x}_{pi})^2 \tag{5-5-1}$$

式中, p 为设计频率; n 为样本容量; x_{pi} 为第 i 个频率 p 对应的实测值; $\hat{x}_{pi}$ 为相应设计频率 p 的设计值.

2. ABS 准则

ABS 准则用于衡量计算序列设计值和实测序列之间的误差绝对值累计和大小. ABS 值越小, 说明偏差越小, 参数估计方法的适用性越高. 基于 ABS 准则的目标函数为

$$\mathrm{ABS}=\sum_{i=1}^{n}|x_{pi}-\hat{x}_{pi}| \tag{5-5-2}$$

3. AIC 准则

AIC 准则不仅可以衡量设计值和实测序列之间的偏差, 而且可以反映由于模型参数个数不同而产生的不稳定性. AIC 值越小, 表明模型越优 (李丹丹等, 2018). 基于 AIC 准则的目标函数为

$$\mathrm{MSE}=\sum_{i=1}^{n}(x_{pi}-\hat{x}_{pi})^2 \tag{5-5-3}$$

$$\mathrm{AIC}=n\cdot\ln(\mathrm{MSE})+2m \tag{5-5-4}$$

式中, m 为分布参数个数.

4. PPCC 准则

PPCC 值越大, 表明参数估计方法估算的设计值越接近实际值, 该方法越好. 基于 PPCC 准则的目标函数为

$$\mathrm{PPCC}=\frac{\sum_{i=1}^{n}[x_i-\mu(x)]\left[\hat{x}_{pi}-\mu(\hat{x}_p)\right]}{\sqrt{\sum_{i=1}^{n}[x_i-\mu(x)]^2}\sqrt{\sum_{i=1}^{n}\left[\hat{x}_{pi}-\mu(\hat{x}_p)\right]^2}} \tag{5-5-5}$$

式中, x_i 和 $\mu(x)$ 分别表示排序后的实测值和实测样本的均值; $\hat{x}_{pi}$ 和 $\mu(\hat{x}_p)$ 分别是理论分布相应于 x_i 的理论值和均值.

5.5.3 频率曲线图

根据实测值所对应的经验频率值和估算的统计参数, 推求得相应频率下的设计值. 仅以 OLS 准则为例, 推求各参数所对应的设计值, 绘制经验频率曲线和相应的理论频率曲线, 结果见图 5-5-1.

根据图 5-5-1 可以看出, 3 种智能优化算法在水文频率参数估计中具有良好的适应性, 拟合效果较好.

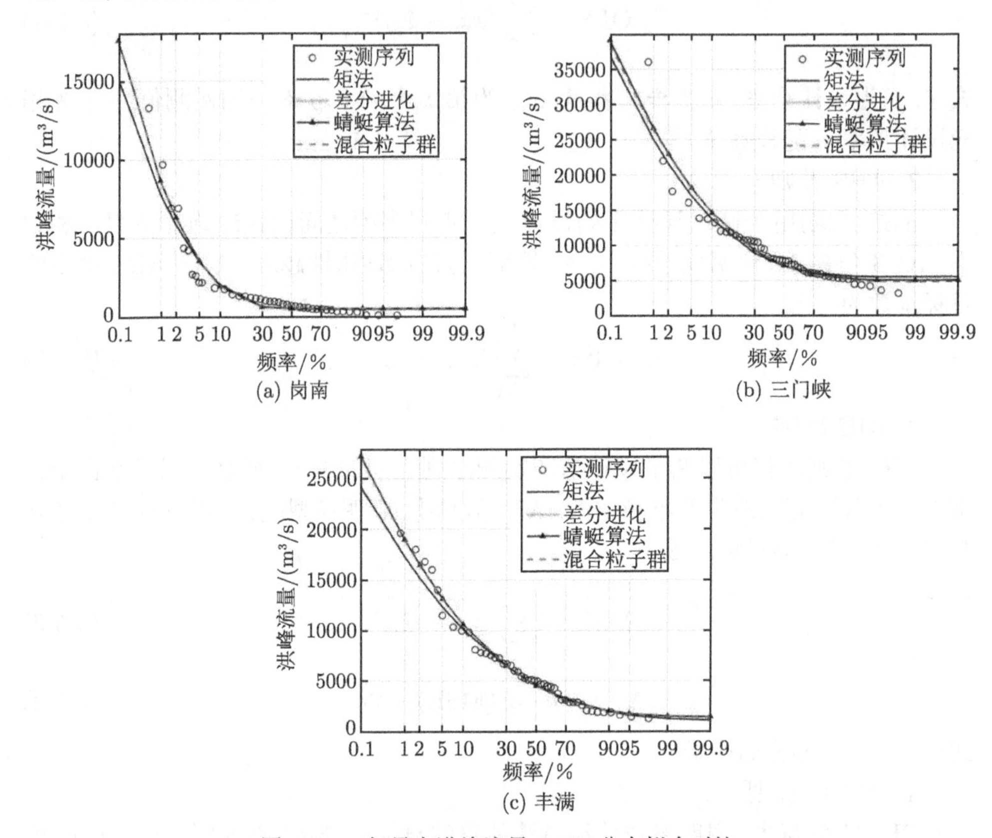

图 5-5-1　年最大洪峰流量 P-III 分布拟合对比

参 考 文 献

包子阳, 余继周. 2016. 智能优化算法及其 MATLAB 实例 [M]. 北京: 电子工业出版社.

代瑞瑞. 2016. 差分进化算法改进研究 [D]. 西安: 西北师范大学.

胡鑫. 2018. SSO 优化算法在水文频率曲线参数优化中的应用研究 [J]. 水利规划与设计, (5): 42-44, 122.

金菊良. 1998. 遗传算法及其在水问题中的应用 [D]. 南京: 河海大学.

李丹丹, 宋松柏, 李运平. 2018. 基于运动扩散模型的含零值降水序列频率计算 [J]. 水利学报, 49(3): 387-395.

唐颖, 张永祥, 王昊, 等. 2016. 基于 PSO-AGA 的水文频率参数优化算法 [J]. 北京工业大学学报, 42(6): 953-960.

王博. 2020. 智能优化算法在年降水频率分布参数估计中的应用研究 [D]. 杨凌: 西北农林科技大学.

王利琴, 董永峰, 顾军华. 2014. 改进的精英遗传算法及其在特征选择中的应用 [J]. 计算机工程与设计, 35(5): 1792-1796.

王文川, 雷冠军, 刘灿灿, 等. 2016. 群居蜘蛛优化算法在水文频率分析中的应用 [J]. 水文, 36(3): 34-39.

王文川, 雷冠军, 刘惠敏, 等. 2015a. 基于群居蜘蛛优化算法的自适应数值积分皮尔逊-III 型曲线参数估计 [J]. 应用基础与工程科学学报, 23(S1): 122-133.

王文川, 雷冠军, 邱林, 等. 2015b. 群居蜘蛛优化算法在水电站优化调度中的应用及其效能分析 [J]. 水力发电学报, 34(10): 80-87.

王文川, 雷冠军, 尹航, 等. 2015c. 基于群居蜘蛛优化算法的水库防洪优化调度模型及应用 [J]. 水电能源科学, 33(4): 48-51.

王文川, 徐冬梅, 邱林. 2009. 差分进化算法在马斯京根模型参数优选中的应用 [J]. 水利科技与经济, 15(9): 756-758.

吴伟民, 吴汪洋, 林志毅, 等. 2017. 基于增强个体信息交流的蜻蜓算法 [J]. 计算机工程与应用, 53(4): 10-14.

杨启文, 蔡亮, 薛云灿. 2008. 差分进化算法综述 [J]. 模式识别与人工智能, 21(4): 506-513.

张明. 2011. 差分进化算法在组合优化问题中的应用研究 [D]. 南京: 南京信息工程大学.

Coello C, Lechuga M S. 2002. MOPSO: A proposal for multiple objective particle swarm optimization[C]//Congress on Evolutionary Computation.CEC′O2 (Cat. No.02TH8600). May 12-17, 2002, Honolulu, HI, USA. IEEE: 1051-1056.

第 6 章　GG 和 GB2 分布在洪水频率计算中的应用

采用参数模型方法进行洪水频率计算时, 需要预先对洪水变量分布线型做出假设. 通过拟合优度评价方法, 从不同分布线型中选出对实测数据拟合效果最优的分布线型进行进一步分析计算 (梁忠民等, 2010). 由于目前用于洪水频率分析的分布线型众多, 不论选用哪一种分布线型, 都缺乏相应的理论支撑, 因此, 线型选择的偏差使得洪水设计结果存在不确定性. 相比于传统分布, 广义分布本身包含多种常用分布, 具有分布形式多样性和统计灵活性等诸多优点, 能够很好地拟合不同类型的数据集 (Papalexiou and Koutsoyiannis, 2012). 四参数第二类广义 Beta 分布 (generalized Beta distribution of the second kind, GB2) 和三参数广义 Gamma 分布 (generalized Gamma distribution, GG) 涵盖指数分布、两参数 Gamma 分布 (GA2) 和两参数 Weibull 分布 (WB2) 等特殊形式, 能够更全面地描述分布的尾部形态 (Chen and Singh, 2018). 本章在引用 GG 和 GB2 分布文献 (Chen et al., 2017; Chen and Singh, 2018) 的基础上, 推导一些计算公式, 开展年最大洪峰流量序列频率计算中的适用性研究, 并评价不同参数估计方法对洪水序列较大值拟合效果的优劣.

6.1　广义 Gamma 分布

假设随机变量 X 服从 GG 分布, 其概率密度表达式为 (Stacy, 1962)

$$f(x) = \frac{\alpha\beta}{\Gamma(k)}(\alpha x)^{k\beta-1} e^{-(\alpha x)^{\beta}} \tag{6-1-1}$$

式中, α 为尺度参数; β 和 k 为形状参数, $\alpha > 0, \beta > 0, k > 0; \Gamma(\cdot)$ 为 Gamma 函数; $x > 0$.

当 GG 分布的三个参数分别取某些特定值时, 该分布可以转换为多种常用分布 (Chen and Singh, 2018). 对 GG 分布的密度函数在变量取值范围内进行积分, 得到其概率分布函数 $F(x)$, 即

$$F(x) = \int_0^x \frac{\alpha\beta}{\Gamma(k)}(\alpha t)^{k\beta-1} e^{-(\alpha t)^{\beta}} dt$$

令 $y=(\alpha t)^{\beta}$, 当 $t=0$ 时, $y=0$, 当 $t=x$ 时, $y=(\alpha x)^{\beta}, t=\dfrac{1}{\alpha}y^{\frac{1}{\beta}}, dt=\dfrac{1}{\alpha\beta}y^{\frac{1}{\beta}-1}dy$, 则

$$
\begin{aligned}
F(x)&=\int_0^{(\alpha x)^{\beta}}\frac{\alpha\beta}{\Gamma(k)}\alpha^{k\beta-1}\left(\frac{1}{\alpha}y^{\frac{1}{\beta}}\right)^{k\beta-1}e^{-y}\frac{1}{\alpha}\frac{1}{\beta}y^{\frac{1}{\beta}-1}dy\\
&=\int_0^{(\alpha x)^{\beta}}\frac{\beta^{1-1}}{\Gamma(k)}\alpha^{1+k\beta-1+1-k\beta-1}y^{k-\frac{1}{\beta}+\frac{1}{\beta}-1}e^{-y}dy\\
&=\int_0^{(\alpha x)^{\beta}}\frac{1}{\Gamma(k)}y^{k-1}e^{-y}dy=\frac{Q\left[k,(\alpha x)^{\beta}\right]}{\Gamma(k)}
\end{aligned}
\tag{6-1-2}
$$

式中, $Q(\alpha,x)$ 为上不完全 Gamma 函数, $Q(\alpha,x)=\int_x^{\infty}\dfrac{1}{\Gamma(\alpha)}t^{\alpha-1}e^{-\mathrm{t}}dt=1-P(\alpha,x)$.

6.1.1 矩法估计

采用矩法 (MOM) 估计 GG 分布的三个参数, 需要推导出分布函数的均值 m_1, C_v 和 C_s. GG 分布的 r 阶原点矩为

$$
\begin{aligned}
m_r=E(x^r)&=\int_0^{\infty}x^r f(x)dx=\int_0^{\infty}x^r\frac{\alpha\beta}{\Gamma(k)}(\alpha x)^{k\beta-1}e^{-(\alpha x)^{\beta}}dx\\
&=\int_0^{\infty}\frac{\beta}{\Gamma(k)}\alpha^{k\beta}x^{k\beta+r-1}e^{-(\alpha x)^{\beta}}dx
\end{aligned}
$$

令 $y=(\alpha x)^{\beta}$, 当 $x=0$ 时, $y=0$, 当 $x\to\infty$ 时, $y\to\infty, x=\dfrac{1}{\alpha}y^{\frac{1}{\beta}}, dx=\dfrac{1}{\alpha\beta}y^{\frac{1}{\beta}-1}dy$, 则

$$
\begin{aligned}
m_r&=\int_0^{\infty}\frac{\beta}{\Gamma(k)}\alpha^{k\beta}x^{k\beta+r-1}e^{-(\alpha x)^{\beta}}dx\\
&=\int_0^{\infty}\frac{\beta}{\Gamma(k)}\alpha^{k\beta}\left(\frac{1}{\alpha}y^{\frac{1}{\beta}}\right)^{k\beta+r-1}e^{-y}\frac{1}{\alpha\beta}y^{\frac{1}{\beta}-1}dy\\
&=\int_0^{\infty}\frac{\beta^{1-1}}{\Gamma(k)}\alpha^{k\beta-k\beta-r+1-1}y^{k+\frac{r}{\beta}-\frac{1}{\beta}+\frac{1}{\beta}-1}e^{-y}dy\\
&=\int_0^{\infty}\frac{1}{\Gamma(k)}\alpha^{-r}y^{k+\frac{r}{\beta}-1}e^{-y}dy\\
&=\frac{1}{\alpha^r\Gamma(k)}\int_0^{\infty}y^{k+\frac{r}{\beta}-1}e^{-y}dy\\
&=\frac{1}{\alpha^r\Gamma(k)}\Gamma\left(k+\frac{r}{\beta}\right)
\end{aligned}
$$

即

$$m_r = \frac{1}{\alpha^r \Gamma(k)} \Gamma\left(k + \frac{r}{\beta}\right) \tag{6-1-3}$$

由式 (6-1-3) 得

$$E(X) = m_1 = \frac{1}{\alpha \Gamma(k)} \Gamma\left(k + \frac{1}{\beta}\right) \tag{6-1-4}$$

二阶中心矩为

$$\begin{aligned} \mu_2 = m_2 - m_1^2 = D(X) &= \frac{1}{\alpha^2 \Gamma(k)} \Gamma\left(k + \frac{2}{\beta}\right) - \frac{1}{[\alpha \Gamma(k)]^2} \left[\Gamma\left(k + \frac{1}{\beta}\right)\right]^2 \\ &= \frac{\Gamma(k) \Gamma\left(k + \frac{2}{\beta}\right) - \left[\Gamma\left(k + \frac{1}{\beta}\right)\right]^2}{[\alpha \Gamma(k)]^2} \end{aligned} \tag{6-1-5}$$

又因三阶中心矩 $\mu_3 = m_3 - 3m_1 m_2 + 2m_1^3$, 则

$$\begin{aligned} \mu_3 &= \frac{1}{\alpha^3 \Gamma(k)} \Gamma\left(k + \frac{3}{\beta}\right) - 3 \frac{1}{\alpha \Gamma(k)} \Gamma\left(k + \frac{1}{\beta}\right) \frac{1}{\alpha^2 \Gamma(k)} \Gamma\left(k + \frac{2}{\beta}\right) \\ &\quad + 2 \frac{1}{[\alpha \Gamma(k)]^3} \left[\Gamma\left(k + \frac{1}{\beta}\right)\right]^3 \\ &= \frac{\Gamma\left(k + \frac{3}{\beta}\right)}{\alpha^3 \Gamma(k)} - \frac{3\Gamma\left(k + \frac{1}{\beta}\right) \Gamma\left(k + \frac{2}{\beta}\right)}{\alpha^3 [\Gamma(k)]^2} + \frac{2\left[\Gamma\left(k + \frac{1}{\beta}\right)\right]^3}{[\alpha \Gamma(k)]^3} \\ &= \frac{[\Gamma(k)]^2 \Gamma\left(k + \frac{3}{\beta}\right) - 3\Gamma(k) \Gamma\left(k + \frac{1}{\beta}\right) \Gamma\left(k + \frac{2}{\beta}\right) + 2\left[\Gamma\left(k + \frac{1}{\beta}\right)\right]^3}{[\alpha \Gamma(k)]^3} \end{aligned}$$

即

$$\mu_3 = \frac{[\Gamma(k)]^2 \Gamma\left(k + \frac{3}{\beta}\right) - 3\Gamma(k) \Gamma\left(k + \frac{1}{\beta}\right) \Gamma\left(k + \frac{2}{\beta}\right) + 2\left[\Gamma\left(k + \frac{1}{\beta}\right)\right]^3}{[\alpha \Gamma(k)]^3} \tag{6-1-6}$$

$$C_v = \frac{\mu_2^{1/2}}{m_1} = \frac{\sqrt{\dfrac{\Gamma(k)\Gamma\left(k+\frac{2}{\beta}\right) - \left[\Gamma\left(k+\frac{1}{\beta}\right)\right]^2}{[\alpha\Gamma(k)]^2}}}{\dfrac{1}{\alpha\Gamma(k)}\Gamma\left(k + \frac{1}{\beta}\right)}$$

$$
= \frac{\dfrac{1}{\alpha\Gamma(k)}\sqrt{\Gamma(k)\Gamma\left(k+\dfrac{2}{\beta}\right)-\left[\Gamma\left(k+\dfrac{1}{\beta}\right)\right]^2}}{\dfrac{1}{\alpha\Gamma(k)}\Gamma\left(k+\dfrac{1}{\beta}\right)}
$$

$$
= \frac{\sqrt{\Gamma(k)\Gamma\left(k+\dfrac{2}{\beta}\right)-\left[\Gamma\left(k+\dfrac{1}{\beta}\right)\right]^2}}{\Gamma\left(k+\dfrac{1}{\beta}\right)} \tag{6-1-7}
$$

$$
C_S=\frac{\mu_3}{\mu_2^{3/2}}=\frac{\dfrac{[\Gamma(k)]^2\Gamma\left(k+\dfrac{3}{\beta}\right)+3\Gamma(k)\Gamma\left(k+\dfrac{1}{\beta}\right)\Gamma\left(k+\dfrac{2}{\beta}\right)+2\left[\Gamma\left(k+\dfrac{1}{\beta}\right)\right]^3}{[\alpha\Gamma(k)]^3}}{\left\{\dfrac{\Gamma(k)\Gamma\left(k+\dfrac{2}{\beta}\right)-\left[\Gamma\left(k+\dfrac{1}{\beta}\right)\right]^2}{[\alpha\Gamma(k)]^2}\right\}^{3/2}}
$$

$$
=\frac{\dfrac{[\Gamma(k)]^2\Gamma\left(k+\dfrac{3}{\beta}\right)+3\Gamma(k)\Gamma\left(k+\dfrac{1}{\beta}\right)\Gamma\left(k+\dfrac{2}{\beta}\right)+2\left[\Gamma\left(k+\dfrac{1}{\beta}\right)\right]^3}{[\alpha\Gamma(k)]^3}}{\dfrac{1}{[\alpha\Gamma(k)]^3}\left\{\Gamma(k)\Gamma\left(k+\dfrac{2}{\beta}\right)-\left[\Gamma\left(k+\dfrac{1}{\beta}\right)\right]^2\right\}^{3/2}}
$$

$$
=\frac{[\Gamma(k)]^2\Gamma\left(k+\dfrac{3}{\beta}\right)-3\Gamma(k)\Gamma\left(k+\dfrac{1}{\beta}\right)\Gamma\left(k+\dfrac{2}{\beta}\right)+2\left[\Gamma\left(k+\dfrac{1}{\beta}\right)\right]^3}{\left\{\Gamma(k)\Gamma\left(k+\dfrac{2}{\beta}\right)-\left[\Gamma\left(k+\dfrac{1}{\beta}\right)\right]^2\right\}^{3/2}} \tag{6-1-8}
$$

将式 (6-1-4)、式 (6-1-7) 和式 (6-1-8) 左端用样本估计值代替, 联立求解得到分布参数的 MOM 法估计值.

6.1.2 极大似然法估计

$$
\begin{aligned}
\ln L &= n\ln\alpha+n\ln\beta-n\Gamma\ln(k)+(k\beta-1)\sum_{i=1}^{n}\ln\alpha+(k\beta-1)\sum_{i=1}^{n}x_i-\sum_{i=1}^{n}(\alpha x_i)^{\beta}\\
&= n\ln\alpha+n\ln\beta-n\Gamma\ln(k)+(k\beta-1)\,n\ln\alpha+(k\beta-1)\sum_{i=1}^{n}x_i-\sum_{i=1}^{n}(\alpha x_i)^{\beta}
\end{aligned}
$$

$$= n\ln\beta - n\Gamma\ln(k) + nk\beta\ln\alpha + (k\beta-1)\sum_{i=1}^{n} x_i - \sum_{i=1}^{n}(\alpha x_i)^{\beta} \tag{6-1-9}$$

对式 (6-1-9) 各参数求一阶偏导数, 并令其等于零.

$$\frac{\partial\ln L}{\partial\alpha} = \frac{\partial}{\partial\alpha}\left[n\ln\beta - n\Gamma\ln(k) + nk\beta\ln\alpha + (k\beta-1)\sum_{i=1}^{n} x_i - \sum_{i=1}^{n}(\alpha x_i)^{\beta}\right]$$

$$= \frac{nk\beta}{\alpha} - \beta\alpha^{\beta-1}\sum_{i=1}^{n} x_i^{\beta} = \beta\left(\frac{nk}{\alpha} - \alpha^{\beta-1}\sum_{i=1}^{n} x_i^{\beta}\right)$$

$$\frac{\partial\ln L}{\partial\beta} = \frac{\partial}{\partial\beta}\left[n\ln\beta - n\Gamma\ln(k) + nk\beta\ln\alpha + (k\beta-1)\sum_{i=1}^{n} x_i - \sum_{i=1}^{n}(\alpha x_i)^{\beta}\right]$$

$$= \frac{n}{\beta} + nk\ln\alpha + k\sum_{i=1}^{n} x_i - \sum_{i=1}^{n}\left[(\alpha x_i)^{\beta}\ln(\alpha x_i)\right]$$

$$\frac{\partial\ln L}{\partial k} = \frac{\partial}{\partial k}\left[n\ln\beta - n\Gamma\ln(k) + nk\beta\ln\alpha + (k\beta-1)\sum_{i=1}^{n} x_i - \sum_{i=1}^{n}(\alpha x_i)^{\beta}\right]$$

$$= -n\Psi(k) + n\beta\ln\alpha + \beta\sum_{i=1}^{n} x_i$$

$$\frac{nk}{\alpha} - \alpha^{\beta-1}\sum_{i=1}^{n} x_i^{\beta} = 0 \tag{6-1-10}$$

$$\frac{n}{\beta} + nk\ln\alpha + k\sum_{i=1}^{n} x_i - \sum_{i=1}^{n}\left[(\alpha x_i)^{\beta}\ln(\alpha x_i)\right] = 0 \tag{6-1-11}$$

$$-n\Psi(k) + n\beta\ln\alpha + \beta\sum_{i=1}^{n} x_i = 0 \tag{6-1-12}$$

式中, $\Psi(k)$ 为 digamma 函数. 联立式 (6-1-10)—(6-1-12), 通过求解非线性方程组, 即可得到分布参数的极大似然 (MLM) 估计值.

6.1.3 混合矩法估计

混合矩法 (MIXM) 是一种基于 Mellin 变换的参数估计方法. 概率密度函数 $f(x)$ 的 Mellin 变换定义为 (张明等, 2014)

$$M(f:s) = \phi(s) = \int_0^{\infty} x^{s-1} f(x)\,dx \tag{6-1-13}$$

对式 (6-1-1) 进行 Mellin 变换, 则

$$M(f:s) = \int_0^{\infty} x^{s-1} f(x)\,dx = \int_0^{\infty} x^{s-1}\frac{\alpha\beta}{\Gamma(k)}(\alpha x)^{k\beta-1} e^{-(\alpha x)^{\beta}}\,dx$$

$$= \frac{\alpha^{k\beta}\beta}{\Gamma(k)}\int_0^\infty x^{k\beta+s-2}e^{-(\alpha x)^\beta}dx \tag{6-1-14}$$

令 $y=(\alpha x)^\beta$, 当 $x=0$ 时, $y=0$, 当 $x\to\infty$ 时, $y\to\infty, x=\dfrac{1}{\alpha}y^{\frac{1}{\beta}}, dx=\dfrac{1}{\alpha\beta}y^{\frac{1}{\beta}-1}dy$, 则

$$\begin{aligned}
M(f:s) &= \frac{\alpha^{k\beta}\beta}{\Gamma(k)}\int_0^\infty \left(\frac{1}{\alpha}y^{\frac{1}{\beta}}\right)^{k\beta+s-2} e^{-y}\frac{1}{\alpha\beta}y^{\frac{1}{\beta}-1}dy \\
&= \frac{\alpha^{k\beta}\beta}{\Gamma(k)}\int_0^\infty \alpha^{-k\beta-s+2}y^{k+\frac{s}{\beta}-\frac{2}{\beta}}e^{-y}\alpha^{-1}\beta^{-1}y^{\frac{1}{\beta}-1}dy \\
&= \frac{1}{\Gamma(k)}\int_0^\infty \alpha^{k\beta-k\beta-s+2-1}y^{k+\frac{s}{\beta}-\frac{2}{\beta}+\frac{1}{\beta}-1}e^{-y}\beta^{1-1}dy \\
&= \frac{1}{\Gamma(k)}\int_0^\infty \alpha^{-s+1}y^{k+\frac{s}{\beta}-\frac{1}{\beta}-1}e^{-y}dy \\
&= \frac{\alpha^{-s+1}}{\Gamma(k)}\int_0^\infty y^{k+\frac{s}{\beta}-\frac{1}{\beta}-1}e^{-y}dy \\
&= \frac{1}{\alpha^{s-1}\Gamma(k)}\Gamma\left(k+\frac{s}{\beta}-\frac{1}{\beta}\right)
\end{aligned} \tag{6-1-15}$$

当 $s=2$ 时, 式 (6-1-15) 为

$$M(f:2) = \frac{1}{\alpha\Gamma(k)}\Gamma\left(k+\frac{1}{\beta}\right) = E(X) \tag{6-1-16}$$

分别关于式 (6-1-14) 和式 (6-1-15) 求 s 的一阶偏导数, 并联立, 有

$$\frac{\partial M(f:s)}{\partial s} = \int_0^\infty x^{s-1}(\ln x)f(x)dx = E\left(x^{s-1}\ln x\right)$$

$$\begin{aligned}
\frac{\partial M(f:s)}{\partial s} &= \frac{\partial}{\partial s}\left[\frac{1}{\alpha^{s-1}\Gamma(k)}\Gamma\left(k+\frac{s}{\beta}-\frac{1}{\beta}\right)\right] \\
&= \frac{\dfrac{d\Gamma\left(k+\frac{s}{\beta}-\frac{1}{\beta}\right)}{ds}\cdot\dfrac{1}{\beta}\alpha^{s-1}\Gamma(k) - \Gamma\left(k+\frac{s}{\beta}-\frac{1}{\beta}\right)\alpha^{s-1}\ln\alpha\cdot\Gamma(k)}{\left[\alpha^{s-1}\Gamma(k)\right]^2} \\
&= \frac{\dfrac{d\Gamma\left(k+\frac{s}{\beta}-\frac{1}{\beta}\right)}{d\left(k+\frac{s}{\beta}-\frac{1}{\beta}\right)}\cdot\dfrac{1}{\beta}\alpha^{s-1}\Gamma(k)}{[a^{s-1}\Gamma(K)]^2} - \frac{\Gamma\left(k+\frac{s}{\beta}-\frac{1}{\beta}\right)\alpha^{s-1}\ln\alpha\cdot\Gamma(k)}{[a^{s-1}\Gamma(K)]^2}
\end{aligned}$$

$$
=\frac{\frac{d\Gamma\left(k+\frac{s}{\beta}-\frac{1}{\beta}\right)}{d\left(k+\frac{s}{\beta}-\frac{1}{\beta}\right)}}{\beta\alpha^{s-1}\Gamma(k)}-\frac{\Gamma\left(k+\frac{s}{\beta}-\frac{1}{\beta}\right)\ln\alpha}{\alpha^{s-1}\Gamma(k)}
$$

$$
=\frac{\frac{d\Gamma\left(k+\frac{s}{\beta}-\frac{1}{\beta}\right)}{d\left(k+\frac{s}{\beta}-\frac{1}{\beta}\right)}-\beta\ln\alpha\Gamma\left(k+\frac{s}{\beta}-\frac{1}{\beta}\right)}{\beta\alpha^{s-1}\Gamma\left(k\right)}
$$

$$
E\left(x^{s-1}\ln x\right)=\frac{\frac{d\Gamma\left(k+\frac{s}{\beta}-\frac{1}{\beta}\right)}{d\left(k+\frac{s}{\beta}-\frac{1}{\beta}\right)}-\beta\ln\alpha\Gamma\left(k+\frac{s}{\beta}-\frac{1}{\beta}\right)}{\beta\alpha^{s-1}\Gamma\left(k\right)} \tag{6-1-17}
$$

当 $s=1$ 时, 式 (6-1-17) 可以简化为

$$
E\left(\ln x\right)=\frac{\frac{d\Gamma\left(k\right)}{dk}-\beta\ln\alpha\Gamma\left(k\right)}{\beta\Gamma\left(k\right)}=\frac{1}{\beta}\Psi\left(k\right)-\ln\alpha \tag{6-1-18}
$$

联立式 (6-1-7)、式 (6-1-16) 和式 (6-1-18), 并用样本矩代替总体矩, 求解方程组可得分布参数.

6.1.4 概率权重矩法估计

根据权重矩 (PWM) 定义, GG 分布的 r 阶 PWM 为

$$
\begin{aligned}
M_{1,r,0}&=\int_0^1 x\left(F\right)F^r dF=\int_0^{\infty}x\left[\int_0^x f\left(t\right)dt\right]^r f\left(x\right)dx\\
&=\int_0^{\infty}x\left[\int_0^x\frac{\alpha\beta}{\Gamma\left(k\right)}\left(\alpha t\right)^{k\beta-1}e^{-\left(\alpha t\right)^{\beta}}dt\right]^r\frac{\alpha\beta}{\Gamma\left(k\right)}\left(\alpha x\right)^{k\beta-1}e^{-\left(\alpha x\right)^{\beta}}dx
\end{aligned} \tag{6-1-19}
$$

当 $r=0$ 时, 有

$$
M_{1,0,0}=\int_0^{\infty}x\frac{\alpha\beta}{\Gamma\left(k\right)}\left(\alpha x\right)^{k\beta-1}e^{-\left(\alpha x\right)^{\beta}}dx=E\left(X\right)=\frac{1}{\alpha\Gamma\left(k\right)}\Gamma\left(k+\frac{1}{\beta}\right) \tag{6-1-20}
$$

当 $r=1$ 时, 有

$$
M_{1,1,0}=\int_0^{\infty}x\left[\int_0^x\frac{\alpha\beta}{\Gamma\left(k\right)}\left(\alpha t\right)^{k\beta-1}e^{-\left(\alpha t\right)^{\beta}}dt\right]\frac{\alpha\beta}{\Gamma\left(k\right)}\left(\alpha x\right)^{k\beta-1}e^{-\left(\alpha x\right)^{\beta}}dx \tag{6-1-21}
$$

令 $u=(\alpha t)^{\beta}$, 当 $t=0$ 时, $u=0$, 当 $t=x$ 时, $u=(\alpha x)^{\beta}, t=\dfrac{1}{\alpha}u^{\frac{1}{\beta}}, dt=\dfrac{1}{\alpha\beta}u^{\frac{1}{\beta}-1}du$, 则

$$\begin{aligned}
M_{1,1,0}=&\int_0^{\infty}x\left[\int_0^{(\alpha x)^{\beta}}\frac{\alpha\beta}{\Gamma(k)}\left(\alpha\frac{1}{\alpha}u^{\frac{1}{\beta}}\right)^{k\beta-1}e^{-u}\frac{1}{\alpha\beta}u^{\frac{1}{\beta}-1}du\right]\\
&\times\frac{\alpha\beta}{\Gamma(k)}(\alpha x)^{k\beta-1}e^{-(\alpha x)^{\beta}}dx\\
=&\int_0^{\infty}x\left[\int_0^{(\alpha x)^{\beta}}\frac{1}{\Gamma(k)}\alpha\beta\frac{1}{\alpha\beta}u^{k-\frac{1}{\beta}+\frac{1}{\beta}-1}e^{-u}du\right]\\
&\times\frac{\alpha\beta}{\Gamma(k)}(\alpha x)^{k\beta-1}e^{-(\alpha x)^{\beta}}dx\\
=&\int_0^{\infty}x\left[\int_0^{(\alpha x)^{\beta}}\frac{1}{\Gamma(k)}u^{k-1}e^{-u}du\right]\frac{\alpha\beta}{\Gamma(k)}(\alpha x)^{k\beta-1}e^{-(\alpha x)^{\beta}}dx
\end{aligned}$$

令 $v=(\alpha x)^{\beta}$, 当 $x=0$ 时, $v=0$, 当 $x\to\infty$ 时, $v\to\infty, x=\dfrac{1}{\alpha}v^{\frac{1}{\beta}}, dx=\dfrac{1}{\alpha\beta}v^{\frac{1}{\beta}-1}dv$, 则

$$\begin{aligned}
M_{1,1,0}=&\int_0^{\infty}\frac{1}{\alpha}v^{\frac{1}{\beta}}\left[\int_0^{v}\frac{1}{\Gamma(k)}u^{k-1}e^{-u}du\right]\frac{\alpha\beta}{\Gamma(k)}\left(\alpha\frac{1}{\alpha}v^{\frac{1}{\beta}}\right)^{k\beta-1}e^{-v}\frac{1}{\alpha\beta}v^{\frac{1}{\beta}-1}\\
=&\int_0^{\infty}\frac{1}{\alpha}v^{\frac{1}{\beta}}\left[\int_0^{v}\frac{1}{\Gamma(k)}u^{k-1}e^{-u}du\right]\frac{\alpha\beta}{\Gamma(k)}v^{k-\frac{1}{\beta}}e^{-v}\frac{1}{\alpha\beta}v^{\frac{1}{\beta}-1}dv\\
=&\int_0^{\infty}\left[\int_0^{v}\frac{1}{\Gamma(k)}u^{k-1}e^{-u}du\right]\frac{1}{\Gamma(k)}v^{k-\frac{1}{\beta}+\frac{1}{\beta}+\frac{1}{\beta}-1}e^{-v}\alpha\beta\frac{1}{\alpha}\frac{1}{\alpha\beta}dv\\
=&\frac{1}{\alpha[\Gamma(k)]^2}\int_0^{\infty}\left[\int_0^{v}u^{k-1}e^{-u}du\right]v^{k+\frac{1}{\beta}-1}e^{-v}dv\\
=&\frac{1}{\alpha[\Gamma(k)]^2}S_1(\beta,k)
\end{aligned}\tag{6-1-22}$$

式中, $S_1(\beta,k)=\displaystyle\int_0^{\infty}\left[\int_0^{v}u^{k-1}e^{-u}du\right]v^{k+\frac{1}{\beta}-1}e^{-v}dv$.

当 $r=2$ 时, 有

$$M_{1,2,0}=\int_0^{\infty}x\left[\int_0^{x}\frac{\alpha\beta}{\Gamma(k)}(\alpha t)^{k\beta-1}e^{-(\alpha t)^{\beta}}dt\right]^2\frac{\alpha\beta}{\Gamma(k)}(\alpha x)^{k\beta-1}e^{-(\alpha x)^{\beta}}dx$$

令 $u=(\alpha t)^{\beta}$, 当 $t=0$ 时, $u=0$, 当 $t=x$ 时, $u=(\alpha x)^{\beta}, t=\dfrac{1}{\alpha}u^{\frac{1}{\beta}}, dt=$

$\frac{1}{\alpha\beta}u^{\frac{1}{\beta}-1}du$, 则

$$
\begin{aligned}
M_{1,2,0} &= \int_0^{\infty} x\left[\int_0^{(\alpha x)^{\beta}} \frac{\alpha\beta}{\Gamma(k)}\left(\alpha\frac{1}{\alpha}u^{\frac{1}{\beta}}\right)^{k\beta-1} e^{-u}\frac{1}{\alpha\beta}u^{\frac{1}{\beta}-1}du\right]^2 \\
&\quad \times \frac{\alpha\beta}{\Gamma(k)}(\alpha x)^{k\beta-1}e^{-(\alpha x)^{\beta}}dx \\
&= \int_0^{\infty} x\left[\int_0^{(\alpha x)^{\beta}} \frac{1}{\Gamma(k)}u^{k-\frac{1}{\beta}+\frac{1}{\beta}-1}e^{-u}\alpha\beta\frac{1}{\alpha\beta}du\right]^2 \\
&\quad \times \frac{\alpha\beta}{\Gamma(k)}(\alpha x)^{k\beta-1}e^{-(\alpha x)^{\beta}}dx \\
&= \int_0^{\infty} x\left[\int_0^{(\alpha x)^{\beta}} \frac{1}{\Gamma(k)}u^{k-1}e^{-u}du\right]^2 \frac{\alpha\beta}{\Gamma(k)}(\alpha x)^{k\beta-1}e^{-(\alpha x)^{\beta}}dx
\end{aligned}
$$

令 $v=(\alpha x)^{\beta}$, 当 $x=0$ 时, $v=0$, 当 $x\to\infty$ 时, $v\to\infty, x=\frac{1}{\alpha}v^{\frac{1}{\beta}}, dx=\frac{1}{\alpha\beta}v^{\frac{1}{\beta}-1}dv$, 则

$$
\begin{aligned}
M_{1,2,0} &= \int_0^{\infty}\frac{1}{\alpha}v^{\frac{1}{\beta}}\left[\int_0^{v}\frac{1}{\Gamma(k)}u^{k-1}e^{-u}du\right]^2\frac{\alpha\beta}{\Gamma(k)}\left(\alpha\frac{1}{\alpha}v^{\frac{1}{\beta}}\right)^{k\beta-1}e^{-v}\frac{1}{\alpha\beta}v^{\frac{1}{\beta}-1}dv \\
&= \int_0^{\infty}\frac{1}{\alpha}v^{\frac{1}{\beta}}\left[\int_0^{v}\frac{1}{\Gamma(k)}u^{k-1}e^{-u}du\right]^2\frac{\alpha\beta}{\Gamma(k)}v^{k-\frac{1}{\beta}}e^{-v}\frac{1}{\alpha\beta}v^{\frac{1}{\beta}-1}dv \\
&= \int_0^{\infty}\left[\int_0^{v}\frac{1}{\Gamma(k)}u^{k-1}e^{-u}du\right]^2\frac{1}{\Gamma(k)}v^{k-\frac{1}{\beta}+\frac{1}{\beta}+\frac{1}{\beta}-1}e^{-v}\alpha\beta\frac{1}{\alpha\beta}\frac{1}{\alpha}dv \\
&= \frac{1}{\alpha[\Gamma(k)]^3}\int_0^{\infty}\left[\int_0^{v}u^{k-1}e^{-u}du\right]^2 v^{k+\frac{1}{\beta}-1}e^{-v}dv \\
&= \frac{1}{\alpha[\Gamma(k)]^3}S_2(\beta,k)
\end{aligned}
\tag{6-1-23}
$$

式中, $S_2(\beta,k)=\int_0^{\infty}\left[\int_0^{v}u^{k-1}e^{-u}du\right]^2 v^{k+\frac{1}{\beta}-1}e^{-v}dv$.

根据广义超几何函数性质, $S_1(\beta,k)$ 可以进一步写为

$$
S_1(\beta,k)=\frac{1}{k}\int_0^{\infty}\sum_{n=0}^{\infty}\frac{1}{(k+1)_n}v^{2k+\frac{1}{\beta}+n-1}e^{-2v}dv \tag{6-1-24}
$$

合流超几何函数的无穷级数形式在区间 $(-\infty,+\infty)$ 上收敛, 对其先积分后求和, 有

$$S_1(\beta,k)=\frac{1}{k}\sum_{n=0}^{\infty}\frac{\displaystyle\int_0^{\infty}v^{2k+\frac{1}{\beta}+n-1}e^{-2v}dv}{(k+1)_n}=\frac{1}{k}\sum_{n=0}^{\infty}\frac{\Gamma\left(2k+\dfrac{1}{\beta}+n\right)}{2^{2k+\frac{1}{\beta}+n}\,(k+1)_n}$$
$$=\frac{1}{k2^{2k+\frac{1}{\beta}}}\Gamma\left(2k+\frac{1}{\beta}\right)\sum_{n=0}^{\infty}\frac{\left(2k+\dfrac{1}{\beta}\right)_n n!}{(k+1)_n}\frac{1}{2^n n!}$$
$$=\frac{1}{k2^{2k+\frac{1}{\beta}}}\Gamma\left(2k+\frac{1}{\beta}\right){}_2F_1\left(1,2k+\frac{1}{\beta};k+1;\frac{1}{2}\right) \tag{6-1-25}$$

式中, ${}_2F_1\left(1,2k+\dfrac{1}{\beta};k+1;\dfrac{1}{2}\right)$ 为高斯超几何函数.

将式 (6-1-25) 代入式 (6-1-22), 有

$$M_{1,1,0}=\frac{1}{\alpha k2^{2k+\frac{1}{\beta}}\left[\Gamma(k)\right]^2}\Gamma\left(2k+\frac{1}{\beta}\right)\ {}_2F_1\left(1,2k+\frac{1}{\beta};k+1;\frac{1}{2}\right) \tag{6-1-26}$$

由 Beta 函数与 Gamma 函数的关系 $\mathrm{B}(a,b)=\dfrac{\Gamma(a)\Gamma(b)}{\Gamma(a+b)}$, 对式 (6-1-26) 进行化简, 有

$$M_{1,1,0}=\frac{1}{\alpha k2^{2k+\frac{1}{\beta}}}\frac{1}{\mathrm{B}(k,k)\,\mathrm{B}\left(2k,\dfrac{1}{\beta}\right)}\Gamma\left(\frac{1}{\beta}\right)\ {}_2F_1\left(1,2k+\frac{1}{\beta};k+1;\frac{1}{2}\right) \tag{6-1-27}$$

对于 $S_2(\beta,k)$, 根据不完全 Gamma 积分与合流超几何函数间的关系, 有

$$S_2(\beta,k)=\frac{1}{k}\sum_{n=0}^{\infty}\frac{\displaystyle\int_0^{\infty}v^{2k+\frac{1}{\beta}+n-1}e^{-2v}\left(\int_0^{v}u^{k-1}e^{-u}du\right)dv}{(k+1)_n}$$
$$=\frac{1}{k^2}\sum_{n=0}^{\infty}\frac{\displaystyle\int_0^{\infty}v^{3k+\frac{1}{\beta}+n-1}e^{-3v}{}_1F_1(1;k+1;v)\,dv}{(k+1)_n} \tag{6-1-28}$$

对于 $\displaystyle\int_0^{\infty}v^{3k+\frac{1}{\beta}+n-1}e^{-3v}{}_1F_1(1;k+1;v)\,dv$, 有

$$\int_0^{\infty}v^{3k+\frac{1}{\beta}+n-1}e^{-3v}{}_1F_1(1;k+1;v)\,dv=\sum_{n=0}^{\infty}\frac{\displaystyle\int_0^{\infty}v^{3k+\frac{1}{\beta}+n-1}e^{-3v}dv}{(k+1)_n}$$
$$=\frac{1}{3^{3k+\frac{1}{\beta}+n}}\Gamma\left(3k+\frac{1}{\beta}+n\right)\sum_{m=0}^{\infty}\frac{\left(3k+\dfrac{1}{\beta}+n\right)_m\cdot m!}{(k+1)_m}\frac{1}{3^{3m}m!}$$

$$= \frac{1}{3^{3k+\frac{1}{\beta}+n}} \Gamma\left(3k+\frac{1}{\beta}+n\right) {}_2F_1\left(1, 3k+\frac{1}{\beta}+n; k+1; \frac{1}{3}\right) \tag{6-1-29}$$

将式 (6-1-29) 代入式 (6-1-28), 则

$$\begin{aligned} S_2(\beta,k) &= \frac{1}{k^2}\sum_{n=0}^{\infty} \frac{\Gamma\left(3k+\frac{1}{\beta}+n\right) {}_2F_1\left(1, 3k+\frac{1}{\beta}+n; k+1; \frac{1}{3}\right)}{3^{3k+\frac{1}{\beta}+n}(k+1)_n} \\ &= \frac{1}{k^2}\sum_{n=0}^{\infty} \frac{\Gamma\left(3k+\frac{1}{\beta}+n\right) {}_2F_1\left(1, 3k+\frac{1}{\beta}+n; k+1; \frac{1}{3}\right)\Gamma(k+1)}{3^{3k+\frac{1}{\beta}+n}\Gamma(k+n+1)} \\ &= \frac{1}{k}\sum_{n=0}^{\infty} \frac{\Gamma\left(3k+\frac{1}{\beta}+n\right) {}_2F_1\left(1, 3k+\frac{1}{\beta}+n; k+1; \frac{1}{3}\right)\Gamma(k)}{3^{3k+\frac{1}{\beta}+n}(k+n)\Gamma(k+n)} \end{aligned} \tag{6-1-30}$$

将式 (6-1-30) 代入式 (6-1-23), 并利用 Gamma 函数递归性 $\Gamma(k+1) = k\Gamma(k)$ 进行推导化简, 有

$$\begin{aligned} M_{1,2,0} &= \frac{1}{\alpha\left[\Gamma(k)\right]^3} S_2(\beta,k) \\ &= \frac{1}{\alpha k\left[\Gamma(k)\right]^3}\sum_{n=0}^{\infty} \frac{\Gamma\left(3k+\frac{1}{\beta}+n\right) {}_2F_1\left(1, 3k+\frac{1}{\beta}+n; k+1; \frac{1}{3}\right)\Gamma(k)}{3^{3k+\frac{1}{\beta}+n}(k+n)\Gamma(k+n)} \\ &= \frac{1}{\alpha k}\sum_{n=0}^{\infty} \frac{\Gamma\left(3k+\frac{1}{\beta}+n\right) {}_2F_1\left(1, 3k+\frac{1}{\beta}+n; k+1; \frac{1}{3}\right)\Gamma\left(\frac{1}{\beta}\right)}{3^{3k+\frac{1}{\beta}+n}\mathrm{B}(k,k)\,\mathrm{B}\left(2k,\frac{1}{\beta}\right)\Gamma\left(2k+\frac{1}{\beta}\right)(k+n)\Gamma(k+n)} \\ &= \frac{1}{\alpha k}\sum_{n=0}^{\infty} \frac{{}_2F_1\left(1, 3k+\frac{1}{\beta}+n; k+1; \frac{1}{3}\right)\Gamma\left(\frac{1}{\beta}\right)}{3^{3k+\frac{1}{\beta}+n}\mathrm{B}(k,k)\,\mathrm{B}\left(2k,\frac{1}{\beta}\right)\mathrm{B}\left(2k+\frac{1}{\beta},k+n\right)(k+n)} \end{aligned} \tag{6-1-31}$$

联立式 (6-1-20)、式 (6-1-27) 和式 (6-1-31) 组成方程组, 将 $M_{1,0,0}$, $M_{1,1,0}$ 和 $M_{1,2,0}$ 用样本估计值代替, 求解方程组即可得到参数估计值.

6.1.5 概率权重混合矩法估计

概率权重混合矩法 (probability weighted mixed moments method, PWMIXM) 是通过 Mellin 变换将 PWM 和概率权重对数矩结合的参数估计方法. 采用该方法可以避免计算 PWM 法中的 $S_1(\beta,k)$ 和 $S_2(\beta,k)$.

由 PWM 定义式, 有

$$M_{p,r,0}=\int_0^1 [x(F)]^p F^r dF=\int_0^\infty x^p\left[\int_0^x f(t)\,dt\right]^r f(x)\,dx \tag{6-1-32}$$

令 $p=s-1, g_r(x)=\left[\int_0^x f(t)\,dt\right]^r f(x)$, 则

$$M_{p,r,0}=\int_0^\infty x^{s-1}g_r(x)\,dx=M(g_r;s) \tag{6-1-33}$$

式中, $M(g_r;s)$ 为 $g_r(x)$ 的 Mellin 变换.

由式 (6-1-33) 对 s 求一阶偏导数, 有

$$\frac{\partial M(g_r:s)}{\partial s}=\int_0^\infty x^{s-1}\ln x\cdot g_r(x)\,dx \tag{6-1-34}$$

式 (6-1-34) 令 $s=1$, 有 $\frac{\partial M(g_r:s)}{\partial s}=\int_0^\infty \ln x\cdot g_r(x)\,dx=M_{1,r,0}(\ln x)$. 其中, $M_{1,r,0}(\ln x)$ 为概率权重对数矩.

取 $r=0$, 由式 (6-1-33) 有

$$\begin{aligned}M(g_0;s)&=\int_0^\infty x^{s-1}g_0(x)\,dx=\int_0^\infty x^{s-1}f(x)\,dx\\&=M(f;s)=\frac{1}{\alpha^{s-1}\Gamma(k)}\Gamma\left(k+\frac{s}{\beta}-\frac{1}{\beta}\right)\end{aligned} \tag{6-1-35}$$

式中, $M(f;s)$ 为 $f(x)$ 的 Mellin 变换.

由式 (6-1-35) 对 s 求一阶偏导数, 并令 $s=1$, 有

$$\left.\frac{\partial M(g_0;s)}{\partial s}\right|_{s=1}=\left.\frac{\partial M(f;s)}{\partial s}\right|_{s=1}=\frac{1}{\beta}\Psi(k)-\ln\alpha \tag{6-1-36}$$

联立式 (6-1-20)、式 (6-1-27) 和式 (6-1-36) 组成方程组, 通过求解该方程组即可得到参数的估计值.

6.1.6 最大熵法估计

Chen 和 Singh(2018) 给出了 GG 分布最大熵 (POME) 法估计参数的计算公式, 主要推导过程如下.

按照文献 (Papalexiou and Koutsoyiannis, 2012), 以 $\ln x$ 和 x^q 作为 GG 分布 POME 法的约束为

$$\int_0^\infty f(x)\,dx=1 \tag{6-1-37}$$

$$\int_0^\infty \ln x f(x)\,dx = E(\ln x) \tag{6-1-38}$$

$$\int_0^\infty x^q f(x)\,dx = E(x^q) \tag{6-1-39}$$

根据最大熵原理, GG 分布满足式 (6-1-37)—(6-1-39) 的最小偏差函数为

$$f(x) = \exp(-\lambda_0 - \lambda_1 \ln x - \lambda_2 x^q) \tag{6-1-40}$$

式中, λ_0, λ_1 和 λ_2 为拉格朗日乘子.

将式 (6-1-40) 代入式 (6-1-37), 并进行化简, 有

$$\exp(\lambda_0) = \int_0^\infty x^{-\lambda_1} \exp(-\lambda_2 x^q)\,dx \tag{6-1-41}$$

令 $t = \lambda_2 x^q$, 则 $x = \left(\dfrac{t}{\lambda_2}\right)^{\frac{1}{q}}$, $dx = \dfrac{1}{q\lambda_2}\left(\dfrac{t}{\lambda_2}\right)^{\frac{1}{q}-1} dt$, 当 $x=0$ 时, $t=0$, 当 $x\to\infty$ 时, $t\to\infty$, 代入式 (6-1-41), 则

$$\begin{aligned}
\exp(\lambda_0) &= \int_0^\infty \left(\frac{t}{\lambda_2}\right)^{-\frac{\lambda_1}{q}} \exp(-t)\frac{1}{q\lambda_2}\left(\frac{t}{\lambda_2}\right)^{\frac{1}{q}-1} dt \\
&= \int_0^\infty \frac{1}{q\lambda_2}\left(\frac{1}{\lambda_2}\right)^{-\frac{\lambda_1}{q}} t^{-\frac{\lambda_1}{q}} \exp(-t)\, t^{\frac{1}{q}-1}\left(\frac{1}{\lambda_2}\right)^{\frac{1}{q}-1} dt \\
&= \int_0^\infty \frac{1}{q\lambda_2}\left(\frac{1}{\lambda_2}\right)^{-\frac{\lambda_1}{q}+\frac{1}{q}-1} t^{-\frac{\lambda_1}{q}+\frac{1}{q}-1} \exp(-t)\,dt \\
&= \frac{1}{q}\left(\frac{1}{\lambda_2}\right)^{\frac{1-\lambda_1}{q}} \int_0^\infty t^{\frac{1-\lambda_1}{q}-1} \exp(-t)\,dt \\
&= \frac{1}{q}\left(\frac{1}{\lambda_2}\right)^{\frac{1-\lambda_1}{q}} \Gamma\left(\frac{1-\lambda_1}{q}\right)
\end{aligned} \tag{6-1-42}$$

将式 (6-1-42) 代入式 (6-1-40), 有

$$f(x) = \frac{1}{\dfrac{1}{q}\left(\dfrac{1}{\lambda_2}\right)^{\frac{1-\lambda_1}{q}} \Gamma\left(\dfrac{1-\lambda_1}{q}\right)} x^{-\lambda_1} \exp(-\lambda_2 x^q)$$

与式 (6-1-1) 比较, 有

$$\lambda_2 = \alpha^\beta \tag{6-1-43}$$

$$\lambda_1 = 1 - k\beta \tag{6-1-44}$$

$$q = \beta \tag{6-1-45}$$

对式 (6-1-41) 两边同时取对数,

$$\begin{aligned}\lambda_0 &= \ln \int_0^{\infty} x^{-\lambda_1} \exp\left(-\lambda_2 x^q\right) dx \\ &= \ln \int_0^{\infty} x^{-\lambda_1} \exp\left(-\lambda_1 \ln x - \lambda_2 x^q\right) dx\end{aligned}$$

并分别关于 λ_1 和 λ_2 求一阶偏导数, 有

$$\begin{aligned}\frac{\partial \lambda_0}{\partial \lambda_1} &= \frac{\displaystyle\int_0^{\infty} x^{-\lambda_1}(-\ln x) \exp\left(-\lambda_2 x^q\right) dx}{\displaystyle\int_0^{\infty} x^{-\lambda_1} \exp\left(-\lambda_2 x^q\right) dx} \\ &= \frac{\displaystyle\int_0^{\infty}(-\ln x) \exp\left(-\lambda_0\right) \exp\left(-\lambda_1 \ln x - \lambda_2 x^q\right) dx}{\displaystyle\int_0^{\infty} \exp\left(-\lambda_0\right) x^{-\lambda_1} \exp\left(-\lambda_2 x^q\right) dx} \\ &= \frac{\displaystyle\int_0^{\infty}(-\ln x) \exp\left(-\lambda_0\right) \exp\left(-\lambda_1 \ln x - \lambda_2 x^q\right) dx}{\displaystyle\int_0^{\infty} \exp\left(-\lambda_0\right) \exp\left(-\lambda_1 \ln x - \lambda_2 x^q\right) dx} \\ &= \frac{\displaystyle\int_0^{\infty}(-\ln x) f(x) dx}{\displaystyle\int_0^{\infty} f(x) dx} = -E(\ln x)\end{aligned} \tag{6-1-46}$$

$$\begin{aligned}\frac{\partial \lambda_0}{\partial \lambda_2} &= \frac{\displaystyle\int_0^{\infty}\left(-x^q\right) x^{-\lambda_1} \exp\left(-\lambda_2 x^q\right) dx}{\displaystyle\int_0^{\infty} x^{-\lambda_1} \exp\left(-\lambda_2 x^q\right) dx} \\ &= \frac{\displaystyle\int_0^{\infty}\left(-x^q\right) \exp\left(-\lambda_1 \ln x - \lambda_2 x^q\right) dx}{\displaystyle\int_0^{\infty} \exp\left(-\lambda_1 \ln x - \lambda_2 x^q\right) dx} \\ &= \frac{\displaystyle\int_0^{\infty}\left(-x^q\right) \exp\left(-\lambda_0\right) \exp\left(-\lambda_1 \ln x - \lambda_2 x^q\right) dx}{\displaystyle\int_0^{\infty} \exp\left(-\lambda_0\right) \exp\left(-\lambda_1 \ln x - \lambda_2 x^q\right) dx}\end{aligned}$$

$$
= \frac{\int_0^{\infty} (-x^q) f(x) dx}{\int_0^{\infty} f(x) dx} = -E(x^q) \tag{6-1-47}
$$

$$
\frac{\partial^2 \lambda_0}{\partial \lambda_1^2} = \frac{\partial}{\partial \lambda_1} \left\{ \frac{\int_0^{\infty} x^{-\lambda_1} (-\ln x) \exp(-\lambda_2 x^q) dx}{\int_0^{\infty} x^{-\lambda_1} \exp(-\lambda_2 x^q) dx} \right\}
$$

$$
= \frac{\left[\int_0^{\infty} x^{-\lambda_1} (-\ln x)(-\ln x) \exp(-\lambda_2 x^q) dx\right] \left[\int_0^{\infty} x^{-\lambda_1} \exp(-\lambda_2 x^q) dx\right]}{\left[\int_0^{\infty} x^{-\lambda_1} \exp(-\lambda_2 x^q) dx\right]^2}
$$

$$
- \frac{\left[\int_0^{\infty} x^{-\lambda_1} (-\ln x) \exp(-\lambda_2 x^q) dx\right] \left[\int_0^{\infty} x^{-\lambda_1} (-\ln x) \exp(-\lambda_2 x^q) dx\right]}{\left[\int_0^{\infty} x^{-\lambda_1} \exp(-\lambda_2 x^q) dx\right]^2}
$$

$$
= \frac{\left[\int_0^{\infty} (-\ln x)^2 \exp(-\lambda_1 \ln x - \lambda_2 x^q) dx\right]}{\left[\int_0^{\infty} \exp(-\lambda_1 \ln x - \lambda_2 x^q) dx\right]^2}
$$

$$
\times \left[\int_0^{\infty} \exp(-\lambda_1 \ln x - \lambda_2 x^q) dx\right]
$$

$$
- \frac{\left[\int_0^{\infty} (-\ln x) \exp(-\lambda_1 \ln x - \lambda_2 x^q) dx\right]}{\left[\int_0^{\infty} \exp(-\lambda_1 \ln x - \lambda_2 x^q) dx\right]^2}
$$

$$
\times \left[\int_0^{\infty} (-\ln x) \exp(-\lambda_1 \ln x - \lambda_2 x^q) dx\right]
$$

$$
= \frac{\left[\int_0^{\infty} (-\ln x)^2 \exp(-\lambda_0) \exp(-\lambda_1 \ln x - \lambda_2 x^q) dx\right]}{\left[\int_0^{\infty} \exp(-\lambda_0) \exp(-\lambda_1 \ln x - \lambda_2 x^q) dx\right]^2}
$$

$$
\times \left[\int_0^{\infty} \exp(-\lambda_0) \exp(-\lambda_1 \ln x - \lambda_2 x^q) dx\right]
$$

$$-\frac{\left[\int_0^{\infty}(-\ln x)\exp(-\lambda_0)\exp(-\lambda_1\ln x-\lambda_2 x^q)\,dx\right]}{\left[\int_0^{\infty}\exp(-\lambda_0)\,exp\,(-\lambda_1\ln x-\lambda_2 x^q)\,dx\right]^2}$$

$$\times\left[\int_0^{\infty}(-\ln x)\exp(-\lambda_0)\exp(-\lambda_1\ln x-\lambda_2 x^q)\,dx\right]$$

$$=\frac{\int_0^{\infty}(-\ln x)^2 f(x)\,dx-\left[\int_0^{\infty}(-\ln x)f(x)\,dx\right]\left[\int_0^{\infty}(-\ln x)f(x)\,dx\right]}{\left[\int_0^{\infty}f(x)\,dx\right]^2}$$

$$=E\left[(-\ln x)^2\right]-\left[E(-\ln x)\right]^2=\operatorname{var}(X) \tag{6-1-48}$$

令 $b=\dfrac{1-\lambda_1}{q}$, 代入式 (6-1-42),

$$\exp(\lambda_0)=\frac{1}{q}\left(\frac{1}{\lambda_2}\right)^{\frac{1-\lambda_1}{q}}\Gamma\left(\frac{1-\lambda_1}{q}\right)=\frac{1}{q}\left(\frac{1}{\lambda_2}\right)^{b}\Gamma(b)$$

并对两边取对数,

$$\lambda_0=-\ln q-b\ln\lambda_2+\ln\Gamma(b) \tag{6-1-49}$$

式 (6-1-49) 分别关于 λ_1 和 λ_2 求一阶偏导数, 并关于 λ_1 求二阶偏导数, 有

$$\begin{aligned}\frac{\partial\lambda_0}{\partial\lambda_1}&=\frac{\partial}{\partial\lambda_1}\left[-\ln q-b\ln\lambda_2+\ln\Gamma(b)\right]\\&=-\ln\lambda_2\frac{\partial b}{\partial\lambda_1}+\frac{1}{\Gamma(b)}\frac{\partial\Gamma(b)}{\partial b}\frac{\partial b}{\partial\lambda_1}\\&=\frac{1}{q}\ln\lambda_2-\frac{1}{q}\Psi(b)\end{aligned} \tag{6-1-50}$$

$$\begin{aligned}\frac{\partial\lambda_0}{\partial\lambda_2}&=\frac{\partial}{\partial\lambda_2}\left[-\ln q-b\ln\lambda_2+\ln\Gamma(b)\right]\\&=\ln\lambda_2\frac{\partial b}{\partial\lambda_2}-b\frac{1}{\lambda_2}+\frac{1}{\Gamma(b)}\frac{\partial\Gamma(b)}{\partial b}\frac{\partial b}{\partial\lambda_2}\\&=\ln\lambda_2\cdot 0-b\frac{1}{\lambda_2}+\frac{1}{\Gamma(b)}\frac{\partial\Gamma(b)}{\partial b}\cdot 0=-\frac{b}{\lambda_2}\end{aligned} \tag{6-1-51}$$

$$\frac{\partial^2\lambda_0}{\partial\lambda_1^2}=\frac{\partial}{\partial\lambda_1}\left[\frac{1}{q}\ln\lambda_2-\frac{1}{q}\Psi\left(b\right)\right]=-\frac{1}{q}\Psi_1\left(b\right)\left(-\frac{1}{q}\right)=\frac{1}{q^2}\Psi_1\left(b\right)\tag{6-1-52}$$

令式 (6-1-50) = 式 (6-1-46)

$$\frac{1}{q}\ln\lambda_2-\frac{1}{q}\Psi\left(b\right)=-E\left(\ln x\right)\tag{6-1-53}$$

令式 (6-1-51) = 式 (6-1-47)

$$\frac{b}{\lambda_2}=E\left(x^q\right)\tag{6-1-54}$$

式 (6-1-52) = 式 (6-1-48)

$$\frac{1}{q^2}\Psi_1\left(b\right)=\mathrm{var}\left(X\right)\tag{6-1-55}$$

式中, $\Psi\left(b\right),\Psi_1\left(b\right)$ 分别为 digamma 函数和 trigamma 函数.

将式 (6-1-43)—(6-1-45) 代入式 (6-1-53)—(6-1-55) 和 $b=\dfrac{1-\lambda_1}{q}$, 有

$$b=\frac{1-\lambda_1}{q}=k\tag{6-1-56}$$

$$\ln\alpha-\frac{1}{\beta}\Psi\left(k\right)=-E\left(\ln x\right)\tag{6-1-57}$$

$$\frac{k}{\alpha^\beta}=E\left(x^\beta\right)\tag{6-1-58}$$

$$\frac{1}{\beta^2}\Psi_1\left(k\right)=\mathrm{var}\left(X\right)\tag{6-1-59}$$

求解式 (6-1-56)—(6-1-59) 组成的方程组, 即可得到参数估计值.

6.1.7　实例应用

以陕北地区交口河、刘家河、绥德、枣园、张村驿、赵石窑、志丹和黄陵 8 个水文站的年最大洪峰流量资料为例, 研究 GG 分布在年最大洪峰流量序列频率计算中的应用效果.

(1) GG 分布参数估计.

计算各站年最大洪峰流量序列 GG 分布的分布参数, 结果见表 6-1-1. 表 6-1-1 结果显示, 对于同一站点, 6 种方法估计的参数 β 比较接近, 参数 α 和 k 之间存在差异. 例如, POME 法估计的交口河站 α 和 k 值明显大于其他方法的估计值. 不同方法的参数估计方程之间的差异导致参数估计结果间的差异.

(2) 年最大洪峰流量序列理论频率曲线.

根据表 6-1-1 中的参数估计结果, 计算各站年最大洪峰流量序列的理论频率, 并绘制理论频率曲线, 如图 6-1-1 所示.

表 6-1-1 年最大洪峰流量序列 GG 分布参数估计结果

站名	估计方法	分布参数			站名	估计方法	分布参数		
		α	β	k			α	β	k
交口河	MOM	0.3873	0.3678	8.4645	张村驿	MOM	0.4130	0.5319	6.9208
	MLM	0.4374	0.3714	9.0203		MLM	0.4516	0.4788	5.7576
	MIXM	0.3549	0.3633	7.9185		MIXM	0.3637	0.4945	5.5071
	POME	0.8185	0.3579	10.4003		POME	0.6108	0.4621	6.2084
	PWM	0.3610	0.3598	7.7788		PWM	0.4061	0.4763	5.3893
	PWMIXM	0.3135	0.3643	7.5845		PWMIXM	0.2410	0.5102	4.6877
刘家河	MOM	0.3815	0.3458	8.5626	赵石窑	MOM	0.4520	0.4905	10.1382
	MLM	0.4107	0.3556	9.4313		MLM	0.5552	0.4705	10.0943
	MIXM	0.4394	0.3489	9.2573		MIXM	0.4092	0.4831	9.2699
	POME	0.5336	0.3505	10.0029		POME	0.3587	0.4943	9.1664
	PWM	0.4408	0.3419	8.7775		PWM	0.6579	0.4561	10.1190
	PWMIXM	0.3936	0.3450	8.6142		PWMIXM	0.4570	0.4742	9.3528
绥德	MOM	0.2625	0.4306	9.3952	志丹	MOM	0.2643	0.4506	9.8472
	MLM	0.3006	0.4163	9.1596		MLM	0.3115	0.4109	8.3802
	MIXM	0.2550	0.4313	9.3070		MIXM	0.1692	0.4348	7.2921
	POME	0.2196	0.4296	8.6069		POME	0.2922	0.4109	8.1638
	PWM	0.3500	0.4048	9.1054		PWM	0.4056	0.3943	8.4765
	PWMIXM	0.2847	0.4128	8.7457		PWMIXM	0.3264	0.4025	8.1283
枣园	MOM	0.9675	0.4126	10.8915	黄陵	MOM	0.2982	0.4727	4.2691
	MLM	1.0032	0.4125	11.0590		MLM	0.4737	0.4561	4.9363
	MIXM	1.0307	0.4074	10.8147		MIXM	0.4566	0.4292	4.3581
	POME	1.6611	0.3872	11.5790		POME	1.6437	0.4100	6.9223
	PWM	1.3645	0.3994	11.5538		PWM	0.5448	0.4155	4.4317
	PWMIXM	0.9957	0.4109	10.9042		PWMIXM	0.5093	0.4188	4.3649

由图 6-1-1 可知, MIXM 法、PWM 法和 PWMIXM 法的理论频率曲线能够较完全地兼顾各站实测序列的各个部分, 拟合效果均较好. 在绥德、枣园和赵石窑站, 6 种方法的理论频率曲线对整个实测序列的拟合效果均较好, 且频率曲线比较集中. 在黄陵站和志丹站, 6 种方法的理论频率曲线中低尾部对实测序列拟合较好, 高尾部则出现明显差异, 其中 MLM 法和 POME 法的频率曲线高尾部向下偏离实测点据, 拟合较差. MOM 法对志丹站和张村驿站的实测序列整体拟合较差. 总之, 不同站点的最优估计方法并非某一固定方法, 由于多数站点 6 种方法的频率曲线较为集中, 难以判断出拟合效果最好的方法, 因此, 下文将采用拟合优度评价指标对不同方法的拟合效果进行定量评价.

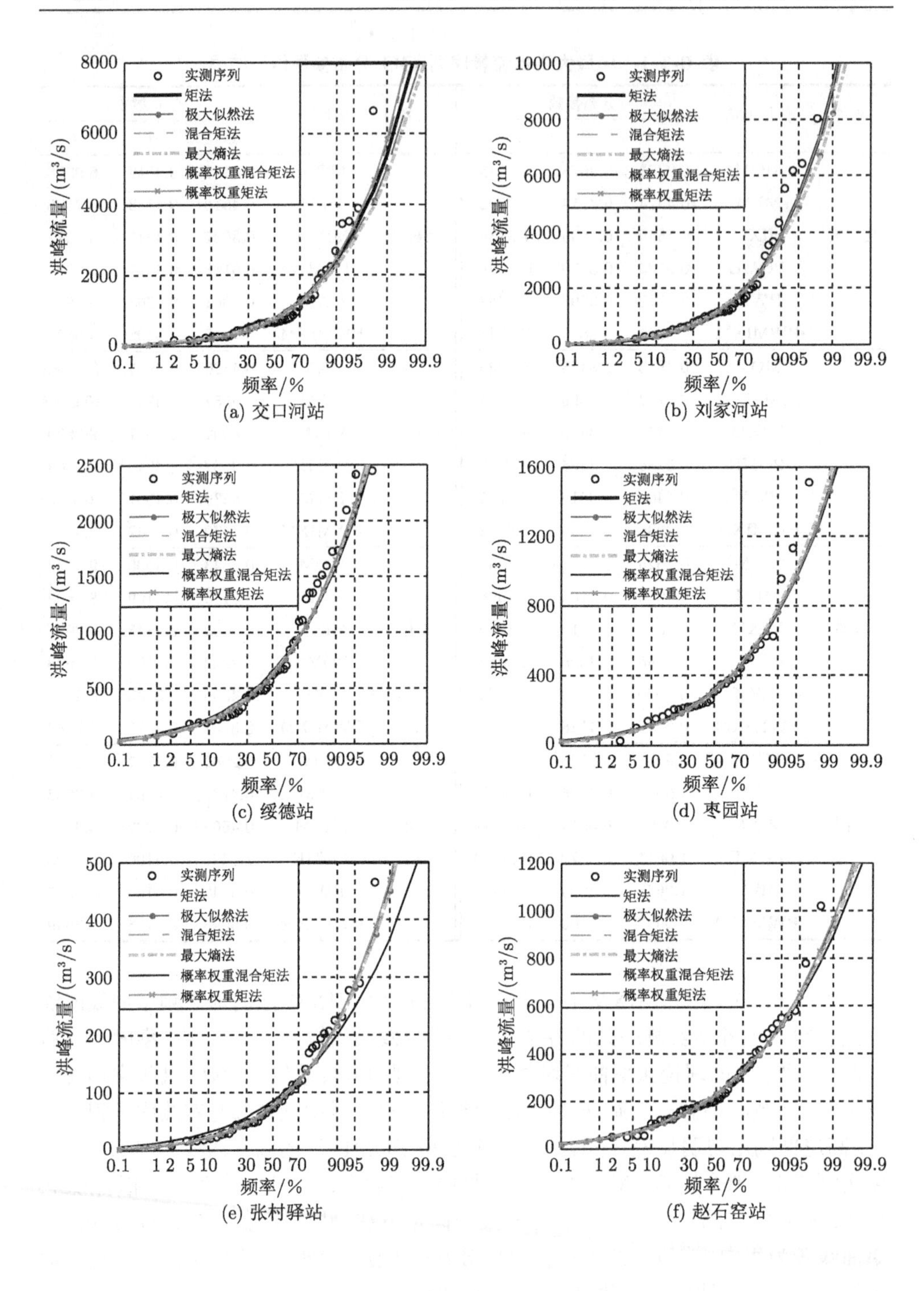

(a) 交口河站　(b) 刘家河站

(c) 绥德站　(d) 枣园站

(e) 张村驿站　(f) 赵石窑站

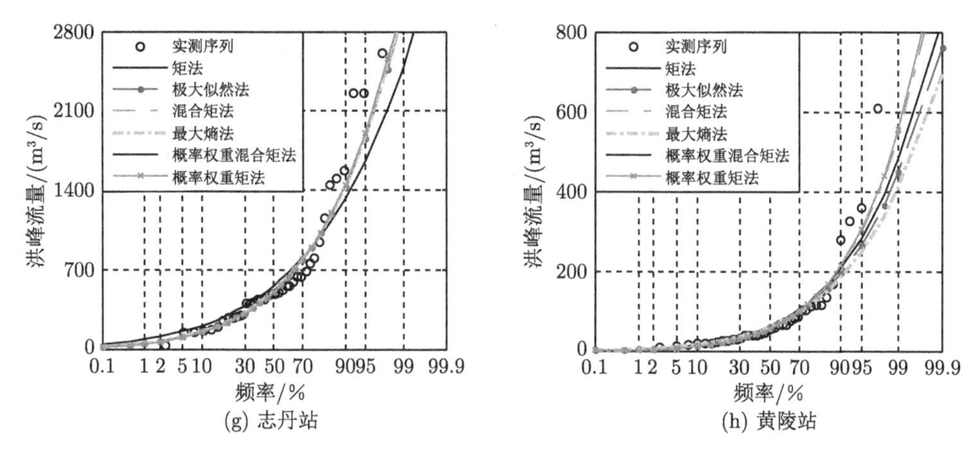

(g) 志丹站 (h) 黄陵站

图 6-1-1 年最大洪峰流量序列 GG 分布理论频率曲线

(3) 拟合优度评价.

采用 RMSE, AIC, MAE 和 QD 检验 4 种评价指标, 定量评价 6 种参数估计方法的理论频率曲线高尾部对实测序列的拟合效果. 各站评价指标值计算结果见表 6-1-2.

表 6-1-2 不同参数估计方法的拟合优度评价结果

站名	估计方法	RMSE	AIC	MAE	QD
交口河	MOM	535.89	307.63	311.20	0.8496
	MLM	608.83	313.75	347.02	0.8058
	MIXM	486.77	303.01	277.98	0.8759
	POME	657.38	317.44	371.78	0.7736
	PWM	529.91	307.09	282.76	0.8529
	PWMIXM	466.72	300.99	264.21	0.8859
刘家河	MOM	554.27	296.61	402.49	0.9196
	MLM	696.55	307.12	492.45	0.8730
	MIXM	625.17	302.15	456.97	0.8977
	POME	731.14	309.35	508.57	0.8600
	PWM	641.43	303.33	414.35	0.8923
	PWMIXM	555.25	296.69	403.21	0.9193
绥德	MOM	159.10	229.06	130.46	0.9181
	MLM	147.54	225.74	121.67	0.9296
	MIXM	158.18	228.80	129.87	0.9190
	POME	147.12	225.61	121.37	0.9300
	PWM	219.09	243.14	182.25	0.8447
	PWMIXM	145.28	225.06	117.44	0.9317
枣园	MOM	116.28	167.71	63.13	0.8653
	MLM	117.62	168.09	64.16	0.8622
	MIXM	112.17	166.48	61.25	0.8747
	POME	103.58	163.77	61.73	0.8932
	PWM	159.52	178.45	94.48	0.7466
	PWMIXM	115.35	167.43	62.69	0.8675

续表

站名	估计方法	RMSE	AIC	MAE	QD
张村驿	MOM	38.69	174.16	23.57	0.8132
	MLM	24.26	152.69	13.65	0.9266
	MIXM	24.92	153.92	13.95	0.9225
	POME	24.37	152.90	13.73	0.9259
	PWM	21.76	188.49	12.58	0.6517
	PWMIXM	52.83	147.68	44.39	0.9409
赵石窑	MOM	59.33	210.16	33.18	0.8981
	MLM	52.19	203.75	29.37	0.9212
	MIXM	49.48	201.08	28.06	0.9292
	POME	52.86	204.38	29.59	0.9191
	PWM	90.09	231.04	69.08	0.7652
	PWMIXM	47.06	198.57	26.98	0.9359
志丹	MOM	310.80	224.09	231.92	0.7760
	MLM	229.86	212.62	172.76	0.8775
	MIXM	223.26	211.52	169.10	0.8844
	POME	220.90	211.11	167.43	0.8869
	PWM	270.12	218.76	167.28	0.8308
	PWMIXM	211.06	209.38	158.35	0.8967
黄陵	MOM	66.80	165.67	38.54	0.7655
	MLM	73.53	169.31	38.85	0.7159
	MIXM	58.58	160.68	33.26	0.8197
	POME	80.87	172.93	40.22	0.6563
	PWM	58.78	160.81	30.49	0.8184
	PWMIXM	56.24	159.13	31.69	0.8338

表 6-1-2 显示, 4 种评价指标对多数站点得到一致的优选结果. 在交口河、绥德、志丹、赵石窑和黄陵站的最优方法均为 PWMIXM 法, 枣园站的最优方法为 POME 法, 刘家河站的最优估计方法为 MOM 法, PWM 法为张村驿站的最优估计方法. 由此可知, 使用 PWMIXM 法计算参数所得的理论频率曲线对实测序列中较大值的拟合效果多优于其他方法.

6.2 第二类广义 Beta 分布

服从 GB2 分布的随机变量 X 的概率密度函数为 (Papalexiou and Koutsoyiannis, 2012)

$$f\left(x\right)=\frac{\alpha}{\beta\mathrm{B}\left(\gamma,\theta\right)}\left(\frac{x}{\beta}\right)^{\alpha\gamma-1}\left[1+\left(\frac{x}{\beta}\right)^{\alpha}\right]^{-(\gamma+\theta)} \tag{6-2-1}$$

式中, α,γ 和 θ 为形状参数; β 为尺度参数, $\alpha,\ \beta,\ \gamma,\theta>0; x>0$. 当 GB2 分布的 4 个参数分别取某些特定值时, 该分布可以转换为多种常用分布 (Chen and Singh, 2018).

对 GB2 分布的密度函数在变量取值范围内进行积分, 可得到其概率分布函数 $F(x)$, 即

$$F(x) = \int_0^x f(t)\,dt = \frac{\alpha}{\beta \mathrm{B}(\gamma,\theta)} \int_0^x \left(\frac{t}{\beta}\right)^{\alpha\gamma-1} \left[1+\left(\frac{t}{\beta}\right)^{\alpha}\right]^{-(\gamma+\theta)} dt$$

令 $y=\left(\frac{t}{\beta}\right)^{\alpha}$, 当 $t=0$ 时, $y=0$, 当 $t=x$ 时, $y=\left(\frac{x}{\beta}\right)^{\alpha}$, $t=\beta y^{\frac{1}{\alpha}}$, $dt=\frac{\beta}{\alpha}y^{\frac{1}{\alpha}-1}dy$.

$$\begin{aligned}
F(x) &= \frac{\alpha}{\beta \mathrm{B}(\gamma,\theta)} \int_0^{\left(\frac{x}{\beta}\right)^{\alpha}} \left(\frac{1}{\beta}\beta y^{\frac{1}{\alpha}}\right)^{\alpha\gamma-1} (1+y)^{-(\gamma+\theta)}\, \frac{\beta}{\alpha} y^{\frac{1}{\alpha}-1} dy \\
&= \frac{\alpha}{\beta \mathrm{B}(\gamma,\theta)} \frac{\beta}{\alpha} \int_0^{\left(\frac{x}{\beta}\right)^{\alpha}} y^{\gamma-\frac{1}{\alpha}+\frac{1}{\alpha}-1} (1+y)^{-(\gamma+\theta)}\, dy \\
&= \frac{1}{\mathrm{B}(\gamma,\theta)} \int_0^{\left(\frac{x}{\beta}\right)^{\alpha}} y^{\gamma-\frac{1}{\alpha}+\frac{1}{\alpha}-1} (1+y)^{-(\gamma+\theta)}\, dy \\
&= \frac{1}{\mathrm{B}(\gamma,\theta)} \int_0^{\left(\frac{x}{\beta}\right)^{\alpha}} y^{\gamma-1} (1+y)^{-(\gamma+\theta)}\, dy
\end{aligned}$$

令 $u=\frac{y}{1+y}$, 当 $y=0$ 时, $u=0$, 当 $y=\left(\frac{x}{\beta}\right)^{\alpha}$ 时, $u=\frac{\left(\frac{x}{\beta}\right)^{\alpha}}{1+\left(\frac{x}{\beta}\right)^{\alpha}}$, $y=\frac{u}{1-u}$, $dy=\frac{1}{(1-u)^2}du$.

$$\begin{aligned}
F(x) &= \frac{1}{\mathrm{B}(\gamma,\theta)} \int_0^{\frac{\left(\frac{x}{\beta}\right)^{\alpha}}{1+\left(\frac{x}{\beta}\right)^{\alpha}}} \left(\frac{u}{1-u}\right)^{\gamma-1} \left(\frac{1}{1-u}\right)^{-(\gamma+\theta)} \frac{1}{(1-u)^2} du \\
&= \frac{1}{\mathrm{B}(\gamma,\theta)} \int_0^{\frac{\left(\frac{x}{\beta}\right)^{\alpha}}{1+\left(\frac{x}{\beta}\right)^{\alpha}}} u^{\gamma-1} (1-u)^{-\gamma+1+\gamma+\theta-2}\, du \\
&= \frac{1}{\mathrm{B}(\gamma,\theta)} \int_0^{\frac{\left(\frac{x}{\beta}\right)^{\alpha}}{1+\left(\frac{x}{\beta}\right)^{\alpha}}} u^{\gamma-1} (1-u)^{\theta-1}\, du \\
&= \frac{1}{\mathrm{B}(\gamma,\theta)} \mathrm{B}_z(\gamma,\theta)
\end{aligned} \tag{6-2-2}$$

式中, $\mathrm{B}_z(\gamma,\theta)$ 为不完全 Beta 函数, $\mathrm{B}_x(a,b)=\int_0^x y^{a-1}(1-y)^{b-1}dy$; $\mathrm{B}(\gamma,\theta)$ 为

完全 Beta 函数, $\mathrm{B}(a,b)=\int_0^1 y^{a-1}(1-y)^{b-1}dy; z=\dfrac{\left(\dfrac{x}{\beta}\right)^{\alpha}}{1+\left(\dfrac{x}{\beta}\right)^{\alpha}}=\left[1+\left(\dfrac{x}{\beta}\right)^{-\alpha}\right]^{-1}$.

本节引用 Chen 和 Singh(2018), Papalexiou 和 Koutsoyiannis (2012) 等文献, 推导和叙述 GB2 分布估计参数的计算公式.

6.2.1 矩法估计

采用 MOM 法估计 GB2 分布的 4 个参数, 需要推导出分布函数的均值 m_1, C_v, C_s 和峰度系数 C_e. GB2 分布的 r 阶原点矩为

$$
\begin{aligned}
m_r=E\left(X^r\right)&=\int_0^{\infty} x^r f(x)\,dx\\
&=\int_0^{\infty} x^r\frac{\alpha}{\beta\mathrm{B}(\gamma,\theta)}\left(\frac{x}{\beta}\right)^{\alpha\gamma-1}\left[1+\left(\frac{x}{\beta}\right)^{\alpha}\right]^{-(\gamma+\theta)}dx \qquad (6\text{-}2\text{-}3)
\end{aligned}
$$

令 $y=\left(\dfrac{x}{\beta}\right)^{\alpha}$, 当 $x=0$ 时, $y=0$, 当 $x\to\infty$ 时, $y\to\infty, x=\beta y^{\frac{1}{\alpha}}, dx=\dfrac{\beta}{\alpha}y^{\frac{1}{\alpha}-1}dy$. 则

$$
\begin{aligned}
m_r&=\int_0^{\infty}\left(\beta y^{\frac{1}{\alpha}}\right)^r\frac{\alpha}{\beta\mathrm{B}(\gamma,\theta)}\left(\frac{1}{\beta}\beta y^{\frac{1}{\alpha}}\right)^{\alpha\gamma-1}(1+y)^{-(\gamma+\theta)}\frac{\beta}{\alpha}y^{\frac{1}{\alpha}-1}dy\\
&=\int_0^{\infty}\beta^r\frac{\beta}{\alpha}\frac{\alpha}{\beta\mathrm{B}(\gamma,\theta)}y^{\gamma-\frac{1}{\alpha}+\frac{r}{\alpha}+\frac{1}{\alpha}-1}(1+y)^{-(\gamma+\theta)}dy\\
&=\int_0^{\infty}\frac{\beta^r}{\mathrm{B}(\gamma,\theta)}y^{\gamma+\frac{r}{\alpha}-1}(1+y)^{-(\gamma+\theta)}dy
\end{aligned}
$$

令 $u=\dfrac{y}{1+y}$, 当 $y=0$ 时, $u=0$, 当 $y\to\infty$ 时, $u=1, y=\dfrac{u}{1-u}, dy=\dfrac{1}{(1-u)^2}du$. 则

$$
\begin{aligned}
m_r&=\int_0^1\frac{\beta^r}{\mathrm{B}(\gamma,\theta)}\left(\frac{u}{1-u}\right)^{\gamma+\frac{r}{\alpha}-1}\left(1+\frac{u}{1-u}\right)^{-(\gamma+\theta)}\frac{1}{(1-u)^2}du\\
&=\int_0^1\frac{\beta^r}{\mathrm{B}(\gamma,\theta)}u^{\gamma+\frac{r}{\alpha}-1}(1-u)^{-\gamma-\frac{r}{\alpha}+1}(1-u)^{\gamma+\theta}(1-u)^{-2}du\\
&=\frac{\beta^r}{\mathrm{B}(\gamma,\theta)}\int_0^1 u^{\gamma+\frac{r}{\alpha}-1}(1-u)^{\theta-\frac{r}{\alpha}-1}du\\
&=\frac{\beta^r}{\mathrm{B}(\gamma,\theta)}\mathrm{B}\left(\gamma+\frac{r}{\alpha},\theta-\frac{r}{\alpha}\right)
\end{aligned}
$$

即

$$m_r = E(X^r) = \frac{\beta^r}{\mathrm{B}(\gamma,\theta)}\mathrm{B}\left(\gamma+\frac{r}{\alpha},\theta-\frac{r}{\alpha}\right) \tag{6-2-4}$$

由式 (6-2-4) 得

$$m_1 = E(X) = \frac{\beta}{\mathrm{B}(\gamma,\theta)}\mathrm{B}\left(\gamma+\frac{1}{\alpha},\theta-\frac{1}{\alpha}\right) \tag{6-2-5}$$

$$m_2 = E(X^2) = \frac{\beta^2}{\mathrm{B}(\gamma,\theta)}\mathrm{B}\left(\gamma+\frac{2}{\alpha},\theta-\frac{2}{\alpha}\right) \tag{6-2-6}$$

$$\begin{aligned}
\mu_2 &= m_2 - m_1^2 = D(X)\\
&= \frac{\beta^2}{\mathrm{B}(\gamma,\theta)}\mathrm{B}\left(\gamma+\frac{2}{\alpha},\theta-\frac{2}{\alpha}\right) - \frac{\beta^2}{[\mathrm{B}(\gamma,\theta)]^2}\left[\mathrm{B}\left(\gamma+\frac{1}{\alpha},\theta-\frac{1}{\alpha}\right)\right]^2\\
&= \left[\frac{\beta}{\mathrm{B}(\gamma,\theta)}\right]^2\left\{\mathrm{B}(\gamma,\theta)\,\mathrm{B}\left(\gamma+\frac{2}{\alpha},\theta-\frac{2}{\alpha}\right) - \left[\mathrm{B}\left(\gamma+\frac{1}{\alpha},\theta-\frac{1}{\alpha}\right)\right]^2\right\}
\end{aligned} \tag{6-2-7}$$

$$m_3 = E(X^3) = \frac{\beta^3}{\mathrm{B}(\gamma,\theta)}\mathrm{B}\left(\gamma+\frac{3}{\alpha},\theta-\frac{3}{\alpha}\right) \tag{6-2-8}$$

$$\begin{aligned}
\mu_3 &= m_3 - 3m_1m_2 + 2m_1^3\\
&= \frac{\beta^3}{\mathrm{B}(\gamma,\theta)}\mathrm{B}\left(\gamma+\frac{3}{\alpha},\theta-\frac{3}{\alpha}\right) - 3\frac{\beta}{\mathrm{B}(\gamma,\theta)}\mathrm{B}\left(\gamma+\frac{1}{\alpha},\theta-\frac{1}{\alpha}\right)\\
&\quad\times\frac{\beta^2}{\mathrm{B}(\gamma,\theta)}\mathrm{B}\left(\gamma+\frac{2}{\alpha},\theta-\frac{2}{\alpha}\right)\\
&\quad+2\frac{\beta^3}{[\mathrm{B}(\gamma,\theta)]^3}\left[\mathrm{B}\left(\gamma+\frac{1}{\alpha},\theta-\frac{1}{\alpha}\right)\right]^3\\
&= \left[\frac{\beta}{\mathrm{B}(\gamma,\theta)}\right]^3\left\{[\mathrm{B}(\gamma,\theta)]^2\,\mathrm{B}\left(\gamma+\frac{3}{\alpha},\theta-\frac{3}{\alpha}\right) - 3\mathrm{B}(\gamma,\theta)\right.\\
&\quad\times\mathrm{B}\left(\gamma+\frac{1}{\alpha},\theta-\frac{1}{\alpha}\right)\mathrm{B}\left(\gamma+\frac{2}{\alpha},\theta-\frac{2}{\alpha}\right)\\
&\quad\left.+2\left[\mathrm{B}\left(\gamma+\frac{1}{\alpha},\theta-\frac{1}{\alpha}\right)\right]^3\right\}
\end{aligned} \tag{6-2-9}$$

$$m_4 = E(X^4) = \frac{\beta^4}{\mathrm{B}(\gamma,\theta)}\mathrm{B}\left(\gamma+\frac{4}{\alpha},\theta-\frac{4}{\alpha}\right) \tag{6-2-10}$$

$$\mu_4 = m_4 - 4m_1m_3 + 6m_2m_1^2 - 3m_1^4$$

$$
\begin{aligned}
&= \frac{\beta^4}{\mathrm{B}(\gamma,\theta)}\mathrm{B}\left(\gamma+\frac{4}{\alpha},\theta-\frac{4}{\alpha}\right)-4\frac{\beta}{\mathrm{B}(\gamma,\theta)}\mathrm{B}\\
&\quad\times\left(\gamma+\frac{1}{\alpha},\theta-\frac{1}{\alpha}\right)\frac{\beta^3}{\mathrm{B}(\gamma,\theta)}\mathrm{B}\left(\gamma+\frac{3}{\alpha},\theta-\frac{3}{\alpha}\right)\\
&\quad+6\frac{\beta^2}{\mathrm{B}(\gamma,\theta)}\mathrm{B}\left(\gamma+\frac{2}{\alpha},\theta-\frac{2}{\alpha}\right)\left[\frac{\beta}{\mathrm{B}(\gamma,\theta)}\mathrm{B}\left(\gamma+\frac{1}{\alpha},\theta-\frac{1}{\alpha}\right)\right]^2\\
&\quad-3\left[\frac{\beta}{\mathrm{B}(\gamma,\theta)}\mathrm{B}\left(\gamma+\frac{1}{\alpha},\theta-\frac{1}{\alpha}\right)\right]^4\\
&=\left[\frac{\beta}{\mathrm{B}(\gamma,\theta)}\right]^4\left\{[\mathrm{B}(\gamma,\theta)]^3\mathrm{B}\left(\gamma+\frac{4}{\alpha},\theta-\frac{4}{\alpha}\right)\right.\\
&\quad-4[\mathrm{B}(\gamma,\theta)]^2\mathrm{B}\left(\gamma+\frac{1}{\alpha},\theta-\frac{1}{\alpha}\right)\mathrm{B}\left(\gamma+\frac{3}{\alpha},\theta-\frac{3}{\alpha}\right)\\
&\quad+6\mathrm{B}(\gamma,\theta)\mathrm{B}\left(\gamma+\frac{2}{\alpha},\theta-\frac{2}{\alpha}\right)\left[\mathrm{B}\left(\gamma+\frac{1}{\alpha},\theta-\frac{1}{\alpha}\right)\right]^2\\
&\quad\left.-3\left[\mathrm{B}\left(\gamma+\frac{1}{\alpha},\theta-\frac{1}{\alpha}\right)\right]^4\right\}
\end{aligned}
\tag{6-2-11}
$$

$$
\begin{aligned}
C_v=\frac{\mu_2^{1/2}}{m_1}&=\frac{\sqrt{\left[\frac{\beta}{\mathrm{B}(\gamma,\theta)}\right]^2\left\{\mathrm{B}(\gamma,\theta)\mathrm{B}\left(\gamma+\frac{2}{\alpha},\theta-\frac{2}{\alpha}\right)-\left[\mathrm{B}\left(\gamma+\frac{1}{\alpha},\theta-\frac{1}{\alpha}\right)\right]^2\right\}}}{\frac{\beta}{\mathrm{B}(\gamma,\theta)}\mathrm{B}\left(\gamma+\frac{1}{\alpha},\theta-\frac{1}{\alpha}\right)}\\
&=\frac{\sqrt{\mathrm{B}(\gamma,\theta)\mathrm{B}\left(\gamma+\frac{2}{\alpha},\theta-\frac{2}{\alpha}\right)-\left[\mathrm{B}\left(\gamma+\frac{1}{\alpha},\theta-\frac{1}{\alpha}\right)\right]^2}}{\mathrm{B}\left(\gamma+\frac{1}{\alpha},\theta-\frac{1}{\alpha}\right)}
\end{aligned}
\tag{6-2-12}
$$

$$
\begin{aligned}
C_s&=\frac{\mu_3}{\mu_2^{3/2}}\\
&=\frac{\left[\frac{\beta}{\mathrm{B}(\gamma,\theta)}\right]^3\left\{[\mathrm{B}(\gamma,\theta)]^2\mathrm{B}\left(\gamma+\frac{3}{\alpha},\theta-\frac{3}{\alpha}\right)\right.}{\left(\left[\frac{\beta}{\mathrm{B}(\gamma,\theta)}\right]^2\left\{\mathrm{B}(\gamma,\theta)\mathrm{B}\left(\gamma+\frac{2}{\alpha},\theta-\frac{2}{\alpha}\right)-\left[\mathrm{B}\left(\gamma+\frac{1}{\alpha},\theta-\frac{1}{\alpha}\right)\right]^2\right\}\right)^{3/2}}
\end{aligned}
$$

$$
+\frac{-3\mathrm{B}(\gamma,\theta)\mathrm{B}\left(\gamma+\frac{1}{\alpha},\theta-\frac{1}{\alpha}\right)\mathrm{B}\left(\gamma+\frac{2}{\alpha},\theta-\frac{2}{\alpha}\right)+2\left[\mathrm{B}\left(\gamma+\frac{1}{\alpha},\theta-\frac{1}{\alpha}\right)\right]^3\Bigg\}}{\left(\left[\frac{\beta}{\mathrm{B}(\gamma,\theta)}\right]^2\left\{\mathrm{B}(\gamma,\theta)\mathrm{B}\left(\gamma+\frac{2}{\alpha},\theta-\frac{2}{\alpha}\right)-\left[\mathrm{B}\left(\gamma+\frac{1}{\alpha},\theta-\frac{1}{\alpha}\right)\right]^2\right\}\right)^{3/2}}
$$

$$
=\frac{[\mathrm{B}(\gamma,\theta)]^2\mathrm{B}\left(\gamma+\frac{3}{\alpha},\theta-\frac{3}{\alpha}\right)-3\mathrm{B}(\gamma,\theta)\mathrm{B}\left(\gamma+\frac{1}{\alpha},\theta-\frac{1}{\alpha}\right)\mathrm{B}\left(\gamma+\frac{2}{\alpha},\theta-\frac{2}{\alpha}\right)}{\left\{\mathrm{B}(\gamma,\theta)\mathrm{B}\left(\gamma+\frac{2}{\alpha},\theta-\frac{2}{\alpha}\right)-\left[\mathrm{B}\left(\gamma+\frac{1}{\alpha},\theta-\frac{1}{\alpha}\right)\right]^2\right\}^{3/2}}
$$

$$
+\frac{2\left[\mathrm{B}\left(\gamma+\frac{1}{\alpha},\theta-\frac{1}{\alpha}\right)\right]^3}{\left\{\mathrm{B}(\gamma,\theta)\mathrm{B}\left(\gamma+\frac{2}{\alpha},\theta-\frac{2}{\alpha}\right)-\left[\mathrm{B}\left(\gamma+\frac{1}{\alpha},\theta-\frac{1}{\alpha}\right)\right]^2\right\}^{3/2}}
$$

$$
=\frac{\begin{array}{c}[\mathrm{B}(\gamma,\theta)]^2\mathrm{B}\left(\gamma+\frac{3}{\alpha},\theta-\frac{3}{\alpha}\right)-3\mathrm{B}(\gamma,\theta)\mathrm{B}\left(\gamma+\frac{1}{\alpha},\theta-\frac{1}{\alpha}\right)\\ \mathrm{B}\left(\gamma+\frac{2}{\alpha},\theta-\frac{2}{\alpha}\right)+2\left[\mathrm{B}\left(\gamma+\frac{1}{\alpha},\theta-\frac{1}{\alpha}\right)\right]^3\end{array}}{\left\{\mathrm{B}(\gamma,\theta)\mathrm{B}\left(\gamma+\frac{2}{\alpha},\theta-\frac{2}{\alpha}\right)-\left[\mathrm{B}\left(\gamma+\frac{1}{\alpha},\theta-\frac{1}{\alpha}\right)\right]^2\right\}^{3/2}} \tag{6-2-13}
$$

$$
C_e=\frac{\mu_4}{\mu_2^2}-3
$$

$$
=\left[\frac{\beta}{\mathrm{B}(\gamma,\theta)}\right]^4\times\left\{\frac{[\mathrm{B}(\gamma,\theta)]^3\mathrm{B}\left(\gamma+\frac{4}{\alpha},\theta-\frac{4}{\alpha}\right)}{\left[\frac{\beta}{\mathrm{B}(\gamma,\theta)}\right]^4\left\{\mathrm{B}(\gamma,\theta)\mathrm{B}\left(\gamma+\frac{2}{\alpha},\theta-\frac{2}{\alpha}\right)-\left[\mathrm{B}\left(\gamma+\frac{1}{\alpha},\theta-\frac{1}{\alpha}\right)\right]^2\right\}^2}\right.
$$

$$
\frac{4[\mathrm{B}(\gamma,\theta)]^2\mathrm{B}\left(\gamma+\frac{1}{\alpha},\theta-\frac{1}{\alpha}\right)\mathrm{B}\left(\gamma+\frac{3}{\alpha},\theta-\frac{3}{\alpha}\right)}{\left[\frac{\beta}{\mathrm{B}(\gamma,\theta)}\right]^4\left\{\mathrm{B}(\gamma,\theta)\mathrm{B}\left(\gamma+\frac{2}{\alpha},\theta-\frac{2}{\alpha}\right)-\left[\mathrm{B}\left(\gamma+\frac{1}{\alpha},\theta-\frac{1}{\alpha}\right)\right]^2\right\}^2}
$$

$$
+\frac{6\mathrm{B}(\gamma,\theta)\mathrm{B}\left(\gamma+\frac{2}{\alpha},\theta-\frac{2}{\alpha}\right)\left[\mathrm{B}\left(\gamma+\frac{1}{\alpha},\theta-\frac{1}{\alpha}\right)\right]^2}{\left[\frac{\beta}{\mathrm{B}(\gamma,\theta)}\right]^4\left\{\mathrm{B}(\gamma,\theta)\mathrm{B}\left(\gamma+\frac{2}{\alpha},\theta-\frac{2}{\alpha}\right)-\left[\mathrm{B}\left(\gamma+\frac{1}{\alpha},\theta-\frac{1}{\alpha}\right)\right]^2\right\}^2}
$$

$$
\left.-\frac{3\left[\mathrm{B}\left(\gamma+\frac{1}{\alpha},\theta-\frac{1}{\alpha}\right)\right]^4}{\left[\frac{\beta}{\mathrm{B}(\gamma,\theta)}\right]^4\left\{\mathrm{B}(\gamma,\theta)\mathrm{B}\left(\gamma+\frac{2}{\alpha},\theta-\frac{2}{\alpha}\right)-\left[\mathrm{B}\left(\gamma+\frac{1}{\alpha},\theta-\frac{1}{\alpha}\right)\right]^2\right\}^2}\right\}-3
$$

$$
=\frac{[\mathrm{B}(\gamma,\theta)]^3\mathrm{B}\left(\gamma+\frac{4}{\alpha},\theta-\frac{4}{\alpha}\right)}{\left\{\mathrm{B}(\gamma,\theta)\mathrm{B}\left(\gamma+\frac{2}{\alpha},\theta-\frac{2}{\alpha}\right)-\left[\mathrm{B}\left(\gamma+\frac{1}{\alpha},\theta-\frac{1}{\alpha}\right)\right]^2\right\}^2}
$$

$$
-\frac{4[\mathrm{B}(\gamma,\theta)]^2\mathrm{B}\left(\gamma+\frac{1}{\alpha},\theta-\frac{1}{\alpha}\right)\mathrm{B}\left(\gamma+\frac{3}{\alpha},\theta-\frac{3}{\alpha}\right)}{\left\{\mathrm{B}(\gamma,\theta)\mathrm{B}\left(\gamma+\frac{2}{\alpha},\theta-\frac{2}{\alpha}\right)-\left[\mathrm{B}\left(\gamma+\frac{1}{\alpha},\theta-\frac{1}{\alpha}\right)\right]^2\right\}^2}
$$

$$
+\frac{6\mathrm{B}(\gamma,\theta)\mathrm{B}\left(\gamma+\frac{2}{\alpha},\theta-\frac{2}{\alpha}\right)\left[\mathrm{B}\left(\gamma+\frac{1}{\alpha},\theta-\frac{1}{\alpha}\right)\right]^2}{\left\{\mathrm{B}(\gamma,\theta)\mathrm{B}\left(\gamma+\frac{2}{\alpha},\theta-\frac{2}{\alpha}\right)-\left[\mathrm{B}\left(\gamma+\frac{1}{\alpha},\theta-\frac{1}{\alpha}\right)\right]^2\right\}^2}
$$

$$
-\frac{3\left[\mathrm{B}\left(\gamma+\frac{1}{\alpha},\theta-\frac{1}{\alpha}\right)\right]^4}{\left\{\mathrm{B}(\gamma,\theta)\mathrm{B}\left(\gamma+\frac{2}{\alpha},\theta-\frac{2}{\alpha}\right)-\left[\mathrm{B}\left(\gamma+\frac{1}{\alpha},\theta-\frac{1}{\alpha}\right)\right]^2\right\}^2}-3
$$

$$
=\frac{[\mathrm{B}(\gamma,\theta)]^3\mathrm{B}\left(\gamma+\frac{4}{\alpha},\theta-\frac{4}{\alpha}\right)}{\left\{\mathrm{B}(\gamma,\theta)\mathrm{B}\left(\gamma+\frac{2}{\alpha},\theta-\frac{2}{\alpha}\right)-\left[\mathrm{B}\left(\gamma+\frac{1}{\alpha},\theta-\frac{1}{\alpha}\right)\right]^2\right\}^2}
$$

$$
-\frac{4[\mathrm{B}(\gamma,\theta)]^2\mathrm{B}\left(\gamma+\frac{1}{\alpha},\theta-\frac{1}{\alpha}\right)\mathrm{B}\left(\gamma+\frac{3}{\alpha},\theta-\frac{3}{\alpha}\right)}{\left\{\mathrm{B}(\gamma,\theta)\mathrm{B}\left(\gamma+\frac{2}{\alpha},\theta-\frac{2}{\alpha}\right)-\left[\mathrm{B}\left(\gamma+\frac{1}{\alpha},\theta-\frac{1}{\alpha}\right)\right]^2\right\}^2}
$$

$$+\frac{6\mathrm{B}(\gamma,\theta)\mathrm{B}\left(\gamma+\frac{2}{\alpha},\theta-\frac{2}{\alpha}\right)\left[\mathrm{B}\left(\gamma+\frac{1}{\alpha},\theta-\frac{1}{\alpha}\right)\right]^{2}}{\left\{\mathrm{B}(\gamma,\theta)\mathrm{B}\left(\gamma+\frac{2}{\alpha},\theta-\frac{2}{\alpha}\right)-\left[\mathrm{B}\left(\gamma+\frac{1}{\alpha},\theta-\frac{1}{\alpha}\right)\right]^{2}\right\}^{2}}$$

$$-\frac{3\left[\mathrm{B}\left(\gamma+\frac{1}{\alpha},\theta-\frac{1}{\alpha}\right)\right]^{4}}{\left\{\mathrm{B}(\gamma,\theta)\mathrm{B}\left(\gamma+\frac{2}{\alpha},\theta-\frac{2}{\alpha}\right)-\left[\mathrm{B}\left(\gamma+\frac{1}{\alpha},\theta-\frac{1}{\alpha}\right)\right]^{2}\right\}^{2}}$$

$$=\frac{\left[\mathrm{B}(\gamma,\theta)\mathrm{B}\left(\gamma+\frac{2}{\alpha},\theta-\frac{2}{\alpha}\right)\right]^{2}}{\left\{\mathrm{B}(\gamma,\theta)\mathrm{B}\left(\gamma+\frac{2}{\alpha},\theta-\frac{2}{\alpha}\right)-\left[\mathrm{B}\left(\gamma+\frac{1}{\alpha},\theta-\frac{1}{\alpha}\right)\right]^{2}\right\}^{2}}$$

$$-\frac{2(\gamma,\theta)\mathrm{B}\left(\gamma+\frac{2}{\alpha^{2}}\theta-\frac{2}{\alpha}\right)\left[\mathrm{B}\left(\gamma+\frac{1}{\alpha},\theta-\frac{1}{\alpha}\right)\right]^{2}}{\left\{\mathrm{B}(\gamma,\theta)\mathrm{B}\left(\gamma+\frac{2}{\alpha},\theta-\frac{2}{\alpha}\right)-\left[\mathrm{B}\left(\gamma+\frac{1}{\alpha},\theta-\frac{1}{\alpha}\right)\right]^{2}\right\}^{2}}$$

$$+\frac{\left[\mathrm{B}\left(\gamma+\frac{1}{\alpha^{2}},\theta-\frac{1}{\alpha}\right)\right]^{4}}{\left\{\mathrm{B}(\gamma,\theta)\mathrm{B}\left(\gamma+\frac{2}{\alpha},\theta-\frac{2}{\alpha}\right)-\left[\mathrm{B}\left(\gamma+\frac{1}{\alpha},\theta-\frac{1}{\alpha}\right)\right]^{2}\right\}^{2}}$$

$$=\frac{[\mathrm{B}(\gamma,\theta)]^{3}\mathrm{B}\left(\gamma+\frac{4}{\alpha},\theta-\frac{4}{\alpha}\right)-4[\mathrm{B}(\gamma,\theta)]^{2}\mathrm{B}\left(\gamma+\frac{1}{\alpha},\theta-\frac{1}{\alpha}\right)\mathrm{B}\left(\gamma+\frac{3}{\alpha},\theta-\frac{3}{\alpha}\right)}{\left\{\mathrm{B}(\gamma,\theta)\mathrm{B}\left(\gamma+\frac{2}{\alpha},\theta-\frac{2}{\alpha}\right)-\left[\mathrm{B}\left(\gamma+\frac{1}{\alpha},\theta-\frac{1}{\alpha}\right)\right]^{2}\right\}^{2}}$$

$$+\frac{12(\gamma,\theta)\mathrm{B}\left(\gamma+\frac{2}{\alpha},\theta-\frac{2}{\alpha}\right)\left[\mathrm{B}\left(\gamma+\frac{1}{\alpha},\theta-\frac{1}{\alpha}\right)\right]^{2}}{\left\{\mathrm{B}(\gamma,\theta)\mathrm{B}\left(\gamma+\frac{2}{\alpha},\theta-\frac{2}{\alpha}\right)-\left[\mathrm{B}\left(\gamma+\frac{1}{\alpha},\theta-\frac{1}{\alpha}\right)\right]^{2}\right\}^{2}}$$

$$
-\frac{3\left[\mathrm{B}(\gamma,\theta)\mathrm{B}\left(\gamma+\frac{2}{\alpha'},\theta-\frac{2}{\alpha}\right)\right]^{2}-6\left[\mathrm{B}\left(\gamma+\frac{1}{\alpha},\theta-\frac{1}{\alpha}\right)\right]^{4}}{\left\{\mathrm{B}(\gamma,\theta)\mathrm{B}\left(\gamma+\frac{2}{\alpha},\theta-\frac{2}{\alpha}\right)-\left[\mathrm{B}\left(\gamma+\frac{1}{\alpha},\theta-\frac{1}{\alpha}\right)\right]^{2}\right\}^{2}} \tag{6-2-14}
$$

将式 (6-2-5) 和式 (6-2-12)—(6-2-14) 左端用样本估计值代替, 联立求解得到分布的 4 个参数的 MOM 法估计值.

6.2.2 极大似然法估计

由式 (6-2-1) 得到对数似然函数为

$$
\begin{aligned}
\ln L = & n\ln\alpha - n\ln\beta - n\ln B(\gamma,\theta) + (\alpha\gamma-1)\sum_{i=1}^{n}\ln\left(\frac{x_i}{\beta}\right) \\
& -(\gamma+\theta)\sum_{i=1}^{n}\ln\left[1+\left(\frac{x_i}{\beta}\right)^{\alpha}\right]
\end{aligned} \tag{6-2-15}
$$

由式 (6-2-15) 对各参数求一阶偏导数, 并令其等于零, 得到参数估计方程组.

$$
\frac{\partial\ln L}{\partial\alpha} = \frac{n}{\alpha} - n\gamma\ln\beta + \gamma\sum_{i=1}^{n}\ln x_i - (\gamma+\theta)\sum_{i=1}^{n}\left[\frac{1}{1+\left(\frac{x_i}{\beta}\right)^{\alpha}}\left(\frac{x_i}{\beta}\right)^{\alpha}\ln\left(\frac{x_i}{\beta}\right)\right] = 0 \tag{6-2-16}
$$

$$
\begin{aligned}
\frac{\partial\ln L}{\partial\beta} & = -\frac{n\gamma}{\beta} - (\alpha\gamma-1)\sum_{i=1}^{n}\frac{\beta}{x_i}\left(\frac{x_i}{\beta^2}\right) + \frac{\alpha}{\beta^{\alpha+1}}(\gamma+\theta)\sum_{i=1}^{n}\frac{x_i^{\alpha}}{1+\left(\frac{x_i}{\beta}\right)^{\alpha}} \\
& = -\frac{n\gamma}{\beta} - (\alpha\gamma-1)\sum_{i=1}^{n}\frac{1}{\beta} + \frac{\alpha}{\beta^{\alpha+1}}(\gamma+\theta)\sum_{i=1}^{n}\frac{x_i^{\alpha}}{1+\left(\frac{x_i}{\beta}\right)^{\alpha}} \\
& = -\frac{n\gamma}{\beta} - \frac{n\alpha\gamma}{\beta} + \frac{n\gamma}{\beta} + \frac{\alpha}{\beta^{\alpha+1}}(\gamma+\theta)\sum_{i=1}^{n}\frac{x_i^{\alpha}}{1+\left(\frac{x_i}{\beta}\right)^{\alpha}} \\
& = -\frac{n\alpha\gamma}{\beta} + \frac{\alpha(\gamma+\theta)}{\beta^{\alpha+1}}\sum_{i=1}^{n}\frac{x_i^{\alpha}}{1+\left(\frac{x_i}{\beta}\right)^{\alpha}} = 0
\end{aligned}
$$

$$
\frac{\partial\ln L}{\partial\gamma} = -\frac{n}{\mathrm{B}(\gamma,\theta)}\frac{d\mathrm{B}(\gamma,\theta)}{d\gamma} + \alpha\sum_{i=1}^{n}\ln\left(\frac{x_i}{\beta}\right) - \sum_{i=1}^{n}\ln\left[1+\left(\frac{x_i}{\beta}\right)^{\alpha}\right] \tag{6-2-17}
$$

对于

$$\begin{aligned}
\frac{d\mathrm{B}(\gamma,\theta)}{d\gamma} &= \frac{d}{d\gamma}\frac{\Gamma(\gamma)\Gamma(\theta)}{\Gamma(\gamma+\theta)} \\
&= \frac{\dfrac{d\Gamma(\gamma)}{d\gamma}\Gamma(\theta)\Gamma(\gamma+\theta)-\Gamma(\gamma)\Gamma(\theta)\dfrac{d\Gamma(\gamma+\theta)}{d\gamma}}{[\Gamma(\gamma+\theta)]^2} \\
&= \frac{\dfrac{d\Gamma(\gamma)}{d\gamma}\Gamma(\theta)\Gamma(\gamma)\Gamma(\gamma+\theta)}{\Gamma(\gamma)[\Gamma(\gamma+\theta)]^2} - \frac{\Gamma(\gamma)\Gamma(\theta)\dfrac{d\Gamma(\gamma+\theta)}{d\gamma}}{[\Gamma(\gamma+\theta)]^2} \\
&= \frac{\Gamma(\theta)\Gamma(\gamma)}{\Gamma(\gamma+\theta)}\frac{\dfrac{d\Gamma(\gamma)}{d\gamma}}{\Gamma(\gamma)} - \frac{\Gamma(\gamma)\Gamma(\theta)}{\Gamma(\gamma+\theta)}\frac{\dfrac{d\Gamma(\gamma+\theta)}{d\gamma}}{\Gamma(\gamma+\theta)} \\
&= \mathrm{B}(\gamma,\theta)\frac{\dfrac{d\Gamma(\gamma)}{d\gamma}}{\Gamma(\gamma)} - \mathrm{B}(\gamma,\theta)\frac{\dfrac{d\Gamma(\gamma+\theta)}{d\gamma}}{\Gamma(\gamma+\theta)} \\
&= \mathrm{B}(\gamma,\theta)\frac{\dfrac{d\Gamma(\gamma)}{d\gamma}}{\Gamma(\gamma)} - \mathrm{B}(\gamma,\theta)\frac{\dfrac{d\Gamma(\gamma+\theta)}{d\gamma}}{\Gamma(\gamma+\theta)} \\
&= \mathrm{B}(\gamma,\theta)[\Psi(\gamma)-\Psi(\gamma+\theta)]
\end{aligned}$$

则

$$\begin{aligned}
\frac{\partial \ln L}{\partial \gamma} =& -\frac{n}{\mathrm{B}(\gamma,\theta)}\mathrm{B}(\gamma,\theta)[\Psi(\gamma)-\Psi(\gamma+\theta)] \\
&+\alpha\sum_{i=1}^{n}\ln\left(\frac{x_i}{\beta}\right)-\sum_{i=1}^{n}\ln\left[1+\left(\frac{x_i}{\beta}\right)^{\alpha}\right] \\
=& -n[\Psi(\gamma)-\Psi(\gamma+\theta)]+\alpha\sum_{i=1}^{n}\ln\left(\frac{x_i}{\beta}\right)-\sum_{i=1}^{n}\ln\left[1+\left(\frac{x_i}{\beta}\right)^{\alpha}\right]=0
\end{aligned} \tag{6-2-18}$$

$$\begin{aligned}
\frac{\partial \ln L}{\partial \theta} &= -\frac{n}{\mathrm{B}(\gamma,\theta)}\frac{d\mathrm{B}(\gamma,\theta)}{d\theta}-\sum_{i=1}^{n}\ln\left[1+\left(\frac{x_i}{\beta}\right)^{\alpha}\right] \\
&= -n[\Psi(\gamma)-\Psi(\gamma+\theta)]-\sum_{i=1}^{n}\ln\left[1+\left(\frac{x_i}{\beta}\right)^{\alpha}\right]=0
\end{aligned} \tag{6-2-19}$$

联立式 (6-2-16)—(6-2-19)，通过求解非线性方程组，即可得到分布参数的 MLM 法估计值.

6.2.3 混合矩法估计

GB2 分布概率密度函数的 Mellin 变换为

$$\begin{aligned}M(f;s) &= \int_0^\infty x^{s-1} f(x)\,dx \\ &= \int_0^\infty x^{s-1} \frac{\alpha}{\beta \mathrm{B}(\gamma,\theta)} \left(\frac{x}{\beta}\right)^{\alpha\gamma-1} \left[1+\left(\frac{x}{\beta}\right)^{\alpha}\right]^{-(\gamma+\theta)} dx \end{aligned} \tag{6-2-20}$$

令 $y=\left(\dfrac{x}{\beta}\right)^{\alpha}$，当 $x=0$ 时，$y=0$，当 $x\to\infty$ 时，$y\to\infty, x=\beta y^{\frac{1}{\alpha}}, dx=\dfrac{\beta}{\alpha}y^{\frac{1}{\alpha}-1}dy$. 则

$$\begin{aligned}M(f;s) &= \int_0^\infty \left(\beta y^{\frac{1}{\alpha}}\right)^{s-1} \frac{\alpha}{\beta \mathrm{B}(\gamma,\theta)} \left(\frac{1}{\beta}\beta y^{\frac{1}{\alpha}}\right)^{\alpha\gamma-1} \left[1+\left(\frac{1}{\beta}\beta y^{\frac{1}{\alpha}}\right)^{\alpha}\right]^{-(\gamma+\theta)} \frac{\beta}{\alpha} y^{\frac{1}{\alpha}-1} dy \\ &= \int_0^\infty \beta^{s-1} \frac{\alpha}{\beta \mathrm{B}(\gamma,\theta)} \frac{\beta}{\alpha} y^{\frac{s}{\alpha}-\frac{1}{\alpha}+\gamma-\frac{1}{\alpha}+\frac{1}{\alpha}-1} (1+y)^{-(\gamma+\theta)} dy \\ &= \frac{\beta^{s-1}}{\mathrm{B}(\gamma,\theta)} \int_0^\infty y^{\gamma+\frac{s}{\alpha}-\frac{1}{\alpha}-1} (1+y)^{-(\gamma+\theta)} dy \\ &= \frac{\beta^{s-1}}{\mathrm{B}(\gamma,\theta)} \int_0^\infty y^{\gamma+\frac{s}{\alpha}-\frac{1}{\alpha}-1} (1+y)^{-(\gamma+\theta)} dy \end{aligned}$$

令 $u=\dfrac{y}{1+y}$，当 $y=0$ 时，$u=0$，当 $y\to\infty$ 时，$u=1, y=\dfrac{u}{1-u}, dy=\dfrac{1}{(1-u)^2}du$. 则

$$\begin{aligned}M(f;s) &= \frac{\beta^{s-1}}{\mathrm{B}(\gamma,\theta)} \int_0^\infty \left(\frac{u}{1-u}\right)^{\gamma+\frac{s}{\alpha}-\frac{1}{\alpha}-1} \left(1+\frac{u}{1-u}\right)^{-(\gamma+\theta)} \frac{1}{(1-u)^2} du \\ &= \frac{\beta^{s-1}}{\mathrm{B}(\gamma,\theta)} \int_0^\infty u^{\gamma+\frac{s}{\alpha}-\frac{1}{\alpha}-1} (1-u)^{-\gamma-\frac{s}{\alpha}+\frac{1}{\alpha}+1} (1-u)^{\gamma+\theta} (1-u)^{-2} du \\ &= \frac{\beta^{s-1}}{\mathrm{B}(\gamma,\theta)} \int_0^\infty u^{\gamma+\frac{s}{\alpha}-\frac{1}{\alpha}-1} (1-u)^{-\gamma+\gamma+\theta-\frac{s}{\alpha}+\frac{1}{\alpha}+1-2} du \\ &= \frac{\beta^{s-1}}{\mathrm{B}(\gamma,\theta)} \int_0^\infty u^{\gamma+\frac{s}{\alpha}-\frac{1}{\alpha}-1} (1-u)^{\theta-\frac{s}{\alpha}+\frac{1}{\alpha}-1} du \\ &= \frac{\beta^{s-1}}{\mathrm{B}(\gamma,\theta)} \mathrm{B}\left(\gamma+\frac{s}{\alpha}-\frac{1}{\alpha}, \theta-\frac{s}{\alpha}+\frac{1}{\alpha}\right) \end{aligned} \tag{6-2-21}$$

当 $s=2$ 时, 由式 (6-2-21) 有

$$M(f;2)=\frac{\beta}{\mathrm{B}(\gamma,\theta)}\mathrm{B}\left(\gamma+\frac{1}{\alpha},\theta-\frac{1}{\alpha}\right)=E(X) \tag{6-2-22}$$

分别由式 (6-2-20) 和式 (6-2-21) 对 s 求一阶偏导数并联立, 有

$$\begin{aligned}\frac{\partial M(f;s)}{\partial s}&=\int_0^{\infty}x^{s-1}\ln x\cdot f(x)\,dx\\&=\int_0^{\infty}x^{s-1}\ln x\cdot\frac{\alpha}{\beta\mathrm{B}(\gamma,\theta)}\left(\frac{x}{\beta}\right)^{\alpha\gamma-1}\left[1+\left(\frac{x}{\beta}\right)^{\alpha}\right]^{-(\gamma+\theta)}dx\end{aligned} \tag{6-2-23}$$

令 $y=\left(\frac{x}{\beta}\right)^{\alpha}$, 当 $x=0$ 时, $y=0$, 当 $x\to\infty$ 时, $y\to\infty,x=\beta y^{\frac{1}{\alpha}},dx=\frac{\beta}{\alpha}y^{\frac{1}{\alpha}-1}dy$. 则

$$\begin{aligned}\frac{\partial M(f;s)}{\partial s}&=\int_0^{\infty}\left(\beta y^{\frac{1}{\alpha}}\right)^{s-1}\ln x\cdot\frac{\alpha}{\beta\mathrm{B}(\gamma,\theta)}\left(\frac{1}{\beta}\beta y^{\frac{1}{\alpha}}\right)^{\alpha\gamma-1}(1+y)^{-(\gamma+\theta)}\frac{\beta}{\alpha}y^{\frac{1}{\alpha}-1}dy\\&=\int_0^{\infty}\left(\beta y^{\frac{1}{\alpha}}\right)^{s-1}\ln\left(\beta y^{\frac{1}{\alpha}}\right)\cdot\frac{\alpha}{\beta\mathrm{B}(\gamma,\theta)}\left(\frac{1}{\beta}\beta y^{\frac{1}{\alpha}}\right)^{\alpha\gamma-1}(1+y)^{-(\gamma+\theta)}\frac{\beta}{\alpha}y^{\frac{1}{\alpha}-1}dy\\&=\int_0^{\infty}\beta^{s-1}y^{\frac{s}{\alpha}-\frac{1}{\alpha}}(\ln\beta-\alpha\ln y)\cdot\frac{\alpha}{\beta\mathrm{B}(\gamma,\theta)}y^{\gamma-\frac{1}{\alpha}}(1+y)^{-(\gamma+\theta)}\frac{\beta}{\alpha}y^{\frac{1}{\alpha}-1}dy\\&=\int_0^{\infty}(\ln\beta-\alpha\ln y)\cdot\beta^{s-1}\frac{\beta}{\alpha}\frac{\alpha}{\beta\mathrm{B}(\gamma,\theta)}y^{\gamma+\frac{s}{\alpha}-\frac{1}{\alpha}-\frac{1}{\alpha}+\frac{1}{\alpha}-1}(1+y)^{-(\gamma+\theta)}dy\\&=\frac{\beta^{s-1}}{\mathrm{B}(\gamma,\theta)}\int_0^{\infty}(\ln\beta-\alpha\ln y)\,y^{\gamma+\frac{s}{\alpha}-\frac{1}{\alpha}-1}(1+y)^{-(\gamma+\theta)}dy\\&=\frac{\beta^{s-1}}{\mathrm{B}(\gamma,\theta)}\left[\ln\beta\int_0^{\infty}y^{\gamma+\frac{s}{\alpha}-\frac{1}{\alpha}-1}(1+y)^{-(\gamma+\theta)}dy\right.\\&\quad\left.-\alpha\int_0^{\infty}\ln y\cdot y^{\gamma+\frac{s}{\alpha}-\frac{1}{\alpha}-1}(1+y)^{-(\gamma+\theta)}dy\right]\end{aligned} \tag{6-2-24}$$

对于式 (6-2-24) 第 1 项积分, 按照 (6-2-21) 有

$$\int_0^{\infty}y^{\gamma+\frac{s}{\alpha}-\frac{1}{\alpha}-1}(1+y)^{-(\gamma+\theta)}dy=\mathrm{B}\left(\gamma+\frac{s}{\alpha}-\frac{1}{\alpha},\theta-\frac{s}{\alpha}+\frac{1}{\alpha}\right).$$

对于式 (6-2-24) 第 2 项积分, 令 $u=\frac{y}{1+y}$, 当 $y=0$ 时, $u=0$, 当 $y\to\infty$ 时, $u=1,y=\frac{u}{1-u},dy=\frac{1}{(1-u)^2}du$, 有

$$
\begin{aligned}
&\int_0^\infty \ln y\cdot y^{\gamma+\frac{s}{\alpha}-\frac{1}{\alpha}-1}(1+y)^{-(\gamma+\theta)}dy\\
=&\int_0^\infty \ln\left(\frac{u}{1-u}\right)\cdot\left(\frac{u}{1-u}\right)^{\gamma+\frac{s}{\alpha}-\frac{1}{\alpha}-1}\left(1+\frac{u}{1-u}\right)^{-(\gamma+\theta)}\frac{1}{(1-u)^2}du\\
=&\int_0^\infty [\ln u-\ln(1-u)]\cdot u^{\gamma+\frac{s}{\alpha}-\frac{1}{\alpha}-1}(1-u)^{-\gamma-\frac{s}{\alpha}+\frac{1}{\alpha}+1}(1-u)^{\gamma+\theta}(1-u)^{-2}du\\
=&\int_0^\infty [\ln u-\ln(1-u)]\cdot u^{\gamma+\frac{s}{\alpha}-\frac{1}{\alpha}-1}(1-u)^{\gamma+\theta-\gamma-\frac{s}{\alpha}+\frac{1}{\alpha}+1-2}du\\
=&\int_0^\infty [\ln u-\ln(1-u)]\cdot u^{\gamma+\frac{s}{\alpha}-\frac{1}{\alpha}-1}(1-u)^{\theta-\frac{s}{\alpha}+\frac{1}{\alpha}-1}du
\end{aligned}
$$

因为

$$
\begin{aligned}
&\frac{\partial}{\partial s}\int_0^\infty u^{\gamma+\frac{s}{\alpha}-\frac{1}{\alpha}-1}(1-u)^{\theta-\frac{s}{\alpha}+\frac{1}{\alpha}-1}du\\
=&\int_0^\infty\left[\frac{1}{\alpha}u^{\gamma+\frac{s}{\alpha}-\frac{1}{\alpha}-1}\ln u\,(1-u)^{\theta-\frac{s}{\alpha}+\frac{1}{\alpha}-1}\right.\\
&\left.-\frac{1}{\alpha}u^{\gamma+\frac{s}{\alpha}-\frac{1}{\alpha}-1}(1-u)^{\theta-\frac{s}{\alpha}+\frac{1}{\alpha}-1}\ln(1-u)\right]du\\
=&\frac{1}{\alpha}\int_0^\infty[\ln u-\ln(1-u)]\,u^{\gamma+\frac{s}{\alpha}-\frac{1}{\alpha}-1}(1-u)^{\theta-\frac{s}{\alpha}+\frac{1}{\alpha}-1}du
\end{aligned}
$$

所以, 有

$$
\begin{aligned}
&\alpha\int_0^\infty \ln y\cdot y^{\gamma+\frac{s}{\alpha}-\frac{1}{\alpha}-1}(1+y)^{-(\gamma+\theta)}dy\\
=&\frac{\partial}{\partial s}\int_0^\infty u^{\gamma+\frac{s}{\alpha}-\frac{1}{\alpha}-1}(1-u)^{\theta-\frac{s}{\alpha}+\frac{1}{\alpha}-1}du\\
=&\frac{\partial \mathrm{B}\left(\gamma+\frac{s}{\alpha}-\frac{1}{\alpha},\theta-\frac{s}{\alpha}+\frac{1}{\alpha}\right)}{\partial s}
\end{aligned}
$$

则

$$
\begin{aligned}
\frac{\partial M(f;s)}{\partial s}=&\frac{\beta^{s-1}}{\mathrm{B}(\gamma,\theta)}\left[\ln\beta\mathrm{B}\left(\gamma+\frac{s}{\alpha}-\frac{1}{\alpha},\theta-\frac{s}{\alpha}+\frac{1}{\alpha}\right)\right.\\
&\left.-\frac{\partial}{\partial s}\int_0^\infty u^{\gamma+\frac{s}{\alpha}-\frac{1}{\alpha}-1}(1-u)^{\theta-\frac{s}{\alpha}+\frac{1}{\alpha}-1}du\right]\\
=&\frac{\beta^{s-1}\ln\beta}{\mathrm{B}(\gamma,\theta)}\mathrm{B}\left(\gamma+\frac{s}{\alpha}-\frac{1}{\alpha},\theta-\frac{s}{\alpha}+\frac{1}{\alpha}\right)
\end{aligned}
$$

$$-\frac{\beta^{s-1}}{\mathrm{B}(\gamma,\theta)}\frac{\partial \mathrm{B}\left(\gamma+\dfrac{s}{\alpha}-\dfrac{1}{\alpha},\theta-\dfrac{s}{\alpha}+\dfrac{1}{\alpha}\right)}{\partial s} \tag{6-2-25}$$

根据 Beta 函数与 Gamma 函数的关系, 有

$$\frac{\partial B\left(\gamma+\dfrac{s}{\alpha}-\dfrac{1}{\alpha},\theta-\dfrac{s}{\alpha}+\dfrac{1}{\alpha}\right)}{\partial s}=\frac{\partial}{\partial s}\left[\frac{\Gamma\left(\gamma+\dfrac{s}{\alpha}-\dfrac{1}{\alpha}\right)\Gamma\left(\theta-\dfrac{s}{\alpha}+\dfrac{1}{\alpha}\right)}{\Gamma(\gamma+\theta)}\right]$$

$$=\frac{\dfrac{d\Gamma\left(\gamma+\dfrac{s}{\alpha}-\dfrac{1}{\alpha}\right)}{d\left(\gamma+\dfrac{s}{\alpha}-\dfrac{1}{\alpha}\right)}\dfrac{d\left(\gamma+\dfrac{s}{\alpha}-\dfrac{1}{\alpha}\right)}{ds}\Gamma\left(\theta-\dfrac{s}{\alpha}+\dfrac{1}{\alpha}\right)}{\Gamma(\gamma+\theta)}$$

$$+\frac{\Gamma\left(\gamma+\dfrac{s}{\alpha}-\dfrac{1}{\alpha}\right)\dfrac{d\Gamma\left(\theta-\dfrac{s}{\alpha}+\dfrac{1}{\alpha}\right)}{d\left(\theta-\dfrac{s}{\alpha}+\dfrac{1}{\alpha}\right)}\dfrac{d\left(\theta-\dfrac{s}{\alpha}+\dfrac{1}{\alpha}\right)}{ds}}{\Gamma(\gamma+\theta)}$$

$$=\frac{\dfrac{d\Gamma\left(\gamma+\dfrac{s}{\alpha}-\dfrac{1}{\alpha}\right)}{d\left(\gamma+\dfrac{s}{\alpha}-\dfrac{1}{\alpha}\right)}\Gamma\left(\theta-\dfrac{s}{\alpha}+\dfrac{1}{\alpha}\right)}{\alpha\Gamma(\gamma+\theta)}$$

$$-\frac{\Gamma\left(\gamma+\dfrac{s}{\alpha}-\dfrac{1}{\alpha}\right)\dfrac{d\Gamma\left(\theta-\dfrac{s}{\alpha}+\dfrac{1}{\alpha}\right)}{d\left(\theta-\dfrac{s}{\alpha}+\dfrac{1}{\alpha}\right)}}{\alpha\Gamma(\gamma+\theta)}$$

$$=\frac{1}{\alpha\Gamma(\gamma+\theta)}\left[\frac{d\Gamma\left(\gamma+\dfrac{s}{\alpha}-\dfrac{1}{\alpha}\right)}{d\left(\gamma+\dfrac{s}{\alpha}-\dfrac{1}{\alpha}\right)}\Gamma\left(\theta-\dfrac{s}{\alpha}+\dfrac{1}{\alpha}\right)\right.$$

$$\left.-\Gamma\left(\gamma+\frac{s}{\alpha}-\frac{1}{\alpha}\right)\frac{d\Gamma\left(\theta-\dfrac{s}{\alpha}+\dfrac{1}{\alpha}\right)}{d\left(\theta-\dfrac{s}{\alpha}+\dfrac{1}{\alpha}\right)}\right]$$

则

$$\frac{\partial M(f;s)}{\partial s}=\frac{\beta^{s-1}\ln\beta}{\mathrm{B}(\gamma,\theta)}\mathrm{B}\left(\gamma+\frac{s}{\alpha}-\frac{1}{\alpha},\theta-\frac{s}{\alpha}+\frac{1}{\alpha}\right)$$

$$-\frac{\beta^{s-1}}{\mathrm{B}(\gamma,\theta)}\frac{1}{\alpha\Gamma(\gamma+\theta)}\left[\frac{d\Gamma\left(\gamma+\frac{s}{\alpha}-\frac{1}{\alpha}\right)}{d\left(\gamma+\frac{s}{\alpha}-\frac{1}{\alpha}\right)}\Gamma\left(\theta-\frac{s}{\alpha}+\frac{1}{\alpha}\right)\right.$$

$$\left.-\Gamma\left(\gamma+\frac{s}{\alpha}-\frac{1}{\alpha}\right)\frac{d\Gamma\left(\theta-\frac{s}{\alpha}+\frac{1}{\alpha}\right)}{d\left(\theta-\frac{s}{\alpha}+\frac{1}{\alpha}\right)}\right] \tag{6-2-26}$$

当 $s=1$ 时, 由式 (6-2-26) 有

$$\left.\frac{\partial M(f;s)}{\partial s}\right|_{s=1}=\frac{\ln\beta}{\mathrm{B}(\gamma,\theta)}\mathrm{B}(\gamma,\theta)+\frac{1}{\mathrm{B}(\gamma,\theta)}\frac{1}{\alpha\Gamma(\gamma+\theta)}\left[\frac{d\Gamma(\gamma)}{d\gamma}\Gamma(\theta)-\Gamma(\gamma)\frac{d\Gamma(\theta)}{d\theta}\right]$$

$$=\ln\beta-\frac{1}{\alpha}\left[\frac{1}{\Gamma(\gamma)}\frac{d\Gamma(\gamma)}{d\gamma}-\frac{1}{\Gamma(\theta)}\frac{d\Gamma(\theta)}{d\theta}\right]$$

$$=\ln\beta+\frac{1}{\alpha}\left[\Psi(\gamma)-\Psi(\theta)\right]=E(\ln x) \tag{6-2-27}$$

联立式 (6-2-5)、式 (6-2-12)、式 (6-2-13) 和式 (6-2-27), 求解方程组可得未知参数的 MIXM 法估计值.

6.2.4 概率权重混合矩法估计

根据不超越 PWM 定义, 得到 GB2 分布的 $r=0,1$ 阶不超越 PWM 为

$$M_{1,0,0}=E(X)=\frac{\beta}{\mathrm{B}(\gamma,\theta)}\mathrm{B}\left(\gamma+\frac{1}{\alpha},\theta-\frac{1}{\alpha}\right) \tag{6-2-28}$$

$$M_{1,1,0}=\int_0^\infty x\int_0^x\left\{\frac{\alpha}{\beta\mathrm{B}(\gamma,\theta)}\left(\frac{t}{\beta}\right)^{\alpha\gamma-1}\left[1+\left(\frac{t}{\beta}\right)^{\alpha}\right]^{-(\gamma+\theta)}dt\right\}$$

$$\times\frac{\alpha}{\beta\mathrm{B}(\gamma,\theta)}\left(\frac{x}{\beta}\right)^{\alpha\gamma-1}\left[1+\left(\frac{x}{\beta}\right)^{\alpha}\right]^{-(\gamma+\theta)}dx \tag{6-2-29}$$

令 $u=\left(\frac{t}{\beta}\right)^{\alpha}$, 当 $t=0$ 时, $u=0$, 当 $t=x$ 时, $u=\left(\frac{x}{\beta}\right)^{\alpha}$, $t=\beta u^{\frac{1}{\alpha}}, dt=\frac{\beta}{\alpha}u^{\frac{1}{\alpha}-1}du$. 则

$$M_{1,1,0}=\int_0^\infty x\int_0^{\left(\frac{x}{\beta}\right)^{\alpha}}\left\{\frac{\alpha}{\beta\mathrm{B}(\gamma,\theta)}\left(\frac{1}{\beta}\beta u^{\frac{1}{\alpha}}\right)^{\alpha\gamma-1}(1+u)^{-(\gamma+\theta)}\frac{\beta}{\alpha}u^{\frac{1}{\alpha}-1}du\right\}$$

$$\times \frac{\alpha}{\beta \mathrm{B}(\gamma,\theta)}\left(\frac{x}{\beta}\right)^{\alpha\gamma-1}\left[1+\left(\frac{x}{\beta}\right)^{\alpha}\right]^{-(\gamma+\theta)}dx$$

$$=\int_0^{\infty} x\int_0^{\left(\frac{x}{\beta}\right)^{\alpha}}\left\{\frac{\alpha}{\beta \mathrm{B}(\gamma,\theta)}u^{\gamma-\frac{1}{\alpha}}(1+u)^{-(\gamma+\theta)}u^{\frac{1}{\alpha}-1}\frac{\beta}{\alpha}du\right\}$$

$$\times \frac{\alpha}{\beta \mathrm{B}(\gamma,\theta)}\left(\frac{x}{\beta}\right)^{\alpha\gamma-1}\left[1+\left(\frac{x}{\beta}\right)^{\alpha}\right]^{-(\gamma+\theta)}dx$$

$$=\int_0^{\infty} x\int_0^{\left(\frac{x}{\beta}\right)^{\alpha}}\left\{\frac{\alpha}{\beta \mathrm{B}(\gamma,\theta)}\frac{\beta}{\alpha}u^{\gamma-\frac{1}{\alpha}+\frac{1}{\alpha}-1}(1+u)^{-(\gamma+\theta)}du\right\}$$

$$\times \frac{\alpha}{\beta \mathrm{B}(\gamma,\theta)}\left(\frac{x}{\beta}\right)^{\alpha\gamma-1}\left[1+\left(\frac{x}{\beta}\right)^{\alpha}\right]^{-(\gamma+\theta)}dx$$

$$=\int_0^{\infty} x\int_0^{\left(\frac{x}{\beta}\right)^{\alpha}}\left\{\frac{1}{\mathrm{B}(\gamma,\theta)}u^{\gamma-1}(1+u)^{-(\gamma+\theta)}du\right\}$$

$$\times \frac{\alpha}{\beta \mathrm{B}(\gamma,\theta)}\left(\frac{x}{\beta}\right)^{\alpha\gamma-1}\left[1+\left(\frac{x}{\beta}\right)^{\alpha}\right]^{-(\gamma+\theta)}dx$$

令 $v=\left(\frac{x}{\beta}\right)^{\alpha}$, 当 $x=0$ 时, $v=0$, 当 $x\to\infty$ 时, $v\to\infty, x=\beta v^{\frac{1}{\alpha}}, dx=\frac{\beta}{\alpha}v^{\frac{1}{\alpha}-1}dv$, 有

$$M_{1,1,0}=\int_0^{\infty}\beta v^{\frac{1}{\alpha}}\int_0^{v}\left\{\frac{1}{\mathrm{B}(\gamma,\theta)}u^{\gamma-1}(1+u)^{-(\gamma+\theta)}du\right\}$$

$$\times \frac{\alpha}{\beta \mathrm{B}(\gamma,\theta)}\left(\frac{1}{\beta}\beta v^{\frac{1}{\alpha}}\right)^{\alpha\gamma-1}(1+v)^{-(\gamma+\theta)}\frac{\beta}{\alpha}v^{\frac{1}{\alpha}-1}dv$$

$$=\int_0^{\infty}\beta v^{\frac{1}{\alpha}}\int_0^{v}\left\{\frac{1}{\mathrm{B}(\gamma,\theta)}u^{\gamma-1}(1+u)^{-(\gamma+\theta)}du\right\}$$

$$\times \frac{\alpha}{\beta \mathrm{B}(\gamma,\theta)}v^{\gamma-\frac{1}{\alpha}}(1+v)^{-(\gamma+\theta)}\frac{\beta}{\alpha}v^{\frac{1}{\alpha}-1}dv$$

$$=\int_0^{\infty}\int_0^{v}\left\{\frac{1}{\mathrm{B}(\gamma,\theta)}u^{\gamma-1}(1+u)^{-(\gamma+\theta)}du\right\}$$

$$\times \frac{\alpha\beta}{\beta \mathrm{B}(\gamma,\theta)}\frac{\beta}{\alpha}v^{\gamma-\frac{1}{\alpha}+\frac{1}{\alpha}+\frac{1}{\alpha}-1}(1+v)^{-(\gamma+\theta)}dv$$

$$=\frac{\beta}{[\mathrm{B}(\gamma,\theta)]^2}\int_0^{\infty}\int_0^{v}\left\{u^{\gamma-1}(1+u)^{-(\gamma+\theta)}du\right\}$$

$$\times v^{\gamma+\frac{1}{\alpha}-1}(1+v)^{-(\gamma+\theta)}dv$$

$$=\frac{\beta}{[\mathrm{B}(\gamma,\theta)]^2}S_1(\gamma,\theta) \tag{6-2-30}$$

式中, $S_1(\gamma,\theta)=\int_0^{\infty}\int_0^{v}\left\{u^{\gamma-1}(1+u)^{-(\gamma+\theta)}du\right\}v^{\gamma+\frac{1}{\alpha}-1}(1+v)^{-(\gamma+\theta)}dv$.

令 $z=\frac{u}{1+u}$, 当 $u=0$ 时, $z=0$, 当 $u=v$ 时, $z=\frac{v}{1+v}$, $u=\frac{z}{1-z}$, $du=\frac{1}{(1-z)^2}dz$, 则

$$
\begin{aligned}
\int_0^{v}u^{\gamma-1}(1+u)^{-(\gamma+\theta)}du&=\int_0^{\frac{v}{1+v}}\left(\frac{z}{1-z}\right)^{\gamma-1}\left(1+\frac{z}{1-z}\right)^{-(\gamma+\theta)}\frac{1}{(1-z)^2}dz\\
&=\int_0^{\frac{v}{1+v}}z^{\gamma-1}(1-z)^{-\gamma+1}(1-z)^{\gamma+\theta}(1-z)^{-2}dz\\
&=\int_0^{\frac{v}{1+v}}z^{\gamma-1}(1-z)^{\gamma+\theta-\gamma+1-2}dz\\
&=\int_0^{\frac{v}{1+v}}z^{\gamma-1}(1-z)^{\theta-1}dz=I_{\frac{v}{1+v}}(\gamma,\theta)
\end{aligned}\tag{6-2-31}
$$

式中, $I_z(a,b)$ 为不完全 Beta 函数.

已知不完全 Beta 函数与广义超几何函数间的关系

$$
I_x(a,b)=x^a a^{-1}{}_2F_1(a,1-b;a+1;x),\quad 0<|x|<1\tag{6-2-32}
$$

则

$$
\begin{aligned}
I_z(\gamma,\theta)&=\left(\frac{v}{1+v}\right)^{\gamma}\gamma^{-1}{}_2F_1\left(\gamma,1-\theta;\gamma+1;\frac{v}{1+v}\right)\\
&=\frac{1}{\gamma}\sum_{n=0}^{\infty}\frac{(\gamma)_n(1-\theta)_n}{(\gamma+1)_n}\frac{1}{n!}\left(\frac{v}{1+v}\right)^{\gamma+n}\\
&=\sum_{n=0}^{\infty}\frac{1}{n(\gamma+n)}\frac{1}{\mathrm{B}(1-\theta,n)}\left(\frac{v}{1+v}\right)^{\gamma+n}
\end{aligned}\tag{6-2-33}
$$

$$
\begin{aligned}
S_1(\gamma,\theta)&=\int_0^{\infty}I_{\frac{v}{1+v}}(\gamma,\theta)v^{\gamma+\frac{1}{\alpha}-1}(1+v)^{-(\gamma+\theta)}dv\\
&=\int_0^{\infty}\sum_{n=0}^{\infty}\frac{1}{n(\gamma+n)}\frac{1}{\mathrm{B}(1-\theta,n)}\left(\frac{v}{1+v}\right)^{\gamma+n}v^{\gamma+\frac{1}{\alpha}-1}(1+v)^{-(\gamma+\theta)}dv\\
&=\sum_{n=0}^{\infty}\frac{1}{n(\gamma+n)}\frac{1}{\mathrm{B}(1-\theta,n)}\int_0^{\infty}\left(\frac{v}{1+v}\right)^{\gamma+n}v^{\gamma+\frac{1}{\alpha}-1}(1+v)^{-(\gamma+\theta)}dv\\
&=\sum_{n=0}^{\infty}\frac{1}{n(\gamma+n)}\frac{1}{\mathrm{B}(1-\theta,n)}\int_0^{\infty}v^{\gamma+n+\gamma+\frac{1}{\alpha}-1}(1+v)^{-(\gamma+\theta)-\gamma-n}dv
\end{aligned}
$$

$$=\sum_{n=0}^{\infty}\frac{1}{n(\gamma+n)}\frac{1}{\mathrm{B}(1-\theta,n)}\int_0^{\infty}v^{2\gamma+\frac{1}{\alpha}+n-1}(1+v)^{-(2\gamma+\theta+n)}dv$$

令 $z=\frac{v}{1+v}$, 当 $v=0$ 时, $z=0$, 当 $v\to\infty$ 时, $z\to\infty, v=\frac{z}{1-z}, dv=\frac{1}{(1-z)^2}dz$, 则

$$\begin{aligned}S_1(\gamma,\theta)=&\sum_{n=0}^{\infty}\frac{1}{n(\gamma+n)}\frac{1}{\mathrm{B}(1-\theta,n)}\\&\times\int_0^{\infty}\left(\frac{z}{1-z}\right)^{2\gamma+\frac{1}{\alpha}+n-1}\left(1+\frac{z}{1-z}\right)^{-(2\gamma+\theta+n)}\frac{1}{(1-z)^2}dz\\=&\sum_{n=0}^{\infty}\frac{1}{n(\gamma+n)}\frac{1}{\mathrm{B}(1-\theta,n)}\\&\times\int_0^{\infty}z^{2\gamma+\frac{1}{\alpha}+n-1}(1-z)^{-2\gamma-\frac{1}{\alpha}-n+1}(1-z)^{2\gamma+\theta+n}(1-z)^{-2}dz\\=&\sum_{n=0}^{\infty}\frac{1}{n(\gamma+n)}\frac{1}{\mathrm{B}(1-\theta,n)}\\&\times\int_0^{\infty}z^{2\gamma+\frac{1}{\alpha}+n-1}(1-z)^{-2\gamma-\frac{1}{\alpha}-n+1+2\gamma+\theta+n-2}dz\\=&\sum_{n=0}^{\infty}\frac{1}{n(\gamma+n)}\frac{1}{\mathrm{B}(1-\theta,n)}\int_0^{\infty}z^{2\gamma+\frac{1}{\alpha}+n-1}(1-z)^{\theta-\frac{1}{\alpha}-1}dz\\=&\sum_{n=0}^{\infty}\frac{1}{n(\gamma+n)}\frac{1}{\mathrm{B}(1-\theta,n)}\mathrm{B}\left(2\gamma+\frac{1}{\alpha}+n,\theta-\frac{1}{\alpha}\right)\end{aligned}\tag{6-2-34}$$

将式 (6-2-34) 代入式 (6-2-30), 则

$$M_{1,1,0}=\frac{\beta}{[\mathrm{B}(\gamma,\theta)]^2}\sum_{n=0}^{\infty}\frac{1}{n(\gamma+n)}\frac{1}{\mathrm{B}(1-\theta,n)}\mathrm{B}\left(2\gamma+\frac{1}{\alpha}+n,\theta-\frac{1}{\alpha}\right)\tag{6-2-35}$$

由

$$\begin{aligned}M(g_0;s)&=\int_0^{\infty}x^{s-1}g_0(x)dx=\int_0^{\infty}x^{s-1}f(x)dx=M(f;s)\\&=\frac{\beta^{s-1}}{\mathrm{B}(\gamma,\theta)}\mathrm{B}\left(\gamma+\frac{s}{\alpha}-\frac{1}{\alpha},\theta-\frac{s}{\alpha}+\frac{1}{\alpha}\right)\end{aligned}\tag{6-2-36}$$

对式 (6-2-36) 关于 s 求一阶偏导数, 并结合以上式, 有

$$\left.\frac{\partial M(g_0;s)}{\partial s}\right|_{s=1}\left.\frac{\partial M(f;s)}{\partial s}\right|_{s=1}=M_{1,1,0}(\ln x)=\ln\beta+\frac{1}{\alpha}[\Psi(\gamma)-\Psi(\theta)]\tag{6-2-37}$$

$$M(g_1;s)-\int_0^\infty x^{s-1}\int_0^x\left\{\frac{\alpha}{\beta\mathrm{B}(\gamma,\theta)}\left(\frac{t}{\beta}\right)^{\alpha\gamma-1}\left[1+\left(\frac{t}{\beta}\right)^{\alpha}\right]^{-(\gamma+\theta)}dt\right\}$$
$$\times\frac{\alpha}{\beta\mathrm{B}(\gamma,\theta)}\left(\frac{x}{\beta}\right)^{\alpha\gamma-1}\left[1+\left(\frac{x}{\beta}\right)^{\alpha}\right]^{-(\gamma+\theta)}dx \tag{6-2-38}$$

采用相同的推导方法, 由式 (6-2-38) 进行推导化简, 有

$$\begin{aligned}M(g_1;s)=&\frac{\beta^{s-1}}{[\mathrm{B}(\gamma,\theta)]^2}\int_0^\infty\sum_{n=0}^{\infty}\frac{(1-\theta)_n}{n!(\gamma+n)}\left(\frac{v}{1+v}\right)^{\gamma+n}v^{\gamma+\frac{s}{\alpha}-\frac{1}{\alpha}-1}(1+v)^{-(\gamma+\theta)}dv\\
=&\frac{\beta^{s-1}}{[\mathrm{B}(\gamma,\theta)]^2}\sum_{n=0}^{\infty}\frac{1}{n(\gamma+n)}\frac{1}{\mathrm{B}(1-\theta,n)}\\
&\times\int_0^\infty v^{2\gamma+\frac{s}{\alpha}-\frac{1}{\alpha}+n-1}(1+v)^{-(2\gamma+\theta+n)}dv\\
=&\frac{\beta^{s-1}}{[\mathrm{B}(\gamma,\theta)]^2}\frac{1}{\Gamma(1-\theta)}\sum_{n=0}^{\infty}\frac{\Gamma(1-\theta+n)}{(\gamma+n)\Gamma(n+1)}\\
&\times\mathrm{B}\left(2\gamma+\frac{s}{\alpha}-\frac{1}{\alpha}+n,\theta-\frac{s}{\alpha}+\frac{1}{\alpha}\right)\end{aligned}\tag{6-2-39}$$

对式 (6-2-39) 关于 s 求一阶偏导数, 经化简, 有

$$\begin{aligned}\frac{\partial M(g_1;s)}{\partial s}=&\frac{\beta^{s-1}}{[\mathrm{B}(\gamma,\theta)]^2}\frac{1}{\Gamma(1-\theta)}\sum_{n=0}^{\infty}\frac{\Gamma(1-\theta+n)}{(\gamma+n)\Gamma(n+1)}\\
&\times\mathrm{B}\left(2\gamma+\frac{s}{\alpha}-\frac{1}{\alpha}+n,\theta-\frac{s}{\alpha}+\frac{1}{\alpha}\right)\\
&+\frac{\beta^{s-1}}{[B(\gamma,\theta)]^2}\frac{1}{\Gamma(1-\theta)}\sum_{n=0}^{\infty}\frac{\Gamma(1-\theta+n)}{(\gamma+n)\Gamma(n+1)}\\
&\times\frac{\partial}{\partial s}\mathrm{B}\left(2\gamma+\frac{s}{\alpha}-\frac{1}{\alpha}+n,\theta-\frac{s}{\alpha}+\frac{1}{\alpha}\right)\end{aligned}\tag{6-2-40}$$

式中, $\frac{\partial}{\partial s}\mathrm{B}\left(2\gamma+\frac{s}{\alpha}-\frac{1}{\alpha}+n,\theta-\frac{s}{\alpha}+\frac{1}{\alpha}\right)$ 采用 (6-2-26) 同样的方法进一步化简.

联立式 (6-2-28)、式 (6-2-35)、式 (6-2-36) 和式 (6-2-40), 求解方程组得到 PWMIXM 法参数估计值.

6.2.5 最大熵法估计

Papalexiou 和 Koutsoyiannis(2012) 提出以 $\ln x$ 和 $\ln(1+px^q)^{1/p}$ 作为 GB2 分布的约束, 具体表示为

$$\int_0^\infty f(x)\,dx=1 \tag{6-2-41}$$

$$\int_0^{\infty} \ln x f(x)\,dx = E(\ln x) \tag{6-2-42}$$

$$\int_0^{\infty} \ln(1+px^q)^{1/p} f(x)\,dx = E\left[\ln(1+px^q)^{1/p}\right] \tag{6-2-43}$$

根据最大熵原理, 得 GB2 分布满足式 (6-2-41)—(6-2-43) 的最小偏差函数为

$$f(x) = \exp\left[-\lambda_0 - \lambda_1 \ln x - \lambda_2 \ln(1+px^q)^{1/p}\right] \tag{6-2-44}$$

式中, λ_0, λ_1 和 λ_2 为拉格朗日乘子.

将式 (6-2-44) 代入式 (6-2-41) 并化简, 有

$$\int_0^{\infty} \exp\left[-\lambda_0 - \lambda_1 \ln x - \lambda_2 \ln(1+px^q)^{1/p}\right] = 1$$

即

$$\exp(\lambda_0) = \int_0^{\infty} x^{-\lambda_1}(1+px^q)^{-\lambda_2/p}\,dx \tag{6-2-45}$$

令 $t = px^q$, 当 $x = 0$ 时, $t = 0$, 当 $x \to \infty$ 时, $t \to \infty, x = \left(\frac{t}{p}\right)^{\frac{1}{q}}, dx = \frac{1}{qp}\left(\frac{t}{p}\right)^{\frac{1}{q}-1} dt$, 则

$$\begin{aligned}
\exp(\lambda_0) &= \int_0^{\infty} \left[\left(\frac{t}{p}\right)^{\frac{1}{q}}\right]^{-\lambda_1} (1+t)^{-\lambda_2/p} \frac{1}{qp}\left(\frac{t}{p}\right)^{\frac{1}{q}-1} dt \\
&= \int_0^{\infty} t^{-\frac{\lambda_1}{q}} p^{\frac{\lambda_1}{q}} (1+t)^{-\lambda_2/p} \frac{1}{qp} t^{\frac{1}{q}-1} p^{1-\frac{1}{q}} dt \\
&= \frac{1}{q}\int_0^{\infty} t^{-\frac{\lambda_1}{q}+\frac{1}{q}-1} p^{\frac{\lambda_1}{q}+1-\frac{1}{q}-1} (1+t)^{-\lambda_2/p} dt \\
&= \frac{1}{q} p^{\frac{\lambda_1-1}{q}} \int_0^{\infty} t^{\frac{1-\lambda_1}{q}-1} (1+t)^{-\lambda_2/p} dt
\end{aligned}$$

令 $u = \frac{t}{1+t}$, 当 $t = 0$ 时, $u = 0$, 当 $t \to \infty$ 时, $u = 1, t = \frac{u}{1-u}, dt = \frac{1}{(1-u)^2} du$,

$$\begin{aligned}
\exp(\lambda_0) &= \frac{1}{q} p^{\frac{\lambda_1-1}{q}} \int_0^{\infty} \left[t^{\frac{1-\lambda_1}{q}-1}(1+t)^{-\lambda_2/p}\right] dt \\
&= \frac{1}{q} p^{\frac{\lambda_1-1}{q}} \int_0^{\infty} \left(\frac{u}{1-u}\right)^{\frac{1-\lambda_1}{q}-1} \left(1+\frac{u}{1-u}\right)^{-\lambda_2/p} \frac{1}{(1-u)^2} du
\end{aligned}$$

$$
\begin{aligned}
&= \frac{1}{q} p^{\frac{\lambda_1 - 1}{q}} \int_0^{\infty} u^{\frac{1-\lambda_1}{q}-1} (1-u)^{1-\frac{1-\lambda_1}{q}} (1-u)^{\lambda_2/p} (1-u)^{-2} du \\
&= \frac{1}{q} p^{\frac{\lambda_1 - 1}{q}} \int_0^{\infty} u^{\frac{1-\lambda_1}{q}-1} (1-u)^{1-\frac{1-\lambda_1}{q}+\frac{\lambda_2}{p}-2} du \\
&= \frac{1}{q} p^{\frac{\lambda_1 - 1}{q}} \int_0^{\infty} u^{\frac{1-\lambda_1}{q}-1} (1-u)^{-\frac{1-\lambda_1}{q}+\frac{\lambda_2}{p}-1} du \\
&= \frac{1}{q} p^{\frac{\lambda_1 - 1}{q}} \mathrm{B}\left(\frac{1-\lambda_1}{q}, -\frac{1-\lambda_1}{q} + \frac{\lambda_2}{p}\right)
\end{aligned} \tag{6-2-46}
$$

将式 (6-2-46) 代入式 (6-2-44), 化简有

$$
f(x) = \frac{q}{p^{\frac{\lambda_1 - 1}{q}} \mathrm{B}\left(\frac{1-\lambda_1}{q}, -\frac{1-\lambda_1}{q} + \frac{\lambda_2}{p}\right)} x^{-\lambda_1} (1 + p x^q)^{-\lambda_2/p} \tag{6-2-47}
$$

式 (6-2-47) 与式 (6-2-1) 对比, 得拉格朗日乘子与参数间的关系.

$q = \alpha, p = \left(\frac{1}{\beta}\right)^{\alpha} = \beta^{-\alpha}, \frac{1-\lambda_1}{q} = \frac{1-\lambda_1}{\alpha} = \gamma$, 即 $\lambda_1 = 1 - \alpha\gamma; -\frac{1-\lambda_1}{q} + \frac{\lambda_2}{p} = -\frac{\alpha\gamma}{\alpha} + \frac{\lambda_2}{p} = \theta$, 即 $-\gamma + \frac{\lambda_2}{p} = \theta, \lambda_2 = p(\gamma + \theta)$. 综合有

$$
\lambda_1 = 1 - \alpha\gamma \tag{6-2-48}
$$

$$
\lambda_2 = p(\gamma + \theta) \tag{6-2-49}
$$

$$
q = \alpha \tag{6-2-50}
$$

$$
p = \left(\frac{1}{\beta}\right)^{\alpha} = \beta^{-\alpha} \tag{6-2-51}
$$

对式 (6-2-45) 两边同时取对数,

$$
\lambda_0 = \ln \int_0^{\infty} x^{-\lambda_1} (1 + p x^q)^{-\lambda_2/p} dx
$$

并分别关于 λ_1 和 λ_2 求一、二阶偏导数, 有

$$
\begin{aligned}
\frac{\partial \lambda_0}{\partial \lambda_1} &= \frac{\int_0^{\infty} x^{-\lambda_1} (-\ln x) (1 + p x^q)^{-\lambda_2/p} dx}{\int_0^{\infty} x^{-\lambda_1} (1 + p x^q)^{-\lambda_2/p} dx} \\
&= \frac{\int_0^{\infty} (-\ln x) \exp(\lambda_0) x^{-\lambda_1} (1 + p x^q)^{-\lambda_2/p} dx}{\int_0^{\infty} \exp(\lambda_0) x^{-\lambda_1} (1 + p x^q)^{-\lambda_2/p} dx} = E(-\ln x)
\end{aligned} \tag{6-2-52}
$$

$$
\begin{aligned}
\frac{\partial\lambda_0}{\partial\lambda_2} &= \frac{\displaystyle\int_0^{\infty} x^{-\lambda_1}\left(1+px^q\right)^{-\lambda_2/p}\ln\left(1+px^q\right)dx}{\displaystyle\int_0^{\infty} x^{-\lambda_1}\left(1+px^q\right)^{-\lambda_2/p}dx} \\
&= \frac{\displaystyle\int_0^{\infty} \ln\left(1+px^q\right)^{-\frac{1}{p}}\exp\left(\lambda_0\right)x^{-\lambda_1}\left(1+px^q\right)^{-\lambda_2/p}dx}{\displaystyle\int_0^{\infty} \exp\left(\lambda_0\right)x^{-\lambda_1}\left(1+px^q\right)^{-\lambda_2/p}dx} \\
&= E\left[\ln\left(1+px^q\right)^{-1/p}\right] = E\left[\ln\left(1+\beta^{-\alpha}x^{\alpha}\right)^{\delta^{\alpha}}\right] \\
&= E\left[\ln\left(1+\left(\frac{x}{\beta}\right)^{\alpha}\right)^{-\beta^{\alpha}}\right]
\end{aligned}
\tag{6-2-53}
$$

$$
\begin{aligned}
\frac{\partial^2\lambda_0}{\partial\lambda_1^2} &= \frac{\partial}{\partial\lambda_1}\frac{\displaystyle\int_0^{\infty} x^{-\lambda_1}(-\ln x)\left(1+px^q\right)^{-\lambda_2/p}dx}{\displaystyle\int_0^{\infty} x^{-\lambda_1}\left(1+px^q\right)^{-\lambda_2/p}dx} \\
&= \frac{\left[\displaystyle\int_0^{\infty} x^{-\lambda_1}\left(-\ln x\right)^2\left(1+px^q\right)^{-\lambda_2/p}dx\right]}{\left[\displaystyle\int_0^{\infty} x^{-\lambda_1}\left(1+px^q\right)^{-\lambda_2/p}dx\right]^2} \\
&\quad\times\left[\int_0^{\infty} x^{-\lambda_1}\left(1+px^q\right)^{-\lambda_2/p}dx\right] \\
&\quad-\frac{\left[\displaystyle\int_0^{\infty} x^{-\lambda_1}\left(-\ln x\right)\left(1+px^q\right)^{-\lambda_2/p}dx\right]}{\left[\displaystyle\int_0^{\infty} x^{-\lambda_1}\left(1+px^q\right)^{-\lambda_2/p}dx\right]^2} \\
&\quad\times\left[\int_0^{\infty} x^{-\lambda_1}\left(-\ln x\right)\left(1+px^q\right)^{-\lambda_2/p}dx\right] \\
&= \frac{\left[\displaystyle\int_0^{\infty} \left(-\ln x\right)^2\exp\left(\lambda_0\right)x^{-\lambda_1}\left(1+px^q\right)^{-\lambda_2/p}dx\right]}{\left[\displaystyle\int_0^{\infty} \exp\left(\lambda_0\right)x^{-\lambda_1}\left(1+px^q\right)^{-\lambda_2/p}dx\right]^2} \\
&\quad\times\left[\int_0^{\infty} \exp\left(\lambda_0\right)x^{-\lambda_1}\left(1+px^q\right)^{-\lambda_2/p}dx\right]
\end{aligned}
$$

$$
-\frac{\left[\int_0^\infty (\ln x)\exp(\lambda_0)x^{-\lambda_1}(1+px^q)^{-\lambda_2/p}dx\right]}{\left[\int_0^\infty \exp(\lambda_0)x^{-\lambda_1}(1+px^q)^{-\lambda_2/p}dx\right]^2}
$$

$$
\times\left[\int_0^\infty (\ln x)\exp(\lambda_0)x^{-\lambda_1}(1+px^q)^{-\lambda_2/p}dx\right]
$$

$$
=\frac{\left[\int_0^\infty (-\ln x)^2\exp(\lambda_0)x^{-\lambda_1}(1+px^q)^{-\lambda_2/p}dx\right]}{\int_0^\infty \exp(\lambda_0)x^{-\lambda_1}(1+px^q)^{-\lambda_2/p}dx}
$$

$$
-\frac{\left[\int_0^\infty (\ln x)\exp(\lambda_0)x^{-\lambda_1}(1+px^q)^{-\lambda_2/p}dx\right]}{\left[\int_0^\infty \exp(\lambda_0)x^{-\lambda_1}(1+px^q)^{-\lambda_2/p}dx\right]^2}
$$

$$
\times\left[\int_0^\infty (\ln x)\exp(\lambda_0)x^{-\lambda_1}(1+px^q)^{-\lambda_2/p}dx\right]
$$

$$
=E\left[(\ln x)^2\right]-\left[E(\ln x)\right]^2=\operatorname{var}(\ln X) \tag{6-2-54}
$$

$$
\frac{\partial^2\lambda_0}{\partial\lambda_2^2}=-\frac{\partial}{\partial\lambda_2}\frac{\int_0^\infty \ln(1+px^q)^{-\frac{1}{p}}\exp(\lambda_0)x^{-\lambda_1}(1+px^q)^{-\lambda_2/p}dx}{\int_0^\infty \exp(\lambda_0)x^{-\lambda_1}(1+px^q)^{-\lambda_2/p}dx}
$$

$$
=\frac{\left[\int_0^\infty \left(\ln(1+px^q)^{-\frac{1}{p}}\right)^2\exp(\lambda_0)x^{-\lambda_1}(1+px^q)^{-\lambda_2/p}dx\right]}{\left[\int_0^\infty \exp(\lambda_0)x^{-\lambda_1}(1+px^q)^{-\lambda_2/p}dx\right]^2}
$$

$$
\times\left[\int_0^\infty \exp(\lambda_0)x^{-\lambda_1}(1+px^q)^{-\lambda_2/p}dx\right]
$$

$$
-\frac{\left[\int_0^\infty \ln(1+px^q)^{-\frac{1}{p}}\exp(\lambda_0)x^{-\lambda_1}(1+px^q)^{-\lambda_2/p}dx\right]}{\left[\int_0^\infty \exp(\lambda_0)x^{-\lambda_1}(1+px^q)^{-\lambda_2/p}dx\right]^2}
$$

$$
\times\left[\int_0^\infty \ln(1+px^q)^{-\frac{1}{p}}\exp(\lambda_0)x^{-\lambda_1}(1+px^q)^{-\lambda_2/p}dx\right]
$$

$$=E\left\{\left[\ln\left(1+\left(\frac{x}{\beta}\right)^{\alpha}\right)^{-\beta^{\alpha}}\right]^{2}\right\}-\left\{E\left[\ln\left(1+\left(\frac{x}{\beta}\right)^{\alpha}\right)^{-\beta^{\alpha}}\right]\right\}^{2}$$

$$=\operatorname{var}\left[\ln\left(1+\left(\frac{x}{\beta}\right)^{\alpha}\right)^{-\beta^{\alpha}}\right] \tag{6-2-55}$$

由式 (6-2-46)

$$\exp(\lambda_0)=\frac{1}{q}p^{\frac{\lambda_1-1}{q}}\mathrm{B}\left(\frac{1-\lambda_1}{q},-\frac{1-\lambda_1}{q}+\frac{\lambda_2}{p}\right)$$

$$=\frac{1}{q}p^{\frac{\lambda_1-1}{q}}\frac{\Gamma\left(\frac{1-\lambda_1}{q}\right)\Gamma\left(-\frac{1-\lambda_1}{q}+\frac{\lambda_2}{p}\right)}{\Gamma\left(\frac{1-\lambda_1}{q}-\frac{1-\lambda_1}{q}+\frac{\lambda_2}{p}\right)}$$

$$=\frac{1}{q}p^{\frac{\lambda_1-1}{q}}\frac{\Gamma\left(\frac{1-\lambda_1}{q}\right)\Gamma\left(\frac{\lambda_2}{p}-\frac{1-\lambda_1}{q}\right)}{\Gamma\left(\frac{\lambda_2}{p}\right)}$$

即

$$\lambda_0=\ln q+\left(\frac{\lambda_1-1}{q}\right)\ln p+\ln\Gamma\left(\frac{1-\lambda_1}{q}\right)+\ln\Gamma\left(\frac{\lambda_2}{p}-\frac{1-\lambda_1}{q}\right)-\ln\Gamma\left(\frac{\lambda_2}{p}\right)$$

分别关于 λ_1 和 λ_2 求一、二阶偏导数, 有

$$\frac{\partial\lambda_0}{\partial\lambda_1}=\frac{\partial}{\partial\lambda_1}\left[\ln q+\left(\frac{\lambda_1-1}{q}\right)\ln p+\ln\Gamma\left(\frac{1-\lambda_1}{q}\right)\right.$$

$$\left.+\ln\Gamma\left(\frac{\lambda_2}{p}-\frac{1-\lambda_1}{q}\right)-\ln\Gamma\left(\frac{\lambda_2}{p}\right)\right]$$

$$=\frac{1}{q}\ln p+\frac{1}{\Gamma\left(\frac{1-\lambda_1}{q}\right)}\frac{d\Gamma\left(\frac{1-\lambda_1}{q}\right)}{d\left(\frac{1-\lambda_1}{q}\right)}\frac{d\left(\frac{1-\lambda_1}{q}\right)}{d\lambda_1}$$

$$+\frac{1}{\Gamma\left(\frac{\lambda_2}{p}-\frac{1-\lambda_1}{q}\right)}\frac{d\Gamma\left(\frac{\lambda_2}{p}-\frac{1-\lambda_1}{q}\right)}{d\left(\frac{\lambda_2}{p}-\frac{1-\lambda_1}{q}\right)}\frac{d\left(\frac{\lambda_2}{p}-\frac{1-\lambda_1}{q}\right)}{d\lambda_1}$$

$$=\frac{1}{q}\ln p-\frac{1}{q}\Psi\left(\frac{1-\lambda_1}{q}\right)+\frac{1}{q}\Psi\left(\frac{\lambda_2}{p}-\frac{1-\lambda_1}{q}\right) \tag{6-2-56}$$

把式 (6-2-48)—(6-2-51) 代入式 (6-2-56), 有

$$\begin{aligned}\frac{\partial\lambda_0}{\partial\lambda_1}&=\frac{1}{\alpha}\ln\beta^{-\alpha}-\frac{1}{\alpha}\Psi\left(\frac{\alpha\gamma}{\alpha}\right)+\frac{1}{\alpha}\Psi\left(\frac{p(\gamma+\theta)}{p}-\frac{\alpha\gamma}{\alpha}\right)\\&=-\ln\beta-\frac{1}{\alpha}\Psi(\gamma)+\frac{1}{\alpha}\Psi(\theta)\end{aligned}\tag{6-2-57}$$

$$\begin{aligned}\frac{\partial\lambda_0}{\partial\lambda_2}=&\frac{\partial}{\partial\lambda_2}\left[\ln q+\left(\frac{\lambda_1-1}{q}\right)\ln p+\ln\Gamma\left(\frac{1-\lambda_1}{q}\right)\right.\\&\left.+\ln\Gamma\left(\frac{\lambda_2}{p}-\frac{1-\lambda_1}{q}\right)-\ln\Gamma\left(\frac{\lambda_2}{p}\right)\right]\\=&\frac{1}{\Gamma\left(\frac{\lambda_2}{p}-\frac{1-\lambda_1}{q}\right)}\frac{d\Gamma\left(\frac{\lambda_2}{p}-\frac{1-\lambda_1}{q}\right)}{d\left(\frac{\lambda_2}{p}-\frac{1-\lambda_1}{q}\right)}\frac{d\left(\frac{\lambda_2}{p}-\frac{1-\lambda_1}{q}\right)}{d\lambda_2}\\&-\frac{1}{\Gamma\left(\frac{\lambda_2}{p}\right)}\frac{d\Gamma\left(\frac{\lambda_2}{p}\right)}{d\left(\frac{\lambda_2}{p}\right)}\frac{d\left(\frac{\lambda_2}{p}\right)}{d\lambda_2}\\=&\frac{1}{p}\Psi\left(\frac{\lambda_2}{p}-\frac{1-\lambda_1}{q}\right)-\frac{1}{p}\Psi\left(\frac{\lambda_2}{p}\right)\end{aligned}\tag{6-2-58}$$

把式 (6-2-48)—(6-2-51) 代入式 (6-2-58), 有

$$\begin{aligned}\frac{\partial\lambda_0}{\partial\lambda_2}&=\frac{1}{\beta^{-\alpha}}\Psi\left(\frac{p(\gamma+\theta)}{p}-\frac{\alpha\gamma}{\alpha}\right)-\frac{1}{\beta^{-\alpha}}\Psi\left(\frac{p(\gamma+\theta)}{p}\right)\\&=\frac{1}{\beta^{-\alpha}}\Psi(\theta)-\frac{1}{\beta^{-\alpha}}\Psi(\gamma+\theta)\end{aligned}\tag{6-2-59}$$

$$\begin{aligned}\frac{\partial^2\lambda_0}{\partial\lambda_1^2}=&\frac{\partial}{\partial\lambda_1}\left[\frac{1}{q}\ln p-\frac{1}{q}\Psi\left(\frac{1-\lambda_1}{q}\right)+\frac{1}{q}\Psi\left(\frac{\lambda_2}{p}-\frac{1-\lambda_1}{q}\right)\right]\\=&-\frac{1}{q}\frac{d\Psi\left(\frac{1-\lambda_1}{q}\right)}{d\left(\frac{1-\lambda_1}{q}\right)}\frac{d\left(\frac{1-\lambda_1}{q}\right)}{d\lambda_1}\\&+\frac{1}{q}\frac{d\Psi\left(\frac{\lambda_2}{p}-\frac{1-\lambda_1}{q}\right)}{d\left(\frac{\lambda_2}{p}-\frac{1-\lambda_1}{q}\right)}\frac{d\left(\frac{\lambda_2}{p}-\frac{1-\lambda_1}{q}\right)}{d\lambda_1}\end{aligned}$$

$$=\frac{1}{q^2}\frac{d\Psi\left(\dfrac{1-\lambda_1}{q}\right)}{d\left(\dfrac{1-\lambda_1}{q}\right)}+\frac{1}{q^2}\frac{d\Psi\left(\dfrac{\lambda_2}{p}-\dfrac{1-\lambda_1}{q}\right)}{d\left(\dfrac{\lambda_2}{p}-\dfrac{1-\lambda_1}{q}\right)}$$

$$=\frac{1}{q^2}\Psi_1\left(\frac{1-\lambda_1}{q}\right)+\frac{1}{q^2}\Psi_1\left(\frac{\lambda_2}{p}-\frac{1-\lambda_1}{q}\right) \tag{6-2-60}$$

把式 (6-2-48)—(6-2-51) 代入式 (6-2-60), 有

$$\begin{aligned}\frac{\partial^2\lambda_0}{\partial\lambda_1^2}&=\frac{1}{\alpha^2}\Psi_1\left(\frac{\alpha\gamma}{\alpha}\right)+\frac{1}{\alpha^2}\Psi_2\left(\frac{p\left(\gamma+\theta\right)}{p}-\frac{\alpha\gamma}{\alpha}\right)\\&=\frac{1}{\alpha^2}\Psi_1\left(\gamma\right)+\frac{1}{\alpha^2}\Psi_1\left(\theta\right)\end{aligned} \tag{6-2-61}$$

$$\frac{\partial^2\lambda_0}{\partial\lambda_2^2}=\frac{\partial}{\partial\lambda_2}\left[\frac{1}{p}\Psi\left(\frac{\lambda_2}{p}-\frac{1-\lambda_1}{q}\right)-\frac{1}{p}\Psi\left(\frac{\lambda_2}{p}\right)\right]$$

$$=\frac{1}{p}\frac{d\Psi\left(\dfrac{\lambda_2}{p}-\dfrac{1-\lambda_1}{q}\right)}{d\left(\dfrac{\lambda_2}{p}-\dfrac{1-\lambda_1}{q}\right)}\frac{d\left(\dfrac{\lambda_2}{p}-\dfrac{1-\lambda_1}{q}\right)}{d\lambda_2}-\frac{1}{p}\frac{d\Psi\left(\dfrac{\lambda_2}{p}\right)}{d\left(\dfrac{\lambda_2}{p}\right)}\frac{d\left(\dfrac{\lambda_2}{p}\right)}{d\lambda_2}$$

$$=\frac{1}{p^2}\Psi_1\left(\frac{\lambda_2}{p}-\frac{1-\lambda_1}{q}\right)-\frac{1}{p^2}\Psi_1\left(\frac{\lambda_2}{p}\right) \tag{6-2-62}$$

把式 (6-2-48)—(6-2-51) 代入式 (6-2-62), 有

$$\begin{aligned}\frac{\partial^2\lambda_0}{\partial\lambda_2^2}&=\frac{1}{\beta^{-2\alpha}}\Psi_1\left(\frac{p\left(\gamma+\theta\right)}{p}-\frac{\alpha\gamma}{\alpha}\right)+\frac{1}{\beta^{-2\alpha}}\Psi_1\left(\frac{p\left(\gamma+\theta\right)}{p}\right)\\&=\frac{1}{\beta^{-2\alpha}}\Psi_1\left(\theta\right)-\frac{1}{\beta^{-2\alpha}}\Psi_1\left(\gamma+\theta\right)\end{aligned} \tag{6-2-63}$$

令式 (6-2-52) = (6-2-57), 有

$$-\ln\beta-\frac{1}{\alpha}\Psi\left(\gamma\right)+\frac{1}{\alpha}\Psi\left(\theta\right)=-E\left(\ln x\right) \tag{6-2-64}$$

令式 (6-2-53) = (6-2-59), 有

$$\beta^{\alpha}\Psi\left(\theta\right)-\beta^{\alpha}\Psi\left(\gamma+\theta\right)=-\beta^{\alpha}E\left[\ln\left(1+\left(\frac{x}{\beta}\right)^{\alpha}\right)\right]$$

即

$$\Psi\left(\theta\right)-\Psi\left(\gamma+\theta\right)=-E\left[\ln\left(1+\left(\frac{x}{\beta}\right)^{\alpha}\right)\right] \tag{6-2-65}$$

令式 (6-2-54) = (6-2-61), 有

$$\frac{1}{\alpha^2}\Psi_1(\gamma)+\frac{1}{\alpha^2}\Psi_1(\theta)=\mathrm{var}(\ln X) \tag{6-2-66}$$

令式 (6-2-55) = (6-2-63), 有

$$\mathrm{var}\left[\ln\left(1+\left(\frac{x}{\beta}\right)^{\alpha}\right)^{-\beta^{\alpha}}\right]=\frac{1}{\beta^{-2\alpha}}\Psi_1(\theta)+\frac{1}{\beta^{-2\alpha}}\Psi_1(\gamma+\theta)$$

$$\beta^{2\alpha}\mathrm{var}\left[\ln\left(1+\left(\frac{x}{\beta}\right)^{\alpha}\right)\right]=\beta^{2\alpha}\Psi_1(\theta)+\beta^{2\alpha}\Psi_1(\gamma+\theta)$$

即

$$\Psi_1(\theta)-\Psi_1(\gamma+\theta)=\mathrm{var}\left[\ln\left(1+\left(\frac{x}{\beta}\right)^{\alpha}\right)\right] \tag{6-2-67}$$

求解式 (6-2-64)—(6-2-67) 组成的方程组, 便可得到分布参数的 POME 法估计值.

6.2.6 实例应用

(1) GB2 分布参数估计.

计算得到陕北地区交口河、刘家河、绥德、枣园、张村驿、赵石窑、志丹和黄陵 8 个水文站的年最大洪峰流量序列 GB2 分布参数, 结果见表 6-2-1. 从表 6-2-1 可知, MOM 法和 MIXM 法的参数估计结果较为接近, 个别站点 MLM 法 (如交口河站和黄陵站) 参数估计结果与 MOM 法和 MIXM 法的估计结果相近, POME 法的估计结果与其他方法的估计结果间存在较大差异.

表 6-2-1 年最大洪峰流量序列 GB2 分布参数计算结果

站名	方法	α	β	γ	θ
交口河	MOM	0.2852	77.88	50.60	26.58
	MLM	0.2801	76.17	48.79	26.08
	MIXM	0.2852	77.87	50.59	26.58
	POME	0.2177	22.95	84.38	39.93
	PWMIXM	0.2967	88.82	50.75	24.59
刘家河	MOM	0.2966	128.63	51.85	26.66
	MLM	0.2693	106.11	48.24	25.60
	MIXM	0.2966	128.63	51.85	26.66
	POME	0.2090	108.65	71.13	43.60
	PWMIXM	0.3108	132.48	52.14	26.06
绥德	MOM	0.3992	59.23	53.63	20.94
	MLM	0.3097	29.82	55.88	22.41
	MIXM	0.3992	59.23	53.63	20.94
	POME	0.2222	68.23	79.94	49.59
	PWMIXM	0.5630	64.22	25.78	7.70

续表

站名	方法	α	β	γ	θ
枣园	MOM	0.4095	51.34	42.82	20.68
	MLM	0.3299	84.55	39.53	26.14
	MIXM	0.4095	51.34	42.82	20.68
	POME	0.1551	52.06	160.01	121.92
	PWMIXM	0.4266	52.74	43.48	20.89
张村驿	MOM	0.3065	34.05	44.24	34.46
	MLM	0.2400	35.93	47.55	40.43
	MIXM	0.3064	34.01	44.22	34.45
	POME	0.1890	125.17	65.45	72.75
	PWMIXM	0.3142	35.28	44.89	33.13
赵石窑	MOM	0.3885	37.46	54.09	27.10
	MLM	0.3523	34.71	50.65	26.64
	MIXM	0.3884	37.45	54.09	27.10
	POME	0.2446	29.87	93.68	57.65
	PWMIXM	0.4215	38.82	51.65	25.99
志丹	MOM	0.3625	58.26	46.55	21.26
	MLM	0.2934	69.81	42.48	24.21
	MIXM	0.3625	58.26	46.55	21.26
	POME	0.1704	64.44	108.07	76.66
	PWMIXM	0.3742	59.13	45.52	21.78
黄陵	MOM	0.2310	17.45	48.56	36.80
	MLM	0.2326	17.90	48.28	37.11
	MIXM	0.2306	17.36	48.43	36.75
	POME	0.1786	75.51	66.71	70.29
	PWMIXM	0.2354	18.25	46.84	36.29

(2) 年最大洪峰流量理论频率曲线.

计算各站年最大洪峰流量序列 5 种估计方法的理论频率, 并绘制频率曲线, 见图 6-2-1.

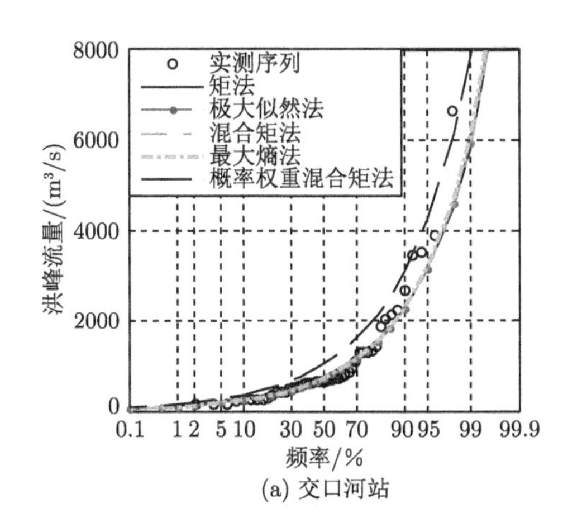

(a) 交口河站

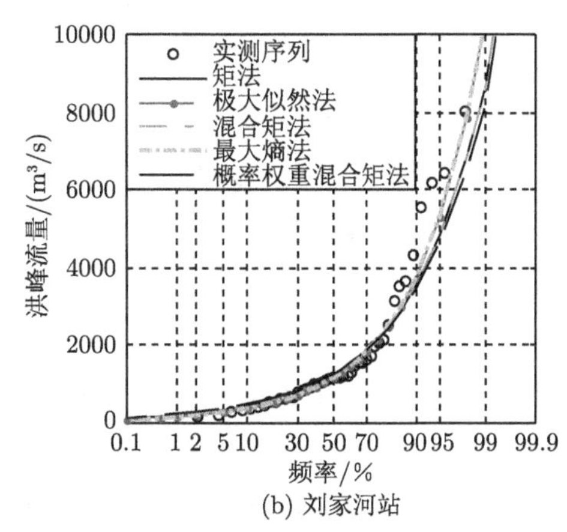

(b) 刘家河站

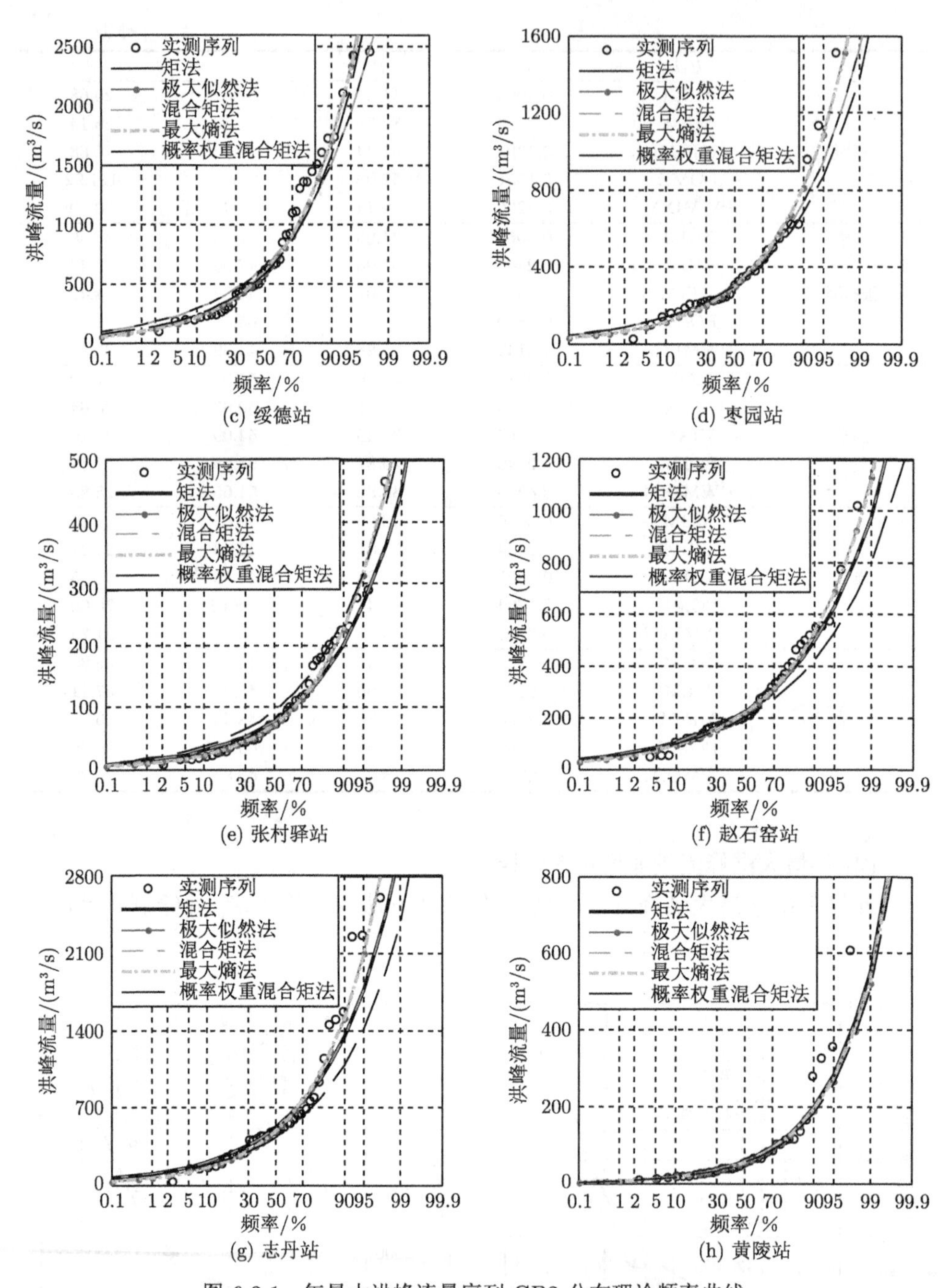

(c) 绥德站

(d) 枣园站

(e) 张村驿站

(f) 赵石窑站

(g) 志丹站

(h) 黄陵站

图 6-2-1 年最大洪峰流量序列 GB2 分布理论频率曲线

由图 6-2-1 可知, MOM 法和 MIXM 法的理论频率曲线几乎重合, MLM 法和

POME 法的频率曲线非常接近. PWMIXM 法对各测站实测序列的拟合效果差异较大. 在交口河站, PWMIXM 法的理论频率曲线完全不能配合实测点据, 其他方法的理论频率曲线几乎重合, 且都能很好地拟合实测序列. 在绥德站, MOM 法和 MIXM 法的理论频率曲线高尾部低于实测点据, 低尾部高于实测点据, 整体拟合效果差, 而 MLM 法和 POME 法对整个实测序列都有较好的拟合效果. 在刘家河、枣园、张村驿、赵石窑和志丹站, MOM 法和 MIXM 法的理论频率曲线中低尾部对实测值拟合较好, 高尾部低于实测值, 而 MLM 法和 POME 法对整个实测序列拟合效果最好. 5 种方法的理论频率曲线对黄陵站的整个实测序列均有较好的拟合效果. 从总体上看, MLM 法和 POME 法的拟合效果优于其他方法.

(3) 拟合优度评价.

计算 RMSE, AIC, MAE 和 QD 这 4 种拟合评价指标值, 进一步分析不同参数估计方法对实测序列较大值的拟合效果, 计算结果列于表 6-2-2.

表 6-2-2 不同参数估计方法的拟合优度评价结果

站名	估计方法	RMSE	AIC	MAE	QD
交口河	MOM	529.83	309.08	310.44	0.8530
	MLM	519.26	308.12	298.05	0.8588
	MIXM	529.84	309.08	310.43	0.8530
	POME	486.67	305.00	281.58	0.8759
	PWMIXM	508.47	307.11	489.41	0.8646
刘家河	MOM	739.44	311.87	505.66	0.8569
	MLM	541.71	297.56	358.68	0.9232
	MIXM	739.44	311.87	505.65	0.8569
	POME	524.90	296.11	354.63	0.9279
	PWMIXM	813.23	316.25	550.76	0.8269
绥德	MOM	210.07	243.29	169.22	0.8572
	MLM	202.05	241.57	130.83	0.8679
	MIXM	210.07	243.29	169.22	0.8572
	POME	188.03	238.41	125.60	0.8856
	PWMIXM	209.46	243.16	168.53	0.8580
枣园	MOM	120.68	170.97	56.55	0.8550
	MLM	69.41	152.16	43.78	0.9520
	MIXM	120.68	170.97	56.54	0.8550
	POME	70.37	152.63	45.54	0.9507
	PWMIXM	153.24	179.09	77.52	0.7662
张村驿	MOM	29.99	164.44	18.71	0.8878
	MLM	17.35	139.26	12.25	0.9624
	MIXM	30.06	164.54	18.79	0.8873
	POME	17.01	138.35	11.79	0.9639
	PWMIXM	20.61	147.19	17.56	0.9470

续表

站名	估计方法	RMSE	AIC	MAE	QD
赵石窑	MOM	53.38	206.87	34.75	0.9176
	MLM	31.33	180.24	23.16	0.9716
	MIXM	53.39	206.88	34.76	0.9175
	POME	31.98	181.25	22.95	0.9704
	PWMIXM	106.51	241.41	78.92	0.6717
志丹	MOM	260.97	219.45	183.30	0.8421
	MLM	166.78	202.43	120.94	0.9355
	MIXM	260.98	219.45	183.29	0.8421
	POME	166.49	202.37	121.91	0.9357
	PWMIXM	429.11	238.34	276.93	0.5731
黄陵	MOM	62.76	165.29	32.67	0.7930
	MLM	69.17	168.99	32.79	0.7485
	MIXM	62.99	165.43	32.43	0.7915
	POME	67.25	167.92	32.44	0.7623
	PWMIXM	72.13	170.58	33.13	0.7266

由表 6-2-2 可知, 交口河、刘家河、绥德和张村驿站的最优方法均为 POME 法, 枣园站和赵石窑站的最优方法均为 MLM 法. 志丹站在采用 MLM 法和 POME 法时的评价结果不相上下. 黄陵站的最优方法为 MOM 法. 由此可以推断, POME 法更适宜于研究洪水频率计算. 结合图 6-2-1 的分析结果可知, POME 法能够对整个洪水序列取得优于其他方法的拟合效果, 适用性较强.

6.3 方法比较

将 GG 分布和 GB2 分布对各站年最大洪峰流量序列较大值的拟合效果与 P-III 分布和 GEV 分布的拟合效果进行比较. 高尾部最优拟合分布及方法对应的拟合评价指标值列于表 6-3-1.

由表 6-3-1 可知, 不同分布与方法对各站点大洪水段的拟合效果各有千秋. 比较 GG 分布和 GB2 分布的拟合效果, 在交口河、绥德和黄陵站, GG 分布的拟合效果优于 GB2 分布, 其余站点在采用 GB2 分布时的拟合效果优于 GG 分布.

比较表 6-3-1 中列出的分布及方法的拟合效果. 在交口河站和黄陵站, GEV 分布 MLM 法的拟合效果最优. 在绥德站和志丹站, 左截取 GA2 分布 MOM 法的拟合效果最优, 其次分别是 P-III 分布 PWM 法和 GB2 分布 POME 法. GB2 分布 POME 法和 MLM 法分别为张村驿站和赵石窑站最优拟合方法. 枣园站的最优拟合方法为 GB2 分布 MLM 法. 其次是 P-III 分布 PWM 法. 综合上述分析, GB2 分布在多数情况下能够对洪水较大值取得较好的拟合效果, 可作为洪水频率分析的有效途径.

表 6-3-1　不同参数估计方法的拟合优度评价结果

站名	分布与估计方法		RMSE	AIC	MAE	QD
交口河	GG	PWMIXM	466.72	300.99	264.21	0.8859
	GB2	POME	486.67	305.00	281.58	0.8759
	P-III	PWM	378.42	290.93	176.02	0.8863
	GEV	MLM	248.41	270.72	178.18	0.9898
刘家河	GG	MOM	554.27	296.61	402.49	0.9196
	GB2	POME	524.90	296.11	354.63	0.9279
	P-III	PWM	444.70	286.48	310.36	0.9619
	GEV	MLM	542.65	295.64	338.28	0.9487
绥德	GG	PWMIXM	145.28	225.06	117.44	0.9317
	GB2	POME	188.03	238.41	125.60	0.8856
	P-III	PWM	120.30	216.76	97.13	0.9713
	GEV	MOM	152.76	227.27	129.94	0.9384
枣园	GG	POME	103.58	163.77	61.73	0.8932
	GB2	MLM	69.41	152.16	43.78	0.9520
	P-III	PWM	96.34	161.31	54.13	0.8918
	GEV	PWM	108.91	165.48	57.90	0.8709
张村驿	GG	PWM	21.76	188.49	12.58	0.6517
	GB2	POME	17.01	138.35	11.79	0.9639
	P-III	PWM	22.10	148.40	11.64	0.9107
	GEV	MLM	21.39	146.89	15.56	0.9853
赵石窑	GG	PWMIXM	47.06	198.57	26.98	0.9359
	GB2	MLM	31.33	180.24	23.16	0.9716
	P-III	MLM	43.30	194.41	23.87	0.9216
	GEV	MLM	40.78	191.41	29.54	0.9559
志丹	GG	PWMIXM	211.06	209.38	158.35	0.8967
	GB2	POME	166.49	202.37	121.91	0.9357
	P-III	PWM	177.36	202.77	123.66	0.9378
	GEV	MLM	220.50	211.04	144.19	0.9102
黄陵	GG	PWM	56.24	159.13	31.69	0.8338
	GB2	MOM	62.76	165.29	32.67	0.7930
	P-III	PWM	45.71	151.25	25.77	0.8656
	GEV	MLM	34.08	140.09	18.79	0.9622

参 考 文 献

梁忠民, 戴荣, 李彬权. 2010. 基于贝叶斯理论的水文不确定性分析研究进展 [J]. 水科学进展, 21(2): 274-281.

张明, 柏绍光, 张阳, 柏平. 2014. 用 Mellin 变换推导几种分布参数估计的最大熵法 [J]. 水电能源科学, 32(6): 16-18.

Chen L, Singh V P. 2018. Entropy-based derivation of generalized distributions for hydrometeorological frequency analysis [J]. Journal of Hydrology, 557: 699-712.

Chen L, Singh V P, Xiong F. 2017. An entropy- based generalized gamma distribution for flood frequency analysis [J]. Entropy, 19(6): 239.

Nemes G, Daalhuis A B O. Uniform asymptotic expansion for the incomplete Beta function[J]. Sigma, 12: 101.

Papalexiou S M, Koutsoyiannis D. 2012. Entropy based derivation of probability distributions: A case study to daily rainfall[J]. Advances in Water Resources, 45: 51-57.

Stacy E W. 1962. A generalization of the Gamma distribution[J]. Annals of Mathematical Statistics, 33(3): 1187-1192.

Stacy E W, Mihram G A. 1965. Parameter estimation for a generalized Gamma distribution[J]. Technometrics, 7(3): 349-358.

第 7 章　基于 Copula 函数的多变量洪水联合概率分布计算原理

洪水事件具有多种特征属性, 这些特征属性之间还有着不同程度的相依关系. 单一洪水变量频率分析不能准确描述出这些相关关系. 传统的多变量频率分析计算方法一般是需要变量服从同一类型的分布, 一些多变量分布计算尤为复杂. Copula 函数克服了这一局限性, 允许洪水特征变量任意选择边际概率分布, 提供了形式多样的相依性结构, 计算较为简单, 适用性强, 目前已经成为水文学领域研究的热点. 关于 Copula 函数的应用和研究进展, 读者可阅读文献 (郭生练等, 2008). 相应的原理可阅读文献 (宋松柏, 2012). 本章仅引用文献 (Chowdhary, 2009) 和计算实例, 说明 Copula 函数在多变量洪水联合概率分布计算中的应用.

7.1　基于 Copula 函数的洪峰、洪量和历时联合概率分布计算

本节以美国西弗吉尼亚州 Greenbrier 河为例, 利用 Alderson 水文站年最大洪水资料, 对洪水的洪峰、洪量和洪水历时开展两变量联合概率分布计算研究. 首先选出单变量最适合的边际概率分布, 度量这些特征变量之间的相关关系, 然后估算 Copula 函数的参数, 进行 Copula 函数拟合评估, 确定出最优 Copula 函数, 最后构建联合分布模型, 进行频率分析计算. 说明 Copula 函数在多变量洪水联合概率分布计算中的应用.

7.1.1　数据资料

Greenbrier 河位于美国西弗吉尼亚州的东南部, 是新河的一条支流, 全长约 165 英里, 流经俄亥俄河、新河和卡纳瓦河, 是密西西比河流域的一部分. Alderson 水文站 (美国地质勘探局 03183500 号站) 位于北纬 $37°43'27''$ 和西经 $80°38'30''$, 控制面积为 1364 平方英里 (1 平方英里 $\approx$ 2.59 平方千米). 从该水文站选取 Greenbrier 河 1896—2005 年共 110 年的观测数据 (Chowdhary, 2009), 根据年洪峰流量来考虑年最大洪水事件, 并从平均日流量的记录中获得相应的洪水总量、洪水历时. 表 7-1-1 中给出了洪峰流量 ($1000\text{m}^3/\text{s}$)、洪水总量 ($1000\text{m}^3/(\text{s}\cdot\text{day})$) 和洪水历时 (day) 的观测数据.

表 7-1-1　Greenbrier 河 Alderson 水文站的年最大洪水资料

序号	年份	洪峰/(1000m^3/s)	洪量/(1000m^3/(s·day))	历时/day
1	1896	0.82	2.58	9.05
2	1897	1.53	6.11	24.77
3	1898	1.49	2.55	8.03
4	1899	1.38	8.86	35.75
5	1900	0.48	2.71	15.83
6	1901	1.61	2.84	8.84
7	1902	1.24	7.43	27.04
8	1903	1.38	2.51	8.81
9	1904	0.73	0.85	4.77
10	1905	1.06	2.74	10.65
11	1906	0.74	2.12	10.57
12	1907	1.49	3.48	11.95
13	1908	1.49	3.56	11.32
14	1909	0.57	1.29	8.00
15	1910	1.30	4.19	17.16
16	1911	1.24	4.49	24.88
17	1912	1.00	6.98	32.56
18	1913	1.81	3.05	8.68
19	1914	0.46	1.72	13.06
20	1915	1.15	9.07	39.43
21	1916	0.77	1.14	6.08
22	1917	1.22	10.41	40.24
23	1918	2.19	11.70	51.15
24	1919	1.39	3.11	9.80
25	1920	1.08	2.95	13.84
26	1921	0.33	0.84	6.42
27	1922	0.63	2.13	10.98
28	1923	0.55	2.89	13.15
29	1924	1.02	2.95	14.73
30	1925	0.43	0.91	6.21
31	1926	0.59	2.28	10.05
32	1927	1.14	3.84	14.55
33	1928	0.51	2.07	12.20
34	1929	0.93	4.75	15.64
35	1930	0.97	1.87	7.23
36	1931	0.41	3.06	23.40
37	1932	1.30	3.18	13.29
38	1933	0.75	3.03	14.18
39	1934	0.91	3.93	12.31
40	1935	1.28	3.68	14.14

续表

序号	年份	洪峰/(1000m^3/s)	洪量/(1000m^3/(s·day))	历时/day
41	1936	1.50	8.33	33.95
42	1937	0.97	4.42	20.92
43	1938	0.93	3.33	14.99
44	1939	1.09	6.43	25.61
45	1940	0.85	2.01	9.55
46	1941	0.33	1.12	7.98
47	1942	1.00	3.29	12.71
48	1943	0.96	3.96	15.97
49	1944	0.71	4.11	24.03
50	1945	0.54	1.16	6.82
51	1946	1.13	3.36	13.31
52	1947	0.69	1.66	9.44
53	1948	1.14	3.51	14.93
54	1949	1.05	2.37	10.50
55	1950	0.89	4.48	18.03
56	1951	0.83	2.01	10.09
57	1952	0.78	1.56	7.92
58	1953	1.33	2.43	8.09
59	1954	0.84	1.68	7.96
60	1955	1.26	9.51	41.33
61	1956	0.52	2.64	18.19
62	1957	0.82	6.29	26.38
63	1958	0.76	4.68	24.88
64	1959	0.68	1.71	11.24
65	1960	1.00	6.23	18.66
66	1961	0.89	9.31	52.13
67	1962	1.00	2.46	10.13
68	1963	1.41	9.69	31.57
69	1964	1.12	5.61	19.88
70	1965	0.80	1.88	10.36
71	1966	0.75	2.72	11.56
72	1967	1.71	7.32	27.72
73	1968	0.78	3.53	20.09
74	1969	1.26	1.71	6.58
75	1970	1.28	2.63	8.14
76	1971	0.79	5.33	29.47
77	1972	1.34	4.92	15.71
78	1973	0.74	2.24	12.74
79	1974	1.80	7.93	29.90
80	1975	0.72	5.48	25.07

续表

序号	年份	洪峰/(1000m^3/s)	洪量/(1000m^3/(s·day))	历时/day
81	1976	0.90	2.18	10.26
82	1977	1.70	3.02	8.77
83	1978	1.33	6.50	24.60
84	1979	0.93	5.63	22.33
85	1980	0.80	8.47	47.54
86	1981	0.83	3.35	19.10
87	1982	0.99	4.40	22.69
88	1983	0.61	1.68	9.63
89	1984	1.10	4.70	21.62
90	1985	0.59	1.33	7.49
91	1986	2.56	3.14	7.78
92	1987	0.96	6.83	33.44
93	1988	0.73	1.52	7.76
94	1989	1.09	6.10	21.71
95	1990	0.91	2.88	16.49
96	1991	1.00	4.56	23.58
97	1992	0.76	1.44	7.66
98	1993	1.02	6.18	24.62
99	1994	1.26	8.25	38.85
100	1995	1.13	2.90	13.67
101	1996	2.66	6.02	17.13
102	1997	1.17	3.72	15.12
103	1998	0.92	2.84	15.95
104	1999	0.53	1.32	7.73
105	2000	0.92	2.73	12.61
106	2001	0.85	1.53	7.24
107	2002	0.89	5.22	26.37
108	2003	1.30	7.61	34.68
109	2004	1.28	4.02	16.23
110	2005	0.67	3.61	23.26

7.1.2　洪水单变量的边际概率分布

7.1.2.1　边际概率分布的参数估计

应用矩法估计出洪水特征变量的均值、方差、变差系数和偏态系数, 结果见表 7-1-2.

洪量和洪水历时采用 2-Lognormal(两参数对数正态分布)、3-Lognormal(三参数对数正态分布)、2-Gamma(两参数 Gamma 分布)、P-III 型、对数 P-III 型和 Weibull 共 6 种分布. Weibull 分布要求变量 x 大于其中的位置系数 m, 洪峰序列中部分值无法满足要求, 不考虑 Weibull 分布. 洪峰、洪量和洪水历时各分布对应的参数结果见表 7-1-3—表 7-1-5.

表 7-1-2 洪水特征变量参数

特征变量	$E(X)$	σ^2	C_v	C_s
洪峰/(10^3m^3/s)	1.02	0.17	0.40	1.27
洪量/(10^3 m^3/(s·day))	3.99	5.79	0.60	1.05
洪水历时/day	17.56	107.82	0.59	1.26

表 7-1-3 洪峰序列边际概率分布参数

分布类型	P-III 分布		对数 P-III 分布		两参数 Gamma 分布	
参数	α	0.26	α	0.04	α	0.16
	β	2.49	β	100.95	β	6.33
	γ	0.38	γ	−3.97		
分布类型	2-Lognormal 分布		3-Lognormal 分布			
参数	u_y	−0.05	u_y	−0.06		
	σ_y	0.38	σ_y	0.39		
			a	0.01		

表 7-1-4 洪量序列边际概率分布参数

分布类型	P-III 分布		对数 P-III 分布		两参数 Gamma 分布	
参数	α	1.26	α	0.02	α	1.45
	β	3.66	β	599.86	β	2.75
	γ	−0.62	γ	−13.63		
分布类型	2-Lognormal 分布		3-Lognormal 分布		Weibull 分布	
参数	u_y	1.23	u_y	1.92	a	3.99
	σ_y	0.56	σ_y	0.33	b	1.52
			a	−3.18	m	0.39

表 7-1-5 洪水历时序列边际概率分布参数

分布类型	P-III 分布		对数 P-III 分布		两参数 Gamma 分布	
参数	α	6.54	α	0.07	α	6.14
	β	2.52	β	58.82	β	2.86
	γ	1.06	γ	−1.52		
分布类型	2-Lognormal 分布		3-Lognormal 分布		Weibull 分布	
参数	u_y	2.72	u_y	3.19	a	15.21
	σ_y	0.55	u_y	0.38	b	1.36
			a	−8.49	m	3.62

7.1.2.2 边际概率分布的拟合检验

分别绘制洪峰、洪量和洪水历时理论分布的频率曲线和样本经验点据关系图, 如图 7-1-1—图 7-1-3 所示. 对各图的拟合情况进行直观的比较与分析, 结合美国西弗吉尼亚州 Greenbrier 河流域的具体情况, 同时参考洪水特征变量在水文频率分析计算中选用的经验规律, 初步拟选 P-III 型分布作为洪峰和洪水历时的边际概率分布, 洪量则选用 Weibull 分布进行拟合.

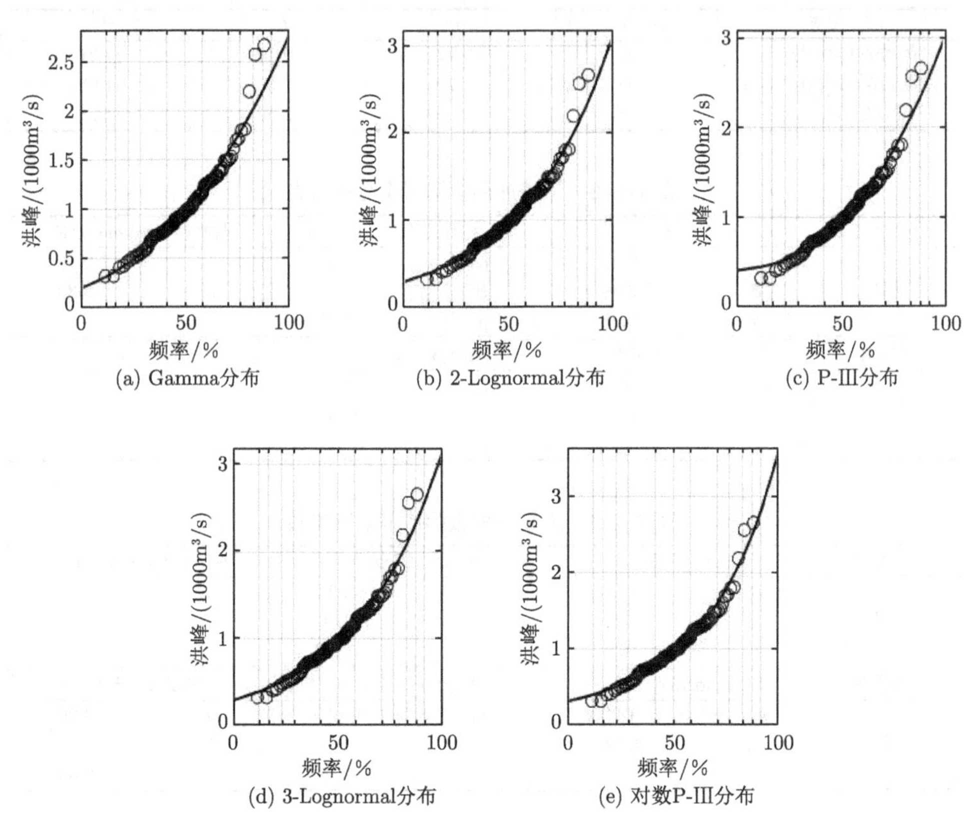

图 7-1-1　洪峰序列经验点据与理论频率曲线关系图

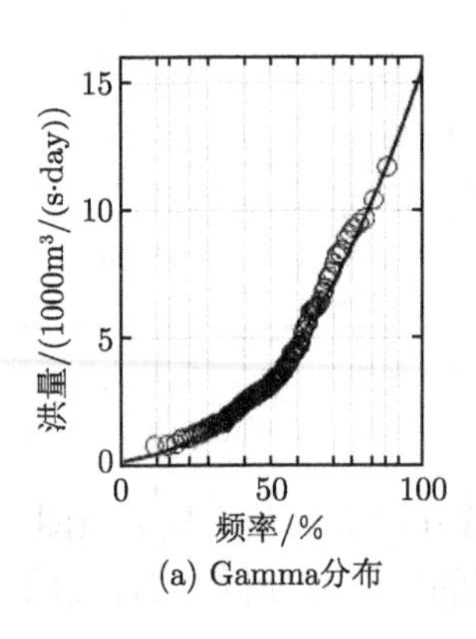

(a) Gamma分布

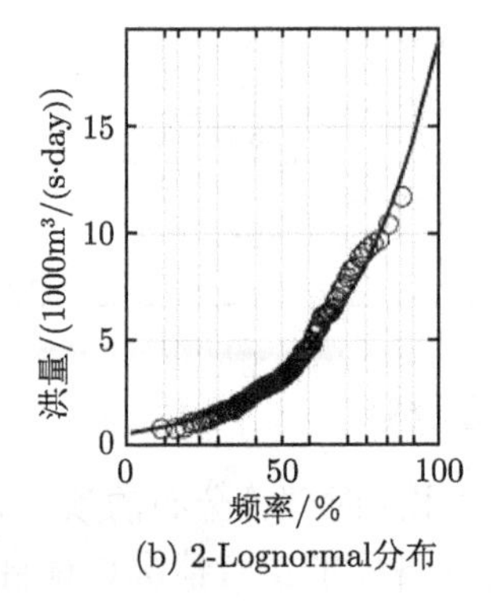

(b) 2-Lognormal分布

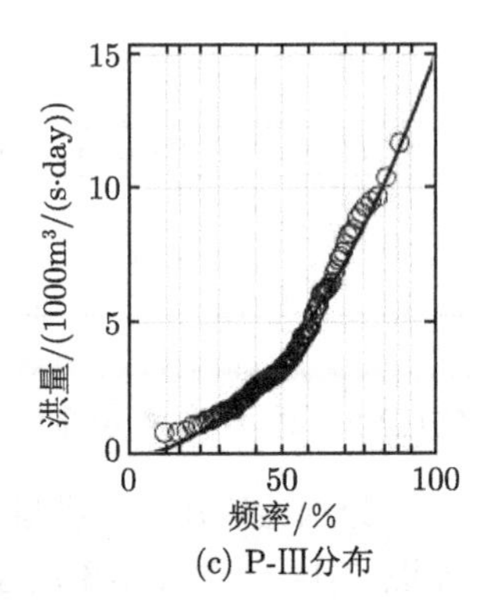

(c) P-III分布

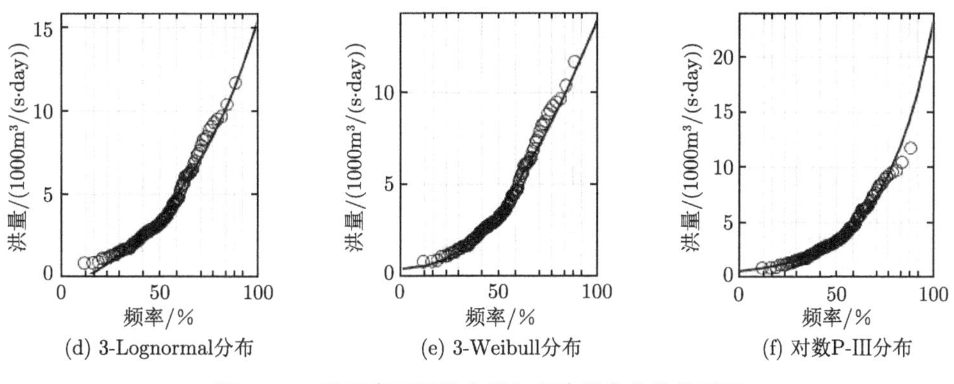

图 7-1-2 洪量序列经验点据与理论频率曲线关系图

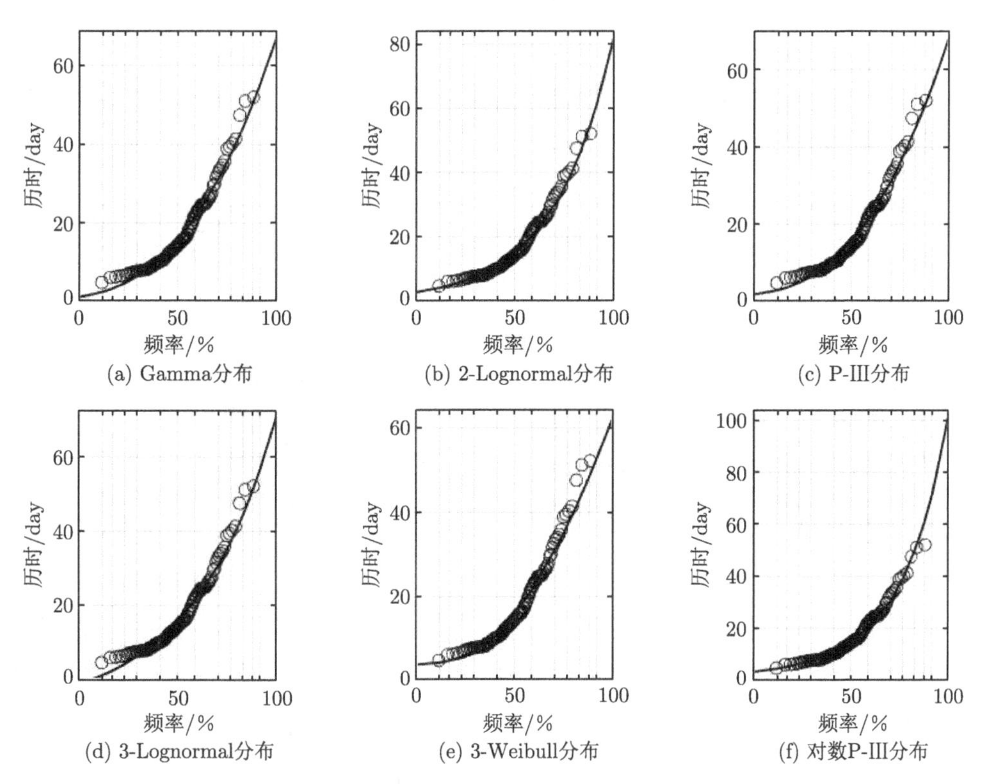

图 7-1-3 洪水历时序列经验点据与理论频率曲线关系图

初步拟选出洪水三个变量的边际概率分布以后, 采用 K-S 法对它们的拟合度作评估检测. 经计算, 洪峰、洪量和洪水历时的样本检验统计量 Dn 分别为 0.0672、0.0793 和 0.0789, 在 0.2%的显著水平下, 检验临界值均为 0.1008. 可见检验临界值都大于洪峰、洪量和洪水历时的样本检验统计量 Dn, 故可以接受洪水历时和洪峰服从 P-III 型分布, 洪量则服从 Weibull 分布.

洪峰和洪水历时分布类型相同, 概率密度函数为

$$f(x)=\frac{1}{\alpha\Gamma(\beta)}\left(\frac{x-\gamma}{\alpha}\right)^{\beta-1}e^{-\left(\frac{x-\gamma}{\alpha}\right)} \tag{7-1-1}$$

经计算, 洪峰序列分布参数为 $\alpha=0.26$, $\beta=2.49$, $\gamma=0.38$; 洪水历时序列分布参数为 $\alpha=6.54$, $\beta=2.52$, $\gamma=1.06$.

洪量的概率密度函数为

$$f(x)=\frac{b}{a}\left(\frac{x-m}{a}\right)^{b-1}e^{-\left(\frac{x-m}{a}\right)^{b}} \tag{7-1-2}$$

洪量序列分布参数为 $b=1.52$, $a=3.99$, $m=0.39$.

分别绘制 Alderson 水文站年最大洪水的洪峰、洪量和洪水历时直方图及其理论分布的密度曲线图, 见图 7-1-4.

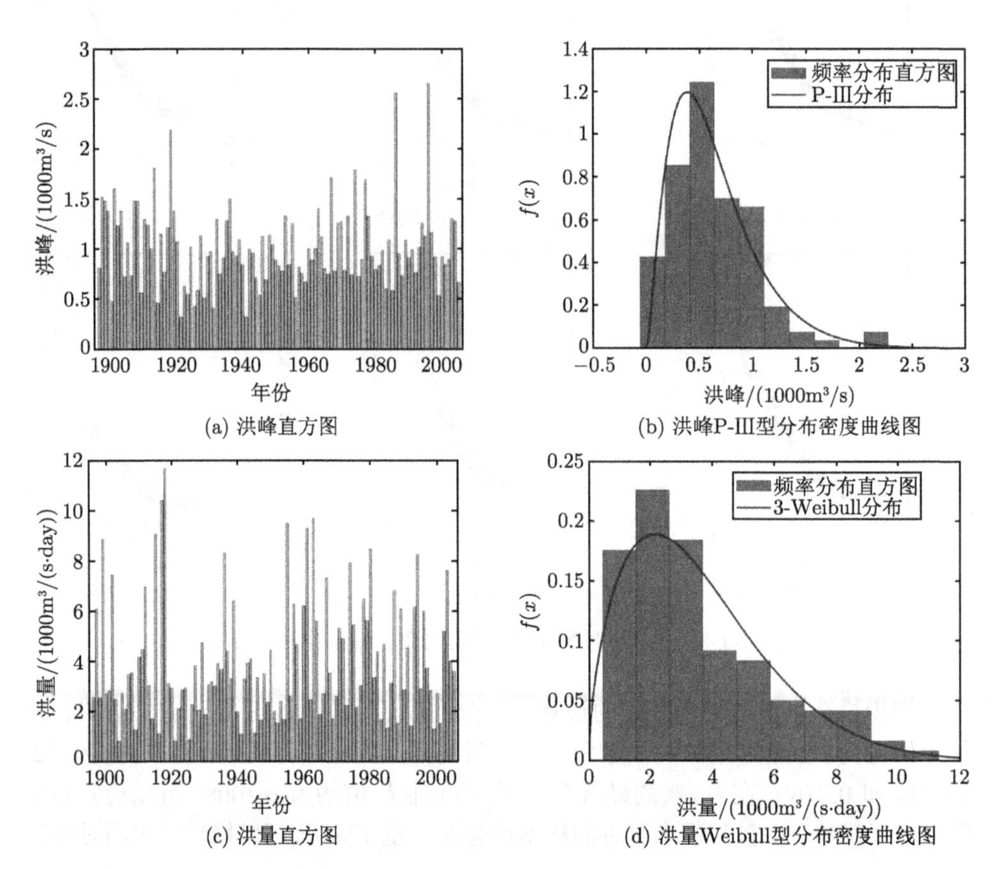

(a) 洪峰直方图

(b) 洪峰P-Ⅲ型分布密度曲线图

(c) 洪量直方图

(d) 洪量Weibull型分布密度曲线图

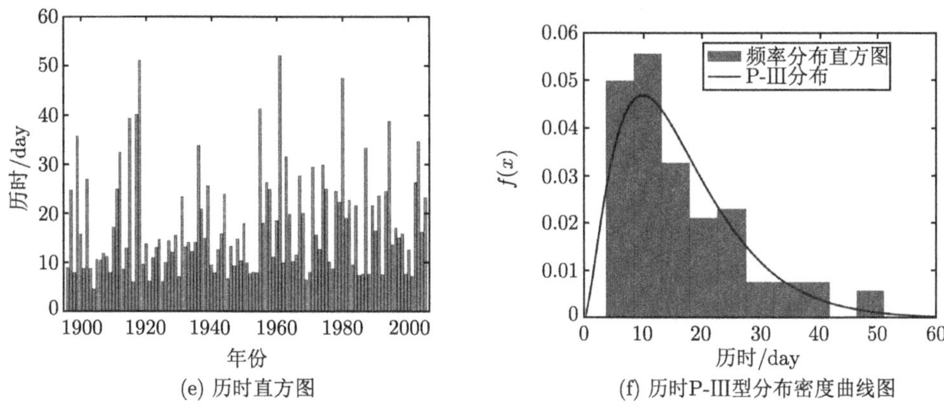

(e) 历时直方图 (f) 历时P-III型分布密度曲线图

图 7-1-4 洪水特征序列直方图与理论频率分布密度曲线图

7.1.3 相依性度量和参数估计

以 Copula 函数作为联结工具, 建立联合分布, 要先明确洪水三个变量之间是否相互关联, 利用公式 (7-1-3)—(7-1-5) 分别计算出洪峰和洪量、洪峰和洪水历时, 以及洪量和洪水历时的 Kendall-τ、Pearson-r 和 Spearman-ρ 三种相关系数, 结果见表 7-1-6. 洪峰和洪量的系数值在 0.5 左右, 说明它们彼此的正相关关系良好. 洪峰和洪水历时的各系数值都相对较小, 与洪峰和洪量相比, 它们之间的正相关关系较弱一些. 洪量和洪水历时的 Spearman-ρ 和 Pearson-r 分别为 0.9271 和 0.9237, 均超过 0.9, 表明洪量和历时之间具有很强的正相关关系.

表 7-1-6 洪水特征变量相依性参数

变量组合	Kendall-τ	Pearson-r	Spearman-ρ
洪峰和洪量	0.3883	0.4660	0.5493
洪峰和历时	0.1968	0.2378	0.2921
洪量和历时	0.7588	0.9327	0.9271

1. Kendall 秩相关系数 (Kendall-τ)

$$\tau=\frac{2}{n\left(n-1\right)}\sum_{i=1}^{n-1}\sum_{j=i+1}^{n}\operatorname{sgn}\left(\left(x_i-x_j\right)\left(y_i-y_j\right)\right) \tag{7-1-3}$$

式中, n 为样本的长度; $\operatorname{sgn}(x)$ 为符号函数, $\operatorname{sgn}\left(x\right)=\begin{cases}1, & x>0,\\ 0, & x=0,\\ -1, & x<0.\end{cases}$

2. Pearson 古典相关系数 (Pearson-r)

$$r=\frac{\sum_{i=1}^{n}\left((x_{i-}\bar{x})\left(y_i-\bar{y}\right)\right)}{(n-1)\sqrt{s_x^2 s_y^2}} \tag{7-1-4}$$

式中, n 为样本的长度; $\bar{x}$ 为 x_i 序列的均值; $\bar{y}$ 为 y_i 序列的均值; s_x^2 是 x_i 序列的方差; s_y^2 是 y_i 序列的方差.

3. Spearman 秩相关系数 (Spearman-ρ)

$$\begin{aligned}\rho&=\frac{\sum_{i=1}^{n}\left(R_i-\bar{R}\right)\left(S_i-\bar{S}\right)}{\sqrt{\sum_{i=1}^{n}\left(R_i-\bar{R}\right)^2\sum_{i=1}^{n}\left(S_i-\bar{S}\right)^2}}\\&=\frac{12}{n(n+1)(n-1)}\sum_{i=1}^{n}R_iS_i-3\frac{n+1}{n-1}\end{aligned} \tag{7-1-5}$$

式中, n 为序列长度; R_i 为 $x_1,x_2,\cdots,x_n$ 序列的秩; S_i 为 y_i 在 $y_1,y_2,\cdots,y_n$ 序列的秩; $\bar{R}=\frac{1}{n}\sum_{i=1}^{n}R_i=\frac{n+1}{2}=\frac{1}{n}\sum_{i=1}^{n}S_i=\bar{S}$.

利用表 7-1-7 分别求出洪峰和洪量、洪峰和洪水历时, 以及洪量和洪水历时的 Clayton, Frank 和 GH 三种 Copula 函数的参数 θ, 结果见表 7-1-8.

表 7-1-7　Archimedean Copula 函数参数 θ 与 Kendall 秩相关系数 τ 的关系

Copula 函数	τ 和 θ 的关系
Clayton Copula	$\tau=\frac{\theta}{2+\theta},\theta\in(0,\infty)$
GH Copula	$\tau=1-\frac{1}{\theta},\theta\in[1,\ \infty)$
Frank Copula	$\tau=1+\frac{4}{\theta}\left[\frac{1}{\theta}\int_0^{\theta}\frac{t}{\exp(t)-1}dt-1\right],\theta\in\mathbf{R}$

表 7-1-8　洪水特征变量的 Copula 参数 θ

变量组合	Clayton Copula	GH Copula	Frank Copula
洪峰和洪量	1.27	1.63	4.00
洪峰和历时	0.49	1.25	1.83
洪量和历时	6.29	4.15	14.73

7.1.4 Copula 函数的选择

7.1.4.1 Copula 函数的拟合图评估

本节采用直观的图形检验法, 绘制经验频率和理论频率关系图 (P-P 图)、观测值和生成随机样本的拟合图进行拟合评估.

(1) 经验频率和理论频率关系图 (P-P 图).

绘制 P-P 图, 其中, 纵坐标代表理论频率值, 横坐标代表经验频率值, 若散点沿 45° 对角线分布, 说明经验频率值和理论频率值基本一致, 模型合理可行, 可以反映特征变量之间的相关关系.

$$F\left(x_i,y_i\right)=P_e\left(X\leqslant x_i,Y\leqslant y_i\right)=\frac{\sum\limits_{m=1}^{i}\sum\limits_{l=1}^{i}N_{ml}-0.44}{n+0.12} \tag{7-1-6}$$

式中, P_e 为二维分布经验频率值; N_{ml} 为观测序列数据对中, 同时符合 $X\leqslant x_i$ 和 $Y\leqslant y_i$ 条件的观测数据组数; n 为联合观测值样本点组数.

(2) 观测值和生成随机样本的拟合图.

通过建立的联合概率分布模型可以随机生成两变量理论分布的序列值, 点绘观测值和生成随机样本的关系图, 若生成随机样本的点据总体上与观测值的点据贴合, 二者的分布较为一致, 就示意构造的联合分布模型符合要求, 能够将变量之间的相关关系较好地呈现出来.

利用 Frank, Clayton 和 GH 三种 Copula 函数, 分别构建 Alderson 水文站洪峰和洪量、洪峰和洪水历时, 以及洪量和洪水历时的三种联合概率分布模型, 通过直观的图形分析法对拟合度进行判断评估. 首先分别求出洪峰和洪量、洪峰和历时, 以及洪量和历时二维联合分布的经验频率, 然后求出各变量组合在不同 Copula 函数形成的联合分布中所对应的理论频率, 分别绘制洪水两变量联合分布的经验频率和不同 Copula 函数理论频率的关系图, 如图 7-1-5—图 7-1-7 所示. 运用构造出来的联合概率分布模型生成各变量组合的随机样本, 点绘洪峰和洪量的观测值与不同 Copula 函数所生成随机样本的散点图, 如图 7-1-8 所示. 同理得到洪峰和历时、洪量和历时的观测值和生成随机样本散点图, 见图 7-1-9 和图 7-1-10.

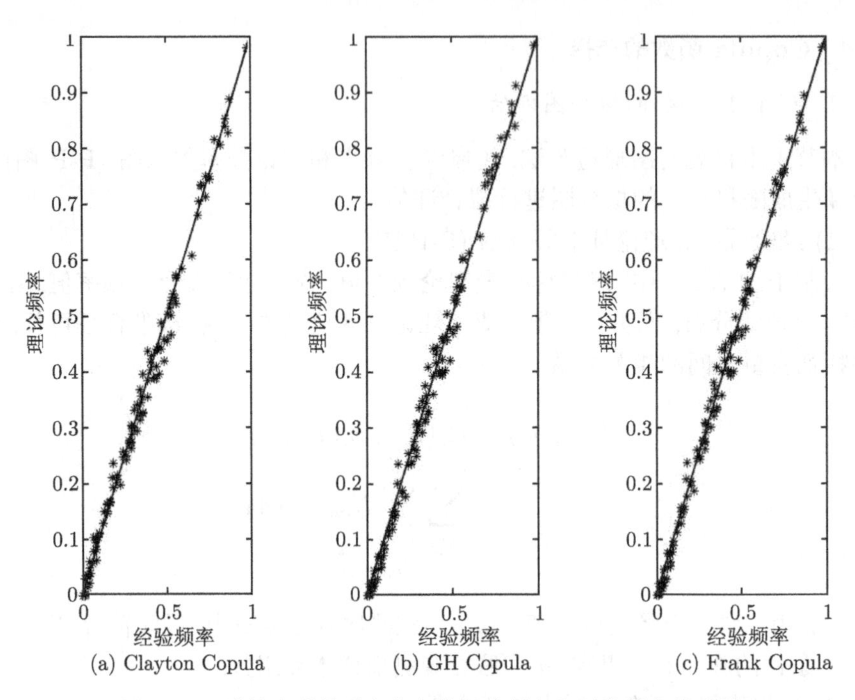

(a) Clayton Copula　(b) GH Copula　(c) Frank Copula

图 7-1-5　洪峰和洪量联合分布的经验频率和理论频率关系图

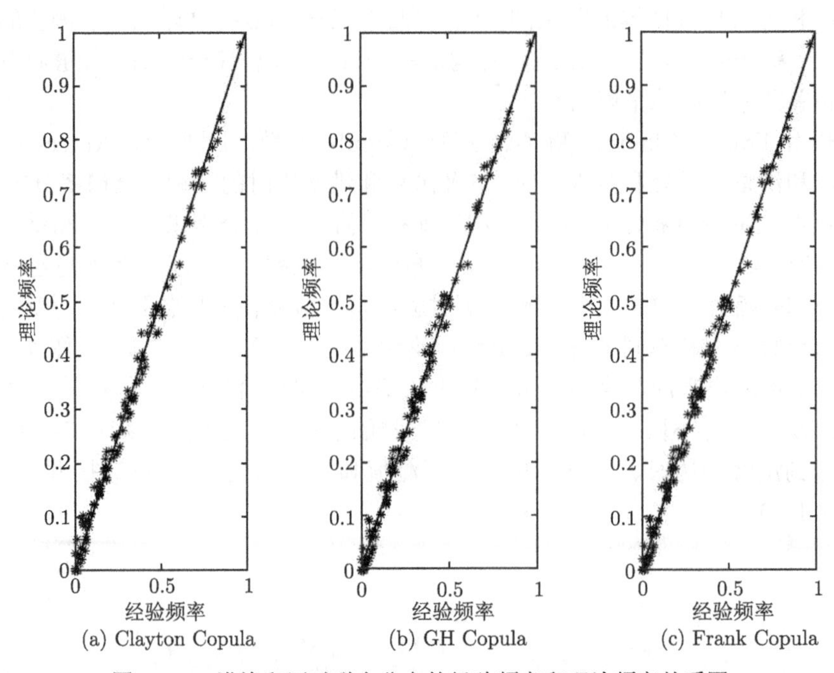

(a) Clayton Copula　(b) GH Copula　(c) Frank Copula

图 7-1-6　洪峰和历时联合分布的经验频率和理论频率关系图

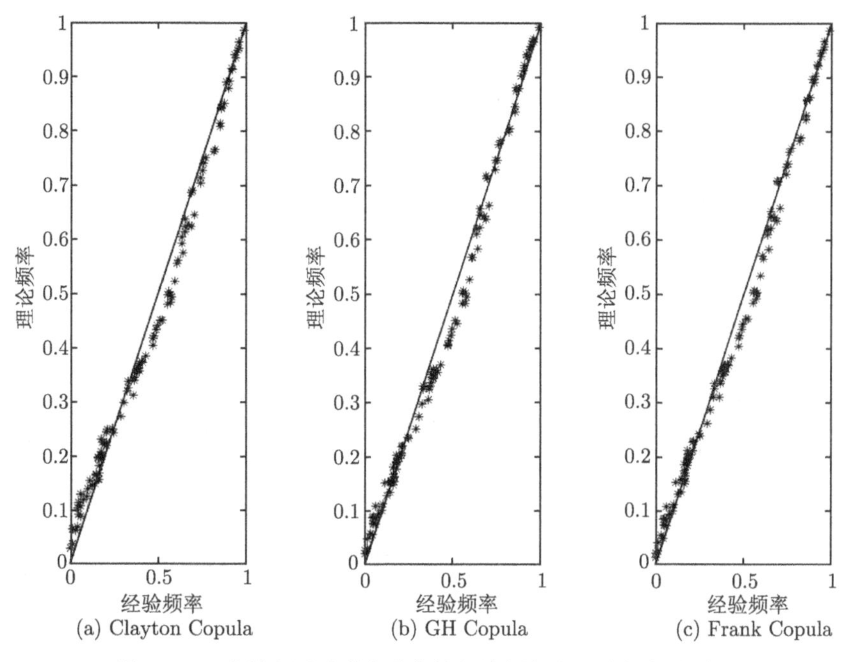

图 7-1-7 洪量和历时联合分布的经验频率和理论频率关系图

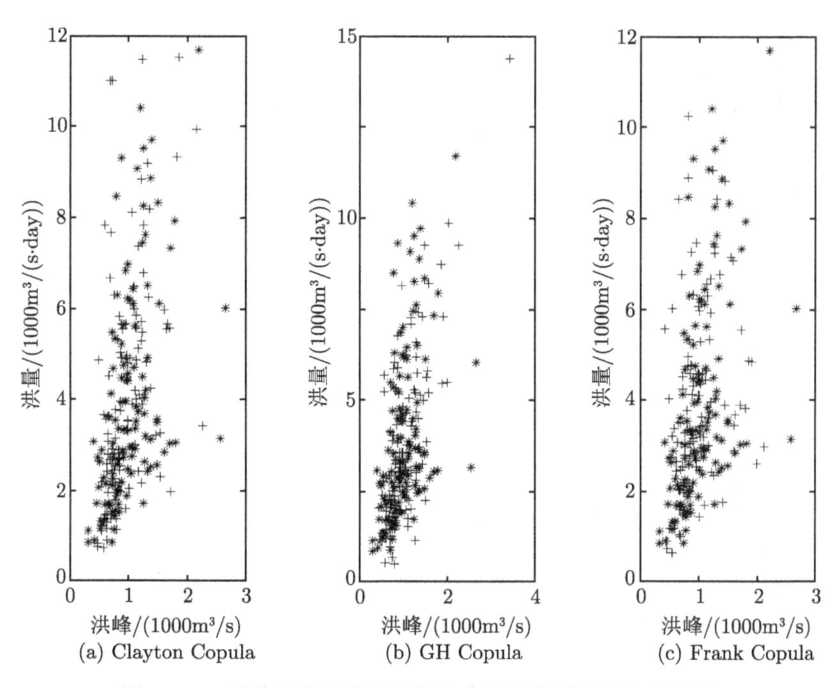

图 7-1-8 洪峰和洪量的观测值和生成随机样本拟合关系图

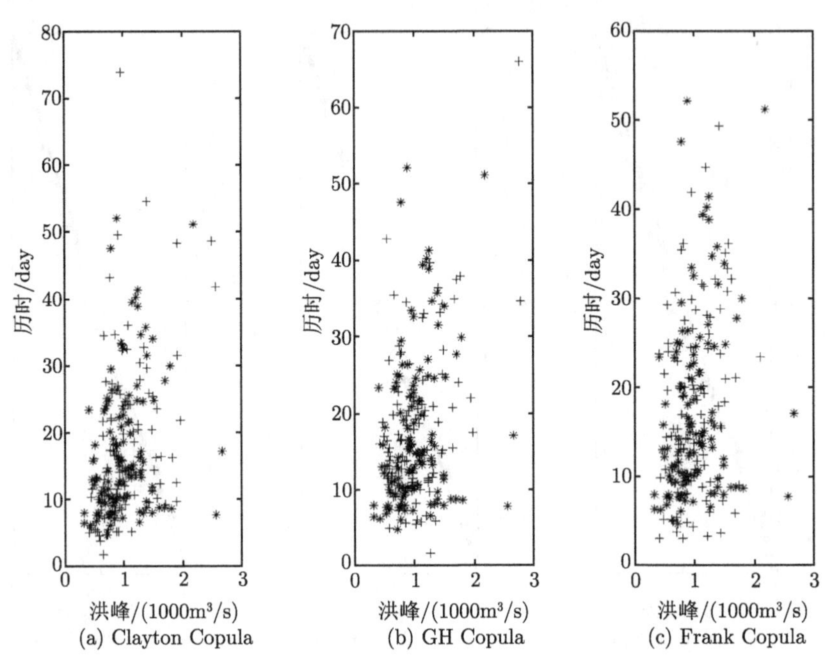

图 7-1-9　洪峰和历时的观测值和生成随机样本拟合关系图

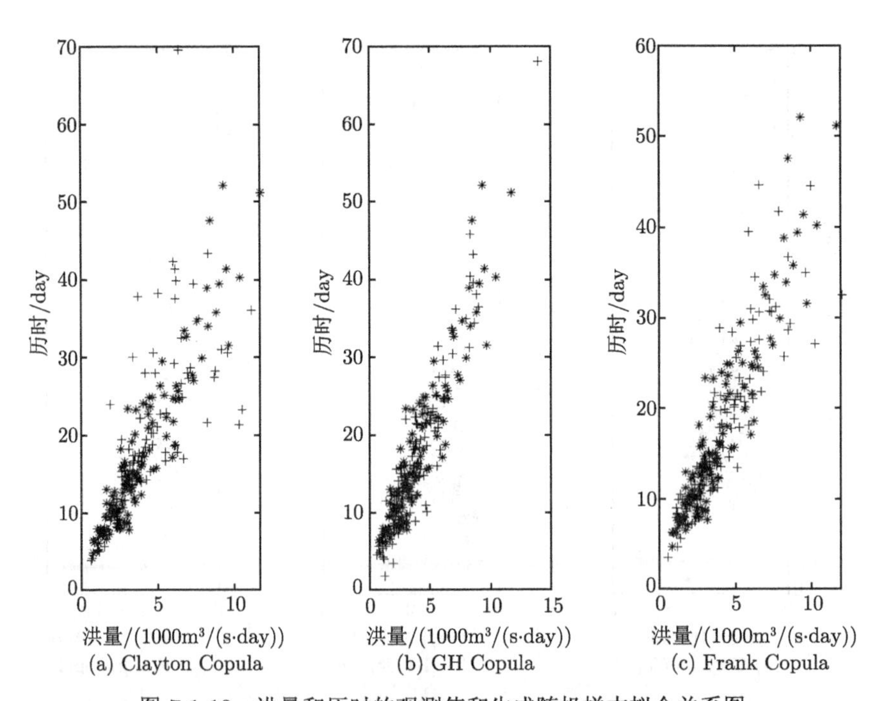

图 7-1-10　洪量和历时的观测值和生成随机样本拟合关系图

图 7-1-5 中洪峰和洪量联合分布的经验频率值与 Copula 函数联合概率分布理论频率值的点集中在 45° 对角线附近, 表明这 3 种 Copula 函数均取得很好的拟合结果. 在洪峰和历时联合分布的理论频率值与经验频率值关系图里, 点多沿 45° 对角线分布, 说明理论频率值和经验频率值相差很小. 同理在图 7-1-7 中, 散点集中在对角线周围, 表明 3 种 Copula 函数所建立的洪量和历时的联合分布与实际分布相符合, 拟合情况较好.

从图 7-1-8 可以看出, 洪峰和洪量的观测值的点与 3 种 Copula 函数联合分布模型所生成随机样本的点分布非常贴合, 生成随机样本点靠近或贴合经验点, 说明拟合效果好. 无论是在洪峰和洪水历时联合分布的拟合关系图 7-1-9, 还是在洪量和洪水历时联合分布的拟合关系图 7-1-10 中, 观测值的点与 3 种 Copula 函数联合分布模型所生成随机样本点的拟合情况都比较好, 生成随机样本点多与经验点重合, 二者的范围和分布趋势一致, 说明 Copula 函数的理论分布与实际样本的总体分布一致. 且在这三种二维变量联合的拟合关系图中, 洪量和洪水历时的效果是最好的, 图中经验点和生成的随机样本点分布十分密集, 特别是在左下段两种点的分布几乎是完全重合的.

7.1.4.2 Copula 函数的拟合优度评价

拟合优度评价在联合概率分布函数的选择中较为关键. 利用 Copula 函数建立的联合概率分布模型究竟哪一个才是最合适的? 为了挑选出最理想的 Copula 函数, 需要对它们的拟合度作判断和评估. 评估拟合度的方法较多, Genest-Rivest 方法和 BIC 信息准则法等都被经常使用.

(1) 离差平方和准则法

$$\mathrm{OLS}=\sqrt{\frac{1}{n}\sum_{i=1}^{n}\left(P_{ei}-P_{i}\right)^{2}} \tag{7-1-7}$$

式中, n 为样本的长度; P_{ei} 表示观测数据组的经验频率值; P_i 表示观测数据组的理论频率值. OLS 值越小, 拟合就越好.

(2)AIC 信息准则法

$$\mathrm{AIC}=n\ln\left(\mathrm{MSE}\right)+2m;\quad \mathrm{MSE}=\frac{1}{n}\sum_{i=1}^{n}\left(Pe_{i}-P_{i}\right)^{2} \tag{7-1-8}$$

式中, n 为样本的长度; m 为 Copula 函数中参数的数目; P_{ei} 表示观测数据组的经验频率值; P_i 为观测数据组的理论频率值. AIC 值越小, 拟合就越好.

直观的图形拟合检验说明对洪峰和洪量、洪峰和历时, 以及洪量和历时的二维联合分布而言, 这三种 Copula 函数的拟合效果均较为理想, 都可以用来构造它们的联合概率分布. 为了选出 Alderson 水文站年最大洪水各二维联合分布中拟合效果最理想的 Copula 函数, 利用离差平方和准则公式 (7-1-7) 和 AIC 信息准则公式 (7-1-8) 分别进行拟合优度评价, 评价结果在表 7-1-9 中给出.

表 7-1-9 Copula 函数的拟合优度评价结果

	Copula 函数	OLS 信息准则	AIC 信息准则
洪峰和洪量	Clayton Copula	0.0237	−821.0779
	GH Copula	0.0262	−798.8447
	Frank Copula	0.0237	−821.5851
洪峰和历时	Clayton Copula	0.0220	−837.5387
	GH Copula	0.0222	−835.9942
	Frank Copula	0.0211	−847.2069
洪量和历时	Clayton Copula	0.0379	−718.0594
	GH Copula	0.0342	−740.6055
	Frank Copula	0.0306	−764.8994

7.1.5 联合概率分布及条件概率分布计算

选用 Clayton Copula 函数构造 Alderson 水文站年最大洪水洪峰和洪量的分布模型, 利用 Frank Copula 函数构造洪峰和洪水历时、洪量和洪水历时的分布模型, 开展频率分析计算, 得出该站年最大洪水不同二维联合分布的概率, 部分计算结果见表 7-1-10—表 7-1-12.

表 7-1-10 洪峰和洪量的联合分布

年份	洪峰/($1000\text{m}^3/\text{s}$)	洪量/($1000\text{m}^3/(\text{s}\cdot\text{day})$)	经验概率	$F(x)$	$F(y)$	$C(F(x), F(y))$
1896	0.82	2.58	0.2049	0.3571	0.3156	0.2154
1897	1.53	6.11	0.7588	0.8872	0.8256	0.7505
1898	1.49	2.55	0.3048	0.8729	0.3097	0.2997
1899	1.38	8.86	0.8224	0.8317	0.9615	0.8061
1900	0.48	2.71	0.0414	0.0228	0.3406	0.0224
1901	1.61	2.84	0.3865	0.9101	0.3645	0.3547
1902	1.24	7.43	0.6952	0.7534	0.9118	0.7056
1903	1.38	2.51	0.2957	0.8317	0.3017	0.2887
1904	0.73	0.85	0.0142	0.2523	0.0315	0.0301
1905	1.06	2.74	0.3229	0.6202	0.3449	0.2957
1906	0.74	2.12	0.1322	0.2624	0.2292	0.1517
1907	1.49	3.48	0.5045	0.8729	0.4809	0.4545
1908	1.49	3.56	0.5318	0.8729	0.4942	0.4662
1909	0.57	1.29	0.0414	0.0797	0.0883	0.0493

续表

年份	洪峰/(1000m^3/s)	洪量/(1000m^3/(s·day))	经验概率	$F(x)$	$F(y)$	$C(F(x), F(y))$
1910	1.30	4.19	0.5590	0.7888	0.5971	0.5232
1911	1.24	4.49	0.5409	0.7534	0.6419	0.5397
1912	1.00	6.98	0.5499	0.5648	0.8874	0.5318
1913	1.81	3.05	0.4591	0.9507	0.4029	0.3964
1914	0.46	1.72	0.0323	0.0141	0.1570	0.0136
1915	1.15	9.07	0.6862	0.6946	0.9662	0.6796
⋮	⋮	⋮	⋮	⋮	⋮	⋮
1991	1.00	4.56	0.4410	0.5564	0.6523	0.4413
1992	0.76	1.44	0.0777	0.2929	0.1105	0.0939
1993	1.02	6.18	0.5318	0.5838	0.8313	0.5290
1994	1.26	8.25	0.7043	0.7657	0.9445	0.7349
1995	1.13	2.90	0.3592	0.6749	0.3756	0.3282
1996	2.66	6.02	0.7861	0.9966	0.8176	0.8154
1997	1.17	3.72	0.4682	0.7072	0.5222	0.4402
1998	0.92	2.84	0.2866	0.4738	0.3645	0.2736
1999	0.53	1.32	0.0323	0.0525	0.0921	0.0388
2000	0.92	2.73	0.2866	0.4799	0.3433	0.2639
2001	0.85	1.53	0.1050	0.3970	0.1246	0.1110
2002	0.89	5.22	0.3592	0.4487	0.7363	0.3960
2003	1.30	7.61	0.7588	0.7919	0.9202	0.7438
2004	1.28	4.02	0.5318	0.7808	0.5714	0.5011
2005	0.67	3.61	0.1504	0.1864	0.5025	0.1653

表 7-1-11 洪峰和洪水历时的联合分布

年份	洪峰/(1000m^3/s)	历时/day	经验概率	$F(x)$	$F(y)$	$C(F(x), F(y))$
1896	0.82	9.05	0.1141	0.3571	0.2101	0.1100
1897	1.53	24.77	0.7406	0.8872	0.7934	0.7202
1898	1.49	8.03	0.1504	0.8729	0.1650	0.1554
1899	1.38	35.75	0.8042	0.8317	0.9388	0.7890
1900	0.48	15.83	0.0414	0.0228	0.5163	0.0165
1901	1.61	8.84	0.1867	0.9101	0.2006	0.1924
1902	1.24	27.04	0.6680	0.7534	0.8374	0.6553
1903	1.38	8.81	0.1685	0.8317	0.1992	0.1829
1904	0.73	4.77	0.0051	0.2523	0.0471	0.0202
1905	1.06	10.65	0.2412	0.6202	0.2840	0.2169
1906	0.74	10.57	0.1141	0.2624	0.2803	0.1099
1907	1.49	11.95	0.3411	0.8729	0.3448	0.3213

续表

年份	洪峰/(1000m^3/s)	历时/day	经验概率	$F(x)$	$F(y)$	$C(F(x), F(y))$
1908	1.49	11.32	0.3229	0.8729	0.3154	0.2944
1909	0.57	8.00	0.0505	0.0797	0.1637	0.0233
1910	1.30	17.16	0.5136	0.7888	0.5688	0.4853
1911	1.24	24.88	0.6226	0.7534	0.7958	0.6284
1912	1.00	32.56	0.5409	0.5648	0.9116	0.5325
1913	1.81	8.68	0.1776	0.9507	0.1934	0.1893
1914	0.46	13.06	0.0323	0.0141	0.3960	0.0086
1915	1.15	39.43	0.6771	0.6946	0.9603	0.6748
⋮	⋮	⋮	⋮	⋮	⋮	⋮
1991	1.00	23.58	0.4501	0.5564	0.7665	0.4659
1992	0.76	7.66	0.0505	0.2929	0.1493	0.0687
1993	1.02	24.62	0.5045	0.5838	0.7902	0.4976
1994	1.26	38.85	0.7043	0.7657	0.9575	0.7405
1995	1.13	13.67	0.3502	0.6749	0.4235	0.3322
1996	2.66	17.13	0.6135	0.9966	0.5677	0.5665
1997	1.17	15.12	0.4137	0.7072	0.4867	0.3896
1998	0.92	15.95	0.3048	0.4738	0.5212	0.3019
1999	0.53	7.73	0.0232	0.0525	0.1522	0.0147
2000	0.92	12.61	0.2594	0.4799	0.3754	0.2320
2001	0.85	7.24	0.0505	0.3970	0.1320	0.0773
2002	0.89	26.37	0.3683	0.4487	0.8253	0.4008
2003	1.30	34.68	0.7588	0.7919	0.9307	0.7477
2004	1.28	16.23	0.4864	0.7808	0.5325	0.4535
2005	0.67	23.26	0.1413	0.1864	0.7588	0.1634

表 7-1-12 洪量和洪水历时的联合分布

年份	洪量/(10^3 m^3/(s·day))	历时/day	经验概率	$F(x)$	$F(y)$	$C(F(x), F(y))$
1896	2.58	9.05	0.1776	0.3156	0.2101	0.1976
1897	6.11	24.77	0.7588	0.8256	0.7934	0.7626
1898	2.55	8.03	0.1504	0.3097	0.1650	0.1580
1899	8.86	35.75	0.9223	0.9615	0.9388	0.9205
1900	2.71	15.83	0.3320	0.3406	0.5163	0.3358
1901	2.84	8.84	0.1867	0.3645	0.2006	0.1951
1902	7.43	27.04	0.8496	0.9118	0.8374	0.8226
1903	2.51	8.81	0.1595	0.3017	0.1992	0.1863
1904	0.85	4.77	0.0051	0.0315	0.0471	0.0139
1905	2.74	10.65	0.2866	0.3449	0.2840	0.2611
1906	2.12	10.57	0.1958	0.2292	0.2803	0.2037
1907	3.48	11.95	0.3683	0.4809	0.3448	0.3363

续表

年份	洪量/(10^3 m^3/(s·day))	历时/day	经验概率	$F(x)$	$F(y)$	$C(F(x), F(y))$
1908	3.56	11.32	0.3592	0.4942	0.3154	0.3107
1909	1.29	8.00	0.0596	0.0883	0.1637	0.0737
1910	4.19	17.16	0.5954	0.5971	0.5688	0.5345
1911	4.49	24.88	0.6862	0.6419	0.7958	0.6355
1912	6.98	32.56	0.8587	0.8874	0.9116	0.8594
1913	3.05	8.68	0.1776	0.4029	0.1934	0.1906
1914	1.72	13.06	0.1685	0.1570	0.3960	0.1552
1915	9.07	39.43	0.9404	0.9662	0.9603	0.9395
⋮	⋮	⋮	⋮	⋮	⋮	⋮
1991	4.56	23.58	0.6771	0.6523	0.7665	0.6411
1992	1.44	7.66	0.0596	0.1105	0.1493	0.0851
1993	6.18	24.62	0.7588	0.8313	0.7902	0.7626
1994	8.25	38.85	0.9132	0.9445	0.9575	0.9224
1995	2.90	13.67	0.3774	0.3756	0.4235	0.3485
1996	6.02	17.13	0.6135	0.8176	0.5677	0.5661
1997	3.72	15.12	0.5227	0.5222	0.4867	0.4552
1998	2.84	15.95	0.3774	0.3645	0.5212	0.3581
1999	1.32	7.73	0.0505	0.0921	0.1522	0.0740
2000	2.73	12.61	0.3229	0.3433	0.3754	0.3106
2001	1.53	7.24	0.0505	0.1246	0.1320	0.0865
2002	5.22	26.37	0.7406	0.7363	0.8253	0.7212
2003	7.61	34.68	0.8950	0.9202	0.9307	0.8905
2004	4.02	16.23	0.5772	0.5714	0.5325	0.5022
2005	3.61	23.26	0.5681	0.5025	0.7588	0.5010

根据二维联合概率和重现期公式, 得到洪峰和洪量、洪峰和洪水历时以及洪量和洪水历时的联合概率和联合重现期, 绘出它们各自对应的分布图, 见图 7-1-11—图 7-1-13.

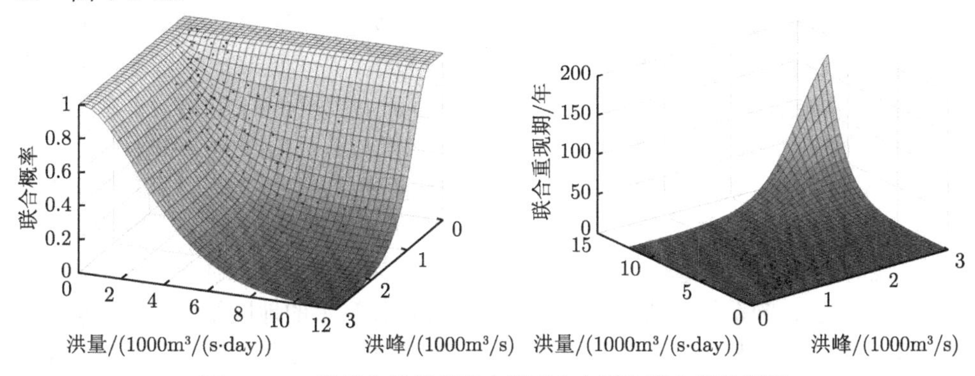

图 7-1-11 洪峰和洪量的联合概率分布图和联合重现期图

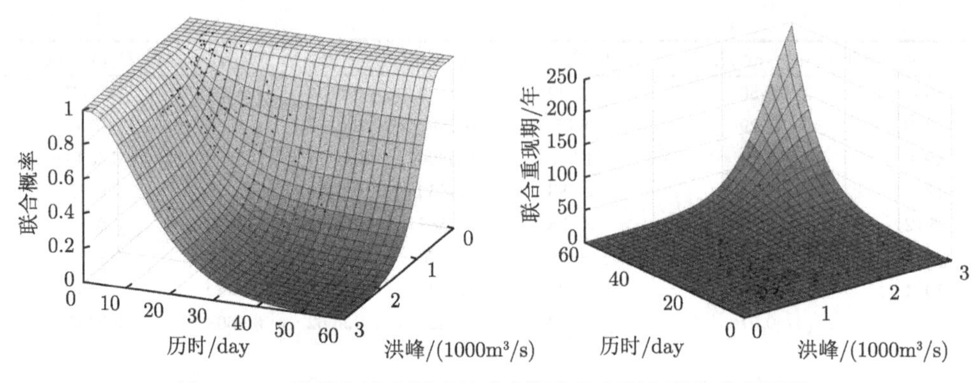

图 7-1-12 洪峰和洪水历时的联合概率分布图和联合重现期图

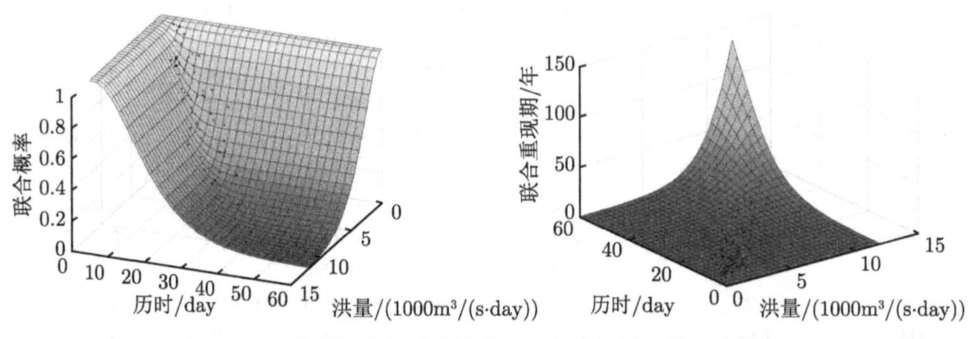

图 7-1-13 洪量和洪水历时的联合概率分布图和联合重现期图

7.2 基于二维水文随机变量和差积商分布解析计算

流域设计断面上游水库、分洪和滞洪等工程, 改变了天然来水情势, 直接影响了下游设计断面的来水计算. 《水利水电工程设计洪水计算手册》指出, 为了推求这类流域设计断面的设计洪水, 应研究设计断面以上各部分洪水的地区组成 (水利部长江水利委员会水文局, 2001). 在干旱分析中, 为了更好地揭示干旱特征变量的规律, 需要分析干旱历时与非干旱历时变量和 (干旱间隔) 分布、干旱历时与干旱间隔的比值 (干旱事件比例) 分布、干旱强度与干旱历时的乘积 (干旱烈度) 分布 (Nadarajah, 2007). 另外, 水资源评价和配置中, 常常需要研究量断面来水与区间耗水量的组合分布. 上述问题都可以归结为水文变量和、差、积、商的分布计算 (王锐深等, 1990; 宋德敦等, 1987). 《水利水电工程设计洪水计算手册》推荐使用地区组成法、频率组合法及随机模拟法进行设计洪水的地区组成计算. 频率组合法采用数值积分和离散求和法求解两水文变量和、差分布. 数值积分由于受到积分计算方法限制, 一般需要较长的时间获得满意的计算精度, 有时候难以收敛.

离散求和法则通过离散处理, 将二维积分转换为两变量有限个"状态"频率的组合求和, 但是, 数据转化过程中难免出现信息失真 (闫宝伟, 2010). 随机模拟法在空间多个站点随机数学模型建立的基础上, 通过随机模拟, 进行上下游断面及区间洪水过程计算, 但是, 模拟序列统计特征的保持性尚难掌握 (闫宝伟, 2010). 地区组成法虽然计算方法简便, 但该法将区间洪水按某一组成相对固定, 人为因素的不确定性较大 (闫宝伟, 2010). 因此, 提高水文变量和、差、积、商的分布计算精度是流域水资源梯级开发和水资源管理中亟待解决的重要科学问题, 受到许多学者的高度关注. Saralees 采用 Kotz 二维 Gamma 联合分布 (边际分别为指数分布和含第三类修正 Bossel 函数的分布), 推出了干旱间隔和干旱事件比例分布解析计算公式 (Nadarajah, 2005). 张元禧推导了具有形状参数为正整数的 Gamma 水文变量和、差分布解析计算公式 (张元禧, 1983). 由于实际中 Gamma 分布的形状参数一般不为正整数, 黄农扩充了张元禧的研究结果, 提出了两独立 Gamma 分布变量之和的数值计算方法 (黄农, 1987), 但该法需要连分式法数值积分. 21 世纪以来, 出现了基于 JC 法、Copula 函数以及改进的离散求和法进行梯级水库设计洪水地区组成计算 (徐玲玲, 1995; 杨建青和朱杰, 2008; 谢小平等, 2006; 黄灵芝等, 2006; 李天元等, 2012, 2014; 刘章君等, 2014a, 2014b, 2015; 栗飞等, 2011). 这些方法仍然属于一种数值方法求解, 但缺乏解析计算公式求解. 本节试图根据二维随机变量函数分布的定义, 运用积分变换和合流超几何函数原理, 严格地推导二维独立同分布水文随机变量和、差、积、商分布的解析计算公式, 以期为区域设计来水量组成和流域梯级水库下游设计洪水计算提供理论支撑.

7.2.1 Gamma 分布密度函数与合流超几何函数

随机变量 X, Y 的 Gamma 分布密度函数为

$$f_X(x) = \frac{1}{b_1^{a_1}\Gamma(a_1)} x^{a_1-1} e^{-\frac{x}{b_1}}, \quad x \geqslant 0 \tag{7-2-1}$$

$$f_Y(y) = \frac{1}{b_2^{a_2}\Gamma(a_2)} x^{a_2-1} e^{-\frac{y}{b_2}}, \quad y \geqslant 0 \tag{7-2-2}$$

式中, a_1, a_2 分别为形状参数; b_1, b_2 分别为尺度参数; $\Gamma(a_1) = \int_0^\infty t^{a_1-1}e^{-t}dt$; $\Gamma(a_2) = \int_0^\infty t^{a_2-1}e^{-t}dt$.

为了推导两变量和、差、积、商的解析分布计算公式, 首先, 我们给出不完全 Gamma 函数的级数表达式以及合流超几何函数. 不完全 Gamma 函数的级数表达式有两类表达式.

$$\gamma(\alpha, x) = \int_0^x t^{\alpha-1}e^{-t}dt = x^\alpha e^{-x} \sum_{i=0}^{\infty} \frac{x^i}{\alpha(\alpha+1)\cdots(\alpha+i)} \tag{7-2-3}$$

$$\gamma(\alpha, x)=\int_0^x t^{\alpha-1} e^{-t} d t=\sum_{i=0}^{\infty} \frac{(-1)^i x^{\alpha+i}}{i!(i+\alpha)} \tag{7-2-4}$$

合流超几何函数定义为

$$\begin{aligned}
\psi(\alpha, \gamma; z) &= \frac{1}{\Gamma(\alpha)} \int_0^{\infty} t^{\alpha-1}(1+t)^{\gamma-\alpha-1} e^{-z t} d t \\
&= \frac{\Gamma(1-\gamma)}{\Gamma(\alpha-\gamma+1)} \Phi(\alpha, \gamma; z)+\frac{\Gamma(\gamma-1)}{\Gamma(\alpha)} z^{1-\gamma} \Phi(\alpha-\gamma+1,2-\gamma; z)
\end{aligned} \tag{7-2-5}$$

式中, $\Phi(\alpha, \gamma; z)$ 为超几何函数, 其表达式为

$$\begin{aligned}
\Phi(\alpha, \gamma; z) &= {}_1F_1(\alpha; \gamma; z)=\sum_{n=0}^{\infty} \frac{(\alpha)_n}{(\gamma)_n} \frac{z^n}{n!} \\
&= 1+\frac{\alpha}{\gamma} \frac{z}{1!}+\frac{\alpha(\alpha+1)}{\gamma(\gamma+1)} \frac{z^2}{2!}+\frac{\alpha(\alpha+1)(\alpha+2)}{\gamma(\gamma+1)(\gamma+2)} \frac{z^3}{3!}+\cdots
\end{aligned} \tag{7-2-6}$$

式中, $(\alpha)_n$ 为 Pochhammer 符号, $(\alpha)_n=\begin{cases}1, & n=0, \\ \alpha(\alpha+1) \cdots(\alpha+n-1), & n>0.\end{cases}$

7.2.2　Gamma 分布随机变量和、差分布的解析计算

7.2.2.1　Gamma 分布随机变量和分布

随机变量 X, Y 和分布的积分区域如图 7-2-1 所示. 根据图 7-2-1, 有

$$\begin{aligned}
P(X+Y \leqslant z) &= F_Z(z) \\
&= \frac{1}{b_1^{a_1} b_2^{a_2} \Gamma(a_1) \Gamma(a_2)} \int_0^z x^{a_1-1} e^{-\frac{x}{b_1}}\left[\int_0^{z-x} y^{a_2-1} e^{-\frac{y}{b_2}} d y\right] d x
\end{aligned}$$

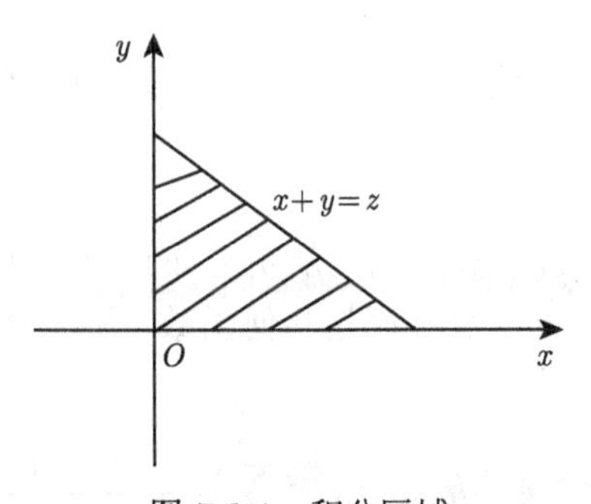

图 7-2-1　积分区域

令 $K=\dfrac{1}{b_1^{a_1}b_2^{a_2}\Gamma(a_1)\Gamma(a_2)}$, 有

$$F_Z(z)=K\int_0^z x^{a_1-1}e^{-\frac{x}{b_1}}\left[\int_0^{z-x}y^{a_2-1}e^{-\frac{y}{b_2}}dy\right]dx \tag{7-2-7}$$

对于积分 $\int_0^{z-x}y^{a_2-1}e^{-\frac{y}{b_2}}dy$, 令 $s=\dfrac{y}{b_2}$, 当 $y=0$ 时, $s=0$; 当 $y=z-x$ 时, $s=\dfrac{z-x}{b_2}$; $y=b_2s, dy=b_2ds$. 有

$$\begin{aligned}F_Z(z)&=K\int_0^z x^{a_1-1}e^{-\frac{x}{b_1}}\left[\int_0^{\frac{z-x}{b_2}}(b_2s)^{a_2-1}e^{-s}b_2ds\right]dx\\&=K\int_0^z x^{a_1-1}e^{-\frac{x}{b_1}}\left[b_2^{a_2}\int_0^{\frac{z-x}{b_2}}s^{a_2-1}e^{-s}ds\right]dx\end{aligned} \tag{7-2-8}$$

对于积分 $\int_0^{\frac{z-x}{b_2}}s^{a_2-1}e^{-s}ds$, 根据式 (7-2-3), 有

$$\int_0^{\frac{z-x}{b_2}}s^{a_2-1}e^{-s}ds=\left(\frac{z-x}{b_2}\right)^{\alpha}e^{-\frac{z-x}{b_2}}\sum_{i=0}^{\infty}\frac{\left(\frac{z-x}{b_2}\right)^i}{a_2(a_2+1)\cdots(a_2+i)} \tag{7-2-9}$$

将式 (7-2-9) 代入式 (7-2-8), 有

$$F_Z(z)=Ke^{-\frac{z}{b_2}}\sum_{i=0}^{\infty}\frac{b_2^{-i}}{a_2(a_2+1)\cdots(a_2+i)}\int_0^z x^{a_1-1}(z-x)^{a_2+i+1-1}e^{-\frac{b_2-b_1}{b_1b_2}x}dx \tag{7-2-10}$$

根据积分公式 $\int_0^u x^{v-1}(u-x)^{\mu-1}e^{\beta x}dx=\mathrm{B}(\mu,v)u^{\mu+v-1}{}_1F_1(v;\mu+v;\beta u)$, 式 (7-2-10) 可进一步写为

$$\begin{aligned}F_Z(z)=&Ke^{-\frac{z}{b_2}}z^{a_1+a_2}\sum_{i=0}^{\infty}\frac{z^i\mathrm{B}(a_2+i+1,a_1)}{b_2^ia_2(a_2+1)\cdots(a_2+i)}\\&\times{}_1F_1\left(a_1;a_1+a_2+i+1;-\frac{b_2-b_1}{b_1b_2}z\right)\end{aligned} \tag{7-2-11}$$

根据式 (7-2-6), 式 (7-2-11) 可进一步写为

$$F_Z(z)=Ke^{-\frac{z}{b_2}}z^{a_1+a_2}\sum_{i=0}^{\infty}\frac{z^i\mathrm{B}(a_2+i+1,a_1)}{b_2^ia_2(a_2+1)\cdots(a_2+i)}$$

$$\times\sum_{k=0}^{\infty}\frac{(a_1)_k}{(a_1+a_2+i+1)_k}\left(-\frac{b_2-b_1}{b_1b_2}\right)^k\frac{z^k}{k!} \tag{7-2-12}$$

式中,

$$(a_1)_k=\begin{cases}1, & k=0\\ a_1(a_1+1)\cdots(a_1+k-1), & k>0\end{cases}$$

$$(a_1)_k=\begin{cases}1, & k=0\\ a_1(a_1+1)\cdots(a_1+k-1), & k>0\end{cases}$$

$$(a_1+a_2+i+1)_k=\begin{cases}1, & k=0\\ \begin{array}{c}(a_1+a_2+i+1)(a_1+a_2+i+1+1)\\ \times\cdots\times(a_1+a_2+i+1+k-1)\end{array}, & k>0\end{cases}$$

式 (7-2-12) 即为两变量 Gamma 分布随机变量和的分布解析计算公式.

7.2.2.2 Gamma 分布随机变量差分布

随机变量 X, Y 差事件分布的积分区域如图 7-2-2 所示. 根据图 7-2-2, 有

$$P(X-Y\leqslant z)=F_Z(z)=K\int_0^{\infty}y^{a_2-1}e^{-\frac{y}{b_2}}\left[\int_0^{z+y}x^{a_1-1}e^{-\frac{x}{b_1}}dx\right]dy \tag{7-2-13}$$

式中, $K=\dfrac{1}{b_1^{a_1}b_2^{a_2}\Gamma(a_1)\Gamma(a_2)}$.

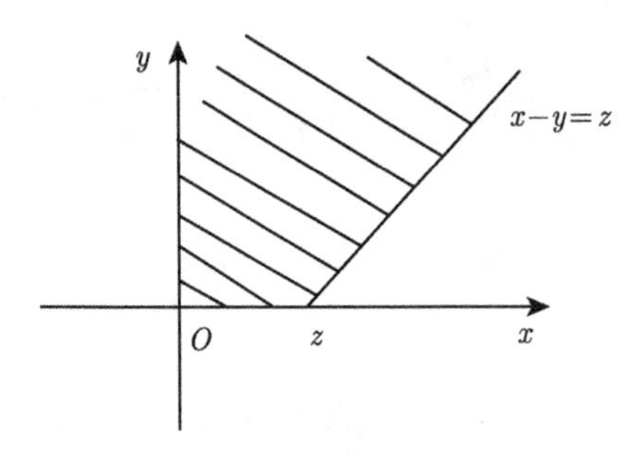

图 7-2-2 积分区域

对于积分 $\int_0^{z+y}x^{a_1-1}e^{-\frac{x}{b_1}}dx$, 令 $t=\dfrac{x}{b_1}$, 当 $x=0$ 时, $t=0$; 当 $x=z+y$ 时, $t=\dfrac{z+y}{b_1}$; $x=b_1t, dx=b_1dt$. 有

$$\int_0^{z+y}x^{a_1-1}e^{-\frac{x}{b_1}}dx=b_1^{a_1}\int_0^{\frac{z+y}{b_1}}t^{a_1-1}e^{-t}dt$$

根据式 (7-2-3), 有

$$\int_0^{z+y} x^{a_1-1}e^{-\frac{x}{b_1}}dx = e^{-\frac{z+y}{b_1}}\sum_{i=0}^{\infty}\frac{(z+y)^{a_1+i}}{b_1^i a_1(a_1+1)\cdots(a_1+i)} \tag{7-2-14}$$

将式 (7-2-14) 代入式 (7-2-13), 有

$$F_Z(z) = Ke^{-\frac{z}{b_1}}\sum_{i=0}^{\infty}\frac{1}{b_1^i a_1(a_1+1)\cdots(a_1+i)}\int_0^{\infty} y^{a_2-1}(z+y)^{a_1+i}e^{-\frac{b_1+b_2}{b_1b_2}y}dy \tag{7-2-15}$$

利用二项式定理 $(x+y)^a = \sum_{k=0}^{\infty}\begin{pmatrix} a \\ k \end{pmatrix}x^{a-k}y^k$, 其中,

$$\begin{pmatrix} a \\ k \end{pmatrix} = \frac{(a)_k}{k!} = \begin{cases} 1, & k=0 \\ \dfrac{a(a+1)\cdots(a+k-1)}{k!}, & k>0 \end{cases}$$

式 (7-2-15) 可写为

$$F_Z(z) = Ke^{-\frac{z}{b_1}}\sum_{i=0}^{\infty}\frac{1}{b_1^i a_1(a_1+1)\cdots(a_1+i)} \times\sum_{k=0}^{\infty}\begin{pmatrix} a_1+i \\ k \end{pmatrix}z^{a_1+i-k}\int_0^{\infty} y^{a_2+k-1}e^{-\frac{b_1+b_2}{b_1b_2}y}dy \tag{7-2-16}$$

对于积分 $\int_0^{\infty} y^{a_2+k-1}e^{-\frac{b_1+b_2}{b_1b_2}y}dy$, 令 $t=\dfrac{b_1+b_2}{b_1b_2}y$, 当 $y=0$ 时, $t=0$; 当 $y\to\infty$ 时, $t\to\infty; y=\dfrac{b_1b_2}{b_1+b_2}t, dy=\dfrac{b_1b_2}{b_1+b_2}dt$. 则

$$\int_0^{\infty} y^{a_2+k-1}e^{-\frac{b_1+b_2}{b_1b_2}y}dy = \left(\frac{b_1b_2}{b_1+b_2}\right)^{a_2+k}\Gamma(a_2+k) \tag{7-2-17}$$

将式 (7-2-17) 代入式 (7-2-16), 有

$$F_Z(z) = Ke^{-\frac{z}{b_1}}\left(\frac{b_1b_2}{b_1+b_2}\right)^{a_2}z^{a_1}\sum_{i=0}^{\infty}\frac{1}{b_1^i a_1(a_1+1)\cdots(a_1+i)} \times\sum_{k=0}^{\infty}\begin{pmatrix} a_1+i \\ k \end{pmatrix}z^{-k}\left(\frac{b_1b_2}{b_1+b_2}\right)^{k}\Gamma(a_2+k) \tag{7-2-18}$$

式中, $K=\dfrac{1}{b_1^{a_1}b_2^{a_2}\Gamma(a_1)\Gamma(a_2)}$.

式 (7-2-18) 即为两变量 Gamma 分布随机变量差的分布解析计算公式.

7.2.3 Gamma 分布随机变量积、商的分布

7.2.3.1 Gamma 分布随机变量积的分布

随机变量 X, Y 积分布的积分区域如图 7-2-3 所示. 根据图 7-2-3, 有

$$P(XY \leqslant z) = F_Z(z) = K\int_0^{\infty} y^{a_2-1}e^{-\frac{y}{b_2}}\left[\int_0^{\frac{z}{y}} x^{a_1-1}e^{-\frac{x}{b_1}}dx\right]dy \tag{7-2-19}$$

式中, $K = \dfrac{1}{b_1^{a_1}b_2^{a_2}\Gamma(a_1)\Gamma(a_2)}$.

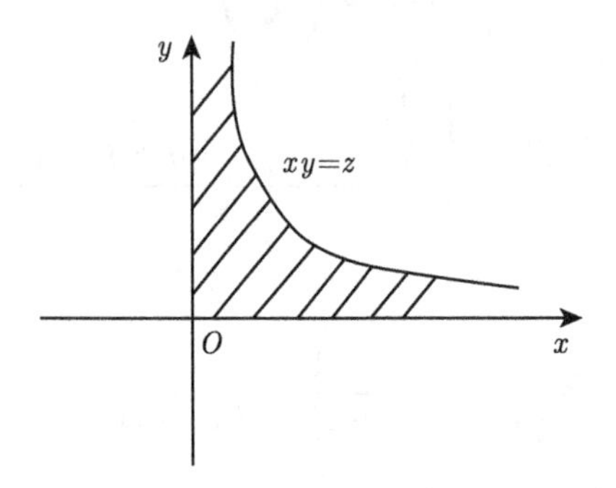

图 7-2-3 积分区域

对于积分 $\int_0^{\frac{z}{y}} x^{a_1-1}e^{-\frac{x}{b_1}}dx$, 令 $t = \dfrac{x}{b_1}$, 当 $x = 0$ 时, $t = 0$; 当 $x = \dfrac{z}{y}$ 时, $t = \dfrac{z}{b_1 y}$; $x = b_1 t, dx = b_1 dt$. 则

$$\int_0^{\frac{z}{y}} x^{a_1-1}e^{-\frac{x}{b_1}}dx = \int_0^{\frac{z}{b_1 y}} (b_1 t)^{a_1-1}e^{-t}b_1 dt = b_1^{a_1}\int_0^{\frac{z}{b_1 y}} t^{a_1-1}e^{-t}dt$$

根据式 (7-2-4), 有

$$\int_0^{\frac{z}{y}} x^{a_1-1}e^{-\frac{x}{b_1}}dx = z^{a_1}\sum_{i=0}^{\infty}\frac{(-1)^i \dfrac{z^i}{b_1^i}y^{-a_1-i}}{i!(i+a_1)} \tag{7-2-20}$$

将式 (7-2-20) 代入式 (7-2-19), 有

$$F_Z(z) = K\cdot z^{a_1}\sum_{i=0}^{\infty}\frac{(-1)^i \dfrac{z^i}{b_1^i}}{i!(i+a_1)}\int_0^{\infty} y^{a_2-a_1-i-1}e^{-\frac{y}{b_2}}dy \tag{7-2-21}$$

对于积分 $\int_0^{\infty} y^{a_2-a_1-i-1}e^{-\frac{y}{b_2}}dy$, 令 $t=\dfrac{x}{b_2}$, 当 $y=0$ 时, $t=0$; 当 $y\to\infty$ 时, $t\to\infty; y=b_2t, dy=b_2dt$. 式 (7-2-21) 可进一步写为

$$
\begin{aligned}
F_Z(z) &= K\cdot z^{a_1}\sum_{i=0}^{\infty}\frac{(-1)^i z^i b_2^{a_2-a_1-2i}}{i!\,(i+a_1)}\Gamma(a_2-a_1-i-1)\\
&= K\cdot z^{a_1}\sum_{i=0}^{\infty}\frac{(-1)^i z^i b_2^{a_2-a_1-2i}(a_2-a_1-i-2)!}{i!\,(i+a_1)}
\end{aligned}
\tag{7-2-22}
$$

式中, $\Gamma(z)\Gamma(-z)=-\dfrac{\pi}{z\sin\pi z}$.

式 (7-2-22) 即为两变量 Gamma 分布随机变量积的分布解析计算公式.

7.2.3.2 Gamma 分布随机变量商分布

随机变量 X, Y 商分布的积分区域如图 7-2-4 所示. 根据图 7-2-4, 有

$$
P(X/Y\leqslant z)=F_Z(z)=K\int_0^{\infty}y^{a_2-1}e^{-\frac{y}{b_2}}\left[\int_0^{zy}x^{a_1-1}e^{-\frac{x}{b_1}}dx\right]dy \tag{7-2-23}
$$

式中, $K=\dfrac{1}{b_1^{a_1}b_2^{a_2}\Gamma(a_1)\Gamma(a_2)}$.

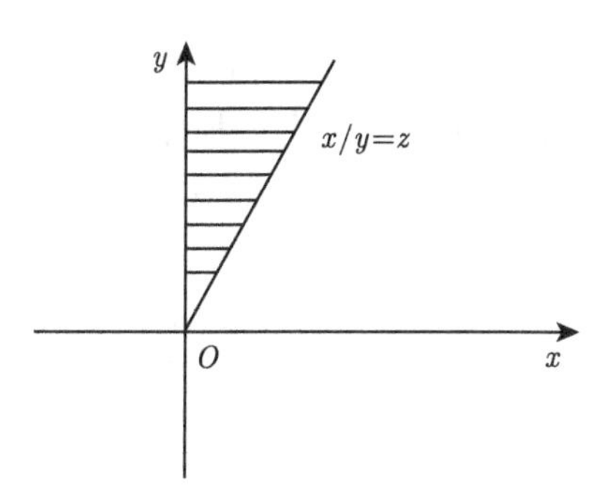

图 7-2-4 积分区域

对于积分 $\int_0^{zy}x^{a_1-1}e^{-\frac{x}{b_1}}dx$, 令 $t=\dfrac{x}{b_1}$, 当 $x=0$ 时, $t=0$; 当 $x=zy$ 时, $t=\dfrac{z}{b_1}y; x=b_1t, dx=b_1dt$. 则

$$
\int_0^{zy}x^{a_1-1}e^{-\frac{x}{b_1}}dx=\int_0^{\frac{z}{b_1}y}b_1^{a_1-1}t^{a_1-1}e^{-t}b_1dt=b_1^{a_1}\int_0^{\frac{z}{b_1}y}t^{a_1-1}e^{-t}dt
$$

根据式 (7-2-3), 有

$$
\int_0^{zy}x^{a_1-1}e^{-\frac{x}{b_1}}dx=z^{a_1}e^{-\frac{z}{b_1}y}\sum_{i=0}^{\infty}\frac{b_1^{-i}z^iy^{a_1+i}}{a_1(a_1+1)\cdots(a_1+i)} \tag{7-2-24}
$$

将式 (7-2-24) 代入式 (7-2-23), 有

$$F_Z(z)=K\cdot z^{a_1}\sum_{i=0}^{\infty}\frac{b_1^{-i}z^i}{a_1(a_1+1)\cdots(a_1+i)}\int_0^{\infty}y^{a_2+a_1+i-1}e^{-\left(\frac{1}{b_2}+\frac{z}{b_1}\right)y}dy \quad (7\text{-}2\text{-}25)$$

令$t=\left(\dfrac{1}{b_2}+\dfrac{z}{b_1}\right)y$, 当 $y=0$ 时, $t=0$; 当 $y\to\infty$ 时, $t\to\infty; y=\dfrac{b_1b_2}{b_1+b_2z}t, dy=\dfrac{b_1b_2}{b_1+b_2z}dt$. 经化简整理, 式 (7-2-25) 可进一步写为

$$\begin{aligned}F_Z(z)=&K\cdot z^{a_1}b_1^{a_2+a_1}b_2^{a_2+a_1}\left(\frac{1}{b_1+b_2z}\right)^{a_2+a_1}\\&\times\sum_{i=0}^{\infty}\frac{b_1^iz^i}{a_1(a_1+1)\cdots(a_1+i)}\left(\frac{1}{b_1+b_2z}\right)^{i}\Gamma(a_2+a_1+i)\end{aligned} \quad (7\text{-}2\text{-}26)$$

式 (7-2-26) 即为两变量 Gamma 分布随机变量商的分布解析计算公式.

7.3 基于 Copula 函数的水文随机变量和概率分布计算

本节试图根据二维随机变量和分布函数的定义, 从二维随机变量和概率分布的定义出发, 运用 Copula 函数和数学积分变换原理, 将二维随机变量和概率分布计算转换为条件 Copula 分布的一维定积分, 力求避免离散求和法数据转化过程中的信息失真. 在此基础上, 推导了 Gamma 分布、P-III 分布两类常用边际分布变量和的分布概率计算公式. 以清江流域水布垭水库至隔河岩水库 3h 洪量组成为例 (李天元等, 2014), 说明文中模型的应用. 文中模型以期为我国设计洪水地区组成和梯级水库下游设计洪水计算等提供理论支撑.

7.3.1 二维随机变量和分布的 Copula 函数表达式

设二维随机变量 (X,Y) 的联合密度为 $f(x,y)$, X 与 Y 相互独立, 则 $Z=X+Y$ 的分布概率为 (黄振平和陈元芳, 2011)

$$F_Z(z)=\int_{-\infty}^{\infty}\left[\int_{-\infty}^{z-x}f(x,y)\,dy\right]dx=\int_{-\infty}^{\infty}f_X(x)\left[\int_{-\infty}^{z-x}\frac{f(x,y)}{f_X(x)}dy\right]dx \quad (7\text{-}3\text{-}1)$$

式中, $f_X(x)$ 为随机变量 Y 的密度函数; 随机变量 X 和 Y 的积分上下限可分别根据它们分布函数变量的取值范围来进行确定.

设二维 Copula 函数为 $C(u,v)$, $u=F_X(x)$, $v=F_Y(y)$, 其中, $F_X(x)$, $F_Y(y)$ 分别为随机变量 X, Y 的分布函数. 根据 Copula 函数性质, 联合密度 $f(x,y)$ 与

Copula 函数 $C(u,v)$ 有下列关系 (宋松柏, 2012; Nelsen, 1999).

$$f(x,y)=\frac{\partial^2 C(u,v)}{\partial u\partial v}\frac{\partial u}{\partial x}\frac{\partial v}{\partial y}=\frac{\partial^2 C(u,v)}{\partial u\partial v}f_X(x)f_Y(y) \tag{7-3-2}$$

把式 (7-3-2) 代入式 (7-3-1), 有

$$F_Z(z)=\int_{-\infty}^{\infty}\left[\int_{-\infty}^{z-x}\frac{\partial^2 C(u,v)}{\partial u\partial v}f_Y(y)\,dy\right]f_X(x)\,dx \tag{7-3-3}$$

令 $u=F_X(x)$, 则 $x=F_X^{-1}(u)$, $F_X^{-1}(u)$ 为随机变量 X 分布的逆函数. 当 $x\to-\infty$ 时, $u=0$, 当 $x\to\infty$ 时, $u=1, du=dF_X(x)=f_X(x)\,dx; v=F_Y(y)$, 当 $y\to-\infty$ 时, $v=0$, 当 $v=z-x$ 时, $v=F_Y(z-x)=F_Y\left[\mathrm{z}-F_X^{-1}(u)\right], dv=dF_Y(y)=f_Y(y)\,dy$, 则

$$\begin{aligned}
F_Z(z)&=\int_0^1\left[\int_0^{F_Y\left[z-F_X^{-1}(u)\right]}\frac{\partial^2 C(u,v)}{\partial u\partial v}dv\right]du\\
&=\int_0^1\frac{\partial}{\partial u}\left[\int_0^{F_Y\left[z-F_X^{-1}(u)\right]}\frac{\partial^2 C(u,v)}{\partial v}dv\right]du\\
&=\int_0^1\frac{\partial C\left\{u,F_Y\left[z-F_X^{-1}(u)\right]\right\}}{\partial u}du
\end{aligned} \tag{7-3-4}$$

式 (7-3-4) 即为二维随机变量和概率分布的 Copula 函数计算表达式, 显然, 积分函数仅为变量 u 的函数. 二维 Copula 函数 $C(u,v)$ 可根据二维随机变量 (X,Y) 的相依特性, 按照通常基于 Copula 函数的多变量函数计算方法选择函数类型和确定相应的参数. 积分变量 u 的上下限可根据随机变量 X 的取值范围, 通过 $u=F_X(x)$ 来进行确定.

7.3.2 边际分布 Gamma, P-III 分布下变量和分布 Copula 函数表达式

Gamma, P-III 分布是水文中常用的分布函数, 以下将根据式 (7-3-4) 推导边际分布服从 Gamma, P-III 分布的变量和分布 Copula 函数表达式.

假定随机变量 X 和 Y 服从 Gamma 分布, 其密度函数分别为

$$f_X(x)=\frac{1}{b_1\Gamma(a_1)}\left(\frac{x}{b_1}\right)^{a_1-1}e^{-\frac{x}{b_1}},\quad x>0 \tag{7-3-5}$$

$$f_Y(y)=\frac{1}{b_2\Gamma(a_2)}\left(\frac{y}{b_2}\right)^{a_2-1}e^{-\frac{y}{b_2}},\quad y>0 \tag{7-3-6}$$

若随机变量 X 和 Y 服从 P-III 分布, 则其密度函数分别为

$$f_X(x)=\frac{1}{b_1\Gamma(a_1)}\left(\frac{x-c_1}{b_1}\right)^{a_1-1}e^{-\frac{x-c_1}{b_1}},\quad x>c_1 \tag{7-3-7}$$

$$f_Y(y)=\frac{1}{b_2\Gamma(a_2)}\left(\frac{x-c_2}{b_2}\right)^{a_2-1}e^{-\frac{y-c_2}{b_2}},\quad y>c_2 \tag{7-3-8}$$

式中, a_1, a_2 分别为形状参数; b_1, b_2 分别为尺度参数; c_1, c_2 分别为位置参数; $\Gamma(a_1)=\int_0^\infty t^{a_1-1}e^{-t}dt,\Gamma(a_2)=\int_0^\infty t^{a_2-1}e^{-t}dt$.

给定 Gamma, P-III 边际分布下, 变量和分布 $Z=X+Y$ 概率计算的积分区域分别见图 7-3-1 中 (a) 和 (b) 图所示. Gamma 分布变量 X 和 Y 分别取值 $x>0,y>0$, P-III 分布变量 $x>c_1,y>c_2,z=x+y$ 为有限值, 且已知, 根据如图 7-3-1 所示的积分区域和二维定积分原理, x 积分则转换为变量 u 积分, 其上限值为 z 的 x 边际分布值, 不再取值 1.

$$F_Z(z)=\int_0^{F_X(z)}\frac{\partial C\left\{u,F_Y\left[z-F_X^{-1}(u)\right]\right\}}{\partial u}du \tag{7-3-9}$$

式中, 对于边际分布服从 Gamma 分布,

$$\begin{aligned}u=F_X(x)&=\frac{1}{b_1\Gamma(a_1)}\int_0^x\left(\frac{t}{b_1}\right)^{a_1-1}e^{-\frac{t}{b_1}}dt\\v=F_Y(y)&=\frac{1}{b_2\Gamma(a_2)}\int_0^y\left(\frac{t}{b_2}\right)^{a_2-1}e^{-\frac{t}{b_2}}dt\end{aligned}$$

对于边际分布服从 P-III 分布,

$$\begin{aligned}u=F_X(x)&=\frac{1}{b_1\Gamma(a_1)}\int_0^x\left(\frac{t-c_1}{b_1}\right)^{a_1-1}e^{-\frac{t-c_1}{b_1}}dt\\v=F_Y(y)&=\frac{1}{b_2\Gamma(a_2)}\int_0^y\left(\frac{t-c_2}{b_2}\right)^{a_2-1}e^{-\frac{t-c_2}{b_2}}dt\end{aligned}$$

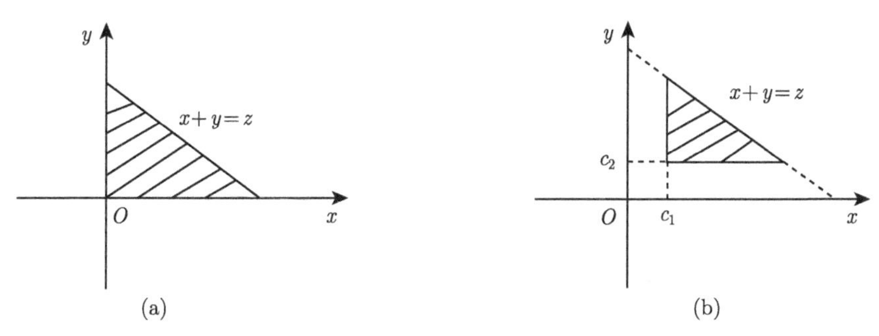

图 7-3-1 积分区域

7.3.3 二维随机变量和概率分布模型求解

由式(7-3-9) 可以看出, z 已知, 二维随机变量和概率分布 $F_Z(z)$ 仅为变量 u 的一维定积分. 当 $\dfrac{\partial C\left\{u, F_Y\left[z-F_X^{-1}(u)\right]\right\}}{\partial u}$ 函数为简单初等函数时, 可获得 $F_Z(z)$ 的解析积分值. 实际中, Copula 函数表达式一般较为复杂,

$$\frac{\partial C\left\{u, F_Y\left[z-F_X^{-1}(u)\right]\right\}}{\partial u}$$

形式复杂, 只能采用数值积分获得 $F_Z(z)$ 的数值积分值. 本节采用连分式数值积分法计算 $F_Z(z)$, 其步骤如下 (徐士良, 1997; 邹海, 1982):

为了叙述方便, 式 (7-3-9) 进一步可写为 $\int_a^b f(u)\,du$, 其中, $a=0, b=F_X(z)$, $f(u)=\dfrac{\partial C\left\{u, F_Y\left[z-F_X^{-1}(u)\right]\right\}}{\partial u}$. 利用变步长梯形法计算出步长为 $F_X=\dfrac{b-a}{2^{i-1}}$, $i=1,2,\cdots$ 的系列积分近似值 $S_i, i=1,2,\cdots$ (徐士良, 1997; 邹海, 1982). 积分近似值 S 为步长 h 的函数 $S(h)$.$S(h)$ 可用连分式表示:

$$\mathrm{S}(h)=b_1+\cfrac{h-h_1}{b_2+\cfrac{h-h_2}{b_3+\cdots+\cfrac{h-h_i}{b_{i+1}}+\cdots}} \tag{7-3-10}$$

式中, $b_1, b_2, \cdots, b_i, \cdots$ 由式 (7-3-11) 计算的一系列积分近似点 (h_i, S_i) 来确定, $i=1,2,\cdots$.

$$\begin{cases} u=S_i, \\ u=b_1+\dfrac{h_i-h_{j-1}}{b_{j-1}}, \quad j=1,2,\cdots,i \\ b_i=u, \end{cases} \tag{7-3-11}$$

当 $h=0$ 时, $S(0)$ 即为积分值. 即

$$S=S(0)=b_1-\cfrac{h_1}{b_2-\cfrac{h_2}{b_3-\cdots-\cfrac{h_i}{b_{i+1}}+\cdots}} \tag{7-3-12}$$

实际计算中, 连分式计算一般取到第 7—10 节就能满足精度要求.

7.3.4 应用实例

本节选用文献 (李天元等, 2014) 采用的清江流域梯级水库 3h 洪量序列分布参数和 Copula 函数参数, 说明二维相依水文随机变量和概率分布计算模型的应用. X 代表水布垭水库 3h 洪量, Y 代表水布垭水库至隔河岩水库区间 (水-隔区间)3h 洪量, 水布垭水库水量加上水–隔区间水量等于下游隔河岩水库水量. 3 种序列的统计参数和分布参数见表 7-3-1(李天元等, 2014).

表 7-3-1 序列参数计算结果

序列	统计参数				Gamma 分布		P-III 分布		
	均值/亿 m^3	均方差/亿 m^3	变差系数	偏态系数	a	b	a	b	c
水布垭	7.94	3.4936	0.44	1.3200	5.1653	1.5372	2.2957	2.3058	2.6467
水–隔区间	3.08	1.9096	0.62	1.8600	2.6015	1.1840	1.1562	1.7759	1.0267
隔河岩	11.10	5.4390	0.49	1.4700	4.1649	2.6651	1.8511	3.9977	3.7000

选用二维 Gumbel-Hougaard Copula 函数, 其分布函数为

$$C(u,v)=e^{-\left[(-\ln u)^{\theta}+(-\ln v)^{\theta}\right]^{\frac{1}{\theta}}},\quad \theta\geqslant 1 \tag{7-3-13}$$

式中, $u=F_X(x)$, $v=F_Y(y)$ 分别为边际分布, θ 为 Gumbel-Hougaard Copula 函数参数, 本例中 $\theta=1.89$. 根据式 (7-3-13), 有 Copula 函数的偏导数

$$\frac{\partial C(u,v)}{\partial u}=e^{-\left[(-\ln u)^{\theta}+(-\ln v)^{\theta}\right]^{\frac{1}{\theta}}}\frac{\left[(-\ln u)^{\theta}+(-\ln v)^{\theta}\right]^{\frac{1}{\theta}-1}(-\ln u)^{\theta-1}}{\theta},\quad \theta\geqslant 1 \tag{7-3-14}$$

将式 (7-3-14) 代入式 (7-3-9), 随机变量 X 和 Y 分别选用 Gamma, P-III 分布, 应用上述连分式数值计算方法, 两种边际分布下, $X+Y\leqslant Z$ 的概率计算结果分别见表 7-3-2 第 (2) 列和第 (5) 列, 其对比图见图 7-3-2 所示. 为了验证文中模型计算结果的正确性, 表 7-3-2 第 (3) 列和第 (6) 列分别列出 $X+Y$ 序列按 Gamma, P-III 分布计算的理论概率值, 第 (4) 列和第 (7) 列给出了相应的误差计算值. 其误差是由于 X,Y 分布参数不同, 式 (7-3-14) 没有显式解析计算公式, 只能由文中变步长梯形法数值计算, 因而具有一定的偏差, 另外也受边际分布拟合精度的影

响. 不难看出, 两种边际分布下, 文中模型与变量和序列的和概率分布计算结果基本一致, 表明文中模型和计算方法是正确的.

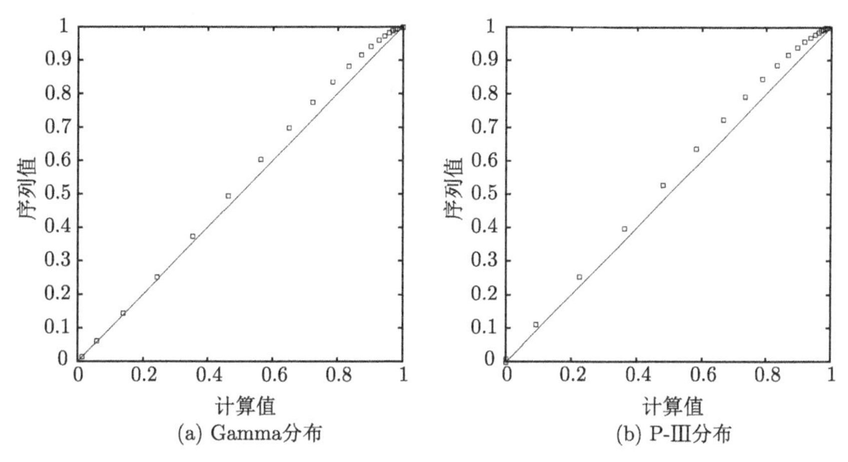

图 7-3-2 $X+Y \leqslant Z$ 分布概率计算结果对比图

表 7-3-2 $X+Y \leqslant Z$ 分布概率计算结果

z	Gamma 分布			P-III 分布		
	计算值	序列值	误差	计算值	序列值	误差
(1)	(2)	(3)	(4)	(5)	(6)	(7)
2.65	0.0128	0.0143	−0.0015	0.0000	0.0000	0.0000
4.15	0.0588	0.0602	−0.0014	0.0000	0.0092	−0.0092
5.65	0.1401	0.1427	−0.0027	0.0924	0.1107	−0.0183
7.15	0.2434	0.2522	−0.0088	0.2266	0.2537	−0.0270
8.65	0.3545	0.3737	−0.0192	0.3613	0.3977	−0.0364
10.15	0.4630	0.4939	−0.0309	0.4809	0.5265	−0.0456
11.65	0.5626	0.6035	−0.0409	0.5820	0.6346	−0.0526
13.15	0.6498	0.6975	−0.0477	0.6655	0.7220	−0.0565
14.65	0.7236	0.7744	−0.0508	0.7334	0.7908	−0.0574
16.15	0.7846	0.8351	−0.0506	0.7883	0.8439	−0.0557
17.65	0.8337	0.8815	−0.0478	0.8322	0.8844	−0.0522
19.15	0.8728	0.9162	−0.0434	0.8673	0.9149	−0.0477
20.65	0.9034	0.9415	−0.0381	0.8952	0.9377	−0.0425
22.15	0.9270	0.9596	−0.0326	0.9173	0.9546	−0.0373
23.65	0.9452	0.9724	−0.0272	0.9348	0.9670	−0.0322
25.15	0.9591	0.9814	−0.0223	0.9487	0.9761	−0.0274
26.65	0.9696	0.9875	−0.0179	0.9596	0.9828	−0.0231
28.15	0.9775	0.9917	−0.0142	0.9683	0.9876	−0.0193
29.65	0.9832	0.9945	−0.0113	0.9751	0.9911	−0.0160
31.15	1.0000	0.9964	0.0036	0.9806	0.9936	−0.0130
32.65	1.0000	0.9977	0.0023	0.9844	0.9954	−0.0110
34.15	1.0000	0.9985	0.0015	0.9877	0.9967	−0.0090

参 考 文 献

陈璐, 郭生练, 闫宝伟, 等. 2010. 一种新的分期设计洪水计算方法 [J]. 武汉大学学报 (工学版), 43(1): 20-24.

丁晶, 侯玉. 1988. 随机模型估算分期设计洪水的初探 [J]. 成都科技大学学报, 41(5): 93-98.

丁晶, 王文圣, 邓育仁. 1998. 合理确定水库分期汛限水位的探讨 [A]. 南京: 河海大学出版社: 501-506.

方彬, 郭生练, 刘攀, 等. 2007. 分期设计洪水研究进展和评价 [J]. 水力发电, 33(7): 71-75.

方彬, 郭生练, 王善序. 2005. 河流汛期分期设计洪水频率分析 [J]. 人民长江, 36(11): 37-39.

郭生练. 2005. 设计洪水研究进展与评价 [M]. 北京: 中国水利水电出版社.

郭生练, 闫宝伟, 肖义, 等. 2008. Copula 函数在多变量水文分析计算中的应用及研究进展 [J]. 水文, 28(3): 1-7.

侯芸芸. 2010. 基于 Copula 函数的多变量洪水频率计算研究.[D]. 杨凌: 西北农林科技大学.

黄灵芝, 谢小平, 黄强, 等. 2006. 梯级水库设计洪水地区组成研究中的 JC 法 [J]. 自然灾害学报, 15(4): 163-167.

黄农. 1987. 一种推算两独立 Γ 分布随机变数之和的组合频率数值计算法 [J]. 合肥工业大学学报 (自然科学版), 5(8): 110-116.

黄振平, 陈元芳. 2011. 水文统计学 [M]. 北京: 中国水利水电出版社.

李娜. 2019. 基于 Copula 的多变量水文联合概率分布计算 [D]. 杨凌: 西北农林科技大学.

李天元, 郭生练, 李妍清, 等. 2012. 梯级水库设计洪水方法及研究进展 [J]. 水资源研究, 1(2):14-20.

李天元, 郭生练, 刘章君, 等. 2014. 梯级水库下游设计洪水计算方法研究 [J]. 水利学报, 45(6): 641-648.

栗飞, 郭生练, 李天元, 等. 2011. 不连续序列的设计洪水地区组成方法研究 [J]. 水电能源科学, 29(5): 47-49, 72.

刘攀, 郭生练, 肖义, 等. 2007. 浅析分期设计洪水与年最大设计洪水的关系 [J]. 人民长江, 38(6): 27-28, 46.

刘攀, 郭生练, 闫宝伟, 等. 2011. 再论分期设计洪水频率与防洪标准的关系 [J]. 水力发电学报 (工学版), 30(1): 187-192.

刘章君, 郭生练, 李天元, 等. 2014a. 基于 Copula 函数的梯级水库设计洪水地区组成研究 [J]. 水资源研究, (3): 124-135.

刘章君, 郭生练, 李天元, 等. 2014b. 梯级水库设计洪水最可能地区组成法计算通式 [J]. 水科学进展, 25(4): 575-584.

刘章君, 郭生练, 李天元, 等. 2015. 设计洪水地区组成的区间估计方法研究 [J]. 水利学报, 46(5): 543-550.

南京水利科学研究院. 2017. 水库群汛期运行水位设计技术 [R]. 南京: 南京水利科学研究院.

山东省淮河流域水利管理局规划设计院, 南京水利科学研究院. 2012. 面向湖泊生态修复的流域水资源调控关键技术开发与示范 [R]. 南京: 南京水利科学研究院.

史黎翔. 2016. 多变量水文事件重现期计算研究 [D]. 杨凌: 西北农林科技大学.

水利部长江水利委员会水文局, 水利部南京水文水资源研究所. 2001. 水利水电工程设计洪水计算手册 [M]. 北京: 中国水利水电出版社: 105-109.

宋德敦, 雷时忠, 胡四一, 等. 1987. 梯级水库下游洪水情势的概率描述 [J]. 水文, (1): 1-8.

宋松柏, 程亮, 王宗志. 2018. 分期设计洪水重现期计算模型研究 [J]. 水利学报, 49(5): 523-534.

宋松柏, 金菊良. 2017. 单变量独立同分布水文事件重现期计算原理与方法 [J]. 华北水利水电大学学报, 38(2): 43-46.

宋松柏, 王小军. 2018. 基于 Copula 函数的水文随机变量和概率分布计算 [J]. 水利学报, 49(6): 687-693.

宋松柏. 2012. Copulas 函数及其在水文中的应用 [M]. 北京: 科学出版社.

王锐琛, 陈源泽, 孙汉贤. 1990. 梯级水库下游洪水概率分布的计算方法 [J]. 水文, (1): 1-8.

王善序. 1994. 设计洪水与洪水季节性 [J]. 水文科技信息, 11(2): 1-5.

王善序. 2005. T 年一遇水库汛期分期设计洪水 [J]. 水资源研究, 26(4): 11-13.

王善序. 2007. T 年一遇水库汛期分期设计洪水问题探讨 [J]. 水文, 27(3): 16-19.

王善序. 2011. 水库汛期分期设计洪水研究评述 [J]. 水资源研究, 32(3): 10-12.

肖义, 郭生练, 刘攀, 等. 2008. 分期设计洪水频率与防洪标准关系研究 [J]. 水科学进展, 19(1): 54-60.

谢小平, 黄灵芝, 席秋义, 等. 2006. 基于 JC 法的设计洪水地区组成研究 [J]. 水力发电学报, 25(6): 125-129.

徐玲玲. 1995. 二元组合概率应用浅析 [J]. 江苏水利科技, (4): 40-45.

徐士良. 1997. FORTRAN 常用算法程序集 [M]. 2 版. 北京: 清华大学出版社.

闫宝伟, 郭生练, 郭靖, 等. 2010. 基于 Copula 函数的设计洪水地区组成研究 [J]. 水力发电学报, 29(6): 60-65.

杨建青, 朱杰. 2008. 关于水文随机变量组合方法的初探 [J]. 水文, 28(1): 61-63.

张涛, 赵培青, 李光吉, 等. 2011. 分期设计洪水的合理性分析 [J]. 水电能源科学, 29(2): 35-37, 128.

张元禧. 1983. 相互独立两 GAMMA 分布随机变数之和、差的联合分布函数 [J]. 合肥工业大学学报, 3(3): 53-59.

朱元甡, 张世法. 1963. 用二维概率分布函数计算分期设计洪水 [J]. 华东水利学院学报 (水文分册), (S2): 69-82.

邹海. 1982. 最优设计中的新计算方法 [M]. 北京: 新时代出版社.

邹鹰. 2007. 分期设计洪水标准计算方法研究 [J]. 水文, 27(2): 54-56.

Baratti E, Montanari A, Castellarin A, et al. 2012. Estimating the flood frequency distribution at seasonal and annual time scales[J]. Hydrology and Earth System Sciences, (16): 4651-4660.

Bayazit M. 2001. Discussion on “Return period and risk of hydrologic events. I: mathematical formulation”[J]. Journal of Hydrologic engineering, 6(4): 358-363.

Buishand T A, Demarè G R. 1990. Estimation of the annual maximum distribution from samples of maxima in separate seasons[J]. Stochastic Hydrology and Hydraulics, (4): 89-103.

Chen L, Guo S L, Yan B W, et al. 2010. A new seasonal design flood method based on bivariate joint distribution of flood magnitude and date of occurrence[J]. Hydrological Sciences Journal, 55(8): 1264-1280.

Chen L, Singh V P, Guo S L, et al. 2013. A new method for identification of flood seasons using directional statistics[J]. Hydrological Sciences Journal, 58 (1): 28-40

Chowdhary H. 2009. Copula-Based Multivariate Hydrologic Frequency Analysis[D]. Baton Rouge, Louisiana: Louisiana State.

Durrans S R, Eiffe M A, Thomas W O, et al. 2003. Joint seasonal /annual flood frequency analysis[J]. Journal of Hydrologic Engineering, 8(4): 181-189.

Fang B, Guo S L, Wang S X, et al. 2007. Non-identical models for seasonal flood frequency analysis[J]. Hydrological Sciences Journal, 52 (5): 974-991

Fernandez B, Salas J D. 1999. Return period and risk of hydrologic events. II: applications[J]. Journal of Hydrologic Engineering, 4(4): 308-316

Fernandez B, Salas J D. 1999. Return period and risk of hydrologic events. I: mathematical formulation[J]. Journal of Hydrologic Engineering, 4(4): 297-307

Lee T, Jeong C. 2014. Frequency analysis of nonidentically distributed hydrometeorological extremes associated with large-scale climate variability applied to south korea[J]. Journal of Applied Meteorology and Climatology, 53(5): 1193-1212

Mccuen R H, Beighley R E. 2003. Seasonal flow frequency analysis[J]. Journal of Hydrology, 279(1-4): 43-56.

Nadarajah S, Gupta A K. 2006. Cherian's bivariate gamma distribution as a model for drought data[J]. Agrociencia, 40(4): 483-490.

Nadarajah S, Gupta A K. 2006. Friday and Patil's bivariate exponential distribution with application to drought data[J]. Water Resources Management, 20(5): 749-759.

Nadarajah S, Gupta A K. 2006. Intensity-duration models based on bivariate gamma distributions[J]. Hiroshima Mathematical Journal, 36(3), 387-395.

Nadarajah S, Kotz S. 2006. Sums, products, and ratios for Downton's bivariate exponential distribution[J]. Stochastic Environmental Research and Risk Assessment, 20(3): 164-170.

Nadarajah S. 2005. Products, and ratios for a bivariate gamma distribution[J]. Applied Mathematics and Computation, 171(1): 581-595.

Nadarajah S. 2007. A bivariate gamma model for drought[J]. Water Resources Research, 43(8): W08501.1-W08501.6

Nadarajah S. 2009. A bivariate distribution with gamma and beta marginals with application to drought data[J]. Journal of Applied Statistics, 36(3): 277-301.

Nadarajah S. 2009. A bivariate pareto model for drought[J]. Stochastic Environmental Research and Risk Assessment, 23(6): 811-822.

Nelsen R B. 1999. An Introduction to Copulas [M]. New York: Springer.

Salas J D, Obeysekera J. 2014. Revisiting the concepts of return period and risk for nonstationary hydrologic extreme events [J]. Journal of Hydrologic Engineering, 19(3): 554-568

Salvadori G, Durante F, Michele C D. 2013. Multivariate return period calculation via survival functions[J]. Water Resources Research, 49(4): 2308-2311

Shiau J T. 2003. Return period of bivariate distributed extreme hydrological events[J]. Stochastic Environmental Research and Risk Assessment, 17(1): 42-57

Singh V P, Wang S X, Zhang L. 2005. Frequency analysis of nonidentically distributed hydrologic flood data[J]. Journal of Hydrology, 307(1-4): 175-195.

Strupczewski W G, Kochanek K, Bogdanowicz E, et al. 2012. On seasonal approach to flood frequency modelling. Part I: Two-component distribution revisited[J]. Hydrological Processes, 26(5): 705-716

Strupczewski W G, Kochanek K, Feluchb W, et al. 2009. On seasonal approach to nonstationary flood frequency analysis[J]. Physics and Chemistry of the Earth, 34(10-12): 612-618

Strupczewski W G, Strupczewski W G, Bogdanowicz E, et al. 2012. On seasonal approach to flood frequency modelling. Part II: flood frequency analysis of polish rivers[J]. Hydrological Processes, 26(5): 717-730

[illegible] 19. [illegible] the concept of [illegible] period and [illegible] [illegible] [illegible] [illegible] [J]. [illegible] 19[illegible]
[illegible]

[illegible] 20[illegible]. [illegible] period [illegible]. Water Resources Research, [illegible]: [illegible].

[illegible] 20[illegible]. [illegible] period [illegible] [J]. [illegible]

[illegible] 20[illegible]. [illegible] [J]. [illegible] 75.

[illegible] 20[illegible]. [illegible] period [illegible] [J]. [illegible]: [illegible].

[illegible] 20[illegible]. [illegible] [J]. Physics and Chemistry of the Earth, [illegible].

[illegible] 20[illegible]. [illegible] [J]. [illegible]